Otto Widetschek

Kassandra
vom Dienst

Aus dem Leben
eines engagierten Feuerwehrmannes

Impressum:

Autor: Univ.-Lektor OSR Dr. Otto Widetschek

Layout und Gestaltung: Heinz Waha

Umsschlag-Grafik: Heinz Waha

Umschlag-Foto: Foto Furgler

Druck: Druckhaus Thalerhof

Herausgeber: Brandschutzforum Austria

Edition Brandschutzforum, 2009

A-8051 Graz, Fischeraustraße 22

www.brandschutzforum.at

ISBN 978-3-200-01484-8

Danksagung

Die vorliegende Dokumentation konnte nur durch die moralische und praktische Unterstützung vieler meiner Freunde erstellt werden. Sie haben mich immer wieder ermuntert – wenn ich einen „Durchhänger" hatte – an meinen Memoiren weiter zu schreiben und diese Aufzeichnungen von zum größten Teil selbst erlebten Begebenheiten für die Nachwelt zu dokumentieren.

In erster Linie möchte ich mich jedoch an dieser Stelle bei meiner treuen Lebensgefährtin Ernelinde bedanken, die oft der erste „Blitzableiter" war, wenn ich mich wieder einmal im Memoiren-Stress befunden habe. Meiner Tochter Brigitte bin ich für manch „juridischen Rat" dankbar, den ich in diesem Werk umsetzen konnte. Erwähnen muss ich in diesem Zusammenhang auch meinen Freund und Rechtsanwalt Dr. Alois Siegl, der mich auf kritische Passagen in diesem umfangreichen Werk hingewiesen hat, und seinen Kollegen Dr. Franz Unterasinger, der diese versucht hat zu entschärfen.

Die Recherchen und vor allem die Beschaffung des Bildmaterials, vor allem von zeitlich weit zurückliegenden Ereignissen, waren oft nicht leicht und konnten nur durch die Unterstützung einer Reihe von Personen und Institutionen erfolgen. Ich danke in diesem Zusammenhang dem Vizepräsidenten des ÖBFV und Branddirektor der Stadt Wien Dr. Friedrich Perner, dem Kustos des Wiener Feuerwehrmuseums OBM Heinrich Krenn, der Lichtbildstelle der BF Wien und BF Graz sowie des Landesfeuerwehrverbandes Steiermark, dem Cartoonisten und Branddirektor der Stadt Graz Dr. Otto Meisenberger, der Grafikerin Mag. Anna Geiger, dem Verlagsleiter von Artis-Media und BLAULICHT-Chefredakteur Rudolf Lobnig, dem Chef von Artis-Video und BLAULICHT-Redakteur Christof Oswald, dem Medientechniker Erwin Schaupensteiner, dem Techniker der Feuerpolizei Graz Michael Maicovski und dem Webmaster des Brandschutzforums Austria Eckhardt Sitter. Wohlwollend unterstützt haben dieses Projekt der Landesfeuerwehrkommandant von Steiermark LBD Albert Kern und dessen Stellvertreter LBDS Gustav Scherz.

Besonderer Dank gebührt jedoch meinem Feuerwehrkollegen OBM Heinz Waha, der für das gesamte Layout und die Titelgrafik dieses Buches verantwortlich ist, welches als nunmehr zweites Buch in der Edition Brandschutzforum herausgegeben werden kann. Mein persönlicher Freund und Medienexperte Bernhard Baumgartner hat sich schließlich um den Druck dieses umfangreichen Werkes gekümmert.

Bereits an dieser Stelle bedanke ich mich auch für die Unterstützung durch die Firmen MAGNA Steyr, automess *– Automation und Messtechnik GmbH, BRANDSCHUTZCONSULT, COMP TRADE AUSTRIA, BLAUL & SEIFERT und G4S Security Services AG.*

Ein abschließendes Wort: Trotz der Mitarbeit vieler ehrenamtlicher Kräfte und Freunde sowie umfassender Recherchen ist es uns leider nicht gelungen, bei jeder Illustration den Copyright-Inhaber ausfindig zu machen. Der Verlag bittet um Verständnis und ist gerne bereit, allfällige Vereinbarungen im Nachhinein zu treffen.

Prolog

Trojanische Pferde

Nur der Irrtum ist das Leben,
und das Wissen ist der Tod.

Friedrich v. Schiller, Kassandra

Ein altes chinesisches Sprichwort sagt: „Ein Mann soll einen Sohn zeugen, einen Baum pflanzen und ein Buch schreiben!“ Hinter dieser bekannten Volksweisheit ist der wohl von uns Menschen angestrebte Wunsch nach Unsterblichkeit verborgen. Unser Leben ist jedoch, im langen Weltenlauf verglichen, wie das kurze Aufflackern einer Sternschnuppe! Mit einem Stammhalter kann der eigene Name wenigstens weiter vererbt, mit einem Baum das Leben auf einer anderen Ebene symbolisch weiter verpflanzt und mit einem Buch die Ideenwelt eines Menschen dokumentiert und weiter verbreitet werden.

Es ist stets der Wunsch nach Selbstverwirklichung, welcher als Motor des Lebens wirkt. Dieser menschliche Antrieb kann als treibende Kraft in den unterschiedlichsten Ebenen wirksam werden. Der Psychologe *Abraham Harold Maslow* hat dies in seiner berühmt gewordenen Bedürfnispyramide treffend beschrieben. Demnach ist der Nahrungs- und Sexualtrieb zur Erhaltung der Art in der untersten Ebene angesiedelt. Darüber liegen soziale, religiöse und künstlerische Bedürfnisse und an der Spitze schließlich die vollkommene Selbstverwirklichung des Menschen.

Als wir noch studierten, hoffte so mancher von uns, ein berühmter Forscher zu werden, dessen Name unauslöschlich in den wissenschaftlichen Annalen seinen Platz finden würde. Einige träumten im Geheimen sogar von höchsten Ehrungen bis hinauf bis zum Nobelpreis. Alles Wunschträume, wie sich bald herausstellen sollte! Später gaben wir es billiger und waren froh, als Assistent an einer Hochschule, als Techniker in einem gut gehenden Betrieb, als Beamter im abgesicherten Landes- oder Bundesdienst oder wie ich als Feuerwehroffizier bei einer Berufsfeuerwehr tätig zu werden. Und doch haben wir unserer Umwelt alle unseren persönlichen Stempel aufgedrückt oder sogar da und dort entscheidende Impulse für die eine oder andere Entwicklung gegeben.

Bei einer Tunnel-Enquete im Palais Ferstl in Wien wurde ich im Jahre 2001 als Kassandra vom Dienst vorgestellt. Dieser Name ist mir seit damals geblieben! (Foto: Oswald)

Selbstverständlich schlummert auch hinter dem Wunsch, dieses Buch zu veröffentlichen, ein Körnchen der *Maslow'schen* Selbstverwirklichung. Ich habe jedoch auch deswegen zur Feder gegriffen, um meine umfassenden Erfahrungen als Feuerwehroffizier, Zivil- und Katastrophenschützer sowie Erwachsenenausbildner in Sicherheitsfragen zu dokumentieren und in verständlicher Weise an die interessierte Nachwelt zu übergeben. In dieser biografischen Darstellung versuche ich im Speziellen, meinen persönlichen und vor allem beruflichen Werdegang mit der spannenden Entwicklung des Katastrophenschutzes der letzten Jahrzehnte in Verbindung zu bringen.

Und nun zum Titel dieses Buches: Bei einer Tunnel-Enquete in Wien wurde ich einmal als „Kassandra vom Dienst" vorgestellt. Zur Erinnerung: Im griechischen Mythos war *Kassandra* die Tochter des *Priamos*, die von Apoll die Gabe der Weissagung erhalten hatte. Da sie aber seine Werbungen zurückwies, bestimmte er, dass ihre Prophezeiungen niemals Glauben finden sollten. So warnte sie vergeblich vor dem Hereinbringen des hölzernen Pferdes in die Stadt Troja.

Manchmal glaube ich wirklich, in diese undankbare Rolle geschlüpft zu sein. Ja, und fallweise war ich auch dadurch großen Pressionen und sogar Verunglimpfungen ausgesetzt. Trotzdem gebe ich nicht auf und werde weiter vor „Trojanischen Pferden" warnen! Die Megastrukturen in Form unserer Riesenbauwerke und die von Menschenhand geschaffenen Großtechnologien im Bereich der ABC-Technik sowie die gewaltigen Waffenpotentiale unserer Zeit gehören ohne Zweifel dazu!

Natürlich werde ich mir mit dieser Dokumentation nicht nur Freunde machen. Denn wie sagt es der deutsche Physiker und Schriftsteller *Georg Christoph Lichtenberg* so treffend: „Es ist fast unmöglich, die Fackel der Wahrheit durch ein Gedränge zu tragen, ohne jemanden den Bart zu versengen!". Wer jedoch die Gegenwart und Zukunft einigermaßen verstehen möchte, muss auch in den Büchern der Vergangenheit blättern.

Der Verfasser

1. Kapitel:

Ein Kriegskind wächst auf

Trümmer vor der Wiener Oper nach den Luftangriffen der Alliierten im Jahre 1945.
(Copyright Wienmuseum)

Die Jugend ist das schönste Alter,
aber jedes Alter trägt seine Jugend in sich.
Lebensweisheit

Es war ein trüber, kalter Wintertag, als ich im Krankenhaus Wien-Wieden das Licht der Welt erblickte. Man schrieb den 3. November 1941 – und es war mitten im Krieg. Eine trostlose Zeit mit viel Not, Elend und unendlichem Leid! Da war es ein Lichtblick der Schöpfung, als einige Minuten vor Mitternacht ein kräftiges Baby geboren wurde und seine ersten Schreie in das kahle Krankenzimmer der Gebärabteilung brüllte: Ich hatte mich mit meinen damals 4,70 Kilogramm Körpergewicht in unüberhörbarer Weise das erste Mal auf dieser Welt zu Wort gemeldet.

1.1 Die ersten Lebensjahre

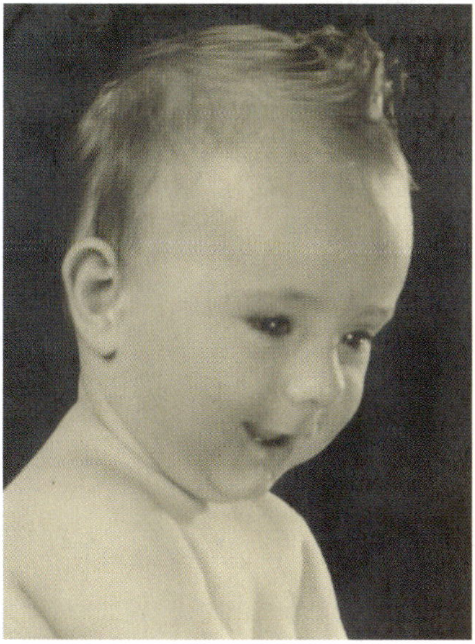

Den Schilderungen meiner Mutter zufolge verschaffte ich mir aber auch später in besonders eindrucksvoller Weise Gehör. Zum Verdruss meiner Umwelt verwechselte ich nämlich in den ersten Monaten meines jungen Lebens Tag und Nacht. Wenn also die Menschen in meiner Umgebung ins Bett stiegen, um Schlaf zu finden, begann ich mein „Tagewerk“, welches ich meist mit großer Lautstärke abwickelte. Die Eigenschaft, am Tage zu

Als Baby war ich lieb, aber in den ersten Wochen eine Nervensäge.

schlafen und in den nächtlichen Stunden wach zu bleiben, schien mich schon damals zur studentischen Laufbahn zu prädestinieren. Und tatsächlich habe ich ja später an der Universität Wien einige Jährchen studiert.

Ein typisches Kriegsprodukt!

Meinem Geburtsdatum nach bin ich also ein typisches Kriegsprodukt. Man sagte damals: „Schnell wie ein Windhund, hart wie Krupp-Stahl und zäh wie Leder!“. Doch die harten Burschen gab und gibt es meistens nur in der Werbung. Und vor allem wir Kriegskinder haben die Auswirkungen dieser unseligen Zeit bereits über den Körper unserer Mütter hautnah in uns aufnehmen müssen. Schon in unserer ersten biologischen Entwicklungsphase vom befruchteten Ei bis zum geburtsreifen Embryo waren wir indirekt den damals vorherrschenden Ängsten, Nöten und Aggressionen ausgesetzt. Später als Babys und Kleinkinder hatten wir nicht nur manchmal unter Hunger zu leiden, sondern wurden Zeugen vieler – vor allem für einen jungen Menschen – furchtbarer und unverständlicher Ereignisse, welche unsere Persönlichkeit ohne Zweifel stark beeinflusst, ja mitgeprägt haben.

Liebling aller Tanten

Trotzdem soll ich nach Aussagen von Verwandten ein äußerst putziges Baby mit blonden Haaren und langen Wimpern gewesen sein, wovon man heute allerdings nicht mehr viel feststellen kann. Ich war der Liebling aller Tanten und Verwandten sowie der gesamten Umgebung. Meinen Vater lernte ich erst mit vier Jahren kennen,

Meine Eltern und Tante Käthe (rechts), die ich sehr liebte.

da er an der Ostfront kämpfen musste, an Fleckfieber schwer erkrankte und schließlich in Gefangenschaft geriet. Meine Mutter hatte mir zwar von ihm erzählt, ich konnte mir aber von ihm keine genaueren Vorstellungen machen. Und so stand er dann 1944 vor mir: Ein großer dunkelhaariger und völlig abgemagerter Mann, zu dem ich erst Vertrauen finden musste.

Erste Erinnerungen

Die Erinnerungen an unsere frühen Jugendtage sind meist sehr verschwommen. Dies ist entwicklungsbiologisch bedingt, da die Sinneseindrücke aus unserer Umwelt vorerst verarbeitet und gespeichert werden müssen. Das Gehirn eines Kleinkindes ist eine Art „Tabula rasa", also eine unbeschriebene Tafel, und muss erst mit Daten gefüttert und quasi programmiert werden. Dabei bilden sich später das bekannte Kurz- und Langzeitgedächtnis aus. Wenn man seinen Lebensfilm vor dem geistigen Auge ablaufen lässt, gibt es stets eine Reihe von Markierungspunkten in Form von einschneidenden Situationen und Ereignissen, welche in der Erinnerung haften geblieben sind. Wie weit diese zurückreichen, ist von Mensch zu Mensch verschieden. Eines meiner ersten derartigen Erlebnisse war das bereits geschilderte Zusammentreffen mit meinem Vater – und dann erinnere ich mich noch an ein frühes Geschehnis, welches fast böse Folgen nach sich gezogen hätte.

Ein interessanter Dachboden

Wir wohnten damals in einem typischen Wiener Bürgerhaus in der Margarethenstraße, welches auch einen großen, für mich interessanten Dachboden besaß. Wenn meine Mutter dort die Wäsche zum Trocknen aufhängte, war dies für mich ein willkommener Anlass, zwischen den mächtigen Holzbalken der Dachkonstruktion herumzustreunen. Es waren auch offene Fensterluken vorhanden, über welche vor allem Tauben einfliegen konnten. Als ich mich wieder einmal auf „Taubenjagd" begab, entdeckte ich einen Stoß Ziegelsteine unweit einer der Dachöffnungen. Ich wollte nun wissen, wie so ein Ziegelstein im Vergleich zu einer Taube fliegen würde.

Der kleine Galileo Galilei

Und so schob ich einen Stein nach dem anderen beim Fenster hinaus und beobachtete fasziniert, wie sie in die Tiefe stürzten. Ich hatte dabei völlig unbewusst die berühmten Fallversuche des *Galileo Galilei* am Schiefen Turm von Pisa in einer Primitivvariante in einem Wiener Zinshaus nachvollzogen. Und das mit etwa fünf Jahren. Allerdings wusste ich nicht, dass die Menschen auf der Straße wegen der herabstürzenden Ziegelsteine um ihr Leben rannten. Als die Polizei bei uns erschien, waren andere „Fallversuche" angesagt: Meine Mutter untersuchte nämlich die Auswirkung herabfallender Handflächen auf meinen Allerwertesten!

1.2 Kriegserlebnisse als Kleinkind

Weitere in der Erinnerung verbliebene frühe Kindheitserlebnisse von mir beziehen sich fast alle auf den Krieg bzw. die Nachkriegszeit. Ich entsinne mich noch an Fliegerangriffe im Bereich des Wiener Neustädter Kanals mit echten Bombenabwürfen. Vor allem in den Nachtstunden, wenn dann mit Leuchtspurmunition die Gegend erhellt wurde, erfasste mich die nackte Angst. Dabei wäre ich auch fast einmal im Garten unseres Holzhauses in Leobersdorf von den Splittern einer explodierenden Bombe getroffen worden. Meine Mutter warf sich instinktiv über mich – und wir hatten beide einen gnädigen Schutzengel, denn wir blieben unverletzt.

Kriegstagebuch meines Vaters

Vor kurzem habe ich das Kriegstagebuch meines Vaters aufgearbeitet und teilweise veröffentlicht. Nichts könnte die Dramatik, die Spannung und das unendliche Leid unserer Väter und deren Familien in einem sinnlosen Krieg – wie es auch letztlich der Zweite Weltkrieg war – besser wiedergeben als diese Unterlage. Als ich darin zu lesen begonnen hatte, konnte ich nicht aufhören und habe diese Dokumentation in einer Nacht förmlich in mich verschlungen. Und ich schäme mich nicht: Ich habe dabei geheult wie ein Kettenhund! Mehrmals musste ich das Manuskript weglegen, weil ich das Ungeheuerliche, das hier niedergeschrieben war, auf ein Mal nicht ertragen konnte.

Gnade der späten Geburt!

Als Jahrgang 1941 habe ich also den großen Krieg, Gott sei Dank, nur mehr am Rande miterlebt. Mir wurde die Gnade der späten Geburt zuteil! Und es ärgert mich vor allem angesichts des mir vorliegenden authentischen Berichts maßlos, wenn die Kriegsgeneration unserer Väter von „Grünschnäbeln" und gutmenschlichen Weltverbesserern generell in den Schmutz gezogen wird. Eines ist klar: Unsere Väter waren in einer unseligen Zeit meist unverschuldet fürchterlichen Zwängen ausgesetzt, worüber die Nachfolgegenerationen ohne persönliche Gefährdung nur akademisch diskutieren können. Es war nicht so, dass die im Zweiten Weltkrieg eingerückten Soldaten alle Nazis und Verbrecher waren. Im Gegenteil: Die Mehrzahl erfüllte – wie mein Vater – nur widerwillig ihre Pflicht!

Mein Vater als ungewollter Kriegsteilnehmer.

Besoffene Russen

Doch zurück in meine Jugendzeit: Ich habe noch andere furchtbare persönliche Erinnerungen! Diese beziehen sich auf betrunkene Besatzungssoldaten, die sich auf Diebs-, Sauf- und Vergewaltigungstour befanden. Das verstand ich damals zwar noch nicht ganz, aber ich hatte unsägliche Angst, wenn die alkoholisierten Russen in unsere Nähe kamen oder in unser Haus in Leobersdorf, südlich von Wien, eindringen wollten. Meine Mutter und ich versteckten uns dann meist in einem bereits vorgefertigten, etwa drei Kubikmeter kleinen Kellerloch unter dem Küchenboden, das über eine raffiniert ausgeführte Klappe und eine kleine Leiter relativ schnell bezogen werden konnte. Ein Teppich tarnte das Versteck sehr gut. Oft waren wir auch beim Nachbarn, einem Bauern namens *Käsmann*, wo wir mit seiner Tochter mit Hilfe einer

Leiter, die wir dann nachziehen mussten, auf den halb ausgebauten Dachboden flüchteten. Einmal erlebte ich dabei als Fünfjähriger zumindest akustisch, wie besoffene Russen eine Nachbarin vergewaltigten und sich später zu viert sogar an einer Ziege vergingen. Diese wurde dabei so geschwächt bzw. verletzt, dass sie notgeschlachtet werden musste.

Glück im Unglück!

Später hatten wir Glück im Unglück, denn in unserem kleinen Holzhaus in Leobersdorf wurden im Obergeschoß einige willfährige Damen – sie wurden unter vorgehaltener Hand von den Erwachsenen als „Russenhuren" bezeichnet – einquartiert. Sie erhielten regelmäßig von einigen hohen russischen Offizieren Besuch. Ich bekam dann immer Süßigkeiten und musste in den Garten spielen gehen. Was ich damals noch nicht wusste: Wir hatten damit den offiziellen Schutz durch offizielle Vertreter der russischen Militärmacht und wurden von weiteren Übergriffen des fallweise renitenten Besatzungspersonals verschont. Auch meine Großmutter, die in ihrer Jugend durch ein böhmisches Kindermädchen ganz gut Tschechisch gelernt hatte, war eine große Hilfe: Sie konnte mit den Soldaten recht gut sprachlich kommunizieren und wurde deswegen und wegen ihrer gut mundenden Erdäpfelsuppe vor allem von den jungen Russen als „Ersatz-Mamutschka" fast verehrt. Trotzdem hatte ich unsägliche Angst, wenn ich in die Nähe von uniformierten Russen kam, obwohl viele von ihnen auch recht nett zu Kindern waren.

Meine Großmutter, mit der ich oft interessante politische Diskussionen führte.

1.3 Marchfelder Reminiszenzen

Meine Mutter und ich wohnten damals abwechselnd in Wien in der Margarethenstraße und in Leobersdorf südlich von Baden in unserem kleinen Holzhaus, wo auch meine kleine Schwester Franziska im Jahre 1945 geboren wurde. Hier hielt meine resolute Großmutter meist alleine die Stellung. Und das war sehr wichtig für uns, denn im kleinen Vorgarten konnten wir Erdäpfel, Gemüse und Gewürze anbauen. Von unseren Obstbäumen ernteten wir köstliche Früchte und meine Mutter produzierte die beste Marmelade, die ich je in meinem Leben gegessen habe. Dieser Garten wurde für uns fast zu einer Überlebensfrage. Nur dadurch konnten wir uns auch als Städter einigermaßen über Wasser halten. Auch das sind (schöne) Erinnerungen eines kleinen Buben, der ich damals war.

Wo sich die Füchse gute Nacht sagen

Mein Vater kehrte am Anfang des Jahres 1944 vom Feld in die Heimat zurück und studierte anschließend unter großen Entbehrungen der gesamten Familie an der Hochschule für Bodenkultur (BOKU) in Wien. Nach Erlangung seines Diploms begab er sich auf Postensuche. Schließlich wurde er im Jahre 1948 Verwaltungsadjunkt in einem landwirtschaftlichen Betrieb der Gemeinde Wien im Marchfeld, der Kornkammer Österreichs. Rutzendorf, eine kleine verschlafene Landgemeinde, wo sich die legendären Füchse gute Nacht sagen, sollte in den nächsten Jahren unser Domizil werden. Glücklicherweise war dieses Dorf nur sechs Kilometer von der Wiener Stadtgrenze (Groß Enzersdorf) entfernt. Trotzdem war der Weg von hier nach Leobersdorf, wohin wir laufend – vor allem an den Wochenenden – zur Pflege des Holzhauses und des Grundstückes fuhren, unendlich lang. Voll mit Rucksäcken bepackt, in beiden Händen Tragkörbe, so legten wir die weite Reise nach Leobersdorf mit Bus, Straßenbahn und schließlich mit der Eisenbahn zurück.

Lenin und Stalin

Bei der Eisenbahnfahrt vom Wiener Südbahnhof nach Leobersdorf hielt der Zug stets in Baden, wo sich in unmittelbarer Nähe des Bahnhofes die Hauptkommandantur der russischen Besatzungsmacht befand. Ein Meer von roten Fahnen, mit Lenin- und Stalinbildern, umrahmte das Gebäude und flößte mir bereits großes Unbehagen ein. Und wenn dann die Russen in ihren hässlichen Uniformen in die Waggons einstiegen, hofften wir, nicht mit ihnen in Kontakt zu kommen. Ich hatte jedes Mal um meine Mutter riesige Angst und betete zum lieben Gott, dass uns nichts passieren würde.

Das Hauptquartier der russischen Besatzungsmacht in Baden bei Wien.
(Bild: Karl Hörwarthner, Rollettmuseum Stadtarchiv Baden)

Das echte Landleben

In Rutzendorf lernte ich das Landleben erst richtig kennen. Ich wuchs mitten in einem „großen Bauernhof“ zwischen Hühnern, Schweinen, Kühen und Pferden auf. Mit dem riesigen Vorteil, dass wir immer genug zu essen hatten! Und das war in der Nachkriegszeit für uns Kinder sehr wichtig. Ich ging auch zweieinhalb Jahre in die Volksschule von Rutzendorf. Hier wurden mehrere Klassenzüge parallel von einer Lehrerin in einem Schulzimmer unterrichtet. Eine echte Landschule eben. In der letzten Klasse gab mich mein Vater jedoch in die Volksschule nach Groß Enzersdorf.

Im Pferdeschlitten

Ich musste jetzt jeden Tag sehr zeitig aufstehen und mit einem klapprigen Postbus über eine löchrige Landstraße nach Wien fahren. Hier besuchte ich auch den evangelischen Schulunterricht, der stets am späteren Nachmittag stattfand. Einmal im Winter hatte es so stark geschneit, dass der Autobus von Groß Enzersdorf nach Rutzendorf nicht fahren konnte. Ein kalter Ostwind hatte meterhohe, dünenhafte Schneewechten produziert. Ich war also alleine in der großen Stadt und wartete stundenlang auf eine Fahrmöglichkeit. Und dann wurde ich von einem Pferdeschlitten, den mein Vater vom landwirtschaftlichen Gut abgesandt hatte, abgeholt. Wir fuhren, in warme Decken eingehüllt, durch die raue Winterlandschaft des Marchfeldes. Es war ein schaurig-schönes Naturerlebnis, welches in meinem Gedächtnis haften blieb.

Blitz und Donner

An noch ein anderes Ereignis erinnere ich mich aus dieser Zeit, welches mir Angst und Schrecken einflößte: einen Großbrand in unserem Gut. Meine Schwester und ich hatten Mumps, eine Infektionskrankheit, und sollten das Bett hüten. Eigentlich war das recht kuschelig, da es draußen ein gewaltiges Sommergewitter gab und die großen Regentropfen an die Fensterscheiben trommelten. Und wenn es blitzte und der krachende Donner folgte, versteckten wir uns schnell unter der Tuchent. Dann kamen Blitz und Donner immer näher und dann ganz knapp hintereinander. Plötzlich ein fast gleichzeitiger riesiger Lichtblitz- und Donnerknall, es hatte in unserer unmittelbaren Um-gebung eingeschlagen. Nach einer kurzen Zeit der gespenstischen Stille, dann die Schreie der Gutsangestellten: „Es brennt! Es hat im Stall eingeschlagen!“.

Feuerwehreinsatz

Natürlich waren meine Schwester und ich nicht zu halten: Wenigstens vom Fenster aus wollten wir das Schauspiel beobachten. Mein Vater war ja schon voll im Einsatz und wir sahen, wie die Gutsangestellten in das bereits im Dachbereich brennende Gebäude eindrangen und das Rindvieh und die Pferde ins Freie brachten. Und dann kam die Dorffeuerwehr mit einer Uraltspritze, um den Brand zu bekämpfen. Allein der Erfolg blieb aus. Mit Beilen und Einreißhaken versuchten nun die in grobem Drillich eingekleideten und mit Helmen ausgerüsteten Feuerwehrmänner Fenster einzuschlagen und Wände niederzureißen. Das gesamte Gebäude stürzte schließlich ein und es blieb eine rauchende Ruine übrig. So erlebte ich in früher Jugend bereits einen Feuerwehreinsatz, der in meinem Gedächtnis haften geblieben ist.

Meine Schwester und ich

1.4 Übersiedlung nach Wien

Im Jahre 1951 übersiedelten wir vom bereits durch die pannonische Tiefebene geprägten Marchfelder Flachland in den hügeligen Wienerwald auf den Cobenzl. Dieser Ortswechsel stellte für die gesamte Familie einen echten Qualitätssprung dar. Nicht nur, dass wir von der russischen in die amerikanische Besatzungszone wechselten, auch das ganze Ambiente war hier anders. Der Cobenzl bildet ja mit dem Kahlenberg und Leopoldsberg den östlichsten Ausläufer des Wienerwaldes gegen die Donau zu und war schon damals als Ausflugsgebiet durch die weithin bekannte Höhenstraße verkehrstechnisch sehr gut erschlossen. An den sanften Südhängen wird schon seit Urzeiten Weinbau betrieben und die Wiener Heurigengegend (Grinzing, Sievering und Neustift am Walde) ist ja geradezu legendär. Und hier wurde nun mein Vater stellvertretender Verwalter des Weingutes Cobenzl. Ein Posten, für den er auf Grund seiner umfassenden Vorbildung fachlich ungemein prädestiniert war. Schließlich war er Absolvent der weit über ihre Grenzen hinaus bekannten Weinbauschule Klosterneuburg und der Hochschule für Bodenkultur.

Das beste Bauernbrot

Für uns Kinder war diese Übersiedlung Goldes wert. Hier im 19. Wiener Gemeindebezirk wuchsen wir mitten in der wunderschönen Natur des Wienerwaldes auf. Wir waren Stadt- und Landkinder zugleich und mussten keine Not leiden. Meine Mutter legte einen prächtigen Gemüsegarten an (den ich leider mithelfen musste zu bearbeiten) und backte in einem alten Backofen, der aus dem Märchen Hänsel und Gretel hätte stammen können, das beste Bauernbrot der Umgebung. Daneben betrieb sie eine kleine Hasen-, Hühner- und Schweinezucht. Hunger hatten wir, wie so manche Stadtkinder, jedenfalls nicht. Im Gegenteil: Es gab bei uns kulinarische Köstlichkeiten, wie gefüllte Paprika, den berühmten Erdäpfelscheiterhaufen mit Speck und Eiern drin und am Wochenende fallweise einen Schweine- oder Hasenbraten.

Ohne Standesdünkel

Was noch ausgesprochen erwähnenswert ist: Meine Schwester und ich wuchsen mitten im Wienerwald in einer wunderbaren Harmonie mit einer damals noch weitgehend intakten Natur auf. Unsere Freunde und Freundinnen waren die Kinder von Landarbeitern und hart arbeitenden Frauen, die der einfachsten gesellschaftlichen Schicht angehörten. Mein Vater war hier am Weingut der einzige Akademiker und ich war der Einzige aus der Gruppe der Jungen, der die Mittelschule besuchte. Alle meine Freunde und Freundinnen am Cobenzl waren jedoch unkompliziert und natürlich. Im Gegensatz dazu verhielten sich manche meiner Mitschüler hochnäsig, anmaßend und eitel. Für mich war dies ein ungemein wichtiger Lernprozess, der mich in meinem künftigen sozialen Verhalten sehr prägte. Ich hatte schon damals als Mittelschüler und später als Akademiker nie auch nur den Anflug eines Standesdünkels. Ich war daher auch in führender Position stets für alle meine Mitarbeiter da. Einmal habe ich dies bei der Berufsfeuerwehr Graz als Branddirektor bei einer hitzigen Diskussion mit einigen Personalvertretern überspitzt so formuliert: „Meine Herren, ich brauche keine Gewerkschaft, denn gerecht und sozial denke und handle ich selber!".

Ein Seismograph, was ist das?

Doch noch einmal zurück zu meiner Mutter: Sie war eine nicht nur attraktive, sondern auch sehr aktive Frau. So betreute sie damals gegen ein paar Schillinge eine kleine seismische Station, welche am Cobenzl von der Zentralanstalt für Meteorologie und Geodynamik für die Erdbebenforschung betrieben wurde. Dabei musste sie in periodischen Abständen mit aller Vorsicht eine für den Seismographen notwendige spezielle Papierfolie auswechseln. Ich begleitete sie als Halbwüchsiger sehr häufig, denn die empfindlichen Messapparaturen, die in einer kleinen Messstation untergebracht waren, faszinierten mich ungeheuer. Angeregt durch diese Geräte stöberte ich in den Büchern, die mein Vater besaß. Ich beschäftigte mich schon damals mit dem geologischen Aufbau der Erde, mit unserer Sonne und dem Mond, aber vor allem unserem Planetensystem.

Ein erstes Schockerlebnis

Zu Weihnachten 1952 erhielt ich einen Matador. Mit Hilfe der verschiedenen Bausteine, Räder und Verbindungsachsen baute ich mit Begeisterung Häuser, Fahrzeuge, Tiere und Menschen. Besonders interessierte mich ein Federantrieb, mit welchem ich eine Art kleines Raupenfahrzeug entwickelte, welches fast alle Hindernisse überwinden konnte.

In diesem Zusammenhang begann ich im Geheimen auch mit dem elektrischen Strom zu experimentieren.

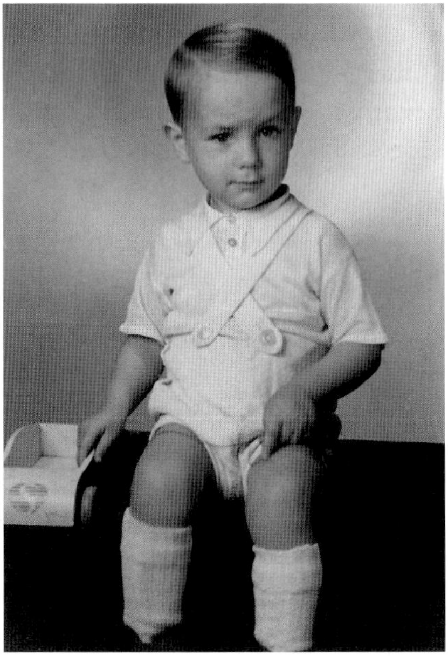

Schon in jungen Jahren beschäftigte ich mich mit Technik (hier mein erstes Rennauto).

Einmal hatte ich die Wahnsinnsidee, mit zwei Kupferdrähten in die beiden Löcher der Strombuchse zu fahren. Ich erhielt dabei einen fürchterlichen elektrischen Schlag, der mich zu Boden warf. Ich stand für einige Zeit unter Schock und mied in Zukunft vorerst alles, was mit Elektrizität in Verbindung gebracht werden konnte. Ich hatte das erste Mal in meinem Leben auf bewusste Weise durch Schock gelernt! Dabei musste man von großem Glück sprechen, denn ich hätte auch tot sein können.

Club of Rome

Dieses kleine Beispiel aus dem Leben eines Halbwüchsigen ist – wie wir heute wissen – fast nahtlos auf unsere Gesellschaft zu übertragen. Denn spätestens nach dem Erscheinen des Bestsellers „Das menschliche Dilemma – Zukunft und Lernen“ haben wir es auch schriftlich, dass die Menschheit heute im Wesentlichen nur durch Schockerlebnisse lernt. Es war dies ein Bericht an den *Club of Rome*, der im Jahre 1979 bei einer internationalen Tagung in Salzburg vorgelegt wurde. Die Autoren stellen dabei fest, dass beim Eintreten einer globalen Katastrophe (z. B. ausgelöst durch einen Atomkrieg oder einen Umweltkollaps) eine Vernichtung der gesamten Menschheit möglich wäre, bevor wirksame Gegenmaßnahmen (durch einen entsprechenden Lerneffekt ausgelöst) überhaupt ergriffen werden können.

Ein Heuriger entsteht!

Doch zurück von der großen Weltpolitik zu meiner tüchtigen Mutter: Neben dem Haushalt und der Betreuung der Familie begann sie – nachdem mein Vater einige Jahre später Verwalter wurde und wir ins Hauptgebäude des Gutes übersiedelt waren – mit einem Heurigen, wo wir unter anderem den Wein meines Vaters und das Brot meiner Mutter verkauften. Onkel *Wickerl* spielte an den Wochenenden den Kellner und sang fallweise mit meinem Vater wunderschöne Wienerlieder. Tante *Käthe* – die ich sehr liebte – spielte den guten Hausgeist. Ich stand öfter als Schankbursch hinter der Theke und auch meine kleine Schwester half aus, wo es ging. Damit war der Familienbetrieb fast perfekt!

Meine Mutter gründete den heute noch bekannten Heurigen am Cobenzl.

Gitarrenunterricht

Besonders angetan hatte es mir der Gitarrist, der an den Wochenenden und Feiertagen mit zwei anderen Heurigenmusikern aufspielte. Ich beobachtete heimlich seine Griffe und ließ mir von ihm später sogar Unterricht geben. Gitarre spielen mit aller Kunstfertigkeit lernte ich zwar nie, aber es reichte für die Begleitung von Studentenliedern, G'stanzeln und Gaunerballaden, die ich ganz gut vortragen konnte. In meiner Studentenverbindung erlangte ich sogar als Bänkelsänger temporäre Berühmtheit. Vor allem das freche Lied von der lebenslustigen Amanda wurde immer wieder auf Veranstaltungen lautstark akklamiert. Dies ging so weit, dass ich in den Wiener Studentenkneipen später den Spitznamen „Amanda" erhielt.

Reitstall für die Amis

Zurück zu den Anfängen am Cobenzl: Am Gut gab es neben dem Weinbau auch eine kleine Landwirtschaft mit Kühen und Pferden. Vor allem der Pferdestall hatte es den Amerikanern angetan, welche deswegen in der Gutsverwaltung eine ständig besetzte Dependance aufgebaut hatten. Von hier aus ritten sie mit den Pferden in den Wienerwald aus und betrieben regelrecht eine Reitschule. Die in ihren Uniformen stets lässig wirkenden Soldaten waren zu uns Kindern immer freundlich und zu einem Spaß aufgelegt. Wir versahen auch fallweise einfache Dienstleistungen und wurden dafür mit Süßigkeiten und Kaugummi belohnt. Größere Mädchen erhielten für wesentlich weiter gehende „Hilfsdienste" noch ganz andere Sachen. So beobachteten wir die junge, hübsche Tochter des früheren Verwalters, wie sie sich häufig in die Ami-Kanzlei schlich und einige Zeit später mit rotem Kopf, zerzaustem Haar und einem Paar Nylonstrümpfen in den Händen wieder herauskam. Auch das gab es damals!

1.5 Ein einschneidendes Ereignis

Es war im Jahr 1961, in welchem sich für unsere ganze Familie ein einschneidendes Ereignis ergab. Dieses führte in der Folge sogar dazu, dass mein Vater seinen Posten als Verwalter des Weingutes Cobenzl verlor und beruflich in die Wiener Stadtgartendirektion am Heumarkt übersiedeln musste. Wir hatten zwar damals bereits einen Schrebergarten in der Nähe der alten Dienststelle meines Vaters „Am Himmel", aber mit dem Postenwechsel meines Vaters verloren wir auch unsere Dienstwohnung und mussten notgedrungenermaßen auf Wohnungssuche gehen. Schließlich siedelten wir uns in Neustift am Walde an, von wo unser Heimgarten mit dem Auto, welches wir mittlerweile besaßen, leicht über die Höhenstraße von Westen her zu erreichen war. Ich selbst war damals Besitzer eines kleinen blauen Motorrollers (DS 50), der in den Grazer Puch-Werken produziert wurde.

Unser Schrebergarten „Am Himmel"

Im Marschblock durch Grinzing

Wieso musste mein Vater jedoch seinen sicheren Beamtenposten im Weingut Cobenzl aufgeben? Der Hintergrund war einerseits eminent parteipolitisch und – man kann heute mit Fug und Recht sagen – andererseits sogar kriminell. Dazu muss man wissen, dass mein Vater schon seit frühen Jugendjahren ein glühender und kämpferischer Sozialdemokrat war. Er war in der Grinzinger Weinbauregion eine Art Arbeiterführer und politisch ungemein aktiv. Wenn er mit den roten Landarbeitern am 1. Mai vom Cobenzl über die Höhenstraße, von einem Fahnenmeer umgeben, durch Grinzing marschierte, war das natürlich den durchwegs christlich-sozial eingestellten Weinhauern ein Dorn im Auge. Als nun auf Betreiben meines Vaters an exponierter Stelle in Grinzing – sozusagen mitten im „Feindesland" – auch ein Heuriger entstand, der sich durch gute Qualität und niedrige Preise bald als große Konkurrenz zu den heimischen Lokalen erwies, war das Maß voll. Diese Aktion brachte nun im wahrsten Sinn des Wortes das Fass zum Überlaufen!

Lästige Nadelstiche

Es kam in der Folge bei fachlichen und politischen Versammlungen zwischen ÖVP-Funktionären und meinem Vater, der durch sein emotionales Auftreten das Seine dazu beitrug, vermehrt zu Schreiduellen und Beschimpfungen. Dann wurde das neue Heurigenlokal durch Unbekannte mit einer Anzeigenwelle eingedeckt. Immer wegen diverser lächerlicher Delikte, wie Überschreiten der Sperrstunde oder Lärmbelästigung. Die Anzeigen verliefen zwar immer im Sande, aber das Ganze war für meinen Vater zeitraubend und lästig. Dies waren kleine Nadelstiche, die zwar ärgerlich waren, aber noch zu verkraften gewesen wären.

Ein Pflanzengift namens Dikopur

Aber dann ereignete sich etwas Eigenartiges: Im Bereich des Krapfenwaldls besaß das „Weingut Cobenzl" damals einige größere Kornfelder, welche auf Anweisung meines Vaters mit einem Unkrautvertilgungsmittel namens Dikopur gespritzt wurden. Da sich diese inmitten von Weingärten befanden, musste das Pflanzengift durch die Angestellten des Weingutes mit größter Vorsicht und streng nach bestehenden Vorschriften aufgebracht werden. Man berücksichtigte dabei vor allem die Wind- und Wetterverhältnisse, was auch dokumentiert wurde. Trotz dieser Vorsichtsmaßnahmen kam es kurze Zeit später überraschenderweise zu größeren Schäden an den umliegenden Weingärten, welche einigen Grinzinger Weinhauern gehörten. Mein Vater wurde schließlich wegen grober Fahrlässigkeit angezeigt und verurteilt. Die Gemeinde Wien musste – als Besitzer des Weingutes und der landwirtschaftlichen Flächen – in der Folge zur Wiedergutmachung des Schadens über 300.000 Schilling bezahlen, eine für damalige Verhältnisse hohe Summe.

Wie eine „heiße Kartoffel"

Dieses Ereignis hatte für meinen Vater aber böse Folgen: Er musste seinen Job als Verwalter des Weingutes quittieren. Auch seine politischen Förderer in der SPÖ ließen ihn kurzerhand fallen wie eine „heiße Kartoffel". Ich habe dieses Drama damals in unserer Familie hautnah miterlebt und mir geschworen, in meinem Leben keine aktive Parteipolitik zu betreiben. Ich hielt es stets mit *Stefan Zweig*, dem großen österreichischen Lyriker, der sagte: „Wahrhaftigkeit und Politik wohnen selten unter einem Dach!". Und obwohl ich im Laufe der nächsten Jahrzehnte sukzessive von fast allen politischen Gruppierungen umworben wurde und attraktive Angebote zur Mitarbeit erhielt, habe ich mich immer aus dem Dunstkreis der unmittelbaren Parteipolitik herausgehalten. Vielleicht hätte ich es in manchen Situationen leichter gehabt, aber ich war hart: Ich habe mich nie politisch erpressen lassen und stets die Sachpolitik der Parteipolitik vorgezogen!

Eine unglaubliche Geschichte

Es waren einige Jahre vergangen und unsere Familie hatte sich nach dem Schock von 1961 wieder einigermaßen erholt. Mein Vater hatte uns zum Heurigen ausgeführt und die Stimmung war ausgezeichnet. Und gerade an diesem Abend sollte eine Bombe platzen! Ich hatte schon einige Zeit einen vollbärtigen Mann mit zerfurchtem Gesicht beobachtet, der ein Viertel Wein nach dem anderen förmlich in sich hinein schüttete. Er saß an der Theke und prostete meinem Vater mehrmals zu, der seinen Zutrunk stets erwiderte. Anscheinend musste er ihn kennen. Als sich diese „knorrige Eiche" an unseren Tisch setzte, wurde ich Zeuge einer unglaublichen Geschichte.

Das *„Kasmandl"* packt aus

Der Mann mit dem Vollbart war Weingartenhüter, eine Tätigkeit, die es heute in dieser Form nicht mehr gibt. Er hatte lustige, blaue Augen und einen urwienerischen Mutterwitz. Die Leute im Lokal riefen ihn *„Kasmandl"* und der viele Alkohol dürfte an diesem Abend wohl seine Zunge etwas gelockert haben. Und es war eine Art von Beichte, als er meinem Vater erzählte, dass er damals im Jahr 1961 auch die geschädigten Weingärten im Krapfenwaldl zu beaufsichtigen hatte. Er erzählte von zwei Männern, die dort am Abend mit Weingartenspritzen unterwegs waren und ihm – als er sie zur Rede stellte – Gewalt androhten, wenn er darüber etwas sagen sollte. Nun fiel es uns wie Schuppen von den Augen: Die Weinbauern hatten ihre eigenen Weingärten mit Gift spritzen lassen, um meinen Vater loszuwerden. Diese ungeheuerliche Geschichte kam jedoch für uns einige Jahre zu spät, denn kurze Zeit danach verstarb das „Kasmandl" und so war der einzige Zeuge für diese schändliche Tat nicht mehr greifbar.

1.6 In der Realschule

Für mich begann – nachdem ich das zweite Halbjahr der vierten Klasse Volksschule in Grinzing in der Managettagasse besucht hatte – mit dem Eintritt in die Beethoven-Realschule (naturwissenschaftlicher Zweig des damaligen Mittelschulsystems) in der Krottenbachstraße im 19. Wiener Gemeindebezirk bald der Ernst des Lebens.

Mittelschulzeit

Über meine Mittelschulzeit ist jedoch nicht viel zu berichten. Ich war ein relativ braver Schüler und hatte ganz passable Noten. In den Sprachen war ich eher Mittelmaß, so dass ich mich in der fünften Klasse neben Englisch nicht für Latein, sondern für Französisch entschied. Meine anfängliche Mathematikschwäche konnte ich dank eines hervorragenden Professors im Laufe der Jahre vollkommen ablegen, so dass ich sogar in diesem Fach mit „sehr gut" maturierte. Da ich mich auch für Darstellende Geometrie, Physik und Chemie interessierte, war später ein naturwissenschaftliches Studium fast vorprogrammiert.

„Pepizismen"

Eine echte Persönlichkeit, die meine Entscheidung, später Naturwissenschaften zu studieren, sicherlich beeinflusst hat, war unser Physikprofessor *Dr. Willibald Mansch*. Er war ein stattlicher, groß gewachsener Hüne von fast zwei Metern, der jedoch einen gravierenden Fehler hatte: Er lispelte in unüberhörbarer Weise und gab am laufenden Band Bonmots von sich. Wir nannten ihn *Pepi* oder „Willibald den Zauberlehrling" und ärgerten ihn in fast jeder Physikstunde. Seine witzigen Satzkonstruktionen, die uns oft zu Lachstürmen reizten, sammelten wir und veröffentlichten sie unter der Rubrik „Pepizismen – Aphorismen der Heiterkeit" in unserer Maturazeitung. So definierte er: „Platzangst ist, wenn Sie Zitterzustände bekommen und hinausgehen müssen!" Er erkannte tief schürfend, dass „ein halber Meter zirka ungefähr 50 Zentimeter sind" und dass der große Physiker *Gauss* „mit Doppel-‚S' oder mit zwei ‚S' geschrieben wird".

Physikunterricht im Stiegenhaus

Ein besonderes Erlebnis war ein praktisches Experiment im großen Stiegenhaus der Realschule in der Krottenbachstraße, welches mir noch in Erinnerung geblieben ist. *Dr. Mansch* ließ uns wie üblich in Zweierreihen antreten. Doch diesmal ging es nicht in den Physiksaal, sondern ins letzte Geschoß unseres mächtigen Schulbaus. Dort erklärte uns *Pepi*, dass er heute die Fallgeschwindigkeit eines Steins aus der experimentell ermittelten Fallzeit berechnen wolle. Dazu hielt er in seiner rechten Hand einen Stein und in seiner Linken eine Stoppuhr. Er sagte in seiner lispelnden Weise: „Jetzt lasse ich den Stein fallen und drücke auf die Uhr!" – dann ließ er die Uhr fallen und drückte auf den Stein. Als sie am Boden mit einem lauten Krach zerschellte, sagte er nur: „Jetzt ist sie hin!". Das war *Willibald Mansch*, wie er leibte und lebte!

Murmler und Summer

Besonders böse wurde *Pepi*, wenn wir schwätzten. Er bezeichnete dies als Murmelei und prägte unter anderem die Aussprüche: „Ich stehe hier vor einer Gesellschaft, die nebeneinander sitzt und sich dauernd anmurmelt!“ und „Ich lasse also meinen Blick herum schweifen, um jene Obermurmler zu suchen, die diese Luft hier verpesten!“. Später begannen wir auf Kommando während des Unterrichts alle zu summen, worauf *Pepi* drohte: „In dieser Klasse sind einige Summer, sie sollen nur weitersummen, ich werde ihnen schon etwas vorsummen, dass sie noch ein Jahr summen werden. Wir werden ja sehen, wer der stärkere Summer ist!“.

Als „Ketzer“ bezeichnet

Aus der Unterstufe sind mir noch einige unliebsame Zwischenfälle mit einem ewig-gestrigen katholischen Religionslehrer in deutlicher Erinnerung. In unserer Klasse waren damals über 40 Schüler und Schülerinnen, davon gab es nur drei Evangelische. Ich war einer dieser kleinen Minderheit, welche beim katholischen Religionsunterricht fallweise dabei sein musste, weil kein evangelischer Lehrer zur Verfügung stand. Wir hatten uns dann ruhig zu beschäftigen, konnten entweder zuhören oder etwas lesen. Schon beim ersten derartigen gemeinsamen Unterricht mussten wir jedoch die letzte Bank umdrehen und uns mit dem Gesicht gegen die Rückwand des Klassenzimmers setzen, damit wir die Klasse und den Religionslehrer nicht sehen konnten. Dessen Kommentar war dabei auch nicht von schlechten Eltern: „Die Ketzer haben sich schon zu *Luthers* Zeiten von der wahren katholischen Kirche abgewandt“.

Lehre fürs Leben

Diese unverständliche Haltung eines geistlichen Lehrers hatte aber zur Folge, dass wir von einigen Schülern laufend als „Ketzer“ beschimpft wurden. Einmal kam es deswegen dann auch zu einer wilden Rauferei zwischen mir und einem Mitschüler, welche schließlich vor dem Direktor der Schule ihr Ende fand. Dieser stellte Gott sei Dank diese Diskriminierungsaktionen ab und hielt der Klasse eine Moralpredigt in Sachen Toleranz. Für mich waren derartige Ereignisse insoferne prägend, als ich lernte, mich auf die eigenen Füße zu stellen und auch bei Konfrontationen nicht klein beizugeben. Es waren dies die ersten prägenden Meilensteine eines harten, aber auch spannenden Lebensweges, den ich – stets unter Wahrung der Toleranz gegenüber Schwächeren – kompromisslos zu gehen versuchte. Also eine echte Lehre fürs spätere Leben!

Vom Mittelmaß zur Bestform

Nach einigen Schwächen in Englisch und Mathematik in der Unterstufe wurde meine Lernleistung im Laufe der Jahre immer besser. In der achten Klasse, knapp vor der Matura, lief ich in fast allen Gegenständen zur Bestform auf. Mein Interesse fokussierte sich neben den naturwissenschaftlichen Fächern, also Physik, Chemie und Biologie (hieß damals noch Naturgeschichte) und der Mathematik auch auf die Philosophie. Auch im Sport war ich aktiv: Nach Gründung einer Schülerfußballmannschaft – wir nannten sie „swallows“ (Schwalben) – fand ich am Basketballspiel großen Gefallen. Mit 17 Jahren begann ich jedoch bei der Union-Döbling, welche ihr Trainingszentrum im Nußdorfer Stadtbahnbogen hatte, mit dem Judo. Diesen Kampfsport betrieb ich mehrere Jahre und errang später bei den Wiener Hochschulmeisterschaften sogar einen dritten Platz.

Als Judokämpfer in Aktion.

Die Reifeprüfung

Die schriftliche Matura legte ich mit Bravour ab. Vor allem in Mathematik und Darstellender Geometrie brillierte ich. Bei der mündlichen Matura war ich jedoch überraschenderweise sehr nervös: Als mir der Vorsitzende bei der Französischprüfung freundlich mit den Worten *asseyez vous* Platz anbot, antwortete ich *thank you very much*, was zu einem Heiterkeitsausbruch der Prüfungskommission führte. In Mathematik tänzelte ich kunstvoll vor der Tafel hin und her, konnte den Fehler in einer Integralrechnung nicht finden und verfehlte dadurch eine Auszeichnung. Unser Klassenvorstand Frau Professor *Elisabeth Haas*, welche später in unserer Maturazeitung einen treffenden Steckbrief aller Schüler verfasste, beschrieb mich daher folgendermaßen: „Philosophisch angehauchter Naturbursch, entdeckte neue mathematische Tanzschritte und studiert derzeit *okiaschibarai* (für Nicht-Judokämpfer: Doppelbeinwurf)".

Nach der Matura mit unserem Klassenvorstand Prof. Dr. Elisabeth Haas (der Lange links stehend bin ich).

Audienz beim Papst

Der offizielle Abschluss unserer Mittelschulzeit bildete die Maturareise nach Rom. Da diese Fahrt in die Heilige Stadt von dem bei vielen Schülern umstrittenen katholischen Religionslehrer *Dr. Flasch* organisiert wurde, nahmen von 27 nur 11 Maturanten teil. Wir reisten dann mit einem ähnlichen kleinen Rest der Parallelklasse zusammen nach Italien. Es war zum damaligen Zeitpunkt für die meisten Schüler die wohl weiteste Reise ins Ausland und wir waren alle sehr gespannt auf die kommenden Eindrücke, war doch auch eine Audienz bei *Papst Pius XII.* angesagt. Diese war für uns alle wohl beeindruckend und ich lernte als Protestant erstmals den Enthusiasmus, vor allem der Italiener, kennen, welchen sie ihrem geistlichen Oberhaupt entgegenbrachten. Ich betrat auch erstmals den riesigen Petersdom, der – wie wir im Religionsunterricht gelernt hatten – fast ausschließlich aus Ablassgeldern der kleinen Leute finanziert wurde. Die bekanntesten Worte des penetranten katholischen Ablasspredigers *Johann Tetzel* blieben mir dabei in Erinnerung: „Wenn das Geld im Kasten klingt, die Seele in den Himmel springt!". Jetzt verstand ich auch viel besser, wieso *Martin Luther*, der große evangelische Reformer, so wichtig in der Geschichte der Christenheit gewesen ist.

Hinter Klostermauern

Leider wurden unsere Erwartungen bei dieser Reise trotz alledem nur teilweise erfüllt. Wir wollten feiern und fröhlich sein, wurden aber in einem Kloster untergebracht, in welchem man sich nur ganz leise unterhalten durfte. Wir wollten Rom auch bei Nacht erleben, hatten aber um 20.00 Uhr Nachtruhe, weil am nächsten Tag wieder der Besuch eines Dutzends von Kirchen geplant war. Dies führte schließlich zu einem kleinen Aufstand, bei welchem ich unter den Rädelsführern war. Wir wollten uns auch frei bewegen können und nicht nur in der Herde unter der Obhut unseres geistlichen Hirten von einer Kirche in die andere getrieben werden. Und wir empfanden auch die altehrwürdigen Klostermauern damals als eine Art psychologisches Gefängnis.

Ein Schaukampf im Meeressand

Mit unserem Protest hatten wir teilweise Erfolg, denn nach fünf Tagen Kirchenkost fuhren wir außerplanmäßig an den Strand der Römer, nach Ostia ans Meer. Dort tollten wir im Sand umher und fühlten uns im Tyrrhenischen Meer frei wie die Fische im Wasser. Ich selbst bot mit einem Kollegen der Nebenklasse, der ebenfalls Judoka war, eine Demonstration der Sonderklasse: Wir präsentierten einen attraktiven Schaukampf im heißen Meeressand, wobei wir unser ganzes Repertoire an Tricks und Würfen darboten. Wenn ich mit etwa 1,87 m Größe meinen Partner, der nur knapp über 1,60 m maß, in hohem

Bogen über die Schulter warf und dieser quasi einer Wurfparabel folgend in den Sand krachte und er im Gegenzug mich (den Langen) mit einem Beinwurf zu Fall brachte und über mich elegant hinwegrollte, erhielten wir den donnernden Applaus der Badegäste. Darüber hinaus aber die bewundernden Blicke so mancher römischer Badenixe. Mit zwei dieser Mädchen vereinbarten wir am nächsten Tag sogar ein Rendezvous.

Hinter dem Colosseum

Die Frage war nur, wie konnten wir die Reisegruppe unbemerkt verlassen? Am Nachmittag besichtigten wir das Colosseum, dieses gewaltige altrömische Stadion. Dabei wurde unsere Reisegruppe automatisch in dem weitläufigen Gebäude auseinandergerissen. Ich hielt mich mit meinem Judofreund bewusst im Hintergrund, um schließlich hinter der Deckung einer der mächtigen Säulen zu verschwinden. Und tatsächlich warteten die beiden reizenden römischen Mädchen nicht unweit des Colosseums bereits auf uns. Es war ein schöner und lustiger Spätnachmittag und Abend, den wir als schüchterne und philosophisch angehauchte Maturanten mit unseren Eroberungen selbstverständlich nur platonisch verbrachten. Wir verständigten uns dabei in unserem Schulenglisch und führten dann über fast ein Jahr eine innige Brieffreundschaft.

Verbales Donnerwetter

Ein Problem hatten wir aber: Als wir so gegen 21.00 Uhr in unser klösterliches Quartier kamen, war dieses bereits abgeschlossen. Einige Momente überlegten wir – als sportliche Burschen – über die Klostermauer zu klettern. Das unterließen wir jedoch aus Pietätsgründen und betätigten schließlich mit klopfenden Herzen die Glocke beim großen Eingangstor. Natürlich war unser Ausbleiben bereits bemerkt worden und *Dr. Flasch* wartete nur auf die Ausreißer, um ihnen eine tüchtige Abreibung zu verpassen. Es war ein gewaltiges verbales Donnerwetter, welches auf uns herunterprasselte und das uns den Kirchenmann nicht gerade sympathischer machte. Er hatte eben kein Verständnis für die von uns gerade angebahnten internationalen Beziehungen, obwohl sie im einschlägigen Sinn zu diesem Zeitpunkt eigentlich gar keine waren.

Urösterreichischer Name!

Doch nun zu meinem Namen. In der Mittelschule wurde ich von meinen Mitschülern mehr oder weniger liebevoll als *„Widehopf"* bezeichnet, was mich anfänglich sehr ärgerte. Später hat ein guter Freund von mir einmal behauptet, ich wäre an der Spitze einer fußmaroden böhmischen Einwandererkolonie im Raume von Wien gezeugt worden. Was mich natürlich noch mehr ärgerte, weil es einfach nicht stimmt! Den einschlägigen Forschungen meines Vaters zufolge entstammen die Widetscheks nämlich angeblich dem Tiroler Geschlecht der ***Wid***, die sich bereits im 17. Jahrhundert an der ***Etsch*** angesiedelt hatten, und zwar dort, wo die Etsch ein ***Eck*** macht. So entstand – mit Schreibfehler – der Name ***Widetschek***. Ein Tiroler und somit urösterreichischer Name! Falls es stimmt, ist es gut. Falls es nicht stimmt, ist es gut erfunden!

Familienkürzel: Owid

Auf jeden Fall habe ich mich über viele Jahre auf diese Weise bei Schulungen, Seminaren und Symposien vorgestellt. Und ich bin bereits bei unzähligen Veranstaltungen und bei weit über 100.000 Menschen als Referent tätig gewesen! Mit dem Erfolg, dass ich fallweise mit einem „CK" am Ende des Namens geschrieben werde. Als familiäres Kürzel verwende ich auch oft die Abkürzung **Owid** (steht für *O*tto ***Wid****etschek*), bei welcher die Ähnlichkeit zum römischen Dichterfürsten Ovid augenscheinlich ist. Jedenfalls hoffe ich aber, wesentlich verständlicher als der Genannte zu schreiben.

2. Kapitel:

Studium in Wien: Die schönsten Jahre

Großer Lesesaal der Uni Wien
(Foto: F. Votava, Wien)

Ich weiß, dass ich nichts weiß!
Sokrates

Es waren die wilden, glücklichen Sechzigerjahre. Ich hatte an der Universität Wien inskribiert. Und zwar die Fächer Physik und Mathematik. Nach meiner Matura in der Beethovenrealschule in Döbling strotzte ich vor Tatendrang und Wissensdurst. Ich wollte der Welt einen „Haxen" ausreißen, wie man in Wien sagte – und fast alles studieren!

2.1 Der Traum vom Atomphysiker und Weltraumfahrer

Mein Interesse war unglaublich groß, ich war damals ein Anwärter für ein lange nicht mehr realisierbares *Studium Generale*. Zuerst überlegte ich Geodäsie, die Vermessungswissenschaft unserer Erde, zu studieren. Dann wollte ich Medizin inskribieren, aber daraus wurde nichts. Meine Wahl fiel schließlich auf Physik als Hauptfach. Indirekt beeinflusst wurde ich dabei durch die ersten Weltraumstarts der Amerikaner.

In früheren Jahrzehnten wollten technisch interessierte junge Menschen Lokomotivführer oder Kranfahrer werden, wir träumten damals jedoch vom geheimnisvollen Beruf des Atomphysikers oder gar einmal als Weltraumfahrer unseren blauen Planeten von oben zu sehen.

Peter – die „Hopfenstange"

Ein weiterer Impuls, an der Universität Wien Physik zu inskribieren, war ein Maturakollege von mir. *Peter Kaas* war sein Name und er war mit fast zwei Metern der Längste von uns in der Klasse. Diese dünne Hopfenstange repräsentierte den hochintellektuellen, etwas tollpatschigen Wissenschaftlertyp und hatte bei uns auch insgeheim den Beinamen *Daniel Düsentrieb*. Er wollte nun Physik studieren und fand in mir einen kongenialen Partner. Wir waren ein ungleiches Duo, das sich aber prächtig ergänzte. Er war dabei der große

Theoretiker, der alles mathematisch beweisen wollte, und ich war der auffassungsschnelle Empiriker, der stets durch anschauliche Vergleiche die Urgründe der Materie erfassen wollte.

Mein Studienkollege und damaliger Freund Peter Kaas, den es später nach Deutschland verschlagen hat.

Studium im Café

Wie oft saßen wir ganze Nächte im legendären *Café Grillparzer* an der Nussdorferstraße in der Nähe des Stadtbahnbogens, welches nun schon seit Jahren einem feinen Restaurant gewichen ist. Hier hatten wir bereits einen Stammplatz und dieses Lokal wurde im wahrsten Sinn des Wortes zu unserer zweiten Heimat. Fast täglich streberten wir hier unsere Skripten und Mitschriften durch und philosophierten oft über Gott und die Welt. So manch wissenschaftliches und persönliches Aha-Erlebnis prägte unseren künftigen geistigen und privaten Wissenshorizont. Und wenn wir einmal drei Tage nicht anwesend waren, machten sich der alte *Ober Franz* und vor allem auch das viel jüngere weibliche Personal bereits große Sorgen.

Interessante Jobs

Einige Jahre war das „Grillparzer" in der Studienzeit unser Treffpunkt. *Peter* und ich waren auch als gesuchte Nachhilfelehrer tätig und brachten zum Teil unsere Schüler und Schülerinnen ins Café. Wir konnten zwar zu Hause bei unseren Eltern wohnen, mussten uns aber das Studium selber verdienen. In den Ferien jobbten wir ebenfalls: *Peter* war bei der in Wien ansässigen Internationalen Atomenergie-Organisation (IAEO) tätig und ich volontierte einige Male im damaligen Atomforschungszentrum Seibersdorf, vor allem in der Elektronikabteilung und im Strahlenschutz. Durch diese Tätigkeiten entwickelten wir vor allem auch unsere Gabe, kompliziertes Wissen in anschaulicher Weise weiterzugeben und in der Öffentlichkeit seinen Mann zu stehen. Auch die spätere Mitgliedschaft im angesehenen akademischen Corps Symposion, einer wehrhaften Wiener Studentenverbindung, prägte mich stark und war ein künftiger Ansporn, in der Erwachsenenausbildung tätig zu werden.

2.2 „Lernen S' Geschichte!"

Doch vorerst zurück an die Universität: *Peter* und ich hatten schon so manche Prüfung abgelegt. In den ersten Semestern saßen wir in den überfüllten Lehrsälen des Mathematischen Institutes in der Boltzmanngasse. Dann kamen die physikalischen und chemischen Praktika: In veralteten Labors und an Messeinrichtungen der Jahrhundertwende lernten wir das Handwerkszeug des Naturwissenschaftlers kennen.

Von der „Geschichte einer Sache"

Oft ärgerten wir uns über diese antiquierten Geräte und Apparaturen, mit denen wir arbeiten mussten. Aber andererseits war es gut so: Der historische Bezug zu bedeutenden Entdeckungen ist – das kann ich heute sagen – ein wichtiger Faktor für ein tieferes Verständnis unserer Umwelt. Wenn man die „Geschichte einer Sache" versteht, wird alles klarer. *Karl Popper* spricht von der „Scheinwerfertheorie der Naturwissenschaft": Durch eine Art Scheinwerfer, den wir über unsere Vergangenheit streichen lassen, können wir durch seinen Widerschein die Gegenwart erhellen. Dies gilt jedoch nicht nur für die Wissenschaft, sondern auch für die Kunst und schließlich für die Politik – und das sei unserer zukunftstürmenden, kritischen Jugend ins Stammbuch geschrieben! Deswegen habe ich dem bekannt gewordenen Ausspruch *Bruno Kreiskys* gegenüber einem lästigen Journalisten „Lernen S' Geschichte, Herr Redakteur!" stets mehr Bedeutung beigemessen als viele meiner Kollegen!

Wie Pech und Schwefel!

An der Uni hatte sich ein kleiner Kreis von Studenten und Studentinnen gebildet, der zusammenhielt wie Pech und Schwefel. Ich war damals schon – durch mein offenes und humorvolles Auftreten – eine Art Wortführer geworden. In unserer Gruppe war fallweise auch *Gero Vogl*, ein Student mit einem Schmiss auf der linken Wange. Er war „Schlagender"! Doch damit konnte ich damals nicht viel anfangen. Erst später, als er mich in seine Verbindung, das akademische Corps Symposion brachte, lernte ich das Farbenstudentenleben richtig kennen. Vor allem die viel umstrittenen scharfen Mensuren, von denen ich später insgesamt sechs geschlagen habe, waren ein einschneidendes Erlebnis für mich. Doch davon später!

Begegnungen

Gero Vogl wurde übrigens später Universitätsprofessor für Experimentelle Physik und war in Wien und Berlin tätig. Ein anderer Kollege, mit dem ich heute noch Kontakt habe, war damals *Karl Tölg-Hanke*, genannt *Charly*. Er dissertierte auf dem interessanten Gebiet der Teilchenstrahlung. Ich erinnere mich noch heute an die mit geheimnisvollen Spuren übersäten fotografischen Aufnahmen, welche aus verschiedenen international bekannten Beschleunigeranlagen und Forschungslabors stammten, die er auszuwerten hatte. Dabei musste er die einzelnen Bahnen, die im Einfluss elektrischer und magnetischer Felder entstanden waren, vermessen und bereits bekannten Elementarteilchen zuordnen. Es bestand bei dieser Sisyphusarbeit allerdings auch die geringe Chance, ein unbekanntes Teilchen zu entdecken. Das wäre ein „Wunder" gewesen und gelang *Charly* natürlich nicht. Aber er promovierte später trotzdem zum Dr. phil.

So wie ein anderer unserer Kollegen, der in der Theoretischen Physik sein Studium abschloss und später als Wissenschaftsautor weltberühmt wurde. Es war *Fritjof Capra*, der in die USA auswanderte, sich schließlich hauptsächlich mit philosophischen Themen beschäftigte und die bekannt gewordenen Bestseller „Wendezeit" und das „Tao der Physik" verfasste.

2.3 Der Nobelpreisträger in der Donau-Au

Mitte der Sechzigerjahre hatte ich dann eine schicksalhafte Begegnung. Wir waren damals begeisterte Naturbadende an der Donau nördlich von Wien. Wann wir Zeit hatten, fuhr ich mit meinem VW-Käfer und meinen Kommilitonen und unseren Freundinnen in Richtung Tulln nach Muckendorf und Zeiselmauer. Dort übersetzten wir die Donau mit kleinen Motorbooten, um ans östliche Ufer zu gelangen. Hier war noch eine natürliche Flusslandschaft und wir genossen es, kilometerweit den alten Treppelweg donauaufwärts zu marschieren, um uns dann im reißenden Wasser flussabwärts treiben zu lassen. Ein unbeschreibliches Gefühl, das uns mit der unbändigen Natur in einer Weise eins werden ließ, wie ich es selten in den späteren Jahren erlebt habe.

„Der Vater der Graugänse!"

Bei einer dieser Badefahrten lernte ich einen bärtigen, braungebrannten älteren Mann kennen, der mich durch seine große Naturverbundenheit sofort faszinierte. Der damals schon über Sechzigjährige war – wie sich im Gespräch herausstellte – studierter Biologe und Naturwissenschaftler. Er hieß *Konrad Lorenz* und war ein bescheidener und stiller Mann, der erst im Gespräch die große Leidenschaft zeigte, welche seinem drahtigen Körper innewohnte. Als er uns einmal von seinen Forschungen mit den berühmten Graugänsen erzählte, erkannten wir, wie spannend Naturwissenschaft sein konnte. Wir alle ahnten allerdings damals nicht, dass dieser „Naturbursche" später einmal gerade für diese bahnbrechenden Arbeiten den Nobelpreis erhalten sollte. Heute bin ich auf diese Begegnung stolz und muss zugeben, dass ich dadurch in meiner Einstellung zu unserer hoch technisierten und gefährdeten Umwelt stark geprägt wurde.

Nobelpreisträger Konrad Lorenz, der Vater der Graugänse.

Begegnung am Sulmsee

Später, nachdem ich meine Zelte in der Steiermark aufgeschlagen hatte, lernte ich durch Zufall auch einen seiner bedeutendsten Schüler, den damaligen Universitätsdozenten *Dr. Bernhard Lötsch* – der später Direktor des Naturhistorischen Museums in Wien wurde – kennen.

Es war an einem heißen Sommertag Mitte der Siebzigerjahre, als ich mich samt Familie an den Ufern des Sulmsees bei Leibnitz zu entspannen versuchte. Ich war damals begeisterter Jogger und umrundete, sooft ich konnte, den hinteren Sulmsee. Mein Freund und damaliger „Leibarzt" *Dr. Peter Ruess* hatte dort auch einen Wohnwagen stehen, wo wir oft auf Besuch waren. Bei einem meiner Fitnessläufe kam mir nun *Bernd Lötsch* in die Quere, der im Zuge eines Seminars auf Schloss Frauenberg einen Kurzurlaub machte. Ein interessanter Nachmittag war die Folge, an welchem wir vor allem über die Bedrohung der Natur sowie den dringend erforderlichen Katastrophen- und Umweltschutz diskutierten.

Die acht Todsünden der Menschheit

Es gibt Begegnungen im Leben, die imstande sind, Menschen nachhaltig zu prägen. *Konrad Lorenz* und *Bernd Lötsch* waren zwei Persönlichkeiten, die dies in meiner Person indirekt bewirkten. Vor allem das von *Konrad Lorenz* im Jahre 1973 verfasste Buch „Die acht Todsünden der zivilisierten Menschheit" habe ich förmlich verschlungen und mehrmals gelesen. Es hat in mir die bereits latent vorhandene kritische Meinung zu einer total technisierten Umwelt wesentlich verstärkt und mich später zum „Schlechten Gewissen" so manches Technokraten werden lassen.

„Die acht Todsünden der Menschheit" von Konrad Lorenz wurde ein Bestseller.

Bescheidenheit statt Größenwahn

Ich war daher auch auf der Seite jener Aktivbürger, die gegen die Verbetonierung der Hainburger Donau-Auen und gegen das Atomkraftwerk Zwentendorf gekämpft haben. Später habe ich mich zur „Feuerwehr-

Kassandra“ entwickelt und auf Grund meiner naturwissenschaftlichen Kenntnisse so manche Katastrophe vorausgesehen. Die Großchemie und Kerntechnologie waren genauso in meinem Schussfeld, wie Monsterbauwerke in Form von unsicheren Hochhäusern und langen Tunnelanlagen. In diesem Sinne bin ich ein gelehriger Schüler von *Konrad Lorenz*, der stets Bescheidenheit statt Größenwahn gepredigt hat.

2.4 Von Neutronen besessen

Mein Studium zeigte rasch Fortschritte. Die Mathematik sowie die Grundlagen in Chemie, Physik und Astronomie hatte ich nach etwa sechs Semestern abgeschlossen. Nun belegte ich spezielle Vorlesungen in Atomphysik und im Strahlenschutz, der mich besonders interessierte.

Das Radiuminstitut

Auf diese Weise lernte ich auch das berühmte Radiuminstitut der Universität Wien kennen, das damals von *Univ.-Prof. Dr. Berta Karlik*, einer Schülerin der berühmten *Lise Meitner*, der „Old Lady der Kernphysik“, geleitet

Das altehrwürdige Radiuminstitut der Uni Wien.

wurde. Ihre mit historischen Reminiszenzen garnierten Vorlesungen liebte ich und befasste mich darauf intensiv mit der Geschichte der Kerntechnik und des Strahlenschutzes. Ich stieß dabei auch auf das von *Robert Jungk* verfasste und im Europäischen Buchklub herausgebrachte Buch „Heller als tausend Sonnen", welches das Schicksal der Atomforscher im Laufe des letzten Jahrhunderts in spannender Art und Weise beschreibt. In diesem Buch habe ich erstmals die Hintergründe über die Entwicklung der Atombombe (der achten Todsünde der Menschheit nach *Lorenz*) und ihre katastrophalen Auswirkungen kennen gelernt. Ein Wissen, das mir bei meinen späteren Tätigkeiten im Zivilschutz hervorragend dienlich war.

Der Praterreaktor

Durch verschiedene Spezialvorlesungen im Bereich der Kernphysik und des Strahlenschutzes, die ich besuchte, kam ich auch auf die Technische Universität Wien und an das Atominstitut der Österreichischen Hochschulen,

Der Praterreaktor: Das Atominstitut der Österreichischen Hochschulen.

den so genannten Praterreaktor. Dieser für Forschungs- und Ausbildungszwecke im westlichsten Teil des Wiener Praters am Donaukanal errichtete Versuchsreaktor interessierte mich außerordentlich. Ich hatte Glück und erhielt über *Univ.-Prof. Dr. Gustav Ortner* an der kleinen Strahlenschutzabteilung eine Möglichkeit zu dissertieren, also eine Doktorarbeit zu schreiben. Dies entsprach meinen Neigungen, denn ich wollte eine experimentelle Arbeit verfassen und keine hochtrabenden theoretischen Studien betreiben.

Die Strahlenkarte Österreichs

Mein unmittelbarer Betreuer war der damalige Univ.-Dozent und spätere *Univ.-Prof. Dr. Erich Tschirf*, ein begnadeter Praktiker. Als begeisterter Wanderer und Bergsteiger streifte er in all seinen Urlauben und freien Tagen stets, mit mehreren Strahlenmessgeräten bewaffnet, durch die Gegend. So erstellte er schließlich die für den Zivil- und Katastrophenschutz äußerst wichtige Strahlenkarte Österreichs, einen Atlas, in dem er für alle dichter besiedelten Bereiche unseres Heimatlandes Messungen der terrestrischen und kosmischen Strahlung dokumentierte. Dieser wurde schließlich im Jahre 1975 vom damaligen Bundesministerium für Gesundheit und Umweltschutz herausgegeben.

Doktorarbeit über Neutronen

Ein Gebiet, welches mich damals schon sehr interessierte, war die Physik der Kernstrahlen, also jener subatomaren Teilchen und Wellen, welche bei radioaktiven Stoffen aus Atomkernen ausgesandt werden. Es ist mir noch heute eine spezielle Vorlesung über Neutronenphysik in Erinnerung, die mich damals besonders fesselte. Diese Teilchen, welche bei der von *Otto Hahn* und *Fritz Strassmann* entdeckten Kernspaltung die zentrale Rolle spielen und die eine Reihe scheinbar widersprüchlicher Eigenschaften besitzen, sind gar nicht leicht nachzuweisen. Vor allem ihre biologische Wirkung war lange Zeit nicht ganz erforscht. Und gerade über dieses Thema sollte ich nun eine Doktorarbeit schreiben.

Entwicklung eines Neutronendosimeters

Im Speziellen wurde mir die Aufgabe gestellt, ein so genanntes Neutronendosimeter zu entwickeln, welches die biologische Wirkdosis unmittelbar anzeigen kann. Ein derartiges Messgerät gab es zum damaligen Zeitpunkt noch nicht, weil es schwer war, Neutronen unterschiedlicher Energie – mit ihrem komplizierten Dosis-Wirk-Mechanismus – zu erfassen. Natürlich griff ich begeistert zu, musste aber später erkennen, dass der Weg zu wissenschaftlichen Ehren mit vielen Stolpersteinen gepflastert ist.

Ein Messgerät namens „Long Counter"

Mit viel Elan ging ich im Herbst 1962 die Vorbereitungen für meine Doktorarbeit an. Wir benötigten dazu einen Detektor, welcher Neutronen nachweisen konnte. Damals gab es vor allem für Atomkraftwerke ein Nachweisgerät, welches auf der bekannten Kernreaktion von langsamen (thermischen) Neutronen mit Bor basierte. Es war dies der in den USA entwickelte so genannte „Long Counter", ein relativ kleines, zylinderförmiges Messgerät, in welchem als Zählgas Bortrifluorid, welches übrigens sehr giftig ist, verwendet wird.

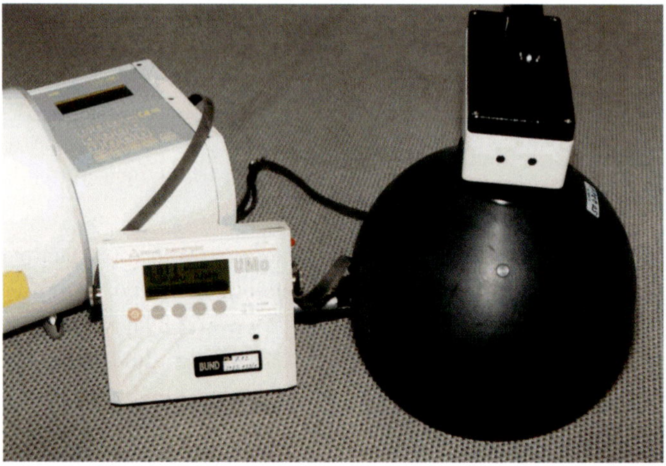

Ein moderner Neutronendetektor, der gemäß meinen Vorschlägen als Kugelmoderator ausgebildet ist (heute wird nicht Paraffin, sondern Polyethylen verwendet).

Neutronen biologisch richtig messen!

Die Schwierigkeit dabei: Wir mussten nicht nur langsame Neutronen messen, sondern das ganze Energiespektrum dieser Teilchen, welches einige Zehnerpotenzen umfasst. Dazu kommt noch der Umstand, dass diese unterschiedlich schnellen Strahlen eine völlig andere biologische Wirkung zeigen. Unser Dosismessgerät sollte jedoch alle Neutronen biologisch richtig nachweisen – ein schwieriges Unterfangen! Die Überlegungen gingen nun in die Richtung, einen „Long Counter“ mit einer Paraffinkugel – sprich Wachskugel – zu umgeben. Das Paraffin sollte dabei die schnelleren Neutronen so abbremsen (moderieren), dass sie biologisch äquivalent nachgewiesen werden konnten. Dies war zumindest unsere Arbeitshypothese!

Der Wachszieher

In der Praxis bedeutete dies: Wir mussten verschieden große Paraffinkugeln, die als Moderator (Neutronenabbremser) wirken sollten, über den „Long Counter“ stülpen und dann mit Neutronen unterschiedlichster Energie ausmessen. Dazu waren jedoch Wachskugeln zwischen etwa 5 und 20 Zentimeter Radius erforderlich.

Da sie am Markt nicht erhältlich waren, musste ich sie selber erzeugen. Ich wurde also in den nächsten Monaten Wachszieher im wissenschaftlichen Dienst. Irgendwie erinnerte mich das Ganze an die erste Nachkriegszeit, als ich mit meiner Mutter Kerzen der unterschiedlichsten Farbe und Form gegossen hatte, damit wir Tauschobjekte für ein Stück Brot oder Fleisch bei den Bauern hatten.

Natürlich waren die Dimensionen jetzt anders! Man muss sich einmal vorstellen: Ich produzierte an die 20 Wachskugeln mit dem Durchmesser zwischen 10 und 40 Zentimeter. Dazu mussten wir erst exakte halbkugelförmige Holzformen von einem Tischler drechseln lassen, in welchen auch eine Ausnehmung für den „Long Counter“ zu berücksichtigen war.

„Der Kerzenbaron ist da!“

Die ersten Gießversuche waren mühsam und nicht ungefährlich, da ich mit mehr oder weniger großen Mengen flüssigen Wachses hantieren musste. Nach einiger Zeit kam ich mir in meinem Labor wie im Wachsfigurenkabinett der *Madame Toussod* vor. Was mich aber ein wenig ärgerte: Ich roch ab sofort impertinent nach Paraffin! Diesen Geruch konnte ich auch nicht durch häufigeres Duschen loswerden. Meine Anwesenheit kündigte sich im gesamten Atominstitut und danach im privaten Bereich bereits an, ohne dass ich einen Raum betreten hatte. Bemerkungen wie „Der Wachszieher kommt!“ oder „Der Kerzenbaron ist da!“ standen auf der Tagesordnung. Eine Freundin sagte damals, ich würde vor ihr wie Wachs dahinschmelzen, denn riechen würde man es bereits. Viele Mitarbeiter und Freunde „zerkugelten“ sich also im wahrsten Sinn des Wortes über den „größten Wachskugelzieher aller Zeiten“, wie ich mich schließlich selber bezeichnete.

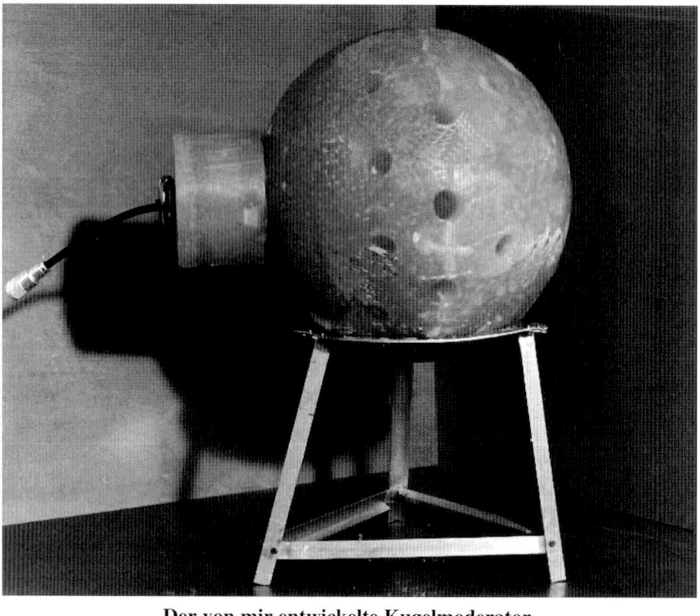

Der von mir entwickelte Kugelmoderator hatte Löcher, um eine konstante Richtungsabhängigkeit zu erreichen.

2.5 Oh, alte Burschenherrlichkeit!

Neben dem nicht ganz wissenschaftlichen Wachsziehen und der Produktion der für unser Messgerät notwendigen Moderatorkugeln war der Ankauf eines „Long Counters" von besonderer Wichtigkeit. Wir bestellten daher ein derartiges Gerät und erlebten dabei unsere blauen Wunder. Die Lieferzeiten wurden überhaupt nicht eingehalten und wir wurden von einem auf den anderen Monat vertröstet.

Eine schöne, unbeschwerte Zeit!

Die englische Elektronikfirma hatte stets eine Ausrede parat und ich konnte bei meiner Dissertation nicht weiter. Es waren auch momentan keine Prüfungen fällig und so beschloss ich vorerst das Studentenleben zu genießen. Sehr zum Verdruss meines Vaters, der mit den folgenden „Kultursemestern" gar nicht einverstanden war. Aber so ist es einmal im Leben: Wenn man auf den Geschmack kommt, wird man unersättlich! Aber rückblickend möchte ich diese Zeit nicht missen, denn es waren die schönsten und unbeschwertesten Jahre meines Lebens.

Schankbursche und Hoteldirektor

Nachdem ich mir das Studium selber verdienen musste, nahm ich als Student so manchen Job an. Dass ich laufend Nachhilfelehrer war, habe ich schon berichtet. Ich war jedoch zeitweise auch Hotelportier, Zeitungsausträger und Vertreter für Papierwaren. Beim Heurigen meiner Mutter am Cobenzl spielte ich den Schankburschen und in Favoriten war ich an Wochenenden und in den Ferien fallweise Kellner in einem gutbürgerlichen Gasthaus. Das machte mir Spaß, weil ich hier reichlich Trinkgeld bekam. Vor allem die älteren Damen, auf welche ich äußerst charmant wirkte, überhäuften mich mit so manchem Obolus, der sich sehen lassen konnte. Ich war damals sogar einmal über drei Monate „Hoteldirektor und Laufbursche in einer Person" in einem kleinen Selbstversorgermotel an der Adria in Lignano Sabbiadoro. Italienisch und so manches mehr hat mir dabei ein hübsches einheimisches Stubenmädchen beigebracht. Ja, ich war in diesen jungen Jahren Gott sei Dank kein Kostverächter. Aber das ist eine andere Geschichte!

Platons Symposion

Das echte Studentenleben habe ich aber durch meinen Freund und Studienkollegen *Gero Vogl* kennen gelernt. Einmal sagte er zu mir: „Hast du in den Semesterferien Zeit? Komm mit auf eine Schihütte!". Ich nahm an und geriet in eine lustige Studentenrunde, die auf einer Selbstversorgerhütte im Toten Gebirge ihr Unwesen trieb. Die meisten von ihnen waren bei einer akademischen Verbindung, dem Corps Symposion. Schon der Name imponierte mir, obwohl ich eigentlich nicht wusste, woher er stammte! Aufklärung erhielt ich schließlich von einem, der es wissen musste. Er war damals schon Hochschulprofessor für Geschichte an der Uni Wien und später Ordinarius an der Uni Graz sowie Ehrensenior der Studentenverbindung, welcher ich bald beitreten sollte: *Dr. Friedrich Hausmann*, ein unermüdlicher Idealist und exzellenter Historiker. Und so erfuhr ich, dass das Symposion schon eine bei den alten Griechen bekannte Form der Geselligkeit war, bei der nach dem Essen getrunken, gescherzt und philosophiert wurde. Der berühmte Philosoph *Plato* hat in seinem gleichnamigen Werk den Ablauf eines derartigen Gastmahles einzigartig beschrieben.

Als junger Corpsstudent erlebte ich die unbeschwerteste Zeit meines Lebens.

Kneipen à la Plato

Und im Sinne Platos lernte ich auch unsere Kneipen in der Wiener Geblergasse, in der „Bude" des Symposions kennen. Sie waren für mich etwas völlig Neues und ein echtes Erlebnis. Mit Band und Mütze zwischen den

Corpsbrüdern zu sitzen, zu trinken, zu plaudern und zu philosophieren, darauf freute ich mich immer wieder. Einer meiner Mitkommilitonen war damals der heute bekannte Universitätsprofessor für Soziologie *Dr. Roland Girtler*, mit dem ich oft stundenlang bis in den frühen Morgen der Ehre des alten Symposions gerecht wurde. Ja, diese Veranstaltungen hatten ein besonderes Flair, denn hier waren Studenten fast aller Fachrichtungen anwesend. Wir schauten schon als Junge automatisch über unseren Tellerrand und erkannten die Probleme des Anderen. Neben fachlichen Vorträgen gab es auch häufig heitere Einlagen.

Demokratische Spielregeln

Das Ganze läuft dabei nach ganz bestimmten Regeln, dem so genannten Kneipkomment ab, wobei auch das Bier in ritueller Weise eingesetzt wird. Wenn wir dabei auch manchmal über den Durst getrunken hatten, wir lernten mit Alkohol umzugehen und jederzeit Anstand und Haltung zu bewahren. Was dabei das Wichtigste war und ist: Die Veranstaltungen (Kneipen) und der gesamte Verbindungsbetrieb müssen von den Studenten selbst nach demokratischen Spielregeln organisiert und fortgeführt werden. Es gibt einen Vorstand (Senior, Consenior und Subsenior), der jedes Semester neu gewählt wird und der Rechenschaft über seine Funktionszeit abgeben muss. Eine wahre, demokratische Lebensschule, die mich stark geprägt hat.

Nach meiner Übersiedlung in die Steiermark wurde ich Mitglied des angesehenen Akad. Corps Joannea in Graz.

Kösener Corps

Das Corps Symposion gehört – so wie etwa ein Dutzend anderer österreichischer akademischer Verbindungen – dem Kösener Senioren-Convents-Verband (KSCV) an, welcher bereits im Jahre 1848 auf der Rudelsburg in Bad Kösen an der Saale (heute im deutschen Bundesland Sachsen-Anhalt) gegründet wurde. Die Rudelsburg, welche sich nun wieder im Besitz des Verbandes befindet, musste nach der rund fünfzigjährigen Epoche der DDR-Diktatur vollkommen restauriert werden und erstrahlt nun wieder im alten Glanz. Die im deutschsprachigen Raum knapp über 100 Kösener Corps befinden sich an 39 Hochschulorten und umfassen mehr als 2.000 Studenten sowie über 15.000 berufstätige Akademiker. Die Kösener Corpsstudenten sind parteipolitisch und konfessionell völlig unabhängig und haben sich dem Toleranzprinzip verschrieben.

Deutsches Liedgut

Was mich am Corpsleben besonders faszinierte, war jedoch das alte deutsche Liedgut, welches in überlieferter studentischer Tradition auch in unserem Symposion – und später im Corps Joannea Graz, meiner zweiten studentischen Korporation – gepflegt wurde und wird.

Meine Großmutter schenkte mir zu Weihnachten 1963 die bekannte „Lahrer Bibel", das „Allgemeine Deutsche Kommersbuch". Es ist dies das Buch mit den berühmten Biernägeln, welches erstmals im Jahre 1858 herausgegeben wurde und alle Stürme der letzten 150 Jahre überlebt hat. Darunter auch die berüchtigte Nazizeit, mit der es genauso wenig zu tun hat wie unsere studentischen Korporationen, die damals verboten waren. Ich bewahre sie heute noch wie einen kleinen Schatz auf und nehme sie zu Kneipen mit, welche ich leider viel zu wenig besuche.

Die bekannte „Lahrer Bibel", das Gesangsbuch der wehrhaften Studentenkorporationen.

„Träumend sah vom Schlossberg nieder ...!“

Viele meiner Wiener und Grazer Corpsbrüder behaupten sogar, dass ich ein passabler (Anmerkung: und vor allem leidenschaftlicher!) Sänger von Studentenliedern wäre. Wer einmal eine Privatführung bei mir durch Graz anmeldet, dem zeige ich auch auf dem Grazer Schlossberg den direkt neben dem Uhrturm befindlichen Gedenkstein von *Dr. Gerold Walzel*, der im Jahre 1925 das bekannte Grazer Studentenlied „Träumend sah vom Schlossberg nieder!“ komponiert hat. Und wenn ich besonders gut drauf bin, dann intoniere ich auch eine oder zwei Strophen dieses wunderschönen Liedes in Richtung unserer einmaligen Grazer Altstadt, welche im Jahre 2003 zum Weltkulturerbe erkoren wurde.

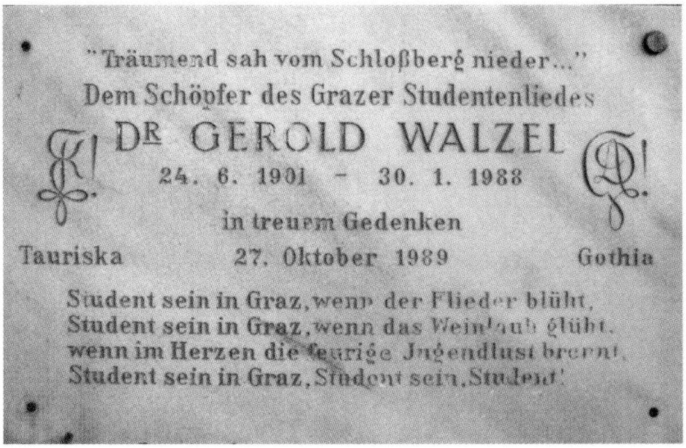

Der Gedenkstein für Gerold Walzel am Grazer Schlossberg.
(Foto: Sitter)

Grenzsituationen

Jeder Mensch hat sich in seinem Leben irgendwann in einer psychischen oder physischen Grenzsituation befunden: Sei es bei einem Autounfall, bei einer Operation oder beim Extrembergsteigen. Wenn ich mein bisheriges Leben Revue passieren lasse, dann war ich vier Mal in Lebensgefahr: einmal bei einer Schitour, als ich in eine Gletscherspalte fiel, das zweite Mal an der Adria, als wir in Seenot gerieten, das dritte Mal in den steirischen Bergen, als ich von einer Schneeraupe überfahren wurde, und das vierte Mal bei meiner Bypass-Operation im Jahre 1995, als ich relativ lange brauchte, um wieder ins Diesseits zurückzukommen. In diesen Situationen spult sich das Leben im Zeitraffer in Sekundenschnelle ab. Und noch etwas: Man wird abgeklärter – heute würde man cooler sagen!

Scharfe Mensuren

Was in jeder Grenzsituation wichtig ist? Man muss den „inneren Schweinehund“ überwinden und sich der jeweiligen Situation stellen. Wie kann man dies nun in der Praxis realisieren? Die wehrhaften studentischen Korporationen schwören dabei auf die scharfe Mensur und verlangen von ihren Mitgliedern diese persönliche Überwindung. Es muss eine bestimmte Zahl von Pflichtmensuren, also Zweikämpfen mit dem scharfen Schläger, absolviert werden.

Dabei geht es nicht um Sieg oder Niederlage, sondern um die persönliche Überwindung in einer Grenzsituation. Der Paukant schlägt dabei für seine Farben, was ihn in einer Art Blutsbrüderschaft für Lebenszeit mit seinen Kommilitonen verbinden soll. Ich habe insgesamt sechs Mensuren geschlagen und mich niemals in meinem Leben mehr überwinden müssen. Auch wenn es viele Menschen nicht glauben wollen, dieses Ritual ist stark persönlichkeitsbildend und erzieht zur Demut und Ritterlichkeit. Nicht der Schmiss auf der Wange ist das Ziel, sondern das eigene mannhafte Bestehen in einer Grenzsituation. Demnach ist die Mensur die wohl extremste, aber – aus unserer Sicht – beste Lebensschule. Ich habe jedenfalls daraus viel gelernt und möchte diesen harten Weg in meinen Studententagen nicht missen!

**Nach einer Mensur:
In der Mitte der Paukant (Dieter Girtler), links der Sekundant (Roland Girtler) und rechts ich selbst.**

2.6 Dissertation: Messen bei Wind und Wetter!

Doch zurück zu meiner Doktorarbeit: Nach einer durch meine farbenstudentischen Aktivitäten etwas verlängerten Verschnaufpause waren endlich alle Voraussetzungen für die Fortsetzung meiner wissenschaftlichen Experimente gegeben. Einerseits hatte ich meine Wachskugelproduktion abgeschlossen und andererseits wurde endlich der notwendige Long-Counter aus England geliefert. Bei den Vorversuchen zeigte sich nun ein weiteres erschwerendes Faktum: Ich musste meine Messungen im Freien durchführen, da in den Räumlichkeiten des Reaktorgebäudes durch Neutronenrückstreuung eine allzu große Verfälschung der Messergebnisse gegeben war. Damit war ich aber von Wind und Wetter abhängig!

Sechs Neutronenquellen

Nun benötigte ich Neutronen der unterschiedlichsten Energien. Ich war also auf der Suche nach Neutronenquellen. Insgesamt waren es schließlich sechs an der Zahl, die für uns verwendbar waren: Die thermische Säule des Triga-Mark-Praterreaktors, zwei Photoneutronenquellen, eine Radium-Beryllium-Quelle und zwei Neutronenenergien aus einem Neutronengenerator (Beschleunigeranlage). Dabei musste ich zum Teil den Transport von Strahlenquellen durch Wien vom Radium-Institut an der Universität und vom Reaktorzentrum Seibersdorf ins Atominstitut organisieren und durchführen. In Seibersdorf führte ich die Bestrahlungen für die Photoneutronenquellen durch.

Die Doktorarbeit

Nach monatelangen Messungen musste ich tausende Messdaten auswerten und die Paraffinkugeln so adaptieren, dass die energieabhängige Nachweiswahrscheinlichkeit der Neutronen äquivalent richtig detektiert werden konnte. Die Messreihen mussten mehrmals wiederholt werden, dann lag nach über einem Jahr endlich das Rohergebnis vor. Jetzt musste ich die Daten erst verdichten, in Grafiken umsetzen und die Doktorarbeit schreiben. Damals hatten wir noch keine modernen Hilfsmittel, wie Computer und Grafikprogramme,

sondern nur das altbekannte Reißzeug und eine klapprige mechanische Schreibmaschine. Dabei hatte ich noch Glück, da meine damalige Freundin und spätere Frau *Ingeborg* des Maschineschreibens mächtig war und mich dabei sehr unterstützte.

Meine Doktorarbeit habe ich damals bewusst den Eltern gewidmet, die mir das Studium in einer nicht so leichten Zeit ermöglicht haben. Auch meiner lieben Schwester Franziska möchte an dieser Stelle für ihr Verständnis danken, da sie auf so manches verzichten musste, weil ich studiert habe.

Meine hübsche Schwester Franziska.

Cogito, ergo sum!

Am Anfang meiner Doktorarbeit habe ich die Worte des berühmten Philosophen *René Descartes* gesetzt, die da lauten: „Cogito, ergo sum!" („Ich denke, daher bin ich!"). Dieser wunderbare Satz beschreibt die Dualität unseres Daseins, in Form von Geist und Materie bzw. Seele und Körper, äußerst treffend. Sie kann meiner Ansicht nach sogar als philosophischer Vorbote der späteren bahnbrechenden naturwissenschaftlichen Entdeckungen auf dem Gebiete der Kernphysik und der speziellen Relativitätstheorie durch *Albert Einstein* gedeutet werden. Und ich habe es mir zur Lebensmaxime gemacht, nach dem Vorbild der alten Philosophen immer erst nachzudenken und dann die Schärfe des Geistes einzusetzen. Solange dieser trainiert und wach gehalten wird, können wir nämlich die Finsternis des körperlichen Verfalls über eine Zeit lang einigermaßen im Zaume halten.

Endlich Dr. phil.!

Doch zurück zum Studium: Meine Vorprüfungen in Psychologie und Philosophie – ich studierte ja an der Universität – und meine Mathematikrigorosen legte ich ohne größere Probleme ab. Nur beim Physikrigorosum hatte ich Schwierigkeiten: Der von mir ausgewählte Professor starb nämlich knapp vor dem angesetzten Termin. So musste ich auf einen anderen Prüfer „umlernen" und konnte erst knapp vor Weihnachten 1967 meine Prüfungen zum Dr. phil. endgültig abschließen. Meinen Eltern bereitete ich damals aber mit einem Gedicht, welches ich selbst verfasst hatte und unter den Weihnachtsbaum legte, wohl das schönste Weihnachtsgeschenk. Damit hatte ein nicht ganz leichter, ja manchmal sogar steiniger wissenschaftlicher Weg sein Ende gefunden und ich war Atomphysiker geworden.

„Weihnacht 1967"

Liebe Eltern!
Mir ist klar,
Dass ihr gebangt so manches Jahr,
Dass ihr gezittert und gebebt,
Weil euer Sohn zu viel „gelebt",
Weil er nicht allezeit studierte,
Sondern manch anderes probierte!

Wie böse war der Vater nur,
Als er von meinem Plan erfuhr,
Dass ich ein Corpsband wollte tragen
Und noch dazu Mensuren schlagen.

Wie oft hat lautstark er gepoltert
Und meine Nerven durchgefoltert!
Wie oft war schweigsam er und böse,
Um gleich darauf mit Mordsgetöse
So manches an den Tag zu bringen,
Um mich zum Studium zu zwingen!

Auch meine Mutter – seine Frau –
Spielte oftmals den Wau-Wau:
So hat sie in manchen Stunden
Sich im Weinkrampf gleich gewunden,
Um darauf – an bessren Tagen –
Mich mit Mahnungen zu plagen.
So ging es weiter, viele Jahre,
Der Sohn, er litt – und ließ dann Haare,
Denn nach ewig gleichen Klagen
(Die Söhne meist recht schlecht vertragen),
Kommt sogar einmal die Zeit,
Wo man zum Studium bereit.

So hab ich Physik betrieben,
Eine Arbeit schnell geschrieben
Und in mancher langen Nacht
Sie auf Hochglanz dann gebracht.
Später wetzt´ ich meine Hosen
Ab bei meinen Rigorosen,

Die ich noch mit letzter Kraft
In der Weihnachtszeit geschafft.

Heut kann ich euch Zeugnis geben
Über ein Studentenleben,
Das nach 70.000 Stunden
Nun sein Ende hat gefunden.

Heute unterm Weihnachtsbaum
Ist das Doktorat kein Traum,
Denn die Zeugnisse daneben
Haben ihm Gestalt gegeben!

Die Promotion

Am 26. Jänner 1968 fand die feierliche Promotion im Hauptgebäude der Wiener Universität, der altehrwürdigen Alma Mater Rudolfina, statt. Dabei wurde mir mit etwa 30 anderen Studentinnen und Studenten die Doktorwürde offiziell verliehen. Wir erhielten dabei das heiß ersehnte schriftliche Dekret in einer purpurroten Dokumentenrolle. Als Couleurstudent war ich in Farben, also mit Mütze und Band meiner Korporation, bei diesem Festakt erschienen. Ich wurde auch auserwählt, die Dankesworte an den anwesenden akademischen Senat zu sprechen.

Die Dankesrede

„*Magnifizenz!*
Spektabilität!
Verehrter Herr Promotor!
Sehr geehrte Professoren!
Kolleginnen und Kollegen!

Durch diesen heutigen Festakt hat für uns ein gewaltiger Lebensabschnitt sein Ende gefunden: unsere Studentenzeit. Seit wenigen Minuten halten wir jene Dekrete fest in Händen, die uns bescheinigen: „Ihr habt eure Studien abgeschlossen, ihr seid nunmehr die jüngsten Akademiker der ältesten Hochschule im deutschen Sprachraum, der Alma Mater Rudolfina!".

Mit Freude und Stolz über unsere Leistungen, aber ohne Überschätzung des eigenen Könnens gehen wir nun an die Arbeit. Vorerst wollen wir aber allen jenen danken, die geholfen haben, unseren Lebensweg zu sichern: Unseren Eltern, unseren Lehrern, unseren Hochschulprofessoren und all jenen Vorbildern, die uns Toleranz und Selbstüberwindung lehrten.

Unserer Alma Mater wünschen wir aber eines aus tiefstem Herzen: Dass sie frei gehalten werde von ihr fremden Einflüssen! Denn dann wird sie weiterhin das Zentrum geistiger Auseinandersetzung und wissenschaftlichen Strebens bleiben, dann werden auch die großen Probleme des modernen Studienbetriebes ihre Lösung finden.

Uns selbst aber wünschen wir jene geistige Aufgeschlossenheit, die uns über die engen Zäune des eigenen Fachstudiums hinaussehen und auch für andere Wissensgebiete interessieren lässt. Sie sollte Gradmesser angehenden Akademikertums sein!

Für Ihre Bemühungen in dieser Richtung darf ich Ihnen, sehr geehrte Professoren, im Namen meiner Kolleginnen und Kollegen geziemend danken."

Meine Rede anlässlich der Promotion am 26. Jänner 1968

Umfassende Denk- und Sichtweise

Oft werde ich auf meinen Doktortitel angesprochen, weil viele Menschen nicht verstehen, dass ein Doktor der Philosophie Naturwissenschaft studiert hat. Denn im Zeitalter der totalen Spezialisierung werden heute auf unseren Hochschulen fast nur mehr „Fachidioten“ – was bitte nicht als Beleidigung aufgefasst werden soll – produziert. Dies stellt meines Erachtens ein ganz großes Problem für die Entwicklung unserer Gesellschaft dar. Deswegen bin ich auf den von mir erworbenen Dr. phil. unheimlich stolz, denn ich habe schon auf der Hochschule eine umfassende Denk- und Sichtweise kennen gelernt und habe stets versucht, diese auch in meinem kleinen Wirkungsfeld zum Wohle der Menschen umzusetzen.

Bei der Promotion an der Wiener Universität, der Alma Mater Rudolfina.

3. Kapitel:

Ein Leben für die Populärwissenschaft

Der Atompilz enthält vor allem bei Bodendetonationen eine große Menge radioaktiver Teilchen, welche bis zu 1.000 Kilometer vertragen werden können.
(Foto: Associated Press, Frankfurt am Main)

Ich weiß nicht, welche Waffen im nächsten Krieg zum Einsatz kommen. Wohl aber, welche im übernächsten: Pfeil und Bogen!

Albert Einstein

Schon als Nachhilfelehrer erkannte ich, dass ich Spaß hatte, anderen etwas zu erklären. Ja, wenn ich meinen Schülern und Schülerinnen komplizierte Vorgänge durch anschauliche Vergleiche verständlich machen konnte, war ich in meinem Element. Später an der Universität war es nicht anders: Wir waren eine Gruppe von Studenten und Studentinnen, in welcher ich die Rolle des „Erklärers" übernommen hatte. Ich brachte sie alle zur Weißglut, wenn ich ihren Wissensstand abfragte und ihnen bewies, dass sie nichts wussten. Sie nannten mich damals *Demosthenes*, in Anlehnung an den griechischen Weisen, der ein bekannter Redner war und stets durch seine kritische Haltung alles in Frage stellte.

3.1 Am Anfang war der Strahlenschutz

Ich vertrat schon immer die Meinung, dass man nur dann etwas verstanden hat, wenn man es einem anderen eben verständlich machen, also erklären kann. Um die Schwierigkeit des Verstehens zu unterstreichen, erzählte ich öfter den Witz vom Physiklehrer, der seinen Schülern die Relativitätstheorie von Albert Einstein beibringen sollte. Nach dem ersten Versuch fragte er seine Schüler: „Habt ihr alles verstanden?" „Nein, Herr Professor!", ertönte es im Chor. „Nun gut", sagte der Lehrer, „die Materie ist nicht leicht, ich will es daher ein zweites Mal versuchen." Und er tat es. Der Erfolg blieb jedoch wieder aus, denn die Kinder schüttelten bei seiner abermaligen Frage, ob sie es verstanden hätten, erneut nur den Kopf. Da erklärte der Pädagoge unter Anwendung aller Tricks noch einmal die Relativitätstheorie und fragte dann: „Habt ihr sie jetzt verstanden?" „Nein!", sagten die Schüler. Drauf der Professor: „Aber jetzt habe ich sie verstanden!"

Rhetorische Schulung

Vor allem durch meine studentischen Aktivitäten lernte ich meine Sprache zu verbessern und auch frei zu reden. Nachdem ich in unserer Korporation die Position des Subseniors (Säckelwartes) über zwei Semester innehatte, wurde ich zum Senior (Sprecher) gewählt. In dieser Funktion hatte ich Diskussionsabende, Kneipen und verschiedene andere Veranstaltungen zu leiten und den Vorsitz bei den Conventen (Arbeitssitzungen der Aktiven) zu führen. Dadurch eignete ich mir eine gewisse sprachliche Routine und Diskussionspraxis an, welche mir später sehr zugutekommen sollte. Später, in meiner Lebringer Zeit, habe ich dann ab 1975 sogar eigene Rhetorikseminare an der Feuerwehr- und Zivilschutzschule Steiermark organisiert und war dabei als Lehrer tätig.

Strahlenschutzausbildung

Der Beginn meiner offiziellen Tätigkeit als Erwachsenenausbilder geht jedoch bereits in die Mitte der Sechzigerjahre zurück. Es war bereits während meines Studiums im Frühjahr 1965, als ich durch einen Kollegen des Atominstitutes die Möglichkeit erhielt, einige Vorträge zu halten. Ich war damals noch Student und sollte an der Zivilschutzschule des damaligen Bundesministeriums für Inneres (BMfI) über die Grundlagen der Atomphysik und des Strahlenschutzes referieren. Ich griff sofort zu und bereitete mich auf meinen ersten öffentlichen Einsatz vor. Es wurde mir auch in Aussicht gestellt, diese Vorträge eventuell öfter halten zu können. Natürlich wollte man mich erst einmal auf meine Vortragsqualitäten testen.

Die Feuerprobe

Exekutivbeamte, also Polizisten und Gendarmen, welche im Strahlenschutz ausgebildet werden sollten, waren die auszubildende Gruppe. Anmerkung: Nach dem Zweiten Weltkrieg hatte man in den meisten Ländern auf Grund der Atombombenabwürfe von Hiroshima und Nagasaki eigene Zivilschutzeinheiten aufgestellt. So auch bei der österreichischen Exekutive, den Bezirkshauptmannschaften und bei der Feuerwehr sowie dem Roten Kreuz. Hier sollte ich also meine Feuerprobe als Erwachsenenausbildner bestehen.

Unser Freund, das Atom!

Mein erster Vortrag wurde bereits ein großer Erfolg. Allerdings hatten wir damals kaum Anschauungsmittel und so musste ich in konventioneller Weise mit Tafel und Kreide arbeiten. Der größte Hit war ein Film von *Walt Disney* mit dem Titel „Unser Freund, das Atom" unter der wissenschaftlichen Leitung von *Heinz Haber*, einem deutschen Physiker und Astronomen, der dazu den fachlichen Kommentar abgab.

Dieser Film begeisterte mich, weil er mit Hilfe von verständlichen Vergleichen die Mikrowelt der Atome anschaulich darstellte. Die Simulation einer Kettenreaktion mit Hilfe von gespannten Mausefallen und Ping-Pong-Bällen ist mir noch heute in Erinnerung. Ich habe später auch die gesamte populärwissenschaftliche Literatur dieses Wissenschaftlers sowie seine Fernsehfilme förmlich in mich verschlungen. *Professor Haber* war für mich ein echtes Vorbild und ich setzte alles daran, um ihn persönlich kennen zu lernen! Was mir schließlich auch gelingen sollte.

Die Bücher von Heinz Haber waren für mich eine Pflichtlektüre.

„Januskopf Atom"

Nach dem Krieg war *Haber* noch glühender Befürworter der Atomenergie: In all seinen Büchern und den ersten Filmen kam dies zum Ausdruck. Auch ich hatte an der Universität nur das „positive Atom" kennen gelernt. Über die negativen Seiten, wie die japanischen Bombenabwürfe, hatte man uns nicht viel erzählt. Bis jetzt war uns nur das lachende Gesicht des „Januskopfes Atom" dargestellt worden, doch nun musste ich mich mit der zweiten Seite, seiner hässlichen Fratze, beschäftigen. Und ich tat dies mit einer Neugier sondergleichen. Ich studierte dabei die umfassendste wissenschaftliche Veröffentlichung über Hiroshima und Nagasaki in Form eines 350 Seiten starken wissenschaftlichen Fachbuches (Gladstone). Dabei wurde mir erstmals bewusst, dass diese unsinnigen beiden Atombomben zu Ende des Zweiten Weltkrieges einen „atomaren Holocaust“ bewirkt hatten.

Die negative Fratze des Atoms

Ich war damals durch dieses Studium so erschüttert, dass ich mir geschworen habe, wo es geht, die negative Fratze des Atoms darzustellen und einer breiten Öffentlichkeit verständlich zu machen. Nach meiner jahrelangen Tätigkeit an der Zivilschutzschule in Wien habe ich dies an der Feuerwehr- und Zivilschutzschule Steiermark in Lebring und später ab 1974 sogar fast 30 Jahre an der Technischen Universität Graz im Rahmen eines Lehrauftrages durchführen können. Ich habe dabei zehntausende Menschen erreicht und bin auch heute noch fallweise im Sinne des Zivil- und Selbstschutzes aktiv in der Öffentlichkeit tätig.

„Wanderprediger“ in Strahlenschutzfragen

Außerdem hat mich der Strahlenschutz in meinem beruflichen Leben, als Feuerwehroffizier in Wien, als Leiter der Feuerwehr- und Zivilschutzschule Steiermark und als Branddirektor der Stadt Graz stets begleitet. Dazu war ich an die 25 Jahre Vorsitzender des Sachgebietes „Strahlen- und Bioschutz“ im Österreichischen Bundesfeuerwehrverband und habe ohne Zweifel die Disziplin des Strahlenschutzes bei den Feuerwehren stark mitgeprägt. Wenn ich also mein Leben retrospektiv betrachte, komme ich mir wie ein lebenslanger „Wanderprediger“ in Strahlenschutzfragen vor, was den Nagel sicher auf den Kopf trifft.

Lektor an der Zivilschutzschule

Doch zurück in die Sechzigerjahre: Mein großes Interesse am Strahlen- und Zivilschutz hatte bald zur Folge, dass ich immer mehr in das Ausbildungsprogramm der Zivilschutzschule des BMfI integriert wurde. Bald war ich Hauptvortragender und integrierender Bestandteil dieser Schule. Und so verbrachte ich viele Stunden in den damals noch sehr spartanischen

Lehrsälen dieser Ausbildungsstätte in der Wilhelmskaserne in der Vorgartenstraße, welche in der Luftschutztruppenschule, dem Vorgänger der heutigen ABC-Abwehrschule, eingemietet war. Gemeinsam mit dem fachlichen Leiter dieser Abteilung, dem späteren Amtsdirektor *Ing. Hubert Gerzabek*, schafften wir neue Lehr- und Lernbehelfe in Form von (für die damalige Zeit) modernen Skripten und Dia-Bildserien. Hier hatte ich meine erste Bewährungsprobe auf dem Sektor der Erwachsenenausbildung zu bestehen, welche ich hervorragend meisterte.

Als Dozent an der Zivilschutzschule des BMfI (in der Mitte Ing. Hubert Gerzabek und rechts Heinz Dorn, der später Mag. jur. und Polizeidirektor von Innsbruck wurde).

Beruflich ins Ministerium?

Da ich wöchentlich nun schon an die 20 Stunden als freier Mitarbeiter an der Zivilschutzschule des BMfI tätig war und die obersten Strahlenschützer der Exekutive aus allen Bundesländern fachlich bei ihren jährlichen Tagungen betreute, war es fast logisch, dass ich nach Beendigung meines Studiums den freien Posten als Strahlenschutzexperte im Innenministerium bekommen sollte. Dies war für alle Schulangehörigen und auch den damaligen Leiter der Zivilschutzabteilung im Ministerium *Dr. Heinz Dworak* ganz klar. Vor allem Oberst *„Ali" Massak*, bekannter Sprengstoffexperte und Chef der Polizei-Spürtrupps, sowie General *Hans Norton* vom Bundesgendarmeriekommando machten sich für meine Aufnahme stark.

Die Politik war dagegen!

Doch das Schicksal – ich möchte sagen, die schnöde Politik – war dagegen! Wenn ich damals das „richtige" (oder überhaupt ein) Parteibuch besessen hätte, wäre meine Bewerbung wohl anders verlaufen. So wurde mir offiziell mitgeteilt, dass der freie Posten aus Einsparungsgründen nicht besetzt wird und daher mein Ansuchen ... blah, blah, blah ... derzeit nicht berücksichtigt werden könne! In Wirklichkeit war ich damals für gewisse Leute des Innenministeriums auf Grund meiner Zugehörigkeit zu einer wehrhaften Studentenverbindung und meiner hochschulpolitischen Aktivitäten unzuverlässig und es soll sogar ein entsprechender Akt über mich angelegt worden sein. Anmerkung: Nachdem der spätere Innenminister *Franz Olah* in politische Ungnade fiel und die Existenz tausender derartiger politischer Spitzelakte bei der Geheimpolizei bestätigte, begehrte auch ich für meine Person Einsicht. Und tatsächlich gab es eine „böse" Eintragung über mich, welche mir meine „Karriere" als Beamter des Innenministeriums gekostet hatte. Aber vielleicht war es gut so!

3.2 An der Wiener Urania

Bereits als Student kam ich durch Zufall an die Wiener Urania, die wohl bekannteste der populärwissenschaftlichen Institutionen in der Bundeshauptstadt. Ich besuchte dort im markanten Hauptgebäude am Donaukanal im Jahre 1966 selbst mehrere naturwissenschaftliche Vorträge und kam so mit den Kursverantwortlichen in Kontakt. Mein Angebot, eine Vortragsserie zum Thema Strahlenschutz zu halten, wurde überraschend schnell angenommen.

Das unsichtbare Bombardement

Ich stellte meine Serie unter den Titel „Das unsichtbare Bombardement – eine verständliche Einführung in die Strahlenphysik und den Strahlenschutz" und hatte damit auf Anhieb einen durchschlagenden Erfolg. Bei meiner Antrittsvorlesung war der Andrang so groß, dass wir in einen größeren Lehrsaal wechseln mussten. Das Interesse an den Themen natürliche Radioaktivität, kosmische und terrestrische Strahlung, Strahlenquellen in Medizin und Technik, Physik der Kernstrahlung, Strahlenmessgeräte, Kernkraftwerke,

Atombomben sowie Strahlengefahren für den Menschen und Zivilschutz war gewaltig. Anscheinend war ich hier in Wien der Erste, der diese sonst nur für Wissenschaftler verständliche Materie in populärer Weise aufgegriffen und anschaulich dargestellt hatte.

Wettlauf um die absolute Waffe

Zwischenzeitlich hatte ich mein Studium abgeschlossen und war zum Jungstar an der Wiener Urania geworden. In meiner unkonventionellen Art und mit Hilfe der damals verfügbaren Multimediatechnik – ich setzte Tafel, Pinnwand, Dias, Filme und auch das gute alte Episkop ein – hatte ich den gewünschten Erfolg. Ich wurde bereits von Woche zu Woche in ganz Wien mit meinen aktuellen Vortragsthemen auf Plakatwänden und Litfasssäulen plakatiert und erfreute mich großer Popularität. Meine neue Erfolgsserie befasste sich mit dem Themenkreis „Vom Wurfstein zur Atombombe“ und behandelte den Wettlauf der Menschheit – und im Besonderen der Großmächte – um die absolute Waffe. Ich wählte dieses Thema nicht, weil kriegerische Eigenschaften in mir schlummern, sondern weil ich die zweite, böse Seite des Atoms einer interessierten Öffentlichkeit zeigen wollte. Und dies gelang mir dem Anschein nach sehr gut.

Diszipliniert zum Friedhof marschieren?

Was mir damals jedoch besonders am Herzen lag, war der Zivilschutz. Es war also die Tatsache, dass grundsätzlich gegen die modernen Atomgefahren sinnvolle Schutzmaßnahmen möglich sind. Bei meinen Vorträgen erzählte ich gerne eine witzige Episode, die einem Interviewer widerfuhr. Er stellte nämlich einer Gruppe von Personen die Frage: „Was machen Sie, wenn eine Atombombe fällt?“ und erhielt die überraschende Antwort: „In Zweierreihen antreten und diszipliniert zum Friedhof marschieren!“ Auf die Nachfrage „Warum diszipliniert?“ erhielt er die frappierende Antwort: „Damit keine Panik ausbricht!“ Daraus ist ein starker Fatalismus erkennbar, der vielen Menschen in Hinblick auf die neuen atomaren Gefahren damals innewohnte. Dieser lethargischen Einstellung wollte ich mit meinen populären Vorträgen den Kampf ansagen.

Dreifacher Tod

Damals war noch der Schutzraumbau ein aktuelles Thema des Zivilschutzes. Der Hintergrund ist folgender: Eine Atom- oder Wasserstoffbombe besitzt eine furchtbare Direktwirkung, weil bei ihrem Abwurf eine „Todeszone“ in der Größenordnung von einigen Kilometern Durchmesser rund um den Nullpunkt entsteht. Hier würden Menschen theoretisch den „dreifachen Tod“ erleiden: Durch thermische Strahlung, Druck und Radioaktivität. Ein effektiver Schutz ist, vor allem bei einer Bodendetonation, in diesem Bereich – auch durch die stärksten Atombunker – nicht möglich.

Schutzräume als Überlebensinseln

Darüber hinaus muss jedoch bei einer Bodendetonation mit großen Mengen von radioaktivem Niederschlag gerechnet werden, der bis zu 1.000 Kilometer von den Winden vertragen werden kann. Und in dieser relativ großen Zone ist aber Schutz durch relativ einfach konstruierte Schutzräume – in welchen allerdings ein Aufenthalt von mehreren Tagen bis etwa zwei Wochen geplant werden muss – möglich. Das war der Ansatzpunkt des Zivilschutzes nach den Atombombenabwürfen von Hiroshima und Nagasaki bis Mitte der Achtzigerjahre. Ich war damals Sekretär des Wiener Zivilschutzverbandes und von der Notwendigkeit derartiger Schutzräume, als Überlebensinseln, überzeugt. Der interessierten Bevölkerung erklärte ich nun in meinen Vorträgen die naturwissenschaftlichen Hintergründe.

Als Sekretär des Wiener Zivilschutzverbandes bei einer Jahreshauptversammlung (rechts neben mir der damalige Präsident Stadtrat Alfred Hintschig).

Häuserblock-Knacker und Phosphorbomben

In der Entwicklungsgeschichte des zivilen Bevölkerungsschutzes hat es zwei wesentliche Wendepunkte gegeben: Es waren dies die Jahre 1945 und 1986. Vor 1945 beschäftigte man sich vor allem mit den Schutzmaßnahmen gegen Brand- und Splitterbomben. Die größten damals eingesetzten Bomben waren die so genannten Häuserblock-Knacker, welche an die 1.000 Kilogramm Trinitrotoluol (1 Tonne TNT) Sprengmittel enthielten.

Damit konnte man, wie der Name schon sagte, ganze Häuserblöcke zerstören. Heimtückisch waren Phosphorbomben, die als Brandbomben beispielsweise auch bei den Flächenbränden in Hamburg und Dresden eingesetzt wurden. Zum Schutz der Zivilbevölkerung baute man damals die Kellerräume vieler Häuser aus, aber auch öffentliche Luftschutzräume im Nahbereich der Wohnungen wurden errichtet. In vielen Städten, wie in Salzburg und Graz, nutzte man die Nähe von Bergen, in welche man Stollensysteme von mehreren Kilometern Länge für Schutzzwecke bergmännisch vorantrieb. Im Grazer Schlossberg fanden bei den großen Luftangriffen im Jahre 1945 beispielsweise über 50.000 Menschen Schutz.

Ein Zug von 10 km Länge

Die Atombomben von Hiroshima und Nagasaki brachten nun eine neue Dimension in der Sprengkraft von zerstörenden Waffen. Dies begründete sich in der Tatsache, dass hier erstmals in einem Krieg eine neue Energieform, die Kernenergie, angewendet wurde. Hatten konventionelle Bomben die maximale Sprengkraft von 1 Tonne TNT, so lag jene der beiden japanischen Atombomben bei etwa 20 Kilo-Tonnen, also 20.000 Tonnen TNT. Ein Vergleich zeigt den Unterschied zwischen herkömmlichen Sprengbomben und einer derartigen Nuklearwaffe sehr anschaulich: Wenn man einen Eisenbahnwaggon (Länge des Waggons 10 Meter) mit 20 Tonnen TNT belädt, benötigt man 1.000 Einheiten für 20 Kilo-Tonnen, was einem unglaublich langen Zug von 10 Kilometern entspricht. Diese gigantische Sprengstoffmenge an TNT ist nun in einer Atombombe auf wenigen Kubikmetern bei einer von Uran 235- oder Plutonium 239-Bombe „komprimiert“. Wasserstoffbomben besitzen sogar eine Sprengkraft in der Größenordnung von 1 Mega-Tonne (entspricht 1 Million Tonnen TNT) und die „größten" Bomben, die so genannten Dreiphasenbomben, bis zu 100 Mega-Tonnen.

Die Suche nach der Wunderwaffe

In den Fünfziger- und Sechzigerjahren hatten sich die Großmächte ein riesiges Arsenal von Nuklearwaffen angelegt, mit welchem man die Welt und die ganze Menschheit über 100 Mal hätte ausrotten können. Das war der berühmte „Overkill". Dabei würde es ja lediglich einmal genügen, um allem Leben auf diesem blauen Planeten ein Ende zu setzen! Trotzdem kam es zwischen der UdSSR und den USA zu einem Wettlauf um die absolute Waffe. Dabei suchte man – wie schon weiland der GRÖFAZ („Größte Feldherr aller Zeiten") – nach der Wunderwaffe. Aber genauso wenig, wie es *Adolf Hitler* gelang, eine derartige Waffe zu produzieren, war es auch jetzt. Jedes neue Waffensystem (Wunderwaffe) war der Ausgangspunkt für eine Gegenwaffe (Anti-Wunderwaffe) und so weiter und so weiter, was zu einem sinnlosen Rüstungswettlauf führte. Wie wir heute wissen, hat diese Entwicklung schließlich zum wirtschaftlichen und politischen Niedergang der UdSSR geführt. Der Friede auf diesem blauen Planeten wurde damals jedenfalls durch ein „Gleichgewicht des Schreckens", mit Hilfe tausender Nuklearsprengköpfe und unterschiedlichster Trägersysteme (Atom-U-Boote, rund um die Uhr in der Luft befindliche Atombomber und Raketen in geschützten Silos), realisiert.

Nuklearbomben über Österreich?

Im Zuge des Ungarnaufstandes im Jahre 1956 kam es zu einer gefährlichen Konfrontation zwischen der UdSSR und den Westmächten. Die damaligen Einsatzpläne der Russen sahen beispielsweise auch einen Blitzangriff auf Österreich und im Speziellen auf die Steiermark vor, wobei die Verwendung von Kernwaffen vorgesehen war. Auf strategischen Landkarten, die später erst der Öffentlichkeit bekannt wurden, war eine ganze Reihe von Orten eingezeichnet, in welchen taktische Atombomben zum Einsatz kommen sollten. Rund um Graz alleine waren an die zehn derartiger Nuklearbomben vorgesehen. Die USA planten im Fall des Falles den Einsatz von Mittel- und Langstreckenraketen mit nuklearen Sprengköpfen gegen die Russen. Und das alles auf dem souveränen Gebiet des Staates Österreich. Ja, wir waren trotz oder gerade wegen unserer Neutralität Aufmarschgebiet bei einer nuklearen Auseinandersetzung zwischen Ost und West.

„Atomare Mausefalle"

Ich zitierte in meinen Vorträgen oft anschaulich *Albert Einstein*, der gesagt haben soll: „Der Mensch hat die Atombombe erfunden. Keine Maus der Welt käme auf die Idee, eine Mausefalle zu konstruieren". Mit dieser Metapher könnte man auch unsere Situation in den Sechziger- und Siebzigerjahren umschreiben. Die Großmächte bauten immer mehr Nuklearwaffen der unterschiedlichsten Größe und wir hatten jedenfalls eine riesige Angst, dass die Falle für uns einmal zuschnappen würde und Kernwaffen zum Einsatz kommen könnten. Und so haben wir den Zivilschutz – und vor allem den Schutzraumbau – im bereits dargestellten Sinn stark forciert.

Unsichere Zukunft?

Dabei war damals das „Gleichgewicht des Schreckens" – wie wir heute wissen – sehr stabil. Keine Großmacht hatte die ultimative Erstschlagskapazität, um den Gegner zu vernichten. Es musste jederzeit mit einem alles zerstörenden Gegenschlag gerechnet werden. Die Folge war, dass es tatsächlich seit 1945 keinen militärischen Einsatz von Nuklearwaffen mehr gegeben hat. Seitdem jedoch den USA die UdSSR als gleichwertiger Gegner abhanden gekommen ist, ist die Welt auf jeden Fall viel unsicherer geworden. Gerade das unglaubliche Attentat vom 11. September 2001 und der aufkeimende weltweite Terror sind der Grund, dass wir uns heute wieder mehr mit der Gefahr des Einsatzes von Atomsprengkörpern und insgesamt mit dem ABC-Schutz beschäftigen müssen.

Weltuntergang in 15 Minuten!

Nach Meinung des ehemaligen US-Verteidigungsministers *Robert McNamara* kann heute innerhalb von 15 Minuten jederzeit ein Atomkrieg ausbrechen. Denn den Befehlshabern steht nicht mehr Zeit zur Verfügung, um über Leben und Tod von Hunderten Millionen Menschen zu entscheiden. „Ich habe alles schon einmal am eigenen Leib erlebt", erklärte der alte Haudegen vor Journalisten. Und: „In der Kuba-Atomkrise des Jahres 1962 gingen wir um Haaresbreite an einer nuklearen Katastrophe vorbei." Aber statt aus der Geschichte zu lernen, steuert heute die Menschheit neuerlich auf eine neue nukleare Konfrontation hin. Mit dem Unterschied freilich, dass die Waffen in der Zwischenzeit noch viel verheerender geworden sind. Denn es sind heute – vor allem von den USA aus – Bestrebungen im Gange, eine neue Generation von Nuklearwaffen zu konstruieren und sie sogar im Weltall anzusiedeln.

Der Super-GAU von Tschernobyl

Ein markanter Meilenstein des zivilen Bevölkerungsschutzes war auch das Jahr 1986, als es im ukrainischen Tschernobyl zu einem Super-GAU kam. Ein derartiges Ereignis wurde von Fachleuten als absolut unwahrscheinlich angesehen. Ich hatte als Kenner der Materie jedoch schon lange vor einem derartigen nuklearen Desaster der friedlichen Atomtechnologie gewarnt. Nun war es am 26. April 1986 eingetreten und eine verhängnisvolle radioaktive Wolke kontaminierte große Teile der Ukraine und Weißrusslands sowie halb Europa. Die Konsequenz für den Zivilschutz war es nun, auch dieses Szenario in die Einsatzpläne aufzunehmen. Da der massive Schutzraum der „Atombombenzeit" gegen die Radioaktivität eines Kernkraftwerkes als nicht sinnvoll hingestellt wurde, wurde jetzt der so genannte „Sichere Raum" erfunden und der Schutzraum der alten Prägung hatte ausgedient.

Der Super-GAU von Tschernobyl brachte ein radikales Umdenken im Zivilschutz.

Die Schutzraumbaupflicht verschwand auch mit einer gewissen Verzögerung aus den österreichischen Baugesetzen, zum Beispiel in der Steiermark im Jahre 1995.

3.3 Das Hobby als Beruf?

Im Sommer 1970 lief im Zweiten Deutschen Fernsehen eine sensationelle Fernsehserie. Ihr Titel: „Brüder im All – die Möglichkeit des Lebens auf fremden Welten“. In insgesamt zehn halbstündigen Sendungen beleuchtete der bekannte Wissenschaftspublizist *Heinz Haber* in seiner bekannt spannenden Art die stets aktuelle Frage, ob es ein Leben auf anderen Sternen gibt. Ich schlug den Urania-Verantwortlichen vor, diese Filme als Basis einer neuen Vortragsserie auszuwählen. Und diese schlug wie eine Bombe ein: Ich hatte bei meinen Vorträgen zum Teil über 100 Personen, was für die damaligen Verhältnisse sensationell war.

Brüder im All

Meine Vortragsreihe „Brüder im All“ war auch deswegen sehr interessant, weil damit eine direkte Verbindung mit der vorhandenen altehrwürdigen Sternwarte im Hauptgebäude der Wiener Urania am Donaukanal hergestellt wurde. Wir verschafften den Kursteilnehmern nämlich die Möglichkeit, als Höhepunkt der Veranstaltung über das große Teleskop in den nächtlichen Sternenhimmel zu blicken. Ich selbst war von diesen neuen Ausblicken fasziniert und verbrachte so manche Nacht in der Sternwarte. Später beim Antritt meines Postens an der Feuerwehr- und Zivilschutzschule Steiermark wollte ich eine Zeit lang im Turmzimmer des großen Steigerturms ein kleines Teleskop unterbringen und populäre astronomische Studien betreiben.

Das von Heinz Haber im Jahre 1970 herausgegebene Sachbuch „Brüder im All“ wurde ein Bestseller.

Das Wiener Planetarium

Auf Grund meiner großen Erfolge an der Wiener Urania wurde ich über eine kurze Zeit sogar für eine hoch interessante, neue Aufgabe ins Spiel gebracht. Damals errichtete man nämlich – so wie in vielen anderen großen Städten – auch in Wien, im Bereich des Praters, ein Planetarium. Einige Verantwortliche wollten unbedingt, dass ich mich für den Posten des neuen Direktors dieser neuen, populärwissenschaftlichen Institution bewerben sollte. Ich war damals schon hauptberuflich Offizier bei der Wiener Berufsfeuerwehr, also beruflich sehr gut abgesichert, und außerdem vom Studium her im Hauptfach kein Astronom. Zwar hatte ich im Zuge meines Physikstudiums auch astronomische Vorlesungen besucht, das war mir jedoch zu wenig. Ich bewarb mich daher gar nicht für diese zugegebenermaßen hoch interessante Aufgabe. Schließlich wurde mit *Dr. Hermann Mucke* ein kompetenter Astronom langjähriger Leiter des Wiener Planetariums.

Besuch bei Professor Haber

Nach meinen blendenden Erfolgen an der Wiener Urania erwog ich, völlig in die Populärwissenschaft zu gehen und mich in der Wissenschaftsredaktion des ORF zu bewerben. Befürworter hatte ich, aber es war mir für eine endgültige Entscheidung ein Rat eines Fachmannes wichtig. Da kam mir der Zufall zugute: Ich hielt mich im Jahre 1971 mit einigen Kollegen beim Schifahren in Seefeld in Tirol auf. An jenem Ort, wo *Professor Heinz Haber* seine „Zelte" seit einigen Jahren aufgeschlagen hatte. In einem faszinierenden und mit einer Reihe von Kameras bewachten Landhaus modernster Architektur drehte er seine berühmten Fernsehfilme. Ich wollte nun den Stier bei den Hörnern packen und besuchte ihn einfach auf Gut Glück.

Ein Fan ist da!

Ein wenig Herzklopfen hatte ich schon, als ich die Klingel mit der bescheidenen Aufschrift „HABER" drückte. Eine schnarrende weibliche Stimme ertönte kurz darauf: „Ja, hier bei Professor Haber! Wer ist da?". Ich sagte ihr ganz einfach, dass ich ein glühender Fan des Professors wäre und ihn unbedingt sprechen wollte. Als sie sagte: „Der Herr Professor Haber ist nicht anwesend!“, sah ich meine Felle schon davonschwimmen. Da ertönte plötzlich eine Stimme im Hintergrund, die fragte, wer da sei. „Ein Fan von Ihnen, Herr Professor. Er ist aber nicht angemeldet!“, sagte die Angestellte. Es fiel mir ein Stein vom Herzen, als ich den Professor hörte: „Sagen Sie ihm, er soll hereinkommen!“

Ein ungewöhnliches Haus

Der automatische Türöffner summte und die schwere hölzerne Eingangstüre öffnete sich. Die „Schnarrende Stimme“, ein hübsches blondes, schon etwas älteres Stubenmädchen, begrüßte mich verlegen und sagte: „Herr Professor lässt bitten!“ Ich trat durch ein heimeliges Vorzimmer in einen riesigen Raum. Eigentlich war es eine gewaltige, mit viel Geschmack gestaltete Wohnlandschaft in mehreren Ebenen und Sektoren, über welcher sich der offene Dachstuhl wie ein künstlicher Himmel spannte. Mir blieb der Mund offen stehen, denn so etwas hatte ich noch nicht gesehen. Das blonde Stubenmädchen führte mich über einige Stufen über einen mit blauem Teppichboden belegten Wohnbereich in einen durch verschiedene Möbelstücke abgetrennten, etwas höher liegenden Sektor, den man unschwer als Büro identifizieren konnte. Was mir als Erstes auffiel, war eine riesige Bücherwand und ein Prachtstück von einem Globus. Aus einem ledernen Lehnsessel erhob sich nun mit einem Buch in der Hand ein schlanker, braungebrannter Mann mit weiß melierten Haaren – es war mein Idol, der Professor!

Ein weiser Rat?

Es war eine ausgesprochen spannende Stunde, die ich nun in diesem ungewöhnlichen Haus erlebte – so lange nahm sich der Professor Zeit. Und es war auch ein ungewöhnlicher, aber vielleicht weiser Rat, den er mir gab: Er erzählte mir, wie schwer und unsicher der Job eines freien Wissenschaftsredakteurs beim Fernsehen sei, und empfahl mir schließlich, meinen „sicheren“ Posten beim Magistrat Wien und der Feuerwehr nicht aufzugeben. Ich könnte ja weiterhin nebenberuflich meinem populärwissenschaftlichen Hobby nachgehen und auf die echte Chance warten. Nachdenklich und ein wenig verunsichert verließ ich Professor Haber.

4. Kapitel

Lehrjahre bei der Berufsfeuerwehr

(Foto: BF Wien)

Wir waren in eine fremde, giftige Atmosphäre eingetaucht
und im wahrsten Sinn des Wortes Gastaucher!

Owid

Nachdem ich mein Physikstudium an der Universität Wien abgeschlossen und mich vergebens um einen Posten im Innenministerium als Strahlenschützer beworben hatte, war ich – wie man heute salopp sagen würde – auf Jobsuche. Über Studienkollegen hatte ich Kontakte nach Amerika und Südafrika, wo ich als Hochschulassistent an renommierten Universitäten Chancen gehabt hätte. Ich wollte jedoch damals aus familiären Gründen nicht ins Ausland gehen, was retrospektiv gesehen vielleicht ein Fehler war. In Wien wurde mir ein wissenschaftlicher Assistentenposten am Physikalischen Institut der Medizinischen Fakultät der Universität angeboten, den ich fast angenommen hätte. Aber es sollte ganz anders kommen!

4.1 Ich werde Berufsfeuerwehrmann

Der Mann, der meinen weiteren beruflichen Werdegang wesentlich beeinflussen sollte, war *Dr. Heinrich Bilina*, seines Zeichens Chemiker und Offizier bei der Berufsfeuerwehr Wien. Er war ein hochgebildeter, spitzzüngiger und teilweise leider auch introvertierter Intellektueller, der so wie ich als Dozent an der Zivilschutzschule des Innenministeriums tätig war. Und eines Tages lud er mich in die alte Feuerwache „Favoriten“ ein, wo er Bereitschaftsoffizier und Ausbildungsverantwortlicher für die Chargenschule der Wiener Berufsfeuerwehr war.

Chemiker und Kakteenzüchter

Mit großem Interesse besuchte ich ihn nun an einem Samstag-Nachmittag Anfang 1968 in dieser alten Trutzburg. Das Bauwerk war damals, so wie die meisten Feuerwachen, in einem erschreckenden Zustand. Das war mir als vormaliger Student nichts Neues, denn auch unsere Universitätsinstitute waren damals oft baufällig und verwahrlost. *Dr. Bilina* war etwa in meiner Größe, aber in seinen Lederstiefeln, der Reithose aus Leinen (genannt die „Ohrwaschelhose" wegen ihrer seitlichen Ausdellungen), seiner Filzjacke aus Drillich und der Tellerkappe wirkte er etwas größer und hatte etwas Respektables an sich. Hier in Favoriten residierte nun dieser hochintelligente Chemiker in einer dunklen, mit einfachsten Möbeln eingerichteten Kanzlei, die man ohneweiters als Bruchbude bezeichnen konnte, mit angeschlossener Schlafstätte – und züchtete Kakteen! Mit Stolz präsentierte er mir mehrere Dutzend dieser stacheligen Gewächse, welche die abstrusesten Formen aufwiesen und die er zum Teil auch miteinander gekreuzt hatte.

Dr. Bilina brachte mich zur Wiener Berufsfeuerwehr.

Der Eintritt zur Feuerwehr

Eigentlich hatte mich der Besuch in Favoriten ein wenig deprimiert, aber die Person des *Dr. Bilina* faszinierte mich trotzdem irgendwie. Nicht wegen seines Spleens, Kakteen zu züchten, sondern vor allem durch sein Fachwissen und das „Feuer", das in ihm brannte. Er war von seiner Arbeit so überzeugt, dass er diese Begeisterung auch auf andere übertragen konnte. Dies gelang ihm schließlich auch bei mir, so dass ich mich tatsächlich entschloss, in die Wiener Feuerwehr einzutreten. Dort herrschte damals akuter Akademikermangel und ich wurde vermutlich auch deswegen nicht nach meiner Parteizugehörigkeit (die ich nicht hatte!) gefragt, weil mein Vater – wie ich schon erwähnt habe – ein prononcierter Sozialdemokrat war. Das Erfreuliche dabei: Der Job bei der Berufsfeuerwehr wurde – etwa im Vergleich zu einem Hochschulassistenten – gar nicht schlecht, ja sogar besser, bezahlt. Der Wechseldienst bot darüber hinaus für mich auch die Möglichkeit, an der Zivilschutzschule weiter tätig zu sein. Und so rückte ich bereits am 1. Juni 1968 in der Feuerwache Favoriten ein, um die Grundausbildung zu absolvieren.

Schlauchrollen und Leitersteigen

Schläuche rollen und kuppeln, die Kübelspritze betätigen, in der Gruppe arbeiten, Atemschutzgeräte tragen und vor allem Leiter steigen, das war nun mehrere Monate mein Tagesablauf. Sehr betont wurde bei der BF Wien das Hakenleitersteigen, ein in dieser Form schon damals überkommenes Ritual, weil es lediglich exerziermäßig absolviert wurde. Die Schiebleiter wurde ebenfalls gedrillt und natürlich musste ich auch auf die höchste Leiter der Feuerwehr, die damals in Favoriten stationierte 50-m-Drehleiter, steigen. Dies geschah – klarerweise völlig unbeabsichtigt – an einem Tag mit beträchtlicher Windeinwirkung bei freiem Stand des Gerätes. Bei derartigen Gelegenheiten hatten fast alle Fenster der Feuerwache unsichtbare Augen, während sich der „Delinquent" mühsam nach oben und anschließend nach unten kämpfte. Der Höhepunkt war jedoch die so genannte Selbstrettung vom höchsten Stock des Steigerturms. Dabei musste man sich mit der Rettungsleine abseilen und jeweils die offenen Fensteröffnungen überspringen. Und wenn man dies einmal nicht schaffte, hatten die Beobachter ihr Gaudium.

Der erste Rückschlag

Alle diese Tätigkeiten bewältigte ich jedoch in sportlicher Manier und eigentlich ohne Probleme. Ich war damals aktiver Judokämpfer, voll durchtrainiert und wog bei 1,87 m Größe unter 70 kg. Was mich jedoch sehr belastete, war der für mich unübliche Nachtdienst. Ich lag in einem alten Stahlrohrbett mit Rosshaarmatratze im 2. Stock in einem kahlen Zimmer ohne Vorhänge und konnte bei meinen Nachtdiensten kaum Schlaf finden. Die so genannten Sprungstiefel (Knobelbecher) standen mit Fußtüchern kunstvoll eingefasst vor dem Bett, die Einsatzhose und die Einsatzjacke waren nach einem bestimmten System auf dem Sessel adaptiert.

Bei der Alarmierung ging zuerst das Licht an und man musste nun im wahrsten Sinn des Wortes in die Einsatzuniform „springen" und innerhalb von 60 Sekunden beim Fahrzeug sein. Damals gab es bei der Wiener Feuerwehr auf vielen Wachen noch keine Tondurchsage, sondern wir wurden mittels Klingelzeichen nach dem Morsealphabet aus den Betten geholt. Da ich die

Morsezeichen nicht kannte, rannte ich anfänglich öfter umsonst in die Fahrzeughalle. Nach drei Wochen Wechseldienst war ich mit den Nerven völlig fertig und überlegte den Dienst zu quittieren.

Der Wechseldienst und die „biologische Uhr“

Aber es sollte nicht so weit kommen. Denn man gewöhnt sich im Laufe der Zeit an so manches und das schnelle Ausrücken war schließlich auch nur ein eingedrillter Reflex und wurde langsam zur Gewohnheit. Ja, später liebte ich den Wechseldienst sogar, denn – vor allem an Wochenenden – hatte man die Möglichkeit, meist ungestört zu arbeiten oder hie und da einen Fachartikel oder ein gutes Buch zu lesen. Anmerkung: Der Wechseldienst ist bei den österreichischen Berufsfeuerwehren so organisiert, dass man abwechselnd 24 Stunden Dienst versieht und dann 24 Stunden frei hat. Die dabei zu viel geleistete Zeit wird durch eine entsprechende Zahl von Ausgleichstagen (Freischichten) kompensiert. Dieses Dienstmodell wurde immer wieder – so wie auch jetzt im Zuge der allgemeinen Einsparungswelle – in Frage gestellt. Ich habe auch später als Branddirektor der Stadt Graz dieses Konzept stets gegen andere Modelle verteidigt, weil es am ehesten den physiologischen Anforderungen des Menschen (und damit auch der Einsatzmannschaft im Rahmen des Nachtdienstes) entgegenkommt. Denn dadurch wird die in uns vorhandene „biologische Uhr“ am wenigsten beeinträchtigt.

4.2 Mein erstes Feuer!

Ich war gerade erst etwa drei Wochen bei der Feuerwehr und rückte fallweise als Beobachter am Kommandofahrzeug bei Alarmen mit aus. Dabei sollte ich den Einsatzdienst von seiner praktischen Seite kennen lernen. Vor allem *Dr. Bilina* brannte förmlich darauf, mich mit der harten Praxis schockartig zu konfrontieren. Und so kam es relativ bald zu meiner ersten unmittelbaren Begegnung mit dem Feuer!

Brand in einem Kohlenlager

Wir waren in Favoriten schon zu mehreren Wohnungs- und Autobränden ausgerückt, wobei ich aus sicherer Entfernung die Aktivitäten der Feuerwehrmänner beobachtete. Jetzt wurden wir zu einem Brand in einem Kohlenlager alarmiert. *Dr. Bilina* erklärte mir gerade während der Anfahrt im Kommandofahrzeug, dass es vor allem bei der extensiven Lagerung von Braunkohle zu Selbstentzündungsphänomenen kommen kann, als wir schon am Einsatzort angekommen waren.

Erster Kontakt mit dem Feuer

Es handelte sich um eine nicht sehr große Lagerhalle, aus welcher an allen Ecken und Enden Rauch austrat. Von Flammen war nichts zu sehen. Unsere Einsatzkräfte hatten nun die undankbare Aufgabe, einige Tonnen Kohle händisch auszuräumen, sie in kleine Portionen aufzuteilen und eventuell vorhandene Glutnester mit Wasser zu löschen. Eine für sie lästige Tätigkeit, der auch *Dr. Bilina* nicht viel abgewinnen konnte. Aber er hatte eine Idee: Der neue Volonteur (damit meinte er mich) sollte unter schwerem Atemschutz in die Halle vorgehen. Meinen Einwand, ich hätte noch keine Praxis mit Pressluftatmern, wischte er einfach weg. Und so legte ich das erste Mal in meinem Leben ohne jede Vorschulung ein Atemschutzgerät an und begab mich unter der fachkundigen Führung eines altgedienten Brandmeisters in ein Brandobjekt.

Unter Atemschutz

Rückblickend kann ich sagen, es war nichts Weltbewegendes, was mir hier widerfuhr. Aber in der damaligen Situation war es absolutes Neuland. Ich hatte zwar beim Einrücken auf die Feuerwache „Favoriten" ein Filtergerät in einer Tragebüchse als persönliche Ausrüstung ausgefasst, aber das Thema Atemschutz war für mich zu diesem Zeitpunkt noch ein Buch mit sieben Siegeln. Da ich auch das Bundesheer noch nicht absolviert hatte, war schon das Aufsetzen der Atemmaske ein ungewöhnlicher Akt. Doch mit Hilfe meines Begleiters schaffte ich es schließlich und legte auch den Pressluftatmer an.

Als der Lungenautomat über das Rundgewinde angeschlossen war, atmete ich das erste Mal Luft aus der Stahlflasche, welche mit den bekannt charakteristischen Zischlauten im Rhythmus meiner Atmung in die Maske strömte. Etwas ganz Neues, das gewöhnungsbedürftig war. Da war es mir recht, dass ich vor dem Eindringen in das Brandobjekt einige Schritte im Freien wagen konnte.

Beim beschriebenen Kohlenlagerbrand legte ich das erste Mal – ohne entsprechende praktische Ausbildung – mit einigem Herzklopfen schweren Atemschutz an. (Foto: BF Wien)

Gastauchen

Aus dem Tor der kleinen Lagerhalle trat schwarzer, fetter Brandrauch aus. Und als ich mit meinem Begleiter in das Gebäude vordrang, hatte ich nur den einen Gedanken: Atemdisziplin wahren! Tief und langsam durchatmen, denn das war bereits im Theorieunterricht gelehrt worden. Ich konzentrierte mich also auf meine Atmung. Einige Meter konnten wir aufrecht gehen und hatten noch einigermaßen Sicht. Dann verdunkelte sich jedoch die Atmosphäre zusehends und nach wenigen Schritten konnte ich meine Hand nicht mehr vor der Atemmaske sehen. Wir waren in eine fremde, giftige Atmosphäre eingetaucht und im wahrsten Sinn des Wortes Gastaucher (ein Begriff, den man früher tatsächlich verwendet hatte). Ich hörte nur die über unsere Lungenautomaten nachströmende Atemluft und versuchte im gleichen Rhythmus wie mein Kollege zu atmen. Das war einigermaßen beruhigend!

Das berühmte Temperaturfeld

Platzangst dürfte man jetzt jedoch nicht haben, dachte ich noch, als ich plötzlich ein schmerzhaftes Brennen im Bereich meiner Ohrläppchen verspürte. Dieselbe Empfindung dürfte auch meinem Kollegen widerfahren sein, denn er zog mich rasch in eine tiefere Position. Schließlich gingen wir in die Hocke und ich stellte fest, dass hier die Temperatur wesentlich erträglicher war. Das war also das berühmte Hitzefeld in einem Brandraum mit seinen Temperaturschichtungen: Oben unerträglich heiß bis unten verträglich warm! Eine grundlegende Erkenntnis, auf welcher die elementaren Verhaltensregeln der Feuerwehr bei der Brandbekämpfung aufgebaut sind.

Ins „kalte Wasser“ geschmissen!

Zusammenfassend kann ich sagen: *Dr. Bilina* hat mich ins „kalte Wasser“ geschmissen und ich habe sehr schnell „schwimmen“ gelernt. Alleine der erste Kontakt mit einem echten Feuer – besser gesagt mit dem giftigen, undurchsichtigen und heißen Brandrauch bei einem Kohlenbrand – war für mich eine echte Fundgrube der Erkenntnisse.

Man kann über viele Dinge theoretisieren – nur nicht über die Liebe und das Feuer! Denn hier muss man selbst Hand anlegen und laufend Erfahrungswerte sammeln. Ich habe es auch in meiner gesamten Aktivzeit so gehalten und bin bei Großereignissen, bei denen mehrere Offiziere am Einsatzort anwesend waren, erforderlichenfalls auch selbst unter schwerem Atemschutz in das Brandobjekt für Spezialaufgaben vorgegangen. Das war beispielsweise bei einem heimtückischen Brand in einem Tiefkeller am Wiener Naschmarkt so und bei einem Chemieeinsatz, bei welchem wir die Temperatur organischer Peroxide, die zu explodieren drohten, messen mussten.

4.3 Ein „biologisches Schlüsselerlebnis“

Aus den Anfängen meiner Ausbildungszeit sind mir noch zwei einschneidende Einsatzerlebnisse der besonderen Art in Erinnerung, aus welchen ich ebenfalls wichtige Erfahrungswerte für später gewonnen habe. Es handelte sich dabei um die Bergung von Leichen in einer „fortgeschrittenen Phase", die sich also schon in starkem Verwesungszustand befanden.

„Wärmetod des Gefühls"

Leider sind in unserer hektischen Zeit alte Menschen häufig gesellschaftlich isoliert und einsam. Sie sterben dann mitten unter uns, in einem riesigen Zinshaus oder einem Einfamilienhäuschen, und gehen niemandem ab. *Konrad Lorenz* nennt dieses Phänomen den „Wärmetod des Gefühls" in unserer technisierten Gesellschaft. Erst wenn sich die Post vor den Wohnungstüren stapelt oder ein penetrant-süßlicher Leichengeruch das Stiegenhaus verpestet, wird die Feuerwehr geholt.

Ein ekeliger Schwarm Schmeißfliegen

So war es auch bei einem Einsatz in einem großen Mietshaus in Favoriten. Mein Physikerkollege *Dr. Fritz Palischek*, der rund ein Jahr vor mir in den Feuerwehrdienst eingetreten war, hatte Bereitschaftsdienst und ich war Beobachter am Kommandofahrzeug.

In einer ebenerdigen Wohnung wurde die Leiche einer alten Dame vermutet. Sie hatte sich schon über drei Wochen nicht gemeldet. Die Fenster waren so verschmutzt, dass man von außen nicht in die Wohnung blicken konnte. Da wir die Türe nicht zerstören wollten, versuchten wir über eines der Fenster einzudringen. Beim Einschlagen der Fensterscheibe entströmte der Wohnung pestilenter Geruch und ein ekeliger Schwarm von Schmeißfliegen suchte unter lautem Surren das Freie. Erst jetzt bemerkten wir, dass die Fenster mit Scherengittern als Einbruchsschutz gesichert waren. Wir mussten also nolens volens die Wohnungstüre aufbrechen.

Wie in einem Gruselfilm

Das, was uns beim Eintreten in die Wohnung erwartete, hätte einem Gruselfilm entstammen können. Der Gestank war derart ekelig, dass ich mir ein Taschentuch anfeuchtete und es vor Mund und Nase hielt. Als wir ins Wohnzimmer kamen, sahen wir die Leiche – wie im Gruselschocker „Psycho" –

in einem Lehnsessel sitzen. Unmengen von riesigen Schmeißfliegen umschwirrten den in Verwesung befindlichen Kadaver. Der Körper war aufgedunsen, die Haut schillerte in allen Farben und vor allem im Gesichtsbereich war die Verwesung schon in einem derart fortgeschrittenen Stadium, dass das Gewebe in den Augenhöhlen bereits total zersetzt war. Hier hatten die Fliegen bereits vor einiger Zeit ihre Eier abgelegt und jetzt krochen widerliche Maden in rauen Mengen über den sich zersetzenden Kadaver.

Der Tote in der Gartenhütte

Der zweite Fall betraf einen Mann, der in einer Gartenhütte in einer alten Favoritner Gemeindebausiedlung im Hinterhof verstorben war. Die Feuerwehr wurde nun angefordert, um die Leiche zu bergen. Wir drangen in das Gartenhaus, welches mit Unmengen von Gerümpel angeräumt war, vor. Ein gar nicht so leichtes Unterfangen, denn der Mann musste ein notorischer Sammler gewesen sein, weil nur ein ganz schmaler Schlurf zu begehen war. Auf einer schmutzigen Schlafstelle fanden wir schließlich die Leiche. Zwei Feuerwehrmänner wurden nun angewiesen, diese ins Freie zu schaffen. Sie schleiften den Kadaver in den Hof und ich entsinne mich noch, wie das Gewebe teilweise aufplatzte und sich ein widerlicher Gestank ausbreitete.

Erbrechen am laufenden Band!

Was nun passierte, werde ich nie vergessen! Das Gebäude hatte in den insgesamt vier Geschossen im Innenhof Laubengänge. Hier verfolgten etwa 20 Personen, vorwiegend Frauen, bei guter Sicht die Bergeaktion der Feuerwehr und kommentierten das Geschehen, wie immer, sehr „sachkundig".

Als nun die Gestankwolke nach oben drang, begannen bereits einige Personen nach Luft zu ringen und zu „würgen". Schließlich wurde der Brechreiz so groß, dass sich die ersten von ihnen übergeben mussten. Sie erbrachen schließlich über das Geländer des Laubengangs und regten durch die eindeutige Akustik alle anderen in einem derartigen Maße an, dass fast niemand von ihnen verschont blieb. Es gab dadurch Erbrechende am laufenden Band, was zum größten „Speibkonzert" führte, welches ich je erlebt habe.

Das erste Infektionsopfer

Nun hätte man diesem Geschehnis ja noch eine gewisse Situationskomik abgewinnen können, wenn es dabei nicht zu einem tragischen Unfall gekommen wäre. Einer der beiden Feuerwehrmänner, welcher die Leiche geborgen hatte, erkrankte nämlich kurze Zeit später. Es war Löschmeister *Friedrich Tupy*, der sich bei den Arbeiten infiziert hatte und ins Spital eingeliefert werden musste. Der Mann befand sich dabei mehrmals in einer lebensgefährlichen Situation und war etwa erst nach einem Jahr dienstfähig. *Tupy* war meines Wissens das erste offizielle Infektionsopfer bei der Feuerwehr durch „biologische Agenzien" in Österreich. Später wurde ich im Jahre 1975 mit mehreren, jedoch bei Weitem nicht so gravierenden Krankheitsfällen in Graz konfrontiert, welche nach einer groß angelegten Suchaktion in der Mur nach einem ermordeten Mädchen aufgetreten sind. Das Flussgewässer war damals noch stark verseucht und viele Taucher erkrankten nach diesem Großeinsatz, weil sie mit gefährlichen Keimen infiziertes Murwasser inkorporiert hatten.

Trügerischer Mannesmut

Für mich wurde der Einsatz in der Favoritner Gartenhütte ein „biologisches Schlüsselerlebnis" und ich habe ihn wiederholt bei Vorträgen zitiert. Die wichtigste Erkenntnis daraus, welche ich in meiner späteren Tätigkeit als Feuerwehroffizier stets umgesetzt habe: Beim Bergen von bereits in Verwesung

Das mystische Symbol für biologische Agenzien und infektiöses Material.

befindlichen Leichen und Kadavern ordnete ich immer die Verwendung von schwerem Atemschutz und Schutzhandschuhen an.

Dies war nicht immer so! Früher war es eine Frage des Mannesmutes, ob man ein Atemschutzgerät und Schutzhandschuhe verwendete oder nicht. „Echte Feuerwehrmänner“ waren – nach Ansicht vieler Vorgesetzter – gegen Rauch und Gestank trainiert und mussten oft gefährliche und widerwärtige Einsatztätigkeiten durchführen. So war es auch noch im Jahre 1968 beim oben zitierten Einsatz, bei welchem ohne persönlichen Schutz gearbeitet wurde.

Gibt es Leichengifte?

Ein Problem, das im Zusammenhang mit Leichenbergungen schon immer eine große Rolle gespielt hat, war die Frage nach möglichen Leichengiften. Historisch ist dies deswegen sehr interessant, weil viele berühmte Ärzte früher im Zuge von Obduktionen erkrankten und schließlich verstarben. Es stellte sich jedoch heraus, dass nicht chemische Gifte der Grund waren, sondern Mikroorganismen (meist Bakterien), welche tödliche Infektionskrankheiten hervorriefen. Im Zeitalter der Antibiotika spielt dieses Thema heute bei Leichenöffnungen keine große Rolle mehr. Aber gerade beim Feuerwehreinsatz, wo keine hygienisch einwandfreien Bedingungen vorhanden sein können, ist mit Vorsicht zu Werke zu gehen.

Auf der sicheren Seite bleiben!

Ich habe als späterer Vorsitzender des Sachgebietes 4.5 „Strahlen- und Bioschutz“ des ÖBFV im Jahre 1997 in Graz ein Seminar unter dem Titel „Gefahren durch biologische Agenzien“ organisiert. An dieser Veranstaltung hat auch der Grazer Gerichtsmediziner *Universitätsprofessor Dr. Peter Lainzinger* diese Frage umfassend behandelt. Er schreibt dazu: „Der Kontakt mit Leichen, insbesondere ‚frischem Material‘, ist bei gesunden Personen vollkommen ungefährlich. Allerdings können biologische Gifte und im Speziellen Infektionen, vor allem bei Verwesungen und Kadavern, nie mit Sicherheit ausgeschlossen werden. Aus Gründen der Vorsicht sollte man sich daher – zur Vermeidung einer Infektion – prinzipiell immer so verhalten, als würde es sich um hochinfektiöses Material handeln!“

4.4 Die Offiziersausbildung

Nach meiner Grundausbildung zum Feuerwehrmann, im Zuge der ich auch einige Zeit als „Nummer" auf einem Tanklöschfahrzeug ausrückte, erhielt ich eine Schnellausbildung zum Gruppenkommandanten. Und auch die folgende Offiziersausbildung musste beschleunigt ablaufen, da bei der Berufsfeuerwehr Wien akuter Offiziersmangel herrschte.

Eines Tages hieß es: „Offiziersanwärter *Widetschek* hat beim Chef aufzusalutieren!" Also wurde ich aus der Feuerwache Favoriten mit einem alten roten VW-Käfer abgeholt und in die Zentrale „Am Hof", einem historisch interessanten und ebenso sanierungsbedürftigen Bauwerk aus der Kaiserzeit gebracht.

Die altehrwürdige Zentrale der Berufsfeuerwehr Wien „Am Hof".
(Foto: BF Wien)

Brand- oder Löschdirektor?

Hier residierte also im dritten Stock der legendäre Chef der Wiener Berufsfeuerwehr *Dipl.-Ing. Franz Havelka.* Er führte den Titel Branddirektor und war bereits damals Senatsrat. Ich konnte zwar zu diesem Zeitpunkt mit derartigen Bezeichnungen nicht viel anfangen, ja, ich war sogar einigermaßen verwirrt: Denn der Chef einer Feuerwehr ist doch nicht für die Brände zuständig, sagte ich mir, das sind doch eindeutig die Pyromanen, sondern für das Löschen. Also müsste er ja eigentlich den Titel Löschdirektor besitzen. Als ich schließlich in das Heiligtum der Branddirektion vordrang und von *Dr. Bilina* in das große Besprechungszimmer geführt wurde, verdrängte ich schnell derartige ketzerische Gedanken.

Der Chef „erscheint"!

Dr. Bilina konnte mir gerade noch die große, grüne Palme zeigen, unter welcher die berühmten „Strafgerichte" des Chefs bei Dienstesverfehlungen abgehalten wurden, als dieser aus einem Nebenraum ins Zimmer trat. Nein, er erschien, denn *Dipl.-Ing. Havelka* war mit seiner Größe von 2,04 Metern kaum zu übersehen. Er hatte extra zu meiner Begrüßung seine Ausgangsuniform mit den breiten Lampassen angelegt und beherrschte von der ersten Sekunde an die Szene. Jetzt war mir auch klar, warum diese respektable Persönlichkeit in der Mannschaft und im Offizierscorps gefürchtet war und nur unter vorgehaltener Hand „Der Lange" genannt wurde. Ich kam mir mit meinen 1,87 m schon von der Körpergröße her wie ein Zwerg vor. Aber auch der sonst immer zu einem zynischen Scherz aufgelegte *Dr. Bilina* veränderte sich beim Eintreten des Chefs urplötzlich und wurde angesichts seines Chefs lammfromm.

Der legendäre Branddirektor Havelka, genannt „Der Lange", bei einer Familienfeier. Daneben, fast verdeckt, Dr. Schenz, ein Feuerwehrkollege, und mit den dunklen Brillen Dr. Bilina.

Gestorben wie ein Cowboy!

Der Branddirektor hatte uns freundlich begrüßt und auch gleichzeitig gezeigt, wer der Boss im Haus ist. Er stellte mir auch zwei Oberbrandräte vor: den liebenswerten, kleinwüchsigen und stets dem Chef gegenüber unterwürfigen *Erwin Racek*, der Aufstiegsbeamter war, und *Dipl.-Ing. Friedrich Falout*, meinen Ausbildungsoffizier. Beide hatten, wie der Chef selbst, vor vielen Jahren ihre Ausbildung in der legendären Reichsfeuerwehrschule in Eberswalde (einer Stadt nordöstlich von Berlin) zum Feuerschutzpolizeioffizier absolviert und

repräsentierten den alten Führungsstil in der Feuerwehr. Übrigens: *Dipl.-Ing. Falout* sah ich bis zu meiner Offiziersabschlussprüfung nur mehr ein einziges Mal, als er mir eine Kiste voll Skripten, im Wesentlichen Vorschriften und Dienstbehelfe, überreichen ließ. Kurz drauf verstarb er im Dienst. Meine Kollegen sagten etwas despektierlich, er hätte sich wie ein Cowboy verabschiedet – in der Reithose und seinen Stiefeln!

Als frisch gebackener Brandkommissär bei der BF Wien.

4.5 Lehrreiche Brandversuche

Kurz nach meinem Eintritt in die Berufsfeuerwehr Wien fand eine große Brandversuchsreihe statt. Im Nordwesten von Wien, knapp an der Gemeindegrenze vor Purkersdorf, befand sich eine riesige Barackensiedlung (der so genannte Auhof), welche niedergerissen werden sollte.

Wanzen und andere Parasiten

Diese herabgekommene Barackensiedlung war nach dem Krieg durch Wanzen und andere Parasiten so verseucht, dass sie ein Gesundheitsrisiko erster Ordnung darstellte. Man wollte sie daher unter Anwendung herkömmlicher Methoden nicht abreißen. Die Branddirektion bot sich nun an, diese Holzbauten im Zuge von Brandversuchen „kontrolliert thermisch abzutragen“, also abzubrennen. Ganze Scharen von Mäusen und Ratten suchten dabei vor dem Feuer ihr Heil. Als ich einmal den Vollbrand einer Baracke fasziniert betrachtete, sagte der immer zu einem Scherz aufgelegte *OBR Racek:* „Hören

Sie, wie die Wanzen in der Hitze wimmern?" Tatsächlich werden Mikroorganismen und Parasiten, wie Wanzen, Zecken und Flöhe, durch Hitze vernichtet. Sie wimmern natürlich nicht. Anmerkung: Schon im Mittelalter bekämpfte man Pest, Pocken und andere Seuchen mit Flammen.

Wichtige Erfahrungswerte

Bei den gegenständlichen Experimenten konnte man nun in einer ganzen Versuchsreihe den Abbrand von Holz und Holzbauwerken genauer studieren. Ich hatte damals das große Glück, fast eine ganze Woche bei diesen Experimenten im Naturmaßstab dabei sein zu können. Vor allem *OBR Racek* nahm mich immer zu den wichtigsten Brandversuchen mit. Ich lernte damals das erste Mal die Dynamik echter Flammen und vor allem auch die Wirkung der thermischen Strahlung kennen. In Spezialversuchen studierten wir auch die Brandausbreitung über Hohlräume, wie Zwischenwände, Schächte und abgehängte Decken. Es waren dies für mich unendlich wichtige Erfahrungswerte und ich habe vor allem in meiner späteren Tätigkeit als Leiter der Feuerwehr- und Zivilschutzschule Steiermark immer versucht, derartige praktische Versuchsreihen zu forcieren.

Wertvolle Erfahrungen brachten für mich die umfassenden Brandversuche im Auhof.

Das brennende Freibad

Ähnlich wie im Auhof gab es für mich eine zweite Möglichkeit, praktische Erfahrungswerte bei Bränden im Modellversuch 1 : 1 zu sammeln. Ich war gerade kurze Zeit selbständiger Bereitschaftsoffizier und wurde beauftragt, die

Baulichkeiten (vor allem hölzerne Badekabinen und einige Holzhäuser) eines alten Wiener Freibades mit zwei Löschgruppen zu schleifen. Zuerst legten wir gezielte Brände, studierten das Abbrandverhalten von Holz und führten Löschübungen in allen Varianten durch. Dabei konnten wir auch eine ganze Reihe von Handfeuerlöschern einsetzen und so die Grenzen der Ersten Löschhilfe bei Feststoffbränden genauer studieren.

Experimente mit brennbaren Flüssigkeiten

Damals hatte ich die Möglichkeit, bei diesen Experimenten auch einige tausend Liter von verunreinigtem Benzin und Lösungsmitteln zu verwenden. Diese Substanzen hatte ich über die ÖMV organisiert, wo ich einen Brandschutztechniker kannte, der ebenfalls an derartigen Versuchen interessiert war. Wir befassten uns also mit dem Themenkreis Flüssigkeitsbrände. Im Besonderen studierten wir die Wirkung von Brandbeschleunigern, welche häufig bei Brandstiftungen verwendet werden. Weiters untersuchten wir das Verhalten von Stahlfässern im Feuer, welche mit unterschiedlichen Mengen brennbarer Flüssigkeiten gefüllt waren.

Gespannt beobachten wir aus sicherer Entfernung den Versuchsverlauf.
(Foto: BF Wien)

Der erste Feuerball

Heute darf man derartige Experimente wegen ihrer Umweltproblematik nur auf gesicherten Übungsplätzen durchführen. Damals war dies noch möglich! Und so erlebte ich beim Aufplatzen dieser Fässer die ersten Feuerbälle in natura. Sie hatten einen Durchmesser zwischen 10 und 15 Meter und erreichten Höhen zwischen 20 bis 30 Meter. Das waren also die gefürchteten Behälter-Zerknalle mit einer spontanen Verdampfung einer überhitzten Flüssigkeit, welche beim Freiwerden dann gezündet wurde und als Feuerball hochstieg. Im Englischen wird dieses Phänomen bekanntlich als BLEVE (**B**oiling **L**iquid **E**xpanding **V**apour **E**xplosion) bezeichnet. Heute kann man sich derartige thermische Erscheinungen höchstens in Filmen ansehen. Wir haben sie hautnah erlebt!

Wasser und Löschpulver?

Interessante Löschversuche führten wir in einem Abbruchhaus im Süden von Wien durch, bei welchen wir den kombinierten Einsatz von Wasser und Löschpulver übten. Es ist dies eine in der Praxis wenig verwendete Einsatzvariante, welche jedoch äußerst reizvoll ist: Mit dem BC-Pulver (Flammbrandpulver) kämpft man schlagartig die Flammen nieder und mit dem Wasser kühlt man den Glutbrand unter den Zündpunkt herunter. Dies wollten wir nun in der Praxis erproben. Dabei kamen je zwei Tanklöschfahrzeuge TLF 2.000 und Universallöschfahrzeuge (750-kg-Pulverlöschanlage) zum Einsatz.

Überraschende Ergebnisse

Diese Versuche führten für mich damals zu frappanten, aber logischen Erkenntnissen: Das zuerst eingesetzte Löschpulver zeigt nur so lange einen schlagartigen Löscheffekt im Bereich des Flammbrandes, als es nicht ins Freie entweichen kann. Die produzierte Pulverwolke wird dabei quasi im Bauwerk, wie in einem „Käfig", gefangen und über einen längeren Zeitraum durch einen antikatalytischen Effekt löschwirksam. Dadurch werden die Flammen rasch niedergeschlagen und die Löschkräfte haben die Möglichkeit, ohne Vorhandensein einer intensiven Wärmestrahlung den Wasserangriff zu starten.

Der „Käfigeffekt"

Dieser „Käfigeffekt" ist bei Löschpulver besonders wichtig und nur in mehr oder weniger geschlossenen Bauwerken möglich. Dies habe ich auch bei einem Brand in einer großen Spielhalle des Wiener Praters, bei welchem ich einmal mit meinem Freund und Kollegen *Dipl.-Ing. Leopold Meister* (genannt *„Poldi"*) einen Pulvereinsatz mit 2 x 750 kg BC-Pulver angeordnet habe, schmerzlich erfahren. Die Pulverwolke entfleuchte damals, so rasch sie gebildet wurde, durch das bereits teilweise abgebrannte Dach und war absolut löschunwirksam. Dies hat sich auch bei fast allen Großbränden im Freien gezeigt. Ich erinnere mich noch an einen Kesselwaggonbrand in Favoriten, bei welchem man BC-Pulver ohne Erfolg eingesetzt hat. Der Grund ist klar: Die leichten Pulverteilchen werden stets durch die große Thermik nach oben gerissen und können keinen Beitrag zur Löschwirksamkeit mehr leisten.

4.6 Im Innendienst

Schon bald wurde ich auch im Innendienst aktiv eingesetzt. Es gab genügend „weitsichtige“ Offiziere, die sich bemühten, einige Referatsbereiche abzugeben. Natürlich nur, um dem weniger erfahrenen Kollegen, der ich nun einmal war, die Möglichkeit zu geben, neue Erkenntnisse zu sammeln. So war zumindest die offizielle Sprachregelung. In Wirklichkeit wollte man den eigenen Innendienst-Einsatz – unter dem Motto „Einzeller vermehren sich durch Zellteilung und Beamte durch Arbeitsteilung“ – auf ein Minimum reduzieren. Da war es natürlich angenehm, einen engagierten und arbeitswilligen Kollegen dazuzubekommen.

Strahlenschutz: Das legendäre EMB 3

Eines war klar: Den Strahlenschutz bei der Feuerwehr Wien bekam ich aufgrund meiner Ausbildung zugeschanzt. Das machte mir nicht viel aus, denn auf diesem Gebiet war ich schon vor meinem Eintritt in die Feuerwehr gut beschlagen. Wir hatten damals bei der Berufsfeuerwehr noch die alten, in der Schweiz produzierten, legendären EMB-3-Messgeräte. Es waren dies sehr robuste, in erster Linie für das Militär entwickelte Dosisleistungsmessgeräte,

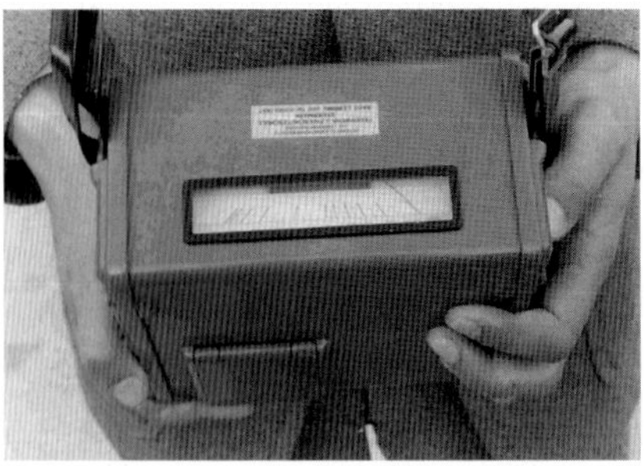

Das legendäre EMB 3 war das erste Strahlenmessgerät bei den österreichischen Einsatzorganisationen.

welche für relativ hohe Strahlenintensitäten, wie nach Atombombenexplosionen, ausgelegt waren. Technisch gesehen war das EMB 3 ein Geiger-Zähler, welcher als Elektrometer-Batterie-Geräte mit drei Messbereichen (deswegen das Kürzel EMB 3), das einen Prüfstrahler eingebaut hatte, konzipiert war. Zudem fiel rein äußerlich das charakteristische Betafenster, eine aufklappbare Metallplatte an der Vorderseite des Gerätes, auf.

Das „Strahlenspüren"

Das EMB-3-Gerät hatte aber einen gravierenden Nachteil, wie sich spätestens nach dem Kernkraftwerksunfall von Tschernobyl zeigen sollte: Es war zu unempfindlich und war daher für ein derartiges Szenarium kaum geeignet. Darüber hinaus war es nicht in der Lage, geringe Kontaminationen durch alpha- und betastrahlende Substanzen nachzuweisen. Erst nach 1986 hatte ich – als Vorsitzender des Sachgebietes 4.5 „Strahlen- und Bioschutz" – die Möglichkeit, eine neue Strahlenmessgerätegeneration für die österreichischen Feuerwehren vorzuschlagen. Doch so weit war es noch nicht: In den 60er- und 70er-Jahren übten wir bei der Feuerwehr fleißig „Atombombenexplosionen" mit den verschiedenen Spürvarianten. Und für das Strahlenspüren, also das Aufsuchen von extrem verstrahlten Bereichen nach verschiedenen taktischen Methoden, war das EMB 3 hervorragend geeignet.

Notwendige Sondengeräte

Auch für das Aufsuchen von verlorenen Strahlenquellen war das EMB-3-Gerät verwendbar. Als im Jahre 1970 im Wiener Überschwemmungsgebiet aus einer Bauhütte eine Iridium-Quelle (Ir 192) bei einem Einbruch entwendet wurde, konnte das Präparat relativ bald aufgefunden werden. Ich habe damals als Strahlenschutzreferent der Wiener Feuerwehr diesen Einsatz dokumentarisch aufgearbeitet und darüber in der Österreichischen Feuerwehrzeitung geschrieben. Eine wichtige Erkenntnis: Zum Aufsuchen von Strahlenquellen sind auch so genannte Sondengeräte erforderlich. Dabei kann man unter Ausnutzung des Abstandgesetzes auch relativ starke Strahler elegant aufsuchen. Die bereits zitierte, von uns später vorgeschlagene neue Messgerätegeneration der Firma AUTOMESS erfüllte alle diese Bedingunge, inklusive Kontaminationsnachweis, weil sie auf einem intelligenten Baukastensystem aufgebaut war.

Atemschutz: Ein neues Konzept!

Neben dem Strahlenschutz wurde mir auch das Atemschutz-Referat sozusagen im Paket übertragen, in welchem große Umwälzungen bevorstanden. Damals verwendete nämlich die Wiener Feuerwehr großteils noch die alten Heeresatmer (Sauerstoffkreislaufgeräte), welche auf den Einsatzfahrzeugen aufgepackt waren. Abgesehen vom bereits respektablen Alter dieser Geräte waren die Wartungskosten nicht unerheblich. Es war daher höchste Zeit, ein neues Konzept zu überlegen.

Gefährliche Filtergeräte

Ich habe schon erwähnt, dass damals jeder Feuerwehrmann bei seinem Eintritt – ähnlich wie bei der Berufsfeuerwehr München – ein Filtergerät als persönliche Ausrüstung ausfasste. Es war dies noch eine Gasmaske mit runden Augenfenstern, welche gegen das Beschlagen mit Feuchtigkeit zwei hygroskopische Rundeinsätze besaß. Auch bei diesen Geräten waren die Folgekosten durch laufende notwendige Filterbeschaffungen sehr groß. Dazu kam ein Gefahrenmoment, da nur die ersten drei „Nummern“ in der Staffel (sechs Mann) mit schwerem Atemschutz ausgerüstet waren und die „Nummern“ vier bis sechs leichten Atemschutz trugen. Sie befanden sich vor allem bei Kellerbränden mit größeren Angriffswegen in einer prekären Situation, da sie ebenfalls in die Rauchzone vorgehen mussten, aber das Filter keinen Schutz gegen das gefährliche Kohlenmonoxid bot.

Einheitliche Ausrüstung

Es sollte nun eine Vereinheitlichung der Atemschutzgeräte erfolgen und ich wurde beauftragt, dazu ein Konzept zu erstellen. Nach umfassenden Erhebungen und Diskussionen schlug ich eine Umrüstung auf Pressluftatmer (PA) vor. Ich habe schließlich den PA 37 der Firma Dräger empfohlen, das damals modernste Gerät, welches erstmals mit einer neuartigen Spülungsmaske angeboten wurde. Dieser Pressluftatmer hatte noch einen Membrandruckminderer und eine Widerstandswarnung, wie sie bei Tauchgeräten üblich ist. Heute haben sich PA mit Kolbendruckminderer und akustischer Restluftwarnung durchgesetzt.

Langzeitatmer und moderne Filtergeräte

Mit diesem neuen Konzept war eine einheitliche Ausrüstung auf dem Atemschutzsektor gegeben und damit die teure Aufsplitterung in mehrere Gerätetypen eliminiert. Allerdings erkannte man später, dass die alleinige Ausrichtung auf Pressluftatmer generell nicht haltbar war. Der Bau von langen Tunnelanlagen und die Errichtung von Riesenbauwerken machten vor allem bei den Tunnelportal-Feuerwehren und den Einsatzkräften in Ballungszentren die neuerliche Einführung von modernen Langzeitatmern erforderlich. Anmerkung: In Wien beschäftigten wir uns damals bereits auch mit dem Atemschutzeinsatz in Druckstollen im Zuge des beginnenden U-Bahn-Baus, bei welchen Spezial-Langzeitatmer, ähnlich jene der Kampftaucher beim Militär, diskutiert wurden. Durch die extensive Verwendung von gefährlichen Stoffen und das mögliche Auftreten von Giftgaswolken bei Einsätzen mussten vor allem auch die Berufsfeuerwehren den „Leichten Atemschutz“ in Form von modernen Filtergeräten wieder einführen. Allerdings nicht mehr als persönliche Ausrüstung, sondern als Beladung von Sonderfahrzeugen.

Einfahren in einen Druckstollen beim U-Bahn-Bau über eine Druckschleuse. (Foto: BF Wien)

Offiziersausbildung – eine neue Aufgabe

Neben dem Strahlen- und Atemschutz schanzte man mir alsbald auch die Ausbildung der neuen Feuerwehroffiziere bei der Berufsfeuerwehr zu. Diese wurde bis dahin von *Dr. Bilina* wahrgenommen, der die Betreuung der jeweiligen Kandidaten in eigenwilliger Art und Weise oft nach seinem eigenen Gutdünken durchführte. Dies missfiel einerseits seinen Vorgesetzten und andererseits war er „selbstlos" genug, um Arbeit abzugeben. Und so „erbte" ich diese neue Aufgabe, weil ich auch als guter Vortragender bekannt war.

Die drei aus Tirol

Ich darf nicht verhehlen, dass mir diese neue Tätigkeit auch großen Spaß machte, weil es sich dabei um eine spezifische Einzelausbildung mit gehobenem Niveau handelte. Ich betrachtete derartige Tätigkeiten immer als persönliche Herausforderung und versuchte durch gute Vorbereitung ein Maximum an naturwissenschaftlichem und technischem Wissen an die Kandidaten zu vermitteln. Vor allem die drei Offiziersanwärter aus Innsbruck, *Peter Pescoller*,

Abschlussfeier mit den drei neuen Offizieren aus Innsbruck. (Foto: BF Wien)

Siegfried Nalter und *Karl Zimmermann*, waren gelehrige Schüler und gute Kameraden. Zum späteren Branddirektor-Stellvertreter der BF Innsbruck *Peter Pescoller* verbindet mich noch heute eine innige Freundschaft. Wir saßen damals oft bis tief in die Nacht hinein und diskutierten dabei nicht nur über die Feuerwehr, sondern über Gott und die Welt.

Pädagogischer Laufzettel

Neben den Spezialschulungen, welche ich selbst durchführte, mussten sich die Offiziersanwärter nun auch auf eine Informationstour durch die einzelnen Sektionen der Wiener Feuerwehr begeben. Ich stellte nämlich erstmals bei der BF Wien einen pädagogischen Laufzettel auf, den jeder Kandidat wie einen Augapfel hüten musste. Dort hatte er alle absolvierten und auf der Liste stehenden Informationsgespräche über die verschiedenen Sachgebiete, wie Branddienst, Technische Hilfeleistung, Wasserdienst, Taucherwesen, Atemschutz etc., durch den zuständigen Referatsleiter bestätigen zu lassen. Damit hatte ich gleichzeitig zwei Fliegen geschlagen: Einerseits erhielten die Offiziersanwärter eine umfassende Information über das Feuerwehrwesen und andererseits hatte ich fast alle Offiziere der BF in den Ausbildungsablauf eingebunden. Diese wollten sich natürlich keine Blöße geben und gaben daher in der Regel das Beste.

„Kleine Diplomarbeiten"

Der Abschluss der Offiziersausbildung wurde mit einer Hausarbeit gekrönt, der ich besonderen Wert zumaß. Sie musste nach dem Vorbild einer „kleinen Diplomarbeit", mit Einleitung, Hauptteil, Zusammenfassung und Literaturangabe, aufgebaut sein. Früher wurden immer wieder dieselben Themen behandelt und es kam meist zu mehr oder weniger intelligent getarnten Abschreibarbeiten. Nun legte ich eine umfangreiche Liste von neuen Themen auf, aus welcher der Kandidat eines auszuwählen hatte. Der angepeilte Hintergrund dabei war auch eine spätere Nutzung der Arbeit in der Feuerwehrausbildung oder im praktischen Einsatz.

Klimatisierung von Gasschutzanzügen

Auf diese Weise habe ich innerhalb weniger Jahre an die zehn aktuelle Themen vergeben, welche mehr oder weniger tief schürfend behandelt wurden. Das absolut Erfreuliche dabei: Es gab bei diesen Arbeiten einige brauchbare Unterlagen, welche auch neue Erkenntnisse für die Feuerwehr brachten. Spitzenreiter war dabei fraglos eine Arbeit über die „Klimatisierung von Gasschutzanzügen", welche von *Dipl.-Ing. Friedrich Lerch* verfasst wurde. Er führte dabei im Jahre 1972 unter fachmännischer Beratung am Institut für Atemphysiologie, II. Chirurgische Universitätsklinik in Wien, mit modernsten Laborgeräten eine Reihe von wissenschaftlichen Versuchen über die Leistungsfähigkeit von Feuerwehrmännern bei der Verwendung von Gasschutzanzügen durch. Diese Forschungsergebnisse sind auch heute noch, nach über 35 Jahren, gültig und waren die umfangreichsten einschlägigen Experimente auf diesem Gebiet.

Mitarbeit in der Prüfstelle

Eine weitere wichtige und interessante Tätigkeit, die ich nach 1970 übernahm, war die eines Mitarbeiters in der Prüfstelle für Brandschutztechnik, welche damals von *OBR Dipl.-Ing. Otto Kaltenbrunner* geleitet wurde. Dieser mächtige Kettenraucher hatte mich bei einer Ablöse in der Hauptfeuerwache Döbling, wo er als Sektions-

Neben den Labortests wurden auch praktische Überprüfungen durchgeführt.

Kleines Bild: **Die erste Prüfvorrichtung zum Test von Ölbindemitteln.** (Foto: BF Wien) leiter seinen Dienst versah, für die damals noch in den Anfängen stehende Prüfstelle angeworben. Ich wurde dann bei einigen Gutachten über defekte Handfeuerlöscher in Gerichtsverfahren tätig und schuf schließlich die Voraussetzungen zur Prüfung von Ölbindemitteln. In diesem Zusammenhang baute ich eine einfache Prüfvorrichtung und entwickelte die ersten nachvollziehbaren Prüfkriterien bei Ölbindern.

4.7 Erfahrungen als Vortragender

Ich habe schon festgestellt, dass meine besondere Liebe seit jeher dem gesprochenen Wort gegolten hat. Dem entsprechend widmete ich mich auch bei der Berufsfeuerwehr der erforderlichen internen Schulung ganz besonders. Wenn es möglich war, bereitete ich ein kleines Fachthema auf und trug es auf der Wache vor. Später wurde ich Sekretär des Wiener Zivilschutzverbandes und war mit Diaprojektor und Filmapparat in vielen Wiener Bezirken bei den unterschiedlichsten Vereinen, Verbänden und Organisationen als Referent unterwegs. Ich nannte das damals spaßhalber „Missionsarbeit".

Fachvorträge

Besondere Freude bereiteten mir fachliche Vorträge über den Themenbereich Strahlenschutz, bei welchen ich die beileibe für einfache Menschen nicht leicht verständliche Materie der Atom- und Kernphysik behandelte. Ich entwickelte immer neue Vergleiche, um die Entstehung von Strahlung, ihre Reichweite, biologische Wirksamkeit und Messmöglichkeit „verständlich" zu machen. Die Berufsfeuerwehrmänner dankten es mir, denn sie hatten als ausgebildete Professionisten und vielfach begnadete Praktiker so manches „Aha-Erlebnis" bei meinen „atomphysikalischen" Referaten.

Neue Dimension des Verstehens

Als Atemschutzreferent und im Rahmen der Ausbildung für Offiziersanwärter musste ich auch Kurse organisieren, wobei ich die wichtigsten Vorträge immer selbst hielt. Dies machte mir besonderen Spaß und ich erkannte auch hier, dass es bei der Vorbereitung zu einem Referat in der Regel zu einem besonderen Effekt kommen kann: Man tritt bei der intensiven Beschäftigung mit einem Lehrstoff quasi in eine neue „Dimension des Verstehens" ein. Es wird plötzlich alles klarer und logischer! Oft hat mich dabei mit besonderer Befriedigung auch ein neuartiges Gefühl der Erkenntnis erfüllt.

„Schuster, bleib bei deinen Leisten!"

Doch nicht immer waren meine öffentlichen Auftritte von Erfolg begleitet. Ich erinnere mich noch deutlich an ein Referat, welches ich vor Architekten, Baumeistern und Sachverständigen gehalten habe und welches für mich in einem verbalen Spießrutenlauf endete. Ich sollte in Vertretung des Wiener Branddirektors *Dipl.-Ing. Anton Sanytr* im Ingenieur- und Architektenverein über das Thema „Kunststoffe aus der Sicht der Feuerwehr" sprechen und wurde von den alten Routiniers aus der Branche im wahrsten Sinn des Wortes „fertig gemacht". Das Positive dabei: Ich habe aus den damaligen Fehlern die Lehren gezogen und auch fallweise Nein-Sagen gelernt. Schon *Ludwig Wittgenstein* stellte fest: „Wovon man nicht sprechen kann, darüber muss man schweigen!" An diesen Grundsatz hielt ich mich fortan, vor allem dann, wenn ich beim Thema nicht ganz sattelfest war. Dies ist überhaupt die wichtigste Voraussetzung für den Erfolg als Vortragender, welche mit der alten Volksweisheit „Schuster, bleib bei deinen Leisten!" umschrieben werden kann!

4.8 Episode beim Bundesheer

In den Fünfziger- und Sechzigerjahren war man beim Österreichischen Bundesheer noch froh, wenn sich die einberufenen Rekruten vom Präsenzdienst aufschieben ließen. Man hatte damals zu wenig Platz in den Kasernen und wollte möglichst viele Jungmänner in Warteposition bringen, um den zu erwartenden „Pillenknick" in der Geburtenrate einigermaßen kompensieren zu können.

Die Einberufung ist da!

Auch ich begann daher unmittelbar nach der Matura zu studieren, ohne den Präsenzdienst abgeleistet zu haben. Jetzt war ich Offizier bei der Wiener Berufsfeuerwehr, 27 Jahre alt und musste jederzeit mit einer Einberufung rechnen. Da bei der BF Wien ein Mangel an Führungskräften herrschte, rechnete ich aber insgeheim mit einer völligen Freistellung. Es sollte jedoch ganz anders kommen: Plötzlich erhielt ich nämlich aus heiterem Himmel den Einberufungsbefehl! Da ich schon immer die einjährige Ausbildung zum Reserveoffizier absolvieren wollte, meldete ich mich jetzt zu diesem Dienst. Doch da hatte ich jedoch nicht mit meinem Chef bei der Feuerwehr gerechnet!

Ich soll Formalexerzieren lernen!

Dieser hatte nämlich für meinen Wunsch überhaupt kein Verständnis, da er mich als Feuerwehroffizier nicht so lange abstellen wollte. Andererseits plante er auch nicht, eine völlige Freistellung für mich zu unterstützen, denn „der schlaksige Bursche“ (das war ich!) sollte – seiner Meinung nach – einmal ordentlich Formalexerzieren lernen. Und so wurde ich von heute auf morgen in die jenseits der Donau im Osten von Wien liegende Karlskaserne einberufen. Etwas ärgerte ich mich über diese Vorgangsweise schon, als ich mit meinem alten VW-Käfer über die damals noch intakte, altehrwürdige Reichsbrücke den breiten Donaustrom überquerte.

Alles bewegt sich!

Als ich das Verwaltungsgebäude der mächtigen Karlskaserne betrat, bemerkte ich ein großes, handgeschriebenes Plakat, auf welchem der für mich vorerst unverständliche Satz „Der langsamste Schritt ist der Laufschritt!“ zu lesen war. Doch als ich einen Unteroffizier traf, der mich harsch anfuhr, ob ich nicht lesen könne, war mir alles klar: Hier herrschten andere Gesetze und es musste alles in Bewegung sein. Und so trabte ich schließlich mit den anderen Rekruten durch die Gänge dieses alten Bauwerks, das noch aus der Kaiserzeit stammte, und kam mir dabei furchtbar blöd vor.

Der Spind des Charly Vitaly

Meine Einberufung erfolgte anscheinend im letzten Moment und so schien ich zwar auf der Personalliste auf, aber man hatte keinen Platz für mich in einem der für die Jungmänner vorgesehenen Massenquartiere vorgesehen. So musste ich vorerst in einem schäbigen Zimmer mit zwei anderen Kameraden bis zur Einweisung warten. Endlich war es so weit: Ich sollte in einem der Quartiere das Bett und den Spind eines gewissen *Charly Vitaly* (Anmerkung: Name wurde geändert) übernehmen, der nicht einberufen werden konnte, weil er zwei Tage vorher bei einem tödlichen Raufhandel verhaftet und hinter Gitter gebracht wurde. Doch das wusste ich vorerst nicht.

„Bist du der Charly?“

Als ich das Zimmer betrat und den besagten Spind in Besitz nahm, bemerkte ich sofort drei Burschen, die intensiv miteinander tuschelten. Schließlich kamen sie zaghaft in meine Nähe und einer fragte in fast devoter Weise: „Bist du der Charly?“ Und ein anderer setzte bewundernd nach: „Ham s’ di freilossen?“ Als ich diese Fragen verneinte, veränderte sich die unterwürfige Haltung der drei Fragesteller urplötzlich und schlug teilweise sogar in Aggression um. Ich hatte anscheinend ihre Erwartungshaltung nicht erfüllt, denn in der Rolle des *Charly Vitaly* hätten sie mich vermutlich akzeptiert. Aber so! Dieser Szene folgte in den nächsten Tagen ein gefährlicher Machtkampf, das wurde mir erst später klar.

Ein bunter Haufen!

Ich erzähle diese Episode, um die unmögliche Situation, in der ich mich damals befand, genauer zu beschreiben. Alleine unsere Zimmerliste stellte ein buntes Sammelsurium von Personen dar, wie ich es später nie mehr in dieser Form erlebt habe. Als Ältesten kam mir die undankbare Aufgabe zu, auch als Zimmerkommandant zu agieren. Und da erlebte ich meine blauen Wunder! Manchmal glaubte ich mich in einer Resozialisierungs- bzw. Irrenanstalt zu befinden. Denn von den 16 Rekruten waren vier vorbestraft, zwei waren homophil veranlagt und einer war Mitglied bei einer militanten Sekte. Dieser bunte Haufen glich einer geballten Ladung Sprengkraft, an welcher jeden Tag aufs Neue die Lunte entzündet wird. In meiner Funktion war ich also hier im wahrsten Sinn des Wortes Feuerwehrmann, denn es gab fast täglich einen dienstlichen oder zwischenmenschlichen Brand zu löschen.

Ein absolutes Narrenhaus

Dazu kam ein notorischer Querulant, der fast alle Befehle, die ja zugegebenermaßen oft hirnrissig waren, negierte. Wegen Befehlsverweigerung ging er dann etappenweise einige Tage in den „Bunker", sein Verhalten wurde uns jedoch allen – als eine Art Kollektivschuld – indirekt angelastet. So musste unsere Zimmermannschaft oft strafexerzieren, die Latrinen reinigen und in der Nacht gab es dann den so genannten Maskenball. Dabei mussten wir uns so schnell als möglich auf Befehl in verschiedenen Uniformen adjustieren und antreten. In der Folge gab es eine Spindkontrolle und ganze Serien von Liegestützen, weil die Uniformen nicht exakt zusammengelegt waren. Mit persönlichen Demütigungen und Schikanen wollte damals vor allem ein sadistischer Zugskommandant unsere Persönlichkeit zerstören und jeglichen Widerstand brechen. In diesem Narrenhaus hatte ich nun als Zimmerkommandant kühlen Kopf zu bewahren. Der einzige Kamerad, der mich dabei vorerst echt unterstützte, war ein mir von der Universität her bekannter Jurist, den es ebenfalls in unser Zimmer verschlagen hatte.

Eine gefährliche Kraftprobe

Ein Ritual war stets das Aufwaschen des rissigen Holzbodens in unserem Zimmer. Dies musste täglich erfolgen und ich hatte von Anfang an eine Liste erstellt, welche eine möglichst gerechte Arbeitsaufteilung gewährleisten sollte. Wir arbeiteten dabei jeweils in einem Dreierteam und ich zeigte es mit zwei willigen Kollegen vor, wie wir uns das vorstellten. Und gerade bei dieser Arbeit sollte es einige Tage später zwischen mir und einem der Vorbestraften zu einer gefährlichen Kraftprobe kommen. Als dieser nämlich an der Reihe war, den Boden zu waschen, stieß er provokant den mit Wasser gefüllten Kübel um und sagte mir überheblich: „Des kannst selber machen, Dokterl!" Meine Aufforderung, sofort die Arbeit ordnungsgemäß durchzuführen, negierte er mit einem höhnischen Gelächter. Und als ich ihn beim Arm nahm, hatte er plötzlich ein Springmesser in der Hand und wollte mich stechen.

Ich gehe in Kampfposition

Ich habe schon erwähnt, dass ich damals ausgebildeter Judokämpfer war. Dabei musste ich auch die Grundsätze des Jiu-Jitsu beherrschen, was mir jetzt zugute kam. Automatisch ging ich daher mit dem mir beim Training schon immer eigenen „Kriegsschrei“ in Kampfposition, wobei man einen festen breiten Stand in gebückter Haltung einnimmt und die Hände abgewinkelt so weit als möglich nach vorne hält. Jetzt blickte ich dem potentiellen Messerstecher tief in die Augen und sagte eindringlich: „Komm Bürscherl, stich mich, aber von vorne!“. Meine Reaktion kam für mein Gegenüber völlig überraschend, das konnte ich aus seinen nonverbalen Reaktionen feststellen.

Ein „Beinfeger“ namens Deashibarai

Und nun ging ich langsam vor und beobachtete dabei seine Beinhaltung. Als seine Beine knapp nebeneinander standen, deutete ich mit einem neuerlichen Kampfschrei eine Handbewegung nach oben an, ergriff die Hand mit dem Messer und zog mit meinem rechten Fuß einen ansatzlosen „Beinfeger“ durch. Dieser Deashibarai – so heißt der Wurf auf Japanisch – fällte meinen Gegner im wahrsten Sinn des Wortes. Und als er wie ein Sack zu Boden fiel, war ich schon über ihm. Ich sagte nur: „Du bist ausgerutscht, mein Freund!“ und half ihm wieder auf die Beine.

Alpha-Tier

Wie wichtig dieses Ereignis war, zeigte sich in der Folge ganz deutlich: Der Messerstecher wurde mein Beschützer, eine Art persönliche Bodyguard, und er akzeptierte auch, dass ich das Springmesser einzog. Anscheinend war ich für ihn wieder in die Rolle des von ihm als Vorbild verehrten *Charly Vitaly* geschlüpft. Auf jeden Fall waren damit die Gruppenstrukturen klargestellt und ich wurde von allen als „Alpha-Tier“ akzeptiert. Dies ging so weit, dass ich auf Grund der Aktivitäten meiner Männer aus dem Kreis der Zimmerkommandanten zum Kompaniesprecher gewählt wurde. In dieser Funktion musste ich in heiklen Angelegenheiten auch fallweise beim Kompaniekommandanten, einem in meinem Alter befindlichen Hauptmann, vorsprechen. Mit diesem hat sich später sogar privat eine langjährige Freundschaft entwickelt.

Ich werde aus der Kaserne „entführt!"

Die Grundausbildung beim Österreichischen Bundesheer war damals hart und kompromisslos. Die Rekruten waren kaserniert und konnten sich nur auf dem Kasernengelände bewegen. An einen Freigang war überhaupt nicht zu denken. Wenn ein Rekrut die Kaserne verlassen konnte, war dies ein Sonderfall, der allgemeines Interesse erregte.

Das waren damals die Voraussetzungen und in dieser Situation ereignete sich Folgendes: Ein Kommandofahrzeug der Berufsfeuerwehr Wien fuhr plötzlich auf dem Kasernenhof vor. Daraus entstieg *OBR Erwin Racek*, der mich mit höchster Genehmigung zu den „4. Internationalen Feuerwehrwettkämpfen", welche in Krems stattfanden, „entführte". Der offizielle Grund war eine große Strahlenschutzübung, an welcher ich als einschlägiger Experte teilnehmen sollte. Als wir dann mit Blaulicht aus dem Kasernengelände abfuhren, war dies für alle eine mittlere Sensation.

Gold für Österreich

Damals errang die FF Hengsberg aus der Steiermark mit ihrer Wettkampfgruppe unter Führung von *Brandmeister Anton Thomann* Gold für Österreich, was uns natürlich besonders freute. Ich applaudierte den feschen Steirern erfreut zu und ahnte nicht, dass ich einige Jahre später gerade mit diesen Feuerwehrmännern engsten Kontakt haben sollte. Nach meinem Wechsel an die Feuerwehr- und Zivilschutzschule Steiermark in Lebring wurde ich nämlich Abschnittsfeuerwehrkommandant des Abschnittes VIII „Kainach-Lassnitztal" im Bezirk Leibnitz. Die FF Hengsberg war eine der acht Feuerwehren, welche mir unterstellt waren. *BM Thomann* wurde später Feuerwehrkommandant und dann als mein unmittelbarer Nachfolger Abschnittsbrandinspektor.

Das „lustige Soldatenleben"

Doch zurück zum Soldatenalltag, der sich anders gestaltete: Nach dem Exerzieren, der Waffenkunde und dem Wachdienst, welchen wir periodisch schieben mussten, ging es dann zu den Nahkampfübungen. Hier war das Robben in voller Adjustierung im Feld auf der Tagesordnung, wobei auch

Gasmasken eingesetzt wurden. Scharfe Schießübungen ergänzten die Grundausbildung in der Karlskaserne. Ich hatte dabei Glück und wurde Drittbester in der Kompanie, was einen freien Ausgang am Wochenende zur Folge hatte. Bei unserem lästigen Zugskommandanten waren vor allem Gepäcksmärsche in voller Adjustierung beliebt, denn hier konnte er seine sadistischen Neigungen ausleben. Dieser Mann war überhaupt das Letzte, denn er „schnorrte" auch bei allen möglichen Gelegenheiten die Rekruten an. Wenn einer, wie ich, kein Geld gab, hatte er am nächsten Tag mit Sanktionen zu rechnen. Eine Serie von Liegestützen oder ein niederer Dienst in der Latrine waren das Mindeste. Doch das „lustige Soldatenleben" hatte auch für diesen Typen ein Ende. Nach Erzählungen soll er einige Zeit später, nach einem Vergewaltigungsversuch in der Kaserne, vom Bundesheer entlassen worden sein.

Atomblitz

Bei unseren Gepäcksmärschen und Übungen im Feld wurde auch der Angriff mit Atomwaffen geübt. Dies ging so vor sich: Wenn der Ausbilder das Wort „Atomblitz" schrie, musste man sich an Ort und Stelle zu Boden schmeißen und Deckung suchen. Dies geschah natürlich vollkommen unbeabsichtigt immer dann, wenn gerade ein Hindernis oder nach einem Regen eine Schlammpfütze in der Nähe war. Dabei war der Hintergrund dieser Übung echt real, denn bei einer Atomwaffenexplosion gibt es nach einem grellen Lichtblitz immer einen etwas verzögerten gefährlichen Hitzeblitz, welcher schwere Verbrennungen hervorrufen kann. Mit dem Wort „Atomblitz" wurde also der Lichtblitz avisiert und jetzt musste man sich innerhalb von wenigen Sekunden in Deckung befinden, um der fiktiven, tödlichen thermischen Strahlung zu entgehen.

Eine Vogelscheuche in besseren Lumpen

Nach meiner Grundausbildung kam ich auf Intervention von Branddirektor *Dipl.-Ing. Havelka* in die Wilhelmskaserne, wo damals auch die Zivilschutzschule des BMfI untergebracht war. Als ich dort in meiner „Kampfuniform" auftauchte, gab es ein lang anhaltendes Gelächter, welches ich heute noch „höre". Vielleicht ist dies auch der psychologische Hintergrund, warum ich eigentlich bis heute Uniformen nur sehr ungern trage. Natürlich war die damalige Bundesheeruniform kein Maßanzug und ich wirkte darin wie eine lange Vogelscheuche in besseren Lumpen. Später habe ich dann bei der Grazer Berufsfeuerwehr eine „Generalsuniform" mit breiten Lampassen getragen. Jeder andere wäre darüber glücklich gewesen. Ich jedoch nicht, denn ich war seit meiner Bundesheerzeit augenscheinlich geschädigt worden und jedes Mal froh, wenn ich die amtlichen Klamotten wieder ausziehen konnte.

Sondereinsatz

In der Wilhelmskaserne, dem Vorgänger der heutigen ABC-Abwehrschule, hatte ich zuvor schon einige Jahre als Vortragender gewirkt, hier war ich sozusagen zu Hause. Außerdem blickte ich vom Kasernenhof direkt auf die daneben liegende Hauptfeuerwache „Leopoldstadt", wo ich meine Dienstwohnung hatte. Den Kasernenkommandanten kannte ich schon von früher und so wurde ich zu einem „Sondereinsatz" abkommandiert: Ich sollte während meiner weiteren Dienstzeit beim Militär eine Arbeit über die damals gerade heiß diskutierte Neutronenbombe schreiben. Dazu musste ich verschiedene Bibliotheken außer Haus besuchen, um einschlägige Literatur zu finden. Damals gab es ja das Internet in der heutigen Form noch nicht und so war ich darauf angewiesen, andere Informationsquellen zu benutzen.

Umstrittene Neutronenbombe

Die Neutronenbombe war stets umstritten, weil sie Lebewesen tötet, ohne Bauwerke zu zerstören. Sie wurde in den Sechzigerjahren von den USA entwickelt und hat eine erheblich stärkere Strahlenwirkung als etwa die Atom- oder Wasserstoffbombe. Und es sind in erster Linie die Neutronen, welche über große Strecken noch tödlich wirken können.

Ursprünglich wurde die Neutronenbombe von den USA entwickelt, um der Panzerübermacht der Russen auf dem eurasischen Kontinent eine entsprechende Abwehrwaffe entgegensetzen zu können. Der große Albtraum der Amerikaner war es, dass tausende russische Panzer, gegen Kerneuropa einmal in Gang gesetzt, nicht mehr mit konventionellen Kriegsmitteln aufzuhalten sind. So entwickelte man eine taktische Wasserstoffbombe mit einer Sprengkraft im Kilotonnen-Bereich, welche durch ihre tödliche Strahlenwirkung die Besatzung der Panzereinheiten ausschaltet, aber keine Vernichtung der Umgebung bewirkt.

Strahlung und Materie

Wenn Strahlung Materie trifft, werden in den Atomen und Molekülen zwar Veränderungen durchgeführt, aber es kommt zu keiner Aktivierung im Sinne einer Radioaktivität. Das ist bei Alpha-, Beta- und Gammastrahlen so. Nur die Neutronen – welche in der Praxis kaum verwendet werden – bilden hier eine Ausnahme: Sie können tatsächlich bestrahlte Stoffe radioaktiv machen! Man spricht dabei von der so genannten neutroneninduzierten Strahlung (NIS). Gerade mit diesem Kapitel sollte ich mich nun in meiner Arbeit etwas genauer befassen.

Der „radioaktive Erzberg"

Da unterschiedliche Stoffe durch Neutronen auch verschieden aktiviert werden, spielt bei der militärischen Verwendung einer Neutronenbombe die geologische Situation des Einsatzgebietes eine ganz wesentliche Rolle. Um es ganz deutlich zu sagen: Die NIS wird in den Kalkalpen anders sein als im Wiener Becken oder am Steirischen Erzberg. Da vor allem bestimmte Metalle besser aktivierbar sind als Nichtmetalle, könnte man nach groben Überlegungen eine besonders hohe Strahlungsintensität durch Neutroneninduktion beispielsweise am Erzberg erwarten. Durch eine Neutronenbombe im Raum Eisenerz würde also der Erzberg quasi radioaktiv werden. Eine ähnliche Situation wäre in der Nähe von ausgedehnten Salzlagern zu erwarten, da das Natrium durch Neutronen aktiviert werden kann und eine Gammastrahlung mit 15 Stunden Halbwertszeit aussendet.

Bodenproben aus ganz Österreich?

Um diese Situation besser untersuchen zu können, wurde mir bald klar, dass man praktische Versuche mit verschiedenen Bodenproben machen müsste. Ich ging zu meinem alten Universitätslehrer *Dr. Tschirf* ins Atominstitut und dieser war sofort Feuer und Flamme. Wir erstellten dann gemeinsam einen Plan, um

Erd- und Gesteinsproben aus ganz Österreich einzuholen. Dabei sollte uns das Österreichische Bundesheer helfen. Es war geplant, die ans Atominstitut übersandten Bodenproben dann in der thermischen Säule des TRIGA-MARK-Reaktors mit Neutronen zu beschießen und danach die dadurch erzeugte neutroneninduzierte Strahlung zu messen. Durch diese Prozedur hätte man also einen Einsatz einer Neutronenbombe über wichtigen österreichischen Regionen simulieren können. Zu diesen interessanten Experimenten kam es jedoch nicht mehr, weil ich nach drei Monaten Bundesheerzeit abrüsten musste und das Projekt ad acta gelegt wurde.

Positive Bilanz

Zusammenfassend kann ich sagen: Während meines kurzen Präsenzdienstes bin ich durch ein Wechselbad der Gefühle gegangen. Ich habe die raue, aber herzliche Welt der Soldaten in Form eines Schnupperkurses kennen gelernt, hätte jedoch liebend gerne meine vaterländische Pflicht als Reserveoffizier abgeschlossen, was mir leider verwehrt wurde. Das Positive an meinem Präsenzdienst war für mich weder das Exerzieren mit und ohne Waffe und das endlose Marschieren bei Geländeübungen und Gepäcksmärschen, sondern das Lernen unter Extremsituationen in der Gruppe sowie die körperliche Ertüchtigung durch tägliche Dauerläufe. Dadurch angeregt, bin ich später zum leidenschaftlichen Jogger geworden und habe über zwanzig Jahre dieser Körperertüchtigung gefrönt. Später habe ich mit dem Schwimmsport begonnen und schwimme heute noch jede Woche drei bis vier Mal meine 1.000 Meter Brust.

5. Kapitel:

An vorderster Front

(Foto: BF Wien)

Die Zeit der „Feuerfresser" ist vorbei!

Owid

Im Frühsommer 1969 beendete ich meine Feuerwehrausbildung und nach einer gestrengen Prüfung erhielt ich die Genehmigung, als selbstständiger Bereitschaftsoffizier bei Einsätzen auszurücken. Dieses so genannte Offizierspatent war das Ziel von uns allen und ich war stolz, es ohne Probleme gemeistert zu haben.

5.1 Mein erster Einsatz

Nun musste ich an vorderster Front agieren. Ja, jetzt kam die harte Praxis auf mich zu, denn bis dato war ich unter Aufsicht zu Einsätzen ausgefahren und konnte mich im Notfall auf den Einsatzleiter zurückspielen. Nun war dies nicht mehr möglich: Ich musste selbst entscheiden und alle taktischen Anweisungen für die vor Ort befindlichen Kräfte geben. Wichtig war dabei auch die erste Rückmeldung über Funk an die Zentrale, denn bei Unklarheiten war es sicher, dass der Hauptinspektionsoffizier (in der Regel ein älterer Oberbrandrat) nachfragte oder gar ausrückte. Dies wollte von uns jedoch niemand in Kauf nehmen!

„Frau unter der Straßenbahn!"

Bereits am ersten Tag meiner Selbständigkeit wurde ich mit einer völlig neuen Situation konfrontiert. Ich versah die Erste Bereitschaft auf der Zentrale „Am Hof", als wir mit der Durchsage „Person unter der Straßenbahn" zu einem Unfall zum nahe gelegenen Schottenring alarmiert wurden. Ein Hilfszug rückte aus und was wir vorfanden, war alles andere als erfreulich: Eine junge Frau war unter den Triebwagen der Straßenbahn gekommen und buchstäblich gerädert worden. Ihr sicher einst schöner Körper war entsetzlich entstellt und in mehrere Teile zerrissen worden. Blut benetzte die Fahrbahn und Teile verschiedener Körperorgane lagen verstreut unter der Straßenbahn.

Bergung von Leichenteilen

Meine Männer hatten nun die unangenehme Aufgabe, die Leichenteile unter der Straßenbahn hervorzuholen. Ein Unterfangen, das fast nicht durchführbar war, weil Dutzende Menschen das Geschehnis verfolgen wollten und bitterböse waren, als sie zurückgedrängt wurden. Ich musste damals zwei Männer und eine Frau von der Polizei abführen lassen, weil sie den Einsatz erheblich störten. Erst als wir den Einsatzort mit einer Rettungsleine abgesperrt hatten, war der nötige Arbeitsraum vorhanden.

Bestie Mensch

Aber einen Augenblick werde ich nie vergessen: Als nämlich zwei Feuerwehrmänner den zerfetzten Rumpf der weiblichen Leiche unter der Straßenbahn hervorholten und mit Leichenpapier zudeckten, ging ein – ich kann es nicht anders beschreiben – animalisches Raunen durch die inzwischen weit über 100 Personen angeschwollene Menschenmenge. Die in den hinteren Reihen befindlichen Zuschauer drängten dabei mit aller Kraft gegen die Polizeikräfte, so dass die Absperrung durchbrochen wurde.

Damals hatte ich das erste Mal die brutale Neugierde des Menschen in seiner elementarsten Form kennen gelernt und war zutiefst erschüttert. In dieser Situation wird der Mensch durch das Unterbewusstsein gesteuert und nimmt kaum mehr Anteil an der Umgebung und am persönlichen Schicksal von Unfallopfern.

Tödliche Neugier

Die Neugierde des Menschen, so hat einmal *Heinz Haber* festgestellt, ist die Ursache für alle wissenschaftlichen Entdeckungen der Neuzeit. Vor allem die epochalen Erkenntnisse im 20. Jahrhundert gehen beispielsweise auf den Gebieten der Physik, Chemie und Medizin darauf zurück.

Neben dieser positiven Neugier, die man auch als Forscherdrang bezeichnen kann, gibt es aber auch – wie wir gesehen haben – eine negative Seite. Sie kann im Extremfall sogar tödlich sein, wie eine der ungewöhnlichsten Katastrophen aus dem Jahre 1991 gezeigt hat: Im Süden Thailands in der Ortschaft Muang stürzte in einer scharfen Kurve ein mit Dynamit beladener Lastwagen um.

Dann nahm das Verhängnis seinen Lauf: Es entstand ein Verkehrschaos, ein voll besetzter Autobus kam an der Unglücksstelle zum Stehen und Dorfbewohner wie Fahrzeuginsassen wollten sehen, was geschehen war.

120 Tote nach einer TNT-Explosion!

Kurze Zeit später kam es zu einer fürchterlichen Explosion, vermutlich durch eine achtlos weggeworfene Zigarette. Mindestens 120 Menschen wurden getötet, weit mehr mussten mit schwersten Verbrennungen und inneren Verletzungen ins Spital eingeliefert werden. Unter den Toten waren auch vier Polizisten, die vergeblich versucht hatten, die Schaulustigen abzudrängen.

Was hatte diese Menschen veranlasst, sich in eine derartige Gefahrensituation zu begeben? Es war die unstillbare Neugier, der innere Drang nach sensationellen Neuigkeiten, der sie alle Vorsichtsmaßnahmen vergessen ließ!

5.2 Ein teuflischer Kellerbrand

Einige Wochen später versah ich meinen Dienst in der Hauptfeuerwache Leopoldstadt, wo ich auch eine Dienstwohnung bekommen hatte. Ich wohnte hier Tür an Tür mit meinem Physikerkollegen *Dr. Friedrich Palischek*. Wir jungen Offiziere mussten oft von einer Wache zur anderen pendeln, um einerseits die Feuerwehr kennen zu lernen und andererseits auch fallweise gerade dort – wo Not am Mann war – einzuspringen.

Einsatz in Stadlau

Der Ausrückbereich der Hauptfeuerwache Leopoldstadt umfasste damals auch die jenseits der Donau gelegenen Stadtgebiete und besaß in Stadlau die Nebenwache „Donaustadt“. Diese war eine Gruppenwache und mit einer Staffel, also mit sechs Mann besetzt. Sie wurde erst später als Hauptfeuerwache mit Sitz eines Offiziers ausgebaut. Wenn es nun damals im engeren Ausrückbereich einer Nebenwache zu einem Einsatz kam, wurden zuerst die hier stationierten Erstkräfte alarmiert und – je nach Bedarf – von der Mannschaft der Hauptfeuerwache ergänzt. Von hier rückte dann auch der diensthabende Offizier aus.

Ein Kellerbrand jenseits der Donau!

Es war ein schöner Samstagnachmittag und ich hatte es mir in meiner Kanzlei gerade gemütlich gemacht. Ich wollte ein neues Buch des von mir sehr verehrten Populärwissenschaftlers *Heinz Haber*, welches ich bereits zu Weihnachten als Geschenk erhalten hatte, lesen. Was ich nicht wusste: Zum selben Zeitpunkt war die in unserem Ausrückebereich liegende Gruppenwache „Donaustadt" gerade zu einem Kellerbrand in einem Wohngebäude gerufen und es dauerte nicht lange, bis ich mit dem Kommandofahrzeug, einem Tanklöschfahrzeug und einer Drehleiter der Hauptfeuerwache „Leopoldstadt" zum Einsatz nachalarmiert wurde. Als ich an der Spitze unseres Fahrzeugstrosses die alte Wiener Reichsbrücke (damals stand sie noch!) überquerte, ahnte ich noch nichts von den in Kürze auf mich zukommenden Problemen.

Typischer Gemeindebau

Es war einer jener typischen Wiener Gemeindebauten der Fünfzigerjahre, durch deren Errichtung man die Wohnungsnot nach dem Krieg in der Bundeshauptstadt zu überbrücken versuchte. Die Anlage, welche wir anfuhren, lag in Stadlau und vielleicht wurde sogar sie das Vorbild für den von *Wolfgang Ambros* später komponierten Erfolgsschlager von der „Blume vom Gemeindebau". Diese einfachen Wohnungen waren unterkellert, wobei sich die Kelleretage nicht ganz unter dem Erdniveau befand. Es gab knapp unter der Kellerdecke eine Reihe kleiner Fenster, welche einen spärlichen Lichteinfall gewährleisteten und vor allem zur Lüftung verwendet wurden. Vor den dreigeschossigen Wohnbauten befand sich ein relativ großer Park. In einem dieser Bauwerke war es nun in einem Kellerabteil zu einem Brand gekommen.

„Brand aus?"

Als ich etwa acht Minuten nach dem Tanklöschfahrzeug „Donaustadt" am Einsatzort mit meinen Männern ankam, drang Rauch aus einigen Kellerfenstern und der Eingangstüre zum Wohnhaus. Als ich gerade das Kommandofahrzeug verließ, kam mir bereits der Gruppenkommandant der Wache „Donaustadt" entgegen, salutierte und machte die Meldung „Kellerbrand mit Kübelspritze gelöscht, Brand aus!".

Vier Rauchgasvergiftete

Mir kam die Situation von Anfang an jedoch nicht ganz geheuer vor. Und als sich die Rauchentwicklung aus den Kellerfenstern schlagartig verstärkte, ahnte ich bereits Böses. Ich ließ sofort eine Löschleitung auslegen und die Mannschaft mit schwerem Atemschutz ausrüsten. Gleichzeitig forderte ich die Rettung an, da ich große Sorge um die ohne Atemschutz in die Kelleretage vorgedrungenen Männer der Wache „Donaustadt" hatte. Und ich sollte recht haben: Als die Rettungskräfte gerade ins Gebäude vordringen wollten, torkelten ihnen die ersten beiden Kollegen bereits entgegen. Ihnen folgten in kurzem Abstand die restlichen drei Männer. Sie hatten schon große Mengen an Rauchgasen inhaliert und drei von ihnen konnten sich kaum mehr auf den Beinen halten. Wir betteten sie daher sofort auf die im Park vorhandenen Sitzbänke und betreuten sie so gut als möglich. Besorgte Anwohner brachten ihnen sogar Milch, als altes Hausmittel gegen Rauchgasvergiftungen, zum Trinken.

Gefährlicher „Giftcocktail"

Das Ergebnis dieses Einsatzes war für mich deprimierend, denn es waren schlussendlich – ohne meine Schuld – vier Männer mit schwerer Rauchgasvergiftung ins Spital eingeliefert worden. Natürlich war mein Einsatzbericht auch Anlass für eine Rückfrage der Branddirektion, was mir nicht ganz angenehm war. Auf jeden Fall hatte ich damals bereits als junger Offizier die großen Gefahren der Rauchgase hautnah und intensiv kennen gelernt und war dann in meiner gesamten Aktivzeit äußerst penibel im Zusammenhang mit der Verwendung von schwerem Atemschutz. Ich habe später auch den Begriff des „Giftcocktails" eingeführt, denn bei modernen Bränden hat man heute schon an die 5.000 Atem- und Kontaktgifte im Brandrauch festgestellt. Manche Experten vergleichen ihn bereits in seiner Auswirkung mit militärischen Kampfstoffen.

Atemschutz – auch nach „Brand aus!"

Heute wissen wir, dass neben den Atemgiften während der Brandphase eines Feuers vor allem auch bei den Nachlösch- und Aufräumarbeiten hochtoxische, flüchtige Gase und Dämpfe entstehen. Gerade hier wurde in der Vergangenheit oft die notwendige Sorgfalt unterlassen und ohne schweren Atemschutz gearbeitet, was als schwerer Fehler bezeichnet werden muss. Ich habe stets – auch gegen den Widerstand so mancher Feuerwehrmänner – nach „Brand aus!" mindestens eine halbe Stunde lang noch auf schweren Atemschutz bestanden. Dies ist deswegen außerordentlich wichtig, weil sich gerade im Zuge der Nachlöscharbeiten durch die verstärkte unvollkommene Verbrennung gefährliche Atemgifte bilden können.

Zeit der „Feuerfresser" ist vorbei!

Später – als Branddirektor der Stadt Graz – habe ich, in Zusammenarbeit mit dem heute in der Hamburger Feuerwehr tätigen *Mag. Franz Petter*, über diesen Problemkreis sogar einen Film drehen lassen, der von *Christof Oswald* und seiner Firma Artis Video, Graz, produziert wurde. Daher mein Appell an alle Einsatzleiter: Diese bequemen, aber gefährlichen Praktiken – ohne entsprechenden Atemschutz Brände zu bekämpfen und Nachlöscharbeiten durchzuführen – sind im Sinne der Sicherheit des Einsatzpersonals so rasch als möglich abzustellen! Denn die Zeit des „Feuerfressers", der jeden Brand mit einem nassen Fetzen erschlägt, wie weiland die alten römischen *centonarii*, sind längst vorbei.

Einsatzhygiene ist gefragt!

Der Brandrauch ist bei modernen Bränden auf jeden Fall gefährlicher geworden! Wir müssen uns jedoch nicht nur mit den akut toxisch wirkenden Atemgiften beschäftigen, sondern auch mit den Langzeitgiften. Diese sind in erster Linie nach Bränden im Ruß vorhanden! Elementare Folgerung: Es ist alles zu unternehmen, um den Ruß nicht zu vertragen. Dies kann durch einfache Hygienemaßnahmen erfolgen, indem beispielsweise so genannte „Schwarz-Weiß-Zonen" festgelegt werden, die Einsatzbekleidung nach jedem Einsatz gereinigt wird und sich die Einsatzkräfte mit viel Seife und Wasser gründlich waschen. Darüber hinaus sind auch die Fahrzeuge und Einsatzgeräte pfleglich zu behandeln. Zum Beispiel sofortiges Reinigen der Atemschutzgeräte (Korrosionsgefahr durch Salzsäure und andere korrosive Rauchgaskomponenten).

5.3 Versuchung Alkohol

Bei der Berufsfeuerwehr Wien verstand man auch das Feiern. Vor allem im Fasching und an Feiertagen, wie Silvester, sowie bedeutsamen Geburtstagen bzw. Verabschiedungen von Kollegen wurde nicht nur so manches kulinarische Prachtmenü serviert, sondern auch ein buntes Programm. Dabei gab es kabarettistische Einlagen, pantomimische Vorführungen und musikalische Darbietungen. Viele Hobbykünstler, Musiker und Zauberer sind aus den Reihen der Wiener Berufsfeuerwehr hervorgegangen. Auch ein ganz Großer des Kabaretts, der Volksschauspieler *Ossi Kollmann,* war bei der Berufsfeuerwehr, was er allerdings in der Öffentlichkeit, aus unbekannten Gründen, nicht gerne zugibt.

Wiener Küche

Die Küche auf der Zentrale „Am Hof" war zu meiner Zeit ein Geheimtipp. Hier wurde bei Feierlichkeiten groß aufgekocht und nur ganz besonders Eingeweihte durften in diesem „kulinarischen Zentrum" zwischen den alten Küchenmöbeln auf einer zerschlissenen Sitzbank kurze Zeit verweilen. Hier wurde eine deftige Wiener Küche, mit Schweinsbraten und Knödel, Wiener Schnitzel und Zwiebelrostbraten, zelebriert. Kein Wunder, dass ich innerhalb einiger Jahre über 10 Kilogramm zugenommen habe.

Alkohol im Dienst!

Auch der Alkohol floss damals teilweise in rauen Mengen. Ich entsinne mich noch an einen bunten Abend in der Zentrale, nach dem mir später der Kopf fürchterlich brummte. Und dieser Abend war für mich auch ein Wendepunkt in der Einstellung zum Alkohol im Dienst. Denn eines war klar: Damals gab es auf den Wiener Feuerwachen (und nicht nur hier) noch Alkohol in allen Variationen. Als Student hatte ich das richtige Biertrinken gelernt, aber hier gab es auch Wein und Schnaps. Der hochprozentige Schnaps wurde auch unter dem Pseudonym Labemittel geführt. Und bei der Grazer Feuerwehr gab es damals das Ritual, nach jeder Brand-, Unfall- oder Wasserleiche im Einsatz einen Schnaps zu trinken, also sich zu laben. Hier galt viele Jahre auch die Regelung, dass zwei Biere pro Dienstschicht erlaubt sind. Böse Zungen sagten:

Das erste und letzte, was dazwischen lag, war ein persönliches Geheimnis. Auf jeden Fall nahm man die Sache mit dem Alkohol damals vielfach auf die leichte Schulter und es grenzt fast an ein Wunder, dass es keine größeren Zwischenfälle gab.

Über den Durst getrunken!

Zurück zu unserem Fest in der Zentralfeuerwache: Es war im November 1969 und es war ein bunter Abend angesagt. Ich war damals ein ranker, schlanker Brandadjunkt und fuhr erste Bereitschaft. Die Feier war schon etwas fortgeschritten und die alten Hasen unter den Kollegen hatten anscheinend mit dem jungen Offizier eine Feuerprobe vor. Ich wurde hofiert und umschwänzelt, man servierte mir nicht nur Speis und Trank, sondern auch zwei hübsche Tischdamen, die mich in ein spannend-erotisches Gespräch verwickelten. Da ich der holden Weiblichkeit nicht abgeneigt war, spielte ich mit. Ich bemerkte dabei nicht, dass wir bereits alle weit über den Durst getrunken hatten.

Doppelt sehen!

Plötzlich ging das Licht an und ich dachte noch: Hoffentlich musst du nicht ausrücken! Gerade jetzt, wo es so gemütlich war, tönte es durch den Alarmlautsprecher: „Kommandofahrzeug und 1. Tanklöschfahrzeug, Zimmerbrand“. Es war ein Ergänzungsalarm in die Sektion „Döbling“, von wo bereits ein Tanklöschfahrzeug und eine Drehleiter alarmiert worden waren.

Ich rannte über den langen Gang bis zum nächsten Rutschbaum und landete nach etwa 20 Sekunden in der Fahrzeughalle direkt neben dem Kommandofahrzeug. Der Fahrer hatte schon die Schiebetüre des VW-Busses geöffnet und ich stieg ein. Als die großen Falttore der Fahrzeughalle geöffnet wurden, bemerkte ich, wie die feuchte Novemberkälte ins Fahrzeug kroch. Und plötzlich spürte ich den Alkohol schwer in meinem Kopf – es wurde mir übel und ich sah zeitweise doppelt. Diese beiden charmanten Tischdamen mussten mir Unmengen von Bier und Schnaps eingeflößt haben.

Autogene Übungen

Gott sei Dank, hatten wir einen längeren Anfahrtsweg. Ich begann während der Fahrt mit einigen Suggestivübungen, wie ich sie im autogenen Training erlernt hatte, und sagte mir immer wieder vor: „Du bist nicht betrunken und du siehst nicht doppelt!" Nach einigen Minuten wurde mein Zustand besser und ich konzentrierte mich auf den bevorstehenden Einsatz. Es war ein Zimmerbrand, also musste eine Gruppe eine Schlauchleitung vornehmen und die andere schweren Atemschutz. Ich programmierte mich auf die notwendigen Befehle, als wir schon am Einsatzort ankamen. Aus zwei Fenstern einer ebenerdigen Wohnung schlugen bereits meterhohe Flammen und der Einsatz war bereits in vollem Gange. Meine Befehle waren gar nicht mehr nötig und ich übergab dem Zugskommandanten das Kommando.

„Rauchgasvergiftung" in der Kantine

Als der Brand gelöscht war, musste ich die Brandursache ermitteln. Das war damals bei Berufsfeuerwehr Wien eine wichtige Aufgabe des Einsatzoffiziers. Es ging mir nun schon etwas besser und ich begab mich daher mit meinem Melder in das Brandobjekt. Der Brand war eindeutig vom Herd der Küche ausgegangen und die Bewohner konnten sich rechtzeitig in Sicherheit bringen. Als ich mich nach einiger Zeit auf schwachen Füßen wieder ins Freie begab, schwankte ich etwas und wurde von meinem Melder gestützt. Sofort sagten einige Kollegen im Chor: „Unser Offizier hat eine Rauchgasvergiftung!" Sie wussten natürlich von der vorangegangenen Feier in der Zentrale und ab sofort gab es das geflügelte Wort von der Rauchgasvergiftung, die in erster Linie in der Kantine zustande kommt.

Restriktives Vorgehen

Für mich war dieses Erlebnis prägend: Ich habe in Zukunft keinen Alkohol im Dienst mehr getrunken und auch geachtet, dass dies von der Mannschaft eingehalten wurde. Natürlich war dies nicht immer leicht, denn es gab eine Gruppe von Leuten, die davon nicht vollkommen abzubringen war. Wir versuchten es dann verstärkt mit sportlicher Betätigung in der Dienstzeit, mit

Gymnastik, Korb- und Fußball. In meiner Grazer Zeit als Branddirektor habe ich als abschreckendes Beispiel sogar einen hochrangigen Offizier und einen Feuerwehrmann versetzen lassen, die unverbesserliche exzessive Trinker waren. Natürlich steht hinter jedem Alkoholiker auch ein persönliches Schicksal, das man rechtzeitig ernst nehmen sollte.

Sportliche Aktivitäten bei der Berufsfeuerwehr.
(Foto: BF Wien)

Striktes Alkoholverbot?

Heute herrscht bei den Berufsfeuerwehren allgemeines Alkoholverbot, was absolut richtig ist. Bei den freiwilligen Feuerwehren muss jeder selbst entscheiden, ob er im Alarmfall ausrückt, wenn er etwas getrunken hat. Auf jeden Fall müssen wir als Führungskräfte heute mit der Versuchung Alkohol im Feuerwehrdienst sehr restriktiv umgehen. Denn es kann niemand verantworten, wenn ein Feuerwehrmann betrunken ein Einsatzfahrzeug lenkt oder sogar in einem Trupp unter schwerem Atemschutz Hilfe leisten muss. Er gefährdet dabei nicht nur sich selbst, sondern auch seine Kameraden.

5.4 Ein Todesofen namens BRENKO

Es war ein trüber Dezembernachmittag des Jahres 1969. Die nasskalten Nebel zogen über Favoriten, wo ich auf der Hauptfeuerwache Bereitschaftsdienst hatte. Es herrschte typisches „Niederdrückwetter", wie wir im Feuerwehrjargon zu sagen pflegten. In dieser Jahreszeit kam es bei derartigen

Inversionswetterlagen vor allem in Wien immer wieder zu Todesfällen in Zusammenhang mit Heizanlagen. Die Inspektionsrauchfangkehrer, eine äußerst sinnvolle Einrichtung der Wiener Berufsfeuerwehr, hatten dann stets Hochbetrieb.

Der Tote im Coca-Cola-Werk

Doch vorerst hatten wir anderes zu tun: Wir waren gerade zu einem äußerst unangenehmen Einsatz ins Coca-Cola-Werk in Oberlaa ausgerückt. Dort war ein Arbeiter bei Reparaturarbeiten vom vierten Stock in den Liftschacht gestürzt. Der Rettungsarzt hatte schon seinen Tod festgestellt, jetzt musste die Leiche von der Feuerwehr geborgen werden. Ich stieg mit meinem Melder in die Liftgrube, um die Lage zu erkunden. Das Bild, das sich uns bot, war nicht erfreulich: Der Verunfallte war kopfüber über mehr als 10 Meter tief abgestürzt und hatte eine totale Schädelzertrümmerung erlitten. Dabei war es zu einem massiven Gehirnaustritt gekommen und der Tote lag in einer riesigen Blutlache. Als wir gerade die Bergemodalitäten besprochen hatten, meldete sich plötzlich die Zentrale über Funk bei unserem Kommandofahrzeug: „Sind sie einsatzbereit? Wir hätten eine Untersuchung nach Anforderung durch die Polizei!“. Da für mich, als Bereitschaftsoffizier, nichts mehr im Coca-Cola-Werk zu tun war, nahmen wir den Einsatz an. Zu diesem Zeitpunkt ahnte ich nicht, was dadurch in den nächsten Monaten auf mich zukommen sollte.

Ein mysteriöser Unfall

Die Einsatzstelle für diesen mysteriösen Unfall war ein kleines Einfamilienhaus in der Nähe der „Spinnerin am Kreuz“, einem bekannten Denkmal am Wiener Laaerberg. Schon als wir den Vorraum betraten, „sagte“ mir meine Nase, dass es sich hier um einen Rauchgasunfall handeln musste. Im Schlafzimmer hatte man im Bett einen Toten gefunden, die zweite männliche Person lag leblos im Bereich der Vorraumtüre. Die bereits anwesende Polizei tippte zwar auf einen Fall von Suchtgiftmissbrauch, weil man ein Glas mit Überresten eines weißen Pulvers auf dem Wohnzimmertisch gefunden hatte. Ich vermutete jedoch einen Defekt am beheizten Koksofen und holte mir dazu den Inspektionsrauchfangkehrer zu Hilfe. Bereits kurze Zeit später erschien der

Diensthabende, Brandmeister *Friedrich Zax*, ein stets sachlich und genau agierender Feuerwehrbeamter. Als er ins Wohnzimmer kam, entschlüpfte ihm der für mich vorerst unverständliche Satz: „Aha, schon wieder ein BRENKO-Automat!“

Eine abenteuerliche Geschichte

Als ich nachfragte, erzählte mir Zax eine abenteuerliche Geschichte: Er sei schon seit Jahren auf der Spur dieses Todesofens, der bis zum Zeitpunkt dieses Unfalls am 16. Dezember 1969 seiner Meinung nach mindestens sieben Tote und Dutzende Rauchgasvergiftete gefordert hätte. Und dieser Ofen wäre seinen Untersuchungen zufolge in Hinblick auf die Personensicherheit eine glatte Fehlkonstruktion. Er habe sich als Inspektionsrauchfangkehrer intensiv bemüht, die Gefahren, welche von diesem Heizgerät ausgehen, aufzuzeigen. Aber er wäre stets auf taube Ohren gestoßen. Niemand hätte sich intensiver mit diesem Problem auseinandergesetzt, vermutlich auch weil die Firma sofort mit einer Besitzstörungsklage gedroht hätte. Auch wären alle Bemühungen gescheitert, einen dieser Öfen zu bekommen, um Versuche damit anzustellen. Dies wurde von der Herstellerfirma immer wieder erfolgreich verhindert.

Tödliche Pendelklappe

Der BRENKO-Automat war ein Koksofen, der im Jahre 1952 patentiert und von der technischen Versuchsanstalt Arsenal begutachtet wurde. Dieses Gutachten bescheinigte dem Ofen einen sehr guten Wirkungsgrad, also eine hohe Wirtschaftlichkeit, sagte aber nichts über die Sicherheit des Heizgerätes aus. Und gerade hier lag dieses System im Argen: Die hohe Wirtschaftlichkeit wurde nämlich durch einen Ofenaufsatz mit Hilfe einer durch den Rauchfangzug gesteuerten Pendelklappe erreicht. Diese drosselte also automatisch den Abbrand, konnte sich jedoch bei bestimmten Umweltbedingungen auch vollkommen schließen. Die Folge war eine Bremsung des Abbrandes, also die Einleitung einer unvollkommenen Verbrennung, wodurch es zu einer vermehrten Kohlenmonoxid-Produktion kam. Dieses gefährliche Blut- und Nervengift trat nun aus dem undichten Ofenkopf aus und führte zum Teil zu tödlichen Rauchgasvergiftungen der Bewohner.

Die Drosselklappenverordnung

Eine wichtige Anmerkung in diesem Zusammenhang: Beim BRENKO-Automaten war durch die beschriebene Automatik zumindest temporär die so genannte Drosselklappenverordnung nicht erfüllt, nach welcher immer eine Mindestabzugsöffnung von 25 cm² zu gewährleisten gewesen wäre. Diese Regelung sollte immer einen gewissen Mindest-Rauchfangzug gewährleisten und die Bildung zu hoher Kohlenmonoxid-Konzentrationen verhindern. Diese Sicherheitsvorkehrung konnte also im Fall BRENKO nicht immer greifen!

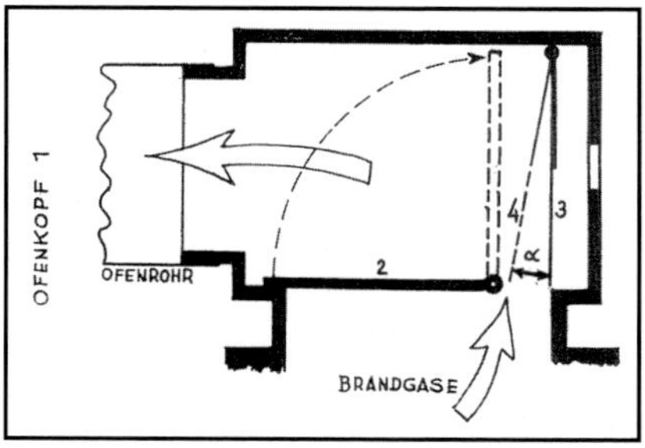

Schematische Darstellung des tödlichen Ofenkopfes.

Die Gerichtsmedizin hilft!

Doch zurück an den Ort des Unfallgeschehens: Nachdem mich *Brandmeister Zax* umfassend über den in diesem Haus vorhandenen Todesofen informiert hatte, war ich in der Zwickmühle. Sollte ich, wie viele meiner Vorgänger, zur Tagesordnung übergehen? Und was konnte ich tun, um diesen Skandal endgültig aufzudecken? Da hatte ich eine glorreiche Idee, welche mir rückwirkend gesehen viel Ärger ersparen sollte: Ich verständigte über unsere Zentrale ganz offiziell die Wiener Gerichtsmedizin. Dies machte ich auch bei meinen beiden weiteren BRENKO-Einsätzen, zu welchen mich die Inspektionsrauchfangkehrer anforderten. Und letztlich war diese Entscheidung absolut richtig, da es die beiden Gerichtsmediziner *Univ.-Prof. Dr. Leopold Breitenecker* und *Dr. Wilhelm Holczabek* waren, welche die Wende in diesem „Kriminalfall" brachten.

Ausrückeverbot

Doch vorerst hatte ich innerbetriebliche Schwierigkeiten, denn wegen meiner Anforderungen durch die Inspektionsrauchfangkehrer war die sehr streng gehandhabte Ausrückordnung verletzt worden. Da ich die Branddirektion auch drängte, etwas in der Causa BRENKO zu unternehmen, wurde ich lästig. „Was will der junge Spund?“ und „Der hat erst in den Dienstbetrieb hereingerochen und macht sich schon wichtig!“, das waren Sprüche, die ich damals hinter vorgehaltener Hand hörte. Und tatsächlich, ich war ja schließlich der jüngste A-Offizier (A steht für Akademiker) und es gab damals noch eine starre „Hackordnung“, an welche sich alle halten mussten. Da ich dies nicht tat, erhielt ich vorerst einmal ein Verbot, zu weiteren BRENKO-Einsätzen auszurücken. Eine völlig unsinnige Anordnung, die mich maßlos ärgerte. Und vor allem: Wie viele unschuldige Tote sollte es noch geben?

Zwischen Pflicht und Neigung

Mein Ärger über die Indolenz meiner Vorgesetzten war so groß, dass ich mir überlegte, wie ich diesen Skandal an die Öffentlichkeit bringen konnte. Da fiel mir ein, dass ich bei der Kronen-Zeitung einen Redakteur kannte. Und diesem steckte ich die wichtigsten Informationen über die Recherchen unserer Inspektionsrauchfangkehrer zu. Mein innerer Kampf zwischen Pflicht und Neigung war nach langwierigen Überlegungen zu Gunsten der Offenlegung ausgegangen.

Auf der Titelseite

Ich erinnere mich noch ganz genau: Wir hatten eine Sitzung des Österreichischen Zivilschutzverbandes in Salzburg und saßen in den Morgenstunden im Café Glockenspiel. Da griff ich zur Kronen-Zeitung und erschrak: Auf der Titelseite stand in großen Lettern „Sieben Tote klagen an – ist Ofen eine Fehlkonstruktion?“ Und dann wurden die Namen der Rauchgastoten im Detail aufgelistet. Ich war mir einerseits im Klaren, dass ich damit die Schweigepflicht als Beamter verletzt hatte, andererseits empfand ich eine wohltuende Genugtuung über diese Entwicklung. Denn nur so konnte man das tödliche Damoklesschwert, welches über der Bevölkerung schwebte, entschärfen. Schließlich waren damals bereits über 4.000 BRENKO-Automaten in Wien und Niederösterreich verkauft worden.

Sieben Tote klagen an: Ist Ofen eine Fehlkonstruktion?

Kamen sieben Menschen in Wien durch einen fehlkonstruierten Ofen ums Leben? Diese Frage soll ein Prozeß klären, der in nächster Zeit gegen einen Ofenfabrikanten geführt wird. Der Mann muß sich wegen Vergehens gegen die Sicherheit des Lebens verantworten.

Von Erich Vorrath

Eine Wiener Firma stellt seit Jahren sogenannte Automatöfen her. Aber diese Automaten sind nach Ansicht von Fachleuten eine glatte Fehlkonstruktion. Bei starkem Zug schließen sich nämlich die Drosselklappen und das tödliche Rauchgas dringt durch die Fugen in die Räume. Es gab be- [illegible] ...eiche Unfälle, sieb[illegible] ... tödli[illegible] ... liche: Der Ofenhersteller wurde angezeigt, aber es gab keine Verhandlung und keine Strafe, nur weil die Juristen einen formalen Fehler sahen: Die sogenannte Drosselklappenverordnung, nach der für den Abzug von Rauchgasen ein Viertel des Querschnittes eines Rohres als Mindestfläche oder aber — sollte das Rohr kleiner sein — eine Fläche von 25 Quadratzentimetern vorgeschrieben ist, gilt nämlich nur für Abzugsrohre. [illegible] Baupolizei sah keinen G[illegible] m Einschreiten, weil [illegible] tomatofen die [illegible] nkopf lie-

Die Kronen-Zeitung deckt den Skandal um den BRENKO-Automaten auf.

Es kommt zur Anklage

Mit dieser Zeitungsmeldung kam die Sache ins Rollen. Und in der Zwischenzeit spitzte sich die Situation zu, denn es gab bereits wenige Tage danach den achten BRENKO-Toten. In den Amtsstuben begann das große Zittern. Andere Medien recherchierten nun ebenfalls und vor allem die Gerichtsmediziner *Breitenecker* und *Holczabek* schalteten sich ein. Sie erreichten, dass ein Ofen an der Technischen Universität Wien auf seine Betriebssicherheit untersucht wurde. Das Ergebnis war vernichtend. Und so kam es zur Anklage der Ofenerzeuger: Sie eine resolute Geschäftsfrau und er ein „Bastler“: sie konnten es bis zur Verurteilung (sie erhielten beide 10 Monate) nicht fassen, dass ihr wirtschaftlich so hervorragendes Heizgerät für den Tod all dieser Menschen verantwortlich sein sollte.

Die „weißen Raben“

Der Prozess hatte ein riesiges Medieninteresse zur Folge. Das Drehbuch dazu hätte einem spannenden Krimi von *Agatha Christie* entstammen können, denn einige Tage vor dem Prozessbeginn war der neunte BRENKO-Tote zu verzeichnen. Schlagzeilen wie „Wie viele Tote liegen auf dem Amtsweg?“ oder „Der Skandal der Behörden“ brachte die öffentliche Meinung zum Sieden. Auch bei der Wiener Feuerwehr wurde nun intensiv darüber diskutiert. Und als ich und *Brandmeister Zax* bei diesem Monsterprozess in den Zeugenstand gerufen wurden, wünschte uns so mancher „Kollege“ sicher nicht nur das Beste. Denn die Beamtenschaft wurde damals in einer großen Wiener Tageszeitung als eine schwarze Rabenschar mit „schmutzigen Westen“ beschrieben. Nur *Zax* und ich waren die einzigen „weißen Raben“ und unsere Zivilcourage wurde in den Medien allgemein gelobt. Zwar rang sich auch die Branddirektion zu einer Gratulation durch, doch bei manchen Begegnungen auf der Feuerwache hatte man den Eindruck, dass auch eine Portion Neid und Missgunst dabei war. Eines aber hatten *Zax* und ich erreicht: Der Todesofen namens BRENKO wurde aus dem Verkehr gezogen!

„ Langsame Gesetzesmühlen!

Wie schwerfällig der Amtsschimmel in Bewegung zu setzen war, beweist das Nachfolgende: Alle – vom zuständigen Referenten über das Feuerwehrkommando bis zur Baubehörde – wussten über die Gefährlichkeit dieser Ofentype. Doch erst der jüngste Offizier, der durch seine Einsatzfreude allen anderen überlegen war, jener *Brandadjunkt Dr. Otto Widetschek*, wurde nach dem 14. CO-Unfall, hervorgerufen durch den BRENKO-Ofen, im Jahre 1969 aktiv.

Fast wäre es zu einer Konfrontation wegen des Umgehens der Ausrückordnung gekommen, da wir *Dr. Widetschek*, der sich besonders für diesen Ofen interessierte, zu einem Unfall in Wien 21, Brünnerstraße 48, als Offizier nachkommen ließen. Nachdem jedoch Gerichtsmediziner *Dr. Holczabek* über die Häufigkeit der Unfälle informiert wurde, wurde auch dieser hellhörig und machte den damaligen Oberstaatsanwalt *Dr. Pauser* für alle nachfolgenden Unfälle verantwortlich. Somit wurde auf umständliche Art und Weise die Gesetzesmühle in Gang gesetzt und die Hersteller im Jahre 1970 schließlich zu zehn Monaten Arrest verurteilt.

Dr. Holczabek machte hiezu wohl die bemerkenswerte Aussage: „Eigentlich hätten andere verurteilt gehört!" Was gewiss zu Recht bestand, denn die Firmeninhaber hatten im Jahre 1952 für die Begutachtung 15.000 Schilling bezahlt, was für die erbrachte Leistung damals ein ansehnlicher Betrag war.

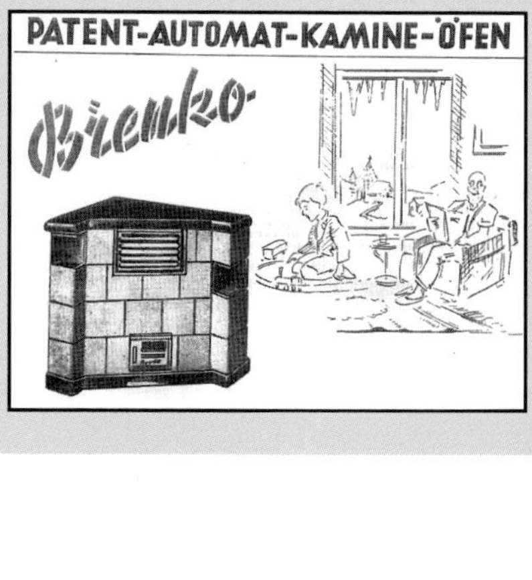

Ein damaliges Werbe-Sujet eines Brenko-Ofens.

Doch, wie so oft, löst sich manches Problem von selbst. So auch das des BRENKO-Ofens. Durch die Medien, vor allem durch die Schlagzeilen in der Zeitung, wurde auf die Gefährlichkeit des Heizgerätes hingewiesen. Die Unfallopfer wurden dabei geschmacklos in die Reklame eingebaut. “

Auszug aus der unveröffentlichten Dokumentation „100 Jahre Inspektionsrauchfangkehrer“, erstellt von IR Friedrich Zax und IR Roman Decker, Wien

Anmerkung: Auch nach meinem späteren Dienstwechsel in die Steiermark habe ich Kontakt mit Friedrich Zax gehalten. Er meldete sich stets am Telefon mit den Worten „Hier spricht der zweite weiße Rabe“. Nach seinem überraschenden Tod im Frühjahr 2004 vermachte er mir aus seinem Nachlass die oben genannte Dokumentation.

5.5 *PVC-Brand in einer Lackfabrik*

Der 7. März 1971 war ein angenehmer Sonntag und ich versah in der Hauptfeuerwache „Floridsdorf“ Bereitschaftsdienst. Während des ganzen Tages hatte es nur einige kleinere Einsätze gegeben, die jeweils von einer Löschgruppe bewältigt werden konnten. Ich hatte mich nach dem Mittagessen in meine Kanzlei zurückgezogen und genüsslich in einem Fachbuch gelesen. Aber man soll nie den Tag vor dem Abend loben. Das war eine Erkenntnis, die gerade für den Standort „Floridsdorf“ galt. Ich erlebte hier total ruhige Nächte, die ich „durchschlafen“ konnte, wenn es dann aber brannte, war der Teufel los!

Alarm in eine „Chemiebude“

Knapp vor 19.00 Uhr hatte ich den diensthabenden Telefonisten in seiner Kanzlei besucht und mit ihm die Einsatzberichte des Tages besprochen. Gerade wollten wir es uns gemütlich machen, um die Nachrichten im Fernsehen zu verfolgen, als der Fernschreiber anschlug. Es war 19.03 Uhr und die gesamte Bereitschaft wurde in die Kunstharzkocherei der Firma „Reichhold-Chemie“ alarmiert.

Ein flaues Gefühl

Ich war seit einigen Tagen zum Brandkommissär befördert worden und saß nun im Kommandofahrzeug an der Spitze eines Bereitschaftszuges – mit zwei Tanklöschfahrzeugen, einem Universallöschfahrzeug und einer Drehleiter – der mit Blaulicht und Folgetonhorn durch die Abenddämmerung raste. Gerade in diesen Momenten wurde ich mir oft – zugegeben nicht ohne Stolz – der Verantwortung bewusst, die ich für die insgesamt 22 Mann und das nicht billige Gerät als Einsatzoffizier zu übernehmen hatte. Dieses Mal hatte ich aber ein flaues Gefühl in der Magengegend, war es doch eine „Chemiebude", wie wir im lockeren Fachjargon zu sagen pflegten, die wir anfuhren. Und mein Gefühl sollte nicht trügen!

Wertvolle Betriebsfeuerwehr

Als wir sieben Minuten später am Einsatzort angekommen waren, sahen wir tiefschwarzen Qualm aus der Produktionshalle der Kunstharzkocherei austreten. Die bereits anwesende Betriebsfeuerwehr stand zwar dem Ereignis machtlos gegenüber, die Männer konnten jedoch wertvolle Aussagen über die örtlichen Gegebenheiten machen und uns fachmännisch durch den gesamten Einsatz begleiten.

Anmerkung: Dieser Einsatz zeigte mir erstmals mit aller Deutlichkeit die Wichtigkeit

Dicker, schwarzer Rauch drang aus der Kunstharzkocherei.
(Foto: BF Wien)

von Betriebsfeuerwehren in allen Großbetrieben. Als späterer Bezirksfeuerwehrkommandant von Graz habe ich ab 1989 alleine in der steirischen Landeshauptstadt in der Zeit von 1989 bis 2007 die Gründung von über 18 derartigen Einrichtungen initiieren können.

Erzeugung von Kunstharzen

Da anfänglich unklar war, welche Stoffe in Brand geraten waren, ließ ich vorerst vor allem zur Erkundung insgesamt 3 C-Rohre unter schwerem Atemschutz umfassend über das Haupttor der Kunstharzkocherei vornehmen. Da aber auch der Zerknall eines Kochkessels nicht mit Sicherheit ausgeschlossen werden konnte, ordnete ich zusätzlich die Vorbereitung eines Pulverrohres an. Anmerkung: In dem etwa 60 x 20 x 6 Meter großen vom Brand betroffenen Bauwerk wurden in sechs Kochkesseln (Inhalt zwischen 3 und 10 m^3) Alkyl- und Polyesterharze durch Polykondensation erzeugt. Dies erfolgte bei Arbeitsbedingungen von maximal 300 °C und unter einem Kesseldruck von 2 bar. Die Erwärmung der Kochkessel wurde dabei über Heizrohre mit einem Wärmeträgeröl sichergestellt. Zur Regelung der Arbeitstemperatur und Ableitung der Prozesswärme war ein mit Pumpen betriebenes Kühlsystem vorhanden. Alles in allem lief in der gegenständlichen Anlage ein empfindlicher chemischer Prozess ab, der durch ein ausgeklügeltes Heiz- und Kühlsystem mit Pumpen (fehlende Notstromversorgung!) hätte im Gleichgewicht gehalten werden sollen.

Gravierender Mangel: Fehlende Wasserversorgung

Durch einen einfachen elektrischen Kurzschluss kam es nun zu einem äußerst unangenehmen Brandgeschehen, welches den Einsatzkräften alles abverlangte. Ja, man kann sagen, dass an der Unfallstelle Dramatik pur vorherrschte. Es war nämlich nicht nur das Kühlsystem ausgefallen, sondern auch die gesamte über Elektropumpen betriebene Wasserversorgung. Es musste daher eine Zubringerleitung über fast 300 Meter zu den nächsten Hydranten der städtischen Wasserleitung gelegt werden. Anmerkung: In meiner künftigen Praxis habe ich immer wieder festgestellt, dass einer ordnungsgemäßen

Wasserversorgung von großen Industrie- und Gewebebetrieben zu wenig Beachtung geschenkt wird. Wenn sich die Feuerwehr im Ernstfall jedoch um derart elementare Notwendigkeiten kümmern muss, kann sie ihren eigentlichen Aufgaben kaum gerecht werden.

Explosionsgefahr!

Die Erkundung war um 19.19 Uhr abgeschlossen und ein Gruppenkommandant meldete mir, dass sich der Brand bereits fast im gesamten Keller und in einem Teil des Erdgeschosses ausgebreitet hatte. Alles deutete jedoch auch auf einen bereits erfolgten Zerknall eines Kochkessels hin, dessen brennbarer Inhalt ausgelaufen war und das Brandgeschehen angefacht hatte. Eine äußerst unangenehme Situation, da mit einer weiteren Kesselexplosion gerechnet werden musste. Ich entschloss mich zu einem Schaumangriff, gab Alarmstufe 2 und forderte gleichzeitig das Schaumlöschfahrzeug und ein Rüstfahrzeug an.

Giftige Isocyanate?

Inzwischen war die Lage nicht übersichtlicher geworden! Im Gegenteil: Nach Aussage eines Chemiearbeiters aus der Kunstharzkocherei sollten sich nämlich im Gebäude große Mengen von Isocyanaten befinden. Anmerkung: Diese weit verbreiteten Cyanverbindungen, welche hauptsächlich zur Produktion von Kunststoffen (Polyurethan) verwendet werden, können äußerst toxisch wirken und im Brandfall schwere Atemgifte, wie Cyanwasserstoff (Blausäure) und nitrose Gase, bilden. Das war die Situation, die der Hauptinspektionsoffizier (HIO) vorfand, als er um 19.30 Uhr die Einsatzleitung übernahm. Gleichzeitig traf auch der zweite Bereitschaftszug an der Einsatzstelle ein.

Massiver Schaumeinsatz

Der HIO entschloss sich, den bereits eingeleiteten Schaumangriff konsequent weiterzuführen. Zu diesem Zweck ließ er zwei weitere Schwerschaumrohre vornehmen und ein Pulverrohr vorbereiten. Dadurch wollte man einerseits eine Brandausbreitung in die Kunstharzkocherei verhindern und andererseits den Angriff der drei vorgenommenen C-Rohre in ihrer Wirksamkeit unterstützen. Außerdem forderte er ein Universallöschfahrzeug an, das für einen Mittelschaumeinsatz geeignet war, um im Notfall eine Flutung des gesamten Kellers durchführen zu können.

Gewaltiger Kabelbrand

Mit diesen umfassenden Maßnahmen konnte der Brand, der sich zwischenzeitlich in den Elektro-Schaltraum verlagert hatte, in den Griff bekommen werden. Um etwa 20.15 Uhr war der Brand im Wesentlichen unter Kontrolle. Nun wurde die von der Einsatzleitung geäußerte Vermutung zur Gewissheit, dass sich im Gebäude ein gewaltiger PVC-Kabelbrand hatte ausbreiten können. Dieser war – wie sich später herausstellte – durch einen Kurzschluss im unterkellerten Teil der Kochhalle aufgetreten und hatte sich über einen nicht ordnungsgemäß abgeschotteten Kabelschacht in den Schaltraum der Anlage fortgesetzt. Die Elektro-Schaltanlage wurde dabei vollständig vernichtet. Anmerkung: Durch den Ausfall der Elektroversorgung und des Kühlaggregates kam es zu einem derartigen Überdruck in zwei Reaktionskesseln, dass über die ansprechenden Berstscheiben an die 12 m^3 Polykondensate über das Dach ausgeworfen wurden!

Angst und Stress

Dieser gefährliche Einsatz war für mich als jungen Feuerwehroffizier äußerst lehrreich. Ich lernte nämlich das erste Mal bewusst eine Situation kennen, die von absolutem Stress und auch von Angst geprägt war. Ja, ich hatte Angst! In erster Linie um die mir anvertrauten Feuerwehrmänner, welche ich in ein Bauwerk schicken musste, in welchem Explosionsgefahr bestand. Derartige Situationen habe ich später noch öfter erlebt und mich versucht, darauf einzustellen. Vor allem diskutierte ich stets mit meinen Kollegen im Rahmen von Nachbesprechungen über den jeweiligen Einsatz. Heute würde man hochtrabend von psychologischer Nachbetreuung sprechen. Dabei konnten stets Unklarheiten ausgeräumt und Missverständnisse geklärt werden. Aber auch Spannungen konnten gelöst werden, die später zu einem – wie man heute sagt – Posttraumatischen Stress-Syndrom hätten führen können. Denn eines muss uns allen klar sein: Auch Feuerwehrmänner sind keine Übermenschen, sondern Menschen mit Ängsten und Zwängen!

Folgeschäden durch PVC-Brände

Zusammenfassend kann ich sagen: Ich hatte es beim Brand in der Wiener Kunstharzkocherei das erste Mal in meiner kurzen Feuerwehrkarriere mit einem größeren Kabelbrand zu tun. Meinen Schätzungen zufolge waren damals 300 bis 400 Kilogramm PVC abgebrannt, wobei etwa dieselbe Menge an Salzsäure (in Litern) freigesetzt wurde.

Bereits kurze Zeit nach dem Brand zeigten sich die Auswirkungen der Salzsäureeinwirkung: Metallische Oberflächen korrodierten zusehends und ein angefeuchtetes Lackmuspapier zeigte eine Rotfärbung. Ein neuer, gusseiserner Rohrschlüssel, der zufällig einige Tage vor dem Brand in der Kochhalle abgelegt worden war, wies beispielsweise bereits nach zwei Wochen starke Korrosionen auf und es bildeten sich an der Oberfläche „Rostkristalle" mit bis zu 1 Millimeter Größe. Anmerkung: Derart zerstörerische Korrosionen – auch durch freigesetzte Säure bei Bränden oder bei chemischen Reaktionen – habe ich in meiner jahrelangen Einsatzpraxis vielfach festgestellt. Zwei extreme Beispiele dazu sind der Großbrand bei MACO in Trieben (2003) und eine Chemiereaktion, bei welcher Königswasser gebildet wurde, bei der Steirerobst GmbH in Gleisdorf (2004).

Verätzungen an den Händen

Doch vorerst noch eine kleine Rückblende zum betrachteten Einsatzgeschehen. Beim vorliegenden Brand traten an den ungeschützten Hautpartien mehrerer Feuerwehrmänner im Halsbereich kleine Verätzungen auf, die aber im Verlauf von einigen Tagen abheilten. Kurz vor dem Zusammenräumen kamen jedoch zwei Kollegen zu mir und klagten über starkes Brennen an den Handflächen. Ich erkannte sofort eine starke Verätzung dieser Hautpartien und fragte, ob sie denn keine Schutzhandschuhe beim Innenangriff verwendet hätten. Sie erklärten mir, dass sie gar nicht im Gebäude waren, sondern lediglich die Pressluftatmer vor Ort getauscht hätten. Was war geschehen? Der durch den PVC-Brand freigesetzte Chlorwasserstoff hatte sich mit dem Löschwasser bzw. durch Kondensation an den „kühlen" Stahlflaschen der Pressluftatmer abgesetzt und beim Flaschenwechsel zu den Verätzungen der Handflächen geführt.

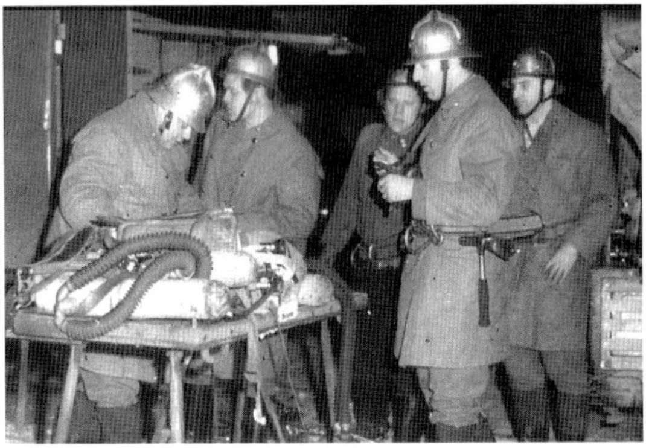

Beim Flaschenwechseln kam es zu starken Verätzungen an den Händen.
(Foto: BF Wien)

5.6 *Explosive organische Peroxide!*

Die stark expandierende Kunststoffindustrie benötigt vor allem im Produktionsbereich eine Reihe von chemischen Hilfsstoffen, welche sicherheitstechnisch nicht unproblematisch sind. In erster Linie handelt es sich dabei um brandfördernde Produkte, welche gemäß ADR/RID der Klasse 5 zugeordnet werden. In meiner Aktivzeit wurde ich mit derartigen Stoffen einige Male konfrontiert und war einmal davon an vorderster Front im unmittelbaren Gefahrenbereich.

„Schwiegermütter" unter den gefährlichen Stoffen

Vor allem die so genannten organischen Peroxide können aus der Sicht der Feuerwehr alle nur erdenklich unangenehmen Eigenschaften besitzen. Sie werden von „bösen" Menschen auch als die „Schwiegermütter" unter den gefährlichen Stoffen bezeichnet. Denn sie sind nicht nur brandfördernd, sondern in der Regel auch brennbar, können aber auch ätzend, giftig und sogar explosiv sein. Wenn es in derartigen Betriebsstätten oder auf den Verkehrswegen einmal „knallt", dann ordentlich!

1965 in Tokio: 19 tote Feuerwehrmänner!

Anfang der Siebzigerjahre ereigneten sich in Deutschland, England und in den USA mehrere Großkatastrophen mit Peroxiden, bei denen es zu gigantischen Sachschäden und auch Todesopfern kam. Eine der wohl größten Tragödien spielte sich jedoch bereits im Jahre 1965 bei einem Lagerhausbrand in Tokio ab: 19 Feuerwehrmänner fanden hier den Tod durch die Explosion von rund 3.000 kg unsachgemäß gelagertem Methylethylketonperoxid.

Ab diesem Zeitpunkt diskutierte man deswegen auch über verstärkte Brand- und Katastrophenschutzmaßnahmen in einschlägigen Betrieben. Es wurde sogar eine VFDB-Fachtagung schwerpunktmäßig in Hinblick auf dieses Thema ausgerichtet.

Peroxid-Betriebe: Stark gefährdet!

Eine ganze Unfallserie ereignete sich seit dem Jahre 1975 in der Peroxid Chemie GmbH, einem der größten einschlägigen europäischen Erzeugerbetriebe, in Pullach bei München. Dabei gab es Tote, Schwerverletzte (darunter auch mehrere Feuerwehrmänner) und riesige Sachschäden. Man muss erkennen, dass auch bei noch so guten präventiven Maßnahmen beim Umgang mit diesen brisanten Chemikalien Unfälle und Brände auf der Tagesordnung stehen.

Bei uns in Österreich?

In Österreich sind Großkatastrophen im Zusammenhang mit Peroxiden eher unwahrscheinlich, da keine großen Produktionsbetriebe für diese Substanzen bestehen. Die heimische Kunststoffindustrie muss diese Hilfsstoffe also importieren. Da vor allem in der Kunstharzproduktion organische Peroxide als Katalysatoren (Initiatoren) benötigt werden, kann auch mit zumindest kleineren Unfällen, Zwischenfällen und Bränden gerechnet werden.

Verpuffung im Eisenbahnwaggon

Ich habe selbst als Einsatzoffizier bei der BF Wien in den Jahren 1970 und 1973 Erfahrungen bei zwei Peroxideinsätzen gewonnen. In beiden Fällen handelte es sich um phlegmatisiertes Cyclohexanonperoxid, einer gebräuchlichen

Chemikalie in der Kunststoffindustrie. Beim ersten Einsatz kam es zu einer Zersetzung mit anschließender Verpuffung sowie Brand in einem Eisenbahnwaggon, der jedoch rasch mit größeren Wassermengen gelöscht werden konnte. Schwierigkeiten gab es damals bei der Entsorgung der noch unverbrannten Substanzen. Schließlich wurden 1.300 kg Peroxid samt Verpackung (Kunststoffbehälter) unter Aufsicht auf einer Mülldeponie verbrannt (derartige Aktionen waren anno 1970 noch möglich!).

Explosionsgefahr in der Klimakammer

Der zweite Zwischenfall ereignete sich in einem Wiener Betrieb, der Polyesterharze erzeugte. In einer Klimakammer kam es zur gefährlichen Zersetzung von Cyclohexanonperoxid, wobei rund 500 kg im Spiel waren. Ich ging damals selbst unter schwerem Atemschutz mit einem Feuerwehrkollegen vor, um die Temperatur in der Klimakammer zu messen. Da höchste Explosionsgefahr herrschte, habe ich dann unter allen Vorsichtsmaßnahmen eine Flutung der Klimakammer mit Wasser (Verwendung von Gasschutzanzügen) durchführen lassen. Bei der anschließenden Entsorgung von den mit Peroxiden kontaminierten Holzpaletten kam es zu zwei Folgebränden.

Der Autor mit Atemschutzgerät (in der Mitte) vor dem Erkunden in der Klimakammer.
(Foto: BF Wien)

Zwei steirische Ereignisse

Dass Ereignisse mit Stoffen der Klasse 5 keine Seltenheit sind, zeigten zwei Unfälle mit Wasserstoffperoxid aus der Steiermark. Im Jahre 1992 explodierte in der Papierfabrik Leykam in Gratkorn ein Stahltank durch eine spontane Zersetzung des Produktes. Dabei wurde der Tank in eine Vielzahl von Bruchstücken zerrissen und eine Gebäudewand total zerstört. Eine ähnliche Produktzersetzung führte im Leiterplattenwerk der Firma AT & S (Austria Technologie & System) in Fehring im Jahre 1996 zur Zerstörung des Originaltanks und in der Folge des Reservetanks, wobei insgesamt 1.500 Liter Wasserstoffperoxid freigesetzt wurden.

Zerborstener Wasserstoffperoxid-Behälter in der Firma Leykam, Gratkorn bei Graz.

5.7 Der Konsum brennt!

Lange Zeit bevor es beim österreichischen Konsum wegen einer verfehlten Planung und unfähigen Führungskräften zu einer betrieblichen Auflösung kam, hatte ich als Einsatzleiter bei einem Großbrand einer Konsumfiliale in Floridsdorf zu tun. Damals erlebte ich hautnah den ersten Backdraft, also eine Rauchdurchzündung mit einer mächtigen Stichflamme, der fast böse Folgen für die Einsatzkräfte gehabt hätte.

Provisorium aus Holz

Das Bauwerk lag mitten in einem Park eines groß angelegten Gemeindebaues in Wien-Floridsdorf. Hier hatte man zur Nahversorgung von etwa 2.000 Menschen in aller Eile vorläufig eine Konsumfiliale in Holzbauweise errichtet. Mit diesem Provisorium wollte man die Infrastruktur, welche von den Planern für diese riesige Wohnanlage ganz einfach vergessen wurde, einstweilig verbessern. Später war – wie mir der Filialleiter berichtete – ein ganzes Einkaufszentrum in Massivbauweise geplant. Das war noch in der Blütezeit dieser damals österreichweit aktiven Verkaufskette!

Es kommt zu Plünderungen

Doch jetzt wollte anscheinend ein Brandstifter diesem Provisorium ein Ende setzen, denn die Anlage stand bereits teilweise bei unserer Ankunft in Flammen. Ich war mit einem Bereitschaftszug von der Hauptwache „Floridsdorf" alarmiert worden und stand vor einer nicht sehr angenehmen Aufgabe, da sich bereits hunderte Menschen im Park vor dem brennenden Gebäude als Zaungäste eingefunden hatten. Nicht nur, dass sie den Einsatz massiv störten, es kam damals auch nachweislich während des Einsatzes zu Plünderungen. Immer wieder „angelten" sich einige verwegene Gestalten unter dem Applaus der Umstehenden riesige Schinkenkeulen, ganze Wurstkränze und Käselaibe aus dem verwinkelten Bauwerk.

Schlechte Löschwasserversorgung

Für mich war es daher primär wichtig, in Zusammenarbeit mit der Polizei, die nicht befugten Personen aus dem Gefahrenbereich zu bringen und einen geordneten Einsatz aufzubauen. Dies dauerte einige Zeit, da es auch mit der Wasserversorgung haperte. In der ganzen Anlage gab es unverständlicherweise keinen einzigen Hydranten. Wir mussten über 250 Meter lange Zubringleitungen legen, um unsere Tanklöschfahrzeuge zu versorgen.

Mächtige Rauchdurchzündung

Wir hatten eine große Glasscheibe des Verkaufsgeschäftes eingeschlagen und ein Trupp mit drei Mann bereitete sich gerade vor, in das Bauwerk vorzudringen, als es zu einer gefährlichen Rauchdurchzündung kam. Die Feuerwalze erfüllte den gesamten Raum und drang mit ungeheurer Wucht nach

Kurze Zeit später erfolgte eine Rauchdurchzündung. Links der Autor in der damals üblichen Einsatzkleidung.
(Foto: BF Wien)

außen. Zwei Männer wurden erfasst und zu Boden geschleudert. Die Verletzungen hielten sich – Gott sei Dank – in Grenzen. Außer einigen kleinen Verbrennungen im oberen Halsbereich kamen die beiden mit dem Schrecken davon. Wir nannten dieses Phänomen damals noch nicht Backdraft, sondern sprachen von Stichflammen. Anmerkung: Der Begriff Backdraft wurde erst nach dem gleichnamigen Film, der auch in Österreich im Jahre 1991 gezeigt wurde, populär. Auf jeden Fall hatte ich dieses Phänomen jetzt das erste Mal in realistischer Weise miterlebt und ich war von den Auswirkungen überrascht.

Von Gurken und Eiern

An noch etwas Erwähnenswertes kann ich mich bei diesem Einsatz erinnern. Ich traute meinen Augen kaum, denn ich beobachtete bei meinem Erkundungsgang einen Einsatztrupp, der in verwegener Stellung mit einem C-Rohr durch die Türe eines Lagerraums der Konsumfiliale völlig planlos in die austretende undurchsichtige Rauchwolke spritzte. Im Gebäude gab es daraufhin ein fürchterliches Klirren und Rumpeln. Kein Wunder, räumte doch der Vollstrahl die Regale sukzessive ab: Eine Unzahl von Lebensmitteldosen, Zucker- und Mehlsäcken sowie Gläser mit Gurken und eingelegten Eiern fiel zu Boden.

„Spritze nie in den Rauch!“

Damals galt noch ein ehernes Gesetz, eine alte Grundregel, welche mir bei meiner Grundausbildung im wahrsten Sinn des Wortes eingetrichtert wurde. Sie lautete: „Spritze nie in den Rauch, sondern nur in Glut und Flammen!“. Und nun das! Heute gibt es gerade in diesem Zusammenhang eine differenzierte Betrachtungsweise. Natürlich kann auch jetzt eine derartige brutale „Löschstrategie“ nicht befürwortet werden, denn mit dem „eindimensionalen“ Vollstrahl in eine „dreidimensionale“ Rauchwolke zu spritzen kann nur als billiger Schildbürgerstreich klassifiziert werden! Ganz anders sieht dies jedoch schon bei einem Sprüh- bzw. Nebelstrahl aus, der in Deckennähe zur Kühlung des dort zum Flashover neigenden „Rauchgas-Sees“ eingesetzt wird.

Der Brandrauch gehört weg!

Am besten ist es jedoch, wenn der Brandrauch überhaupt aus dem Bauwerk abgeführt wird. Dies kann entweder mit eigenen Lüftungsgeräten der Feuerwehr oder aber auch durch ortsfeste Rauch- und Wärmeabzugsanlagen (RWA) erfolgen. Früher war es die häufigste Taktik, eine derartige RWA nicht vor dem Eintreffen der Feuerwehr zu öffnen, um den Brand nicht unnötig anzufachen. Heute ist diese Regelung bereits Vergangenheit, denn es ist immerhin noch besser, dass die vielfach brennbaren (auch giftigen und eventuell korrosiven) Rauchgase ins Freie abziehen und der Brand entwickelt sich dabei etwas mehr, als es kommt zur gefürchteten Rauchdurchzündung bzw. zu teuren Gebäudeschäden durch Langzeitgifte.

Neue Taktik

Die Aufgabe der Feuerwehr ist es also in jedem Fall, vorhandene RWA rechtzeitig zu öffnen und – wenn möglich – einen definierten Luft-Rauchgasstrom zu produzieren. Dabei kann im Zuluftstrom relativ sicher in das Gebäude vorgedrungen werden.

Wie wird das getan? Mit Hilfe von Druckventilatoren wird der Brandraum über das Stiegenhaus belüftet und quasi ein Feuersprung (Bersten der heißen Fensterscheiben durch Kühlung mit Wasserwerfern) provoziert. Durch die in der Zwischenzeit taktisch optimal in Stellung gebrachten Löschfahrzeuge kann sozusagen der Außenangriff koordiniert bzw. synchron ablaufen. Das ist die neue Taktik, die meines Wissens erstmals von der FF Wiener Neudorf im Jahre 1993 bewusst bei einem Großbrand angewandt wurde!

Programmierter Feuersprung

Ich nenne sie die „Methode des programmierten Feuersprungs“ und habe die theoretischen Überlegungen seit dem Jänner 1993, als es im so genannten Palmers-Hochhaus in Wiener Neudorf brannte, entwickelt und bei der BF Graz in die Ausbildungsprogramme aufgenommen. Man provoziert also dadurch ganz gezielt einen Flashover – zu einem weitgehend definierten Zeitpunkt, zu welchem man die eigenen Kräfte bereits optimal in Stellung gebracht hat. Im Druckluftstrom der Belüftungsgeräte ist ein weitgehend gefahrloses Vorgehen in den Brandbereich möglich. Eine umfassende Dokumentation über das komplexe Phänomen der Rauchdurchzündung habe ich übrigens in unserer Fachschrift des Brandschutzforums Austria zum 6. Aprilsymposion im Jahre 2005 veröffentlicht.

5.8 ABC der Toten

In meinem spannenden Leben als Feuerwehrmann habe ich viele Höhen und Tiefen erlebt. Vor allem dann, wenn bei Einsätzen verletzte Menschen oder bereits Leichen im Spiel waren, wurden meine Nerven jedoch oft auf eine harte Probe gestellt. Dann spielte auch die Frage, ob denn der Tod bereits wirklich eingetreten ist, eine dominante Rolle. Und diese ist manchmal gar nicht so leicht zu beantworten, wie es für einen Laien scheint!

Dem Tod Aug in Aug gegenüber!

Ich habe im Laufe meiner nunmehr fast 40-jährigen aktiven Feuerwehrkarriere in Wien, in der Südsteiermark und in Graz einiges erlebt: schwer Verletzte und Todesfälle bei Verkehrs- und Arbeitsunfällen, Bewusstlose und Tote durch Stromschlag, verbrannte Menschen in Häusern und Fahrzeugen, aufgeschwemmte Wasserleichen und sich zersetzende menschliche und tierische Kadaver. Eine Palette des Grauens. Ja, ich stand dabei dem Tod Aug in Auge gegenüber! Es werden so an die 100 Tote und Schwerverletzte gewesen sein, mit denen ich es vor allem als Wiener Berufsfeuerwehroffizier, steirischer Abschnittsbrandinspektor und Grazer Branddirektor zu tun hatte. In meiner Lebringer Zeit war ich auch Einsatztaucher und habe sogar einige Wasserleichen selbst aus südsteirischen Gewässern geborgen.

Wettlauf mit der Zeit

Wenn der Atem- und Herzstillstand bei Lebewesen eintritt, ist der biologische Tod noch einige Minuten entfernt. Gerade diese Tatsache – die in der Regel einen Wettlauf mit der Zeit verursacht – bringt die Einsatzkräfte der Feuerwehr in eine äußerst prekäre Situation. Stellen wir uns vor: Ein allem Anschein nach lebloser Mensch liegt vor uns und wir haben nun – meist vor

„sachkundigem" Publikum – die für diesen Fall richtige Maßnahme zu setzen. Und das in Sekundenschnelle! Ich war nicht nur einmal in einer derart unangenehmen Situation. Mein Grundsatz war dabei immer: Wenn nicht bereits die Leichenstarre eindeutig nachgewiesen werden konnte oder Spuren beginnender Verwesung festzustellen waren, habe ich als Einsatzoffizier lebensrettende Maßnahmen angeordnet oder fallweise sogar selber durchgeführt. Vor allem durch sofortige Atemspende und Herzmassage haben wir dabei so manchen Menschen vor dem sicheren Tod retten können.

Verwesende Leichen

Schon am Beginn meiner Feuerwehrkarriere hatte ich einige einschneidende Erlebnisse mit verwesenden Leichen, worüber ich bereits kurz berichtet habe. Ich fand damals aufgedunsene und partiell in Auflösung begriffene Kadaver von Menschen, mit tausenden widerlichen Schmeißfliegen und lebenden Maden, am Einsatzort vor. Die Körper waren dabei jedoch nur teilweise im Bereich der Körperöffnungen verwest. Später wurde ich aber bei Einsätzen auch mit bereits in totaler Zersetzung begriffenen Leichen konfrontiert. Einmal habe ich sogar eine vollkommen skelettierte Leiche vorgefunden. Die unterschiedlich schnellen Verwesungsprozesse – das erkannte ich intuitiv – hängen dabei sehr stark von der Temperatur und auch von der Luftfeuchtigkeit ab (Kühlschrankeffekt).

Ein Chinese namens Sung Tz'u!

Vor mehr als 700 Jahren stellte ein Chinese namens *Sung Tz'u* ähnliche Überlegungen an und veröffentlichte ein für die damalige Zeit revolutionäres Handbuch für die gerichtsmedizinische Praxis. In diesem Werk – mit dem für uns ungewöhnlichen Titel „Vom Hinwegwaschen des Ungerechten" – beschreibt er mit sehr anschaulichen Begriffen, welche Veränderungen ein Leichnam nach dem Tod über längere Zeit durchmacht. Er stellt dabei fest: „Wenn ein Opfer bereits seit längerer Zeit tot ist, sind Kopf und Gesicht angeschwollen, Haut und Haare haben sich gelöst, Lippen und Mund stehen offen, die Augen treten hervor, und Maden fressen an ihm". Das waren damals seine wichtigsten Beobachtungen.

Die „Body Farm"

Einer, der den Faden da wieder aufnahm, wo *Sung Tz'u* ihn 700 Jahre zuvor zurückgelassen hatte, war der amerikanische Anthropologe *Professor Dr. Bill Bass*. Er gründete im Jahre 1980 in der Nähe von Knoxville, Tennessee, die so genannte Body Farm, eine Art Garten des Todes, wo die Verfallsprozesse des menschlichen Körpers nach dem Tode an Hand von verwesenden Leichen mit wissenschaftlichen Methoden studiert werden können. Wenn diese Arbeiten auch nicht an Skurrilität zu überbieten sind, so haben sie doch wesentlich dazu beigetragen, mysteriöse Kriminalgeschichten zu enträtseln, unbekannte Tote zu identifizieren und geheimnisvolle Mordfälle aufzuklären.

Innere Zersetzung durch Bakterien

Der Zustand einer Leiche lässt sich – in der zeitlichen Abfolge betrachtet – nach *Bass* grob in vier Phasen unterteilen: frisch, aufgebläht, verwest und getrocknet. Diese körperlichen Veränderungen werden im Wesentlichen durch zwei biologische Effekte hervorgerufen: erstens durch die emsige Tätigkeit von Bakterien nach dem Tode des Menschen, welche die inneren Organe zersetzen und sie „verflüssigen". Zuerst sind der Magen und der Darm davon betroffen, dann das weiche Gewebe. Dabei entstehen Gase, die unter anderem den Bauch wie einen Ballon aufblasen. Die Haut verfärbt sich rötlich-braun, dazu sind unter und neben dem Toten dunkle und schmierige Flecken zu erkennen. Es sind dies flüchtige Fettsäuren, die beim Abbau des Gewebes freigesetzt werden. Die Haare lösen sich als charakteristische, einheitliche Masse, die als „Haarmatte" bezeichnet wird, vom Kopf.

Fressende Maden

Zweitens ist die Aktivität von Insekten (vor allem Fliegen) von großer Bedeutung, welche innerhalb kürzester Zeit den Hauch des Todes in die Nase bekommen und unfehlbar vom Duft des Blutes angezogen werden. Ein Schmeißfliegenweibchen kann dabei mehrere hundert Eier auf einmal ablegen. Innerhalb einiger Stunden schlüpfen dann Tausende von Maden aus den Eiermassen. Nach dem Schlüpfen ist eine Made nicht größer als ein Reiskorn, im ausgewachsenen Zustand ist sie jedoch so groß und dick wie eine Makkaroni. Um diese Größe zu erreichen, fressen die Maden das verwesende Fleisch und zerstören dadurch den Leichnam mehr oder weniger schnell. Der Ausgangspunkt dieser Zersetzungsprozesse sind Körperöffnungen (Augen, Nase, Ohren, Genitalbereiche, wo die Schmeißfliegen vorzugsweise ihre Eier ablegen), aber auch Verletzungen und Wunden („differenzielle Verwesung“).

Verwesungsgeschwindigkeit

Durch die Forschungen von *Bass* und seinem „Body-Farm“-Team wissen wir heute wesentlich mehr über Leichen nach ihrem Tod. Die Verwesung, welche von einem penetrant-pestilenten Gestank begleitet wird, geht dabei immer nach der gleichen, vorhersagbaren Abfolge der früher beschriebenen biologisch-chemischen Prozesse vor sich. Sie wiederholen sich bei allen Fällen des natürlichen oder gewaltsamen Todes von Menschen, also auch bei Morden, auf der ganzen Welt und zu allen Jahreszeiten. Unterschiede gibt es nicht, jedenfalls nicht in der Reihenfolge. Abweichungen, welche sehr dramatisch sein können, findet man dagegen im Bereich der Geschwindigkeit. Und der wichtigste Faktor, der sie beeinflusst, ist die Temperatur. *Bass* hat nun mathematische Zusammenhänge zwischen den einzelnen Faktoren gefunden, wodurch der Todeszeitpunkt von Leichen auf Grund der Bakterientätigkeit und Insektenbesiedelung recht gut abgeschätzt werden kann. Ein wichtiges Instrumentarium für die heutige Gerichtsmedizin!

Wasserleichen

Der Faktor Temperatur war uns schon lange bei der Bergung von Wasserleichen bekannt. Je nach Wassertemperatur kommen die Toten zwischen einigen Tagen und Wochen durch die in der Bauchhöhle angesammelten Fäulnisgase wieder an die Wasseroberfläche. Das Schlimme bei Wasserleichen: Sie stinken am stärksten und sind schmieriger als alle anderen. Das habe ich als Berufsfeuerwehroffizier und später als aktiver Feuerwehrtaucher in mehreren Fällen selbst feststellen müssen. Hier kommt es nämlich zur Bildung des so genannten Leichenwachses (Adipocire), einer schmierigen oder seifig wirkenden Substanz, die sich auf der Haut absetzt. Es entsteht, wenn Fettgewebe in einer feuchten und relativ sauerstoffarmen Atmosphäre verwest, wie sie in Seen und Flüssen, aber auch in feuchten Kellerräumen vorhanden ist.

Im Krematorium

Ein äußerst interessantes Thema war und ist die Frage nach der „Brennbarkeit des Menschen", also nach den thermischen Vorgängen, die sich abspielen, wenn Personen Feuer fangen und verbrennen. Die Behauptung, manche Menschen wären schon spontan verbrannt, also ohne eine äußere Energiezufuhr, muss dem Bereich der unwissenschaftlichen Spekulationen zugeordnet werden. Natürlich brennen stark übergewichtige Menschen, auf Grund des großen Fettgehaltes, wesentlich besser, aber es ist auch in diesem Fall ein gewaltiges Stützfeuer, wie etwa in einem Krematorium, notwendig. Hier herrschen übrigens in der Regel Temperaturen zwischen 900 und 1.000 Grad (bei starker Fettleibigkeit des Toten hat man schon Spitzentemperaturen bis 1.600 Grad festgestellt).

Der Inhalt einer Urne!

Wenn eine Leiche nun total verbrannt wird, verbleiben in der Asche nur kleine Knochenteilchen. Sie stammen vor allem von den großen Knochen des Menschen, welche in der vorgegebenem Brenndauer nicht vollständig thermisch zerlegt werden können. *Bass* hat das Gewicht der Verbrennungsprodukte von 50 Männern und 50 Frauen (natürlich Leichen) bestimmt und ist zu einem Durchschnittswert von etwa 3,5 kg für die Männer und 2,8 kg für die Frauen gekommen. Das ist also der schäbige Rest, der von einem ausgewachsenen Menschen übrig bleibt, wenn er fachmännisch verbrannt wird. Er kann in einer handlichen Urne Platz finden.

DNA-Analyse

Doch in der harten Einsatzpraxis kommen derartige extreme Fälle kaum vor. Die meisten Brandleichen können zwar meist nicht unmittelbar identifiziert werden, weil durch die massiven Hautzerstörungen die äußeren

Erkennungsmerkmale eines Menschen verloren gehen. Dazu verdampft auch das Gewebswasser und der Leichnam schrumpft bis zu einem gewissen Maße ein. Die großen Knochen bleiben in Regel jedoch erhalten und falls noch kleine Teile von Gewebsmaterial unzerstört bleiben, ist heute eine Personenerkennung ohne Weiteres durch die bekannte DNA-Analyse möglich. Ein Beispiel: Von den 155 Brandleichen bei der Feuerkatastrophe von Kaprun sind insgesamt 151 mit Hilfe gentechnischer Methoden identifiziert worden. Auch der „perfekte" Mord durch das Verbrennen einer Leiche ist de facto eine Utopie.

Unheimlich: Die Boxerstellung!

Was jedoch absolut bemerkenswert ist: Bei der Feuereinwirkung verkürzen sich auch die Muskeln und Sehnen der Leiche, weil das Gewebswasser verdampft. Die Beugemuskeln werden dabei etwas stärker verkürzt als die Streckmuskeln, so dass sich die Hände zur Faust schließen. Auch die Arme beugen sich und ziehen die Fäuste in Richtung der Schultern, wie ein Preisboxer in Abwehrstellung. Die Beine werden ebenfalls etwas abgewinkelt und der Rücken wölbt sich durch. Eine Leiche, die auf diese Weise verkrümmt in der Boxerstellung vorgefunden wird, ist stets ein unheimlicher Anblick: Es ist, als hätte sie sich noch ein letztes Mal gegen den übermächtigen Sensenmann aufgelehnt!

Typische Boxer- oder Fechterstellung eines Verbrennungstoten. Anm.: Fallweise wird die hier beschriebene Boxerstellung auch als Fechterstellung bezeichnet.

Die Explosion des Totenkopfs

Um einen Toten in Brand zu setzen, benötigt man große Hitze. Der Grund liegt im hohen Wasseranteil des Körpergewebes, welches genauso schlecht zu verbrennen ist wie durchnässtes Holz. Wenn aber eine Leiche erst einmal Feuer gefangen hat, brennt sie erstaunlich gut. Schließlich enthält sie relativ viel

Kohlenstoff und mehr oder weniger Körperfett. Wie ich schon festgestellt habe, ist dazu jedoch ein gewisses Stützfeuer nötig. In manchen Fällen kann dann ein überraschendes Phänomen auftreten, welches im wahrsten Sinn des Wortes zu einer Explosion des Schädels führen kann. Ich habe dies einmal bei einem Autobrand miterlebt, als ein Toter nach einem Mord unter Verwendung einer Beschleunigerflüssigkeit verbrannt werden sollte. Der augenscheinlich fehlende Kopf der Brandleiche schockte die Einsatzkräfte außerordentlich und führte damals zu wilden Spekulationen.

„Der Kochtopfeffekt"!

Was hatte sich hier ereignet? War der Kopf etwa amputiert worden, um Spuren zu verwischen? Oder lag sogar ein penibler Anschlag mit Sprengstoff vor? Es war keines von beiden! Es war ein physikalisches Phänomen, welches man als eine Art „Kochtopfexplosion" bezeichnen könnte. Der Liquor, die Gehirnflüssigkeit, kann nämlich bei intensiver Hitzeeinwirkung und großem Wärmestau quasi wie Wasser in einem Kochtopf (ohne Überdruckventil) „aufkochen" und einen starken Überdruck im Schädel bewirken. In der Folge kann dieser zerplatzen, weil der Überdruck nicht abgeführt werden kann. Es ist dies eine Art hydraulischer Sprengung, wie wir sie im übertragenen Sinn auch manchmal bei Flüssiggasflaschen im Feuer feststellen können.

Belastendes Element

Abschließend zu diesen Ausführungen eine Bemerkung: Im harten Feuerwehrdienst kann es für das Personal immer wieder, oft völlig überraschend, zur Konfrontation mit menschlichen Leichen kommen. Diese können sich noch in „frischem" Zustand oder auch in mehr oder weniger starker Verwesung befinden, in mehrere Teile zerstückelt oder in einem Feuer teilweise verbrannt worden sein. Derartige Situationen stellen vor allem anfänglich ein belastendes Element für den Feuerwehrmann im Einsatz dar. Deswegen sollte das aktive Personal gerade auch über das spezielle Thema der „Leichenkunde" genauer informiert werden. Diese kleine Exkursion in die skurrile Welt der Toten soll dazu ein bescheidener und hoffentlich informativer Beitrag sein.

5.9 *Einsätze, bunt gemischt*

Meine aktive Tätigkeit als Bereitschaftsoffizier bei der Berufsfeuerwehr Wien war für meinen weiteren beruflichen Lebensweg von entscheidender Bedeutung. Die vielen Einsätze, zu denen ich im Laufe meiner fast fünfjährigen Dienstzeit ausrückte, stellten für mich eine wahre Fundgrube an Erfahrungen dar, aus denen ich einen immensen Wissensschatz anreicherte. Dabei analysierte ich nicht nur größere Brände und Unfälle, sondern auch kleinere Ereignisse, bei welchen ich als Einsatzleiter tätig wurde oder welche ich in Form von Nachuntersuchungen durchleuchtete. Hier eine bunte Palette mehr oder weniger interessanter Einsätze.

GEZOGENER APFELSTRUDEL

Ich hatte eine hübsche Blondine kennen gelernt, die Kellnerin im damaligen Restaurant „Kerzenstüberl" in unmittelbarer Nähe des Wiener Grabens war. Als ich eines Abends wieder in der Zentrale Dienst versah, wurden wir mit einem Bereitschaftszug gerade zu dieser Adresse alarmiert. Ich freute mich schon, denn endlich konnte ich mich meiner Bekannten als strammer Einsatzoffizier in Uniform präsentieren. Wir trugen damals ja noch attraktive, nicht unbedingt funktionsgerechte Reithosen und hohe Schaftstiefel sowie den alten, interessanten Spinnenhelm.

„Die Küche brennt!"

Als wir bei der Alarmadresse vorfuhren, stand das Personal schon vor dem Lokal, die meisten Gäste befanden sich diskutierend auf dem Gehsteig. Auch meine Freundin war dabei und ich winkte ihr lässig zu. Der Chefkoch, ein waschechter Ungar, gestikulierte wild herum und bedeutete uns, dass es in der Küche brennen würde. Küchenbrände sind ja vor allem wegen des brennenden Öls oft gefährlich, welches nicht mit Wasser gelöscht werden darf. Als ich mit meinem Melder in die Küche vordrang, sah ich sofort, dass bereits einige Pulverlöscher eingesetzt worden waren. Das Löschpulver lag nämlich millimeterdick am Boden, den Einrichtungsgegenständen – und auf etwa 100 Portionen feinsten, gezogenen Apfelstrudels.

Pulver am heißen Blechrohr

Es brannte zwar in der Küche selbst nicht, aber dafür in der blechernen Abluftleitung, welche sich an der Decke entlangzog. Die brennbaren Ablagerungen in Form von Fettresten hatten sich nämlich in dieser Rohrleitung entzündet und einen hoch temperierten Brand produziert. Die Köche spritzten nun in ihrer Verzweiflung drei Pulverlöscher auf das bereits glühende Blechrohr. Natürlich ohne Erfolg, weil die Flammen selbst nicht durch die Pulverwolke erreicht wurden und kein Kühleffekt vorhanden war. Der Küchenchef fluchte laut und schimpfte auf die „nicht funktionierenden Feuerlöscher". Als meine Männer jedoch das Löschpulver in die Rohrleitung spritzten und diese von außen mit geringen Wassermengen kühlten, war der Brand schlagartig aus.

Gefährlicher „Küchenbrand" im Abzugsrohr.
(Quelle: Sicherheitsinstitut Zürich)

„Apfelstrudel abstauben!"

Nachdem die Köche ihr Heiligtum wieder beziehen konnten, kam der Küchenchef erneut in Fahrt. Er verwünschte vor allem das Löschpulver auf dem Apfelstrudel, der noch für eine im Festsaal anwesende Gesellschaft serviert hätte werden sollen. Ich nahm ein Stück Strudel in die Hand, entfernte das Pulver und streute etwas Staubzucker darüber. Dann biss ich herzhaft in den Apfelstrudel, der köstlich schmeckte. Es war eben ein echter, gezogener Wiener Apfelstrudel mit vielen Rosinen drinnen. Als der Chefkoch das sah, fragte er ungläubig in breitem ungarischen Dialekt: „Konn man essen?" Als ich dies bejahte, kam Leben in den Haubenkoch. Er ließ das Küchenpersonal antreten und schrie: „Opfel…strudel ob…stauben, mit Staubzucker be…streuen und servieren!"

IGEL MIT SCHLAG

Die Konditorei *Hamersky* in der Nussdorferstraße war ein legendäres Lokal für Mehlspeistiger. Bekannt wurde sie vor allem durch die schmackhaften Igel mit Schlag, einer speziellen Schaummasse aus Eiklar mit einigen geheimen Zutaten, welche mit Mandelsplittern bestückt und Schlagobers serviert wurden. Mein Vater und ich liebten diese speziellen Igel sehr und wir trafen uns so manches Mal in diesem Lokal, welches es leider seit geraumer Zeit nicht mehr gibt.

Giftgasalarm im Café

Eines Tages wurde ich nun dienstlich zu einem Zwischenfall ins *Hamersky* alarmiert. Es wurde eine etwas mysteriöse Untersuchung nach einem Giftgasaustritt angezeigt. Ich konnte mir anfänglich beim besten Willen nicht vorstellen, welches Gas hier eine Rolle hätte spielen können. Aber in der Konditorei angekommen, konnten wir die Ursache der Reizwirkung bald ermitteln. Es war ein stark stechend riechendes, unsichtbares Gas und ich tippte sofort auf Ammoniak. Diesen typischen Geruch kannte ich nämlich von meiner Ferialarbeit bei einem Architekten, wo ich immer die Lichtpausen der Baupläne in einer Ammoniakbox entwickeln musste. Damals haben wir auch ein oder zwei Schnapper Ammoniakgas über die Nase aufgezogen, wenn wir Schnupfen hatten. Ein angeblich „todsicheres" Hausmittel.

Ammoniak und Salmiakgeist

Ammoniak ist sehr gut wasserlöslich und die so gebildete Ammoniaklösung heißt Salmiakgeist (Ammoniumhydroxid). Mit dieser Lauge hatte ich es einmal an der Universität in einem Chemielabor zu tun, als eine größere Flasche zerborsten war und die Feuerwehr gerufen wurde. Das Personal hatte sich gerade noch hustend und die Augen reibend in Sicherheit bringen können. Mit Pressluftatmern drangen wir nun ohne Schwierigkeiten ins Labor vor und leiteten Lüftungsmaßnahmen ein. Das war's eigentlich schon, denn in kurzer Zeit hatte sich das Ammoniak verflüchtigt und es blieb Wasser übrig. Einen weiteren spektakulären Einsatz – wobei auch Gasschutzanzüge verwendet wurden – hatten wir damals im Wiener Eislaufverein.

So wurde damals noch dekontaminiert (Ammoniakaustritt im Wiener Eislaufverein).
(Foto: BF Wien)

Schutzmaßnahmen

Der Einsatz von schwerem Atemschutz ist beim Freiwerden von Ammoniak allerdings unbedingt erforderlich, weil beim Einatmen dieser Substanz starke Lungenschäden auftreten können. Auf die Haut und Schleimhäute, insbesondere auch auf die Augen, kann Ammoniak ebenfalls reizend und ätzend wirken. Anmerkung: Diese Eigenschaft kann auch als „Frühwarnung" für unsere mit Atemschutz ausgerüsteten Einsatzkräfte dienen, denn erste Reizwirkungen treten vor allem an schweißnassen Hautstellen auf. Dies sollten unsere Feuerwehrmänner unbedingt wissen. Chemikalienschutzanzüge sind nur im Nahbereich von verflüssigtem Ammoniak erforderlich.

Ein alter Kühlschrank

Doch zurück in die Konditorei *Hamersky*! Bald hatten wir den Übeltäter für die Gasfreisetzung in Form eines relativ großen, alten Kühlschrankes gefunden. Anmerkung: Früher hatte man als Kühlmittel noch das giftige (und vor allem in engen Räumen explosive) Ammoniakgas in verflüssigter Form verwendet, welches erst später durch Frigene (FCKW) ersetzt wurde. In Großkühlanlagen der Industrie und Eissportanlagen findet man auch heute noch Ammoniak im Tonnenmaßstab. In der Konditorei hatte man noch so ein altes Relikt eines Kühlschrankes und über eine defekte Leitung strömte nun Ammoniak aus. Mit Prüfröhrchen konnten wir eine Konzentration bis zu 30 ppm messen. Ein Wert, der knapp über der damals geltenden Maximalen Arbeitsplatz-Konzentration von 25 ppm lag.

Süße Nachspeise

Wir konnten das Leck in der Kühlleitung rasch provisorisch abdichten und so war der Einsatz bald beendet. Aber die Chefin des Hauses war verunsichert und fragte bei mir an, ob nicht die in der großen Schauvitrine befindlichen Mehlspeisen und Süßigkeiten zu Schaden gekommen wären. Ich konnte mir das nicht vorstellen und sagte spontan: „Nein, bei den konsistenten Produkten nicht, aber bei den sehr flaumigen Igeln könnte es vielleicht Probleme geben". Als die Chefin nun jammerte und fragte, wohin sie diese Süßwaren bringen sollte, erklärten wir uns kurzweg bereit, die „Entsorgung" ausnahmsweise vorzunehmen. So rückten wir mit über 80 Igeln auf die Feuerwache ein. Raten Sie, was es die nächsten Tage bei der Feuerwehr als Nachspeise gab? Natürlich Igel mit Schlag!

„AUFGEPLATZT – WIE EINE KNACKWURST!"

Anfang Oktober 1972 war ich Bereitschaftsoffizier auf der Hauptfeuerwache Floridsdorf, wo ich meist meinen Physikerkollegen *Dr. Friedrich Palischek* am frühen Morgen ablöste. Wir setzten uns dann immer zu einem Frühstückskaffee in unserer Kantine zusammen, um die Einsätze des Vortages kurz zu besprechen. Am 6. Oktober war es wieder einmal so weit und *Fritz* berichtete mir von einem interessanten und spektakulären Großbrand bei der Firma FLAGA. Beim Abfüllen von Flüssiggas war zuerst eine Flasche in Brand geraten, dann hatte sich das Feuer jedoch rasend ausgebreitet und an die 200 Gasflaschen ergriffen. Viele von ihnen „platzten auf wie Knackwürste", sagte mir Fritz in seiner legeren Art, und sie „produzierten gewaltige Feuerbälle".

„Feuerwehr-Sherlock Holmes"

Da mich die Sache interessierte, setzte ich noch am frühen Vormittag eine Nachuntersuchung an. Dabei konnte ich mich über die Details des Brandgeschehens an Ort und Stelle informieren. Derartige Recherchen an interessanten Brandstellen wurden bei mir in den nächsten Jahrzehnten fast schon zur Routine. Ich habe dabei den meisten Großbrandstellen in Österreich ab 1970 einen Besuch abgestattet und meist auch fotografiert. Darüber hinaus war ich auch im Ausland unterwegs und habe beispielsweise im Jahre 1996 den Flughafen Düsseldorf nach dem verheerenden Brand mit 17 Toten und die Schweizer Papierfabrik TELA in Niederpipp, nahe von Basel, besucht. Dabei versuchte ich die Ursache für den Tod von drei Feuerwehrmännern zu ergründen. Manche Kollegen legten mir derartige Aktionen natürlich als Wichtigtuerei aus (weil sie ganz einfach überheblich oder faul waren!) und nannten mich einen selbsternannten „Feuerwehr-Sherlock Holmes“. Mein Vorteil jedoch, den ich noch heute habe: Ich konnte mir einen guten Fundus an Anschauungsmaterial schaffen, auf welchen ich bei Vorträgen und Veröffentlichungen laufend zugreifen kann.

17 zerknallte Flaschen

Zurück zu unserem Flüssiggasbrand: Als ich am Einsatzort mit dem Kommandofahrzeug eintraf, war gerade eine Kommission zur Ermittlung der Brandursache anwesend. Es kristallisierte sich heraus, dass beim Umfallen einer Flasche ein Ventilschaden aufgetreten sein musste und die austretende Propangaswolke durch einen dabei entstandenen Funkenschlag entzündet wurde. Von den in das Brandgeschehen verwickelten etwa 200 gefüllten Propangasflaschen lag mehr als die Hälfte in der Abfüllhalle und der großen Laderampe herum. Insgesamt zählte ich 17 knopflochartig aufgerissene Flüssiggasflaschen, welche mit Getöse und Bildung eines Feuerballs zerknallt sein mussten. Eine Flasche war in mehrere Teile zerrissen, die bis zu 80 Meter weggeschleudert wurden.

Knopflochartig aufgeplatzte Flüssiggasflaschen („Knackwursteffekt“).

Hydraulische Sprengung

Hier lernte ich erstmals in der Praxis das Phänomen der so genannten hydraulischen Sprengung im Zusammenhang mit Flüssiggasen kennen. Dieses ist darauf zurückzuführen, dass sich Flüssiggase etwa 80 Mal mehr bei Erhitzung ausdehnen können als Stahlflaschen. Nachdem das gesamte Flaschenvolumen mit Flüssiggas ausgefüllt ist, kommt es zu einer schlagartigen Druckerhöhung (7 bis 8 bar/°C) und fallweise – trotz vorhandenem Sicherheitsventil – zu einem Zerknall der Flasche. Dieser verläuft aus physikalischen Gründen stets an der Seitenwand. Die meisten Flaschen (rund 95 Prozent) reißen dabei wie eine zu lange gekochte Knackwurst knopflochartig an der Seitenwand auf. Anmerkung: Nur an die 5 Prozent zerreißen in mehrere Bruchstücke. Ich habe dieses Phänomen daher als „Knackwursteffekt" bezeichnet. Dabei wird das in der Wurst enthaltene Wasser beim Aufkochen verdampft und reißt die „Knacker" seitlich auf.

GEFÄHRLICHER DEHNFUGENBRAND

Der berühmteste Dehnfugenbrand in der jüngeren Feuerwehrgeschichte ist wohl jener vom Flughafen Düsseldorf im Jahre 1996. Ich habe auch dieses Brandgeschehen rekonstruiert und dazu Recherchen an Ort und Stelle durchgeführt, worüber ich später berichten möchte.

Nicht an der Wurzel zu fassen!

Bereits rund 25 Jahre zuvor wurde ich mit einem „kleinen Bruder" des späteren Düsseldorfer Ereignisses konfrontiert. Es war ein hartnäckiger Brand in einer Dehnfuge eines nur zweistöckigen Wohnhauses in Wien, der – trotz Verwendung von entspanntem Löschwasser – über 20 Stunden bekämpft werden musste. Dehnfugen sind Pufferzonen, welche häufig mit brennbaren Faserplatten und Schaumkunststoffen ausgefüllt sind und Spannungen in Gebäuden aufnehmen sollen. Wie sich zeigt, sind Brände in Dehnfugen – gemessen an anderen Ereignissen – nicht sehr gefährlich, aber dafür langwierig. Nicht selten ziehen sich die Löscharbeiten über mehrere Tage hinaus, da der Brandherd in der engen Fuge nicht an der Wurzel zu fassen ist.

Gefährliches Kohlenmonoxid

Es stellt sich dabei die berechtigte Frage, ob man vor allem bei kleineren Bauwerken das glosende Isoliermaterial nicht einfach ausbrennen lassen soll. Dieser Weg kann nur bei ständiger Überwachung des Kohlenmonoxidgehalts zum Schutz der Hausbewohner gegangen werden. Dieses gefährliche Blut- und Nervengift kann nämlich unter Umständen durch Risse und Spalten in die Wohnräume einsickern. Bei Bränden mit großer Ausbreitungsmöglichkeit, also in höheren Wohngebäuden, Betriebsanlagen, Schulen oder Krankenhäusern, sollte auf jeden Fall versucht werden, den Brandherd zu lokalisieren. Wärmebildkameras sind dabei gut einzusetzen.

Wichtig: Sicherheitsbohrungen!

Wie auch damals schon Erfahrungen der Pariser Feuerwehr gezeigt haben, kann dann die Brandbekämpfung erfolgreich über Bohrlöcher durchgeführt werden. Öffnungen mit 3 cm Durchmesser, in Abständen von 20 bis 30 cm in einer Entfernung von 1,0 bis 1,5 m rund um die heißen Stellen in der Wand angebracht, erwiesen sich bei mehreren Einsätzen als zielführend. Natürlich muss dabei sorgsam vermieden werden, die Fuge zwischen den beiden Wänden durch Löschwasser unter Druck zu setzen. Eine einfache Rechnung zeigt, dass bei einem luftdicht abgeschlossenen Hohlraum von 2 m^2 Grundfläche bereits bei einem Strahlrohrdruck von 0,5 bar ein Wanddruck von 10 Tonnen erzeugt wird. Deswegen sollte nie verabsäumt werden, in dem unter Wasser gesetzten Bereich einige Sicherheitsbohrungen vorzunehmen.

VON SELBSTMÖRDERN UND GEISTIG VERWIRRTEN

Zum Abschluss dieses Kapitels möchte ich von einigen Einsätzen kurz berichten, die mich persönlich psychisch stark gefordert haben. Es sind dies jene Ausrückungen gewesen, bei welchen wir es mit bedauernswerten Menschen in Notsituationen zu tun hatten: Mit Selbstmördern und Personen, die wir in der Umgangssprache als geistig Verwirrte bezeichnen. Es handelte sich dabei oft um hochintelligente Menschen, denn bekanntlich liegt zwischen Genie und Wahnsinn oft nur ein kleiner Sprung!

Gas aufdrehen!

In meiner Aktivzeit in Wien hatte ich eine Reihe von Einsätzen mit dem Alarmcode „Gas in versperrter Wohnung“ zu leiten. Es waren manchmal auch SelbstmörderInnen dabei, die durch das Aufdrehen von Gas ihrem Leben ein Ende setzen wollten. Damals verwendete man in Wien noch das so genannte Stadtgas, eine gefährliche Mischung von Wasserstoff und Kohlenmonoxid, welches heute flächendeckend durch das ungiftige, aber erstickend wirkende Erdgas (Methan) abgelöst wurde.

Ratschlag für Selbstmörder

Für Selbstmörder (es waren stets überproportional viele Frauen dabei) war – so absurd es klingen möge – das Stadtgas relativ angenehm. Durch den großen Kohlenmonoxidanteil kam es nämlich alsbald rasch zu einer narkotischen Wirkung mit wohligen Nebenerscheinungen. So wird auch von angenehmen optischen und akustischen Phänomenen berichtet, die den Lebensmüden begleiten. Beim Erdgas ist der selbst gewählte Freitod jedoch ein viel brutalerer Erstickungstod. In einem „Ratschlag für Selbstmörder“ habe ich einmal auf diese Tatsache und auch auf die Gefahr hingewiesen, dass bei der möglichen Explosion des Gases ganze Häuser einstürzen können.

Tod durch Springen

Eine andere Selbstmordvariante, mit der ich des Öfteren konfrontiert wurde, war die Ankündigung von verzweifelten oder sinnesverwirrten Menschen, aus einer größeren Höhe zu springen. Einmal stieg ein Mann sogar auf den 137 Meter hohen Wiener Stefansturm und kündigte seinen Freitod lautstark an. Man muss dabei wissen: Viele dieser Unglücklichen wollen dabei oft gar nicht springen, sondern nur auf ihre missliche Lage, in der sie sich gerade befinden, aufmerksam machen. Sie begeben sich dabei meist aber in eine gefährliche Absturzsituation, aus welcher sie meist nur mit Hilfe der Feuerwehr herauskommen können. Dabei ist der Einsatzleiter vielfach auch als Psychologe gefragt, der in sensibler Weise den Kontakt mit dem Selbstmörder aufnehmen und sein Vertrauen gewinnen sollte.

„Ein Jagdunfall“

Einen nicht ungefährlichen, aber auch gleichermaßen skurrilen Einsatz erlebte ich bereits am Beginn meiner Feuerwehrkarriere: Ich rückte damals als Beobachter unter der Leitung von Brandrat *Johann Grieb* im 2. Wiener Gemeindebezirk zu einem „Unfall in versperrter Wohnung“ aus. Wie sich jedoch herausstellte, wollte ein geistig verwirrter älterer, feiner Herr seine Verwandten nicht in die Wohnung lassen. Er randalierte nun und drohte sie und alle anderen – bei einem eventuellen gewaltsamen Eindringen – zu erschießen. Diese Drohung war deswegen ernst zu nehmen, weil der wohlhabende Senior passionierter Jäger war und mehrere Jagdgewehre in der Wohnung hatte.

Gefährliche Tür- und Fensteröffnungen

Unsere Aufgabe war es nun, die Wohnungstüre für die Polizei zu öffnen. Das lag damals noch im Aufgabenbereich der Feuerwehr. Ich erinnere mich auch an mehrere nicht ungefährliche Tür- und Fensteröffnungen, weil sich bewaffnete Kriminelle in Gebäuden verschanzt hatten und verhaftet werden sollten. Als es einmal sogar zu einem Schusswechsel kam, lehnten wir jungen Offiziere derartige Hilfestellungen durch Feuerwehrkräfte aus Sicherheitsgründen ab. Wir erreichten schließlich, dass eine Spezialeinheit der Polizei, die ja kugelsichere Westen und schusssichere Helme besaß, für diese Spezialaufgaben ausgebildet wurde.

Schrille Hilferufe

Zurück zu unserem Einsatz: *Brandrat Grieb* trat nach einer raschen Erkundung kurzerhand in Aktion: Er nahm Sprechkontakt mit dem Randalierer durch die große Wohnungseingangstüre auf. Schließlich erreichte er nach zähen Verhandlungen, dass er als Einziger in die Wohnung eingelassen wurde. Dies vor allem deshalb, weil er in fachmännischer Weise dem verwirrten Senior weismachen konnte, dass er sich nur für die in der Wohnung gehorteten Waffen interessieren würde. Anscheinend musste *Grieb* ein kundiger Jäger sein. Doch es kam anders, als man denkt: Kaum war der Einsatzleiter in der

Wohnung, verriegelte der Besitzer wieder die Türe. Nach einem kurzen Augenblick der Stille hörten wir alsbald die Wortfetzen eines lauten Streitgespräches und danach die schrillen Hilferufe unseres Kollegen.

Im Kreis gerannt!

Es war nun an der Zeit, die Türe aufzubrechen. Aber das wagten wir vorerst nicht, um keinen Lärm zu machen. Wir brauchten eine Weile, um die Wohnung durch den bereits im Anmarsch befindlichen feuerwehreigenen Schlüsseldienst aufsperren zu lassen. Zwischendurch blickte ich durch das relativ große Schlüsselloch und konnte direkt in ein riesiges Herrenzimmer sehen. Dort befand sich ein großer, schwerer Tisch. Um diesen sah ich unseren Brandrat im Kreis rennen und dahinter den betagten Jäger mit dem Gewehr im Anschlag. Wenn die Situation nicht so gefährlich gewesen wäre, hätten wir glatt auflachen müssen.

Das Quäntchen Glück

Schließlich kam auch dieser Einsatz zu einem guten Ende: Der Schlüsseldienst arbeitete schnell, sauber und vor allem leise. Das war bei den damals noch primitiven Schlössern noch möglich. Zwei Polizisten pirschten sich schließlich ganz fachmännisch an die beiden „Wohnungsjogger" heran und nahmen den renitenten Jäger fest. Brandrat *Grieb*, der – wie er uns später beichtete – gar kein Waidmann war und der durch den wirren Gewehrträger sofort durchschaut wurde, sowie die ganze Mannschaft und ich waren jedoch um eine Erfahrung reicher. Wir hatten dieses Mal das Quäntchen Glück, welches wir uns bei allen Feuerwehreinsätzen wünschen und welches wir auch bitter benötigen!

6. Kapitel:

Die Steiermark ruft!

Besuch des Hessischen Innenministers in Lebring (neben mir Bürgermeister Karl Pachernegg und Landesrat Anton Peltzmann). (Foto: Schaupensteiner)

Du bist der richtige Mann, um diese Schule zu einer internationalen Institution aufzubauen!
Anton Peltzmann (Landesrat)

Nach dem Gespräch mit *Professor Heinz Haber* im Jahre 1971 hatte ich meine Ambitionen, eine berufliche populärwissenschaftliche Karriere anzustreben, vorerst auf Eis gelegt. Das Alltagsleben bei der Berufsfeuerwehr in Wien hatte mich wieder, aber meine Gedanken kreisten im Geheimen stets um das Thema Erwachsenenausbildung.

6.1 Ich werde „Beutesteirer"

Bei der Berufsfeuerwehr hatte ich schon seit einiger Zeit keine Vorbilder mehr. Am Anfang war ich noch von *Dr. Bilina* fasziniert, aber seine zynische und auch verletzende Art, im Dienst mit geistig nicht so potenten Kollegen umzugehen, stieß mich förmlich ab. Zudem war auch mit *Dipl.-Ing. Anton Sanytr* ein neuer Chef bei der Feuerwehr installiert worden, der zwar sehr nett, aber ausgesprochen „schwach" war. Er war mit einer hohen, sich fallweise überschlagenden Stimme ausgestattet, hatte eine ausgeprägte Redeangst und war in seinen Entscheidungen, wenn er überhaupt welche fällte, nicht sehr standfest. Böse Zungen behaupteten: „Beim Chef haben immer alle Recht, vor allem aber der Letzte, der aus seiner Kanzlei kommt!"

Personalvertreter

Ich war damals auf Grund meines fachlichen und organisatorischen Engagements – ohne Inhaber eines Parteibuches zu sein – zum Personalvertreter der rund 15 Akademiker bei der Feuerwehr gewählt worden. Dadurch stand ich im Brennpunkt des Geschehens und hatte oft notgedrungen mit dem „Chef" zu tun, was, linde ausgedrückt, sehr mühsam war. Durch seine „Laissez-faire-Mentalität" kam es zu innerbetrieblichen Spannungen und zu Reibereien im Offizierscorps und in der Mannschaft. Das Betriebsklima war frostig und bald auf den Nullpunkt gesunken. Anmerkung: Eine ähnliche

Entwicklung musste ich nach meiner frühzeitigen Pensionierung als Branddirektor leider auch in der Grazer Feuerwehr noch als Bezirksfeuerwehrkommandant miterleben, was mich als Idealisten sehr erschüttert hat.

Bewerbung in der Mozartstadt

Die Folge dieser Entwicklung war, dass einige Kollegen die Feuerwehr verließen. Auch ich trug mich mit dem Gedanken, meine Zelte woanders aufzuschlagen. Durch meine nach wie vor gegebene Tätigkeit im Innenministerium kam ich in fast alle Landesfeuerwehrverbände und lernte die Feuerwehrkapazitäten in allen Bundesländern kennen. Wir führten damals nämlich die bis zu diesem Zeitpunkt bei den Feuerwehren de facto nicht vorhandene Strahlenschutzausbildung – quer durch Österreich – vom Burgenland bis nach Vorarlberg durch. *Ing. Hubert Gerzabek* und ich waren quasi „Wanderprediger" in Strahlenschutzangelegenheiten im gesamten Bundesgebiet. Auf diese Weise wurde mir bekannt, dass nach der Pensionierung von *LFI Dipl.-Ing. Leiningen-Westerburg* der Posten eines Landesfeuerwehrinspektors von Salzburg vakant war. Ich bewarb mich, hatte allerdings keine Chance, da eine lokalpolitische Entscheidung vorgezogen wurde.

Ein bemerkenswerter Steirer

In dieser Zeit lernte ich eine engagierte, interessante Persönlichkeit kennen: den Vorsitzenden des Steirischen Zivilschutzverbandes, *Dr. Helmuth Kreuzwirth,* der im Präsidium des Österreichischen Zivilschutzverbandes (ÖZSV), in welchem ich damals als Sekretär des Wiener Verbandes integriert war, als Vertreter der Steiermark und Ländervertreter fungierte. Sein Auftreten bei den Sitzungen war stets ein Ritual: Er kam fast immer etwas zu spät, hielt dann eine lange, emotionale Rede in einem vornehmen, geschliffenen Grazer-Deutsch, nickte anschließend ermüdet ein, schlief ein wenig und verließ uns meist vor dem Ende der Tagung. Obwohl er darob von den Vorstandsmitgliedern zu Recht – jedoch unter vorgehaltener Hand – massiv kritisiert wurde, gefiel mir seine elegante und lockere Art, mit der er den Sitzungen stets seinen Stempel aufdrückte. Ich war dann einigermaßen überrascht, als er mich zu einem persönlichen Gespräch in ein Wiener Kaffeehaus einlud.

Die grüne Mark ruft!

Was mir der umtriebige Steirer zu sagen hatte, war hochinteressant: In Lebring, rund 25 Kilometer südlich von Graz, sollte in Rekordzeit die größte Feuerwehr- und Katastrophenschutzschule Österreichs errichtet werden. Es war auf Sicht ein 250-Millionen-Schilling-Neubau in einer Mur-Au in der südsteirischen Landgemeinde Lebring auf 65.000 m² Fläche geplant, wo neben dem Retten und Löschen vor allem auch der Katastrophen- und Zivilschutz gelehrt werden sollte. Auch für den Wasser- und Tauchdienst waren neue, hochinteressante Ausbildungsstätten vorgesehen.

Ein reizvolles Angebot

Diese neue Schule der Superlative sollte ich nun fachlich aufbauen und daraus ein internationales Ausbildungszentrum für den Katastrophenschutz machen. Das war zumindest das reizvolle Angebot, welches mir vom damaligen Präsidenten des Steirischen Zivilschutzverbandes und Feuerwehrreferenten in der steirischen Landesregierung, Landesrat *Anton Peltzmann*, gemacht wurde. In dieser Aufgabe sah ich nun eine Möglichkeit, meinen Traum zu erfüllen, Erwachsenenausbildung auf höchster Ebene zu betreiben. Dazu reizte mich Graz, die schöne Landeshauptstadt der grünen Mark – und so wurde ich „Beutesteirer“. Eine spannende berufliche Epoche in meinem Leben – mit vielen Höhen und Tiefen – hatte ihren Anfang genommen.

Diese beiden Steirer, Hofrat Dr. Helmuth Kreuzwirth (links) und Landesrat Anton Peltzmann, waren für meinen weiteren beruflichen Werdegang bestimmend.

Irgendwo zwischen Wildon und Leibnitz

Doch die Entscheidung, von der Großstadt Wien in ein kleines steirisches Dorf mit nicht einmal 2.000 Einwohnern nahe der jugoslawischen Grenze zu übersiedeln, war gar nicht so leicht. Als ich damals Lebring-St.Margarethen auf der Landkarte suchte, hatte ich keine Chance. Dieses kleine steirische Nest musste südlich von Graz irgendwo zwischen Wildon und Leibnitz liegen – sagte man mir. Denn auf der Österreichkarte konnte ich es nicht finden. Ein guter Freund, der mich ärgern wollte, sagte damals: „Lebring ist wahrscheinlich doppelt so groß wie der Wiener Zentralfriedhof, aber nur halb so lustig!"

Die Maus im Gastzimmer

Auch mein erster Besuch der riesigen Baustelle in Lebring an einem verregneten Novembertag des Jahres 1972 konnte mich nicht restlos überzeugen. Petrus hatte damals kein Erbarmen mit uns: Ein gewaltiges Herbstgewitter entlud sich über die ärmlich wirkende Landgemeinde. Damals repräsentierten die Straßen und Häuser dieses kleinen Dorfes lediglich Substandard, während Lebring-St. Margarethen heute einen blühenden, aufstrebenden Marktflecken darstellt. Und hier sollte ich meine Zelte aufschlagen? Wir waren damals fast im Schlamm mit unserem Auto stecken geblieben und als wir im *Gasthof Thaler* in der hinteren Gaststube eine Steirische Bretteljause konsumierten, lief uns zu allem Überdruss eine Maus über den Weg. „Nein", sagte ich zu meiner Frau, „hierher übersiedeln wir nicht!"

Ein fanatischer Adventist

Aber die Steirer ließen keinesfalls locker. Als „Abgesandter" besuchte mich damals in Wien mehrmals ein fanatisch wirkender junger Mann mit stechenden Augen. *Ernst Hepner* war sein Name. Er war zu diesem Zeitpunkt noch einfacher Mitarbeiter im Amt der Steiermärkischen Landesregierung bei *Dr. Kreuzwirth*. Er hatte den Ehrgeiz geradezu für sich gepachtet und wurde später sogar Sekretär bei *Landesrat Peltzmann*. Was ich damals nicht wusste: Er war überzeugtes, militantes Mitglied der Adventisten – einer kleinen, aber aktiven Sekte – und wollte alle Menschen in seiner Umgebung vom „wahren Glauben" überzeugen. Dies sollte später zu permanentem Streit und unüberwindbaren Problemen führen.

Ein modernes Brandhaus

Doch davon ahnte ich vorerst nichts. *Hepner* besuchte mich in Wien stets, um Fachprobleme mit mir zu erörtern. So ging es beispielsweise um die Planung eines modernen Brandhauses für die neue Schule. Ich schlug damals schon vor, dieses Bauwerk für eine Doppelfunktion vorzusehen: einerseits für eine praktische Einsatznutzung im Rahmen der Feuerwehrausbildung und andererseits für eine wissenschaftliche Verwendung im Rahmen einer später zu errichtenden brandschutztechnischen Prüfstelle.

Die Entscheidung fällt!

Da auf alle meine Vorschläge positiv reagiert wurde, ließ ich mich überreden, auch wieder die Baustelle in Lebring zu besuchen. Ich nahm damals sogar zwei Freunde – nämlich *Hans Grantner* und *Karl Schrattenholzer* aus der Luftschutztruppenschule – mit, die eventuell mit mir in die Steiermark abwandern wollten. Und jetzt waren die Voraussetzungen ganz anders: Es war Frühling, alles grünte und die Triebe schlugen aus. Dazu kam ein Besuch in der Grazer Innenstadt, wo sich die schönsten Mädchen Österreichs offenherzig präsentierten. Dieser atmosphärische Hintergrund und die große fachliche Herausforderung gaben schließlich den Ausschlag: Ich entschied mich für die grüne Mark!

Parteibuch: Damit kann ich nicht dienen!

Nun mussten die Randbedingungen geklärt werden, denn finanziell verschlechtern konnte ich es mir nicht. Da ich in Wien sehr gut verdiente, war eine Reihe von finanziellen Zulagen erforderlich, um in Zukunft wenigstens etwas mehr am Lohnzettel zu haben. Dazu kam die notwendige Wohnversorgung, denn eine rasche Übersiedlung nach Lebring war eine zwingende Bedingung. Alle diese Probleme wurden gelöst, ich erhielt die erforderlichen Zulagen und konnte mit meiner Familie in einem kleinen Haus mit Garten in Bachsdorf die

„Zelte aufschlagen“. Natürlich waren diese von mir aufgestellten Bedingungen für einige Missgünstlinge, die es ja überall geben soll, echte Privilegien. Dies bekam ich auch später zur Genüge zu spüren. Außerdem war ich parteipolitisch ungebunden! Auf die Frage von *Landesrat Peltzmann*, ob ich ein Parteibuch hätte, sagte ich nur: „Damit kann ich nicht dienen, ich habe aber Energie, Ausdauer und gute Ideen!“ Dies verblüffte diesen kantigen Politiker so, dass er nur sagte: „Du bist der richtige Mann, um diese Schule zu einer internationalen Institution aufzubauen!“

6.2 Ein starkes Team!

Das waren nun die Voraussetzungen bei meinem Dienstantritt im Frühjahr 1973. Ich hatte noch ein knappes halbes Jahr, um die Finalisierung des Riesenbaues zu begleiten, und konnte noch so manche kleine Korrektur anbringen. Vor allem die Ausrüstung der Lehrsäle mit audio-visuellen Geräten war jetzt erforderlich. Ich konnte dabei aus dem Vollen schöpfen und die neuesten Overhead-, Dia- und Filmprojektoren ankaufen. Dazu kam eine automatische Verdunkelungs- und Lichttechnik, welche ich in den damals drei Lehrsälen einbauen ließ.

Interessantes Lehrmittelkabinett

Leider hatte sich der sehr rührige Architekt bei der Dimensionierung der Vortragsräumlichkeiten nicht viel einfallen lassen. Er nahm sich nämlich an der Größe einer damals üblichen Volks- oder Hauptschulklasse das Vorbild für unsere neue Schule. Für mich waren die Lehrsäle zu wenig hoch und etwas zu lang. Lediglich der so genannte Taktik-Lehrsaal war etwas besser dimensioniert und schaffte durch seine Stufenform eine heimelige Atmosphäre. Er wurde ab sofort mein Liebling beim theoretischen und praktischen Unterricht. Glücklicherweise hatte der Planer jedoch bei allen Lehrsälen Lehrmittelräume vorgesehen. Diese bestückte ich nun mit allen für einen interessanten naturwissenschaftlichen Unterricht erforderlichen Hilfsmitteln. So entstand ein interessantes physikalisches und chemisches Lehrmittelkabinett. Besonderen Wert legte ich dabei auf den Themenkreis Radioaktivität und schaffte die unterschiedlichsten Strahlenquellen für Demonstrationsversuche mit den dazu notwendigen Nachweisgeräten für radioaktive Strahlen an. Natürlich entwickelte ich auch eine Reihe von Experimenten zur Erklärung des Verbrennungs- und Löschvorganges.

Ein Sprachlabor bei der Feuerwehr!

Es gab jedoch nicht nur Positives: Ein Flop war die bereits vor meiner Anstellung, vor allem durch *Ernst Hepner*, stark forcierte Ausrüstung eines dieser Lehrsäle als Sprachlabor. Diese Anlage konnte nur bei den Funk- und Rhetoriklehrgängen einigermaßen eingesetzt werden, wozu wir uns den aus Niederösterreich stammenden und im Zivilschutzverband tätigen späteren Hauptschuldirektor *Karl Rohrbeck* als Gastlehrer holten. Er hatte Erfahrungen mit Sprachlabors und konnte die Anlage so halbwegs für den Unterricht bei uns adaptieren. Ansonsten war dieser Lehrsaal lediglich ein beliebtes Demonstrationsobjekt und gut für schöne Fotos, mit welchen wir unsere modernen Lehr- und Lernmethoden darstellen wollten. Das Sprachlabor wurde später abgebaut und wird nun für die erforderliche Ausbildung in der EDV – mit Computerlehrplätzen bestückt – sinnvoll verwendet.

Ein Sprachlabor, welches wir für den Funk und bei der Rhetorikschulung verwendeten.

Im Zentrum: Die praktische Ausbildung!

Neben dem Theorieunterricht in den Lehrsälen legte ich jedoch besonderen Wert auf die praktische Ausbildung in kleinen Gruppen. So schufen wir im hinteren Bereich der großen Fahrzeughalle mehrere Schulungsräume, die mit verschiedenen Demonstrationsobjekten bestückt waren und auch als Kanzleien für die Ausbilder dienten. Hier war ein anschaulicher und im wahrsten Sinn des Wortes „begreiflicher" Unterricht in der Gruppe möglich. Dies waren zumindest die damaligen neuen Erkenntnisse der Wissensvermittlung, welche ich an der neuen Schule umsetzen wollte. Dazu mussten wir uns aber erst das wichtige Anschauungsmaterial anschaffen bzw. selber herstellen. Wir ließen Motoren in ihre Einzelteile zerlegen sowie Feuerlöscher und sogar Pumpen aufschneiden, damit ihr Innenleben sichtbar wurde. Mit diesen zum Teil selbst geschaffenen Modellen machte der Unterricht nicht nur Spaß, sondern er war auch sehr effektiv.

Auf Gruppenarbeit legten wir besonderen Wert. Hier Heinrich Schröder bei einer Demonstration in der Gruppe (Dichtprobe einer Atemmaske).

Zauberwort: Motivation

Was dabei sehr wichtig war: Ich konnte meinen Mitarbeitern eine unheimliche Aufbruchstimmung vermitteln, die ihnen fast Flügel verlieh. Ich habe diese Phase an der neuen Feuerwehr- und Zivilschutzschule Steiermark einmal mit der Dynamik der alten Goldgräberzeit verglichen. Nur dass wir damals nicht nach Gold und anderen materiellen Dingen strebten, sondern wir wollten in einem fairen Wettstreit einen viel wertvolleren Schatz heben: Wir wollten uns selbst verwirklichen, unser sonst meist unterdrücktes Ich über uns hinaus erheben und dabei Pädagogik und Erwachsenenausbildung in einer nie wieder da gewesenen Art und Weise betreiben. Der Schlüssel dazu war das Zauberwort Motivation, welches heute oft in einer abgestumpften materialistischen Spaßgesellschaft vollkommen vergessen wird.

Starke Mitarbeiter

Wenn *Erich Pizzera*, ein gelernter Schmied, mit seinen klobigen Händen die prächtigsten Overheadfolien verfertigte, *Johann Sarkany* die Fahrzeuge wieder auf Trab zu bringen trachtete und *Heinrich Schröder* liebevoll seine Atemschutzgeräte reinigte, wusste ich, diese Männer arbeiteten nicht des Berufes wegen, sondern hatten eine Berufung. Selbst der etwas phlegmatische *Johann Thurner* fiel hier nicht aus der Rolle, wenn er seine Tragkraftspritzen einstellte. Später kamen *Eduard Hutter*, ein begeisterter Taucher, der auch „Unterwasser-Edi" genannt wurde, *Helmut Stegbauer*, ein gelernter Tischler, der unzählige Einsätze bei der FF Lebring-St. Margarethen fuhr, und *Friedrich Harb*, ein exakter Arbeiter und Perfektionist, dazu. *Walter Schöbinger*, *Hans Sampl*, *Erwin Senekowitsch* und *Erwin Schaupensteiner* ergänzten dieses Team. Lediglich der eigensinnige und etwas größenwahnsinnige *Johann Reichhard*, der später selbständig wurde, in dubiose Geschäfte verwickelt war und schließlich einen spektakulären Freitod wählte, fiel hier aus der Rolle.

In meiner Lebringer Kanzlei, umringt vom harten Kern der damaligen Schulmannschaft: Ing. Peter Walter, Ing. Josef Milla, Helmut Petrovits (schon verstorben) und Kursleiter Erich Pizzera.

Königliche Feste

Wenn ich an die Anfänge der neuen Schule zurückdenke, wird mir ganz warm ums Herz. Damals waren wir nur ein kleines, eingeschworenes, aber erfolgreiches Team. Wir arbeiteten wie die Berserker und feierten auch wie die

Könige. Diese gemeinsamen Feste – mit eigener Band und Conférence – waren etwas Einmaliges und färbten auch auf die Kursteilnehmer ab. Sie erkannten gefühlsmäßig, dass hier jener Idealismus am Werk war, der in der harten Praxis von ihnen erwartet wurde. Oft werde ich noch heute von älteren Kameraden auf diese goldenen Zeiten in Lebring angesprochen.

Gitarre und Zauberkasten

Ich selbst griff oft zur Gitarre oder holte meinen Zauberkasten hervor, um ein Lied oder einen guten Trick zum Besten zu geben. *Willibald Maier*, der unermüdliche Organisator derartiger Veranstaltungen, und *Erwin Schaupensteiner* als Bandleader werden mir unvergesslich bleiben. Oder *Erich Pizerra*, der seine unnachahmlichen Witze aus der „Kofferserie" zum Besten gab. An manchen Abenden war dann echtes Kabarett angesagt, denn so mancher Kursteilnehmer hatte verborgene Fähigkeiten, die er einbrachte. Und wenn es einmal Mitternacht wurde, hielt der alte *Senekowitsch*, der als Pächter der schuleigenen Kantine schon lange den Beinamen „Kantinowitsch" führte, die Festung und versorgte uns mit kühlen „Löschmitteln" und schmackhafter Verpflegung.

Nationale und internationale Anerkennung

Ich opferte mich damals für meine Arbeit vollkommen auf und wir schafften fast Unmögliches. Innerhalb weniger Jahre hatten wir eine völlig neue Lehrgangsstruktur geschaffen und die modernen Erkenntnisse der Pädagogik, wovon ich noch in einem anderen Kapitel berichten werde, in die Praxis umgesetzt. Oft saß ich noch nach Mitternacht in meiner Kanzlei und verfasste Arbeitsunterlagen und Skripten am laufenden Band. Dabei kam mir meine frühe Neigung zur Darstellenden Geometrie sehr zugute, denn ich konnte mit wenigen Strichen Probleme anschaulich darstellen und in verständliche Grafiken verpacken. Diese Skripten wurden bald schon in den meisten Bundesländern als Vorbild genommen und fallweise auch hemmungslos kopiert. Wir aber waren stolz darauf, denn wir konnten langsam den Namen der Feuerwehr- und Zivilschutzschule Steiermark in die nationalen und internationalen Gazetten bringen.

6.3 Zivilschutz: Die zweite Seite

Schon der Name der neuen Schule sorgte bei ihrer Eröffnung am 12. Oktober 1973 für explosiven Diskussionsstoff. Als nämlich die Ehrengäste bereits im Anmarsch waren, legten die Professionisten noch den letzten Schliff an das Bauwerk. Leider war auch die Beschriftung im Eingangsbereich noch nicht fertig. Beim Schriftzug „FEUERWEHR- UND ZIVILSCHUTZSCHULE STEIERMARK“ fehlte noch die erste Zeile und so konnte man lesen:

ZIVILSCHUTZSCHULE
STEIERMARK

Just zu diesem Zeitpunkt legten die Schriftenmaler eine längere Pause ein, so dass der Eindruck entstand, dies würde der endgültige Name sein.

Starke Sprüche

Ich erinnere mich noch an die zynischen Bemerkungen vieler hoher Feuerwehrfunktionäre aus den Bundesländern, die – ob dieser Optik – den damaligen Steirischen Landesfeuerwehrkommandanten *Josef Prugger* stundenlang „auf die Schaufel“ nahmen. „Die Feuerwehr hat hier nichts zu reden!“ und „Wieso bist du der Chef einer Zivilschutzschule?“, das waren nur zwei jener starken Sprüche, die die Runde machten. Natürlich wurde damit auch bewusst die Tatsache angesprochen, dass diese Schule nicht im Wirkungsbereich des Landesfeuerwehrverbandes stand, sondern eine Landesschule war. Eine Diskussion, die sich nahtlos bis heute erhalten hat, denn ohne Zweifel sind die meisten Ausbildungsstätten der Feuerwehr den entsprechenden Landesverbänden zugeordnet.

Stellung der Schule

Für mich war diese Diskussion damals kein Problem, denn wir arbeiteten als Beamte der Steiermärkischen Landesregierung auch stets eng mit dem Landesfeuerwehrverband zusammen. Der Wunsch des Landesfeuerwehrkommandanten war mir, falls er überhaupt einen hatte, immer Befehl. Natürlich muss die Schule einen hohen Grad an Eigenständigkeit besitzen, darf sich aber nie diametral zu den Intentionen des Feuerwehrverbandes entwickeln oder sich dessen Wünschen entziehen. Schließlich kann die Feuerwehr nicht Bittsteller in der eigenen Ausbildungsstätte sein, wie dies in der Vergangenheit häufig der Fall war. Die Verantwortlichen der Schule müssen vielmehr versuchen, die vorgegebenen fachlichen Ziele unter Anwendung der besten pädagogischen Methoden und möglichst Kosten sparend zu erreichen.

Stätte der geistigen Begegnung

Das Konzept der neuen Schule, welches wir gemeinsam entwickelten, war einfach und zukunftsweisend zugleich: Erstmals sollte hier nämlich eine Ausbildungsstätte im europäischen Raum gleichzeitig die Belange der Feuerwehr- und Zivilschutzschulung in sich vereinen. Dazu war ich auf Grund meiner Ausbildung sicher der richtige Mann. Natürlich war das Ganze vorerst nur ein Experiment, welches aber in Hinblick auf die immer stärkere Verzahnung zwischen Katastrophen- und Zivilschutz durch die neuen Bedrohungsszenarien der Nachkriegszeit für die Bevölkerung geradezu notwendig wurde. Wir wollten damals mit der Feuerwehr- und Zivilschutzschule Steiermark eine moderne Stätte der Katastrophenschutzausbildung und der geistigen Begegnung schaffen, in welcher alle Sicherheitsfragen diskutiert und umgesetzt werden sollten.

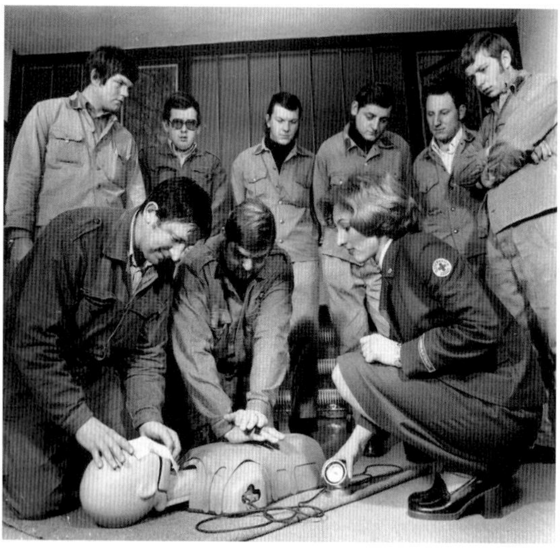

Vor allem mit dem Roten Kreuz führten wir viele gemeinsame Veranstaltungen durch.

Innovative Kompetenz

Natürlich war dabei die Hauptaufgabe immer die Ausbildung der steirischen Feuerwehrmänner und in kommendem Maße auch von Feuerwehrfrauen. Dazu kam jedoch als neues Element die Schulung der Angehörigen anderer Einsatzorganisationen, des Zivilschutzverbandes und der Behörde. Darüber hinaus planten wir auch bundesweite Katastrophenschutztagungen und spezielle Fachseminare. Damit wollten wir alle Sicherheitsfragen, vornehmlich im Bereich der Safety, bündeln und auf diese Weise innovative Kompetenz erlangen. Mit dem endgültigen Ausbau der Schule sollten später jedoch auch die Möglichkeiten für Großveranstaltungen, wie internationale Tagungen und Kongresse, gegeben sein.

Ein großer Hit: Gemeindeseminare

Ein riesiger Erfolg in der Zivilschutzausbildung wurden die so genannten Gemeindeseminare, welche von *Alfred Rigerl*, einem pensionierten Stainzer Volksschuldirektor und Funktionär des Steirischen Zivilschutzverbandes (er war Bezirksstellenleiter von Deutschlandsberg), organisiert wurden. Dabei bereiste der umtriebige Kettenraucher (er rauchte nur Memphis ohne Filter) zuerst die einzelnen Gemeinden und überzeugte die Bürgermeister von der Wichtigkeit unseres Vorhabens, einer Gruppe von bis zu 50 Personen aus der Gemeinde ausgewählte Sicherheitsthemen in Lebring näherbringen zu können. Beim Besuch an der Schule reisten dann die Repräsentanten dieser Gemeinde mit einem Autobus an, wodurch

Zwei treue Mitarbeiter im Bereich des Zivilschutzes waren die Schuldirektoren Alfred Rigerl (links) und Karl Hanfstingl rechts).
(Foto: Schaupensteiner)

in der Regel der Gemeinschaftssinn der Ortsbewohner gestärkt wurde. Neben Themen des Zivilschutzes widmeten wir auch dem Brandschutz breiten Raum. Vor allem die praktischen Löschübungen mit den Mitteln der Ersten Löschhilfe wurden ausgesprochen gut angenommen. Dabei führten wir auch jeweils eine Fettexplosion vor, welche die Gefahren von Küchenbränden demonstrieren sollte.

Ziel: Krisenfeste Haushalte

Über 200 derartige Veranstaltungen führten wir in Lebring durch, wobei wir an die 10.000 Steirer und Steirerinnen erreichen konnten. Diese Gemeindeseminare stellten eine echte Sicherheitsinitiative dar, denn wir brachten unsere Themen in einer aufgelockerten Atmosphäre direkt an der Basis jeder Gemeindeverwaltung zur Diskussion. Daneben organisierten wir – vor allem für Frauen – die Seminarreihe „Der krisenfeste Haushalt" und versuchten im Zeitalter des so genannten „kalten Krieges" den Zivilschutzgedanken in der Keimzelle unserer Gesellschaft, der Familie, zu verankern. Ein sicher richtiger Weg, der heute in der Steiermark in einer neuen, abgewandelten Form durch den Zivilschutzverband weitergegangen wird.

Zivile Katastrophenleitstelle

In der neuen Schule wurde auch ein groß angelegter Schutzraum gebaut, der international als erste zivile Katastrophenleitstelle Österreichs angekündigt wurde. Ich schrieb damals in der Österreichischen Zivilschutzzeitung: „Die modernen Gefahren unserer technisierten Umwelt machen ein Umdenken in den Kommandostäben der Einsatzorganisationen und den Entscheidungsgremien von Behörde und Politik notwendig. Dabei müssen einsame, autoritäre Entscheidungen einem kooperativen Führungsstil weichen, der alte Feldherrnhügel muss zur zivilen Katastrophenleitstelle werden."

Vorläufer einer Landesalarmzentrale

Die im Erdgeschoß gelegene Nachrichtenzentrale der Schule wurde damals schon ständig besetzt und war bereits eine Art Vorläufer der heute unbedingt notwendigen und in Diskussion stehenden Landesalarmzentrale. Ihre technischen Funktionen (Funk, Telefon etc.) konnten mit einer „Hebelschaltung“ in den Schutzraum verlegt werden, von wo aus alle nachrichtentechnischen und taktischen Maßnahmen bei Feuerwehr- und Katastropheneinsätzen inklusive Strahlenüberwachung erfolgen sollten.

Landeswarnzentrale und Call-Center

Leider wurde dieser Weg nicht konsequent weiter beschritten. Nach meinem Dienstwechsel zur Berufsfeuerwehr Graz wurden viele Projekte aufs Eis gelegt und nicht weiter verfolgt. Später hat man dann in Graz in der damaligen Abteilung für Katastrophenschutz und Landesverteidigung eine Landeswarnzentrale – später erweitert durch ein so genanntes Call-Center – eingerichtet. Dieses hat sich zum Beispiel bei der Ende Dezember 2004 aufgetretenen Tsunami-Katastrophe im Indischen Ozean, bei der auch viele Österreicher und Steirer ums Leben kamen bzw. längere Zeit vermisst waren, im Sinne einer effektiven Öffentlichkeitsarbeit bewährt. Die Landeswarnzentrale musste dabei koordinierende Maßnahmen zwischen den Einsatzorganisationen setzen. Sie besitzt daher auch eine immense politische Funktion. Darüber hinaus benötigen jedoch die Feuerwehren – das ist zumindest meine Meinung – eine eigene Landesalarmzentrale, um die Vielzahl der Einsätze schon in der ersten Phase funktionsgerecht abwickeln zu können.

Schutzraumübungen

In den Siebzigerjahren war das Gespenst einer Atombombenexplosion im Zuge einer Auseinandersetzung zwischen Ost und West noch allgegenwärtig. Aus diesem Grunde entschied sich damals die Landesregierung unter *Landesrat Anton Peltzmann,* den Schutzraum in Lebring als zentrale Leitstelle zu errichten. Wir hatten daher die technische Funktionsfähigkeit dieses unterirdischen und über Schleusen erreichbaren Sicherheitsbauwerks zu gewährleisten und mussten auch die längerfristige Belegung dieser unterirdischen Leitstelle üben, wobei eine autonome Versorgung (Notstrom, Verpflegung etc.) Voraussetzung war. Dabei gingen wir mit insgesamt acht Personen des Schulpersonals über einige Tage in die Unterwelt. Ich hatte schon vorher mit *Edi Hutter* und dem Psychologen *Dr. Schützenhöfer*, der später Chef des Kuratoriums für

Verkehrssicherheit in Graz wurde, an einer Schutzraumübung über eine volle Woche an der Landesfeuerwehrschule NÖ in Tulln teilgenommen, wo wir wertvolle Erkenntnisse sammeln konnten.

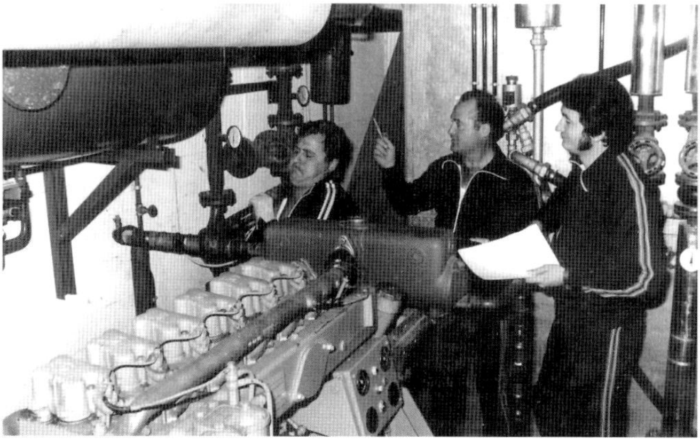

Die technische Ausrüstung des Schutzraumes (hier das Notstromaggregat) war vorbildlich.
(Foto: Schaupensteiner)

6.4 Der Mordfall Pratl

Im Winter 1975 hatten die steirischen Feuerwehren eine der seit ihrem Bestehen wohl größten Suchaktionen auf dem Wasser durchzuführen. Sie erstreckte sich über mehrere Wochen im Bereich der Mur über eine Länge von über 30 Kilometer vom Norden von Graz bis nach Lebring-St.Margarethen. Gesucht wurde dabei die Leiche eines achtjährigen Mädchens, welches einem brutalen Sexualmörder in die Hände gefallen war (siehe auch „Die großen Kriminalfälle der Steiermark“ von *Hans Breitegger*). Ich hatte die Aufgabe, den Einsatz von der Schule aus zu koordinieren, deren Leitstelle damals die „Feuerprobe“ bestehen musste.

Abgängige Schülerin

Am 18. Dezember 1974 verließ die achtjährige *Hedwig Pratl* nach Schulschluss am Nachmittag die Volksschule in Graz-St.Veit, um nach Hause zu gehen. Sie wohnte nur wenige Gehminuten entfernt, kam jedoch an diesem

Tage von der Schule nicht nach Hause. Eine sofort eingeleitete lokale Suchaktion blieb bis in die späte Nacht erfolglos. Polizisten und Polizeischüler kämmten dabei die gesamte Umgebung der Schule und des Elternhauses durch und setzten sogar Hubschrauber und Suchhunde ein. Ohne Erfolg, das Mädchen, das von ihren Eltern und drei Geschwistern liebevoll *Hedi* genannt wurde, blieb verschwunden!

Roter Wagen mit schwarzem Hund

Zeugenaussagen ließen vermuten, dass die Schülerin in einen roten Wagen der Marke Opel oder Ford eingestiegen war, in welchem am Rücksitz auch ein großer schwarzer Hund gesessen ist. Die auf Hochtouren angelaufenen Ermittlungen brachten bereits zwei Tage später eine heiße Spur: Der beschäftigungslose und vorbestrafte *Bruno K.* aus Graz war am Tag des Verschwindens von *Hedi* tatsächlich in St. Veit gesehen worden, besaß einen roten Ford 17 M und eine schwarze Dogge.

Beim Verhör verwickelte sich der Verdächtige laufend in Widersprüche und gab schließlich an, das Mädchen wäre von seiner Hündin zu Tode gebissen worden, worauf er die Leiche in der Nähe der Weinzödlbrücke in die Mur geschmissen habe.

Das Federpennal im Rechen des Murkraftwerkes

Die Kriminalisten nahmen jedoch dem Verdächtigen diese Aussagen nicht ab. Sie glaubten vielmehr, *Bruno K.* hätte die kleine *Hedi* missbraucht und in den Wäldern von St. Veit vergraben. Mit Schaufeln und Krampen ausgerüstet, rückten daher 55 Polizeischüler aus, um sie zu suchen. Dass das kleine Mädchen noch am Leben sein könnte, nahm zu den Weihnachtsfeiertagen ohnehin niemand mehr an. Aber die Eltern wollten ganz einfach Gewissheit über das Schicksal ihres Kindes haben.

Da kommt es zu einer interessanten Wende: Der Wärter des Murkraftwerkes in Lebring findet nach Neujahr beim Reinigen des Rechens das Federpennal der vermissten Schülerin. Die kleine *Hedi* muss also mit großer Wahrscheinlichkeit ins Wasser geworfen worden sein.

Offener Brief an den Justizminister

Jetzt wird die Berufsfeuerwehr Graz alarmiert und rückt mit Tauchern und Bootsführern aus, um im Umkreis der Weinzödlbrücke und im näheren Flussbereich der Mur nach der Leiche zu suchen. Daneben durchkämmten Polizeischüler die beiden Murufer. Als diese Aktionen wieder erfolglos blieben, überstürzten sich die Ereignisse: Die beiden Großväter des vermissten Kindes schrieben nämlich einen offenen Brief an *Justizminister Broda*. Sie prangerten darin den von ihm vertretenen liberalen Strafvollzug vehement an und in der Bevölkerung mehrten sich plötzlich die Stimmen für ein Volksbegehren zur Wiedereinführung der Todesstrafe.

Kranke Taucher

In dieser aufgeheizten Atmosphäre entschloss man sich von Seiten der Landespolitiker in Absprache mit den Einsatzorganisationen zu einer groß angelegten Suchaktion, welche zwischen 10. Jänner und 1. Februar 1975 in Etappen stattfinden sollte. Begonnen wurde bei ausgesprochen winterlichen Temperaturen mit der systematischen Absuche des Kainbaches und des gesamten Murflusses im Grazer Stadtgebiet. Dabei wurden Taucher und Bootführer der Berufsfeuerwehr Graz und anderer Feuerwehrstützpunkte eingesetzt. Das Publikumsinteresse war trotz der winterlichen Kälte unglaublich groß. Hunderte Zuschauer beobachteten stets von den Grazer Brücken die Einsatzkräfte bei ihrer nicht ungefährlichen Arbeit. Das größte Problem für die rund 50 Taucher aus der gesamten Steiermark war dabei jedoch das verseuchte Murwasser. Viele von ihnen wurden durch Mikroorganismen infiziert und später krank.

Der Taucheinsatz nach der Leiche der kleinen Hedwig Pratl war für die Einsatzkräfte bei winterlichen Temperaturen anstrengend und gefährlich zugleich.

Größte Suchaktion

Als trotz größtem Personal- und Technikeinsatz wieder kein Erfolg zu verzeichnen war, entschloss man sich am 18. Jänner 1975, auch die restlichen etwa 20 Kilometer des Murflusses zwischen der Autobahnbrücke in Graz und dem E-Kraftwerk in Lebring abzusuchen. Die Schwierigkeit war dabei die weitgehend schlechte Zugänglichkeit des Murufers von der Landseite her und die hier zum Teil vorhandene urwaldähnliche Flora. Die zentrale Einsatzleitung lag in der Feuerwehr- und Zivilschutzschule Steiermark und wurde mir vom damaligen Chef der Katastrophenschutzabteilung Hofrat *Dr. Helmuth Kreuzwirth* übertragen. Die Gesamtkommunikation (Funk, Telefon) erfolgte über die Nachrichtenzentrale der Schule, welche ich mit drei Mann besetzen ließ.

Der Mordfall Pratl löste die bis dahin größte Suchaktion in der Steiermark aus (hier die Einsatzkräfte vor der Zentralfeuerwache der BF Graz).

Taktische Vorgangsweise

Ich bestellte nun mein Einsatzteam und unterteilte den zu untersuchenden Murverlauf in folgende taktische Abschnitte:

Abschnitt 1:	Autobahnbrücke bis Kalsdorf
Abschnitt 2:	Kalsdorf bis Werndorf
Abschnitt 3:	Werndorf bis Wildon
Abschnitt 4:	Wildon bis Lebring (Wehranlage)
Abschnitt 5:	Mühlgang (Weissenegger Kanal zwischen Werndorf und Wildon)

Insgesamt 21 Feuerwehren wurden zur systematischen Leichensuche eingeteilt. Dabei erfolgte die Suche mit Einsatzbooten und Tauchern an beiden Murufern und in der Flussmitte. Außerdem wurde ein mobiles Sonderkommando aus Kräften der Feuerwehrschule und des Roten Kreuzes gebildet, welches bei Unfällen eingesetzt werden sollte.

Die Konsequenzen

Die Suchaktion verlief reibungslos, war aber im Sinne unseres Einsatzziels, die sterblichen Überreste des vermissten Kindes zu finden, leider erfolglos. Trotzdem war diese Aktion eine hervorragende realistische Großübung, an welcher zwei aneinandergrenzende Feuerwehrbezirke (Graz-Umgebung und Leibnitz) sowie zwei obersteirische Stützpunkte (Leoben, Bruck) beteiligt waren. Sie brachte wertvolle Erkenntnisse für die allgemeine Einsatztaktik, das Funkwesen und den Wasserdienst. Dieser wurde ja später durch den Bau der Wasserdienstanlagen und des Schwimm- und Tauchbeckens an der Feuerwehr- und Zivilschutzschule Steiermark wesentlich aufgewertet. Das Stützpunktwesen für den Taucher- und Wasserdienst baute man mit modernen Geräten und neuen Schulungslehrgängen aus. Für mich persönlich war dieser Großeinsatz eine interessante Herausforderung und wichtige Bereicherung meines Wissensschatzes.

Taktische Besprechung im Zuge der Suchaktion (in der Mitte Hofrat Dr. Kreuzwirth, daneben rechts OBR Ing. Lohr, Bezirk Graz-Umgebung, und meine Wenigkeit).

Das Urteil

Doch wo blieb die Leiche der kleinen *Hedwig Pratl*? Sie musste tatsächlich mit einem Stein beschwert – wie es der Täter einmal im Kreuzverhör behauptet hatte – an einer tieferen Stelle im Murwasser gelegen sein. Erst mit der

Frühjahrsflut wurden die sterblichen Überreste des Mädchens dann weiter nach Süden transportiert, auf einer Schotterbank in der Mur in der Nähe von Lebring angeschwemmt und schließlich am 15. März 1975 gefunden. Das Federpennal war anscheinend aus der Schultasche gefallen, schon früher im Lebringer Wehr angeschwemmt und dort aufgefunden worden.

Gegen *Bruno K.* wurde Mordanklage erhoben. Ein Geschworenengericht verurteilte ihn zu lebenslanger Haft. Nach 22 Jahren wurde er im Jahre 1997 aus dem Gefängnis entlassen.

6.5 Der falsche Scheich

Am Dienstag, dem 1. März 1977 geruhte Seine Exzellenz, der Minister für zivile Landesverteidigung Saudi-Arabiens, *General Kamal Sirajadeen*, der Steirischen Feuerwehr- und Zivilschutzschule Steiermark einen Besuch abzustatten. Eine Stunde vor Eintreffen des Generals, der aus Wien mittels Hubschrauber eingeflogen wurde, traf jedoch in Lebring ein falscher Scheich ein, der für totale Verwirrung sorgen sollte.

Strenge Kontrollen

Das Gelände der Schule war überwacht wie nie zuvor: Sollte doch erstmals ein echter und hochrangiger arabischer Politiker in die Steiermark kommen. Da dies damals quasi ein echter Staatsbesuch war, versteckte sich fast hinter jedem Baum ein Gendarm und die Zufahrt zur Schule wurde durch einen Schranken hermetisch abgeriegelt. Hier konnte man nur über eine strenge Ausweiskontrolle durchkommen. Der Hubschrauber mit *General Sirjadeen* sollte am Lebringer Fußballplatz unweit der Firma *Gady* landen. Dort hatte sich auch die steirische Politprominenz, voran der für Katastrophenschutz zuständige *Landesrat Anton Peltzmann*, eingefunden. Auch mein unmittelbarer Chef, *Hofrat Dr. Helmuth Kreuzwirth,* hatte vor Ort Position bezogen. Ich selbst hielt die Stellung in der Schule und organisierte die vorgesehene große Leistungsschau aller anwesenden Einsatzorganisationen (Feuerwehr, Rotes Kreuz, Rettungshundebrigade, Bergrettung), bei welcher verschiedene Demonstrationen vorgesehen waren.

„Der Scheich ist da!“

Als sich nun, fast eine Stunde zu früh, der Kontrollstelle eine große amerikanische Limousine näherte und von den Gendarmen durchgelassen wurde, dachten wir vorerst, dass es sich um saudi-arabische Leibwächter des Scheichs handeln würde, welche das Gelände besichtigen wollten. Plötzlich wurde jedoch über die Lautsprecheranlage durchgegeben: „Der Scheich ist da!“. Ich rannte zum großen Übungshof und konnte gerade von Weitem sehen, wie ein Araber mit einer eher zivil gekleideten Person dem mächtigen Fahrzeug entstieg. Der bullige Fahrer musste der Leibwächter sein. So stellte sich jedenfalls in diesem Moment die gesamte Situation dar.

Ein falsches Spiel

Dass es sich dabei um einen Gag des Kabarettisten *Sepp Trummer* in Zusammenarbeit mit dem Weltmeister im Ringen und Grazer Original *Otto Wanz* handelte, war zu diesem Zeitpunkt niemandem klar. Auf jeden Fall hatte ich vorsichtshalber bereits meine Meldung an den falschen Scheich gemacht und musste in der Folge das abgekartete Spiel mitmachen. Ich kommunizierte daher mit dem angeblichen Dolmetscher, der in Wirklichkeit Redakteur bei der Kleinen Zeitung war, in Englisch so gut, wie es ging. Dieser wieder „übersetzte“ meine Meldungen mit einer bewundernswerten Kehlkopfakrobatik an den falschen Scheich, der – wie sich später herausstellte – ein verkleideter Schauspieler des Grazer Opernhauses war.

Der falsche Scheich „Effendi“ Walter Tomaschitz (Schauspieler bei den Vereinigten Bühnen Graz) und „Dolmetscher“ Reinhold Dottolo (Redakteur bei der Kleinen Zeitung in Graz) sowie der bullige „Chauffeur“ Otto Wanz im Gelände der Feuerwehr- und Zivilschutzschule Steiermark.

Achtung, versteckte Kamera!

Die ganze Aktion wirkte deswegen verblüffend echt, weil sie professionell vorbereitet war. Man muss wissen, dass *Sepp Trummer*, der sich wie *Otto Wanz* damals im Hintergrund hielt, als Erster in Graz die Kabarettreihe „Versteckte Kamera" – welche später ein internationaler Hit wurde – auf die Beine gestellt hatte. Diese Form des öffentlichen Schabernacks war damals etwas völlig Neues und mit dem Auftritt im Windschatten einer internationalen Persönlichkeit kam *Sepp Trummer* natürlich groß heraus. Alleine die Kleine Zeitung brachte eine Doppelseite unter dem Titel „Ein Gala-Empfang für den falschen General" mit fünf Großformatfotos, auf welchen ich drei Mal abgebildet war.

Der echte Scheich, mit Pelzkappe und Ohrenschützer, war in Zivil erschienen. Landesrat Anton Peltzmann begrüßt den Einsatzleiter des Roten Kreuzes, Kolonnenkommandant Otto Mörisch, dazwischen im Hintergrund neben mir rechts der damalige Branddirektor der Stadt Graz, Dipl.-Ing. Friedrich Schweigler.

Ein kabarettreifes Nachspiel

Es ist unglaublich, aber wahr: Die Tatsache, dass ich damals medial aufschien, sollte später ein kleines – ebenfalls kabarettreifes – Nachspiel haben. Anscheinend waren einige Vorgesetzte von mir in Graz absolut verärgert, dass sie nicht selbst in der Zeitung genannt wurden und der Besuch des echten Scheichs fast totgeschwiegen wurde. Auf jeden Fall wurde ich im Landesfeuerwehrverband schlecht gemacht. Ja, es wurde sogar behauptet, ich hätte auf Grund meines Verhaltens die Würde der Feuerwehren herabgesetzt. Was aber fast niemand ernst nahm. Auf jeden Fall hätte ich schon damals hellhörig werden müssen, denn es war dies der Beginn einer unsauberen Kampagne, deren berufliches Opfer ich werden sollte.

7. Kapitel:

Das neue Lernen

(Foto: Schaupensteiner)

Nicht für die Schule lernen wir,
sondern für das Leben!
Spruch aus dem Lateinischen

An der Universität hatte ich zwar das Lehramt für Physik und Mathematik abgeschlossen, aber viel zu wenig über Pädagogik gehört. Damals bildete man die Mittelschulprofessoren fachlich mehr oder weniger gut aus, über ihre Qualitäten als Vortragende wurden sie auf der Hochschule aber kaum beurteilt. Sie mussten zwar nach Abschluss des Studiums ein Probejahr als so genanntes „Beiwagerl" an einer Mittelschule absolvieren, aber ein Kriterium für eine eventuelle Ablehnung wegen pädagogischer Unfähigkeit war das nicht. Und so kam es, dass mancher oder manche, welche besser dem Katheder ferngeblieben wäre, später mehr schlecht als recht unseren Nachwuchs unterrichtet hat. Erst ab dem Jahr 2004, nach dem schlechten Abschneiden unserer Schüler im Zuge der internationalen PISA-Studie, machte man sich auch Gedanken für eine verbesserte Lehrerausbildung.

7.1 Eine große Herausforderung

Für mich gab es derlei Probleme nicht: Durch meine lange Zeit als Nachhilfelehrer hatte ich mir bereits als fleißiger Autodidakt wichtige pädagogische Fähigkeiten erworben. Später war ich Studentensprecher und als Lektor an der Zivilschutzschule des Innenministeriums sowie der Wiener Urania tätig.

Eine neue Aufgabe

Bei der Berufsfeuerwehr Wien erreichte ich im Jahre 1969, dass ein Overheadprojektor angeschafft und in der Feuerwehrausbildung eingesetzt wurde. Das mag heute lächerlich klingen, aber derartige Unterrichtshilfen waren für die damalige Zeit etwas völlig Neues. Mit meiner Übersiedlung von Wien in die grüne Steiermark stand ich aber plötzlich vor der Aufgabe, eine neu errichtete Erwachsenenbildungsanstalt – die Feuerwehr- und Zivilschutzschule

Steiermark – nicht nur fachlich, sondern auch pädagogisch nach den modernsten Erkenntnissen aufzubauen. Dies war jedoch für mich damals im Jahre 1973 eine große Herausforderung, welche ich mit Begeisterung annahm.

Die alte Exerzierschule in Graz

Die alte steirische Feuerwehrschule in der Grazer Traungauergasse hatte ich schon im Jahre 1970 kennen gelernt, als ich dort mit *Ing. Gerzabek* einen Strahlenschutzkurs für Feuerwehrmänner abhielt. Diese Feuerwehr-Trutzburg war als typische Exerzierschule und nach dem Muster alter militärischer Ausbildungsstätten aufgebaut. Jeder Tag begann mit Antreten, Strammstehen, Salutieren und Marschieren der Kursteilnehmer. Die meisten Fahrzeuge waren aus Einsparungsgründen ohne Motoren ausgestattet und mussten für Übungen (mit der Tragkraftspritze) aus den Garagen geschoben werden. Die wenigen Tanklöschfahrzeuge jedoch waren auf einem Opel-Blitz-Fahrgestell aufgebaut und hatten bereits die nach dem Weltkrieg in Graz mitentwickelte Hochdrucktechnologie der Firma *Rosenbauer* integriert.

Lehrpfad für Brandursachen

Die alte Feuerwehrschule bewahrte aber einen geheimen Schatz: Es war der mit viel Liebe von einigen Bastlern und Angehörigen der Brandverhütungsstelle Steiermark errichtete Brandursachen-Lehrpfad! Er zeigte im Maßstab 1 : 1 und in einer Reihe von Modellen auf eindrucksvolle Weise, wie Brände entstehen können. Leider wurde er aus Unverständnis der damals agierenden Beamten für die neue Feuerwehr- und Zivilschutzschule nicht übernommen. Ich konnte lediglich einige kleinere Modelle vor der Vernichtung retten. Anmerkung: Später versuchte ich mit der Feuerpolizei Graz einen derartigen Lehrpfad erneut ins Leben zu rufen. *Ing. Alfred Pölzl*, der Leiter der Feuerpolizei, bezeichnete dies als eine Art von „Gruselkabinett des Brandschutzes“, welches im brachliegenden Schutzraum der Zentralfeuerwache eingerichtet hätte werden sollen. Leider war diesem einmaligen Plan bis dato kein Erfolg beschert.

Katheder und Kreidetafel

Die alte Schule in der Traungauergasse war auch der Inbegriff „althergebrachter Pädagogik" mit Katheder, Kreidetafel und den bekannten Drillmethoden, wie sie schon vor hundert Jahren aktuell war. An der Spitze befand sich der in Eberswalde mit deutschem Schliff ausgebildete, aber sonst eher lasch wirkende Landesfeuerwehrinspektor *Dipl.-Ing. Otto Fraunberger*, der damals auch die Funktion des Schulleiters innehatte. Ihm zur Seite stand eine Hand voll ambitionierter Ausbildner, denen jedoch in jeder Hinsicht die Hände gebunden waren. Vier von ihnen sollten nun von Graz nach Lebring in die neue Schule übersiedeln. Es waren dies der Kursleiter *Erich Pizerra* und die Ausbildner *Johann Thurner*, *Heinrich Schröder* sowie *Johann Sarkany*. Mit diesen in der praktischen Ausbildung erfahrenen Bediensteten und zwei Verwaltungsbeamten, meiner damaligen Sekretärin *Anna Prangl* und dem Rechnungsbeamten *Johann Sterf*, welche beide leider bereits verstorben sind, begann ich meine nicht leichte Schulungstätigkeit in Lebring.

Die Feuerwehr- und Zivilschutzschule Steiermark in Lebring war Mitte der Siebzigerjahre die modernste Schule ihresgleichen in Mitteleuropa.

7.2 Geht die „Kreide-Zeit“ zu Ende?

Anfang 1974 verfasste ich einen Leitartikel in der „Österreichischen Feuerwehr“, dem damaligen offiziellen Mitteilungsblatt des Österreichischen Bundesfeuerwehrverbandes, welcher Signalwirkung haben sollte. Sein etwas provokanter Titel war: „Geht die ‚Kreide-Zeit' zu Ende?“ Ich plädierte darin für einen Aufbruch in der Feuerwehrpädagogik zu neuen Ufern und forderte ein Umdenken auf diesem Gebiet. Die schulpädagogische Epoche der „Kreide-Zeit“ sollte endgültig überwunden werden, da an das Feuerwehrpersonal von heute immer neue Anforderungen gestellt werden. Es hat sich in einer Vielzahl von Gefahrensituationen zu bewähren, die umfangreiches technisches Wissen und Können voraussetzen. Aus diesem Grund benötigen die Florianijünger eine gediegene Ausbildung. Sie stellt – neben der entsprechenden Ausrüstung – das wichtigste Werkzeug im Kampf gegen die neuen Gefahren unserer technisierten Umwelt dar.

Explosion des Wissens

Das Bedenkliche dabei: Alle fünf Jahre verdoppelt sich heute das Gesamtwissen der Menschheit! Das entspricht – bei gleich bleibender Entwicklung – etwa einer Vertausendfachung in fünfzig Jahren. Diese Zahlen unterstreichen erst so richtig das Schlagwort von der immer wieder zitierten „Explosion des Wissens“. Die Ausbildung an unseren Allgemeinbildenden Schulen und Universitäten, aber auch die betriebliche Ausbildung liegt nicht zuletzt aus diesem Grund im Argen.

Permanentes Lernen

Aus dem lawinenartigen Anwachsen des Wissensstoffes folgt eines ganz klar: Wir müssen heute mehr und vor allem ständig lernen! Der Feuerwehrmann älterer Prägung konnte sein Haupt nach Abschluss seiner Prüfungen ins lebenslange Ruhekissen legen. Das einmal erworbene Wissen vermehrte sich im Laufe der nächsten Jahrzehnte nur wenig oder gar nicht und er kam mit einigen praktischen Übungen pro Jahr über die Runden. Heute geht das nicht mehr und es werden alle jene, die nicht den Anschluss verschlafen wollen, von einem Schreckgespenst gejagt – dem permanenten Lernen. Und trotzdem behauptete ich schon damals: Wir lernen zu viel und denken zu wenig!

Gültigkeitsdauer des Wissens

Die Explosion des Wissens hat nämlich noch eine andere Seite: Weite Wissensbereiche erlangen eine immer kürzere Gültigkeitsdauer. Es ergibt sich daraus: Althergebrachtes, bereits überholtes Wissen ist aus unseren Ausbildungsprogrammen zu streichen. Unsere Lehrstoffe sind zu entrümpeln! In unserem Gedächtnis soll nur das unbedingt Notwendige gespeichert werden. In Analogie zum Computer heißt das: Es gibt Informationen, die müssen wir intern, also im Gehirn speichern, und es gibt Informationen, die sollten wir getrost externen Informationsspeichern – Büchern, Nachschlagewerken, Compact Disks (CD) und PC-Datenspeicherplätzen etc. – anvertrauen. Dadurch entlasten wir das Gehirn und halten es für Wichtigeres frei: zum Denken.

Stichhaltige Lernziele

Wie kann unser Wissensstoff nach diesen Überlegungen nun sinnvoll klassifiziert werden? Das war eine wichtige, ja entscheidende Frage, die ich mir damals stellte. Es hat sich nämlich gezeigt: Gute Lernprogramme können nur durch eine Lehrzielanalyse erstellt werden. Erst damit wird eine sinnvolle Auswahl der für ein bestimmtes Wissensgebiet notwendigen stichhaltigen Lehrziele möglich.

Nicht für die Schule …

Ein Spruch aus dem Lateinischen lautet: „Nicht für die Schule lernen wir, sondern fürs Leben!" In der Praxis sieht es jedoch ganz anders aus, denn man kann oft mit Fug und Recht behaupten, dass wir nicht fürs Leben lernen, sondern für die laufenden Prüfungen. Trockenes Lexikonwissen und stures Exerzierreglement sind jedoch auch im Feuerwehrwesen fehl am Platze, denn wir benötigen keine gedrillten, sondern informierte Feuerwehrmänner! Anmerkung: Natürlich müssen gewisse Handgriffe und Tätigkeiten bei der

Feuerwehr „sitzen", wobei hier ein gewisser Drill notwendig ist. Dabei ist aber stets zu beachten, dass denken erlaubt ist! Bei der Suche nach stichhaltigen Lehrzielen ist daher nicht nach dem Motto „Was will der Prüfer?", sondern nach dem Motto: „Was brauchen wir für die Praxis?" vorzugehen.

Praxisfragen

Nach diesen Grundsätzen wollte ich nun an der neuen Schule in Lebring vorgehen. Wir stellten uns dabei beispielsweise folgende wichtige Fragen:

- Was muss der Feuerwehrmann zu welchem Zweck wissen?
- Welches Wissen muss er jederzeit aus dem Gedächtnis abrufen können?
- Welche Gültigkeitsdauer wird das Wissen haben?
- Wie oft wird das Wissen angewandt?

Die Lehrzielbestimmung war also der erste und wichtigste Schritt bei der Erstellung von Lehrplänen, Ausbildungsunterlagen, Lehrmitteln und Prüfungssystemen. Wir begannen damals mit einer völligen Neugestaltung der Feuerwehrlehrgänge, wobei wir entrümpelten, neu gestalteten und sogar neue Ausbildungslehrgänge, wie den Einsatzleiterlehrgang und einen Fortsetzungslehrgang für Feuerwehrkommandanten, schufen. Auf dem Sektor des Zivilschutzes beschritten wir sowieso Neuland.

Lehrziele festlegen!

Zum besseren Verständnis unserer Ausgangssituation gebrauchte ich damals ein plastisches Bild: Wenn sich ein Bergsteiger ein Ziel gesetzt hat, wird er die Landkarte zur Hand nehmen, um den seinen Fähigkeiten angemessenen Weg festzulegen. Marschiert er wild drauflos, so kann es vorkommen, dass er sein Vorhaben bald aufgeben muss. In gewissem Sinne ergeht es dem Lernenden ebenso. Er wird sich ohne methodische Vorgangsweise alsbald im Gestrüpp der Lernlandschaft verfangen und so das Lehrziel nicht erreichen. Es ist nun Aufgabe der Pädagogik, Lehrmethoden zu entwickeln, mit deren Hilfe der ungeheure Wissensstoff eines bestimmten Sachgebietes vom

Lernenden am besten erarbeitet werden kann. Es soll also – um bei unserem Vergleich zu bleiben – jener Weg gesucht werden, der am schnellsten und besten durch die unübersichtliche Lernlandschaft zum gesteckten Lehrziel führt.

7.3 Programmierte Instruktion als Wendepunkt

Die wohl bekannteste und erfolgreichste Lehrmethode ist in den Fünfzigerjahren in den USA bekannt geworden: die Programmierte Instruktion (PI) oder der Programmierte Unterricht (PU). Dieses neuartige Lehr- und Lernsystem stellt ohne Zweifel einen Wendepunkt für das moderne Unterrichtswesen dar. Warum ist sie für uns so wichtig?

Exemplarische Grundsätze

Die Antwort ist einfach: Weil ihre Grundprinzipien exemplarische Gültigkeit für alle wirkungsvollen Lehrmethoden besitzen. Auch die Feuerwehrausbildung hat sich nach Möglichkeit an diesen Grundsätzen zu orientieren:

- Jeder Lehrstoff muss in kleine, überschaubare Lehreinheiten aufgeteilt werden (ich habe einmal von der „Atomisierung" des Lehrstoffes gesprochen).
- Der Lernende sollte den Lehrstoff aktiv erarbeiten. Dies kann durch laufende Aufgaben geschehen, die er zu lösen hat.
- Der Lernende muss sich ständig selbst kontrollieren können und Auskunft über den Erfolg seiner Lernbemühungen erhalten.
- Jedes Lernprogramm hat eine hohe Erfolgsquote zu garantieren. Der Lernende sollte also fast alle Aufgaben richtig lösen können. Das kann erreicht werden, indem alle Lernprogramme vor ihrem Einsatz gründlich getestet werden.
- Jeder Lernende sollte den Lehrstoff seiner eigenen Lerngeschwindigkeit entsprechend durcharbeiten können.

Lehrgang in Klagenfurt

Ich hatte mich schon in Wien ein wenig mit dem Programmierten Unterricht beschäftigt. Mein Wissensstand schien mir jedoch zu gering, so dass ich beschloss, einen Lehrgang an der neuen Pädagogischen Universität in Klagenfurt zu besuchen. Das Seminar war inhaltlich interessant, aber von der Präsentation her enttäuschend und ich erkannte, dass man selbst auf der Hohen Schule nur mit Wasser kochte. Auf jeden Fall hatte mich diese Schulung bestärkt, den Weg der Programmierten Instruktion weiter zu verfolgen. Und ich konnte mich in Klagenfurt auch etwas mit den psychologischen Grundlagen des Lernens beschäftigen.

Lernpsychologien

Zwei Forschungsrichtungen innerhalb der Psychologie haben den Weg zur Methode des Programmierten Unterrichts gewiesen: der Behaviorismus (*behavior*, engl.: Verhalten) und die so genannte Gestaltspsychologie.

Der Behaviorismus stellt eine Richtung der Psychologie dar, die sich mit den sichtbaren Verhaltensweisen von Lebewesen beschäftigt. Am Beginn der Forschungen standen dabei die berühmten Rattenexperimente, durch welche gezeigt werden konnte, dass eine Triebbefriedigung (Finden von Futter) zu einer Verhaltensänderung (= Lernerfolg) führen kann.

Geheimnis Motivation

Natürlich sind diese Erkenntnisse nicht so einfach auf uns zu übertragen, denn nicht jeder Mensch ist eine „Ratte“. Eines steht aber fest: Auch der Mensch lernt in Abhängigkeit von seiner Motivation (z. B. Forscherdrang, soziale Beweggründe) besser oder schlechter. Wichtig ist in jedem Fall aber das Erfolgserlebnis, wodurch er zu neuer Lernleistung angespornt wird. In vielen Lernprogrammen findet man daher extrem kleine Lernschritte. Sehr beliebt sind Lückenaufgaben, bei denen der Lernende kreuzworträtselartig die Lösung finden muss.

Fehlende Zusammenhänge!

Diese Methode hat aber einen Nachteil: Der Lernende verliert aufgrund des niederen Schwierigkeitsgrades der Aufgaben bald das Interesse. Außerdem können bei zu kleinen Lernschritten keine systematischen, gedanklichen Zusammenhänge mehr vermittelt werden. Die Folge: Es kommt zum Eindrillen einzelner Bestandteile des Lehrstoffes. Diese Methode mag sich beim Erlernen von Vokabeln (Sprachlabor!) bewähren, kann jedoch in anderen Wissensgebieten (auch im Feuerwehrwesen!) als nicht zielführend angesehen werden. Deswegen hat man sich von der Methode der Programmierten Instruktion, die auf rein behavioristischer Basis aufgebaut ist, schon vor Jahren weitgehend abgewandt.

Was sind Superzeichen?

Ich erwähnte schon die Gestaltspsychologie. Sie lehrt, dass Wahrnehmen, Erleben, Denken und Lernen in sich und untereinander in gestalthaften Ganzheitsbeziehungen steht. Der Mensch erlebt, denkt und begreift also in Gestalten (Superzeichen). Superzeichen sind beispielsweise Bilder und Konstruktionen. Sie stellen mehr als die Summe ihrer Einzelteile dar. Auch spezielle Wörter gehören in diese Kategorie. Sie bedeuten für den Menschen mehr als eine Aneinanderreihung von Buchstaben und Lauten, nämlich Begriffe. Durch das begriffliche Denken wird aber die Verständigung von Mensch zu Mensch wesentlich erleichtert.

Einsichtiges Lernen

Beim Lernen ist dies ebenso: Man lernt in Superzeichen besser als auf rein behavioristischer Basis. Der sture schulmeisterliche Drill hat also dem einsichtigen Lernen zu weichen, denn Zusammenhänge haften besser im Gedächtnis. Das Lernen in Superzeichen wird auch als die dem Menschen weseneigenste Form des Lernens angesehen. Sie ist die Grundlage für geistige Wendigkeit und produktives Denken.

Praktische Umsetzung

Wir stellten uns nun die Frage, wie wir diese theoretischen Überlegungen in die Praxis umsetzen könnten. Und was haben wir im Feuerwehrwesen unter Superzeichen zu verstehen? Es können dies

- grafische und schematische Darstellungen,
- Bilder,
- Tabellen und
- Fotos (auch Fotomontagen),

die einen bestimmten Lehrstoff in überschaubarer, einprägsamer Weise darstellen, sein.

Ausbildungseinsatz

Diese Ausführungen mögen für unsere jungen Feuerwehrführungskräfte heute banal wirken, aber wir hatten damals rein gar nichts, was für den Unterricht verwendbar war. So entschloss ich mich an der neuen Feuerwehr- und Zivilschutzschule kurzerhand, den so genannten Ausbildungseinsatz zu kreieren. Das bedeutete, dass ich mich mit einem Fotografen zu allen größeren Einsätzen an den Brandort begab und diese Ereignisse analysierte. Als Fotograf und treuer Mitarbeiter fungierte dabei – auch bei den später groß angelegten Übungen in meinem Feuerwehrabschnitt – der ursprünglich als Hauswart in Lebring eingestellte *Erwin Schaupensteiner*,

Der so genannte Ausbildungseinsatz bescherte uns viel Anschauungsmaterial. Hier bei einer Übung im Kohlebergwerk Voitsberg (der Verfasser als Zweiter von rechts, flankiert von Erwin Schaupensteiner und Helmut Petrovits).

der von dieser Tätigkeit begeistert war und auch ein kleines Fotolabor an der Schule aufbaute. Jetzt hatten wir eine große Zahl von Fotos, welche ich im Unterricht einsetzen konnte.

Lernunterlagen

Wo gelernt wird, sind auch Lernunterlagen notwendig. Oft werden Schüler mit umfangreichem Skriptenmaterial förmlich erschlagen. Auf der anderen Seite wird, bombastisch und geheimnisvoll zugleich, auf dicke Lehrbücher und Artikel der Fachliteratur verwiesen.

Keines von beiden ist richtig! Die Unterlagen sollten weder zu umfangreich noch zu spärlich sein. Das optimale Lernen erfordert sowohl nach Umfang und Inhalt eine ausgewogene Abstimmung zwischen Lehrstoff und Unterlagenmaterial.

7.4 Lernsystem „Lebring“

Aufgrund meiner umfassenden pädagogischen Studien habe ich schließlich ein System geschaffen, welches damals in relativ kurzer Zeit an mehreren Feuerwehrschulen Österreichs übernommen wurde. Dieses Lernsystem „Lebring“ sieht eine Einteilung des Lehrstoffes in so genannte Lernsequenzen vor, welcher jeweils ein Superzeichen zugeordnet werden soll. Jede Lernsequenz wird dabei auf einem DIN-A4-Blatt abgehandelt und besteht aus einem Lernblock in Form geschriebener Information (Text), einem Superzeichen (Tabelle, Darstellung, Foto etc. mit „Lücken“) und der Selbstkontrolle (1 bis 4 Fragen mit freiem Platz für Antworten).

Selbstkontrolle ist wichtig!

Der Lernstoff wird dargeboten, indem der Text und bestimmte allgemeine Teile bereits vorgedruckt sind. Dadurch wird zeitraubende Schreib- und Zeichenarbeit für den Lernenden eingespart. Wesentliche Schritte sind vom Vortragenden systematisch zu erarbeiten und vom Lernenden selbst in die Lernunterlage einzutragen. Dies geschieht durch das Ausfüllen von „Lücken“ im Superzeichen. Dadurch werden die wesentlichen Inhalte der Lernsequenz auch schriftlich festgehalten, wodurch sie sich besser einprägen. Im Anschluss an den Lernvorgang erhält der Lernende die Möglichkeit der Selbstkontrolle. Dabei sind bereits vorgedruckte Fragen in einer gewissen Zeit zu beantworten. Danach werden die richtigen Antworten bekannt gegeben und können verglichen werden.

Effizienz des Lernens

Bereits in den Fünfzigerjahren haben Gruppenuntersuchungen zur Arbeitspädagogik gezeigt, dass die Lerneffizienz stark von der Darbietung des Lernstoffes abhängt. Nach Ablauf einer bestimmten Zeit wissen Lernende im Durchschnitt nämlich noch

- 20 %, was sie gehört,
- 30 %, was sie gesehen,
- 50 %, was sie gehört und gesehen,
- 70 %, was sie gehört, gesehen und gesprochen und
- 90 %, was sie selber ausgeführt haben.

Wichtige Sichthilfen

Bemerkenswert ist bei dieser Aufstellung nicht so sehr die Höhe der einzelnen Prozentsätze, sondern die Rangfolge des Behaltens eines Lehrstoffes in Abhängigkeit von der Art der Darbietung desselben. Klar zeigt sich daraus die Bedeutung der so genannten „Sichthilfen" bzw. der modernen audio-visuellen Hilfsmittel. Jeder Lehrer sollte sich vor einem Referat fragen: Was kann ich zeigen? Bilder? Diagramme? Modelle? Filme?

Zu den einprägsamsten Sichthilfen gehört aber noch immer die Tafelarbeit. Hier sieht man ein Bild entstehen! Als ausgezeichneter Lehrbehelf hat sich in diesem Sinne damals auch der Tageslichtprojektor („Overhead") erwiesen. Heute werden Präsentationsprogramme über Laptops schon in der Volksschule gelehrt. Das modernste Gerät ersetzt dabei jedoch keinesfalls die pädagogischen Grundsätze.

Negatives Striptease

Wir hatten in Lebring nun alle technischen Möglichkeiten, diesen audiovisuellen Unterricht aufzubauen. Und dies nahmen wir auch wahr. Mit den damals vorhandenen Mitteln bauten wir den Unterricht so lebendig als möglich auf. Der Schwerpunkt im Lehrsaal lag dabei auf dem Overheadprojektor, für den wir viele hunderte Folien schufen. Zu diesem Zweck erhielt jeder Ausbilder einen für die damaligen Begriffe modernen Medienkoffer. Dieser enthielt alle Hilfsmittel zur Herstellung von Overheadfolien. Ich forcierte damals vor allem das schrittweise Aufbauen von Superzeichen („negatives Striptease") auf einer Folie, wodurch die Entstehung eines neuen Begriffs nachvollzogen werden kann.

Blackbox-Methode

Im praktischen Unterricht versuchte ich die so genannte Blackbox-Methode einzuführen. Dabei wird beispielsweise ein Atemschutzgerät (Motor, Zumischer, Strahlrohr etc.) anfänglich als „Schwarze Schachtel" (Blackbox) dargestellt. Lediglich das Aufdrehen des Ventils und das Freiwerden der Atemluft wird zu Beginn der Schulung erklärt. Alle anderen Bestandteile (z. B. Druckminderer und Lungenautomat) liegen vorerst im „Dunkeln". Dann geht man bereits in die Praxis und beübt das Gerät. Später werden stufenweise die anderen Bestandteile anschaulich erklärt und so wird die „Schwarze Schachtel" langsam erhellt.

Vom Begreiflichen zum Begrifflichen!

Um den Unterschied der neuen Methode herauszuarbeiten: Früher erklärte man lang und breit den Aufbau des Pressluftatmers und seiner Bestandteile. An der Spitze stand die Theorie (also das Begriffliche), welche fast immer zu umfangreich angelegt war. Erst später kam man zum Eingemachten und zur Praxis, obwohl die sichere Handhabung und das Tragen des Atemschutzgerätes ja eigentlich der Hauptzweck der Schulung sein sollte.

Mit der Blackbox-Methode dreht man das Ganze um: Man kommt also quasi vom Begreiflichen zum Begrifflichen. Die Praxis steht dabei im Vordergrund, welche ja mit dem Begreifen des Gerätes beginnt. Damit kann man einen wesentlich höheren Schulungserfolg erzielen und gleichzeitig den Ausbildungsstoff (vor allem von der unnötigen Theorie) entrümpeln.

Für einen anschaulichen Unterricht war ich ein unermüdlicher Erfinder von praktischen Experimenten.

Rückblick in Wehmut

Rückblickend muss ich sagen: Wir haben damals in den Siebzigerjahren eine pädagogische Entwicklung in Gang gesetzt, welche nach meinem Abgang nach Graz zur Berufsfeuerwehr leider aufgrund von Unkenntnis, fachlicher Inkompetenz und Intrigen weitgehend gestoppt wurde. Die von mir an die 100 verfassten Skripten wurden (unter Streichung meines Namens) zwar weiter verwendet, aber später im Rahmen von vermeintlichen „Verbesserungen" weitgehend ihrer pädagogischen Inhalte beraubt. Was sich damals abspielte, grenzte knapp an einen – von „oben" angeordneten – geistigen Diebstahl mit anschließender „Vergewaltigung des Lehrstoffes". Ich entschloss mich schließlich, dagegen nicht vorzugehen, weil ich die Unterlagen einerseits als Angestellter der Schule verfasst hatte und andererseits meine Ruhe haben wollte.

Auf Pädagogik keinen Wert gelegt!

Meine Nachfolger verwalteten die Feuerwehr- und Zivilschutzschule Steiermark mehr oder weniger gut, legten aber auf Pädagogik fast keinen Wert. Erst mit dem neuen Schulleiter *Mag. Otto Fritz* hatten wir nach dem Jahrtausendwechsel wieder Hoffnung auf einen Aufschwung. Leider erwies sich auch dies als Schimäre! Persönliche Differenzen mit dem neu gewählten Landesfeuerwehrkommandanten *Albert Kern* und eine unproduktive Sturheit in den wichtigen Führungsfragen der Schule führten Ende 2008 zu einer Ablöse des nicht untalentierten Schulkommandanten. Der politische Feuerwehrreferent Landeshauptmann *Mag. Franz Voves* übertrug dann sogar alle Agenden der Feuerwehr- und Zivilschutzschule Steiermark dem Landesfeuerwehrverband.

Ein Kreis schließt sich!

Ein Lichtblick in diesem Zusammenhang: Ab Jänner 2009 hat mein alter Freund und beruflicher Wegbegleiter Ing. Josef Milla, nach seiner Pensionierung als Branddirektor-Stellvertreter der Berufsfeuerwehr Graz, die Schulleitung interimsmäßig übernommen. Ich werde mich ins Zeug legen, um nun bei einer adäquaten Restaurierung der Feuerwehr- und Zivilschutzschule Steiermark mitzuhelfen. So schließt sich im Leben oft überraschend ein Kreis und eröffnet neue Chancen!

8. Kapitel

Mnemotechnik im Dienst der Feuerwehr

Das Gedächtnis ist eine
Schatzkammer von Vorstellungen.

Zenon

Wer kennt sie nicht? Die einfachen Merksätze zur Unterstützung unseres Gedächtnisses. Man nennt sie mnemotechnische Regeln (von *mneme*, griech.: Gedächtnis). Wir haben sie in unserer Schulzeit auch als „Eselsbrücken“ bezeichnet. Und ich behaupte: Gerade beim neuen Lernen im Bereich des Feuerwehrwesens benötigen wir auch derartige Mittel aus dem Zauberladen der Mnemotechnik. Ich habe mich vor allem als Leiter der Feuerwehr- und Zivilschutzschule Steiermark sowie Branddirektor der Stadt Graz und später als Präsident des Grazer Brandschutzforums mit diesem interessanten Themenkreis intensiv beschäftigt.

8.1 Einige Beispiele

Mnemotechnische Regeln werden heute vielfach völlig unbewusst im täglichen Leben verwendet. Sie stellen quasi geistige Krücken dar, durch welche man eine bessere Merkfähigkeit erlangen kann. Es können Schlagworte und einfache Zweizeiler sein oder auch kleine Geschichten, welche man um verschiedene Begriffe rankt.

Geschichte und Geografie

Ich erinnere mich noch heute an den Spruch aus dem Geschichtsunterricht: „Drei, drei, drei – vor Issos große Keilerei!“. Damit haben wir uns eine wichtige Schlacht im Jahre 333 v. Chr. gemerkt, welche *Alexander der Große* vor der kleinasiatischen Stadt Issos gegen die Perser geschlagen hat.

Um sich die beiden Quellflüsse der Donau zu merken, haben wir uns den Zweizeiler „Brigach und Brege bringen die Donau zuwege!“ eingeprägt. Ich habe dann einmal diese beiden Gewässer im Schwarzwald aufgesucht, welche sich in Donaueschingen vereinigen. Und tatsächlich entsteht der in Österreich schon sehr mächtige Donaustrom aus diesen kleinen Bächen und natürlich hunderten anderen Zuflüssen vor allem aus dem Alpenland.

Woraus besteht der Mensch?

Im Naturgeschichteunterricht, heute würde man dazu Biologie sagen, stellten wir uns in den 50er-Jahren die Frage, aus welchen wichtigsten chemischen Elementen der Mensch und seine Umwelt aufgebaut sind. Hier gab uns der Professor eine eher absurde Merkregel, die mir jedoch interessanterweise bis heute glasklar im Gedächtnis haften geblieben ist. Sie gleicht eher einem Werbeslogan aus der jüdischen Lebensmittelindustrie als einer naturwissenschaftlichen Formel. Denn sie heißt „Cohn mag Kaps-Café".

Grundelemente des Lebens

Was steckt nun hinter diesem eher eigenartigen Slogan? Abgesehen davon, dass der Name „Cohn" bei uns nicht sehr üblich ist und heute niemand mehr den früher tatsächlich auf dem Markt befindlichen „Kaps-Café" kennt, sind in diesem Werbespruch alle wichtigen Grundelemente des Lebens versteckt:

C = **C**arbonium (Kohlenstoff)
O = **O**xigenium (Sauerstoff)
H = **H**ydrogenium (Wasserstoff)
N = **N**itrogenium (Stickstoff)
Mg = **M**agnesium
Ca = **C**alzium
P = **P**hosphor
S = **S**chwefel
K = **K**alium
Fe = **F**errum (Eisen)

Ob nun Cohn den Kaps-Café mag oder nicht, ist nebensächlich, durch einen derart „dummen Satz" kann man sich jedoch eine Merkbrücke zu einer wichtigen naturwissenschaftlichen Erkenntnis der neueren Zeit bauen.

Die „HALBE-Regel"

Auch im Feuerwehrwesen gibt es eine Reihe derartiger „Eselsbrücken". Nicht allzu bekannt dürfte die mir von Bundesfeuerwehrrat *Dr. Alfred Zeilmayr*, Wels, mitgeteilte „HALBE-Regel" sein, die ich hier trotzdem erwähnen möchte. Als „Halbe" bezeichnet man üblicherweise im bayrischen und oberösterreichischen Raum ½ Maß Bier. Hier aber soll damit das richtige Verhalten bei Bränden beschrieben werden:

H = **H** elfen (Retten),

A = **A** larmieren,

L = **L** öschen,

B = **B** egrenzen (Tür zum Brandraum schließen) und

E = **E** inweisen (der Hilfskräfte).

Anmerkung: Nach heutiger Einschätzung sollte das Alarmieren vor dem Helfen (Retten) kommen bzw. zumindest parallel erfolgen!

In memoriam OBR Pergher

Neben der HALBE-Regel gibt es noch ein einschlägiges Merkkürzel, welches sich mit dem beliebtesten „Nahrungsmittel" der Österreicher, nämlich dem Bier, befasst. Sie war mir bis vor Kurzem nicht bekannt und stammt angeblich von dem viel zu früh verstorbenen *OBR Karl Pergher* aus Mattersburg. Er war als hauptamtlicher Bundesheeroffizier intensiv mit taktischen Fragen befasst und hat auch bei einem einschlägigen Führungsseminar des ÖBFV an führender Stelle gewirkt.

Die BIER-Regel

Für die beim Einsturz von Bauwerken wichtigen Hilfsmaßnahmen hat *Pergher* nun die so genannte BIER-Regel entwickelt. Dadurch sollen die wesentlichen Tätigkeiten (Definitionen) bei diesem Gefahrenszenarium leichter gemerkt werden:

B = **Bergen**

Leblose Personen oder leblose Tiere oder gefährdete Sachwerte einbringen bzw. sicherstellen.

I = **In Sicherheit bringen**

Menschen oder Tiere aus dem Gefahrenbereich bringen.

E = **Evakuieren**

Menschen zum Verlassen des Gefahrenbereiches veranlassen.

R = **Retten**

Einen lebensbedrohlichen Zustand von Menschen oder Tieren aus einer lebensbedrohlichen Zwangslage abwenden.

Die HAUS-Regel

Eine neue mnemotechnische Feuerwehrregel wurde im Jahre 2005 im hohen Norden Deutschlands geboren. Sie befasst sich mit dem Einsatz von Drehleitern unter dem einprägsamen Kürzel HAUS. Ihre Erfinder sind zwei echte Praktiker, die im mittleren Feuerwehrdienst bei Berufsfeuerwehren tätig sind. Und zwar *Jan Ole Unger*, BF Hamburg, und *Nils Beneke*, BF Hannover.

Was bedeutet nun HAUS?

H = **Hindernisse:** Diese müssen rechtzeitig erkannt, beurteilt und in der weiteren Einsatzplanung berücksichtigt werden.

A = **Abstände/Abstützung:** Diese sind richtig zu wählen und somit ist die Standfläche der Drehleiter festzulegen.

U = **Untergrund:** Dieser ist stets in die Einsatzplanung einzubeziehen, vor allem dann, wenn nicht auf einer normal befestigten Straße abgestützt wird.

S = **Sicherheit:** Es sind neben den allgemeinen Unfallverhütungsvorschriften die Herstelleranweisungen der Drehleiternerzeuger und eine Reihe weiterer Gefahren zu berücksichtigen.

Die HAUS-Regel ist mittlerweile bei vielen größeren Feuerwehren zur Standardtaktik für den Drehleitereinsatz geworden. Weitere Informationen können über das Ausbildungs- und Informationsportal www.drehleiter.info abgerufen werden.

8.2 Was Herr KARL mit dem Brandschutz zu tun hat

Als ich einmal mit meinem alten Freund und ehemaligen Kommandanten der FF Bisamberg, *Ing. Josef Winter*, bei einem seinen häufigen Besuche in Graz wieder über den Brandschutz diskutierte und ihm die HALBE-Regel präsentierte, sagte er: „Das ist noch gar nichts. Wir in Niederösterreich haben da eine ganz andere, natürlich viel bessere Merkversion. Sie heißt ganz einfach KARL!".

Der Herr Karl!

Am Anfang fing ich damit nicht viel an, aber dann erkannte ich die Möglichkeit, hier eine echte mnemotechnische Regel für den Brandschutz zu kreieren. Denn mit dem in der Zwischenzeit Berühmtheit erlangten Namen des „Herrn Karl" konnte man jeden Bürger und jede Bürgerin ansprechen und erreichen. Dieser war jedoch untrennbar mit *Helmut Qualtinger*, dem begnadeten Wiener Volksschauspieler, verbunden. Also suchte ich nach einem Abbild des Herrn Karl und fand es schließlich bei *Erich Sokol* in einem seiner Bücher. Er hatte hier in seiner unnachahmlichen Weise den raunzenden und alles besser wissenden Herrn Karl dargestellt.

Ein Brandschutzplakat

Dieses *Qualtinger*-Bild verwendete ich nun für ein Plakat, welches wir bereits seit Jahren sehr erfolgreich bei den Schulungen des Grazer Brandschutzforums und nunmehr des Brandschutzforums Austria einsetzen. Mit der provozierenden Frage „Was hat Herr Karl mit dem Brandschutz zu tun?" geben wir gleichzeitig die Antwort:

K	=	**Keine Panik**
A	=	**Alarmieren**
R	=	**Retten**
L	=	**Löschen**

Mit diesem Plakat haben wir Neugierde für den Brandschutz erweckt!

„Super-Karl!“

Hier wurde die allgemein bis vor Kurzem gepaukte Formel über das richtige Verhalten bei Bränden „Alarmieren – Retten – Löschen“ in einfacher und anschaulicher Weise sinnvoll die die beiden Worte „Keine Panik“ erweitert. Und gerade darum geht es ja: Das Alarmieren, Retten und Löschen muss ganz einfach überlegt und ohne Panik erfolgen. Denn wenn dies nicht so ist, geht jede Hilfestellung im Brandfall schief. Wenn wir es andererseits aus der gestaltspsychologischen Lernecke betrachten, ist der Herr Karl hier zu einem echten „Superzeichen“ für den Brandschutz geworden, eben „Super-Karl!“

Der allgegenwärtige Karl

Diese neue Verhaltensregel haben wir im Jahre 2004 auch in unserem ersten Brandschutzplakat, welches *Dr. Otto Meisenberger* vor etwa 10 Jahren noch im Sinne des trilogischen Alarmierens, Rettens und Löschens gestaltet hat, verankert. In der Neuauflage ist jedenfalls der mit dem Zeigefinger erhobene

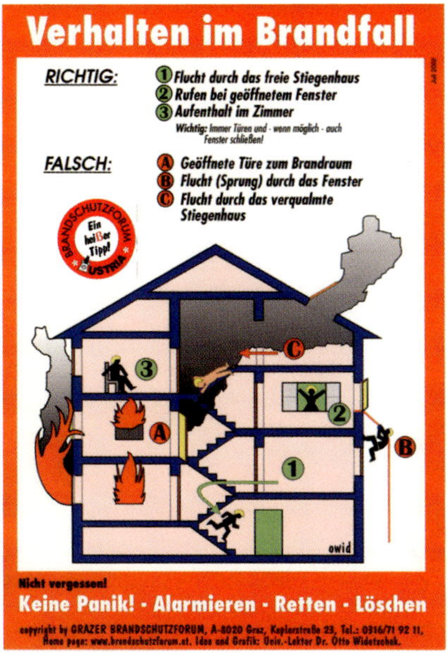

Mahner mit dem Ausspruch „Keine Panik" zusätzlich aufgenommen worden. Jedoch nicht nur dieses Plakat wurde im Sinne der „KARL-Regel" erweitert, auch in unserem „Brandschutzhaus", in welchem ich die drei richtigen und drei meist falschen Verhaltensweisen von Menschen im Brandfall dargestellt habe, ist quasi als Fußnote die neue „KARL-Regel" eingefügt worden. Der Herr Karl ist also fast überall, er ist bei uns im Brandschutz allgegenwärtig!

Ein im Betriebsbrandschutz verwendetes Plakat des Brandschutzforums Austria.

8.3 Von der GAS- zur GAMS-Regel

Als ich erstmals im Jahr 1978 das Fachbuch „Transport gefährlicher Güter" herausgegeben habe, bin ich auf die Idee verfallen, auch für die Sofortmaßnahmen der Einsatzkräfte bei Gefahrgut-Unfällen eine derartige mnemotechnische Regel zu erfinden. Das war die Geburtsstunde der so genannten „GAS-Regel". Diese wird heute in Form des leicht erweiterten Merkspruches „GAMS" im Feuerwehrwesen in Österreich und in Deutschland (FwDV 500 „Einheiten im ABC-Einsatz" aus dem Jahre 2004) als anerkannte Ausbildungsregel verwendet!

Was ist die GAS-Regel?

Diese Merkregel war damals für die zuerst ausgerückten, nicht immer mit den erforderlichen Spezialgeräten ausgerüsteten Feuerwehrkräfte gedacht. Dabei bedeutet:

G = **Gefahr erkennen** (Gefahrzettel, Warntafeln, Unfallmerk- und Sicherheitsdatenblätter, Erkundungen etc.

A = **Absperren der Einsatzstelle** (Gefahrenzone, Sicherheits-Einsatzdistanz etc.)

S = **Spezialkräfte alarmieren** (Gefährliche-Stoffe-Stützpunkte, Rettung, Exekutive, Behörden und Sachverständige)

Menschenrettung primäres Ziel!

Selbstverständlich habe ich damals auch festgehalten, dass das Retten von Menschen aus Gefahrensituationen das primäre Ziel jedes Einsatzes ist. Allerdings muss dabei stets die Sicherheit der Einsatzkräfte gewährleistet sein. Zum damaligen Zeitpunkt waren in erster Linie nur die Spezialkräfte von Chemiestützpunkten für derartige Tätigkeiten in der Lage. Ich habe daher die Menschenrettung in der GAS-Regel nicht unmittelbar berücksichtigt.

Umfassende Ausrüstung

In den letzten zwanzig Jahren hat sich um die angemessene Ausrüstung des Feuerwehreinsatzpersonals eine umfassende Diskussion entwickelt. Sie betraf nicht nur den Einsatz im Zusammenhang mit gefährlichen Stoffen, sondern auch die immer mehr in den Vordergrund rückende Problematik der Rauchdurchzündungen (Flashover und Backdraft) bei Brandeinsätzen. Fest steht, dass heute auf Grund der neuen Gefahren in faktisch allen Feuerwehren eine qualitativ hochwertige Brandschutzbekleidung und schwerer Atemschutz in Form von Pressluftatmern angeschafft wurde.

Menschenrettung ist möglich!

Vor allem bei Gefahrguteinsätzen hat man früher vielfach die Meinung vertreten, dass diese nur mit schweren Chemieschutzanzügen zu bewältigen wären. Ein unüberlegter Anschaffungsboom war in vielen Bundesländern die Folge, welcher jedoch kontraproduktiv wurde. Nicht nur die hohen Anschaffungskosten, sondern auch die notwendigen laufenden Wartungen brachten große finanzielle und organisatorische Probleme. Heute wissen wir, dass auch bei Gefahrgut-Unfällen eine Menschenrettung durch die Erstkräfte, welche mit Pressluftatmern und herkömmlicher persönlicher Schutzausrüstung versehen sind (Einsatzbekleidung, Helm und entsprechendes Schuhwerk) – ergänzt durch chemikalienbeständige Handschuhe (Fahrzeugausrüstung) – durchgeführt werden kann. Es ist dabei jedoch grundsätzlich jede Kontamination, also der Kontakt mit den gefährlichen Stoffen, so weit als möglich zu vermeiden. Anmerkung: Im Zweifelsfall ist nach dem Einsatz eine sofortige ärztliche Untersuchung anzuordnen.

Kein Jägerlatein

Wir haben schon vor über zehn Jahren diese Fakten im Sachgebiet 4.6 „Gefährliche Stoffe" umfassend diskutiert und sind schließlich zum Schluss gekommen, die GAS-Regel zur GAMS-Regel zu mutieren. Vor allem in freundschaftlichen Diskussionen zwischen *OBR Dipl.-Ing. Karl Schmid*, BF Wien, und mir wurde dies vereinbart. Der Name dieser neuen Regel entstand also nicht, wie einmal ein Außenstehender behauptet hat, weil wir beide der Jagdleidenschaft verfallen sind, sondern aus der – wie sagt man so schön? – normativen Kraft des Faktischen. Und das zusätzliche „M" ist daher kein Jägerlatein, sondern bedeutet dabei so viel wie „Menschenrettung durchführen". Wobei die eigene Sicherheit – wie bereits dargestellt – ganz besonders zu beachten ist!

Die GAMS-Regel hat sich heute im gesamten deutschsprachigen Raum als Merkregel durchgesetzt.

Apropos Gams

Gams ist der Vulgoname für die im Hochgebirge lebende Gemse (nach der neuen Rechtschreibung als Gämse geschrieben), welche jedoch nicht nur in der Alpenregion zu finden ist. Gämsen sind behände Kletterer und besitzen ein ausgeprägtes Sensorium für plötzlich auftretende Gefahren. Sie stellen sogar „Wachtposten" auf, welche im Fall der Fälle spezielle Warnschreie aussenden. Dies alles sind Eigenschaften, die im übertragenen Sinn auch von einem guten Feuerwehrmann erwartet werden können. Vor allem bei ABC-Unfällen, aber nicht nur dort, ist das Erkennen der Gefahr von größter Bedeutung. Fazit: Die spezielle GAS-Regel ist tot, es lebe die allgemein gültige GAMS-Regel!

8.4 AAAACEEEE – das Gefahrenalphabet

Die Welt hat sich im letzten Jahrhundert gewaltig verändert. Naturwissenschaft und Technik haben einen Siegeslauf ohnegleichen erlebt und beeinflussen unser tägliches Leben. Sie haben jedoch auch neue Gefahren gebracht! Darüber hinaus darf der Mensch die mächtigen Naturgewalten nicht unterschätzen: Vulkanausbrüche, Erdbeben, Orkane und Sturmfluten sind seit jeher gefürchtet. Früher wurden derartige Katastrophen als höhere Gewalten oder gottgewollte Ereignisse angesehen. Heute wissen wir mehr darüber. Leider spielt der Mensch dabei eine verhängnisvolle Rolle und ist zumindeste teilweise für derartige Katastrophenereignisse verantwortlich.

Wie Old Shatterhand

Erinnern Sie sich noch an *Karl May*? Seine berühmten Indianergeschichten sind legendär und ich habe sie seinerzeit alle förmlich verschlungen. Als ich für dieses Buch recherchierte, habe ich mich unwillkürlich an ein Abenteuer des berühmten *Old Shatterhand* erinnert: Auf einer seiner Expeditionen wird er plötzlich von feindlichen *Sioux*-Indianern umzingelt, welche sich auf dem Kriegspfad befinden. Sie lauern im Busch und auf den Bäumen und warten nur auf den geeigneten Augenblick, um losschlagen zu können. Da bedarf es eines genialen Tricks des legendären Trappers, um der Gefahr zu entgehen.

Gefährdete Helfer

Ähnlich ergeht es den im Einsatz gegen das Feuer und die Naturgewalten ankämpfenden Einsatzkräften. Dazu kommen die modernen Technikgefahren, welche nicht unterschätzt werden dürfen. Feuerwehr- und Rettungsangehörige sind heute im wahrsten Sinn des Wortes bei ihrer harten Arbeit von Gefahren umzingelt. Durch die gigantomanische Bauweise in unserer technikgläubigen Zeit, die exzessive Verwendung von Kunststoffen, den Moloch Verkehr, die allgegenwärtige Chemie, die umstrittene Kerntechnologie sowie die heute im Mittelpunkt der Forschung stehende Gen- und Biotechnik kommt es einerseits zu wesentlich größeren Einsatzproblemen und andererseits zu neuartigen Bedrohungsbildern. Ich behaupte: Nicht nur unsere Zivilbevölkerung, sondern vor allem die Helfer sind heute gefährdeter denn je!

Neun Buchstaben

Zur Beschreibung und gewissermaßen Katalogisierung dieser im Einsatz auftretenden Gefahren wurden schon bald einprägsame Merkregeln gesucht. Vor allem der in Ausbildungsbelangen bei der Berufsfeuerwehr München tätige Branddirektor *Dipl.-Ing. Heinrich Schläfer* schuf die heute im deutschen Sprachraum allgemein anerkannte AAAACEEEE-Merkregel. Diese hatte ursprünglich ein „A" und „E" weniger, weil man die Gefahren der „Angst" und „Erkrankung" erst später mit einbezog. Heute sind es neun Merkworte:

A ngst & Panik

A temgifte

A usbreitung

A tomare Strahlung

C hemische Stoffe

E xplosion

E lektrizität

E insturz

E rkrankung & Verletzung

Der Gefahrendiamant

Die neun aufgezeigten Gefahren können schematisch im so genannten Gefahrendiamanten, der von mir erarbeitet wurde, anschaulich dargestellt werden. Es ist dies ein auf der Spitze stehendes Quadrat, welches aus neun Gefahrenfeldern besteht. In der oberen und unteren Spitze sind die psychischen und physischen Gefahren (Angst & Panik sowie Erkrankung & Verletzung) verankert, in den mittleren Feldern die objektiven Gefahren, wie sie an der Einsatzstelle auftreten können. Der Gefahrendiamant stellt also ein lernpsychologisches Gebilde zur komprimierten Darstellung des aus neun Buchstaben bestehenden Gefahrenalphabets dar! Eine mnemotechnische Regel, die sich damit zu einem echten Superzeichen gemausert hat!

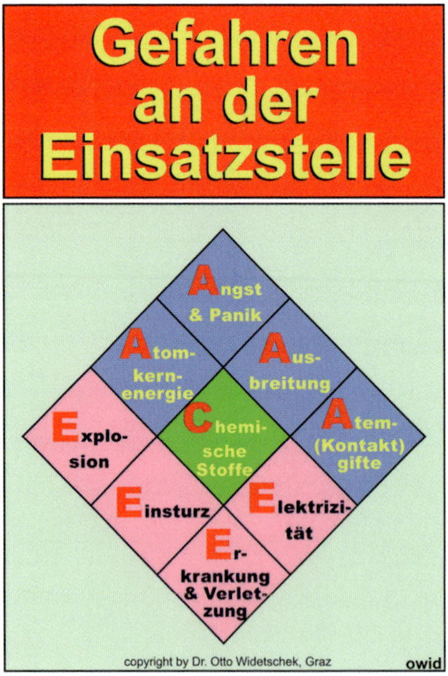

Der Gefahrendiamant zur Darstellung der Einsatzgefahren.

9. Kapitel

Innovationen am laufenden Band

(Foto: Schaupensteiner)

Das Neue dringt herein mit Macht!

Friedrich Schiller, Wilhelm Tell

Der Routinebetrieb an der Feuerwehr- und Zivilschutzschule mit den einschlägigen Lehrgängen und Seminaren war zwar interessant, er lastete mich jedoch nach einiger Zeit bereits nicht mehr aus. Ich wollte nicht immer nur Standardkurse organisieren und dieselben Lehrinhalte predigen. Das befriedigte mich einfach nicht wirklich! Und so begann ich bereits nach kurzer Zeit mit Spezialausbildungen (Strahlenschutz, Gasrettungsdienst etc.), der Ausarbeitung von neuen Ausrüstungskonzepten für die Feuerwehr und auch mit einschlägigen Prüftätigkeiten.

9.1 Kooperation mit Seibersdorf

Ich habe schon von meinen speziellen Aktivitäten auf dem Strahlenschutzsektor berichtet. Und von da her kannte ich natürlich viele Wissenschaftler und Techniker, die in der Branche aktiv tätig waren. Schon seit meiner Studentenzeit und der Tätigkeit in der Zivilschutzschule des Innenministeriums hatte ich auch Kontakte zum damaligen Kernforschungszentrum in Seibersdorf und im Besonderen zur Strahlenschutzabteilung.

Strahlenschutzleistungsabzeichen

Mit *Dr. Tritremmel* (Seibersdorf) und *Ing. Gerzabek* (Innenministerium) war ich einer der Männer der ersten Stunde, welche den heute bei den Einsatzorganisationen allgemein anerkannten Strahlenschutzleistungsbewerb in Bronze und Silber aus der Taufe gehoben haben. Das Strahlenschutzleistungsabzeichen in Gold habe ich als erster Anwärter in Österreich durch eine Hausarbeit (Thema war die Ausbreitung radioaktiver Schadstoffwolken) erworben. Wenn es um Strahlenschutz ging, war ich also immer dabei! Wir erstellten damals in der Zivilschutzschule auch ein Simulationsprogramm für großräumige Verstrahlungen, welches in der Praxis mit elektromagnetischen Wellen über einen Sender arbeitete. Mit diesem Gerät, welches in einen VW-Bus eingebaut war, reisten wir für Schulungszwecke in ganz Österreich herum.

Ausbildung von Strahlenschutzbeauftragten

Mit meinem Wechsel in die Steiermark im Jahre 1973 konnte ich an diesen Aktivitäten in Wien nicht mehr teilhaben. Aber ich plante etwas anderes: Nämlich die Ausbildung von Strahlenschutzbeauftragten, welche damals nur in Seibersdorf möglich war. Mit *Univ.-Doz. Dr. Herbert Sorantin*, dem Leiter der Strahlenschutzabteilung, und seinem Mitarbeiter *Dr. Ernestinus Schwab* gründeten wir daher eine Außenstelle des Kernforschungszentrums für die Strahlenschutzausbildung und gingen das Projekt mit sehr viel Elan an. Zielgruppe waren dabei in erster Linie Ärzte und Röntgenschwestern, welche diese Schulung gemäß Strahlenschutzgesetzgebung nachweisen mussten. Aber auch Kurse für offene Strahler in der Medizin und Technik, sowie für Angehörige der steirischen Hochschulen und der Industrie führten wir durch.

Ein kompetentes Team!

Ein wichtiger Partner wurde damals das Institut für Atom- und Kernphysik der Technischen Universität Graz mit deren Leiter *Univ.-Prof. Dr. Ludwig Breitenhuber* sowie *Univ.-Doz. Dr. Peter Kindl* und einigen weiteren Mitarbeitern.

**Strahlenschutzausbildung in Lebring. Im Bild vorne von links nach rechts:
Dr. Schwab, Univ.-Doz. Dr. Sorantin, Univ.-Prof. Dr. Breitenhuber, Dipl.-Ing. Priesching, der Autor und Dr. Schneider.
Bild hinten: Petrovits und Ing. Milla.**

Sie brachten die örtliche wissenschaftliche Kompetenz ein, während ich selbst mit meinen Kollegen *Ing. Josef Milla*, *Ing. Peter Walter* und *Helmut Petrovits* die praktische Seite der Strahlenschutzausbildung abdeckte. In dieser Zusammensetzung waren wir ein kompetentes Team, welches hervorragend arbeitete.

Ich werde Universitätslektor

Für mich hatte dieses Engagement einen wichtigen Nebeneffekt zur Folge, denn bereits kurze Zeit später wurde mir ein externer Lehrauftrag an der Technischen Universität angeboten. Ich wurde daher bereits ab Herbst 1974 Universitätslektor und habe an die 30 Jahre zum interessanten Thema „Sicherheitsprobleme – Technischer Strahlenschutz" eine Vorlesung halten können. Das war schon immer mein Wunschtraum, denn nun war ich in der Lage, mein umfassendes, praktisches Strahlenschutzwissen an interessierte Studenten und Studentinnen weiterzugeben und den „Januskopf Atom" auf höchster akademischer Ebene in allen Details darzustellen. Vor allem nach dem Kernkraftwerksunfall von Tschernobyl hatte ich eine große Zahl von Hörern und Hörerinnen und konnte mit meinem Wahlfach sehr gut reüssieren. Erst als die einzelnen Hochschulstandorte im Jahre 2003 autonom wurden, hatte man die glorreiche Idee, alle externen Vortragenden aus „Einsparungsgründen" zu eliminieren. Und damit auch mich, aber was soll's!

Umfassende Kontakte

Die Ausbildung zum Strahlenschutzbeauftragten an der Feuerwehr- und Zivilschutzschule lief über acht Jahre äußerst erfolgreich ab. Wir schulten viele Hunderte Ärzte, Techniker und Krankenschwestern. Für die Grazer Universitäten und die Montanuniversität Leoben führten wir sogar eigene Lehrgänge in Lebring durch. Im Landeskrankenhaus Graz hatten wir nicht nur Kontakte mit dem Röntgeninstitut und der Zahnmedizin, sondern auch mit der Strahlendiagnostik und Strahlentherapie, jedoch vor allem der Prüfstelle für Strahlenschutz unter der Leitung von *Dr. Harald Spreitzer*. Auch der damalige, leider viel zu früh verstorbene Landesstrahlenschutzbeauftragte *Dr. Wolfgang Nims* war Referent in Lebring. Nach meinem beruflichen Wechsel nach Graz wurde leider die Ausbildung für Strahlenschutzbeauftragte eingestellt. Vielleicht wollte man meine „Spuren“ verwischen, was aber sicher nicht ganz gelungen ist!

9.2 Neue Wege mit Light Water

Ich war gerade erst einige Monate in der Steiermark, als es am 11. August 1973 in der Nähe der obersteirischen Bahnstation Mixnitz zur Entgleisung von acht Kesselwaggons kam. Von der insgesamt 420.000 Liter umfassenden Lademenge gerieten rund 100.000 Liter Benzin und Heizöl in Brand und entfachten eine gigantische Flammenhölle. Vorher hatte es schon im Jahre 1964 in Graz am Grieskai vor dem Hotel Wiesler den ersten Tankwagenbrand in einem innerstädtischen Gebiet gegeben, bei welchem 10.000 Liter Benzin einen Großbrand verursachten.

15.000 Liter Schaummittel

In Mixnitz kämpften die Feuerwehren mit *ABI Josef Urschler* an der Spitze fast 30 Stunden gegen die Flammen und verbrauchten mehr als 15.000 Liter Schaummittel. Eine riesige Löschmittelmenge, die zur Bändigung des in der Steiermark bis dahin größten Flüssigkeitsbrandes notwendig war. Das Schaummittel musste dabei aus den Bezirken Bruck a. d. Mur, Leoben, der Berufsfeuerwehr Graz und mit Hilfe eines Hubschraubers des Österreichischen Bundesheeres sogar aus Linz zusammengeholt werden.

Leichter als Wasser

Die Lehren aus Mixnitz waren: Man benötigt heute zur Bekämpfung von großflächigen Flüssigkeitsbränden Schaumlöschmittel höchster Löschkraft, die in größeren Mengen in Stützpunkten verteilt sein müssen. Ich beschäftigte mich mit diesem Problemkreis und kam auf ein oberflächenaktives Netzmittelkonzentrat, welches bereits Anfang der Sechzigerjahre im amerikanischen Marineforschungsinstitut gemeinsam mit der 3M-Company entwickelt wurde. Diese Substanz kann einen löschwirksamen Film auf brennbaren

Flüssigkeiten bilden, weil es leichter als Wasser ist. Man nannte es daher Light Water oder Aqueous Film Forming Foam (AFFF), was so viel wie wasserfilmbildender Schaum bedeutet.

Der Fackeltest

Das Neue an diesem Löschmittel war seine Filmbildung. Diese kommt durch seine spezielle, langkettige Molekülstruktur zustande. Dabei legen sich die kettenförmigen Moleküle palisadenförmig aneinander und bilden damit einen für das Feuer undurchdringlichen Film. Ich habe dies immer durch den so genannten Fackeltest vordemonstrieren lassen: Nach dem Ablöschen einer brennbaren Flüssigkeit mit Light Water und Ausbildung des Löschmittelfilmes wird dieser an einer Stelle mit einer brennenden Fackel zerstört. Hier flammt der Brand zwar kurzfristig auf, er wird jedoch rasch gelöscht. Der Löschmittelfilm „schneidet" sozusagen die Flammen ab und bildet eine für den Luftsauerstoff undurchdringliche Barriere.

Der Fackeltest in der Praxis, er zeigt die filmbildende Wirkung von Light Water.

Die Motive für das neue Produkt

Dieses ursprünglich in den USA für militärische Zwecke entwickelte Produkt (erfolgreicher Einsatz beispielsweise in Vietnam!), wurde jedoch zunehmend auch im zivilen Bereich, beispielsweise auf Flughäfen und bei Feuerwehren der Petrochemie verwendet. Der große Raffineriebrand von Triest, der nur durch den Einsatz von Light Water gelöscht werden konnte, hat auch das damalige Jugoslawien bewogen, derartige Stützpunkte einzurichten, was ein Besuch meinerseits in der zentralen Feuerwehrschule in Zagreb zeigte. Ich schlug daher dem Landesfeuerwehrkommando und den verantwortlichen Beamten ebenfalls den Ankauf eines AFFF-Produktes für Stützpunkte in der Steiermark vor.

Umfassende Experimente

Vorher beschäftigten wir uns jedoch mit dem neuen Löschmittel an der Feuerwehr- und Zivilschutzschule Steiermark etwas genauer. Wir untersuchten vor allem die Verwendung von Light Water unter Nutzung herkömmlicher Schaumrohre und Zumischer und bestimmten die optimale Zumischrate. Wie schließlich unsere Experimente gezeigt haben, kann Light Water unter den üblichen Bedingungen als Schwer- oder Mittelschaum verwendet werden. Die Bevorratung hat allerdings – wie sich zeigte – nur in Behältern aus rostfreiem Stahl oder kunststoffbeschichteten Tanks zu erfolgen.

Bestimmung der Zumischrate von Light Water-Konzentrat zum Löschwasser.

Light Water in der Grünen Mark

Nach diesen wichtigen Vorversuchen konnte grünes Licht für die Anschaffung gegeben werden. In der ersten Etappe wurden im Jahre 1977 sieben Löschmitteldepots mit je 1.000 Liter Light Water vor allem an den verkehrsreichen Straßen- und Eisenbahnrouten in der Steiermark bei größeren Feuerwehren geschaffen, welche später durch weitere Stützpunkte ergänzt werden konnten. Die Grüne Mark war daher das erste Bundesland in Österreich, welches ein spezifisches Sicherheitssystem zur Bekämpfung von großflächigen Flüssigkeitsbränden vorweisen konnte.

Alkoholbeständiges Light Water

Später, als ich Branddirektor der Stadt Graz wurde, gingen wir noch einen Schritt weiter: Wir schafften ein alkoholbeständiges Light Water-Produkt in Form von ATC-Schaummittel für das neu angekaufte Großtanklöschfahrzeug GTLF 10.000 an. Anmerkung: ATC bedeutet dabei *Alcohol Type Concentrate* und beschreibt damit die Eigenschaft, Brände von Alkoholen und anderen polaren, brennbaren Flüssigkeiten wirksam zu löschen. Auch mit stabilisiertem ATC beschäftigten wir uns. Es ist dies ein Produkt, welches Dämpfe von gefährlichen Stoffen über einen Zeitraum von über 24 Stunden zurückhalten kann. Der Effekt der Abdeckung liegt nach dieser Zeit noch bei 80 bis 90 Prozent. Damit stellt ATC mit Stabilisator die bessere Langzeitwirkung für die meisten flüssigen Gefahrstoffe dar.

Sicherheit hat ihren Preis

Natürlich ist Light Water wesentlich teurer als andere Schaumlöschmittel. Dabei darf man jedoch nicht vergessen, dass durch die erhöhte Löschkraft weitaus geringere Mengen nötig sind und dadurch automatisch eine weitgehende Anpassung an den Preisstandard anderer Löschmittel gegeben ist. Dazu kommt jedoch noch eine wesentliche Tatsache: Mit Light Water kann auch eine erhöhte Sicherheit für die Einsatzkräfte gewährleistet werden. Und Sicherheit hat ja bekanntlich ihren Preis! Vielleicht liegt gerade darin der neue Weg, der in der Steiermark – auch unter meiner bescheidenen Mitwirkung – mit dem neuen Konzept zur Bekämpfung von großflächigen Flüssigkeitsbränden begangen wurde!

9.3 Die Einsatzkleidung der Feuerwehr

Im Jahre 1976 kamen bei einer Gasexplosion in einem St. Pöltener Wohnhaus zwei Feuerwehrmänner ums Leben. Einer von ihnen erlitt auch schwere Verbrennungen, weil sein Einsatzanzug plötzlich in Flammen stand. Das war der Beginn einer langwierigen, oft heiß geführten Diskussion: Es ging und geht dabei um die notwendige Qualität der persönlichen Schutzausrüstung für unsere Feuerwehrmänner, welche nun – über drei Jahrzehnte später – hoffentlich ihr vorläufiges Ende gefunden hat.

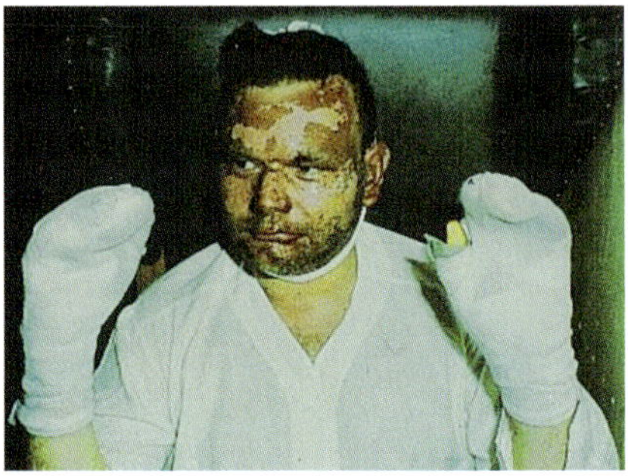

Verletzungen eines Feuerwehrmannes aus St. Pölten nach einer Gasexplosion, bei welcher es im Jahre 1976 zwei Tote gab.

Baumwollanzüge

Nach dem Drama von St. Pölten interessierte ich mich als studierter Naturwissenschaftler für die Brennbarkeit von Textilien und führte die unterschiedlichsten Experimente durch.

Um es vorwegzunehmen: Der damals bei den österreichischen Feuerwehren verwendete Europaanzug bestand im Wesentlichen aus Baumwolle. Er war für die meisten Einsätze gar nicht so schlecht, in Extremsituationen – wie in St. Pölten – ließ er sich jedoch entzünden und stellte ein gewisses Risiko dar. Auch die nachträgliche Imprägnierung mit Flammschutzmitteln war nicht der Stein der Weisen, da sie in der Regel bereits nach mehreren Waschvorgängen nicht mehr wirksam war.

Kampfanzug des Bundesheeres?

Es gab damals auch die Meinung, man sollte doch einfach den neuen Kampfanzug des österreichischen Bundesheeres bei den Feuerwehren einführen. Ich erinnere mich noch an eine Sitzung des Fachausschusses für Feuerwehrtechnik in Tirol, als der dortige Landesfeuerwehrkommandant *Alois Partl* die Rolle eines Models übernommen hatte und diesen Anzug vorstellte. Der Schnitt war ja recht zackig und flott, aber als ich den Anzug im Labor testete, erlebte ich meine Wunder: Der Probestreifen brannte wie eine Fackel und schmolz ab, wobei Schmelztropfen mit einer Temperatur von weit über 200 °C entstanden. Natürlich konnte eine derartige synthetische Faser für den harten Feuerwehralltag nicht verwendet werden.

Die Presse schaltet sich ein

Leider (oder soll ich sagen: Gott sei Dank?) wurden die Ergebnisse meiner Experimente über einen Journalisten damals an die Tagespresse weitergeleitet, was ein gewaltiges Rauschen im Blätterwald verursachte. Titel wie „Skandal beim Bundesheer" und „Brennender Kampfanzug für unsere Soldaten" brachten einige meiner Vorgesetzten derart in Rage, dass ich sogar meinen Urlaub unterbrechen musste, um Rede und Antwort zu stehen. Man warf mir vor, die guten Kontakte zum Bundesheer durch derartige Experimente zu stören, und drohte mir sogar ein Disziplinarverfahren an. Dies war absolut lächerlich, denn ich wollte ja nur die Tauglichkeit des verwendeten Stoffes für den Feuerwehreinsatz testen! Anmerkung: Aufgrund meiner Versuche hat das Heer relativ rasch eine Umstellung der Ausrüstung im Bereich von Risikogruppen, wie dem Flugpersonal und der ABC-Truppe, vorgenommen. Das Heer hat vernünftiger reagiert als unsere beamteten Bürokraten!

Meine Experimente zeigten die leichte Brennbarkeit des Bundesheer-Kampfanzuges.

Schafwolle: Eine Lösung?

Die Berufsfeuerwehren besaßen bereits seit langem Einsatzanzüge aus Schafwolle. Bekanntlich brennt diese viel schlechter als Baumwolle. Mit der zusätzlichen Verwendung von Schutzjacken konnte man ein textiles Mehrlagenprinzip realisieren, welches vor den Auswirkungen eines Feuers einen guten Schutz bot. Der Pferdefuß lag jedoch in der begrenzten Verträglichkeit einer derartigen Bekleidung durch die schlechte Abführung der Körperwärme und des Schweißes nach außen. Schafwolle war gut, aber die Idealvorstellung eines textilen Stoffes für eine möglichst universelle Einsatzbekleidung war dadurch noch lange nicht gefunden.

Die Viskose FR-Faser

Der nächste Schritt war der Versuch, „flammhemmende" Arbeitskleidung auf Basis einer völlig neuen Faser, der Viskose FR (*FR = flame retardant*), zu erzeugen. Und tatsächlich gelang es, durch Einrühren bestimmter Chemikalien, wie Phosphorderivate, in die Fasermasse vor dem Ausspinnen, die gewünschten Eigenschaften zu erhalten.

Ich erinnere mich noch an Brandversuche, die tolle Ergebnisse brachten. Wir schienen die Wunderfaser gefunden zu haben. Doch leider: Größte Probleme ergaben sich bei den Pflegeeigenschaften dieses Stoffes. Vor allem aber die mechanische Festigkeit ließ nach einiger Tragezeit und mehreren Wäschen viel zu wünschen übrig.

Was ist NOMEX?

Anfang der Achtzigerjahre begannen die großen Chemiekonzerne dann mit neuen Forschungen auf dem Sektor der synthetischen Fasern. *DuPont* entwickelte beispielsweise das heute in vielen Bereichen verwendete NOMEX und auch japanische Großkonzerne erzeugten Arbeitskleidungsstoffe auf Basis der so genannten Aramid-Faser. Es handelt sich dabei um eine Mischung aus permanent schwer entflammbarer, modifizierter Viskose und aromatischem Polyamid (Aramid). Eine Umrüstung auf diese Stoffe, welche sich in der Folge gut bewährt haben, erfolgte bereits Ende 1983 bei der Berufsfeuerwehr Wien.

P 84-Faser aus Lenzing

Zur gleichen Zeit entwickelte die oberösterreichische *Lenzing AG* eine neue Synthesefaser unter dem Pseudonym P 84, einer Mischung aus Viskose FR und Polyimid. Die aromatischen Polyamide zeichnen sich, wie die Aramide (z. B. NOMEX), durch überragende Temperaturbeständigkeit, Thermostabilität und gute Chemikalienbeständigkeit, vor allem gegenüber sauren Medien, aus. Dazu kommen eine problemlose Pflege und sehr gute Trageeigenschaften. Viele Feuerwehren – voran die Berufsfeuerwehr Graz – stiegen auf Grund meiner Empfehlungen Anfang der Neunzigerjahre daher auf die P-84-Faser um.

„Moderne" Brände: Flashover!

Im April 1995 kam es in einem Squash-Center (!) in Marburg/Lahn, Deutschland, zu einem folgenschweren Brand, der beispielhaft für „moderne" Brände war. Das ursprünglich harmlose Erscheinungsbild eines Zimmerbrandes schlug plötzlich in ein verheerendes Flashover-Szenarium um. Die Folge: Vier Feuerwehrmänner wurden durch die Stichflammen verletzt, zwei davon schwer. Durch diesen Unfall kam es in Hessen zur längst fälligen Entscheidung, neue Schutzkleidungen anzukaufen, was bis zu diesem Zeitpunkt in ganz Deutschland aus finanziellen Gründen abgelehnt wurde.

Der ÖBFV wird aktiv

Mit der Inkraftsetzung der ÖNORM EN 469 *„Schutzbekleidung für die Feuerwehr – Anforderungen und Prüfverfahren"* im Jahre 1995 ergab sich auch in Österreich eine völlig neue Situation: Die alten Schutzbekleidungen entsprachen den nunmehrigen Forderungen nur bedingt, so dass auch im ÖBFV neue Konzepte überlegt wurden. Das Sachgebiet 3.9 *„Dienst- und Einsatzbekleidung"* unter dem Vorsitz von *LFI Ing. Alois Affenzeller* nahm sich der nicht leichten Aufgabe an, eine österreichische Lösung zu finden.

Die neue Schutzkleidung

Wie sieht die neue Schutzkleidung nun aus? Grundsätzlich verwendet sie die guten Fasereigenschaften von NOMEX bzw. der P 84-Faser gegen Brandeinwirkungen und kombiniert sie in Form eines Mehrlagenlaminats (3 bis 5 Schichten) mit den bekannt positiven Trageeigenschaften von Produkten à la GORE-TEX. Damit wird Feuer, Wasser und Wind durch diese Textilien von außen für eine gewisse Zeit weitgehend abgehalten, wobei Schweiß und

Körperwärme von innen abgeführt werden können. Die neue Schutzkleidung ist also ein Kompromiss zwischen Schutzwirkung und Verträglichkeit für den Feuerwehrmann.

Thermo-Man

Im Jahre 1995 besuchte ich den „Roten Hahn", die weltgrößte Feuerwehrmesse der Welt, in Hannover. Dort wurde erstmals auch der so genannte Thermo-Man, ein Prüf-Phantom, mit welchem Feuerwehrbekleidungen in einer Brandkammer getestet werden können, ausgestellt. Dieses fand mein Interesse, denn damit sind in realistischer Weise auch intensive Beflammungen, wie sie heute immer häufiger beim Phänomen des Flashovers auftreten, möglich. Und damit müssen wir bei den heutigen Brandereignissen immer mehr rechnen. Was wir aber sicherstellen müssen: Wenn der Feuerwehrmann bei Bränden in die Situation des Thermo-Mans kommen sollte, muss er vor diesen Gefahren optimal geschützt sein. Und das ist nur mit der neuen Schutzbekleidung möglich, die quasi eine zweite, später wieder abzulegende Schutzhaut darstellt.

„Gefährliche Sicherheit!"

Zum Abschluss dieses wichtigen Kapitels, welches die Sicherheit unseres Feuerwehrpersonals bei Brandeinsätzen behandelt, möchte ich jedoch die euphorischen Bemühungen mancher Technikfreaks, die immer noch bessere Schutzkleidungen schaffen wollen, etwas einbremsen. Denn ich behaupte: „Zu viel Sicherheit kann manchmal sogar gefährlich sein!" Wie soll man das verstehen?

Verbrühungsgefahr

Der Feuerwehrmann von heute ist im Einsatz nach außen hin weitgehend hermetisch abgeschlossen: Schutzkleidung, Helm, Flammschutzhaube, kompakte Stiefel und Handschuhe. Er ist daher in der Lage, in einem Brandraum relativ weit vor zu gehen, ohne unmittelbar gefährdet zu sein. Dann allerdings kann es zum Wärmedurchbruch kommen, da jedes textile Gewebe nur einer bestimmten thermischen Belastung widersteht. Diese plötzliche Hitzeentwicklung in den „Unterschalen" der Bekleidung führt unweigerlich zur Verdampfung von vorhandenem Schweiß und zu gefährlichen Verbrühungen. Derartige Phänomene haben in Einzelfällen sogar zu großflächigen Hautverletzungen geführt.

Das Ohr als Sensor!

Daraus sollten wir erkennen, dass es gerade auf diesem Sektor keine absolute Sicherheit geben kann und dass wir vor allem unsere Sinnesorgane als Sensoren einsetzen müssen. Ich habe mich daher stets gegen überlange Schutzhelme, wie sie anfänglich angeboten wurden, im Brandeinsatz gewehrt, denn der Feuerwehrmann sollte die akustischen Signale seiner Umgebung jederzeit wahrnehmen können. Außerdem wäre durch ein „Wärmefenster" in der Flammschutzhaube im Bereich der Ohren des Einsatzpersonals eine relativ einfache Frühwarnung möglich. (Anmerkung: „Wärmefenster" bei den Einsatzhosen im Bereich des Oberschenkels sind nicht so effektiv, weil sie relativ spät wirksam werden.) Ich fordere daher die Einführung derartiger Flammschutzhauben, wie sie in der Schweiz bereits angeboten werden. Viele werden sagen, ich bin altmodisch, aber eines ist klar: Jeder Feuerwehrmann sollte, so weit es geht, auch bei Bränden seine fünf Sinne verwenden – und das Ohr stellt dabei den natürlichsten Hitzesensor im Brandeinsatz dar!

9.4 Schutzanzüge – die zweite Haut

Schwerfällig stapften die 36 Feuerwehrmänner in ihren Schutzanzügen ins Freie. Die schmale Sichtscheibe verwischte fast ihre Identität. Mit jedem Atemzug wird dem Anzug Luft zugeführt. Er bläst sich auf und bildet so eine sichere Schutzhülle für den Feuerwehrmann – eine zweite Haut.

Eine innovative Anschaffung

Diese gespenstischen Szenen spielten sich bereits am 4. Oktober 1978 an der Feuerwehr- und Zivilschutzschule Steiermark im Rahmen der offiziellen Übergabe von 36 Vollschutzanzügen, welche auf Grund eines von mir erarbeiteten Konzeptes erstmals an steirische Stützpunktfeuerwehren erfolgte. Ein echter Fortschritt, denn bis zu diesem Zeitpunkt hatten die Feuerwehren in der Steiermark und in fast ganz Österreich noch keine einheitliche Ausrüstung auf diesem Gebiet. Und was besonders erwähnt werden musste, diese nicht unerhebliche finanzielle Ausgabe wurde damals ohne eine davor stattgefundene Chemiekatastrophe getätigt. Man lernte also erstmals nicht durch Schock, sondern es handelte sich um eine echt innovative Anschaffung.

Die ersten Vollkörperschutzanzüge in der Steiermark, welche flächendeckend eingesetzt wurden.

Textile Schalen

Warum sind derartige hoch gezüchtete Schutzbekleidungen heute bei den Feuerwehren überhaupt erforderlich? Eines ist klar: Zwischen der Umgebung und der Oberfläche des menschlichen Körpers liegen die textilen Schalen seiner Bekleidung. Ihre hauptsächlichste Aufgabe ist es, extreme bioklimatische Wirkungen wie Hitze, Kälte, Wind und Regen, jeweils im erforderlichen Maße zu reduzieren. Sind hautaggressive und giftige Substanzen in Form von Flüssigkeiten – aber auch in hohen Dampf- und Gaskonzentrationen – vorhanden, versagen jedoch herkömmliche Schutzbekleidungen.

Stützpunkte bei den Feuerwehren

Gerade in dieser Tatsache liegen die großen Gefahren für die Feuerwehrmänner bei Unfällen mit gefährlichen Gütern: Einerseits bietet die allgemein verwendete Brandschutzkleidung (damals hatten wir noch den Europaanzug) nicht den notwendigen Schutz, andererseits ist eine generelle Ausrüstung der Feuerwehren mit Vollschutzanzügen aus wirtschaftlichen, einsatz- und ausbildungstechnischen Gründen nicht möglich und sinnvoll. Der einzige vertretbare und damals vom Landesfeuerwehrkommando gewählte Weg war die Bildung von speziellen Stützpunktfeuerwehren.

Externe Belüftung

Und dieses Konzept hatte damals in weiser Voraussicht schon eine Besonderheit vorgesehen: Neun der 36 angekauften Gasschutzanzüge besaßen durch ein eingebautes Luftverteilungssystem eine Möglichkeit der Klimatisierung durch Fremdbelüftung. Anmerkung: Ich habe mich schon in meiner Wiener Zeit bei der Berufsfeuerwehr mit diesem Problemkreis intensiv auseinandergesetzt. Das nun vorgeschlagene Konzept sah so aus: Über eine Industriegasflasche und einen Hochdruckschlauch konnten dem Geräteträger bis zu 200 Liter Luft pro Minute zugeführt werden. Da er jedoch nur 40 bis 50 l/min zur Atmung benötigt, steht die restliche, kühle Luft für die Klimatisierung des Anzugs zur Verfügung. Dadurch kann aber ein Wärmestau im Anzug vermieden werden. Durch die externe Belüftung steht auch genügend Zeit für eine entsprechende Dekontamination des Anzuges zur Verfügung.

Phenolunfall in Kärnten

Diese Anschaffung war – wie sich später zeigen sollte – goldrichtig und echt zukunftsorientiert! Im Jahre 1982, also knapp vier Jahre später, ereignete sich nämlich in Kärnten ein Phenol-Unfall, bei welchem auf Grund des Fehlens einer derartigen externen Luftversorgung einige schwere Vergiftungsfälle aufgetreten sind. Es war am 19. Juli 1982, als ein mit 23 Tonnen Phenol beladenes italienisches Tankfahrzeug im Gemeindegebiet von Mölbling umkippte, welches falsch gekennzeichnet war. Dabei wurde der Anhänger leck und es liefen 8 Tonnen dieser giftigen Substanz aus. Sieben Feuerwehrmänner wurden dabei zum Teil schwer verletzt und es gab Umweltschäden in vielfacher Millionenhöhe (in alter Schilling-Währung).

Der Phenolunfall von Mölbling, Kärnten, war ein Wendepunkt im österreichischen Feuerwehrwesen.

Vergiftungen durch fehlende externe Belüftung!

Die Vergiftungen an drei Feuerwehrmännern traten deswegen auf, weil damals unter den Gasschutzanzügen Pressluftatmer mit Reserveschaltung verwendet wurden und keine externe Belüftung der Anzüge vorhanden war. Dies führte zuerst zu Erstickungsanfällen des Geräteträgers, da bei Erreichen der Reserveluft der Reservehebel unter dem Gasschutzanzug nicht umgelegt werden konnte. Nur durch das rasche Entkleiden – allerdings ohne Einhaltung von entsprechenden Dekomaßnahmen – wurde Ärgeres verhindert. Freilich musste dabei eine Verunreinigung des Geräteträgers und der Helfer in Kauf genommen werden. Beim Vorhandensein einer externen Belüftung wären jedoch die dadurch hervorgerufenen Giftunfälle verhindert worden!

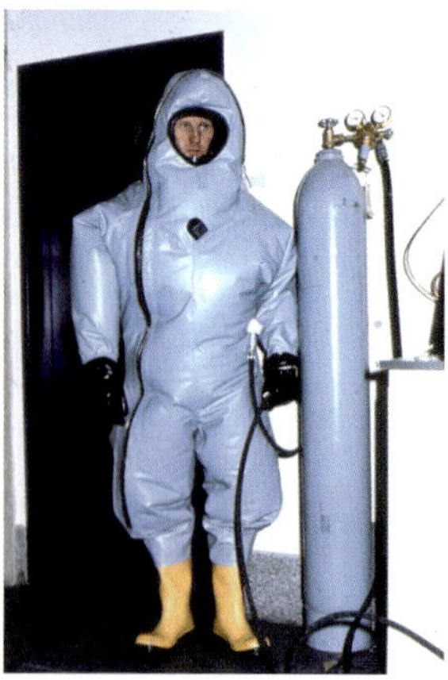

Die externe Belüftung der Vollkörperschutzanzüge war eine Entwicklung aus Lebring.

9.5 Wasserdienst neu!

Ein besonderer Auftrag bei der Neuerrichtung der Feuerwehr- und Zivilschutzschule war der Aufbau eines funktionierenden Wasserdienstes in der Steiermark. Zu diesem Zweck hatte man ja bereits die örtliche Lage der Schule an der Mur gewählt, wo im Staubereich zwischen Wildon und Gralla ideale Voraussetzungen für die Zillen- und Bootsführerausbildung gegeben waren.

„Raumfahrt des kleinen Mannes“

Bei der Berufsfeuerwehr Wien hatte ich als Offiziersanwärter den Zillenkurs am Wiener Donaukanal absolviert und auch die Abschlussprüfung in der reißenden Donau abgelegt. Ich entsinne mich noch an die brennenden Blasen an meinen beiden „Akademikerhänden“ nach einer verwegenen Donauüberquerung. Später habe ich auch das Schifffahrtspatent für einige Donauabschnitte erworben. Mit dem Tauchen – der „Raumfahrt des kleinen Mannes“, wie es wegen des Auftriebes im Wasser und der dabei auftretenden Schwerelosigkeit genannt wird – hatte ich in Wien jedoch wenig zu tun. Erst als ich in die Steiermark kam, interessierte ich mich dafür und nahm an der Taucherausbildung selbst teil. Es war dies ein hartes Training, welches mir jedoch, rückblickend gesehen, nicht nur viel Spaß brachte, sondern auch für mich prägend war.

Der „Vater des Wasserdienstes“

Der Wasserdienst war damals in der Steiermark untrennbar mit einem Namen verbunden: mit Abschnittsbrandinspektor *Edmund Zelinka*, einem engagierten Feuerwehrmann, der in Leibnitz wohnte. Er geht als Vater des Steirischen Wasserdienstes in die Annalen ein und war auch Kommandant der damaligen Betriebsfeuerwehr der Perlmoser-Zementwerke in Retznei, hatte den Sprengdienst der Feuerwehren über und nahm die ÖSTA-Leistungsbewerbe in Bronze, Silber und Gold ab. Ich habe bei ihm in der Folge dann 11 Mal das Goldene Leistungsabzeichen im wunderschönen Leibnitzer Schwimmbad erworben.

Ein echter Freund!

Edmund Zelinka war nicht nur ein guter Feuerwehrkamerad, er war auch ein verlässlicher und stets pünktlicher Partner. Das Wichtigste jedoch, „*Edi*“, wie wir ihn nannten, wurde zu meinem persönlichen, väterlichen Freund. Wir hatten beide eine Leidenschaft: das Tauchen. Ja, das Element Wasser prägte damals unsere Gedankenwelt und so organisierten wir so manches Taucherlager an der Adria und verbrachten viele Urlaube am Meer. Tunesien, Kenia und Gambia waren nur einige der gemeinsamen Urlaubsziele auf dem afrikanischen Kontinent. *Edi* war nicht nur ein Ehrlichkeitsfanatiker wie ich, sondern hatte – er starb leider viel zu früh an einem Darmverschluss – auch eine charakteristische aufrechte Haltung, die durch eine säbelartige Bewegung seines linken, nach einem Unfall steifen Armgelenkes unterstrichen wurde. So steht er heute noch in Gedanken vor mir!

Einige Kilo weniger

Als ich im Frühjahr 1973 die fachliche Leitung der Feuerwehr- und Zivilschutzschule Steiermark übernommen hatte, war das geplante Schwimm- und Tauchbecken im Schulareal noch nicht fertig gestellt. Wir mussten daher unsere ersten Tauchkurse in Freibädern, wie in Leibnitz und St. Peter am Ottersbach, abhalten. *Edi* war bei diesen ersten Lehrgängen ein unerbittlicher Trainer und ich nahm dadurch sehr bald einige Kilogramm ab, was mir nicht schadete. Meine Kondition war damals auf einem beachtlichen Höhepunkt, da ich auch täglich mein Lauftraining von Lebring nach Bachsdorf betrieb.

Das gefürchtete „Wiesel-Training“

Edi Zelinka hatte bei diesen Lehrgängen zu unserem Leidwesen ein schweißtreibendes Hobby: das so genannte Wiesel-Training. Dabei mussten wir das Schwimmbad abwechselnd durchschwimmen und durchtauchen. Und das ganze 20 bis 30 Mal hintereinander. Zuerst der Breite nach, was noch ging, aber wenn die Länge des Schwimmbades – unter Beachtung eines Zeitlimits – angesagt war, hatten wir oft unsere Leistungsgrenzen erreicht. Wir mussten dabei also „rasch wie Wiesel sein“, so deutete ich zumindest den eigenartigen

Namen dieser kräfteraubenden Trainingsmethode, die *Edi* liebend gerne auf das Programm setzte. Und es war gut so!

Die neue Tauchergeneration der Steiermark im Jahre 1973 (in der Bildmitte vorne mit dunkler Brille der Verfasser und links daneben Edi Zelinka).

Im harten Training

Der Taucherdienst bei den steirischen Feuerwehren wurde mit der neuen Feuerwehr- und Zivilschutzschule Steiermark stark aufgewertet. Eine neue Tauchergeneration wuchs langsam heran, welche von *Edi Zelinka* geführt wurde. An der Schule hatte ich – den leider ebenfalls schon früh verstorbenen – *Helmut Petrovits, Eduard Hutter* und später *Erwin Schaupensteiner* als begeisterte Mitarbeiter zur Verfügung. Wir trainierten wie die Berserker und versuchten uns auch in den Leistungen zu übertreffen. So brachte ich es im Weittauchen ohne Probleme auf 50 Meter und mit ABC-Ausrüstung (Flossen, Taucherbrille und Schnorchel) sogar auf mehr als 75 Meter. Das waren immerhin zwei bzw. drei Schwimmbeckenlängen, die zugegebenermaßen mit Tricks, wie gezielter Hyperventilation, bezwungen wurden. *Eduard Hutter* war im Zeittauchen hingegen nicht zu schlagen: er schaffte fast drei Minuten unter Wasser, was ihm den Beinamen „Unterwasser-Edi" einbrachte.

Das neue Schwimm- und Tauchbecken

Im Juli 1975 konnte schließlich das Schwimm- und Tauchbecken an der Feuerwehr- und Zivilschutzschule Steiermark feierlich eröffnet werden. Dies war ein Quantensprung für den steirischen Wasserdienst, denn damit wurden hervorragende Trainingsbedingungen geschaffen. In einem 25 x 12 Meter langen Schwimmbecken, welches an einem Ende eine 5 Meter tiefe Tauchgrube besitzt, waren nun alle Voraussetzungen für eine pädagogisch wertvolle Schwimm- und Taucherausbildung gegeben. Denn diese Anlage besitzt auch vier „unterirdische" Beobachtungsfenster, über welche man die Schwimmlage und das Tauchverhalten des Schülers genau studieren kann. Neben der Praxis beschäftigte ich mich damals auch mit der faszinierenden Theorie des Tauchens. Unsere Tauchausbildung errang durch unsere Aktivitäten bald internationale Anerkennung und es kamen auch einige Delegationen aus dem In- und Ausland deswegen zu uns.

Die Druckkammer als Trainingsort

Ursprünglich war die Anlage in Lebring als Freibecken konzipiert. Später wurde in einem weiteren Bauabschnitt ein beheiztes Hallenbad daraus, welches auch mit Lagerräumen und einer Sauna ausgestattet war. Hervorragende Trainingsbedingungen waren damit gegeben, die wir auch zu nutzen wussten. Oft war *Prof. Dr. Gerhard Friehs* bei uns, der als Taucherarzt des Landesfeuerwehrverbandes und Chef der Hyperbaren Chirurgie am LKH Graz unser medizinischer Berater war. Er hatte ja schon vor Jahren in Graz die einzige Großdruckkammer Österreichs geschaffen, die uns nun auch zum Trockentraining für das Studium der physiologischen Auswirkungen beim Tauchen in größeren Tiefen zur Verfügung stand. Hier erlebten und studierten wir unseren ersten Tiefenrausch in sicherer Umgebung. In der Druckkammer war auch ein eigener Operationsraum untergebracht und ich sagte einmal spaßhalber bei einem Trockentauchgang, dass ich im Falle einer Operation hier liegen möchte. Eine Bemerkung, die nicht vergessen wurde!

Mein Blinddarm wird aktiv

Und das kam so: Wir wollten wieder einen Afrika-Urlaub machen – Edi Zelinka, mein „Leibarzt" *Dr. Peter Ruess* und ich selbst. Die Reisepläne waren schon geschmiedet, da meldeten sich bei mir plötzlich bis dato unbekannte Schmerzen in der Bauchgegend. Nachdem mich mein Freund *Peter* untersucht hatte, machte er ein ernstes Gesicht und sagte: „So sehr ich mir einen Urlaub auch wünsche, als Arzt muss ich dir sagen: du hast eine akute Blinddarmentzündung und musst so schnell als möglich ins Spital!" Das war für mich wie ein Blitzschlag und ich kontaktierte im LKH Graz sofort am nächsten Tag frühmorgens meinen Taucherfreund *Dr. Gerhard Friehs* und bat ihn um Hilfe.

Ein unbekannter OP

Dieser reagierte rasch! Er fragte: „Bist du nüchtern? Wenn ja, dann komm sofort zu mir nach Graz!" Als ich im Landeskrankenhaus eintraf, wartete die Oberschwester, bildlich gesprochen, bereits mit der Spritze in der Hand auf mich. Mit einem Transportwagen ging es dann mehrere Stockwerke tief in einen Operationssaal, den ich nicht genauer ausnehmen konnte, da die „Wurstigkeitsspritze" bereits wirkte. Und als ich dann später in einen wohligen Dämmerschlaf verfiel, hörte ich noch *Gerhard Friehs*, wie er meine Hand nahm und sagte: „Otto, es ist so weit! Alles Gute!"

Operation in der Druckkammer

Ich öffnete die Augen und befand mich in einem fremden Raum. Aber irgendwie kam er mir doch bekannt vor. Ja, das war der OP der großen Druckkammer der Hyperbaren Chirurgie, in welcher wir unsere Trockentauchübungen gemacht hatten. Und als ich in die Augen von *Dr. Gerhard Klepp*, dem damaligen Assistenzarzt blickte, der mich operiert hatte, sagte ich nur: „Habt ihr also euer Versprechen doch eingelöst!" Und im Hintergrund hörte ich *Gerhard Friehs,* der sagte: „Dein Wunsch, lieber Freund, war uns Befehl!" Apropos *Gerhard Klepp*: Dieser begnadete Chirurg wurde vom Schicksal arg getroffen. Er war begeisterter Jäger und erschoss unter dramatischen Umständen seinen Hausnachbarn, verfiel dem Alkohol und starb schließlich nach kurzer, schwerer Krankheit im Jahre 2005.

Blick durch ein Bullauge der Druckkammer der Hyperbaren Chirurgie des LKH Graz während einer Trockentauchübung (mit dem Rücken im Bild Dr. Klepp, dahinter mit Kopfhaube Dr. Friehs, daneben rechts Krottmayer und Hutter und ganz rechts der Autor).

Brevet III

Im September 1976 legten wir die höchste bis dahin mögliche Sporttaucherprüfung, das Brevet III, am oberösterreichischen Attersee im Rahmen eines Taucherlagers ab. Dabei war eine Reihe schwerer Disziplinen, wie Weitschwimmen im Neoprenanzug, Weit-, Tief- und Orientierungstauchen, aber auch der wichtige Notaufstieg aus 40 Metern Tiefe vorgesehen. Wir schafften die vorgegebenen Ziele alle, wobei ich beim Weitschwimmen wegen technischer Probleme temporär einige kleinere Schwierigkeiten hatte.

Ablegung des Brevet III im Jahre 1976 am Attersee. Eduard Hutter, Helmut Petrovits, Univ.-Prof. Dr. Gerhard Friehs und der Autor (von links nach rechts).

Mobile Druckkammer

Aufgrund der Erkenntnisse bei diesem Taucherlager planten wir bald den Ankauf einer mobilen Druckkammer. Ich fuhr mit *Prof. Friehs* dann an die Ostsee nach Travemünde, wo wir die einschlägigen Produkte der Firma Dräger praktisch testen konnten. Unsere Empfehlung fiel schließlich auf eine Zweimannkammer (Duokomb), welche auch angekauft wurde und heute noch an der Feuerwehr- und Zivilschutzschule Steiermark zur Verfügung steht. Dabei wird der Verunfallte mit einem Helfer in die Kammer eingeschleust und unter Druck gesetzt. Sie kann präventiv bei Taucherlagern und natürlich auch bei Tauchunfällen sowie Bergwerkskatastrophen – wie in Lassing – sinnvoll eingesetzt werden.

Wie ein dressierter Delfin!

Nachdem ich alle einschlägigen Prüfungen abgelegt hatte, wurde ich als Einsatztaucher aktiv. Vor allem bei Unfällen in der Südsteiermark in Badeseen und der Mur rückte ich mit *Edi* aus. Einmal suchten wir eine Wasserleiche im Röck-See und ich zog langsam meine Runden. Die Sicht in diesem Natursee hatte lediglich wenige Zentimeter und man musste sich quasi tastend am Seegrund weiter bewegen. Wir waren also alle darauf eingestellt, die Leiche irgendeinmal zu „greifen". Deswegen kam ich in eine panikartige Lage, als ich plötzlich einige Zentimeter unter mir durch meine Taucherbrille direkt in das aufgedunsene Gesicht des Toten blickte. Ich glaube, mein Auftauchen hätte jedem dressierten Delfin alle Ehre gemacht, denn ich schoss raketenartig aus dem Wasser.

Der Autor als Taucher bei einer Leichenbergung.

Buch der Menschenretter

Aber nicht nur Tote half ich bergen, sondern ich rettete auch einige Menschen vor dem Ertrinkungstod. Darunter war auch meine kleine Tochter *Brigitte*, die ich noch rechtzeitig aus dem Sulmsee ziehen konnte. In Gambia wurde ich sogar in das Buch der Lebensretter eingetragen. Ich verbrachte mit *Edi* und *Peter* damals einen wunderschönen Urlaub an der Westküste Afrikas. Eines Tages gab es wieder meterhohen Wellengang im Atlantik und es war die rote Fahne am Strand aufgezogen, was Badeverbot bedeutete. Nichtsdestotrotz gingen einige „Selbstmörder" ins Wasser und konnten sich kurze Zeit später gerade noch mit letzten Kräften in Sicherheit bringen. Eine 23-jährige Wienerin war jedoch nicht mehr in der Lage, an den Strand zurückzukommen; sie wurde immer weiter ins Meer gezogen und schrie herzzerreißend um Hilfe.

Die Wellen durchtauchen

Da weder der einheimische Bademeister noch irgendein Urlaubsgast Anstalten machte, eine Menschenrettung zu wagen, stürzte ich mich in die Fluten. Ich sah eine Chance, wenn ich mit dem Mädchen die laufend mit großer Gewalt ans Ufer brechenden hohen Wellen durchtauchen und dann im Wellental mit ihr in Richtung Ufer schwimmen bzw. laufen würde. Und das taten wir schließlich, nachdem ich sie erreicht hatte: Wir arbeiteten uns so Meter für Meter ans rettende Ufer, wo sie schließlich erschöpft zusammenbrach. Ich war aber stolz, einem jungen Menschen durch meine umfassende Wasserdienstausbildung das Leben gerettet zu haben.

9.6 Von brennenden Kabeln und Trafos

Neben der theoretischen und praktischen Aus- und Weiterbildung begann ich bald im weitläufigen Gelände der Feuerwehr- und Zivilschutzschule Steiermark mit dem Aufbau verschiedener Übungsstationen und Versuchsanlagen. Gerade in diesem Bereich ergab sich eine fruchtbare Kooperation mit der Österreichischen Elektrizitätswirtschaft. Vor allem in *Dipl.-Ing. Dr. Erich Steinhauser*, dem Betriebsdirektor der Steweag, fand ich einen kongenialen Partner.

Er war auch bundesweit Vorsitzender des VEÖ-Ausschusses „Sicherheit" und erkannte die Möglichkeiten, an der neuen Schule einschlägige Schulungen und Experimente durchzuführen.

In Linz beginnt's!

Als in den frühen 60er-Jahren in der Landesfeuerwehrschule für Oberösterreich in Linz ein geeignetes Versuchsgelände zur Verfügung stand, hatte die Elektrizitätswirtschaft in Zusammenarbeit mit Feuerwehren und Brandverhütung dort mehrere Seminare abgehalten. Ebenso wurden damals bereits erste grundlegende Versuche über die Eignung von Trockenlöschpulver für die Bekämpfung von Transformatorbränden, über die Wirkung von Sprinkleranlagen und die Gefährdung beim Bespritzen von Hochspannungsleitungen unter Spannung durchgeführt. Nachdem dieses Versuchsgelände einer Umfahrungsstraße weichen musste, konnte lange kein entsprechender Ersatz gefunden werden. Erst mit der Fertigstellung der neuen Feuerwehr- und Zivilschutzschule Steiermark ergab sich wieder die Möglichkeit, derartige Veranstaltungen durchzuführen.

Bekämpfung von Kabelbränden

Gerade PVC-Kabelbrände zeigten in den 70er-Jahren die großen Gefahren durch Spätfolgen an Gebäudeteilen und Gerätschaften. Auch die Elektroversorgungsunternehmen waren davon betroffen und so beschäftigten wir uns in Lebring mit diesem Themenkreis. Vor allem im Brandhaus der Schule schafften wir reproduzierbare Situationen, bekämpften derartige Brände und führten Gasmessungen durch. Dabei wurden die bereits bis zu diesem Zeitpunkt gewonnenen allgemeinen Erkenntnisse bei Einsätzen bestätigt: Es zeigte sich, dass PVC-Kabelisolierungen – trotz anfänglich vorhandenem „Selbstlöscheffekt" – unter bestimmten Voraussetzungen selbst abbrennen können. Dabei schmilzt das PVC, heiße Tropfen fallen zu Boden und vorhandene Beilagerungen organischer Stoffe sind in der Lage, ausgedehnte Kabelbrände hervorzurufen.

Kabelschotts

Wir beschäftigten uns bereits damals mit den verschiedenen Möglichkeiten, den Durchgang eines Brandes durch Brandmauern zu verhindern, und testeten diverse Hart- und Weichschotts im praktischen Einsatz. Auch mit speziellen Brandschutzanstrichen, welche bei Feuereinwirkung aufschäumen, experimentierten wir. Denn eines war uns schon damals klar: Zur Vermeidung von Großschäden müssen – vor allem auch in der Elektrizitätswirtschaft – Brandabschnitte konsequent eingehalten werden. Gerade die Durchführungen von Kabeln durch Wände und Decken können dabei aber eine Schwachstelle darstellen. Auch die brandschutztechnische Trennung von Kraft- und Steuerleitungen war Gegenstand unserer praktischen Untersuchungen.

Chlorfreie Kabel

Eine eigene Untersuchungsreihe widmeten wir den so genannten Chloridschäden, also der Tatsache, dass bei PVC-Bränden Chlorwasserstoff entsteht. Dieses kann sich im Löschwasser sowie in der niedergeschlagenen Feuchtigkeit auf Oberflächen absetzen und Salzsäure bilden. Dadurch sind starke Folgeschäden an Geräten, Einrichtungsgegenständen und auch in der Bausubstanz möglich. Auf freien Hautpartien können dadurch – wie die Erfahrung zeigte – leichte Verätzungen auftreten. Neben schwerem Atemschutz ist daher bei Einsätzen stets eine intakte Brandschutzbekleidung zu tragen.

Für den vorbeugenden Brandschutz ergibt sich auch die Frage nach der Verwendung von chlorfreien Elektrokabeln. Diese sind aber wesentlich teurer, weniger flexibel bei der Verlegung und haben sich nur in speziellen Fällen durchgesetzt. Ich habe später als Brandschutzgutachter für das kalorische Kraftwerk Mellach, südlich von Graz, eine derartige Nutzung vorgeschlagen, welche auch realisiert wurde.

Trafo-Übungsanlage

Im Freigelände der FW- und ZS-Schule Steiermark haben wir damals auch einen 12-MVA-Transformator und einen kleinen Ortstransformator zur Simulierung von Trafo-Bränden errichtet. Die Anlagen wurden so konzipiert, dass folgende Brandbedingungen realistisch dargestellt werden konnten:

- Erwärmung des Transformatorenöls (rund 1,5 Tonnen) bis über 100 °C mit Hilfe einer speziell eingebauten 32-kW-Heizspirale, welche dabei über ein Notstromaggregat 5 bis 6 Stunden betrieben wurde.
- Zündung des Öls durch einen Lichtbogen, der aus sicherer Entfernung ausgelöst wurde. Bei den Versuchen wurde als Zündhilfe gleichzeitig mit einer Handpumpe, die sich in etwa 20 Meter Entfernung befand, Benzin über Rohrleitungen und Düsen im Bereich der Zündquelle versprüht.
- Überkochen des Trafoöls (kann bei der Brandbekämpfung mit Wasser auftreten!) durch Hebung des Ölspiegels im Übungsobjekt während des Brandes. Dabei wurde aus einem etwa 20 Metern Entfernung befindlichen, 600 Liter fassenden Ölbehälter mittels einer Handpumpe das Öl zum gewünschten Zeitpunkt über Rohrleitungen in den Übungstrafo von unten her eingepumpt.
- Erzeugung eines Flächenbrandes rund um die Trafoanlage, indem das überlaufende Öl in einer großen Stahlwanne, in welcher der Transformator steht, aufgefangen wird. Anmerkung: Ein Flächenbrand wird in der Praxis zwar selten auftreten, stellt jedoch den unangenehmsten Brandfall dar.

Verschiedene Löschmittel

Bei den Trafo-Löschversuchen im Rahmen der Brandschutzseminare für Elektroversorgungsunternehmen (EVU) haben wir damals Wasser in Form von Voll- und Sprühstrahl, Löschpulver und Light Water, als spezielles oberflächenwirksames Schaummittel, eingesetzt. Wichtig waren dabei vor allem Vergleiche mit dem bei den österreichischen EVUs vielfach verwendeten Löschsystem des Zerstäuber-Strahlrohres, auch als Monsunstrahlrohr bekannt, bei dem Wasser in ganz bestimmter Art fein verstäubt wird.

Löschpulver – nur bedingt einsetzbar

Unsere Übungen mit BC-Löschpulver zeigten, dass kleine Orts-Trafos mit ein bis zwei 12-kg-Löschern bei optimalem Löscheinsatz von einzelnen Personen, besser jedoch als umfassender Angriff von zwei Personen, gelöscht werden können. Bei Bränden an großen Trafos kann mit mehreren Pulverlöschern zwar die Ausbreitung des Feuers temporär verhindert werden, eine vollkommene Löschung eines Vollbrandes ist auch mit fahrbaren Pulveranlagen (P 50, P 250 usw.) nicht möglich. Dies liegt vor allem daran, dass es immer wieder zu Rückzündungen kommt, da kein Kühleffekt vorhanden ist. Wir haben auch gezeigt: Durch die Ablagerungen des Pulvers auf den Isolatoren kann es – vor allem bei Glutbrandpulver – auch zu leitenden Oberflächenschichten und Überschlägen kommen. Die Isolatoren müssen daher nach jedem Löschpulvereinsatz sorgfältig gereinigt werden!

Wasser-Vollstrahlen sind problematisch

Wenn man einen brennenden und bereits stark aufgeheizten Trafo mit einem Wasser-Vollstrahl zu löschen versucht, wird möglicherweise sogar das Gegenteil erreicht. Einerseits wird durch die Injektor-Wirkung des Vollstrahls in vermehrtem Maße Luft zur Brandstelle geführt und der Brand noch mehr entfacht. Bei sehr hohen Temperaturen kann es sogar auf glühenden Metallteilen zur Aufspaltung der Wassermoleküle in Wasserstoff und Sauerstoff kommen, was die gefürchtete Knallgasexplosion zur Folge hat. Eine weitere Gefahr: Trafoöl ist, wie alle brennbaren Flüssigkeiten, leichter als Wasser. Beim Aufbringen von Wasser sinkt dieses – bei einem aufgeplatzten Behälter – nach unten und es kommt zu einem Überlaufen des Öls und einer Ausbreitung des Brandes.

„Grüne Teufel“ aus Werndorf

Beim Löschangriff mit herkömmlichen Sprühstrahlrohren muss, auf Grund der wesentlich kleineren Reichweite, relativ nahe an das Brandobjekt herangegangen werden. Obwohl durch den Sprühstrahl ein Teil der thermischen Strahlung absorbiert werden kann, ist doch mit einer erhöhten Gefährdung des Löschpersonals zu rechnen. Ich erinnere mich noch an Löschvorführungen von Mitarbeitern des kalorischen Kraftwerkes in Werndorf, welche grüne Arbeitsanzüge trugen. Wir nannten sie deswegen auch die „Grünen Teufel von Werndorf“. Einer von ihnen glaubte besonders „klug“ zu sein und benetzte sein Unterleibchen unbemerkt mit Wasser. Dies war nun verhängnisvoll, denn durch die hohe thermische Strahlung verdampfte das Wasser unter der Arbeitskleidung und verursachte großflächige Hautverbrühungen.

Monsunrohr – wie ein Igel

Aus derartigen Gründen wurde bereits nach dem Zweiten Weltkrieg in Zusammenarbeit mit der deutschen Elektrizitätswirtschaft und einer Herstellerfirma für Löscharmaturen ein Zerstäuber-Strahlrohr (Monsunstrahlrohr) entwickelt. Es besteht aus einer Vielzahl von kleinen Sprühdüsen, die halbkugelförmig angeordnet sind und dem Strahlrohr die Form eines Igels verleihen, der seine Stacheln aufstellt. In speziellen Düsen wird der austretende Wasserstrahl bei normalem Austrittsdruck (etwa 6 bar) so stark zerstäubt, dass ebenso ein Schutz des Personals durch den Wassernebel als auch die Löschung bzw. Abkühlung des brennenden Trafos ausreichend gewährleistet ist.

Der „Igel" sticht

Da die Unternehmen der Elektrizitätswirtschaft ihr eigenes Löschkonzept vielfach auf Zerstäuber-Strahlrohren aufgebaut hatten, wollten wir erstmals an Übungsobjekten 1 : 1 Aufschluss über seine Wirksamkeit erhalten. Als erstes Ergebnis zeigte sich: Die Wirksamkeit des Monsun-Strahlrohres ist sehr stark vom Wasserdruck abhängig. Der übliche Strahlrohrdruck von 6 bar sollte nicht wesentlich unterschritten werden. Unter 4 bar kommt es zu keiner Wassernebel-Bildung im gewünschten Ausmaß. Unsere Experimente zeigten: Mit zwei Monsunrohren, welche über C-Rohre versorgt werden, kann ein in Vollbrand befindlicher Großtrafo innerhalb von wenigen Minuten unter Kontrolle gebracht

Löschversuch an einem Trafo mit Monsunrohr.

und nach mindestens 10 Minuten vollkommen gelöscht werden. Die großflächige Abkühlung des Transformators verhindert dabei gefährliche Rückzündungen. Der „Igel" sticht also!

Löschschaum nur in Sonderfällen!

Obwohl, wie bereits festgehalten, Löschschaum in spannungsführenden Anlagen nicht eingesetzt werden darf, gibt es bei Trafobränden mitunter Situationen, bei denen größere Mengen brennenden Transformatorenöls frei werden. Es tritt dann möglicherweise ein Flächenbrand auf, der – nachdem die Anlage spannungsfrei gemacht wurde – vorzüglich mit Löschschaum bekämpft werden kann. Wir führten sowohl Experimente mit Schwer- als auch Mittelschaum durch. Vor allem die Löschversuche mit Light-Water-Schwerschaum zeigten sich sehr effektiv. Zusammenfassend kann gesagt werden: Löschschaum darf nur in Sonderfällen, z. B. bei Trafobränden auf Prüfständen, wenn keine Spannung mehr vorhanden ist, eingesetzt werden.

9.7 Löschmittel und Elektrizität

Seit Menschengedenken sind die Gefahren der atmosphärischen Elektrizität (Blitzschlag) bekannt, welche – wenn auch nur in Einzelfällen – immer wieder Todesopfer fordert. Im Jahre 1879 wurde in Frankreich über den ersten tödlichen Elektrounfall berichtet.

Erlösender Tritt

Ich selbst wurde während meiner Ausbildungszeit in Wien bei einem Brand in einem Holzhaus das erste Mal mit der Elektrizität in einem Brandgeschehen konfrontiert. Bei Nachlöscharbeiten geriet ein Feuerwehrmann in den Stromkreis und blieb mit verkrampfter Hand an der blanken Leitung hängen. Ich höre noch heute seine schrillen Hilfeschreie. Die Situation war gefährlich – und wurde gelöst, als der Verunfallte von einem Kollegen einen kräftigen Fußtritt erhielt, wodurch er von der spannungsführenden Leitung getrennt wurde. Es war dies ein erlösender Tritt, durch den der Stromkreis unterbrochen wurde!

Feuerwehrmänner „unter Strom"

Die zweite Konfrontation mit der Einsatzgefahr Elektrizität hatte ich bei einem Kellerbrand in einem Wohnhaus im 3. Wiener Gemeindebezirk. Ich war Einsatzleiter und ordnete einen Innenangriff unter schwerem Atemschutz an. Kurze Zeit später erhielt ich eine Rückmeldung, die mich einigermaßen beunruhigte: Der Gruppenkommandant berichtete mir, dass seine Männer „unter Strom stehen würden". Er habe auch kleine Funken auf den Alu-Spinnenhelm überspringen sehen. Ich zog das Personal darauf umgehend aus dem Gefahrenbereich ab. Als auch eine zweite Gruppe von Stromschlägen berichtete, brach ich den Innenangriff ab und ordnete eine Flutung der Kelleretage mit Mittelschaum an. Was war geschehen? Durch den intensiven Brand waren die damals auf Putz verlegten Elektroleitungen „heruntergekommen" und hatten die Männer „unter Strom gesetzt".

Der Elektrounfall

Zum Elektrounfall kommt es, wenn der menschliche Körper den Stromkreis zwischen zwei unter Spannung stehenden Teilen schließt. Diese Gefahr ist im Besonderen bei der Brandbekämpfung und beim Einsatz von Löschmitteln gegeben. Wasser und vor allem Löschschaum sind elektrisch leitfähig, weil sie verschiedene Salze und Zusatzmittel enthalten. Aus der Praxis wissen wir, dass Gülle und vor allem Urin den elektrischen Strom besonders gut leiten. Die tragische Geschichte jenes Burschen, der vom Hietzinger Kai in Wien auf die etwas tiefer gelegene Hochspannungsleitung der Stadtbahn urinierte, ist bekannt: Sobald er „getroffen" hatte, fiel er tot um!

Das erste Merkblatt

Anfang der Sechzigerjahre wurden nun erstmals wissenschaftliche Versuche über die Leitfähigkeit der Löschmittel angestellt. Es war *Dipl.-Ing. Karl Lurf* – der spätere Leiter der Landesfeuerwehrschule Niederösterreich, der dann Brigadier beim Österreichischen Bundesheer wurde –, der seine Doktorarbeit über dieses Thema an der Technischen Universität Wien schrieb. Im Speziellen ermittelte er erstmals durch Experimente die erforderlichen Sicherheitsabstände bei den einzelnen Löschmitteln. Auf Grund dieser Forschungsarbeit gab der Österreichische Verband für Elektrotechnik im Jahre 1965 erstmals ein Merkblatt (ÖVE-E 32/1965) unter dem Titel *„Bekämpfung von Bränden in elektrischen Anlagen und in deren Nähe"* heraus.

Sicherheitsabstände – wissenschaftlich untersucht

Die wesentlichen Erkenntnisse: Die Sicherheitsabstände werden in erster Linie durch die elektrische Leitfähigkeit des Löschmittels und die vorhandene Spannung bestimmt. Im Speziellen hängt die Leitfähigkeit von Löschwasser weitgehend von der Menge und Art der Verunreinigung ab. *Lurf* hat nun nachgewiesen, dass sich auch bei Vollstrahlrohren der Wasserstrahl bald nach Austritt aus dem Strahlrohr in einzelne Tröpfchen auflöst. Auf diese Weise entsteht eine genügend große Isolierstrecke, so dass eine Bekämpfung in Elektroanlagen auch ohne Freischaltung der Elektrizität erfolgen kann. Er ermittelte bei herkömmlichem Löschwasser (Vollstrahl) einen Sicherheitsabstand von 3 Metern bei Niederspannung (1.000 Volt) und von 6, 7 und 8 Metern bei Hochspannung (110 kV, 220 kV und 380 kV).

Überarbeitung der ÖVE-E32/1965

Nun hatten genauere Untersuchungen Mitte der Siebzigerjahre in Deutschland gerade bei den Sicherheitsabständen für Wasser-Vollstrahlen einige Unsicherheiten ergeben. Man erhöhte daher auch in Österreich die Werte, im Gleichklang mit den deutschen Ergebnissen, um je 2 Meter. *Dipl.-Ing. Steinbauer* hatte jetzt die Aufgabe übernommen, die ÖVE-E32/1965 zu überarbeiten, und ersuchte mich, die notwendigen praktischen Versuche in diesem Zusammenhang durchzuführen.

Neue Experimente

Wir sollten vor allem prüfen, ob es Schaummittel gab, welche als nicht leitend klassifiziert werden konnten. Anmerkung: In der alten Tabelle von *Lurf* aus dem Jahre 1965 war dies zumindest noch theoretisch vorgesehen worden. Im Speziellen sollten auch Versuche mit dem in der Steiermark schon verwendeten Light Water erfolgen. Neben Leitfähigkeitsversuchen in Lebring führten wir Experimente an spannungsführenden Elementen im Umspannwerk Süd der Steirischen Elektrizitäts-Wirtschafts AG (Steweag) in Graz durch.

Leitfähigkeits-Experimente im Umspannwerk Süd der Steweag.

Löschschaum ist leitfähig

Unsere Versuche ergaben – man könnte sagen erwartungsgemäß –, dass alle auf dem Markt befindlichen Schaummittel bzw. die aus ihnen produzierten Löschschäume leitfähig sind. Dies gilt für Schwerschaum (SS), Mittelschaum (MS), Leichtschaum (LS) und im Besonderen auch für Light Water (LW), da es beim Einsatz und löschbedingten Zerfall dieser Produkte zu einer mehr oder weniger ausgeprägten wässrigen Filmschichte kommt. Diese enthält nun in großem Maße leitfähige Substanzen, durch welche es zum Kurzschluss kommen kann. In der neuen ÖVE-Richtlinie wurde daher eine grundsätzliche Spannungsfreiheit beim Einsatz von Schaummitteln gefordert. Diese wurde im Jahre 1984 als ÖVE-E32/84 herausgegeben und ist heute noch gültig.

Leitfähigkeit von Wasser

Diese Sicherheitsabstände wurden auf Wunsch der Kommissionsmitglieder für das Löschmittel Wasser erweitert: Einerseits gab es die Mindestabstände für Voll- und Sprühstrahl und andererseits wurden die alten *Lurf'schen* Werte ebenfalls unter dem Terminus „Vollstrahl (ohne Zusätze)" in der Zentraltabelle der neuen ÖVE-E32/84 berücksichtigt. Damit wollte man darauf hinweisen, dass die Leitfähigkeit von Wasser-Vollstrahlen zwar in erster Linie durch das Zerreißen des primär homogenen Wasserkörpers entsteht, aber auch die Leitfähigkeit eine wichtige Rolle spielt.

Eine Faustformel setzt sich durch

Später wurden von den einzelnen Elektroversorgungsunternehmen grafisch ausgearbeitete Merkblätter zur ÖVE-E32/84 herausgegeben, welche anschaulich die Sicherheitsabstände für die einzelnen Löschmittel bei den wichtigsten Spannungen (1.000 V, 110 kV, 220 kV, 380 kV) darstellen. Dabei wurde auch die von mir in der Feuerwehrschulung bereits verwendete Faustformel bei Sprüh- und Vollstrahl (N 1-5 und H 5-10) eingeführt. Anmerkung: Der erste Wert gilt dabei jeweils für Sprühstrahlen und der zweite für Vollstrahlen (alle Angaben in Meter). Der Sicherheitsabstand für Wasserwerfer wurde mit 30 Metern ermittelt.

Zusammenfassend kann man sagen: Durch unsere Arbeiten haben wir damals in Lebring wieder einmal Schrittmacherdienste für den Brandschutz in Österreich leisten können!

9.8 Brandschutz am Österreichring

Im Jahre 1969 wurde der Österreichring mit einer Länge von rund sechs Kilometer in der Gemeinde Spielberg bei Knittelfeld, Steiermark, gebaut und beheimatete bis 1987 auch für die Formel-1 Rennen zum „Großen Preis von Österreich". Der alte Österreichring war ein Hochgeschwindigkeitskurs und galt zwischenzeitlich als schnellste Rennstrecke der Formel 1.

Todgeweihte Rennfahrer

Nach zwei Startkollisionen mit Millionenschaden im Jahre 1987 verabschiedete sich der Formel-1-Zirkus jedoch für zehn Jahre aus Spielberg. In den Jahren 1995 und 1996 wurde die Rennstrecke, nach langen politischen Diskussionen, schließlich umgebaut und auf 4.318 Meter verkürzt. Man entschärfte einige kritische Punkte und schuf einen interessanten Kurs mit dem neuesten Sicherheitsstandard, der später Vorbild für andere Rennstrecken wurde. Und das war notwendig, denn damals starb mindestens ein Formel-1-Pilot im Jahr. „Ein Rennfahrer war in dieser Zeit ein todgeweihter Mann“, wie es Niki Lauda einmal ausgedrückt hat. Zwischen 1997 und 2003 fanden dann am A1-Ring sieben Formel-1-Rennen statt.

Red Bull

Leider verabschiedete sich die Formel 1 im Jahre 2003 ein zweites Mal aus der Steiermark. Diesmal wohl aus finanziellen Gründen, denn sie brachte dem mammonbezogenen Organisator *Bernie Ecclestone* anscheinend zu wenig Geld. Anschließend erwarb *Dietrich Mateschitz* mit seinem Red-Bull-Konzern das Gelände und wollte eine Motorsport- und Flugakademie errichten. Doch umweltaktive Anrainer, unfähige Beamte und abgehobene Politiker verhinderten dieses einmalige Jahrhundertprojekt in der Obersteiermark. Jetzt soll ein weitgehend abgespecktes Nachfolgeprojekt realisiert werden.

Die Gründung der Sicherheitsstaffel

Im Herbst 1973 gründete eine Handvoll junger Männer unter der Leitung von *Anton Kollar* eine eigene Lösch- und Bergemannschaft zur Sicherung der Ö-Ring-Veranstaltungen. Sie waren durch das Interesse am Motorsport gemeinschaftlich verbunden und vor allem die laufenden Formel-1-Rennen (im Jahre 1973 wurde bereits der 11. Grand Prix, also der große Preis von Österreich durchgeführt) inspirierten sie zu ihren Aktivitäten. Es war eine idealistisch denkende Gruppe, die im Frühjahr 1974 bereits auf 20 Mitglieder mit 10 Einsatzfahrzeugen (damals wurden noch die Privat-

Teilnehmer der Ö-Ring-Staffel an der ersten Fachschulung in Lebring im Jahre 1974.

PKW mit einer eher dürftigen Sicherheitsausrüstung verwendet) angewachsen war. Diese motorisierte Einheit wurde schon damals bei Veranstaltungen durch eine größere Zahl von Streckenposten unterstützt.

Einheitliche Ausbildung

Nun stellte sich die Frage, wie eine einheitliche Ausbildung dieser schnell anwachsenden Gruppe gewährleistet werden könnte. Und hier kam die neue Feuerwehr- und Zivilschutzschule Steiermark in Lebring unweigerlich ins Spiel. Ich wurde beauftragt, das Ausbildungsprogramm für die Mitglieder der Sicherheitsstaffel und der Streckenposten auszuarbeiten. Unser bewährtes Team erarbeitete dann kurzfristig ein umfassendes Konzept, welches die Teilbereiche Brandbekämpfung, Bergetechniken, Funk und Erste Hilfe berücksichtigte. Vor allem auch der richtige und schnelle Einsatz dieser Gerätschaften, also die Einsatztaktik im engeren Sinn, war damals ein wichtiges Thema. Im September 1974 war dann der Startschuss für die erste Ausbildung dieser Art, welche in der Folge jährlich durchgeführt werden sollte.

Straßenaufsichtsorgane

Anfang Dezember 1974 wurden im Amt der Steiermärkischen Landesregierung insgesamt 16 Mitglieder der Sicherheitsstaffel sogar als so genannte Straßenaufsichtsorgane vereidigt und noch vor den Weihnachtsfeiertagen auf der viel befahrenen steirischen Gastarbeiterroute eingesetzt, wo es laufend schwere Verkehrsunfälle gab. Es war dies ein Novum, Privatpersonen für derartige Tätigkeiten vorzusehen und manche Feuerwehr hatte gar keine echte Freude damit. Diese innovative Aktivität brachte jedoch in dieser Zeit mehr Sicherheit auf unsere damals noch vielfach desolaten Straßen. Mit dem Vollausbau der Pyhrnautobahn hat sich dies jedoch stark verbessert und so wurde diese wohl in Österreich einmalige Privatinitiative engagierter Männer und Frauen im Jahre 2001 eingestellt. Dabei wurden insgesamt an 240 Einsatztagen über 1.200 Fahrzeuge mit 2.450 Manntagen geleistet, schreibt mir *Obmann Walter Pollhammer*, der seit 1985 dieses Amt bekleidet und auch in trüben Tagen stets das Banner hochgehalten hat.

Eine Erfolgsstory

Die Gründung der Sicherheitsstaffel war eine Erfolgsstory sondergleichen. Denn im Jahre 1997 war die Zahl der Mitarbeiter in der Staffel, bei den Streckenposten und den Sonderdiensten (Rennärzte, Medizinische Versorgung etc.) auf etwa 250 angewachsen. Sehr eng war dabei stets die Zusammenarbeit mit den örtlichen Feuerwehren und dem Roten Kreuz. Die ursprünglich privaten Fahrzeuge wurden inzwischen bereits mehrmals durch professionell ausgerüstete, schnelle Einsatzfahrzeuge ersetzt. Anfänglich wurde noch das umstrittene Löschmittel Halon 1211 verwendet, welches jetzt durch ein oberflächenaktives Schaummittel ersetzt wurde. Ziel des Einsatzes war und ist es jedoch immer gewesen, bei einem Unfall oder Brand innerhalb einer Minute durch ausgebildete Kräfte auf der Rennstrecke Hilfe leisten zu können.

Mit Niki Lauda an der Box

Wir hatten als Angehörige der Feuerwehr- und Zivilschutzschule Steiermark bereits im Jahre 1978 das erste Mal die Möglichkeit, den von uns ausgebildeten Rennstrecken-Spezialisten bei der Arbeit vor Ort zuzusehen – und waren beeindruckt. Damals gab sich sogar der auf Alfa Romeo startende, stets etwas mürrische *Niki Lauda* dazu her, am Boxenrand mit uns ein kleines Fachgespräch zu führen. Wie es mit der Sicherheitsstaffel weitergeht, hängt

Mit Niki Lauda an der Box bei einem Fachgespräch.

stark von der Entwicklung am Österreichring ab. Auf jeden Fall wäre es schade, wenn sich diese initiative Hilfsgruppe, die heute bei vielen Privatveranstaltungen und Auslandseinsätzen (Salzburgring, Hockenheim, Monza etc.) engagiert wird, auflösen würde.

9.9 Wie Spraydosen explodieren

In den letzten 30 Jahren hat die Spraydose einen wahren Siegeszug um die Welt angetreten. Unter dem Motto „Ein Druck auf den Knopf genügt" haben sich Haar- und Körperpflegemittel, Insektizide, Raumsprays, Haushaltsprodukte sowie Farben und Lacke viel besser verkaufen lassen. Durch die richtige, auf das jeweilige Produkt abgestimmte Anwendungsform wurde die Sprühdose wirtschaftlich und auch preiswert. Hilfsmittel zum Auftragen und Verteilen des gewünschten Produktes waren jetzt nicht mehr nötig. Dank des luftdichten Verschlusses konnte es auch nicht verderben, verdunsten oder eintrocknen. Die Sprühdose kann bis zum letzten Tropfen entleert werden.

Nicht nur Vorteile

Diese Vorteile werden von vielen Verbrauchern geschätzt. Sprays sind einfach und mühelos zu benutzen, sauber und handlich im Gebrauch. Vieles wurde dadurch leichter und bequemer und brachte vor allem Zeitgewinn.

So weit die positiven Aspekte der Verwendung von Spraydosen. Es gibt aber leider auch eine ganze Reihe von gravierenden Nachteilen: Sprays stellen leider Einweggebinde dar und wandern direkt nach Gebrauch in den Müll. Dazu kommt die bekannte Treibgasproblematik und natürlich die Brand- und Explosionsgefährlichkeit von Spraydosen. Denken wir nur an den dramatischen Tauerntunnelbrand aus dem Jahre 1996, bei welchem 24.000 Lacksprühdosen den Brand stundenlang unbekämpfbar machten.

Welche Treibgase?

Nachdem die als Treibmittel beliebten Fluor-Chlor-Kohlenwasserstoffe (FCKW) als Ozonkiller entlarvt wurden, wird heute vielfach Propan und Butan in Spraydosen verwendet. Der einfache Weg der Substitution umweltproblematischer Gase durch brennbare bzw. explosive Substanzen ist jedoch äußerst bedenklich. Aus der Sicht der Feuerwehr wird damit nämlich der Teufel mit Beelzebub ausgetrieben!

Brandverhalten von Sprays

Um das Brandverhalten von Druckgaspackungen genauer studieren zu können, habe ich bereits Ende der Siebzigerjahre umfangreiche Brandversuche an der Feuerwehr- und Zivilschutzschule Steiermark durchgeführt.

Bei diesen Experimenten, welche von einfachen Demonstrationen bis zu wissenschaftlichen Versuchen reichten, wurde über mehrere Jahre das Brandverhalten von fast 30.000 Spraydosen studiert. Es handelte sich dabei um Alu-Monoblockdosen sowie geschweißte und gelötete Stahlblechdosen, welche uns aufgrund einer mangelhaften Produktion von einer Wiener Firma zur Verfügung gestellt wurden.

Unterschiedliche Experimente

Bei den Versuchen wurden sowohl brennbare bzw. unbrennbare Lösungsmittel und Wirkstoffe sowie brennbare bzw. unbrennbare Treibmittel (Propan-Butan, FCKW und CO_2) verwendet. Bei den Wirkstoffen handelte es sich um

Brandversuche mit Spraydosen bei einer Katastrophenschutzübung in Graz, bei welcher über 1.000 Lackspraydosen in Brand gesetzt wurden. (Foto: BF Graz)

so unterschiedliche Produkte wie Lacke, Taft, Christbaumschnee, Teppichschaum, Deodorants und Schuhsprays. Die Versuchsanordnungen waren ebenso differenziert: Sie reichten vom Einzelexperiment bis zum Massenversuch, wobei bis zu 1.000 Druckgaspackungen im Feuer studiert wurden. Neben Tests im Freien wurden auch umfangreiche Versuche im Brandhaus der Feuerwehr- und Zivilschutzschule Steiermark durchgeführt.

Wichtige Erkenntnisse

Bei diesen umfassenden Experimenten im Versuchsgelände der Feuerwehr- und Zivilschutzschule Steiermark mit Spraydosen wurde das Brandverhalten von Spraydosen in allen Details studiert und dokumentiert. So hat sich gezeigt, dass Aerosoldosen bei Brandeinwirkung häufig zerreißen (etwa 84% der Behälter), wobei auch in bestimmten Fällen scharfkantige Bruchstücke entstehen können. Spraydosen mit brennbarem Inhalt zerbersten unter Bildung eines Feuerballs, wobei mit einem Durchmesser bis zu einigen Metern zu rechnen ist. Vor allem bei brennbaren Wirkstoffen können die Dosen bzw. ihre Bruchstücke mit großer kinetischer Energie wegfliegen und Reichweiten bis über 40 Meter erzielen. Bei Versuchen im Brandhaus wurde in bestimmten Fällen sogar das Durchschlagen von leichten Deckenkonstruktionen festgestellt.

Brandversuche in Räumen ergaben bei direkter Feuereinwirkung auf die Sprays zerstörerische Vollbrände innerhalb weniger Minuten. Bei der Entfernung von nur wenigen Metern waren die Auswirkungen nicht mehr so groß und in erster Linie die in der obersten Lageretage vorhandenen Druckgaspackungen gefährdet.

Was bringen die Gesetze?

Aufgrund des Kenntnisstandes Anfang der Achtzigerjahre und dem umfassenden Experimente an der Feuerwehr- und Zivilschutzschule Steiermark, welche im Beisein von Frau *Dr. Mathes* – als Vertreterin des damaligen Handelsministeriums – erfolgten, wurde bereits im Jahre 1982 eine Verordnung über die Lagerung von Druckgaspackungen in gewerblichen Betrieben herausgegeben. Diese enthält die wichtigsten Bestimmungen über Lagerungsverbote, Lagerräume, Vorrats- und Verkaufsräume. Wieder einmal konnten wir Schrittmacherdienste im Bereich des Österreichischen Brandschutzes leisten, auf welche ich ungemein stolz bin!

9.10 „Kleiner Gefahrgut-Helfer" – ganz groß

Nur selten kann ein Druckwerk im Bereich der Feuerwehr auf eine derartige Erfolgsstory zurückblicken, wie der „Kleine Gefahrgut-Helfer" (Stocker-Verlag, Graz, letzte Ausgabe 2005), welcher auf dem Gefahrgut-Sektor heute bereits zum Markenzeichen geworden ist und sich zu einem unentbehrlichen Nachschlagewerk für alle Einsatzkräfte vor Ort entwickelt hat. Er dient zur persönlichen Schnellinformation bei Gefahrgut-Unfällen, ist aber auch für Exekutivbeamte, Helfer des Roten Kreuzes und anderer Rettungsorganisationen, Eisenbahnbedienstete, Zollorgane und natürlich Gefahrgut-Lenker geeignet. Darüber hinaus sollte es zu den persönlichen Requisiten jedes Autofahrers und sicherheitsbewussten Bürgers gehören.

Seit dem Jahre 1978!

Als ich im Jahre 1978 beim Grazer Stocker-Verlag das Fachbuch „Transport gefährlicher Güter" herausgeben konnte, wurde auch ein kleiner, nur zwölfseitiger (!) Falter in Führerscheinformat unter dem Titel „Kennzeichnung von Transportfahrzeugen" beigelegt. Dieser musste bereits im Rahmen der zweiten Auflage des Fachbuches im Jahre 1980 auf 24 Seiten erweitert werden und fand so großen Anklang, dass man sich entschloss, diesen Falter gesondert herauszugeben.

Neuer Name und „Goldenes Buch"

Aus dem Falter entwickelte sich im Jahre 1983 ein kleines Heftchen mit bereits 32 Seiten. Im Jahre 1985 wurde das „Taschenmerkheft gefährliche Güter", wie es damals hieß, in „Der kleine Gefahrgut-Helfer" umgetauft, auf 48 Seiten erweitert und das erste Mal etwas größer dimensioniert (vergrößertes Führerscheinformat). Im Jahre 1990 erschien sogar eine Sonderausgabe des

Gefahrgut-Helfers für Südtirol und 1995 hatte das Taschenmerkheft bereits 64 Seiten und wurde erstmals auch beim deutschen *ecomed*-Verlag als Lizenzausgabe herausgegeben. In diesem Jahr erhielt ich auch das sehr selten vergebene „Goldene Buch des österreichischen Buchhandels" für über 50.000 verkaufte Exemplare.

Platz in der deutschen Gefahrgut-Literatur

Im Jahre 1997 wurde der Kleine Gefahrgut-Helfer im wahrsten Sinn des Wortes „vergrößert". Er erhielt das heutige A6-Taschenformat. In neuer grafischer Gestaltung und im Vierfarbendruck hatte diese Unterlage damals bereits 80 Seiten. In dieser Ausgabe wurden das erste Mal auch 9 Gruppenmerkblätter als Nachschlagehilfe entwickelt, für welche seit damals international große Nachfrage besteht. Spätestens durch diese Neuerung entwickelte sich der Gefahrgut-Helfer endgültig zu einem kleinen Taktik-Handbuch und hat sich seinen Platz in der deutschsprachigen Gefahrgut-Literatur gesichert.

Der kleine Gefahrgut-Helfer ist ein unentbehrliches Hilfsmittel für den Bereich gefährliche Güter geworden.

Neuester Stand

Nach weiteren Nachdrucken im Jahre 1999 und 2000 in Österreich und Deutschland erfolgte mit Jahreswechsel 2002/2003 eine völlige Umarbeitung nach der großen Novelle des ADR/RID. Das Werk umfasste damals bereits 120 Seiten und wurde wegen der völligen Neufassung als „Neuer Gefahrgut-Helfer" herausgebracht.

Mit der ADR-Novelle 2005 und 2007 habe ich abermals eine aktuelle Anpassung und Erweiterung des Taschenmerkbuches auf 128 Seiten vorgenommen, welches nun wieder unter dem Titel „Der kleine Gefahrgut-Helfer – Richtiges Verhalten bei Gefahrgut-Unfällen" vertrieben wird. Das EU-weit gültige Nachschlagewerk enthält alle wichtigen Daten über gefährliche Güter in einer zentrale Stoffliste, die Gruppenmerkblätter wurden auf 13 Seiten erweitert und erstmals ist auch eine Tabelle für die so genannten Freigrenzen vorhanden.

Eine echte Innovation

Zusammenfassend kann gesagt werden: Der kleine Gefahrgut-Helfer hat sich innerhalb von vier Jahrzehnten als das beliebteste Gefahrgut-Taschenmerkheft für Einsatzkräfte und Betriebsingenieure im gesamten deutschen Sprachraum durchgesetzt. Es wird fast an allen österreichischen Feuerwehrschulen und in Südtirol als Lehrunterlage verwendet und sogar im Rahmen der abgehaltenen Gruppenkommandantenlehrgänge generell als Taktikunterlage ausgegeben. Auch an der deutschen Zollschule in Leipzig ist es beispielsweise ein unentbehrliches Hilfsmittel für alle Zollorgane geworden. Eine echte Innovation eben!

10. Kapitel

Gott zur Ehr', dem Nächsten zur Wehr

(Foto: Schaupensteiner)

Ein Blitzableiter auf einem Kirchturm
ist das denkbar stärkste Misstrauensvotum
gegen den lieben Gott.

Karl Kraus

Aber gut für den Brandschutz!

Owid

Bald nachdem ich meinen Dienst an der Feuerwehr- und Zivilschutzschule Steiermark angetreten hatte, war mir klar, dass ich gerade auf dem Bereich der freiwilligen Feuerwehren ein großes Wissensdefizit aufwies. Ich hatte zwar fünf Jahre bei der Berufsfeuerwehr Wien gedient und von dieser Seite her das Feuerwehrwesen kennen gelernt, aber fast keine Ahnung von den freiwilligen Floriani-Jüngern. Ich kannte zwar ihren Wahlspruch „Gott zur Ehr', dem Nächsten zur Wehr", aber das war schon fast alles. Um dies zu ändern, wollte ich nun den Stier bei den Hörnern packen!

10.1 Ich werde Abschnittsfeuerwehrkommandant

Die einzige richtige Konsequenz war es daher, selbst Mitglied einer freiwilligen Feuerwehr zu werden. Und so bewarb ich mich um Aufnahme bei der FF Lebring-St. Margarethen, welche damals von einer Altherren-Riege geführt wurde. Renommiertestes Mitglied war jedoch Bürgermeister *Karl Bachernegg*, der ehemalige Kommandant dieser Wehr. Er hatte es fast im Alleingang zu Wege gebracht, die Feuerwehr- und Zivilschutzschule Steiermark in jene Gemeinde zu bringen, deren Ortsvorsteher er war. Und dies war gar nicht so leicht, denn es gab damals eine ganze Reihe von Bewerbungen für den neuen Standort der Schule.

Lebring: Ein idealer Standort

Karl Bachernegg war jedoch ein schlauer Fuchs: Er spielte nicht nur gekonnt seine guten Kontakte zur Landespolitik aus, sondern hatte auch den Vorteil, dass ein Großteil der aus dem Besitztum des *Barons Bachofen von Echt* befindlichen Murauen damals disponibel war. Und gerade diese Trumpfkarte stach, da man einen Standort für die Schule direkt an einem Gewässer suchte. Die Lebringer Murauen waren dazu der fast ideale Standort, wo man nicht nur ein Zentrum für die Brandbekämpfung und Technische Hilfeleistung, sondern auch für den Wasserdienst aufbauen konnte. Außerdem war die weite Aulandschaft auch sehr gut für praktische Brandübungen und wissenschaftliche Experimente geeignet.

Ein freundschaftliches Händeschütteln mit Bürgermeister Karl Bachernegg.

Abschnitt 8 – Kainach-Lassnitztal

Nun hatte ich die Aufgabe, dieser neu errichteten Katastrophenschutzschule den Geist einer modernen Erwachsenenausbildungsstätte einzuhauchen. Ich brachte fast alle Voraussetzungen dazu auf Grund meiner Ausbildung und früheren beruflichen Tätigkeit in Wien mit. Das einzige Manko: Ich kannte die freiwilligen Feuerwehren eigentlich nur vom Hörensagen und wusste, dass ich dies so rasch als möglich ändern musste.

Der erste Schritt dazu war der Eintritt in die FF Lebring-St. Margarethen. Doch dies war nur der Anfang. Da eine Karriere in der Ortsfeuerwehr

Als aktiver Abschnittsfeuerwehrkommandant des Abschnittes 8, Kainach-Lassnitztal, im Bezirk Leibnitz.

nicht rasch genug möglich gewesen wäre und ich vor allem überregionale Erfahrungen sammeln musste, strebte ich einen Einstieg über das Bezirksfeuerwehrkommando Leibnitz an. Und auch hier hatte ich Glück: *Karl Bachernegg* war damals nämlich Kommandant von zwei Feuerwehrabschnitten und froh, fachlich und organisatorisch entlastet zu werden. Er übergab mir daher den „Abschnitt 8 – Kainach-Lassnitztal" mit den Feuerwehren Hengsberg, Lang, Lebring-St. Margarethen, Neudorf ob Wildon, Schönberg, St. Nikolai im Sausal, Weitendorf und Wildon. Damit hatte ein spannender Zeitabschnitt meines beruflichen und privaten Lebens begonnen.

Alarm im Kukuruzfeld

Schon wenige Tage nach der offiziellen Einführung in mein neues Amt durch den damaligen Bezirksfeuerwehrkommandanten *Franz Schäfer* gab es den ersten Alarm: Ein Transportfahrzeug, mit über 10 Tonnen Zitronen beladen, stürzte in Kehlsberg bei Schönberg am späten Abend über die Böschung. Ich wurde über unsere Telefonzentrale verständigt und rückte mit dem damals in der Schule stationierten Kommandofahrzeug aus. Die Feuerwehren aus Lebring, Lang und Schönberg waren schon am Einsatzort tätig und versuchten den umgestürzten LKW wieder auf die Räder zu stellen und die verloren gegangene Ladung einzusammeln. Außerdem suchte man den türkischen Fahrer, der sich aus Angst in einem Kukuruzfeld versteckt hatte.

„... noch nie beim Einsatz gesehen

Als ich am Einsatzort ankam, suchte ich den Einsatzleiter. Es war *HBI Franz Stoff* von der FF Schönberg, der nur schwer gefunden werden konnte. Über meine Kameraden der FF Lebring wurde er schließlich an vorderster Front geortet, wo er gerade Kisten schleppte. Als er mich sah, sagte er nur: „An Abschnittsfeuerwehrkommandanten hamma beim Einsatz noch nie g'sehen!" Dieser Ausspruch war symptomatisch für die damals bestehende Einsatzstruktur bei den freiwilligen Feuerwehren. Und tatsächlich bestätigte sich auch bei weiteren Einsätzen, dass es hier an einer umfassenden Einsatztaktik mangelte.

Einsatzleitung als Knackpunkt

Meine ersten Bemühungen waren daher, neue Einsatzstrukturen in meinem Feuerwehrabschnitt zu schaffen. Es war mir jedoch klar, dass ich das System der Berufsfeuerwehr Wien hier nicht anwenden konnte. Auf jeden Fall musste ich die Ortsfeuerwehrkommandanten von der Wichtigkeit der Bildung einer Einsatzleitstelle überzeugen. Wir beschafften schließlich rote Rundumleuchten für alle Feuerwehren, die im Ernstfall auf dem Einsatzleitfahrzeug, das meist ein Mannschaftstransportfahrzeug (MTF) war, angebracht wurden. Ich selbst kaufte mir für das Kommandantenfahrzeug der Schule ein Megafon, welches ich später mit großem Erfolg verwendete.

Konsequenzen für Übung und Ausbildung

Um meine Pläne in die Praxis umzusetzen, versuchte ich das neue Konzept vorerst bei Übungen, welche ich in meinem Abschnitt plante und durchführte, zu realisieren. Wir stellten uns quasi selbst auf den Prüfstand für weiter reichende Reformen in der Einsatztaktik. In der Folge konzipierte ich einen neuen Lehrgangstyp, den Einsatzleiter-Lehrgang, der an der Feuerwehr- und Zivilschutzschule als Standardschulung wenige Zeit später eingeführt wurde. Dieser Lehrgang wurde zwischen Gruppenkommandantenlehrgang und Kommandantenlehrgang angesiedelt. Damit konnten wir ein völlig neues Taktikkonzept bei den Feuerwehren im ganzen Land schulisch umsetzen.

10.2 Übungen von morgen

Die große Unbekannte dabei war jedoch die Frage, wie sich diese neuen Ideen in der harten Praxis auswirken würden. Ich überlegte lange und begann dann mit einer nie da gewesenen Übungsinitiative in meinem Feuerwehrabschnitt. Dabei wollte ich im Kleinen beweisen, wie man das Feuerwehrwesen besser organisieren könnte. Und das Faszinierende in diesem Zusammenhang war: Wir planten diese hautnah angelegten Schulungen vor Ort nicht nur, um zu trainieren, sondern auch, um Schwachstellen aufzuzeigen und einem neuen Konzept zum Durchbruch zu verhelfen.

Brand im Abbruchhaus

Dabei kam uns zugute, dass im Zuge des Ausbaues der Pyhrnautobahn zwischen Wildon und Lebring-St.Margarethen Grundstücksablösungen erforderlich waren, wobei eine ganze Reihe von Häusern geschleift wurde. Ich vereinbarte damals mit den Straßenbauverantwortlichen, dass uns zwei Häuser für Übungszwecke zur Verfügung gestellt wurden. Bei einer Abschnittssitzung kündigte ich dann eine geheime Einsatzübung an einem Samstag-Vormittag an. Es wurde dabei weder der genaue Zeitpunkt noch der Einsatzort angegeben. Das Ganze hielt dicht, weil ich nur ganz wenige Vertrauenspersonen der FF Lebring eingeweiht hatte. *Helmut Stegbauer* bereitete dann mit *Walter Schöbinger* und *Franz Pail* den Feuerzauber vor.

Magnesium im Schweinestall

Sie zündeten alte, übrig gebliebene Möbel in den Zimmern und am Dachboden mit Brandbeschleunigern an und verstauten – wie gemein! – im Kellerbereich, wo angeblich früher ein Schweinestall gewesen sein soll, einige Kilogramm Magnesiumspäne. Derartige Demonstrationen mit Magnesium, welches wir aus dem Grazer Steyr-Daimler-Puch-Werk erhielten, waren damals an der Schule ein großer Hit. Zwar war die Annahme nicht sehr realistisch, aber es war ein echtes „Aha-Erlebnis“, als es beim Einsatz eines C-Rohres plötzlich zu einer grellen Stichflamme kam. Das „Magnesium im Schweinestall“ war jedenfalls schon kurze Zeit später das Gesprächsthema in unserem gesamten Feuerwehrabschnitt und im Bezirk.

Tankwagen gegen Autobus

Eine Übung, die ebenfalls bald Tagesgespräch in der ganzen Steiermark werden sollte, war die Annahme „Tankwagen gegen Autobus“, welche wir am 19. Juni 1977 im Rahmen eines Bezirksfeuerwehrtages in Wildon in unmittelbarer Nähe des früheren *Gasthofes Isker* realisierten. Ich ließ damals sogar einen alten Autobus und einen Tankbehälter eines Gefahrguttransporters, welche wir in der Schule zur Verfügung hatten, zum Übungsort schleppen. Ungefähr 30 Figuranten, allesamt Freiwillige, denen vom Roten Kreuz realistisch diverse

Verletzungen „aufgeschminkt" wurden, spielten die Verletzten und „Toten" bei diesem fiktiven Autobusunfall. Sie hielten sich in sicherer Entfernung vom Crashzentrum auf, wo wir in einer großen Stahlwanne etwa 1.500 Liter brennbare Flüssigkeit entzündeten.

Umfassende Vorbereitungen

Die Vorbereitungsarbeiten für diese Übung waren enorm: Ich lud die Kommandanten meines Abschnitts zu mehreren Besprechungen ein und entwickelte mit ihnen gemeinsam die relativ komplizierte Lage. Dabei lernten die Feuerwehren auch ihre Position in Abhängigkeit zu den anderen Wehren einzuschätzen. Denn nicht jeder Trupp kann am Strahlrohr stehen, es muss beispielsweise auch die Wasserversorgung hergestellt werden. Ich forderte bei dieser Übung drei Saugstellen aus dem nahe gelegenen Fluss Kainach und überließ es den Kommandanten, ihre Rolle schon vor der Übung in der Praxis durchzuspielen. Im Autobus selbst hatten wir etwa zehn menschengroße „Puppen" postiert, welche unsere Frauen in Heimarbeit produziert hatten. Sie verwendeten dabei zugeschnittene und vernähte Jutesäcke, welche mit Heu und Stroh gefüllt waren.

Wie wild gewordene Hummeln!

Diese Übung hatte jedoch noch eine andere Dimension: Sie war als gemeinschaftliche Aktion zwischen Feuerwehr, Rotem Kreuz, Exekutive und Behördenvertretung geplant. Außerdem setzten wir einen Hubschrauber ein, welcher zwei „akute Notfälle" ins Landeskrankenhaus Graz transportieren sollte. Leider lief dabei in der Zeitplanung einiges schief: Während sich die Feuerwehren an die Regeln hielten und von ihren Stützpunkten ausrückten, standen die Fahrzeuge des Roten Kreuzes aus allen Bezirken de facto „um die Ecke" und fielen nach der Alarmierung mit Blaulicht und Folgetonhorn wie ein Schwarm wild gewordener Hummeln über den Einsatzort her. Dies hatte zur Folge, dass die Zufahrtswege innerhalb weniger Minuten total verstellt waren und die Einsatzfahrzeuge der Feuerwehr nicht oder nur sehr schwer in die notwendigen Positionen vorrücken konnten.

Die Großübung „Autobus gegen Tankwagen" in Wildon im Jahre 1977 war wegweisend.

Realistische Dimensionen

Die Folge dieser Misere war klar: Der Flüssigkeitsbrand entwickelte sich durch diese Zeitverzögerungen etwas länger als vorgesehen und drohte fast außer Kontrolle zu geraten. Dabei entstand eine riesige Rauchwolke, welche sich etwa 20 Minuten lang über das nahe gelegene *Gasthaus Isker* legte. Die Gäste konnten das Wirtshaus weder verlassen, noch war es für Personen möglich, dorthin zu gelangen. Schon begannen einige Frauen zu schreien und die Lage drohte zu eskalieren. Auf jeden Fall hatte diese Übung nicht ganz gewollt realistische, ja dramatische Dimensionen angenommen!

Überwältigender Erfolg!

Der Erfolg dieser realen Übung war trotzdem – oder gerade deswegen – überwältigend: Erstmals hatten wir die Zusammenarbeit mehrerer Einsatzorganisationen und das Löschen von Flüssigkeitsbränden in größerem Maßstab geprobt. Dabei wurden logistische Probleme ebenso beübt wie der parallele Einsatz von Löschschaum und Kühlwasser und das Retten einer größeren Zahl von Menschen. Heute werden derartige Übungen mit riesigem Aufwand von ganzen Stabsstellen organisiert und in den Medien als große Sensation vermarktet. Wir waren damals jedoch nur eine kleine Gruppe von Idealisten, die jedoch ihrer Zeit voraus war, denn man schrieb das Jahr 1977!

Annahme: Giftgasalarm!

Die nächste Großübung plante ich ebenfalls im Rahmen eines Bezirksfeuerwehrtages in Schönberg: Es war eine für die damalige Zeit und unsere Landfeuerwehren noch eher utopische Annahme – nämlich der Unfall eines Chemikalientransporters mit anschließender austretender Giftgaswolke. Dabei produzierten wir mit neuartigen Rauchgeneratoren und Rauchbomben des Bundesheeres eine mächtige Wolke, die so weit als möglich mit Wasser niedergeschlagen werden sollte. Die notwendigen großen Wassermassen brachten wir mit Hilfe von Relaisleitungen an den Einsatzort.

Labung im Festzelt

Ich kommentierte auch diese Übung vom Dach eines Einsatzfahrzeuges für die Bevölkerung und die angereisten nicht im Einsatz stehenden Feuerwehrkräfte mit einem Megafon. Nachdem sich ein Teil der auf die Atemwege reizend wirkenden Rauchwolke über fast 1.000 Zuseher abzusenken begann und das „große Hustenkonzert" einsetzte, schickte ich die Leute in das große Festzelt zur Labung mit diversen Dekontaminationsmitteln, wobei das Bier an erster Stelle stand. So fand ein fachliches Großereignis seinen würdigen Abschluss unter Ankurbelung der heimischen Wirtschaft und der nicht unerheblichen Aufstockung des Feuerwehrsäckels.

Der Zeit voraus war die Übungsannahme eines Giftgasaustrittes nach einem Gefahrgutunfall

Lösungsmittelbrände

Eine weitere Übung des Abschnittes organisierte ich in der Firma Vianova in Werndorf, einem der größten Lackerzeuger im Lande. Hier erprobten wir das Löschen diverser Lösungsmittelbrände und vor allem auch von Alkoholen.

Bekanntlich lassen sich Alkoholbrände nicht mit herkömmlichem Löschschaum in den Griff bekommen. Der Grund: Das Wasser des Schaums ist mit dem Alkohol mischbar, wodurch der Löschschaum zerstört und unwirksam wird. Diesen Effekt studierten wir nun das erste Mal an Hand verschiedener polarer Lösungsmittel, welche in der Firma Vianova vorhanden waren. Und wir mussten feststellen, dass es tatsächlich eines so genannten alkoholbeständigen Schaums bedurfte, um Brände derartiger brennbarer Flüssigkeiten in den Griff zu bekommen.

„Die Schule brennt!"

Eine Übung, die mir auch noch im Gedächtnis haften blieb, hatte ebenfalls Pioniercharakter und behandelte den Problemkreis „Brände in Schulen". Mit dem damaligen Kommandanten der FF Hengsberg *HBI Anton Thomann* plante ich schon im Jahre 1976 eine realistische Übungsannahme unter Einbeziehung der Lehrer und Schüler. Dabei wurde in der Volksschule von Hengsberg auch echter Rauch eingesetzt, was für ein Schulgebäude damals etwas völlig Neues darstellte. Wir wichen also von den monotonen Routine-Räumungen, bei welchen die Schüler mit ihren Lehrern so rasch als möglich die Schule zu verlassen hatten, um einen vorgegebenen Sammelplatz aufzusuchen, wesentlich ab.

Realistisches Szenarium

Die Neuigkeit in der Übungsannahme bestand darin, dass eine bestimmte Zahl von Schülern samt ihren Lehrern nicht mehr aus dem Gebäude flüchten konnte und sozusagen vom Rauch eingeschlossen war. Ihre Rettung aus den oberen Stockwerken erfolgte nun durch die Feuerwehr, wobei vor allem Schiebleitern eingesetzt wurden. Die Schüler stiegen dabei in einem absolut realistischen Szenarium im Schutz der Feuerwehrmänner über die Leitern ins Freie. Vorher hatten wir alle gefährlichen Passagen des Übungsgeschehens mit den betroffenen Taferlklasslern trainiert und uns auch wohlweislich die Genehmigung der Eltern zu dieser Vorgangsweise eingeholt. Später aufgetretene Unfälle in Salzburg und Oberösterreich bestätigten die Richtigkeit unserer Handlungen.

Salpetersäure und nitrose Gase

In Lebring selbst wollten wir im neuen Philips-Farbbildröhrenwerk schon seit längerer Zeit eine realistische Einsatzübung unter schwerem Atemschutz und der Verwendung von Schutzanzügen durchführen. Dies wurde zwar eine Zeit lang durch einen unverständlich agierenden Betriebsleiter verhindert, aber schließlich setzte sich doch die Vernunft durch. Vor allem die in diesem Werk verwendete gefährliche Salpetersäure wollten wir uns genauer ansehen. In diesem Zusammenhang führte ich auch in der Folge mit einem Chemiker hoch interessante Demonstrationsversuche durch, wobei wir über 100 Liter dieser Substanz zur Verfügung hatten. Chemische Reaktionen mit verschiedenen Metallen und die Bildung der besonders giftig wirkenden, rotbraunen nitrosen Gase sowie die Verdünnung und Neutralisation von Salpetersäure stand auf dem Programm. Experimente, welche die Gefährlichkeit dieser Substanz in der harten Praxis für unsere Einsatzkräfte zeigten. Wie wichtig derartige Versuche waren, zeigte auch ein späterer Betriebsunfall im Philipswerk, bei welchem ein Mitarbeiter verätzt wurde.

10.3 Die steirische Taufe

Unsere Abschnittsfeuerwehrübungen zeigten bald auch im Einsatz die ersten Erfolgserlebnisse für die Feuerwehrverantwortlichen. Vor allem die von mir forcierte abgestimmte, gemeinsame Vorgangsweise der einzelnen Feuerwehren brachte im harten Einsatzgeschehen große Vorteile. Im Speziellen die Wasserzubringung über lange Wegstrecken übten wir immer wieder, was sich alsbald bei zwei großen Wirtschaftsgebäudebränden sehr vorteilhaft auswirken sollte. Bei einem dieser Einsätze erlebte ich aber selbst meine echte, steirische Taufe.

Zwei Großbrände

Es war im heißen Sommer des Jahres 1978, als es innerhalb eines Monats in Flamberg, einer Katastralgemeinde von St. Nikolai im Sausal, zu zwei ähnlichen Brandereignissen in unserem Feuerwehrabschnitt kam. In beiden Fällen war Blitzschlag die Brandursache und in beiden Fällen betraf es größere, relativ abgelegene Wirtschaftsgebäude. Die Wasserversorgung war dabei völlig unzureichend und es mussten daher über viele hundert Meter Schlauchleitungen verlegt bzw. mehrere Tanklöschfahrzeuge zur Löschwasserzubringung im Pendelverkehr eingesetzt werden. Diese Techniken hatten wir bereits vielfach geübt, wobei alle acht Feuerwehren des Abschnittes ihre Rolle bei Großübungen mehrfach durchgespielt hatten.

Als Einsatzleiter bei einem Großbrand in einem Bauernhof in St. Nikolai im Sausal.

Eine Theorie in die Praxis umsetzen!

Als Schulleiter hatte ich ein eigenes Schema für die Wasserförderung über lange Wegstrecken entwickelt. Dieses theoretische Konzept mit seinen Schlauchreibungs- und Druckhöhenverlusten sowie Pumpenkennlinien wollte ich nun in der harten Praxis umsetzen. Wir übten daher im Feuerwehrabschnitt neben der Theorie auch laufend mit Tragkraftspritzen und dem vorhandenen Schlauchmaterial. So erarbeiteten sich die einzelnen Wehrkommandanten langsam ein Gefühl für ihre Leistungsfähigkeit bei der Errichtung von Löschwasserversorgungen. Vor allem in der hügeligen Landschaft des Kainach-Lassnitztales musste man dabei die Höhenunterschiede im Gelände besonders berücksichtigen. Das alles lernten nun unsere Feuerwehrmänner spielerisch in die Praxis umzusetzen.

Schwerer Atemschutz

Ein weiterer Fortschritt war damals die weitgehend flächendeckende Ausstattung unserer Wehren mit Atemschutzgeräten. Früher waren in der Steiermark nur einige wenige größere Feuerwehren mit Pressluftatmern ausgerüstet. Nun wurden aber im Rahmen einer gemeinsamen Aktion viele hunderte Geräte angeschafft. In der Atemschutzwerkstätte der Schule herrschte Hochbetrieb und wir mussten bald die neue Technologie in die Bezirke verpflanzen. Die ersten Bezirksatemschutzwerkstätten entstanden. Auch die Ausbildung musste stark forciert werden. Neben der Basisausbildung an der Feuerwehrschule ordnete ich daher laufende Schulungen und praktische Übungen im Atemschutz an. Ich hatte damals auch eine Dienstvorschrift für den Atemschutz ausgearbeitet, in welcher erstmals die Rolle des Rettungstrupps genauer definiert wurde. Auf die Einhaltung der Sicherheitsvorschriften legte ich dabei besonderen Wert und kümmerte mich stets um die praktische Umsetzung.

„Feuerfresser-Mentalität“

So war es auch bei den genannten beiden Wirtschaftsgebäudebränden. Dazu muss gesagt werden: Ich musste stets den Drang meiner Leute, in brennende Bauwerke ohne entsprechende Schutzausrüstung einzudringen, bremsen. Viele von ihnen repräsentierten damals noch den Typ des althergebrachten „Feuerfressers“ und verausgabten sich im Einsatz total. Von Atemschutzgeräten hielten sie äußerst wenig und begaben sich dadurch in absolut gefährliche Situationen. Das war auch bei einem der genannten Großbrände der Fall. Ich beobachtete gerade, wie ein Trupp ohne Pressluftatmer in das brennende Gebäude vordringen wollte, und schrie: „Burschen, geht's nicht ohne Atemschutz hinein!. Im nächsten Moment hätte ich selbst Atemschutz dringend benötigt, denn ich stand nämlich bis zu den Oberschenkeln in der Jauche.

Den Misthaufen übersehen

Was war geschehen? Beim Herumlaufen um das Gebäude hatte ich in der allgemeinen Hektik den Misthaufen übersehen und war in der stinkenden Gülle eingesunken. Zu meinem Entsetzen spürte ich, wie die Jauche rundum in die Stiefel rann. Das Dramatische dabei: Ich konnte mich aus dieser Zwangslage vorerst nicht befreien, weil mich eine ungeheure Saugkraft daran hinderte. Jetzt lernte ich die physikalischen Gesetze der Hydraulik in einer der peinlichsten Situationen meines Lebens am eigenen Körper kennen.

„St. Nikolai im Saustall“

Und in dieser verzweifelten Lage kam mir auch noch der Kommandant der Feuerwehr St. Nikolai im Sausal, *HBI Josef Klapsch*, entgegen. Er versorgte mit dem Inhalt eines riesigen Tonkruges gerade seine Mannen vor dem Verdursten und rief mir zu: „Wüllst an Most, Dokta?“.Als ich am ganzen Körper stinkend aus der Gülle kroch, dachte ich mir nur: „Das war die steirische Taufe!“ Und ich weiß jetzt auch, warum sich der liebliche Weinort St. Nikolai im Sausal bei mir unter dem Synonym „St. Nikolai im Saustall“ ins Gedächtnis eingebrannt hat.

10.4 Giftalarm in Spielfeld

Am 29. Mai 1979 gab es am steirisch-slowenischen Grenzübergang Spielfeld einen gefährlichen Giftalarm, der für das österreichische Feuerwehrwesen richtungsweisend war. Wir mussten damals über mehr als sechs Stunden unter Vollkörperschutz arbeiten, um eine gefährliche Kontamination zu beseitigen. Und noch etwas ereignete sich im engeren Umfeld dieses Einsatzes: Zwei Bedienstete der Feuerwehrschule erlitten Vergiftungen, welche vorerst nicht richtig erkannt wurden.

Eine unbekannte Flüssigkeit

Am genannten Tage waren schon frühmorgens am Parkplatz des Straßenzollamtes Spielfeld an der steirisch-slowenischen Grenze einige griechische LKW abgestellt worden. Um etwa 08.00 Uhr früh bemerkt ein Bediensteter der Straßenmeisterei, dass vom Laderaum eine unbekannte Flüssigkeit auf die Straße tropfte und dort eine Lache bildete. Als er in nächster Nähe die Dämpfe einatmete, wurde ihm übel. Er verließ daraufhin sofort die Unfallstelle und bemerkte noch auf der Rückseite des Anhängers eine orangefarbene Tafel.

Jetzt erinnerte sich der Bedienstete auf Grund einer früheren Schulung an der Feuerwehr- und Zivilschutzschule, dass dies die Kennzeichnung eines Gefahrgut-Transportfahrzeuges ist, und meldete den Sachverhalt der Gendarmerie. Diese alarmierte die Feuerwehr und den Ölalarmdienst beim Amt der Steiermärkischen Landesregierung. Erstmaßnahme: Die Unfallstelle wurde vorerst großflächig abgesperrt.

Hochgiftiges Insektizid

Vom Ölalarmdienst rückte damals *Hofrat Dipl.-Ing. Leopold Zwittnig*, also der Chef selbst (er wurde spaßeshalber von uns als „steirischer Ölscheich" tituliert), zum Unfallort aus. Er hatte diese Einrichtung schon Jahre zuvor mit viel Engagement in der Steiermark aufgebaut und war ein Vorreiter auf diesem Gebiet. Zwittnig konnte nun nach längerer Befragung des Fahrers – das Gespräch musste dabei unter schwierigen Bedingungen aus dem Griechischen übersetzt werden – Folgendes erfahren: Es handelte sich beim gegenständlichen Gefahrgut um ein hochtoxisches, konzentriertes Insektizid, welches vor etwa sechs Monaten in 200-Liter-Fässern von einer holländischen Firma in Rotterdam auf ein Frachtschiff gebracht wurde.

Ein Gift auf Reisen

Das Produkt war für Saudi-Arabien zur Heuschreckenvernichtung bestimmt. Das Schiff geriet jedoch in der Nähe der griechischen Küste in einen Sturm und sank. Die rund 300 äußerlich unversehrten Fässer wurden nun einige Monate später von Tauchern aus dem Meer geborgen und sollten in vier LKW-Zügen nach Holland retourniert werden. Zwei davon befanden sich zum Zeitpunkt des Unfalls in Spielfeld, die beiden anderen waren bereits in der Bundesrepublik Deutschland unterwegs. Allerdings hatten die Stahlfässer durch ihren ungeplanten Aufenthalt im salzigen Meereswasser einigermaßen gelitten und da sie ohne Scheuerhölzer auf den LKW verladen wurden, bestand die Gefahr des Durchscheuerns. Hier war also ein gefährliches Gift auf Reisen, das durch die mangelhafte Verpackung eine Art toxische Zeitbombe darstellte.

Giftig wie E 605

Die Identifizierung des gefährlichen Stoffes war relativ leicht, da der Fahrer auch ein Unfallmerkblatt in holländischer, englischer, französischer und deutscher Sprache mitführte. Es handelte sich danach um ein giftiges Insektizid namens Dursban, einen organischen Phosphorsäureester, welcher in einer brennbaren Flüssigkeit (Gefahrenklasse II) gelöst ist und auf den Menschen eine so genannte anticholinesterase Wirkung ausübt. Das Gift ruft dabei eine unmittelbare Blockierung der Atemfermente hervor. Diese Auswirkung zeigt übrigens auch das bekannte Pflanzenschädlingsbekämpfungsmittel E 605, welches bereits seit längerer Zeit – wegen seiner kumulierenden Wirkung im menschlichen und tierischen Organismus – verboten wurde.

Tödliches Gift für 10.000 Menschen!

Wie giftig die frei gewordene Substanz war, zeigt folgende Überschlagsrechnung: Beim gegenständlichen Unfall wurden rund 50 Liter Dursban frei. Da bei oraler Aufnahme für den Menschen bereits 0,5 Gramm tödlich wirken, hätte man theoretisch an die 10.000 Menschen mit dieser Stoffmenge umbringen können! Dies beweist ganz klar, wie gefährlich derartige organische Phosphorsäureester für den Menschen sind. Eine ärztliche Hilfe ist bei diesen Substanzen nur durch intravenöse Injektionen mit 2 bis 4 mg Atropinsulfat, welche jede Viertelstunde so lange verabreicht werden müssen, bis eine Besserung eintritt, möglich. Ich veranlasste daher damals, als Einsatzleiter der Feuerwehrkräfte, die Installierung eines Rettungsdienstes in Form eines ständig anwesenden Rot-Kreuz-Fahrzeuges. Damit hätten wir verunfallte oder vergiftete Personen sofort in das Landeskrankenhaus Wagna abtransportieren können. Im Spital wurde Atropinsulfat zur sofortigen Injizierung bereitgehalten.

Sechs Stunden unter Vollkörperschutz

Da es sich beim freiwerdenden Stoff um ein gefährliches Atem- und Hautgift handelte, wurden die damals für den südsteirischen Raum stützpunktmäßig vorgesehenen Vollkörperschutzanzüge der Feuerwehr- und Zivilschutzschule Steiermark angefordert. Ich selbst rückte als Abschnittsfeuerwehrkommandant mit einem Teil des Personals der Schule und der FF Lebring-St. Margarethen aus und übernahm die Einsatzleitung. Was besonders wichtig war: Es war dies die Feuerprobe für die im Oktober 1978 steiermarkweit angeschafften Gasschutzanzüge der Type Auer Hatex. Der Gesamteinsatz dauerte damals über sechs Stunden und wir arbeiteten über diesen Zeitraum ständig mit zwei Mann.

Über sechs Stunden musste unter Vollkörperschutz gearbeitet werden.

Einsatzleitstelle und Atemschutz-Sammelplatz

Als erste Maßnahme ließ ich einen Atemschutz-Sammelplatz, der zugleich als Einsatzleitstelle diente, errichten. Über Funk wurde ständig der Kontakt mit der Feuerwehr- und Zivilschutzschule aufrechterhalten. Der Einsatzleiter-Stellvertreter führte den Atemschutz-Sammelplatz, von wo aus je zwei Mann unter Vollkörperschutz in den Einsatz gingen. Die Trupps wurden dabei namentlich registriert und die Einsatzzeiten schriftlich festgehalten. In Reserve stand jeweils ein zwei Mann starker Rettungstrupp.

Ablöse der Geräteträger

Bei nicht klimatisierten Schutzanzügen muss die Einsatzzeit begrenzt werden, um einen gefährlichen Hitzestau zu vermeiden. Das wusste ich schon von meiner Zeit bei der Berufsfeuerwehr Wien, wo ich eine Offiziersarbeit über dieses Thema verfassen ließ. Durch die relativ hohe Außentemperatur mit bis zu 30° C legte ich nun eine vorzeitige Ablöse der Geräteträger nach jeweils 20 Minuten fest. Der Einsatztrupp wurde dabei jeweils über Megafon zurückbeordert und von einem eigens eingeteilten Mann ständig aus sicherer Entfernung überwacht.

An einer bestimmten, gekennzeichneten Stelle erfolgte nach jedem Einsatz eine Reinigung (Dekontamination) der Schutzanzüge von einem TLF aus mit Hilfe eines Sprühstrahls. Offensichtlich kontaminierte Stellen am Anzug wurden zuerst mit saugfähigem Material („Oil Sorbent" in Vliesform) und dann mit Seife gereinigt. Wir entwickelten also bereits vor fast 30 Jahren das behelfsmäßig, was man heute einen Deko-Platz nennen würde.

Einsatzmaßnahmen

Nach einer ersten Erkundung wurde unter Vollkörperschutz das ausgelaufene Produkt mit einem Ölbindemittel aufgesaugt und mit einer mehreren Zentimeter dicken Schicht des Bindemittels abgedeckt. Davon war eine Fläche von etwa 50 m^2 betroffen. Da fast alle Fässer durch die längere Lagerung im Meerwasser eine starke Korrosion aufwiesen und die Ladefläche des Zugfahrzeuges vollständig verunreinigt war, mussten alle 83 Fässer abgeladen und untersucht werden. Eine mühsame und zeitraubende Arbeit! Trotz Verwendung eines Hubstaplers ergab sich dabei eine Gesamteinsatzzeit von rund 6 Stunden.

Erster Großeinsatz unter Vollkörperschutz

Der Gifteinsatz von Spielfeld war meines Wissens in Österreich der erste Großeinsatz unter Verwendung von Vollkörperschutzanzügen. Es musste damals immerhin 36 Mal unter schwerem Atemschutz und Vollkörperschutz zu je 20 Minuten vorgegangen werden. Da wir nur 9 Anzüge zur Verfügung hatten, war es notwendig, diese – nach jeweils erfolgter Reinigung – mehrmals einzusetzen. Auch das ausgebildete Personal musste bis zu drei Mal (mit einer dazwischen liegenden Pause von etwa 1 Stunde) in den Einsatz gehen und wir schulten am Rande sogar einige Atemschutzgeräteträger als Ersatzleute.

Anstrengende Tätigkeit

Bei einer Tragezeit von nur 20 Minuten (allerdings bei einer Außentemperatur mit bis zu 30° C) zeigten sich bei den neun eingesetzten Feuerwehrmännern durch den aufgetretenen Wärmestau mehr oder weniger starke Ermüdungserscheinungen und Wasserverluste durch Schweißabgabe. Ich ordnete daher eine jeweilige Ruhezeit von einer Stunde bis zum nächsten Durchgang an, wobei isotonische Getränke gereicht wurden. Der Atemluftverbrauch lag bei 20 Minuten Einsatzzeit zwischen 850 und 1.100 Liter. Anmerkung: Ein Abduschen des Anzugsträgers während der Arbeit mit Sprühstrahl wurde als sehr positiv empfunden. Vor allem bei hohen Außentemperaturen stellt dies eine willkommene Abkühlung dar!

Mit den vorhandenen Energien haushalten!

Alle Anzugträger erklärten auch, dass die Arbeiten unter Vollkörperschutz eher langsam und bedächtig durchgeführt werden sollten, um mit den vorhandenen Energien besser haushalten zu können. Dabei ist natürlich strenge Atemdisziplin vorausgesetzt. Es stellte sich heraus: Schnelle Bewegungen können auch zur Verletzung des Anzuges führen. Dies tritt vor allem dann ein, wenn er zwischen einem kantigen, harten Gegenstand und der bewegten Pressluftflasche gequetscht wird. Eine derartige Quetschstelle wurde nach dem Einsatz an einem Anzug festgestellt. Unter dem Anzug sollten keine kurzarmigen Leibchen oder leicht verrutschenden Kleidungsstücke getragen werden. An den Berührungsstellen des nackten Körpers mit Anzugsnähten treten bald Hautabschürfungen auf. Der damals verwendete Europaanzug hat sich – trotz erhöhter Anfälligkeit zum Schwitzen – zumindest aus dieser Sicht gut bewährt.

Feuerprobe bestanden!

Der Einsatz von fremd belüfteten Vollkörperschutzanzügen wäre grundsätzlich aus physiologischer Sicht her positiv gewesen. Die praktischen Arbeiten waren jedoch so geartet, dass wir davon Abstand genommen haben. Eine permanent vorhandene „Nabelschnur“ in Form des Luftzuführungsschlauches wäre beim ständigen Aufsteigen auf den LKW, dem laufenden

Bedienen des Hubstaplers und dem Heben sowie Rollen der Giftfässer usw. hinderlich gewesen. Auf jeden Fall hat dieser bemerkenswerte Schadstoffeinsatz gezeigt, dass die damals angekauften Vollkörperschutzanzüge unter Einhaltung bestimmter Einsatzregeln gut bei Chemieeinsätzen verwendbar waren. Sie hatten damit ihre Feuerprobe im harten, praktischen Einsatz bestanden!

Zwei Vergiftungsfälle

Der nicht ungefährliche Gifteinsatz in Spielfeld war ohne Zwischenfall zu Ende gegangen und doch gab es ein unangenehmes Nachspiel. Dieses zeigte sich interessanterweise erst Monate und Jahre später, als die beiden in der Atemschutzwerkstätte der Feuerwehr- und Zivilschutzschule Steiermark tätigen Beamten, *Heinrich Schröder* und *Franz Harb*, welche im Einsatz tätig waren, gesundheitliche Probleme bekamen. Sie hatten jedoch diese Vergiftung nicht bei den Dekontaminationsarbeiten in Spielfeld am Unfallort erlitten, sondern im Anschluss bei der Reinigung der Vollkörperschutzanzüge in der Atemschutzwerkstätte.

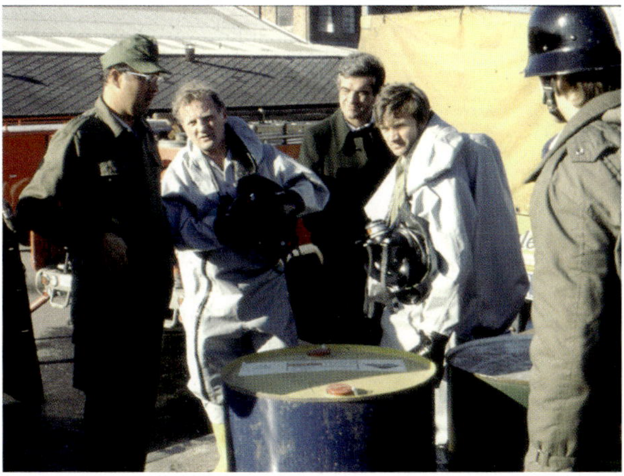

Als Feuerwehr-Einsatzleiter beim legendären Giftunfall in Spielfeld mit Franz Harb und Heinrich Schröder, die später Vergiftungserscheinungen zeigten.

Gefährlicher Tetrachlorkohlenstoff

Was war geschehen? *Schröder* und *Harb* hatten alle im Einsatz verwendeten Schutzanzüge gereinigt – und zwar mit Tetrachlorkohlenstoff (CCl_4)! Diese chlorhältige Chemikalie ist schon seit Längerem bekannt und wurde früher auch als Feuerlöschmittel verwendet. Der so genannte Tetra-Löscher, ein Vorläufer des Halonlöschers, wurde jedoch gerade wegen seiner Giftigkeit verboten. Vor allem das an metallischen, heißen Oberflächen beim Löschvorgang gebildete Phosgen ($COCl_2$), ein im Ersten Weltkrieg auch als Kampfstoff verwendetes hoch giftiges Gas, war die Ursache für dieses Verbot. Später, als ich zur Berufsfeuerwehr Graz kam, musste ich feststellen, dass man dort Tetra noch zur Wespen- und fallweise Hornissenbekämpfung verwendete. Leider ist Tetrachlorkohlenstoff jedoch nicht nur für Insekten eine giftige Substanz, sondern auch für den Menschen.

Schleichende Vergiftung

Später, als *Heinrich Schröder* in Pension gehen wollte, machte man ihm große Schwierigkeiten, weil er schlechte Leberwerte hatte. Und sofort wurde behauptet, er wäre dem Alkohol mehr zugetan, als es erlaubt wäre. Es war für ihn wirklich schwer, nachzuweisen, dass er völlig abstinent gelebt hatte. Aber auch bei *Franz Harb*, der stets ein absoluter Antialkoholiker gewesen ist, lagen die Gamma-GT-Werte jenseits von Gut und Böse. Und so wurde es langsam zur Gewissheit: Die beiden hatten sich bei der Reinigung der Schutzanzüge mit Tetrachlorkohlenstoff im Mai 1979 eine schleichende Vergiftung zugezogen, welche bis heute nicht als Berufskrankheit anerkannt wurde. *Franz Harb* kämpft noch, mit der ihm eigenen Zähigkeit, um zu seinem Recht zu kommen, *Heinrich Schröder* wurde schließlich pensioniert und muss mit seiner Krankheit leben, ohne einen Cent mehr zu erhalten.

10.5 Flusssäurealarm

Ein weiterer nicht alltäglicher Chemieeinsatz ereignete sich am 24. November 1980 auf dem Frachtenbahnhof Leibnitz mit einer der gefährlichsten Säuren, welche wir in der anorganischen Chemie kennen. Es handelte sich dabei um Fluorwasserstoffsäure oder Flusssäure (chem. Formel HF), welche stark ätzend und giftig ist. Sie ist die einzige Säure, welche in der Lage ist, Glas zu ätzen. Und gerade diese gefährliche Substanz sollte an diesem Novembervormittag in Leibnitz frei werden.

Das durchbohrte Stahlfass

Was war geschehen? Es fing mit einem ganz normalen Unfall an: Ein Speditionsarbeiter sollte etwa 150 Fässer, die mit je 200 Liter hochkonzentrierter Flusssäure gefüllt waren, von zwei Containern in einen Eisenbahnwaggon verladen. Die Fässer waren dabei in zwei Reihen übereinander gestapelt und nur durch eine Sperrholzplatte getrennt. Der Arbeiter verwendete einen Hubstapler, mit welchem er die Fässer einzeln aufnahm und sie in den Waggon transportierte. Als er mit der Hubstapler-Gabel einmal nicht richtig ansetzte, bohrte sich diese in ein Fass. Aus zwei Löchern schoss sofort die ätzende Flusssäure, ergoss sich auf das Unterlagenbrett, die darunter befindlichen Behälter, in den Containerraum und von dort ins Freie auf den Gleiskörper der Bahn. Ein Teil der Säure verdampfte dabei und bildete eine Nebelwolke.

Eine unbekannte Substanz

Der Arbeiter flüchtete nun nach diesem Zwischenfall in Panik und alarmierte über die Fahrdienstleitung die Feuerwehr. Welche chemische Substanz ausgelaufen war, konnte er bei einer entsprechenden Rückfrage jedoch nicht angeben. Die über die Sirene um 11.30 Uhr alarmierte Stadtfeuerwehr Leibnitz rückt mit einem Kommandofahrzeug und einem Tanklöschfahrzeug (TLF 4.000) und insgesamt 12 Mann zum Frachtenbahnhof aus. Schon von weitem war im Unfallbereich eine Nebelwolke mit einer Längsausdehnung von etwa 30 Metern erkennbar, welche sich auf eine nahe gelegene Wohnsiedlung bewegte.

Wasservorhang als Erstmaßnahme

In dieser Situation wurde ich als Verantwortlicher der Feuerwehr- und Zivilschutzschule Steiermark, wo sich damals der nächste Stützpunkt für Gasschutzanzüge befand, vom Gefahrgut-Unfall verständigt. Ich rückte mit der FF Lebring-St. Margarethen (Chemiestützpunkt des Bezirkes) zum Einsatzort aus und übernahm die fachliche Beratung des Einsatzleiters vor Ort. Dieser hatte bereits zwei Rohre unter schwerem Atemschutz zum Legen eines Wasservorhanges vornehmen lassen. Dadurch konnte eine Ausbreitung der Schadstoffwolke einigermaßen wirkungsvoll unterbunden werden.

Very toxic ...

Eine genauere Erkundung ergab schließlich auch, um welche Substanz es sich im vorliegenden Fall handelte: Die Fässer waren nämlich mit einem Aufkleber versehen, aus welchem folgende Daten (in englischer Sprache) entnommen werden konnten:

- Aus den vorhandenen Gefahrzetteln „GIFTIG" und „ÄTZEND" konnte geschlossen werden, dass es sich um eine giftige und ätzende Substanz handelte.
- Name der Substanz: „Hydrofluoric acid 70/75".
- Stoffnummer: „UN-Nr. 1790".
- Gefahren: „Very toxic by inhalation, in contact with skin and if swallowed. Causes severe burne".
- Schutzmaßnahmen: „Keep container tightly closed and in well ventilated place. In case of contact with eyes rinse immediately with plenty of water and seek medical advice. Wear suitable protective clothing and gauntries. In case of accident or if you feel unwell, seek medical advice immediately (show this level if possible)".

Flusssäure ist eine der gefährlichsten ätzenden Substanzen (hier wurde ein Holzbrett durch Säureeinwirkung zerstört).

Der HOMMEL hilft!

Diese Informationen waren für die Einsatzkräfte sehr wichtig, aber unvollständig. Über die identifizierte UN-Nr. 1790 konnten jedoch mit Hilfe des Nachschlagewerkes HOMMEL alle für den Einsatz relevanten Daten ermittelt werden. Im vorliegenden Fall lag also Flusssäure mit einer Konzentration zwischen 70 und 75% vor. Diese kann schwere Schäden der Augen, Haut und Atemwege verursachen, wobei schwere und sogar tödliche Vergiftungen bei Einwirkung auf die Haut oder durch Einatmen auftreten können. Außerdem entsteht bei Berührung mit Metallen Wasserstoffgas, welches mit Luft explosible Gemische bilden kann.

Arbeiten unter Vollkörperschutz

Auf Grund der ermittelten Lage ließ ich für die Arbeiten im unmittelbaren Gefahrenbereich zwei – im Einsatz mit Vollkörperschutzanzügen erfahrene – Männer der FF Lebring-St. Margarethen ausrüsten. Ihr primärer Auftrag war, die im Container befindlichen Restmengen der aggressiven Flusssäure wegzuwaschen und die Fässer, Unterlagenbretter sowie Containerwände mit Sprühstrahl vorläufig zu reinigen.

Die Sache mit dem pH-Wert

Da die größte Menge der 200 Liter frei gewordenen Flusssäure bereits im Bahngrund versickert war, wurde von einer Neutralisation im Beisein eines Chemikers Abstand genommen. Die noch vorhandenen Säurereste wurden daher einfach weggewaschen und verdünnt. Dabei ging ich nach der bekannten Merkregel vor, dass mit der jeweils zehnfachen Wassermenge der pH-Wert einer Säure um 1 angehoben werden kann. Bei einem Liter Flusssäure mit beispielsweise einem pH-Wert von 2 hätte man also mit 10.000 Liter Wasser bereits einen pH-Wert von 5 erreicht. Anmerkung: Der pH-Wert von reinem Wasser liegt bei 7. Eine Flüssigkeit verliert weitgehend ihre ätzenden Eigenschaften und damit an Gefährlichkeit, wenn man ihren pH-Wert jenem des Wassers annähert.

Für richtig befunden!

Die Entscheidung, die ausgelaufene Säure zu verdünnen, wurde auch von dem am Einsatzort eintreffenden Vertreter des Wasserbaulabors des Amtes der Steiermärkischen Landesregierung als richtig befunden. Und so waren die gefährlichsten Arbeiten für die Einsatzkräfte eigentlich schon erledigt. Nach den Arbeiten unter Vollkörperschutz reinigten die beiden im Einsatz stehenden Geräteträger ihre Schutzanzüge gegenseitig mit Sprühstrahl. Die Gesamteinsatzzeit betrug etwa 40 Minuten, wobei in zwei Schichten mit je zwei Mann jeweils 20 Minuten gearbeitet wurde. Der mittlere Luftverbrauch lag bei etwa 60 Liter pro Minute. Anmerkung: Dies entspricht einer 50-prozentigen Erhöhung des Luftverbrauches im Vergleich zu einer mittelschweren Arbeit unter normalem schwerem Atemschutz.

Physiologische Aspekte

Wenn auch der hier beschriebene Chemieeinsatz als eher „kleines Schadensereignis" zu klassifizieren war, brachte er doch damals wertvolle Erkenntnisse bzw. bestätigte bereits gemachte Erfahrungen beim Umgang mit Schadstoffen. Diese waren um 1980 vor allem im ländlichen Raum (und nicht nur dort) noch rar und wurden daher von mir in die Schulungsprogramme an der Feuerwehr- und Zivilschutzschule Steiermark aufgenommen. Vor allem zeigte sich eines: Als vertretbare, mittlere Einsatzzeit konnte bei mittelschwerer Arbeit unter Gasschutz eine Zeit von 20 Minuten angenommen werden, so wie es *Lerch* in seiner Offiziersarbeit bei der BF Wien bereits experimentell im Jahre 1972 nachgewiesen hatte. Die dabei auftretenden physiologischen Belastungen durch einen eventuellen Hitzestau stellen bei Außentemperaturen unter 30° C für trainierte und erfahrene Feuerwehrmänner keine Gefahr dar.

Gefahrstoff-Guru

Nach meinen Fachberichten und dem großen Phenolunfall von Mölbling im Jahre 1982 in Kärnten, welchen ich ebenfalls genau analysierte, wurde ich von vielen Feuerwehrschulen in Österreich als Referent eingeladen und schon damals als eine Art „Gefahrstoff-Guru" gehandelt. Vor allem durch mein Fachbuch „Transport gefährlicher Güter" aus dem Jahre 1978 und dem sich langsam entwickelnden „Kleinen Gefahrgut-Helfer" wurde mein Wirken als praxisbezogener Gefahrgut-Experte auch im Wiener Verkehrsministerium bekannt. Dies hatte schon damals zur Folge, dass ich in diverse ministerielle Kommissionen delegiert und an großen Gefahrgut-Tagungen in Lofer, Innsbruck und Bad Hofgastein als Fachreferent eingeladen wurde. Darüber hinaus hatte ich über mehrere Jahre auch die Möglichkeit, in München/Neuherberg, Berlin und später in Heyrothsberge über unsere Erfahrungen zu sprechen, was meine internationale fachliche Reputation ungemein anhob. Meine Maxime, die ich in all meinen Referaten vertrat, war schon damals wie heute: „Wir müssen aus überschaubaren Chemieeinsätzen lernen, denn die mittleren und großen Chemiekatastrophen kommen wie das Amen im Gebet! Und dabei herrscht dann vermutlich das unbarmherzige Chaos."

10.6 Einsatzleitung im Smoking

Man schrieb den 30. Mai 1981 und ich hatte in Graz meiner Studentenverbindung, dem Corps Joannea, einen Besuch abgestattet. Es war eine feierliche Veranstaltung in unserem Haus in der Leonhardstraße angesagt und ich war im Smoking erschienen. Nach dem offiziellen Teil saßen wir noch länger auf unserer Bude am Tisch im berühmten Hauserker mit seinen schönen Butzenglas-Fensterscheiben. Als ich weit nach Mitternacht zurück nach Lebring fuhr, ahnte ich noch nicht, dass es eine feurige, lange Nacht werden sollte.

Die Grillhendlstation brennt!

Ich war soeben durch das um diese Zeit fast menschenleere Wildon gefahren und verließ diesen hübschen Marktflecken in Richtung Süden. Plötzlich überholte mich ein Feuerwehrfahrzeug mit eingeschaltetem Blaulicht und Folgetonhorn. Sein Ziel war der Gasthof „Kleinsemmering". Schon von weitem sah ich eine Armada von Einsatzfahrzeugen mit ihren blinkenden Blaulichtern und vor allem den roten Feuerschein, welcher die bekannte Grillhendlstation umgab. Selbstverständlich lenkte ich sofort mein Fahrzeug in Richtung Brandstelle.

Verparkte Zufahrten

Doch hier ergaben sich bereits die ersten Schwierigkeiten. Die relativ schmale Zufahrtstraße von der Bundesstraße B 67 war nämlich von Dutzenden von Fahrzeugen verparkt. Ein Durchkommen war unmöglich. Ich hielt daher mein Fahrzeug an und tauschte meinen Smokingblazer gegen die Einsatzjacke, welche ich ständig in meinem Privatauto mitführte. Außerdem zog ich die Einsatzstiefel einfach über meine Smokinghose und setzte den Einsatzhelm auf. So ausgerüstet arbeitete ich mich zum Einsatzgeschehen vor und wurde Zeuge eines unglaublichen Vorfalls.

Ein Mann stürzt in die Tiefe

Ich war etwa 20 Meter vom Brandobjekt entfernt und beobachtete, wie die Männer der FF Lebring-St. Margarethen unter *HBI Franz Pail* gerade eine Schiebleiter zur Menschenrettung vornahmen. Kaum hatten sie die Leiter aufgestellt, als sich ein Zivilist vordrängte, die Einsatzkräfte an der Leiter ablenkte und hochstieg. Er kam jedoch nicht weit, denn die Schiebleiter stürzte mit ihm einige Meter über die Böschung. Glück im Unglück: Der verhinderte Menschenretter, ein Verwandter des Mannes, der sich zu diesem Zeitpunkt noch – bereits in bewusstlosem Zustand – im Obergeschoß der Gastwirtschaft befand, zog sich nur Schürfwunden und Verstauchungen zu.

Menschenrettung!

Meine erste Maßnahme war die Versorgung des Verunfallten durch einen am Einsatzort anwesenden Feuerwehrsanitäter und sein Abtransport ins Krankenhaus durch das Rote Kreuz Wildon. Dann überzeugte ich mich, dass die Menschenrettung richtig lief. Es stiegen zwei Mann unter schwerem Atemschutz über die Schiebleiter ins Obergeschoß und versuchten den etwa 100 Kilogramm schweren Bewusstlosen mit einem ESE-Bergetuch abzuseilen, was ihnen nach einigen Schwierigkeiten schließlich gelang. Das Megafon, mein wichtigstes Instrumentarium als Einsatzleiter, wurde mir schon gereicht und ich machte mich jetzt daran, Ordnung in das Einsatzgeschehen zu bringen.

Ein Überangebot an Kräften

Zuerst ließ ich die Zivilisten zurückdrängen, was teilweise nur mit Brachialgewalt unter Mithilfe der Gendarmerie möglich war. Dann schaffte ich einen Korridor für zufahrende und wegfahrende Einsatzfahrzeuge und schickte einige Feuerwehren (vor allem jene aus dem benachbarten Bezirk Graz-Umgebung), welche die Sirenen in der Nachbarschaft gehört und sich selbst in den Dienst gestellt hatten, nach Hause bzw. in eine abgesetzte Bereitstellung. Es hatte sich nämlich herausgestellt, dass über 15 Feuerwehren ausgerückt waren, obwohl nur sechs alarmiert worden waren. Schließlich hatten wir noch 9 Wehren mit 14 Fahrzeugen und 94 Mann (!) am Einsatzort. Und das bei einem Bauwerk, welches samt Keller dreigeschossig war und eine Grundfläche von 15 x 12 Meter besaß. Es war also das übliche Überangebot an Kräften vorhanden, welches zu den bekannten Schwierigkeiten in der Einsatzlogistik führte.

Probleme nach dem Einsatz!

Meine Maßnahmen wurden einerseits von meinen Feuerwehren im Abschnitt sehr begrüßt, aber vor allem von den Wehren des Nachbarbezirkes kritisiert. Dazu kam es zu einem Streit, weil primär nur die beiden Feuerwehrmänner, welche mit schwerem Atemschutz ins Obergeschoß eingestiegen waren und die Menschenrettung durchgeführt hatten, eine Auszeichnung erhielten. Es waren dies *HFM Walter Schöbinger* und *HFM Josef Wurzinger* von der FF Lebring-St. Margarethen, also meiner Heimatfeuerwehr. Vor allem die FF Allerheiligen kritisierte, dass *LM Sturm*, der die Rettungsaktion wesentlich von außen unterstützt hatte, vorerst nicht bzw. später nur geringerwertiger ausgezeichnet wurde. Man warf mir Parteilichkeit vor, die ich jedoch zurückweisen musste. *Schöbinger* und *Wurzinger* waren nämlich tatsächlich in Lebensgefahr, da das Dach wenige Minuten nach der Rettungsaktion einstürzte.

Konsequenzen

Für mich war dieser Einsatz Ansporn zu weiteren Schulungen und Informationen in meinem Feuerwehrabschnitt sowie an der Feuerwehr- und Zivilschutzschule. Ich forcierte die Einsatzleiterschulung vor allem im Bereich der Brandstellenlogistik und im Bereich des koordinierten Einsatzes mit anderen Organisationen (Gendarmerie, Rotes Kreuz etc.). Eines war mir klar: dass gerade bei den freiwilligen Feuerwehren, welche nicht oft zu echten Brandalarmen gerufen wurden und die vor Tatendrang strotzten, eine Frustration entstehen musste, wenn sie nach Hause geschickt wurden. Später führte ja gerade diese Problematik vor allem in größeren Feuerwehren zur so genannten „Stillen Alarmierung" mit all ihren Vor- und Nachteilen. Auch die aufgetretene Diskussion bezüglich Auszeichnungen führte zu genaueren Regelungen dieser Praxis im Landesfeuerwehrausschuss.

Ins Russische übersetzt!

Wenn auch dieser Brandfall nicht gerade als Großereignis bezeichnet werden konnte, so haben sich eine Reihe wichtiger Konsequenzen daraus ergeben. Ich verfasste daher auch einen Fachartikel für unsere Zeitschrift BLAULICHT unter dem Titel „Menschenrettung unter schwerem Atemschutz", welcher nicht nur in Österreich große Resonanz fand. Einige Wochen später berichtete mir nämlich unser Chefredakteur *Rudolf Lobnig*, dass eine Anfrage aus Moskau wegen einer Übersetzung ins Russische gestellt wurde. So hat ein kleiner, aber nicht uninteressanter Brandeinsatz aus der Grünen Mark Eingang in der zentralen Dokumentation der Russischen Feuerwehrbibliothek in Moskau gefunden. Übrigens bin ich dort stark präsent, denn später wurde eine ganze Reihe meiner Fachveröffentlichungen ins Russische übersetzt. Allerdings haben die Russen nie erfahren, dass ich den Einsatz in Wildon in der Smokinghose geleitet habe!

10.7 Ein Kirchturm brennt!

Als die große Uhr auf dem Kirchturm der Gemeinde Lang bei Lebring Mitternacht schlug und den 9. September 1982 einläutete, tobte in der Kirchturmspitze bereits ein gewaltiger Brand. Ein Nachtschwärmer entdeckte etwas später dieses Feuer, als bereits Flammen aus der etwa 36 Meter hohen Kirchturmspitze züngelten. Der erste Großbrand in einem kulturhistorisch wertvollen Bauwerk, dessen Bekämpfung ich in der Folge übernehmen sollte, war in vollem Gange.

Ein 36 Meter hoher Kirchturm

Die Kirche der Pfarrgemeinde Lang wurde um das Jahr 1700 erbaut. Das Kirchenschiff ist etwa 25 x 15 Meter groß und besaß einen 36 Meter hohen angebauten Turm, welcher bis auf 25 Meter Höhe gemauert und zum Zeitpunkt des Brandes mit einem in Spitzform aufgebauten Dach mit Blecheindeckung versehen war. Die Innenkonstruktion des gesamten Kirchturmes (Stiegenaufgang, Zwischenböden und Turmkonstruktion) bestand aus massiven Holzbohlen und Brettern. An der Spitze befand sich ein etwa 1,5 Meter hohes eisernes Kreuz mit einer vergoldeten, im Durchmesser 90 Zentimeter großen Turmkugel. Diese Kirchturmspitze war auf dem Zentralbalken der Holzkonstruktion befestigt und wog etwa 150 Kilogramm und spielte – wie sich zeigen sollte – später im Brandgeschehen eine wesentliche Rolle.

Das alte Lied: Ein Überangebot an Kräften

Um etwa 00.15 Uhr erreichten die ersten Feuerwehrkräfte die Einsatzstelle. Es waren die Freiwilligen Feuerwehren Lang und Lebring-St. Margarethen. Mit dem Kommandofahrzeug der FF Lebring wurde die Einsatzleitstelle aufgebaut, die FF Lang begann mit der Errichtung einer Zubringleitung von der etwa 500 Meter entfernten Laßnitz. Als ich etwa eine halbe Stunde später als zuständiger Abschnittskommandant eintraf, war bereits Abschnittsalarm gegeben worden. Insgesamt rückten jedoch darüber hinaus auch Feuerwehren aus benachbarten Abschnitten aus, so dass 13 Feuerwehren mit 24 Fahrzeugen und rund 200 Mann vorhanden waren. Es war wieder ein Überangebot von Feuerwehren vorhanden, jedoch erfolgte diesmal bereits die Aufstellung der Fahrzeuge geordnet und diszipliniert. Darüber hinaus störten auch keine Privatfahrzeuge die Tätigkeit der Einsatzkräfte. Meine laufenden Taktikschulungen hatten bereits Früchte getragen! Die Ausleuchtung der Einsatzstelle erfolgte über drei Notstromaggregate mit sechs Lichtflutern.

„Funksalat“ und Wasserzubringung

Als ich etwa um 00.45 Uhr die Einsatzstelle erreichte, war durch die vielen Funkanfragen auf der Leibnitzer Bezirksfrequenz eine geordnete Führung über das Medium Funk bereits sehr erschwert. In der Folge ergab sich periodenweise ein echter „Funksalat“, so dass ich mich entschloss, eine Einweisung der Einsatzkräfte über ein Megafon durchzuführen.

Meine Hauptaufgabe war es, in dieser Phase eine ausreichende Wasserzubringung von der etwa 500 Meter entfernten Laßnitz herstellen zu lassen. Insgesamt wurden vier Zubringleitungen installiert, was eine Gesamt-Schlauchlänge von fast zwei Kilometern ergab und einen Einsatz von zehn Löschfahrzeugen erforderte (Normausrüstung pro Fahrzeug: 10 B-Schläuche).

Schwieriger und gefährlicher Einsatz

Die eigentliche Brandbekämpfung gestaltete sich schwierig, weil der Brandherd in der Turmspitze mit einfachen Mitteln nicht erreichbar war: Ein Innenangriff war aus Sicherheitsgründen unmöglich, da der Brandherd von unten bekämpft hätte werden müssen und ständig brennende Holzteile verschiedener Größe herabfielen. Mit herkömmlichen Strahlrohren konnten gerade die Turmfenster erreicht werden, aber nicht der Kirchturm selbst. Drehleitern standen damals nicht zur Verfügung und wären auch wegen der schlechten Befahrbarkeit des Geländes nur bedingt einsetzbar gewesen.

Wasserschaden an der Kirchenorgel

Es mussten daher zwei Wasserwerfer eingesetzt werden, deren Löscherfolg jedoch fast Null war. Die Blechabdeckung des Kirchturmes leitete nämlich den größten Teil des Löschwassers ab, ohne dass es löschwirksam hätte werden können. Anmerkung: Einen ähnlichen unangenehmen Effekt stellte man beim Großbrand des Thermengebäudes in Loipersdorf im Jahre 1983, also rund ein Jahr später, fest. Durch die großen Wassermengen kam es jedoch unweigerlich zu einem entsprechenden Wasserschaden. Da der Orgelboden leider tiefer als der letzte, massive Turmboden lag, wurde auch die große Kirchenorgel in Mitleidenschaft gezogen.

Stürzt der Turm?

Die von mir ursprünglich gehegte Befürchtung, dass die hölzerne Aufhängung der drei, etwa eine Tonne schweren Kirchenglocken an Festigkeit verlieren und zu einem Absturz der Glocken führen könnte, bewahrheitete sich Gott sei Dank nicht. Der massive Einsatz der beiden Wasserwerfer bzw. von zwei B-Rohren über die Turmfenster konnte diese Gefahr nämlich abwenden.

Obwohl durch die beschriebene Löschmethode die Kraft des Feuers im Laufe der nächsten beiden Stunden weitgehend gebrochen wurde, stand eine Frage im Mittelpunkt des Interesses: Stürzt die Turmspitze oder stürzt sie nicht?

Ich erinnerte mich in diesen frühen Morgenstunden an den spektakulären Brand der Pöstlingberg-Kirche in der Mitte der Sechzigerjahre in Linz. Damals waren durch Schweißarbeiten die beiden Türme dieser in exponierter Lage stehenden Kirche in Brand geraten und auf das Kirchenschiff gestürzt.

Der Kirchturm von Lang bei Lebring brannte vollständig aus.
(Foto: Schaupensteiner)

Hubschrauber oder 50- Meter-Drehleiter?

Der Absturz der brennenden Kirchturmspitze hätte auch im vorliegenden Fall eine gefährliche Brandausweitung und großen Schaden mit sich bringen können. Es wurde daher erwogen, Maßnahmen zu setzen, um die Kirchturmspitze nach Norden abzulenken. Ein Absturz in diese Richtung hätte nämlich keine größeren Probleme gebracht.

Da ein Hubschraubereinsatz zu diesem Zeitpunkt nicht in Frage kam, wurde der Einsatz der 50-Meter-Drehleiter der Berufsfeuerwehr Graz von mir in Erwägung gezogen. Ein Feuerwehrmann hätte dabei ein Drahtseil um die Kirchturmspitze schlingen müssen. Eine absolut gefährliche Tätigkeit in luftigen Höhen! Über festgemachte Leinen wäre nun theoretisch ein sanfter Zug in die erwünschte Richtung möglich gewesen.

Der Entscheidung enthoben!

Die Ereignisse kurz nach 03.00 Uhr enthoben mich jedoch von weiteren Entscheidungen in diese Richtung: Durch den starken Abbrand war nämlich in der Turmspitze die Festigkeit so weit reduziert, dass das schwere eiserne

Kreuz samt Turmkugel in die Tiefe stürzte. Dabei ergab sich glücklicherweise eine günstige Fallrichtung, wodurch das Kirchendach nur leicht beschädigt wurde. Ein letztes, starkes Aufflackern des Feuers war nun möglich und die abgeknickte Kirchturmspitze erschien wie ein Feuer speiender Vulkankrater. Bald war das Schauspiel jedoch zu Ende, da der offene Brandherd nun besser bekämpft werden konnte. Das wesentlichste Ergebnis: Die Turmkonstruktion blieb so stabil, dass ein Umstürzen nicht mehr zu erwarten war.

Brandursache Blitzschlag

Was war jedoch die Ursache für dieses spezielle Brandereignis in einer Kirche? Es war – wie früher in vielen anderen Fällen – ein Blitzschlag. Im vorliegenden Fall kam es jedoch zu einer interessanten Zeitverzögerung zwischen dem eigentlichen Einschlag des Blitzes und der Brandentdeckung von ungefähr sechs bis sieben Stunden, die von *Ing. Friedrich Nechutny*, dem schon damals routiniertesten Feuerwehr-Elektrotechniker der Steiermark, eindeutig abgeklärt werden konnte.

Vertrauen auf den lieben Gott!

Auf Grund des Brandes in der Dorfkirche von Lang begann ich mich in der Folge mit dem Brandschutz in kulturhistorischen Bauwerken etwas genauer zu beschäftigen. Die erste Bilanz war für mich einigermaßen ernüchternd, denn ich erkannte, dass die Kirchenmänner auch in diesem profanen Bereich lieber auf den lieben Gott vertrauten und vom vorbeugenden Brandschutz nichts wissen wollten. Man hielt es im übertragenen Sinn damals – wie vielfach auch noch heute – mit *Karl Kraus*, der einmal sagte: „Ein Blitzableiter auf einem Kirchturm ist das denkbar stärkste Misstrauensvotum gegen den lieben Gott." Und mit dem „Chef" wollte und will man sich anscheinend nicht anlegen. Ein Blitzableiter ist aber gut für den Brandschutz, das ist die andere Seite!

Bis zum Hofburgbrand!

Ich regte dann mit dem damaligen Grazer Feuerwehrstadtrat *Hans Pammer* sogar eine Initiative zum Schutz unserer kirchlichen Kulturgüter in der Steiermark an, die jedoch – wie nicht anders zu erwarten – aus Kostengründen im

Sand verlief. Lediglich einige wenige Kirchen wurden damals – nach meinen Vorschlägen – mit neuen Blitzschutzanlagen und Trockensteigleitungen mit Sprühflutdüsen im Turmbereich ausgestattet. Anscheinend war der Brand im Kirchturm von Lang zu wenig spektakulär gewesen und man „wartete" vorerst bis zum legendären Hofburgbrand im Jahr 1992. Erst danach begann die Diskussion um den Brandschutz in unseren kulturhistorischen Bauten erneut. Inzwischen vertraute man auf den lieben Gott und die Feuerwehr, wie es auch heute vielfach noch getan wird. Deren Wahlspruch lautet ja: „Gott zur Ehr', dem Nächsten zur Wehr!".

11. Kapitel

Am Anfang war das Wort

Geschrieben Wort ist Perlen gleich!

Goethe

Eigentlich war ich in der Mittelschule in Deutsch keine besondere Leuchte. Das Abfassen von Aufsätzen und vor allem die Grammatik und Interpunktion war nicht meine Sache. Später schrieb ich zwar meine Dissertation – eine äußerst umfangreiche Dokumentation – aber jeder weiß, wie das mit den wissenschaftlichen Arbeiten so ist. Sie sind meist im legendären Fachchinesisch verfasst und für einen Normalbürger unleserlich.

11.1 Meine ersten Fachartikel

Meine ersten Fachartikel für die Öffentlichkeit lieferte ich trotzdem schon als Student. Ja, es war reiner Zufall, dass ich damals mit dem Schreiben in Kontakt kam. Mein Vater arbeitete Mitte der Sechzigerjahre nebenberuflich als Pflanzenschutzexperte beim Österreichischen Rundfunk und hatte den Auftrag, im Rahmen einer laufenden Landwirtschaftsserie insgesamt fünfzig Beiträge zu liefern. Als er einmal in Terminnöten war, sagte er zu mir: „Du könntest mir helfen und etwas über die Verwendung radioaktiver Stoffe in der Landwirtschaft schreiben!“. Der Wunsch meines Vaters war mir Befehl und so schrieb ich meinen ersten Artikel, der dann im Rundfunk von einem professionellen Sprecher verlesen wurde. Es sollten schließlich insgesamt über fünf derartige Beiträge werden.

Ein steiniger Weg

Es war jedoch ein steiniger Weg, den ich gehen musste. Denn bereits bei meinem ersten Elaborat erkannte ich, wie schwer das Verfassen eines gut lesbaren Textes ist. Ich produzierte wahre Satzungeheuer, die ineinander vielfach verschachtelt waren, Grammatik und Interpunktion stimmten nicht überein. Und mit dem Inhalt war ich auch nicht zufrieden. Ich war deprimiert, gab jedoch nicht auf. Denn ich habe mir einen Grundsatz stets vor Augen gehalten: Aufgegeben wird lediglich ein Brief – und der bei der Post! Und so begann ich nach Beendigung meines Studiums und meiner Tätigkeit bei der Wiener Berufsfeuerwehr auch die ersten Feuerwehrfachartikel für die Österreichische Feuerwehr, dem offiziellen Organ des Bundesfeuerwehrverbandes, zu schreiben. *Dr. Bilina* war dort damals ein sehr kritischer Chefredakteur.

Schule des Schreibens

Meine Artikel wurden zwar akzeptiert, aber sie befriedigten mich selber nicht. Vor allem war der Zeitaufwand zu groß und die „Geburtswehen" vor jeder Fertigstellung waren immens. Daher war es für mich klar: Ich musste die Grundlagen des Schreibens erlernen, und dies wirklich von der Pike auf. So machte ich mich auf die Suche und fand eine Fernschule. Es war die Famous Writers School, bei welcher die Elaborate von uns Anfängern von bekannten Schriftstellern mit dem Rotstift verbessert wurden. Ich erinnere mich noch an meine ersten Aufsätze, die in korrigierter Form dem „Roten Meer" glichen. Aus diesen Rückschlägen bezog ich jedoch meine Kraft und begann nach meiner Übersiedlung in die Steiermark in der damaligen Hauspostille des Steirischen Landesfeuerwehrverbandes eine Kolumne unter dem Titel „Aktuelles kommentiert" zu verfassen.

„Der Maulwurf"

Eine Episode in meiner journalistischen Laufbahn darf ich jedoch nicht verschweigen. Ich war nämlich Anfang der 70er-Jahre selbst Zeitungsherausgeber und Chefredakteur zugleich. Jedoch nur für eine Woche. Und dies kam so: Als ich im Jahr 1974 an einer Schutzraumübung an der Landesfeuerwehrschule Niederösterreich in Tulln als Beobachter teilnahm, hatte ich keine wirklichen Aufgaben zu erfül-

Als Chefredakteur, einziger Reporter und Produzent des „Maulwurfs".

len. Ich überlegte, wie ich mir die Zeit sinnvoll um die Ohren schlagen konnte, und gründete kurzerhand eine „Zeitung". Der Name war unserer Tätigkeit und Aufgabenstellung angepasst: „Der Maulwurf – erste Zeitung für Unterweltler und solche, die es noch werden wollen".

Ein Zeitungskrieg bricht aus

Und so erschien Tag für Tag eine von mir auf einer alten Schreibmaschine verfasste „Zeitung" in Form einiger DIN-A4-Blätter, in welcher ich das Bunkerleben beschrieb. Bereits am zweiten Tag unseres „Unterweltlerdaseins" war „Der Maulwurf" ein Hit, jeder wollte das einzige Originalexemplar zuerst lesen und es gab einen regelrechten Kampf um diese nun auch mit Polaroidfotos illustrierten Seiten. Am dritten Tag dann die Sensation: Plötzlich erschien ohne Ankündigung ein Konkurrenzblatt unter dem Titel „Anti-Maulwurf". In der Folge entwickelte sich ein Zeitungskrieg der besonderen Art. Der Herausgeber dieses Oppositionsorgans deklarierte sich BUKO, dem Bunkerkommandanten *Peter Juster*, jedoch erst am Ende der angesetzten Übung. Es war der damalige Chefredakteur der Österreichischen Feuerwehrzeitung *Hans Josef Mayer*, der ebenfalls an der Schutzraumübung teilnahm. Die gesammelten Blätter des „Maulwurfs" und „Anti-Maulwurfs" wurden schließlich gebunden und in einer einmaligen Auflage sogar gedruckt.

11.2 Jahrmarkt der Eitelkeiten

Mit meinem beruflichen Wechsel von der Wiener Berufsfeuerwehr an die Feuerwehr- und Zivilschutzschule Steiermark im Jahre 1973 lernte ich bald auch die einschlägige steirische Medienlandschaft kennen. Diese war zwar nicht sehr ausgeprägt, übte aber auf mich einen gewissen Reiz aus. Und alsbald sollte ich den damit eng in Verbindung stehenden Jahrmarkt der Eitelkeiten kennen lernen.

Der Vollblutjournalist in der Weinstube

Eine mediale Persönlichkeit, die damals in eleganter Weise im Bereich des Feuerwehrwesens und Katastrophenschutzes ihre Fäden zog, war zu dieser Zeit ohne Zweifel der früher bei der Steirischen Tagespost tätige Redakteur

Fritz Kofler, ein Vollblutjournalist, der nun als „persönlicher Schreiberling" des mächtigen Wirtschaftslandesrates *Anton Peltzmann* tätig war. Er war ein humanistisch hoch gebildeter und spitzzüngiger Vertreter der journalistischen Spezies und stets in allen wichtigen Grazer Lokalitäten zu finden. Seinen Stammplatz hatte er aber in der legendären Weinstube Hammer gegenüber dem Landhaus in der Stempfergasse, der damaligen „Zeitungsstraße" der steirischen Landeshauptstadt.

Medienpolitik der alten Schule

Hier war er mit Freunden und Kollegen seiner Zunft häufig bei einem oder mehreren Achterln Wein anzutreffen. Dabei wurden die für die Tagespresse aktuellsten Neuigkeiten und wichtigsten Informationen in geselliger Runde ausgetauscht. So manche Schlagzeile des kommenden Tages wurde hier in rauchgeschwängerter und „vergeistigter" Atmosphäre kreiert und so mancher mediale Schabernack ausgeheckt. Zugute kam den hier anwesenden Journalisten die Nähe zum Steirischen Landtag und den hier untergebrachten politischen Büros. Auf diese Weise funktionierte damals die Medienpolitik der alten Schule. Ganz ohne Handy, Telefax und Internet.

Ein Brand in der Feuerwehrschule

Schon nach wenigen Wochen meiner Tätigkeit in der Steiermark lernte ich *Fritz Kofler* kennen. Er fand Gefallen an einem „Philosophen", der im Bereich der Feuerwehr tätig war, und wir verbrachten so manchen gemeinsamen feuchtfröhlichen Abend. Dabei faszinierte mich immer wieder der Intellekt und Witz meines schillernden Gegenübers. Aber eines war dabei klar: Wenn es darum ging,

Redakteur Fritz Kofler, wie er leibt und lebt (links), im Gespräch mit dem Autor und ORF-Redakteur Gernot Hollerer.

eine journalistische Neuigkeit unters Volk zu bringen, war *Fritz* nicht zu halten. Als sich an der Feuerwehrschule Mitte Jänner 1974 durch eine Fehlkonstruktion im Bereich der Gangspinde, welche mit gewöhnlichen Garagenheizkörpern temperiert wurden, ein Kleiderbrand entwickelte und das erste Stockwerk des Internates schwer geschädigt wurde, erschienen am nächsten Tag in den Tageszeitungen Berichte, die mit allen Details gespickt waren. Die Tagespost, eine seit geraumer Zeit nicht mehr erscheinende steirische Tageszeitung, brachte damals diese Meldung sogar als Aufmacher und schrieb: „Feuerwehrschule: Gestern eröffnet, heute fast abgebrannt!“ *Fritz Kofler* hatte seine Rolle als Medieninformant hervorragend wahrgenommen.

Eine Art Geheimnisträger

Nun war es gerade dieser *Fritz Kofler*, der mich damals – meist vermutlich völlig unbewusst – in die Bredouille brachte. Er war einmal hier und ein anderes Mal dort und erzählte überall seine humorvollen „G'schichterln“ über Gott und die Welt. Natürlich saugte er auch alle Informationen und Neuigkeiten, wie ein trockener Schwamm in sich auf, um sie dann an geeigneter Stelle etwas verbrämt und abgewandelt weiterzugeben. Er hatte sich auf diese Weise die Rolle einer Art von Geheimnisträgers in weiten Kreisen der Beamtenschaft und Politik erworben und war daher fast überall gern gesehen. So verkehrte er auch häufig in der Abteilung für Katastrophenschutz und Landesverteidigung, beim damaligen Hofrat *Dr. Helmuth Kreuzwirth* – und der war mein Chef.

„Der Chef hört das Gras wachsen!“

Eine große Rolle spielte auch damals schon ein intrigantenhafter und alkoholabhängiger Jurist, der *Fritz Kofler* immer wieder mit teuflischen Falschinformationen fütterte. Da ich mir nie ein Blatt vor den Mund nahm und stets ein „starker Formulierer“ war, wurde ich bald ein Opfer dieses Intrigenstadels. Lockere Bemerkungen von mir, wie „Der Chef hört das Gras wachsen!“ oder „Heute hat er wieder eine Sonntagsrede gehalten“, wurden hinter meinem Rücken als „Majestätsbeleidigung“ hochstilisiert. Natürlich kamen gewisse Aktionen meinerseits in diesem künstlich produzierten Spannungsfeld nicht sehr gut an: So klingelte der in der Zentrale Dienst habende *Hans Sampl* auf meine Weisung immer die Referenten im Lehrsaal an, wenn sie die Vortragszeiten überzogen hatten. Das kam beim Chef jedoch ganz schlecht an und brachte mir wieder einige Schlechtpunkte.

Auf einem Bein stehen!

Bei einem Zivilschutzseminar kam es dann zu einer persönlichen Konfrontation zwischen mir und dem Hofrat. Er hielt wieder einmal einen überlangen Vortrag, den wir alle schon x-mal gehört hatten. Die gesamte Zuhörerschaft fadisierte sich, allgemeines Gähnen war angesagt und einige Personen waren schon sanft entschlummert. Mich juckte der Hafer und ich füllte einen Zettel mit Kugelschreiber aus und schickte ihn in die Runde. Jeder, der diese Mitteilung gelesen hatte, musste sich zurückhalten, um nicht laut loszulachen. Natürlich hatte der Chef diese Welle der Heiterkeit, welche durch die Bankreihen ging, mitbekommen. Er fing geschickt das Corpus delicti ab und las: „In Zentralafrika gibt es im Parlament eine wichtige Regel zur Begrenzung der Redezeit: Jeder darf nur so lange sprechen, wie er auf einem Bein stehen kann! Sollten wir das nicht auch bei uns einführen?“

Ich werde Hobbyjournalist

Derartige lächerliche Konfrontationen führten zu einem frostigen Klima, ja zu einer persönlichen Eiszeit, zwischen mir und dem Hofrat. Und in dieser Situation hatten die Intriganten Hochbetrieb. So wurden auch alle meine Veröffentlichungen postwendend meinem Chef, natürlich mit bösen Kommentaren, auf den Schreibtisch gelegt. Das waren die atmosphärischen Bedingungen zur folgenden Geschichte.

Beim Landesfeuerwehrkommando Steiermark gab es damals ein eigenes Mitteilungsblatt, welches von der Büroangestellten *Elisabeth Holzmann* mühsam am Leben erhalten wurde. Sie war zwar keine Journalistin, bemühte sich jedoch redlich, monatlich eine halbwegs informative Haus- und Hofpostille zu gestalten. Und hier begann ich nun im März 1977 eine Fachkolumne unter dem Titel „Aktuelles kommentiert“ zu verfassen. Eine bescheidene Karriere als Hobbyjournalist hatte begonnen.

Die Zensur schlägt zu

Meine laufenden, aktuellen Artikel waren jedoch sehr bald den Vorgesetzten ein Dorn im Auge. Nicht so sehr inhaltlich, sondern vor allem deswegen, weil auch bei jeder Kolumne ein Bild von mir erschien. Am Jahrmarkt der Eitelkeiten können es sich Junge (ich war damals knapp über dreißig) anscheinend nicht leisten, ständig in den Medien vorzukommen. Und so ergab sich die kuriose Situation, dass ab der Folge 17 von „Aktuelles kommentiert" mein Bild fehlte und schließlich meine Beiträge ab der Folge 27 ohne Angabe von Gründen überhaupt nicht mehr erscheinen durften. Der Zensor hatte also im Dezember 1979 endgültig zugeschlagen und mir quasi ein regionales Schreibverbot verordnet. Für mich einerseits betrüblich, aber jedes Ding hat zwei Seiten. Und so begann ich schon damals für nationale und internationale Zeitschriften, die außerhalb der Reichweite meiner lieben Vorgesetzten lagen, zu schreiben.

BLAULICHT entsteht

Erst als die Steirische Feuerwehrzeitung in professionelle Hände kam und von Redakteur *Rudolf Lobnig* betreut wurde, änderte sich das Bild. Er war es, der auch den neuen Namen dieses Informationsblattes einführte. Es erhielt ab dem Jahre 1980 auf Vorschlag des damaligen Landessekretärs *Bernhard Krugfahrt* den Namen *BLAULICHT*, der sich heute mit den drei Mutationen für Steiermark, Kärnten und Tirol national, aber bereits auch international durchgesetzt hat. Anmerkung: Meine Bemühungen, *BLAULICHT* als österreichweites unabhängiges Fachorgan zu positionieren, ist bis dato leider am Kantönligeist unserer Landesverantwortlichen gescheitert.

Wieder im Boot

Rudi Lobnig holte mich ab März 1982 auch als Redakteur wieder ins Boot und setzte durch, dass ich ab sofort publizistisch wieder tätig werden konnte. Allerdings war ich damals schon außer Reichweite meiner mich „liebenden" Landesbürokraten, da ich ab 1. November 1981 zum Branddirektor der Stadt Graz bestellt wurde. So habe ich bis heute bereits mehrere hundert – zum Teil international brisante – Fachartikel und einige viel beachtete Fachserien verfasst. Später stieß *Christof Oswald*, als Redakteur und gelernter Fotograf zum Team, welches dadurch sehr verstärkt werden konnte. Heute ist die *BLAULICHT*-Mannschaft für drei Mutationen (Steiermark, Kärnten und Tirol) verantwortlich. Ich habe in zähen Verhandlungen diese Ausweitung unserer Fachzeitschrift erreicht, mit den Bundesländern Niederösterreich und Burgenland scheiterten sie leider. Unsere Fachzeitschrift ist heute mit über 20.000 Exemplaren trotzdem die auflagenstärkste einschlägige Zeitung in Österreich. Ich habe dabei die naturwissenschaftlich-technische Leitung dieses Fachorgans übernommen.

Die hauptamtlichen BLAULICHT-Redakteure Rudolf Lobnig und Christof Oswald mit dem Layouter Bernhard Baumgartner (Mitte).

Inspiration und Transpiration

Heute gelte ich vielfach bereits als Doyen der Feuerwehrpublizistik in Österreich und werde immer wieder von jungen Leuten gefragt: „Wie schreibe ich einen guten und vor allem interessanten Fachartikel?“ Eines vorweg: Es gibt für das gute Schreiben kein Patentrezept! Journalistische Genies fallen natürlich nicht vom Himmel. Aber keine Angst: Die Begabung spielt zwar eine gewisse Rolle, ist aber nicht die Hauptsache. Das Wichtigste ist Ausdauer und Fleiß. Durch beinharte „Knochenarbeit“ kann es fast jeder zu ansehnlichen journalistischen Erfolgen bringen! Wenn ich meinen eigenen Werdegang als Hobby-Journalist betrachte, darf ich ohne Übertreibung sagen, dass es mir ähnlich ergangen ist. Spaßhalber habe ich daher, in Abwandlung eines bekannten Zitates, das Schreiben einmal so umschrieben: „Fünf Prozent Inspiration, 95 Prozent Transpiration!“ Und ins Schwitzen bin ich schon öfter gekommen. Wenn eine Terminarbeit ins Haus stand oder ich wieder einmal grundsätzlich an meinen journalistischen Fähigkeiten zweifelte.

11.3 Was ist Schreiben?

Mit derartig „dummen“ Fragen haben selbst die größten Fachexperten meist ihre liebe Not. Wie soll sie daher unsereiner beantworten können? Das Ganze erinnert mich an die Geschichte mit dem kleinen Buben, der nach dem „Wie“ des Klavierspielens fragte. Ein berühmter Pianist sagte darauf: „Klavierspielen ist ganz einfach: Man muss nur die richtigen Finger zum richtigen Zeitpunkt auf die richtigen Tasten setzen!“

Wie beim Klavierspielen

Mit dem Schreiben verhält es sich ähnlich. Man muss nur den richtigen Gedanken unter Einhaltung aller Regeln des Rechtschreibens und der Grammatik in richtiger Form und zum richtigen Zeitpunkt, mit den richtigen Worten zu Papier bringen! Die folgende Definition stammt nicht von mir, sondern vom gebürtigen Wiener und im Jahre 1938 in die USA ausgewanderten bekannten amerikanischen Schriftsteller *Rudolf Flesch*:

„Schreiben ist nicht bloß Rechtschreiben; es ist mehr. Schreiben ist nicht bloß Grammatik; es ist mehr. Schreiben heißt Ideen erfassen, Bilder sehen, Worte finden – den Gedanken Form und Farbe geben.“

Ich glaube, einer derartig gekonnten Beschreibung ist nichts hinzuzufügen. Sie zeigt aber auch bereits, dass heute an das professionelle Schreiben sehr hohe Maßstäbe anzulegen sind.

Hobby-Journalisten

Zum Glück muss ich mir mein tägliches Brot nicht mit dem Schreiben verdienen. Für mich und viele meiner Freunde ist es ein Hobby und eine sinnvolle Freizeitgestaltung. Andere mögen Bauernschnapsen, wir schreiben eben eine kurze Mitteilung über eine Jahreshauptversammlung der hiesigen Feuerwehr, einen Bericht über einen Brand oder einen Unfall oder vielleicht sogar einen kleinen Fachartikel. Profis unter den Hobby-Journalisten wagen sich bereits an einen fachlichen Kommentar oder sogar eine Glosse. Hier ist im Gegensatz zur allgemeinen Berichterstattung, welche möglichst objektiv gehalten werden sollte, die eigene Meinung gefragt. Aber mit der ist das ja auch so eine Sache!

News and opinion

Schlagen Sie einmal eine Zeitung auf. Hier finden Sie (in allen Ländern mit Pressefreiheit) stets einen Nachrichten- und Meinungsteil. Da im angelsächsischen diese Trennung streng befolgt wird, unterscheidet man in der englischen Sprache auch die Begriffe *news* und *opinion*. Jeder junge Journalist muss lernen, eins vom anderen zu trennen. Wenn Sie einen Bericht über das erfolgreich abgelaufene Feuerwehrfest oder die Neuwahl des Hauptbrandinspektors verfassen, sind dies Nachrichten. Ebenfalls in diese Kategorie gehört grundsätzlich ein Brand- oder Unfallbericht, in welchem primär objektive Daten und Fakten verwendet werden sollten. Die eigene Meinung ist hier nur am Rande gefragt – und wenn, dann im Rahmen von Erkenntnissen am Ende des Artikels.

Nicht nur Haus- und Hofberichterstattung!

Wenn ein Medium nur Nachrichten vermittelt, wie dies bei vielen Feuerwehrzeitungen der Fall ist, spricht man von einer einseitigen Berichterstattung. Böswillige Zungen nehmen Bezug auf vergangene kaiserlich-königliche Verhältnisse und nennen dies eine Haus- und Hofberichterstattung.

Ich habe mich gegen derartige Praktiken und auch Maulkorberlässe immer gewehrt. Natürlich macht man sich mit einer derartigen Einstellung nicht nur Freunde. Aber gerade die Meinungsfreiheit ist in unserer Demokratie eines der höchsten Güter, welche wir stets zu verteidigen haben!

Die eigene Meinung artikulieren!

Nun hat sich aber herausgestellt, dass eine gute Zeitung auch eine gute Mischung von Nachrichten und Meinungen bringen sollte. Die eigene Meinung – im Rahmen von Kommentaren, Glossen, Leitartikeln und Kolumnen – zu vertreten, ist aber gar nicht so leicht. Der Schreiber muss dabei nämlich sehr sattelfest sein und mit starken Reaktionen der Leser und der Eitelkeit der betroffenen Personen rechnen. Aber gerade dies sollte ja eine interessante Zeitung anstreben. Leider ist die Feuerwehrjournalistik gerade auf diesem Sektor noch stark unterentwickelt. Vielleicht wird der eine oder andere Leser dieses Buches angeregt, in Zukunft verstärkt journalistisch tätig zu sein. Ein wichtiger Tipp in diesem Zusammenhang: Üben Sie, indem Sie Leserbriefe verfassen und an Tageszeitungen versenden!

11.4 Die Jagd nach Kritikus!

An dieser Stelle meiner Memoiren muss ich über ein Ereignis aus dem Sommer 2001 berichten, welches ein gewaltiges Medienecho ausgelöst hat. Tagelang wurde dabei nicht nur in den steirischen Zeitungen berichtet und sogar der ORF nahm sich des brisanten Themas an. Was war geschehen?

„Der Bezirkstrommler"

In diesem Zusammenhang muss ich vorausschicken, dass ich seit Jahren Kolumnist der wohl bekanntesten Grazer Bezirkszeitung war, die mein Freund *Josef („Sepp") Milla* bereits im Jahre 1980 mit viel Engagement aus der Taufe gehoben hatte. *Milla* war damals Bezirksobmann der ÖVP in Graz-Straßgang und einer der umtriebigsten jungen Politiker in der Steiermark. Er hatte der neuen Zeitung den Namen „Bezirkstrommler" gegeben und plante im Gegensatz zu den damals auf dem Markt befindlichen engstirnigen Parteimedien eine offene und liberale Informationspolitik.

Über die Namensgebung

Ich war anfänglich über diese Namensgebung nicht ganz glücklich, denn in den unseligen Zeiten des Naziregimes hatte ja der „Trommler" eine unübersehbare Rolle in der Öffentlichkeitsarbeit eingenommen. Links-linke Gutmenschen – so argumentierte ich – könnten uns möglicherweise schon nach der Gründung dieser Lokalzeitung nur die schlechtesten Absichten unterstellen. Doch *Sepp* war der Meinung, dass derartige Diskussionsansätze in der heutigen Zeit nichts verloren hätten und der Vergangenheit angehören müssten. Sein Zugang zu diesem Namen sei ganz einfach: Schon im Mittelalter kam der Herold auf den Marktplatz und verkündete nach einem Trommelwirbel die neuesten Nachrichten. Und so wolle er es nun für unseren Bezirk durchführen – und er hatte damit großen Erfolg: Innerhalb kurzer Zeit wurde der alle drei

Monate erscheinende „Bezirkstrommler“ nicht nur in ganz Graz bekannt, sondern er erhielt auch eine Reihe von journalistischen Auszeichnungen, darunter als beste steirische Lokalzeitung.

„Kritikus“ wird geboren!

Wir waren anfänglich ein ganz kleines Team, wobei ich eine für mich äußerst reizvolle Aufgabe übernahm: Ich sollte nämlich fortan eine anonyme Glosse in der von uns geplanten Rubrik „Spitze Feder“ verfassen. Ohne Zweifel war damals der „Staberl“ der Kronenzeitung unser Vorbild, der über lange Zeit seine Anonymität wahren konnte. Und so begann ich mit viel Elan unter dem Pseudonym „Kritikus“ zu schreiben. Eines war mir dabei klar: Eine anonyme Glosse ist die wohl stärkste „Waffe“ des Journalisten. Hier kann man in satirischer und humorvoller Weise pointiert Meinungen vertreten und Dinge in einer Art und Weise anprangern, wie es in herkömmlichen Zeitungsartikeln nicht möglich ist. Andererseits hat man gewisse Grenzen zu wahren, um nicht unglaubwürdig zu werden. Ich bemühte mich dabei jedenfalls stets, eine humorvolle und feine Klinge ohne Untergriffe zu führen. Und wenn ich mich in meiner Wortwahl einmal vergriffen hatte, so war es damals vor allem unser Grafiker und Korrektor, Freund *Gilbert Kraner*, der ordnend einschritt.

„Florian Gamsbartl“

Später führten wir nach dem Vorbild der „Amanda Klachl“ in der Kleinen Zeitung den „Florian Gamsbartl“, einen alles besser wissenden Steirer mit Gamsbart-Hut und Pfeife, im „Bezirkstrommler“ ein, dessen Sprüche ich jedes Mal mit Genuss zelebrierte. Der Erfolg war durchschlagend: Wenn die Zeitung kam, suchte jeder sofort den „Kritikus“ oder den „Gamsbartl“. Und alle rätselten über die Person, die dahinter stand, was die Spannung ungemein erhöhte. Trotz vieler Vermutungen und auch Versuche, „Kritikus“ zu entschleiern, blieb aber meine Anonymität einigermaßen geheim. Es wusste vielleicht eine Hand voll von Personen Bescheid, die aber hielten dicht!

Ein neuer Bezirksobmann

In der Zwischenzeit war *Gilbert Kraner* aus dem Redaktionsteam abgesprungen und *Sepp Milla* stieg in der Parteihierarchie zum Klubobmann der ÖVP in Graz auf. Er überließ seine Bezirksfunktion dem vor allem in kulturellen Angelegenheiten hoch aktiven *Gerald de Montmorency*, einem feschen jungen politischen Newcomer. Er war nun auch der Herausgeber des „Bezirkstrommlers", in welchem ich nach wie vor erfolgreich und anonym meine Kolumne schrieb.

„Verdächtige Botendienste"

Im Sommer 2001 war nun wieder eine Ausgabe fällig. Es herrschte, medial gesehen, „Saure-Gurken-Zeit" und ich hatte kein aktuelles Thema auf Lager. Als unser kleines BLAULICHT-Redaktionsteam wieder einmal im *Café Paul* am Lendplatz über der nächsten Nummer brütete, machte ich mir die Mühe, die vorbeimarschierenden Menschen zu beobachten. Dass darunter viele Schwarze (die Bezeichnung Neger soll angeblich ein Schimpfwort sein, weswegen ich sie nicht verwende) waren, welche augenscheinlich laufende „Botendienste" zu leisten hatten, fiel uns erst jetzt auf. So kam es vor, dass ein und dieselbe Person, stets in Designer-Klamotten gekleidet, innerhalb kürzester Zeit ein Dutzend Mal an uns vorbeiging, um im damaligen „Hauptquartier", einem verwahrlosten Hotel im südlichen Teil des Lendplatzes, wieder zu verschwinden.

Rauschgift in Plastikkapseln

Wenn man es auch nicht unmittelbar erkennen konnte, diese Menschen gingen einer Tätigkeit nach! Aber welcher? Was transportierten die meist mit einem breiten Grinsen an uns vorbeiwandernden schwarzen Zeitgenossen jedoch in ihren Taschen? Wir konnten es nicht richtig erkennen, aber einige Marktleute wurden da schon deutlicher und sprachen von laufenden Rauschgiftgeschäften, die hier am Lendplatz unmittelbar vor unseren Augen abliefen. Auch Anwohner beobachteten beispielsweise von ihren Fenstern in der Josefigasse aus oder im nahen Volksgarten, wie der Rauschgiftverkauf vor sich ging. Stets stellten die Dealer dabei Wachposten mit gezückten Handys auf, die vor der eventuell herannahenden Polizei warnen sollten. Wenn dann trotzdem eine Anhaltung erfolgte, verschluckten die Betroffenen die stets nur in kleinen Mengen in Plastikkapseln mitgeführten Drogen einfach. Sie wussten genau, dass die Polizisten die umständliche Prozedur der Magenuntersuchung in der Regel scheuten, und kamen daher fast immer ungeschoren davon.

Die SOKO Drogen wird aktiv!

Natürlich hatte die damals bei der Polizei aktive Sondereinheit zur Drogenbekämpfung unter *Oberstleutnant Werner Jud* (SOKO Drogen) schon längst Wind von diesen Aktivitäten erhalten. Sie ermittelte bereits seit einiger Zeit, war aber vorerst erfolglos. Denn immer, wenn die Fahnder im bereits besagten Hauptquartier der Drogendealer auftauchten, waren die „schwärzesten Vögel" bereits ausgeflogen oder es wurde kein Rauschgift mehr vorgefunden. Schließlich erkannte man auch warum. In dem mit alten Möbeln und anderem brennbaren Material völlig verrammelten Bauwerk, welches auch total verdreckt und „verkotet" war, hatten sich die Drogenhändler im Dachboden eine Art Beobachtungszentrale eingerichtet. Diese war ständig besetzt und im Falle eines Polizeieinsatzes konnte über einfache Nachrichtenmittel eine zeitgerechte Warnung erfolgen.

Die „Drogen-Hydra"

In dieser Phase wandte sich nun die SOKO Drogen im Frühjahr 2001 an die Grazer Feuerpolizei. Sie sollte das Dealerhauptquartier am Lendplatz aus feuerpolizeilicher Sicht unter die Lupe nehmen und den für die Drogenhändler strategisch wichtigen Dachboden sperren. Eine derartige Maßnahme war auch feuerpolizeilich absolut gerechtfertigt und führte schließlich zum Erfolg. Bei mehreren Razzien des SOKO wurden jetzt größere Mengen von Rauschgift sichergestellt. Und nachdem der Hausherr den Mietvertrag für „mittellose, schwarze Asylwerber" gekündigt hatte, konnte der Dealerring zerschlagen werden. Der „Drogen-Hydra" wurde ein Kopf abgeschlagen, der jedoch vermutlich an einer anderen Stelle wieder mehrfach nachgewachsen ist.

Grazer Impressionen

Das, meine lieben Leser, war nun der Auslöser für meine Kolumne, welche ich im Frühsommer 2001 im Straßganger Bezirkstrommler verfasste. Ich nannte sie „Grazer Impressionen" und prangerte darin nicht nur die Zustände am Lendplatz, sondern auch das von *Pfarrer Wolfgang Pucher* organisierte Bettler(un)wesen in der Innenstadt und die absehbare Übervölkerung der Grazer Kernbezirke mit Ausländern an. Es war dies eine Kolumne, die nicht werten, sondern nur bevölkerungspolitische Fakten aufzeigen sollte. Bestärkt wurde ich durch das damals bereits latent in der Bevölkerung vorhandene Unbehagen über die Einwanderungspolitik unserer Politiker. Dabei habe ich damals in meinem Artikel – den ich hier vollständig wiedergebe – bewusst das Thema „Drogenproblematik & Ausländer" außer Acht gelassen, um nicht noch mehr Öl ins Feuer zu gießen.

Als Sprachrohr des Volkes

Mein damaliger journalistischer Beitrag war ohne Zweifel mit einer entsprechenden Prise Spott und Ironie geschrieben worden, wie es einer anonymen Glosse eben zusteht. Und sie war keinesfalls als Provokation gedacht, sondern sollte die Meinung des kleinen Mannes wiedergeben, wie ich sie in vielen persönlichen Gesprächen viele hundert Mal gehört hatte. Ich wollte also keinesfalls die Rolle des Demagogen spielen, nein, ich wollte vielmehr als eine Art Sprachrohr des Volkes auftreten. Denn diese unglaubliche Abgehobenheit, ja Verlogenheit, mit welcher die meisten Politiker bei Fragen des Asyls und der Zuwanderung agierten und teilweise immer noch agieren, brachte mich manchmal zur Weißglut. Von den Zeitungen, die heute fast ausnahmslos im Sinne der so genannten *political correctness* einer Multi-Kulti-Gesellschaft das Wort reden, war ich nichts anderes gewohnt. Also wagte ich damals den Versuch, die tagtägliche Realität schlaglichtartig so darzustellen, wie sie tatsächlich war und ist.

Rassistische Umtriebe?

Und tatsächlich habe ich mit meinen „Grazer Impressionen" damals ins Schwarze getroffen und ein kleineres mediales Erdbeben ausgelöst. Vor allem einigen Jungredakteuren der Kleinen Zeitung hatte ich damit in der sommerlichen, medialen Saure-Gurken-Zeit den redaktionellen Stoff für fast eine ganze Woche geliefert. Sogar der ORF gab Kritikus in einer Sondersendung die Ehre. Sie berichteten jedoch allesamt in der Sprachregelung moderner Gutmenschen von rechtsradikalen und rassistischen Umtrieben in der Straßganger Volkspartei und forderten die Demaskierung von Kritikus. Dabei setzten sie Bürgermeister *Siegfried Nagl* stark unter Druck, die Identität des unbekannten Glossenschreibers preiszugeben. Dieser blieb jedoch hart und wahrte meine Anonymität, um die von gewissen Medien künstlich am Leben erhaltene Diskussion nicht noch weiter zu entfachen.

FREITAG
27. JULI 2001

STEIERMARK

www.kleinezeitung.at 19

Vom Mohren im Struwwelpeter inspiriert zeigte sich der anonyme „Kritikus" im Bezirksblatt Straßgang der Grazer ÖVP. Doch offenbar hatte der Verfasser Heinrich Hoffmanns Reime nicht zu Ende gelesen. Der Wortlaut im Kinderbuchklassiker: „Ihr Kinder, hört mir zu und lasst den Mohren hübsch in Ruh! Was kann denn dieser Mohr dafür, dass er so weiß nicht ist wie ihr?"

STUHLHOFER/WOLF

Wirbel um rassistisches Bezirksblatt der Grazer VP

„Pamphlet gegen Ausländer" in VP-Bezirksblatt erhitzt Gemüter.

BERND HECKE

HAUPTPLATZ

Rechtsruck

Ein menschenverachtendes Pamphlet gegen Ausländer hat die Straßganger ÖVP in ihrer Zeitung „Bezirkstrommler" veröffentlicht und an Grazer Haushalte verschickt. In anonymer Feigheit hetzt ein ehemaliger VP-Funktionär gegen Türken, Afrikaner und Bettler in Graz.

„Kritikus" senkt seine spitze Feder ins Tintenfass der ÖVP und startet ein fremdenfeindliches Trommelfeuer. Zynisch attackiert der Brandstifter Vinzi-Pfarrer Pucher, stößt sich an arbeitsscheuen Bettlern, Afrikanern und türkischen Frauen mit Kopftuch (siehe Bericht Seite 19). Auch einige Seiten vorher „witzelt" man über den Vinzi-Pfarrer.

Im selben Blatt trommelt die VP selbstzufrieden: „Nagl führt Grazer zu Hochform". Doch Kriti-

Vor allem die Kleine Zeitung machte Jagd nach Kritikus.

Ich soll bei Pfarrer Pucher beichten!

Obwohl es eine undichte Stelle gab, blieb die Anonymität von Kritikus weitgehend gewahrt. Ich wurde zwar von *Pfarrer Wolfgang Pucher*, dem Erfinder des (positiven) Vinzidorfes und der (negativen) Grazer Bettlermeile, stark verdächtigt, der umstrittene Glossenschreiber zu sein, aber auch *Sepp Milla* und einige weitere Bezirksfunktionäre der ÖVP Straßgang wurden verschiedentlich unter der Hand als mögliche Glossisten genannt. *Pfarrer Pucher* schoss dabei den Vogel ab und wollte mich sogar zur Beichte zwingen, um die Wahrheit ans Tageslicht zu bringen. Auch daraus wurde schließlich nichts, da ich evangelischen Bekenntnisses bin und nicht bereit war, unter Zwang zu beichten. Auf jeden Fall wurde der „Fall Kritikus" damals von der Tagespresse und dem ORF hochgespielt. Es gab schon ganze Leserbriefseiten zum aktuellen Thema, wobei die überwiegende Mehrheit pro-Kritikus eingestellt war.

DONNERSTAG
9. AUGUST 2001

Herr oder Frau „Kritikus"
Sie haben in Ihrem Bezirksparteiblatt glatte Unwahrheiten geschrieben! Sie behaupten, ich hätte die Innenstadt zu einem Bettlerviertel gemacht. Ich habe keinen Einzigen dieser von Ihnen als „bedauernswerten, gar jämmerlich anzusehenden" Menschen nach Graz gebracht. Und schon gar nicht in die Innenstadt. Im Gegenteil. Gemeinsam mit 20 Grazer Pfarren hat die Vinzenzgemeinschaft sie vom Stadtzentrum weggeholt. Und sie arbeiten ordentlich! Ja, das tun sie um 300 Schilling pro Tag! Sie behaupten etwas, was in jeder Beziehung unwahr ist! Und nun verstecken Sie sich hinter Ihrer Parteizeitung. Warum stehen Sie nicht zu dem, was Sie sagen? Ich warte auf ein Gespräch mit Ihnen.
Wolfgang Pucher C. M.

Pfarrer Pucher nahm über einen Leserbrief mit Kritikus Kontakt auf.

Clash of Civilizations

Das lächerliche, mediale Theater um den Straßganger Kritikus wurde dann am 11. September 2001 jäh unterbrochen, als es zu den dramatischen Attentaten auf das World Trade Center in New York kam. Hier zeigte sich im Großen, was der bekannte Havard-Gelehrte *Samuel P. Huntington* bereits im Jahre 1996 in seinem Buch „Clash of Civilizations" prophezeit hatte. Nämlich das unerbittliche Aufeinanderprallen vor allem der religiösen Kulturen, welches durch eine unkontrollierte Einwanderungspolitik, wie sie vor allem auch seit Jahrzehnten in Österreich betrieben wurde, gefördert wird. Aber gerade vor dieser beängstigenden Entwicklung wollte ich damals als kleiner Kritikus mit meiner für alle Menschen verständlichen Glosse warnen.

Mit spitzer Feder (Originalversion, welche einen „Skandal“ auslöste):

„ ***Grazer Impressionen***

Das, was Pfarrer Pucher macht, ist human! Es ist grundsätzlich auch lobenswert. Er hat damit auch unsere Innenstadt bereichert. Denn hier ist das Bettler-Viertel! An jeder Ecke sitzt einer dieser Bedauernswerten, gar jämmerlich anzusehen. Trotz ihrer Jugend und Vitalität!

KRITIKUS hat bereits zweimal einem dieser Armen Arbeit angeboten. Hundert Schilling die Stunde! Gewiss nicht so wenig! Aber die Angebote wurden ausgeschlagen. Gott weiß, warum?!

Am Lendplatz ist das Schwarzen-Viertel! Hier marschieren sie en masse am helllichten Tag vorbei, wie einst der Mohr im Kinderbuch „Der Struwwelpeter“! Alle sicherlich politisch Verfolgte oder aber EDV-Spezialisten, denkt sich Ihr KRITIKUS. Aber in „Arbeitsstellung“ wurde von mir noch keiner entdeckt!

Am Griesplatz ist das Türken- und Bosnier-Viertel! Frauen mit Kopftuch, an der Hand vier Kinder, eines im Kinderwagen und das nächste bereits im Bauch, sind allgegenwärtig. Sie flanieren vorbei – an türkischen Cafés und Kebab-Buden.

Das sind sicherlich oberflächliche Impressionen eines überzeugten Grazers. Ohne werten oder gar abwerten zu wollen! Aber wie soll es weitergehen? Die nächsten Krisenherde schwelen bereits! Erhalten wir bald ein Albaner-Viertel? Machen Sie sich, liebe Leser, selbst Ihre Gedanken, meint nachdenklich

Ihr KRITIKUS! “

11.5 Grammatik und Interpunktion

Doch zurück von der großen Weltpolitik in die kleine Welt der Schriftstellerei. Wir wollen uns jetzt mit dem eher trockenen Themenkreis der Grammatik und Interpunktion befassen.

Im Berufsleben wiegen Schreibfehler oft schwerer als ein schlechtes Benehmen! Wer mit der Rechtschreibung auf Kriegsfuß steht, ist sich ständig selbst im Wege. Dabei sind nicht Spitzfindigkeiten gemeint, etwa ob man Orthografie oder Orthographie schreibt, sondern grundsätzliche Fragen der Rechtschreibung und des Schreibstils.

Wer nämlich Angst vor der Orthografie hat, engt seinen Wortschatz automatisch ein. Das journalistische Produkt wird dadurch aber farblos und uninteressant!

Umfangreicher Wortschatz

Ein vollständiges Wörterbuch der deutschen Sprache umfasst ungefähr 500.000 Wörter. Dieser Wortschatz steht jedermann zur Verfügung, doch kaum einer hat je davon Gebrauch gemacht – auch nicht ein Sprachgenie! Und wer kennt schon das einzelne Wort in seiner genauen Bedeutung? *Goethes* Wortschatz soll ungefähr 20.000 Wörter umfasst haben. Der einfache Mann kann schon mit 6.000 Wörtern auskommen. Um nicht missverstanden zu werden: Man soll sich kein Lexikonwissen aneignen, sondern im Zweifelsfalle einfach zum Wörterbuch greifen.

Gefährliche Interpunktion!

Auch mit der Interpunktion, also der Satzzeichengebung, ist dies so eine Sache. Man sollte mit ihr sorgfältig umgehen, denn sie ähnelt einer kapriziösen Dame. Wenn dieser nicht genügend Aufmerksamkeit geschenkt wird, rächt sie sich und stellt alles auf den Kopf.

Ein Beispiel dazu:

> **„Er will sie nicht“.** Betrüblich für sie!
> **„Er will, sie nicht“.** Betrüblich für ihn!

Ein boshafter kleiner Beistrich hat alles umgedreht. Eine Liebestragödie!

11.6 Die Technik des Schreibens

Worte regieren die Welt, hat ein großer Jurist schon im 17. Jahrhundert gesagt. Das gilt auch heute noch. Denken Sie nur an die großen Wahlkämpfe in den USA und in Europa, welche im Wesentlichen bei Rededuellen im Fernsehen entschieden werden.

Aber nicht nur das gesprochene Wort, sondern auch das geschriebene Wort war und ist bedeutungsvoll – und fallweise auch die denkbar mächtigste Waffe. Die großen Dichter und Denker verwendeten das Wort als Lockspeise, um ihre Leser zu faszinieren. Die Bibel ist das meistgelesene Buch der Welt.

Worte alleine sind es aber nicht. Es müssen die richtigen Worte sein, die in einer Technik des Schreibens sinnvoll aneinandergereiht werden. Und diese Technik besteht aus einer Vielzahl von Regeln, Verhaltensweisen und interaktiven Erkenntnissen.

Wichtige Merkregeln

Im Folgenden liste ich einige der wichtigsten Merkregeln (ohne Anspruch auf Vollständigkeit) auf:

- Führe eine *klare Sprache.* Beispiel: „Eine thermische Läsion meiner Metaphalange macht mir höllisch zu schaffen." Viel besser wäre: „Ich habe mir die Finger verbrannt."
- *Einfachheit* der Sprache. Verwende kurze, aber nicht zu kurze Sätze!
- Beachte den Laut- oder Klangwert von Worten (Unterstützung des Stimmungscharakters, etwa eines Katastrophenberichtes durch geschickte Wortwahl).
- *Klarheit* der Sprache. Vermeidung von sprachlichem „Parteichinesisch", wie es im medizinischen und naturwissenschaftlichen Bereich oft verwendet wird.
- Das *richtige Wort* treffen. Immer das beste Zeitwort voranstellen. Keine hauptwörtlich gebrauchten Verben verwenden! Ein Beispiel: „Etwas einkaufen gehen" anstatt „Einen Kauf durchführen".

- Vermeidung von *Klischee-Ausdrücken* und *Wortwiederholungen.*
- *Grammatik* und richtiger *Satzbau*!
- Vermeidung von *Bandwurmsätzen.*
- *Absätze* (Satzgruppen, die sich mit gemeinsamen Gedanken bzw. Themen befassen) richtig verwenden!
- Ausführliche *Recherchen* anstellen! Informationsquellen können Zeitungen, Fachzeitschriften, Rundfunk, Fernsehen, Bücher, Kino, Theater, Reisen, Erinnerungen, Erfahrungen, Beobachtungen am Einsatzort, Notizen in allen Lebenslagen, Interviews und vieles mehr sein.
- Ergebnisse von Recherchen mindestens doppelt *überprüfen*!
- Artikel laufend *überarbeiten*, nicht sofort zur Veröffentlichung weitergeben!
- *Spannend* und *humorvoll* schreiben!

Die älteste Binsenweisheit in der Schriftstellerei lautet jedoch: „Schreibe nur über das, was du kennst!" Für Fachveröffentlichungen im Feuerwehrwesen ist also eine entsprechende Vorbildung unerlässlich!

Den Leser fesseln!

Die Schriftstellerei kann in zwei große Hauptgebiete unterteilt werden: In die *schöngeistige Literatur (fiction)* und *Sachliteratur (non-fiction).* Die schöngeistige Literatur erzählt von imaginären Menschen, die in einer imaginären Welt imaginäre Dinge tun. Die Sachliteratur handelt von wirklichen Menschen und wirklichen Geschehnissen in einer wirklichen Welt. Im Gesamtbereich des geschriebenen Wortes nimmt heute die Sachliteratur, zu der auch die Feuerwehrjournalistik zu zählen ist, bei Weitem den größten Raum ein.

Für die Sach- oder Fachliteratur sind Tatsachen das Gleiche wie für ein Hochhaus das Stahlskelett: tragende Elemente. In der erzählenden Prosa kann man Tatsachen durch Phantasie ersetzen, in der Sachliteratur muss man Tatsachen phantasievoll verarbeiten, um den Leser zu fesseln.

11.7 Form und Inhalt

Wie geht das nun? Jeder gute Fachartikel soll in Hinblick auf Form und Inhalt gewisse Regeln einhalten. Man spricht von den sechs Geboten der Sachliteratur!

Demnach soll gelten:

INHALT:	**FORM:**
1. informativ	**4. Einleitung**
2. interessant	**5. Hauptteil**
3. sachlich richtig	**6. Schluss**

Informativ sein!

Sie müssen Ihrem Leser Tatsachen bieten – Tatsachen, die ihm bisher unbekannt waren und ihm auch sonst nur schwer zugänglich sind. Ein Einsatzbericht beispielsweise sollte deswegen so rasch wie möglich verfasst werden, damit Sie als Erster veröffentlichen können. Ein schönes Beispiel war der Bericht über den Hofburgbrand in „Blaulicht“, der in der damaligen Wiener Feuerwehrzeitung „Notruf 122“ erst vier Monate später erschien. Diese Veröffentlichung war nicht mehr aktuell und keinesfalls informativ!

Interessant sein!

Anfänger machen häufig den Fehler, Berichte über Veranstaltungen und Feuerwehreinsätze als möglichst wirklichkeitsgetreue schriftliche Nacherzählungen zu formulieren. Derartige Artikel sind meist langweilig und strotzen vor Binsenweisheiten. Wen interessiert es schon, wann genau das 5. Rohr von wem an welcher Stelle vorgenommen wurde. Niemanden! Wenn allerdings damit in flüssiges Metall oder siedendes Fett gespritzt wurde, ist dies ein journalistisches *Highlight*. Natürlich läuft nicht jeder Einsatz so spektakulär ab wie der Hofburgbrand oder der Super-GAU von Tschernobyl. Aber, Hand auf's Herz, es gibt immer interessante Details und Erkenntnisse, über die spannend berichtet werden kann.

Genau sein!

Das letzte Gebot für den Inhalt von Feuerwehrpublikationen fordert Genauigkeit. Abgesehen davon, dass die Leser ein Anrecht haben, die Wahrheit zu erfahren, ist auch ein zwar kleiner, aber nicht zu übersehender Teil des Leserpublikums stets darauf aus, dem Autor Sachfehler nachzuweisen. Das ist auch gut so. Dadurch ist der Verfasser von Artikeln stets gefordert, gut zu recherchieren und kritische Aussagen doppelt abzusichern. Wenn Auskunftspersonen zitiert werden, sollte das Manuskript vorher zum Gegenlesen gegeben werden. Natürlich kann der Autor dabei nicht jeden Änderungsvorschlag akzeptieren, aber er wird sich den Ruf eines sorgfältigen Journalisten erwerben, der den Lesern zuverlässige Informationen weitergeben möchte. Noch ein Wort zu den so genannten Jubelberichten, vor allem in Zusammenhang mit schief gegangenen Feuerwehreinsätzen. Diese sind nicht nur für Insider peinlich, sondern auch für die Allgemeinheit nicht förderlich. Schließlich sollten wir alle aus Fehlern lernen. Und dazu dienen auch möglichst wirklichkeitstreue Fachveröffentlichungen.

Ein klarer Aufbau ist wichtig!

Wie bereits festgestellt wurde, muss jeder Artikel gegliedert sein und eine *Einleitung*, einen *Hauptteil* und einen *Schluss* haben. Anmerkung: In einer humorvollen Anleitung für die Abfassung von Publikationen für wissenschaftliche Autoren habe ich einige Sätze gefunden, die ich Ihnen nicht vorenthalten möchte. Hier wird Folgendes empfohlen: „Bemühe Dich, eine lesbare Einleitung und einen lesbaren Schluss zu schreiben, aus denen man leicht ersehen kann, welches Problem Du angepackt hast (Einleitung) und befriedigend gelöst hast (Schluss). Sonst besteht die Gefahr, dass deine Arbeit niemand zur Kenntnis nimmt oder ein eventueller Referent verärgert wird, weil er die ganze Arbeit lesen muss. Da Einleitung und Schluss sehr kurz sein müssen, können die Ergebnisse dort sehr prägnant und überzeugend dargestellt werden!"

Einleitung, Hauptteil und Schluss

An diesen „Tipps" ist auch manch Wahres dran, doch Spaß beiseite: Der Anfang – oder die Einleitung eines Artikels – muss den Leser dazu verlocken, weiterzulesen. Der Hauptteil – gleichsam der Rumpf der Veröffentlichung – ist der Teil, der die Informationen enthält. Der Schluss ist nicht nur einfach das Ende der Geschichte. Er soll so knapp, klar und lebendig formuliert sein, dass er im Gedächtnis haften bleibt. Er kann auch in einer knappen Wiederholung und Zusammenfassung dessen bestehen, was zuvor gesagt wurde. In der Regel werden punktuell aufgelistete Erkenntnisse von der Leserschaft sehr begrüßt.

Informationsdichte

Der Hauptteil eines Artikels soll in der Regel wenigstens drei Viertel des Gesamtumfanges in Anspruch nehmen, manchmal auch mehr. Hier werden interessante Tatsachen verarbeitet, wobei eine möglichst große Informationsdichte anzustreben ist. Ganz wichtig: Vor einer Berichterstattung im gefürchteten Amtsdeutsch sei hier gewarnt. Sie wirkt auf den Leser entweder wie ein Schlafmittel oder veranlasst ihn, den Artikel einfach zu überblättern. Geschwollene Sätze, Formulierungen in Möglichkeitsform und hauptwörtlich gebrauchte Zeitwörter sind zu vermeiden. Besonders gefürchtet sind jedoch die unlesbaren Bandwurmsätze, das sind monströse Gebilde mit bis zu hundert Wörtern. Die einfachste Form, Begebenheiten zu erzählen, ist der chronologische Ablauf. Bei einem Bericht über einen Brand oder einen Unfall ist dies geradezu eine zwingende Vorgangsweise. Man kann bereits bei den Recherchen und dem späteren Verfassen des Artikels als Hilfsmittel verschiedene Checklisten verwenden, welche auch selbst erstellt werden können.

Mit Tinte Brände löschen!

Interessante Sachartikel zu schreiben ist gar nicht so leicht! Trotzdem sollten Sie es versuchen, wenn Sie Ambitionen dazu verspüren. Mit etwas Ehrgeiz, Ausdauer und Fleiß könnte es Ihnen gelingen. Vorausgesetzt, Sie besitzen das nötige *Know-how*! Mit diesen Ausführungen habe ich einen kleinen Beitrag dazu leisten wollen.

Vor allem auf dem Feuerwehrsektor fehlen uns nebenberufliche Journalisten, um in Zukunft umfassend von Einsätzen und aktuellen Veranstaltungen berichten zu können.

Die österreichische Feuerwehrjournalistik hat leider in der Vergangenheit weitgehend ein Aschenputteldasein geführt. Wir sollten gemeinsam versuchen, diesen Missstand zu beseitigen. Wenn Sie sich berufen fühlen, greifen Sie zur Feder, denn die meisten Brände werden auch heute noch mit „Tinte gelöscht!“

12. Kapitel

Ein trauriges Kapitel

Ein symbolträchtiges Bild: Raureif über der Feuerwehr- und Zivilschutzschule Steiermark. Er legte sich Ende der Siebzigerjahre auch über meinen Lebensbaum und ich war knapp daran aufzugeben.

Ehrlich sein heißt – wie es in dieser Welt hergeht –,
ein Auserwählter unter Zehntausenden zu sein.
William Shakespeare

Dieses Kapitel handelt von meinem beruflichen Niedergang an der Feuerwehr- und Zivilschutzschule Steiermark – es ist also im wahrsten Sinn des Wortes ein „trauriges Kapitel". Ich entschuldige mich bereits jetzt bei meinen geneigten Lesern, dass ich diese zutiefst persönlichen Aspekte hier abhandle, aber ich muss mir den Frust ganz einfach von der Seele schreiben. Für mich sind gerade diese folgenden Passagen eine echte „Vergangenheitsbewältigung", denn ich war damals Ende der Siebzigerjahre körperlich und seelisch am Ende.

12.1 Zwei schwierige Persönlichkeiten

Die Randbedingungen im Zuge meiner Anstellung an der Feuerwehr- und Zivilschutzschule Steiermark beim Land Steiermark waren außergewöhnlich: Ich wurde direkt als Beamter vom Magistrat Wien übernommen, erhielt eine Art Sondervertrag und sogar eine Dienstwohnung in einem eigenen Haus für mich und meine Familie.

Damals hatte ich viele Bewunderer, aber auch Neider. Logisch: hohe Position, als Fachmann überall vorgestellt und gewürdigt, mehr Gehalt als die anderen Kollegen. Die Neidgenossenschaft in der Landeshauptstadt trat in Aktion – und ich war 30 Kilometer von Graz entfernt.

Ein toller Start

Mein Start an der Feuerwehr- und Zivilschutzschule Steiermark hätte besser nicht sein können. Ich wurde Gott und der Welt als studierter Kernphysiker, begnadeter Brandschutzexperte und umsichtiger Pädagoge vorgestellt. Vor allem mein damaliger Chef, Hofrat *Dr. Helmuth Kreuzwirth*, überschlug sich bei verschiedenen Veranstaltungen förmlich in Lobeshymnen über meine Person und sonnte sich damit auch quasi als mein „Erfinder" in der von mir ausgehenden fachlichen Strahlkraft. Ich wurde nicht nur den Exponenten der steirischen Einsatzorganisationen, sondern auch sukzessive den wichtigsten Politikern und Presseleuten vorgestellt. Dieser persönliche Höhenflug wurde jedoch auch kritisch beobachtet und nicht von allen goutiert. Und so kam es alsbald aus Neid, Missgunst und auch anderen Motiven zu versteckten Intrigen.

Gruppenbild mit einem Teil der Mitarbeiter und externer Kräfte aus der Anfangszeit der Schule, als die Welt noch heil war.

Ein erfolgreicher Beamter

Eine Schlüsselrolle kam dabei im ersten Jahr meiner Tätigkeit einem überaus aktiven jungen Mann zu, der mich auch schon im Jahre 1972 in Wien mehrmals als Abgesandter des damaligen Referates für Katastrophenschutz und Landesverteidigung besucht hatte. Es war der bei *Dr. Kreuzwirth* tätige Maturant *Ernst Hepner*, der sich vor allem bei der Gründung einer Feuerwehrjugend in der Steiermark seine ersten Sporen verdiente. Daneben organisierte er viele Dinge, welche bei der Errichtung der neuen Schule notwendig waren. Er agierte dabei so erfolgreich, dass er schon in kurzer Zeit zum dritten Sekretär des für das Feuerwehrwesen und den Zivilschutz zuständigen Landesrates *Anton Peltzmann* befördert wurde und damit einen großen Sprung in der Beamtenhierarchie machte.

Ein fanatischer Missionar

Ernst Hepner war also auf Erfolgskurs, aber im Zuge seiner Aktivitäten überhaupt nicht zimperlich. Er war ein harter Arbeiter und forderte auch von seinen Mitarbeitern einen manchmal übermenschlichen Einsatz, was mir absolut nichts ausmachte. Das, was schließlich jedoch zu schweren Spannungen und später zum Eklat führte, war sein Fanatismus in Glaubensfragen. Er war nämlich überzeugter Adventist und wollte alle in seinem Umfeld tätigen Menschen vom wahren Glauben dieser Sekte überzeugen. War er am Anfang nur lästig und wurde er von vielen mitleidig belächelt, so trat er im Laufe der Zeit als penetranter Missionar und Weltverbesserer auf, der alle bekehren wollte.

Die wahren Bibelworte

Dabei vermischte er oft dienstliche Agenden mit privaten Angelegenheiten und schaffte dadurch für zunehmenden Unmut bei den Bediensteten. Einmal fuhr er mit unserem Kursleiter *Erich Pizerra* im Zuge einer Dienstreise nach Tulln vom Wege ab und versuchte ihn zum Sektenübertritt zu bewegen. Es kam dabei so weit, dass *Pizerra* das Auto verließ und zu Fuß nach Hause gehen wollte. So wäre eine harmlose Dienstreise fast zu einer anstrengenden Pilgerfahrt geworden. Für mich ließ er später sogar einen auswärtigen Prediger einreisen, der mich überzeugen sollte, dass die *Darwin'sche* Evolutionstheorie, die ich als studierter Naturwissenschaftler stets vertreten habe, mit den wahren Bibelworten nicht zu vereinbaren sei. *Hepner* wollte uns also mit verschiedensten Mitteln vom „wahren Weg des Lebens" überzeugen und unter subtiler Androhung von betrieblichen Sanktionen zu Glaubensbrüdern machen.

Der heilige Sabbat

Die ersten offenen Spannungen ergaben sich dann bereits im Oktober 1973 bei der Eröffnung der Feuerwehr- und Zivilschutzschule Steiermark, welche auf einen Samstag fiel. Dazu muss man wissen, dass der Samstag (Sabbat) bei den Adventisten „heilig" ist. Er ist für sie ein Gottesgeschenk, um zur Ruhe zu kommen, Einkehr zu halten und Zeit für den Mitmenschen zu haben. Schließlich hat an diesem Tage auch Gott bei der Erschaffung der Welt ausgeruht und es ist daher Pflicht jedes Sektenmitgliedes, am Sabbat nicht zu arbeiten. Dies führte nun zu echten Problemen, denn der damalige Hausmeister der Schule, *Erwin Schaupensteiner*, ein in Glaubensfragen Suchender, war bereits früher zur Freikirche der Sieben-Tags-Adventisten übergetreten. Einerseits war gerade er an diesem Samstag gefordert, umfangreiche Arbeiten zu leisten, andererseits verbot ihm das jedoch sein Glaube, was auch von *Ernst Hepner* akribisch überwacht wurde.

Keim der Unruhe

Dieser Widerspruch war der Auslöser einer unangenehmen Entwicklung, welche aber wie das Amen im Gebet zu peinlichen Auseinandersetzungen und innerbetrieblichen Spannungen führen musste. Obwohl *Erwin* sich immer sehr kameradschaftlich erwies und später auch den Adventisten den Rücken kehrte, war bereits in diesen Oktobertagen im Jahre 1973 durch die Glaubensaktivitäten des *Ernst Hepner* der Keim der Unruhe in der Schule gelegt worden. Dieser missionarische Eiferer wurde zwar später kurzerhand von Landesrat *Anton Peltzmann* als politischer Sekretär abgesetzt, ermöglichte jedoch den Aufstieg einer zweiten noch weitaus schwierigeren Persönlichkeit, welche mich in den nächsten Jahren in große betriebliche und auch persönliche Schwierigkeiten bringen sollte.

Eine umtriebige Person

Ich lernte diese schillernde Person bald nach meiner Übersiedlung in die Steiermark kennen. Er kam damals als einfacher Jurist in das kleine Referat für Katastrophenschutz, welches zu dieser Zeit noch in einigen Räumen des altehrwürdigen Grazer Landhauses zwischen Herrengasse und Schmiedgasse untergebracht war. *Dr. Josef Kogler* war eine der umtriebigsten Personen, die mit vielen Wassern gewaschen war. Er kannte die meisten Politiker und viele andere Persönlichkeiten aus dem Wirtschafts- und Kulturleben, was teilweise auf seine Mitgliedschaft bei einer farbentragenden katholischen Verbindung zurückzuführen war.

Ein einfacher Bauernbub

Wer mit *Kogler* näher zu tun hatte, erlebte diesen jedoch in zunehmendem Maße als zwiespältige Persönlichkeit. Er bezeichnete sich selbst von seiner Herkunft her als einfachen Bauernbuben, der es im Leben nicht leicht hatte. Damit punktete er bei vielen Menschen und erweckte den Eindruck, dass er einer von ihnen sei. Er spielte die soziale Karte aus und war stets hilfsbereit, ja er dienerte sich allen Personen seiner Umgebung an. Wenn eine Mitarbeiterin oder ein Mitarbeiter ein Problem hatte, war er stets zur Stelle und half, wann er konnte. Damit brachte er jedoch viele in ein starkes Abhängigkeitsverhältnis, welches er später auch beinhart ausnutzte. Andererseits setzte er sich über andere Meinungen – vor allem wenn es ihm nicht passte – einfach hinweg und zog dabei alle Register eines unglaublich effektiven Intrigantentums. Was aber absolut schändlich war: Er versuchte auch private Schwächen der Betroffenen in eindeutiger und manchmal fast in zielgerichteter Weise zu verwenden.

Stiller Sieger!

Unser immer stärker werdendes Problem mit *Ernst Hepner* blieb *„Sepp“ Kogler* klarerweise nicht verborgen und teilweise war er ja selbst davon betroffen. Er erkannte auch, dass er dienstlich mit einem Fall *Hepners* nur gewinnen konnte, und begann mit einer breit angelegten Kampagne, die es zum Ziel hatte, den ungeliebten Zeitgenossen beruflich auszuhebeln. Er war dabei in seinem Element, wobei er sich bei seinen Aktionen stets im Hintergrund hielt und andere vorschickte, die sich dann auch fast immer die Finger verbrannten. Als dann *Hepner* tatsächlich seines Postens bei *Landesrat Peltzmann* enthoben wurde, ließ er sich als stillen Sieger feiern.

Ausgepresst wie eine Zitrone

Kogler war einer der größten Kettenraucher, die ich je kennen gelernt habe. Stets hatte er eine Zigarette zur Hand, ja manchmal waren es sogar zwei. Seine Kanzlei roch penetrant nach Nikotin und ich fühlte mich bei den häufigen Gesprächen, zu welchen er mich holte, stets in eine Art Rauchkellerübung versetzt. Dazu trank er einen starken Espresso nach dem anderen. Unsere

Gespräche hatten in der Regel – das erkannte ich leider viel zu spät – nur ein Ziel: Er presste mein umfassendes Brand- und Zivilschutzwissen aus mir heraus wie aus einer Zitrone. Wenn ich eine neue Idee entwickelte, endeten unsere Zusammenkünfte meist mit dem stereotypen Satz: „Das schreibst du mir zusammen und schickst es im verschlossenen Kuvert an mich persönlich!“ Auf diese Weise machte er sich bei seinen unmittelbaren Vorgesetzten als Ideenlieferant wichtig und alsbald unentbehrlich.

Ein typischer „Epsilon-Trinker“

Dr. Josef Kogler hatte jedoch ein ganz großes Problem – und das war die damalige starke Neigung zum Alkohol. Irgendwann in seinem Leben hatte es anscheinend ein tragisches Ereignis gegeben, welches bei ihm einen psychischen Knacks verursachte. So stellte es der Betroffene jedenfalls einmal in einem der wenigen persönlichen Gespräche mit mir dar, als er sich wieder einmal in einer außerordentlich misslichen Situation befand. Er war ein typischer so genannter „Epsilon-Trinker“ und verfiel in fast regelmäßigen Abständen einem exzessiven Alkoholkonsum, der ihn dann mindestens einige Tage, aber manchmal auch eine bis mehrere Wochen unfähig machte, Dienst zu versehen. Dazwischen konnte er monatelang abstinent bleiben bzw. täuschte dies äußerst raffiniert vor. Er wurde dann von seiner rührigen Gattin *Maria*, die darin schon eine echte Routine entwickelt hatte, stets im gemeinsamen Haus auf der Ries „kaserniert“, wo sie ihn dann im Rekordtempo wieder „kurierte“.

Ein „Scherbengericht“ wird abgehalten!

Anfänglich erkannte ich die Widersprüchlichkeit dieser Persönlichkeit nicht und hatte einfach Mitleid. Als es einmal wieder ganz arg war und er ins Krankenhaus eingeliefert werden musste, gab es in den Räumlichkeiten der Abteilung in Graz eine „Krisensitzung“, zu der ich ebenfalls eingeladen wurde. Hier traten plötzlich alle, die ihm vorher in den Allerwertesten gekrochen waren, zu einem „Scherbengericht“ an. Man wollte *Kogler* durch eine einhellige Protestnote aus der Abteilung eliminieren und eine Versetzung in eine andere Dienststelle erreichen. Dabei gab jeder Bedienstete seine Stellungnahme ab und es sprachen sich alle mehr oder weniger vehement gegen den „Angeklagten“ aus. Ich fand diese Vorgangsweise äußerst schäbig und machte bei diesem „Standgericht“ nicht mit. Im Gegenteil, ich versuchte mit dem Kranken im Spital Kontakt aufzunehmen und ihm zu helfen!

„Auf das richtige Pferd setzen!“

Dieses Verhalten meinerseits wurde – vor allem von einigen Kollegen – gar nicht goutiert. Einer der Wortführer gegen *Kogler* sagte zu mir sogar einige Tage später: „Du musst dich in Zukunft auf das richtige Pferd setzen!“ Ich war darüber etwas verärgert und antwortete nur: „Pferde haben zwar einen großen Kopf, aber oft ist da nicht viel drin!“ Ich wollte damit ausdrücken, dass ich an der Hetzjagd auf einen Menschen, der sich nicht wehren kann, nicht teilnehme. Auf jeden Fall führte der Alkoholismus von *Kogler* damals im Referat zu Spannungen, Verdächtigungen und gegenseitigen Unterstellungen, in welche ich unmittelbar involviert wurde.

12.2 Ich werde zur „Persona non grata“!

Nach der Pensionierung von *Dipl.-Ing. Otto Fraunberger* wurde ich Anfang 1977 mit der Leitung der Feuerwehr- und Zivilschutzschule Steiermark betraut. Das Eigenartige dabei war, dass ich – obwohl ich schon fast vier Jahre die gesamte Arbeit an der Schule geleistet hatte – nur provisorisch bestellt wurde. Damit wollte man sich anscheinend einen Trumpf im Talon behalten, um mir keine zu weit reichenden Kompetenzen geben zu müssen. Natürlich zog dabei wieder „Freund *Kogler*“ im Hintergrund die Fäden. Und als am 1. März 1977 unter dem (wohlwollenden) Gelächter der Öffentlichkeit ein falscher Scheich in Lebring auftrat, wollte man mich das erste Mal offiziell demütigen. Doch das gelang damals noch nicht!

Die Teilung der Schule

Viele kleine Nadelstiche und gereizte Reaktionen meinerseits führten dann etwa ein Jahr später zu einem Eklat sondergleichen: Die Kompetenzen der Schule wurden aufgeteilt und ich bekam lediglich den Ausbildungspart zugeordnet. Es wurde mir damit die Personalhoheit und die gesamte Verwaltung entzogen. Ein für mich unhaltbarer Zustand, der zu einem Heckenschützenkampf mit den Vorgesetzten und einigen Mitarbeitern ausartete, denn ich bekam zu klärenden Aussprachen bei meinen Vorgesetzten nie mehr einen Termin. An der Schule wurde meine Autorität durch eine Reihe unglaublicher Aktionen unterminiert, ich musste plötzlich auf Weisung von oben subsidiäre Dienste leisten und mich sogar einmal bei einem Ausbilder indirekt entschuldigen, der fahrlässig, ja betrügerisch gehandelt hatte.

Persona non grata!

Dies war eine Entwicklung, welche ich ursprünglich nicht für möglich gehalten hätte. Die Ereignisse hatten aber zu diesem Zeitpunkt bereits eine Eigendynamik angenommen, welche von niemand mehr zu stoppen war. Ich wurde bereits zur *Persona non grata*, also zum absolut unerwünschten Individuum, gestempelt. Dies zeigten vor allem auch Aktionen, im Zuge derer auswärtige Persönlichkeiten aufgefordert wurden, gegen mich Stellung zu beziehen. Ich wurde also degradiert, boykottiert und vorverurteilt, wo es nur ging. Die Beamtenhierarchie hatte quasi den Bannstrahl gegen mich gerichtet: Ich wurde systematisch ausgegrenzt und erniedrigt. Heute würde man dies als klassisches *Mobbing*, also als Psychoterror am Arbeitsplatz, bezeichnen.

Der ehemalige Landesfeuerwehrinspektor und Schulleiter Dipl.-Ing. Otto Fraunberger (links) mit meinem Chef wHR Dr. Helmuth Kreuzwirth.

Von Mobbing und Bossing

Anfänglich konnte ich es eigentlich nicht glauben: Auch frühere gute Mitarbeiter wurden plötzlich „komisch". Später traten sie – ermuntert durch unseren juristischen Grazer Ränkeschmied – auch mehr oder weniger offen gegen mich auf. Ich wurde im wahrsten Sinn des Wortes „gemobbt“! Dies aber leider auch wegen jeder Kleinigkeit von meinen Vorgesetzten. „Freund *Kogler*“ überbrachte mir dann in der Regel die neuen Hiobsbotschaften aus Graz und „weinte dabei Krokodilstränen“. Er spielte die typische Rolle eines „aalglatten Doppelagenten“ sehr überzeugend. Heute würde man dies mit einem neuen Modewort als klassisches „Bossing“ bezeichnen! Eine deutsche Studie zeigt, dass sogar in etwa 70 Prozent der Chefs mobbt. Allen Mobbern ist, so die Studie, entweder ein hohes Maß an Feindseligkeit und Aggression zu eigen oder ein ausgeprägtes Minderwertigkeitsgefühl. Ich aber lernte damals den Spruch „Wer Kollegen hat, braucht keine Feinde“ zur Genüge am eigenen Leib kennen!

Einer der treuesten Mitarbeiter im Zivilschutz und väterlicher Freund war der ehemalige Volksschuldirektor Alfred Rigerl (rechts im Bild, hier mit dem mir lange wohl gesonnenen Landesrat Anton Peltzmann).

„System Sonnengott“

Dabei hatte die ganze Malaise sehr viel mit Strukturproblemen und fehlendem Management zu tun. Denn die Abteilung war mit der Schule in kurzer Zeit von wenigen Mitarbeitern auf etwa 50 Personen angewachsen. Diese Personalexplosion hätte nur mit gezielten Betriebsstrukturen in Bahnen gehalten werden können. So gab es aber keine eindeutigen personellen Zuordnungen, keine Arbeitsplatzbeschreibungen und schon gar kein Organigramm.

Bei uns hatte das System „Sonnengott“ Gültigkeit: Im Zentrum thronte der Chef als Fixstern und sandte zu jedem Mitarbeiter seine Lichtstrahlen. Dadurch musste es aber zu Reibereien kommen, da es auch keine regelmäßigen Dienstbesprechungen gab. Es sollte alles automatisch – wenn möglich in größter Harmonie ohne den kleinsten Reibungsverlust – ablaufen.

Die Abspaltungsthese

Dazu kam in dieser unerquicklichen Situation noch ein wichtiges Moment: Irgendwann war einmal das Gerücht aufgekommen, ich würde die Lebringer Schule von der Katastrophenschutzabteilung abspalten wollen. Obwohl ich dies vehement dementierte, wurde diese Abspaltungsthese immer wieder aufs Tapet gebracht. Und in der Folge wurde die Parole ausgegeben: „Die Schule wird zu groß und es müssen denen in Lebring die Flügel gestutzt werden“ Es kam dann zu meiner Entmachtung im eigenen Haus, wobei mir jede Öffentlichkeitsarbeit strikte untersagt wurde. Meine Kolumne „Aktuelles kommentiert“ in der Feuerwehrzeitung durfte nicht mehr erscheinen. Und letztlich wurden mir sogar Kurs- und Lehrgangsbegrüßungen im Hause untersagt.

Dr. Josef Kogler war – so wie hier im Bild – immer zwischen mir und meinem Chef Dr. Helmuth Kreuzwirth.

Der Chef als Intrigenopfer

Da mich weder die Personalvertretung in dieser Situation unterstützte und ich auch keine Termine bei meinen Vorgesetzten und Politikern erhielt, zog ich mich mit einem Minimum an Arbeitsleistung stark frustriert zurück. Ich beobachtete das Geschehen als „Geächteter“ und musste schließlich miterleben, wie mein Chef, Hofrat *Dr. Helmuth Kreuzwirth*, selbst Opfer der intriganten Vorgangsweise in der damaligen Abteilung für Katastrophenschutz- und Landesverteidigung wurde. Er musste ohne großen Dank für seine vorbildliche Aufbauarbeit kurzerhand in Pension gehen. Als sein Nachfolger wurde dann im Jahre 1980 – wie hätte es anders sein können – sein damaliger Stellvertreter *ORR Dr. Josef Kogler* bestellt, der jedoch später selber Schiffbruch erleiden musste.

Verrat und Verräter

Der Volksmund sagt: „Man liebt den Verrat, aber nicht den Verräter.“ Und so kam schließlich auch der begnadete Ränkeschmied *Sepp Kogler* zu Fall. Er wurde nach einer Reihe von unglaublichen Eskapaden kurzerhand von Landeshauptmann *Dr. Josef Krainer* Anfang 1989 als Abteilungsvorstand im Amt der Steiermärkischen Landesregierung abgesetzt und erhielt jedoch als Trostpflaster die Stelle eines Bezirkshauptmannes von Hartberg. Damit wollte man ihn einerseits maßregeln, aber andererseits nicht zu arg treffen. Denn der alte Fuchs wusste viele Interna, welche man nicht unbedingt an die breite Öffentlichkeit bringen wollte. Seine Feuerwehrkarriere war zwar damit beendet, aber schon kurze Zeit später fand man den umtriebigen Juristen in der Führungsspitze des Steirischen Roten Kreuzes, wo er sogar Vizepräsident wurde.

Der endgültige Absturz

Im Oktober 2005 war es aber dann endgültig so weit: *Kogler* war einige Monate vorher als Bezirkshauptmann von Hartberg zurückgetreten. Jetzt kam es auch zu Turbulenzen im Roten Kreuz, wo *Kogler* schon einige Jahre Vizepräsident war. In dieser Funktion war er zwar im Juni 2004 abgewählt worden, er werkte jedoch als Baureferent munter weiter und veranlasste ohne endgültige Finanzierung und baurechtliche Genehmigung den Ausbau der so genannten zweiten Bauetappe im Ausbildungszentrum Laubegg. Dazu kamen seine große Affinität zur Intrige und der Verdacht, dass er „Autor zahlreicher und vielseitiger Schreiben an eine große Zahl von Empfängern“, wie es hieß, sein sollte, die Interna des Roten Kreuzes preisgaben. Im Oktober 2005 ereilte ihn schließlich der lange Arm der Gerechtigkeit und *Univ.-Prof. Dr. Werner List* entließ als Präsident den Unruhegeist wegen vereinsschädigendem Verhalten im Einvernehmen aus dem Amt.

12.3 Ein Brief, der nie gelesen wurde!

Im Sommer 1979 war ich an einem beruflichen und seelischen Tiefpunkt angekommen. Das mich umgebende Chaos in der Abteilung, die laufenden Intrigen gegen meine Person und der damit verbundene Zerfall meiner Autorität belasteten mich auch persönlich so schwer, dass ich kaum mehr richtig schlafen konnte. Am 22. Juni 1979 verfasste ich daher einen Brief an meinen unmittelbaren Chef *Hofrat Dr. Helmuth Kreuzwirth.* Es war dies ein letzter Versuch, das Ruder noch einmal herumzureißen.

„Sehr geehrter Herr Hofrat!

Sie haben mir in einem Telefongespräch am 18. Juni 1979 erklärt, Sie hätten das persönliche Vertrauen in mich verloren. Nach viel Herzweh und reiflicher Überlegung schreibe ich diesen Brief. Ich ersuche Sie inständig: Lesen Sie diese Zeilen! Vielleicht ist es noch nicht zu spät. Auch für mich! Denn auch ich bin nur ein Mensch – ein Mensch mit Familie, Gefühlen und Fehlern.

Es geht längst nicht mehr um Personen, sondern um die Sache selbst. Um jene Sache, derentwillen ich mit viel Begeisterung in die Steiermark kam. Sie dürfen mir glauben, dass ich mit Leib und Seele meinem Beruf verschrieben war und bin. Vielleicht war mein Engagement manchmal zu groß. Vielleicht habe ich Ihren Auftrag, diese einmalige Schule, diese Feuerwehr- und Zivilschutzschule Steiermark, fachlich mitzugestalten, mit zu großem Elan verfolgt. Der Auftrag lautete doch und ich erinnere mich noch ganz genau daran: „Diese Schule soll ein anerkanntes Institut in ganz Mitteleuropa werden!" Eine wahrlich große Aufgabe, ein echtes Ziel.

Heute sehe ich die Sache anders. Ich hätte wissen müssen, dass es diese idealistische Welt nicht geben kann. Ich hätte wissen müssen, dass hinter jeder Sache Menschen stehen, Menschen mit ihren beruflichen Ängsten, ihrem Erfolgszwang und ihrer Unvollkommenheit. Ich selbst bin einer von ihnen. Und ich frage mich manchmal, ob die Latte, die uns gelegt wurde, in diesen wenigen Jahren nicht doch zu hoch war.

Enttäuschung? Depression? Ja, sie ergreift mich manchmal, wenn ich an die Entwicklung der Schule denke! An meinen beruflichen Werdegang und an die unwürdigen Begleitumstände als Hintergrundmusik unserer zwischenmenschlichen Beziehungen.

Ich glaube: Auch Sie sind enttäuscht, als Humanist und Idealist, wie ich Sie kennen gelernt habe. Es tut mir leid, dass ich nie einen herzlichen Kontakt zu Ihnen finden konnte, obwohl er für die gemeinsame Sache vielleicht gut gewesen wäre. In Ihrer Gegenwart war ich stets hölzern, unbeholfen und unnatürlich (zumindest habe ich das selbst so empfunden). Sie hatten stets zu wenig Zeit: für Aussprache, Kritik und Lob. Alles war hektisch, ein Kampf gegen die Uhr. Ein flüchtiger, oberflächlicher Kontakt.

Verzeihen Sie, sehr geehrter Hofrat, wenn ich hier fast ins Philosophieren komme. Ich muss Ihnen jedoch diesen Brief schreiben, denn so kann ich nicht weiter. Und ich hoffe, dass Sie bis hierher gelesen haben.

Wenn auch der herzliche, persönliche Kontakt kein zwingendes Kriterium für eine gute berufliche Zusammenarbeit ist, so sind es bestimmte organisatorische Grundsätze. Und hier gibt es Probleme!

Sehr geehrter Herr Hofrat! Sollten Sie diesen Brief falsch verstehen, tut es mir aufrichtig leid. Er stellt keine destruktive Kritik dar, sondern drückt meine Gefühle und zugleich rationalen Ansichten über einen äußerst unbefriedigenden Zustand aus. Er ist aus innerem Antrieb geschrieben, persönlich an Sie, und drückt ohne Vorbehalte aus, was ich denke.

Die Schlüsse, die Sie aus diesen Zeilen ziehen, kann ich nicht beeinflussen. Es kann mir bei der derzeitigen Situation, in der Sie keinerlei Vertrauen in mich mehr haben, kaum ärger treffen.

Die unbefriedigende Situation, in der wir uns befinden, hat sicher mehrere Ursachen. Ich habe darüber lange nachgedacht. Sie ist sicherlich nicht nur durch die Existenz eines „bösen Menschen" in Lebring zu erklären. Das Problem liegt meiner Ansicht nach tiefer, es ist das Strukturproblem einer zu schnell wachsenden Gruppe.

Konrad Lorenz hat sich mit den Verhaltensweisen von Tieren und Menschen und den dabei relevanten gruppendynamischen Faktoren genau beschäftigt. Er nennt es „Verlust von Information", wenn es zu einer Störung einer Systemganzheit kommt. Die mangelnde Struktur führt zu einem Regelkreis „positiver Rückkoppelung", der sich bestenfalls im labilen Zustand befinden kann. Die kleinsten Verstärkungen einer einzigen Wirkung müssen zum lawinenhaften Anschwellen sämtlicher Systemfunktionen führen und umgekehrt die kleinste Verminderung zum Verebben sämtlicher Aktivitäten. Dies sind die Gesetze, nach denen Lawinen, Steppenbrände oder Gerüchte ablaufen oder umgekehrt depressive Beamtenmentalität entsteht.

Wir befinden uns bereits – wie ich meine – in einem Regelkreis „positiver Rückkoppelung", der jedoch negativ wirkt: Die kleinste Bemerkung führt zur Gerüchtelawine oder zur anteilslosen Passivität. Die Eskalation des Misstrauens wächst, niemand vertraut niemandem, dem Chef werden nur Erfolgsmeldungen präsentiert. Die wahren Probleme werden kosmetisch verschleiert. Die wenigen, die (positive) Kritik wagen, werden mit dem Stigma des illoyalen Negativisten gebrandmarkt.

Wie kam es dazu? Aus einer übersehbaren Gruppe von einigen Personen wurden innerhalb weniger Jahre fast 50. Der schnelle Wuchs hätte einer gezielten Regelung bedurft, einer Regelung von definierter Verantwortlichkeit und Kompetenz, einer wohl fundierten hierarchischen Pyramide.

Niemand bezweifelt, dass Sie, sehr geehrter Herr Hofrat, die Spitze dieser Pyramide einnehmen. Es stellt sich jedoch nur die Frage, wie hoch diese Pyramide sein soll. Gibt es außer einer Spitze nur eine Basis – oder ist es ein wohlproportioniertes Gebilde?

Kann es gut sein, wenn D-, C- oder B-Beamte im Auftrag der Spitze A-Beamten Aufträge erteilen? Wenn ein A-Beamter denselben Dienst versieht wie ein P-Beamter? Was ist das für eine Pyramide, wo die einzelnen Bausteine so durcheinander gekommen sind? Wie stabil ist dieses Gebilde?

Alles Fragen, die ich ehrlich meine. Der Sache wegen. Obwohl ich aus einer der obersten Reihen in die Tiefe gepurzelt bin. Obwohl ich moralisch degradiert wurde, als „Oberstleutnant" mitunter „Gefreitendienst" versehe und mich bei einem Kollegen im Range eines „Wachtmeisters" entschuldigen musste.

Ich schreibe dies alles nur aus Enttäuschung über eine verhängnisvolle Entwicklung und die Sorge um die Zukunft (nicht nur meiner) nieder. Nicht aus Hass! Der liegt mir nicht. Dazu habe ich in meiner Jugendzeit genügend Toleranz und Achtung vor den Mitmenschen gelernt.

Ich habe – das gebe ich gerne zu – damals, als ich noch in der Pyramide in Ihrer Nähe weilen durfte, die mangelnde Struktur des „Gebäudes" kritisiert. Diese Kritik wurde zuerst nicht ernst genommen und dann als persönliche Kritik an Ihnen interpretiert. Die sie nie sein sollte!

Damals hatte ich viele Neider. Logisch: Hohe Position, von Ihnen als Fachmann überall vorgestellt und gewürdigt, mehr Gehalt als die anderen Kollegen. Die Neidgenossenschaft trat in Aktion – und ich war 30 Kilometer von Graz entfernt. Menschlich durchaus verständlich, diese Reaktionen!

Ich war blind in meine fachliche Arbeit vergraben, wollte Ihren und Herrn Landesrats Auftrag erfüllen. Fünf Jahre arbeitete ich Tag und Nacht und machte zwar fachlich wenig Fehler, aber trotzdem: Ich hatte wenig Kontakt mit Ihnen. Manchmal bemühte ich mich darum. Sie waren nicht da oder ich wurde abgeblockt. Gemeinsame Dienstbesprechungen gab es keine, wo Klärungen hätten erfolgen können. Konfrontationen gab es bei Unstimmigkeiten nie! Stets blieben Informanten im Dunkeln, das Misstrauen wuchs.

Ich war immer noch im gläsernen Turm der fachlichen Arbeit. Ich versuchte als Schulleiter eine eindeutige Personalstruktur zu schaffen, mit Dienstbesprechungen und genügend Informationsfluss: kooperativer Führungsstil, zu dem ich auch heute noch stehe, obwohl ich deswegen verunglimpft wurde. Ich reagierte abweisend gegen Kritiken und zog allzu früh in die Kanzlei des in Pension gegangenen Schulleiters.

Heute muss ich sagen: Das waren Fehler! Meine einzige Entschuldigung: Ich habe sie in bester Absicht für die Sache und in einer hektischen Referatsatmosphäre begangen.

Dann kam der tiefe Fall! Für mich ein nie geahnter Absturz in die Tiefe. Was ich damals durchgemacht habe, kann ich nicht beschreiben. Sie hatten das erste Mal das Vertrauen in mich verloren. Ich war auch fast nahe dran!

Wie ging es weiter? Die Schule wurde geteilt: Personalangelegenheiten und Verwaltung wurden von den Bereichen Schulung und Ausbildung abgetrennt. Damit verbunden war eine Fernsteuerung von Graz. Der Dampfer wird vom Festland gesteuert!

Das konnte von der Organisation her nicht reibungslos und gut gehen. Die Probleme kamen. Ich versuchte öfter in dieser Angelegenheit mit Ihnen zu sprechen und habe sogar vorgeschlagen, einen anderen, kompetenten Schulleiter zu bestellen. Um der Ordnung und der Organisation willen! Man sagte nur, ich „jammere die Schule krank"!

Und nun steht mein zweiter Absturz bevor. Warum und wohin weiß ich nicht! Ich fühle es aber! Ich bin bei Herrn Landesrat zur Unperson gestempelt worden und weiß nicht, von wem! Ich werde seit einiger Zeit von allen bekannten Persönlichkeiten fern gehalten, Maturanten werden mir – in meiner Anwesenheit – vorgezogen, ich werde von Programmen gestrichen und darf keine Kursbegrüßungen mehr durchführen. In Wien werden Personen aufgefordert, gegen mich bei höchsten Politikern Stellung zu beziehen.

Was habe ich verbrochen? Was soll ich mir antun?

Sehr geehrter Herr Hofrat! Ich bitte Sie, diesen Brief nicht falsch zu verstehen. Ich musste einmal Stellung zum gesamten Problemkreis beziehen. Bis jetzt hatte ich keine Möglichkeit, dies ausführlich darzulegen, und ich möchte diese Dinge nicht nach außen tragen. Bitte helfen Sie mir und uns allen!

Hochachtungsvoll!

Dr. Otto Widetschek "

Der Mohr hat seine Schuldigkeit getan …!

Einige Tage nachdem ich diesen handschriftlich verfassten, eingeschriebenen Brief abgesendet hatte, kam er ungeöffnet wieder zurück. Ich war es nicht einmal mehr wert, gelesen zu werden! Unwillkürlich fiel mir das *Schiller*-Zitat aus der Verschwörung des Fiesco zu Genua ein! Dort steht geschrieben: „Der Mohr hat seine Schuldigkeit getan, der Mohr kann gehen!“ Meine „Schuldigkeit“ bestand in einer – wenn auch für mich anfänglich äußerst befriedigenden – beinharten Arbeit, durch welche ich wesentlich mitgeholfen hatte, die Feuerwehr- und Zivilschutzschule Steiermark zu einer international anerkannten Institution zu machen.

12.4 Die ersten Absprungversuche

Nachdem ich als Leiter der Feuerwehr- und Zivilschutzschule Steiermark Schwierigkeiten mit meinen Vorgesetzten hatte, versuchte ich bereits ab 1978 einen Dienststellenwechsel. Zuerst dachte ich an eine Rückkehr nach Wien, welche vom damaligen Branddirektor *Dipl.-Ing. Anton Sanytr* auch befürwortet wurde. Er kannte mich als Arbeitsbiene und hoffte – vor allem im Bereich des Katastrophenschutzes – auf eine fachliche Verstärkung, denn Drohnen hatte er genug in seinem Umfeld. Mein Ansuchen scheiterte, obwohl ich maßgebliche Fürsprecher in Wien hatte, schließlich am Widerstand der Gewerkschaft, da ich sechs A-Offiziere überholt hätte, welche in meiner Wiener Zeit rangmäßig hinter mir gereiht waren.

Das Gute liegt so nah!

Die Rückkehr nach Wien war also gescheitert und ich dachte mir, warum denn in die Ferne schweifen, wo es doch auch in Graz eine Berufsfeuerwehr gibt. Da ich wusste, dass dort zumindest zwei Offiziersposten unbesetzt waren, wandte ich mich an den amtierenden Branddirektor der Stadt Graz, Herrn *Senatsrat Dipl.-Ing. Friedrich Schweigler*. Diesen kannte ich bereits aus meiner Tätigkeit an der Feuerwehr- und Zivilschutzschule Steiermark, wo er vor allem auch im Kommandantenlehrgang referierte. Er war studierter Chemiker und ein hagerer, blitzgescheiter Mensch, jedoch äußerst introvertiert. Böse Zungen sagten, dass er in den Keller lachen ginge.

Laufende Kritiken

Bei seinen Vorträgen murmelte er meist in seinen nicht vorhandenen Bart und erging sich in häufig – für die einfachen, aber praktisch begabten Feuerwehrmänner, welche den Lehrgang in ihrer Freizeit besuchten – in für sie unverständlichen, theoretischen Tiraden. Dies führte laufend zu Kritiken, mit welchen ich konfrontiert wurde. Einmal sprach *Schweigler* wieder ganz leise und die Kursteilnehmer verstanden nur „Bahnhof". In der letzten Reihe fragte ein Feuerwehrmann seinen Nachbarn, was der Vortragende gesagt habe. Dieses Getuschel ärgerte den Branddirektor und er fragte, laut werdend, was da hinten los sei? Der frustrierte Kamerad sagte nur: „Bitte lauter sprechen!", worauf *Schweigler* antwortete: „Reden Sie nicht, dann werden Sie mich verstehen!". Dann fuhr er mit seinen theoretischen Überlegungen (mit noch leiserer Stimme) fort. Ja, das war er, wie er leibte und lebte!

„Ein echter Schweigler!"

Auch bei den Prüfungen, welche er im Rahmen des Kommandantenlehrganges abhielt, gab es laufend Probleme: *Schweigler* stellte eine Frage und wenn der Kandidat nicht antworten konnte, ließ er ihn oft schweigend minutenlang sitzen, ohne eine Regung zu zeigen. Ein echter „Schweigler" eben! Es passierte auch manchmal, dass er den schlechten Wissensstand der Feuerwehrmänner in peinlicher Weise öffentlich kritisierte und sie in seinem Teilfach durchfallen ließ. Diese Kameraden fühlten sich dann bloßgestellt, ja gemaßregelt und beschwerten sich beim Kursleiter und in der Folge bei mir. Ich hatte dann immer wieder die „angenehme" Aufgabe, mit dem uneinsichtigen Branddirektor über diese unerquicklichen Themen zu sprechen.

Nicht sehr positiv!

Und jetzt saß ich als Bittsteller vor dem amtierenden Grazer Branddirektor und hatte kein gutes Gefühl. Und tatsächlich stellte mir *Schweigler* nur alle theoretischen Hürden im Falle einer Bewerbung plastisch dar und ich gewann den Eindruck, er würde einer Aufnahme meinerseits nicht sehr positiv gegenüberstehen. Im Speziellen zitierte er die so genannte Dienstzweigeverordnung, nach welcher nur Diplomingenieure für den Posten eines A-Dienstoffiziers in Frage kämen. Da ich jedoch Doktor der Philosophie war, würde ich, seiner Meinung nach, die Voraussetzungen für eine Aufnahme nicht erfüllen.

„... der Chef bin immer noch ich!“

Ich ließ mich jedoch nicht entmutigen und erklärte, dass ich mit meiner Hochschulausbildung ja schließlich bereits fünf Jahre bei der Wiener Berufsfeuerwehr tätig war. Außerdem hätte ich auch das Offizierspatent erworben und wäre relativ rasch einsatzfähig. Und dann fand ich in der Dienstzweigeverordnung des Magistrates Graz auch einen Passus, der sehr interessant war: Es gab nämlich auch die Möglichkeit einer Ausnahme bei Anstellungen, welche der Grazer Gemeinderat erteilen könnte. Als ich *Dipl.-Ing. Schweigler* darauf ansprach, wurde der sonst sehr reservierte Branddirektor auf einmal emotional: „Eines sage ich Ihnen, wenn Sie bei uns aufgenommen werden sollten, der Chef bin immer noch ich!“ Aufgrund dieser nicht sehr freundlichen Wortspende erkannte ich, dass meine Anstellung unerwünscht war.

Linz wird interessant

Etwa ein Jahr später ergab sich eine neue für mich sehr interessante Konstellation: Der langjährige Branddirektor der Stadt Linz, *Senatsrat Dipl-Ing. Heribert Wurm* wurde pensionsreif und so stand der Posten eines Branddirektors in der oberösterreichischen Donaumetropole zur Disposition. Für mich wäre eine Übersiedlung durchaus interessant gewesen, da Linz sehr zentral in Österreich gelegen ist und wir von Seiten meiner damaligen Frau dort auch Verwandtschaft besaßen. Vor allem meine Lieblingstante *Rosine* wohnte in Steyr, dieser wunderschönen Stadt an der legendären Eisenstraße.

Tante Rosine weiß Rat

Und Tante *Rosine* wusste auch Rat: Sie hatte eine Freundin, die in der Kriegszeit vor 1945 Sanitäterin war und den damaligen Landeshauptmann-Stellvertreter *Mag. Rupert Hartl* persönlich gut kannte. Sie verschaffte mir einen Termin und so sprach ich eines Tags in Linz beim höchsten sozialdemokratischen Repräsentanten Oberösterreichs vor. Dieses Gespräch war insofern wichtig, da ja Linz seit jeher eine sozialistische Hochburg war und die Besetzung eines derart wichtigen Postens bei der Feuerwehr sicherlich im Entscheidungsbereich der „Roten Reichshälfte" lag.

Der legendäre „Mascherl-Franz"

Das Gespräch mit LH-Stellvertreter *Mag. Rupert Hartl* verlief sehr positiv! Wir waren uns auf Anhieb sympathisch und der Politiker sagte mir nach einer hoch interessanten Unterredung seine Unterstützung zu, obwohl ich kein Parteibuch vorweisen konnte. Allerdings sagte er mir, dass in Linz alle Personalbesetzungen über den sozialdemokratischen Bürgermeister *Franz Hillinger* laufen würden und ich dort vorsprechen solle. Er würde jedenfalls ein gutes Wort für mich einlegen, was mich sehr beruhigte. Und so betrat ich etwas später in der guten Hoffnung das Linzer Rathaus und besuchte den legendären roten „Mascherl-Franz", so hieß der kleingewachsene, aber mächtige Bürgermeister mit Spitznamen, weil er stets nur mit einem Mascherl anzutreffen war. An diesem Tag war es rot und hatte schwarze Punkte.

Eine Enttäuschung mehr

Leider war diese Unterredung für mich absolut enttäuschend, denn ich erkannte, dass der Posten des Linzer Branddirektors bereits einem anderen zugedacht war. Und tatsächlich hatte *Hillinger* einen seiner Täuflinge, der strammer Parteigenosse und damals im Linzer Wasserwerk tätig war, dafür vorgesehen. Er hieß *Heinz Blaschke*, war Diplomingenieur und der Bürgermeister soll seine Wahl damit begründet haben, dass er als Angehöriger des Linzer Wasserwerkes ein Spezialist für das Wasser wäre und dieses schließlich das wichtigste Löschmittel der Feuerwehr sei.

Ist die Politik eine Hure?

Ich war über diese Ablehnung meinerseits, ohne die von mir eingebrachte fachliche Kompetenz nur ansatzweise zu würdigen, absolut deprimiert. Aber so hat man damals – und dies ist vielfach auch heute noch so – wichtige Amtsposten im wahrsten Sinn des Wortes mit willfährigen „Wasserträgern" besetzt. Parteibücher zählen dabei vielfach mehr als Ehrlichkeit, Wissen und Engagement. Ja, anscheinend ist die Politik doch eine Hure, wie es angeblich der alte Geheimrat *Goethe* schon vor über 200 Jahren einmal formuliert haben soll.

Die Wahl auf *Blaschke* sollte sich übrigens in den kommenden Jahren als Fiasko erweisen. Der dem Alkohol zugeneigte neue Branddirektor führte die Linzer Berufsfeuerwehr fast in den Ruin und wurde nur wenige Tage nachdem Bürgermeister *Hillinger* politisch in den Ruhestand trat, in ein anderes Amt versetzt. Für mich war aber wieder eine Chance dahin!

Bruchlandung

Leider endeten diese ersten Versuche eines Absprungs aus Lebring, in eine andere adäquate Dienststelle, alle mit einer Bruchlandung. Doch eines war für mich damals schon klar: An der Feuerwehr- und Zivilschutzschule waren für mich die Uhren abgelaufen, denn man wollte mich nun schon mit allen Mitteln in eine andere Dienststelle versetzen. So wurde ein Wechsel in die neue Prüfstelle für Strahlenschutz am Landeskrankenhaus Graz bereits an höchster Stelle kolportiert und mir schließlich auch vom Büro Landesrat *Peltzmann* angeboten. Da dort ein etwas jüngerer Kollege und Freund von mir, der Physiker *Dr. Harald Spreizer*, bereits erfolgreich tätig war, lehnte ich ab. Ich deutete einmal dem – mir noch immer wohl gesonnenen – Landesrat bei einem unvermuteten Zusammentreffen an, dass ich in die Steiermark gekommen wäre, um die neue Feuerwehr- und Zivilschutzschule Steiermark zu einem internationalen Katastrophenschutzzentrum auszubauen und nicht als Strahlenschützer am LKH Graz tätig zu sein.

Die Antwort: Ich schreibe ein Buch!

Nach diesen enttäuschenden Versuchen, beruflich woanders zu landen, begab ich mich wieder in Warteposition nach Lebring. Ich war damals mehr oder weniger „dienstlich kalt gestellt" und man war geradezu froh, dass ich meine Aktivitäten in der Schule auf ein Minimum reduzierte. Eines bewahrheitete sich jedoch: Jede negative Seite besitzt auch positive Aspekte. Da ich Zeit hatte, fasste ich den Beschluss, ein Buch zu schreiben. Ich wollte das Thema des „Transportes der gefährlichen Güter“ dokumentieren, mit dem ich mich schon seit geraumer Zeit intensiv befasst hatte.

Ich war damals mit Ministerialrat *Dr. Heinz Berger* vom Verkehrsministerium eng befreundet, der mich dazu auch sehr ermunterte. Mit ihm organisierte ich in der Folge eine Reihe von Veranstaltungen über diesen aktuellen Problemkreis in fast allen Bundesländern. Damit schaffte ich mir einen Namen auf diesem Gebiet in breiten Fachkreisen Österreichs und im Ausland. Und alsbald nannte man mich den „Österreichischen Gefahrstoff-Papst“.

Das von mir im Jahre 1978 herausgebrachte Fachbuch war ein großer Erfolg und wurde mit einer Auflage von 10.000 Stück verkauft.

13. Kapitel

Berufsfeuerwehr Graz: Eine neue Aufgabe!

Wenn du ein Schiff bauen willst, so trommle nicht Männer zusammen, um Holz zu beschaffen, Werkzeuge vorzubereiten, Aufgaben zu vergeben und die Arbeit einzuteilen, sondern lehre die Männer die Sehnsucht nach dem weiten, endlosen Meer!

Saint-Exupéry

Ich habe schon von den großen Spannungen und den laufenden Intrigen, welchen ich an der Feuerwehr- und Zivilschutzschule Steiermark ausgesetzt war, berichtet. Diese begannen bereits im Jahre 1978 und waren für mich nervenzermürbend. Leider waren meine ersten Versuche, einen Dienstwechsel zur Berufsfeuerwehr nach Wien, Linz bzw. Graz durchzuführen, nicht erfolgreich. Und dann kam eine unerwartete neue Chance auf mich zu, die ich jedoch diesmal ergreifen konnte.

13.1 Der Wechsel nach Graz

Der 25. Februar 1981 war ein wunderschöner Wintertag. Ich saß in meiner Lebringer Kanzlei und brütete über einem Skriptum. Was ich in den frühen Vormittagsstunden noch nicht wusste: Dieser Tag sollte ein weiterer Wendepunkt in meiner schon bis dahin turbulenten beruflichen Karriere werden und mich nach Graz führen.

Der Branddirektor hat sich erschossen!

Als das Telefon schrillte, begann für mich eigentlich schon mein neuer beruflicher Lebensabschnitt. Am Apparat war Ferdinand Spielberger, ein Grazer FPÖ-Gemeinderat, den ich als Taucherkollegen kannte und der mir eine für mich vorerst unfassbare Mitteilung machte: „Branddirektor *Dipl.-Ing. Schweigler* hat sich heute Früh erschossen. Sie sollten sich um seinen Posten bewerben!" Diese Nachricht traf mich wie ein Blitz aus heiterem Himmel und ich saß minutenlang wie betäubt in meinem Schreibtischsessel. Als mich kurze Zeit später mein ehemaliger Mitarbeiter *Ing. Josef Milla*, der ein halbes Jahr vorher von der Feuerwehr- und Zivilschutzschule Steiermark zur Berufsfeuerwehr Graz gewechselt hatte, ebenfalls vom Tod des Branddirektors verständigte, wusste ich, dass ich handeln musste.

Doppelte Sicherheit bis in den Tod

Doch vorerst war das für mich alles unfassbar, denn ich hatte *Schweigler* noch wenige Tage zuvor gesehen und mit ihm gesprochen. Was ich nicht wusste: Der Unglückliche litt schon seit längerer Zeit an einer unheilbaren Krebserkrankung und sah keinen Ausweg mehr. Und so wählte er den Freitod in spektakulärer Weise: Er erschoss sich, mit einem schweren Gewicht um den Hals, am Rande des Schwimmbassins seiner Villa am Ruckerlberg, in welches er nach dem Pistolenschuss stürzte. Mit dieser Vorgangsweise wollte er absolut sicher sein, dass eine Rettung nicht möglich gewesen wäre. Er blieb damit auch im Tode im übertragenen Sinn seinem Grundsatz nach doppelter Sicherheit treu, die er immer wieder in seinen Vorträgen predigte. Denn der Schuss mit der Pistole war ihm zu unsicher! Er plante sein unumstößliches Ableben durch den danach folgenden Ertrinkungstod. Dramatisches Detail am Rande: Die Leiche des unglücklichen Branddirektors musste schließlich von den eigenen Kollegen der Berufsfeuerwehr geborgen werden.

Mein Vorgänger Dipl.-Ing. Friedrich Schweigler, der im Februar 1981 den Freitod wählte.

Auf den fahrenden Zug aufspringen!

In der Berufsfeuerwehr Graz übernahmen nun die beiden dienstältesten Offiziere, die Brandräte *Hans Sulzer* und *Franz-Karl Planinsic*, die Geschäfte. Insgeheim erhoffte sich jedoch zumindest *Sulzer*, bei der Neubesetzung des Branddirektoren-Postens als neuer Chef gekürt zu werden. Dies war eher ein – vielleicht von bestimmten politischen Kreisen genährter – Wunschtraum. Denn der Posten des Branddirektors war A-wertig und *Sulzer* konnte weder den Abschluss einer technischen Mittelschule, geschweige denn eines akademischen Studiums vorweisen. Dass er jedoch mit einem neuen Chef keine große Freude hatte, erkannte ich bei einem seiner Besuche in Lebring. Als ich ihm nämlich mitteilte, dass ich mich für den Posten des Branddirektors bewerben würde, sagte er nur: „Auf den fahrenden Zug aufspringen ist leicht!"

Zwei Kandidaten

Schließlich wurde der Posten ausgeschrieben. Es gab einige Bewerber, von welchen nur zwei in die engere Auswahl kommen sollten. Ausschlaggebend dafür war zwar die fachliche Qualifikation, aber um die endgültige Besetzung gab es – wie in Österreich üblich – auch hier ein parteipolitisches Hickhack. Die beiden zur Auswahl stehenden Personen waren der damalige Landesfeuerwehrinspektor *Dipl.-Ing. Gerald Kubiza* und meine Person als degradierter Schulleiter. Wir kamen beide aus derselben Abteilung des Landes und der inzwischen zum Abteilungsleiter aufgestiegene Hofrat *Dr. Josef Kogler* kündigte an, dass er keinen von uns beiden ziehen lassen würde. Doch dies nützte diesem juristischen Ränkeschmied schließlich nichts!

„Feuerwehrauto mit zwei Lenkrädern!"

Mit *Gerald Kubiza*, der ein hervorragender Feuerwehrtechniker war, verstand ich mich immer recht gut. Wir vereinbarten, auch in dieser Situation nicht gegeneinander zu agieren und – egal welche Personalentscheidung getroffen werden sollte – auch in Zukunft gut zusammenzuarbeiten. Man sagte, er würde vom amtierenden Grazer Bürgermeister *DDr. Alexander Götz* bevorzugt werden. Für mich legte sich damals in aktiver Weise mein Ex-Kollege und Freund *Ing. Josef Milla (genannt Sepp)*, der zu diesem Zeitpunkt schon in Straßgang als Bezirksobmann der ÖVP politisch tätig war, mächtig ins Zeug. Beim entscheidenden Gespräch im Sommer 1981, bei dem auch der damalige Personalsprecher der ÖVP *Werner Stoiser* anwesend war, sagte mir der zu diesem Zeitpunkt als Personalstadtrat und 2. Vizebürgermeister tätige *Dipl.-Ing. Franz Hasiba*: „Werden Sie so schnell als möglich aktiv, denn die Feuerwehr ähnelt derzeit einem Einsatzfahrzeug mit zwei Lenkrädern. Man weiß daher nie, wohin die Fahrt geht!"

Dienstantritt genau mit Vierzig

Am 1. November 1981, also just am Allerheiligentag, wurde schließlich meine Einstellung beim Magistrat Graz fixiert. Der feierliche Dienstantritt auf der Zentralfeuerwache am Lendplatz erfolgte dann am 3. November, also genau an meinem 40. Geburtstag. Ich wurde zum Branddirektor der Stadt Graz ernannt und auf Grund meiner Vordienstzeiten sofort Senatsrat, also Beamter in der Dienstklasse 8. Dies war keine schlechte Karriere, aber eines stand mir noch bevor: Ich musste meinen Wohnort so schnell als möglich nach Graz verlegen, um im Alarmfall als oberster Einsatzleiter der Berufsfeuerwehr rasch tätig werden zu können.

Stilgerechte Übergabe der Amtsbefugnisse in der Fahrzeughalle der Berufsfeuerwehr.

Die drei großen EEE

Bei der offiziellen Begrüßung in der Fahrzeughalle der Zentralfeuerwache waren neben dem amtierenden Bürgermeister *DDr. Alexander Götz* auch der damalige 1. Vizebürgermeister und Feuerwehrreferent *Karl Stoiser*, der Magistratsdirektor sowie eine große Delegation von Gemeinderäten anwesend. Alle wollten den Neuen, der noch für viele ein weitgehend „unbekanntes Wesen" war, kennen lernen. In meiner kurzen Begrüßungsrede wandte ich mich vor allem an die angetretene Mannschaft und legte meine Grundsätze in Form der „drei großen **EEE**" dar: **E**hrlichkeit, **E**inigkeit und **E**insatzwille.

Handschlagqualität

Die Ehrlichkeit und Ritterlichkeit wurde mir bereits in die Wiege gelegt. Meine Eltern tolerierten nicht einmal eine Notlüge und auch in meiner Studentenverbindung war das ehrliche und offene Auftreten eine Grundmaxime im zwischenmenschlichen Zusammenleben. Hier galt bei gravierenden Verfehlungen sogar das Prinzip der unbedingten Satisfaktion, also der absoluten Genugtuung. Im Extremfall wurde ein Ehrengericht einberufen, welches weitgehende Maßnahmen bis zum Ausschluss des Verbandsmitgliedes aus der Korporation beschließen konnte. Heute wird die Ehrenhaftigkeit von vielen Menschen eher als überkommenes Relikt einer alten Zeit angesehen. Das ist jedoch einer der großen Irrtümer unserer Zeit. Ich forderte daher bei meinem Amtsantritt Handschlagqualität und Verlässlichkeit im Umgang unter den Kollegen und in der Feuerwehr. Das war das „erste große **E**".

Eine verschworene Gemeinschaft

Mit dem „zweiten großen **E**" sprach ich damals die Einigkeit, also das ehrliche Zusammenhalten, bei meinen künftigen Mitarbeitern an. Für mich, als idealistisch denkenden Menschen, war die Feuerwehr schon immer in einem gewissen Sinn eine verschworene Gemeinschaft gewesen und dies sah ich nun auch bei der Berufsfeuerwehr so. Vor allem im harten Einsatz muss sich einer auf den anderen verlassen können. Und was im Trupp, in der Staffel oder der Gruppe zu funktionieren hatte, wünschte ich mir auch als Gradmesser im alltäglichen dienstlichen Umgang zwischen den Kollegen. Natürlich war dies fallweise nur ein Wunschtraum, aber für mich war schon immer der Beruf auch Berufung gewesen. Und diese Einstellung dokumentierte ich hier vor der Mannschaft und den Politikern und forderte sie auch grundsätzlich von den künftigen Kollegen ein.

Eines der letzten Abenteuer

Das „dritte große **E**", welches ich in meiner Inaugurationsrede zum Branddirektor ansprach, war der Einsatzwille, der zur Bewältigung der gefahrvollen Aufgaben der Feuerwehr notwendig ist. Für mich war die Tätigkeit bei der Feuerwehr schon immer faszinierend, da sie in unserer bürokratisch-technokratischen Welt eines der letzten Abenteuer des kleinen Mannes darstellt. Natürlich wird im Laufe der Dienstzeit auch der Feuerwehrdienst zum größten Teil Routine, aber gerade jene Prise Ungewissheit, welche jedem neuen Einsatzgeschehen innewohnt, garantiert für Spannung am laufenden Band. Schließlich steht an der Spitze unserer Tätigkeitsskala die Menschenrettung, eine zutiefst humanitäre und verantwortungsvolle Aufgabe zugleich. Und für das Retten, Löschen, Bergen und Schützen muss die beste Ausbildung gerade gut genug sein. Auch das war damals meine Botschaft!

OBM Johann Kirnich stellt den neuen Chef bei den Kollegen vor (im Bild der leider bei einem Unfall verstorbene BM Johann Achatz).

Das verkaufte Landhaus

Mein Wechsel nach Graz hatte jedoch noch andere Konsequenzen: Ich wohnte damals mit meiner Gattin und meiner Tochter *Brigitte* in Lebring, hatte jedoch bereits in Wildon ein Haus gebaut, welches sich aber erst in einer Art fortgeschrittenem Rohbaustadium befand. Dazu muss ich auch feststellen, dass Tante *Rosine* aus Steyr ursprünglich zu uns ziehen und sich mit einem größeren Geldbetrag am Hausbau beteiligen wollte. Da auch damals noch meine Schwiegermutter bei uns lebte, plante ich ein relativ großes Landhaus. Dieses besaß im Kellergeschoß einen tollen Schutzraum, eine Doppelgarage sowie ein gemütliches Stüberl samt Toiletteanlagen. Es war auch als Zusatzheizung eine Solaranlage und Wärmepumpe geplant. Ein Jahr nach Baubeginn starb nun meine Schwiegermutter und auf Grund meiner beruflichen Querelen zog auch unsere Tante ihre Bereitschaft zu übersiedeln zurück. Dies und die damals schlechte Verkaufssituation auf dem Immobiliensektor bescherten mir einen gewaltigen finanziellen Verlust von rund einer halben Million Schilling. Zusammenfassend kann man daher sagen: Das Lebringer Abenteuer war aus wirtschaftlicher Sicht für mich also nicht sehr erfolgreich verlaufen!

13.2 Die Berufsfeuerwehr am Prüfstand

Die Berufsfeuerwehr Graz ist im Jahre 1853 gegründet worden und hat im Jahre 2003 ihr 150-jähriges Jubiläum gefeiert. Sie wurde als einfaches Pompierscorps in der Kaiserzeit gegründet und hat zwei Weltkriege sowie die große Weltwirtschaftskrise überdauert. Heute ist sie eine schlagkräftige Einsatztruppe, die mit modernstem Gerät ausgerüstet ist.

Feuerwehr-Oldtimer

Als ich im Jahre 1981 zum Branddirektor bestellt wurde, war das noch anders: Die Fahrzeuge hatten wahrlich Oldtimerqualitäten und die Feuerwachen waren hoffnungslos überaltert. Damals überholten uns sportliche Radfahrer bei Alarmfahrten in der etwas ansteigenden Keplerstraße und zeigten uns die lange Nase, denn die bei meinem Dienstantritt noch verwendeten Tanklöschfahrzeuge der Type Steyr 680 waren schon in die Jahre gekommen. Bei Einsatzfahrten musste man damit rechnen, dass sich in einer Kurve wie von Geisterhand eine Kabinentüre öffnete. Und selbst im Bereich der für die Unfallsicherheit wichtigen Bremsanlage gab es damals mit den alten Fahrzeugen Probleme. So konnte bei einer Abfahrt von der im Nordosten von Graz gelegenen Ries in Richtung Stadtinneres im Bereich des Landeskrankenhauses unser

Eines der bereits in die Jahre gekommenen Tanklöschfahrzeuge der Type Steyr 680.

damaliges Kranfahrzeug nicht mehr gebremst werden. Nur durch unheimliches Glück konnte der Fahrer das 20 Tonnen schwere Fahrzeug ohne Kollision zum Stillstand bringen.

Feuerwachen aus der Gründerzeit

Auch auf den Grazer Feuerwachen war Tristesse angesagt: Zu wenig Platz, baufällige Gebäude mit beschädigten Dächern sowie eine überholte Logistik und Nachrichtentechnik! Das war damals die völlig unbefriedigende bauliche und technische Situation, welche ich bei der Berufsfeuerwehr vorfand. Die Feuerwachen Eggenberg, Kroisbach und auch die Hauptfeuerwache Ost am Dietrichsteinplatz stellten im Jahre 1981 ganz einfach baulichen Substandard dar. Sie stammten noch aus der Gründerzeit der Grazer Feuerwehren vor weit mehr als über 100 Jahren, als noch mit der Pferdekutsche ausgerückt wurde. Dementsprechend ausgestattet und dimensioniert waren auch die Wagenhallen mit ihren verzogenen Holztüren. Auf jeden Fall waren diese Bauten für die Unterbringung moderner Fahrzeuge völlig ungeeignet und mussten saniert werden. Auch die Feuerwehrmänner hausten damals in zum Teil unwürdigen Massenquartieren, welche dringend einer Generalrevision zu unterziehen waren.

Riesige Energiekosten

Einzig und allein die Zentralfeuerwache am Lendplatz stellte – zumindest vordergründig betrachtet – einen gewissen Lichtblick dar. Architekt *Dipl.-Ing. Eugen Gross* soll sogar einen Preis für dieses modernistische Stahlbeton-Ensemble mit seinen vielen Ecken und Nischen erhalten haben. Für die in diesem Bauwerk tätigen Menschen waren die Lebensumstände jedoch nicht gerade erfreulich. Durch die vollkommen fehlende Wärmeisolation wurde nämlich dieser Stahlbetonkäfig in den Sommermonaten zu einer Art unfreiwilliger Heimsauna für die Mannschaft. Im Winter heizten wir – wie ich einmal spaßeshalber sagte – den gesamten Lendplatz mit und hatten exorbitante Energiekosten beim Betrieb unserer zentralen Ölheizung zu verzeichnen.

Anmerkung: Die wesentlichste Sanierung in Hinblick auf die Wärmedämmung ist erst etwa 20 Jahre später gelungen, obwohl wir schon damals moderne

Kostenrechnungen und mittelfristige Einsparungskonzepte erfolglos vorgelegt haben. Dies lag zu diesem Zeitpunkt an einem archaischen Finanzkonzept des Magistrates, welches es uns verbot, über das Budget des laufenden Jahres hinaus zu planen.

Bild der Zentralfeuerwache am Lendplatz um 1980.

Die Zentralfeuerwache: Ein Torso!

Der nach außen hin modern scheinende Bau der Zentralfeuerwache wies jedoch nicht nur einige gravierende nutzungstechnische Mängel auf, sondern er repräsentierte im Jahre 1981 bei meiner Amtsübernahme noch einen Torso. Zwar war der heutige Werkstättentrakt damals schon in Planung, es fehlten jedoch vor allem die für einen modernen Einsatzbetrieb notwendigen Abstellflächen für Fahrzeuge und Geräte. Glücklicherweise hatten wir in jener Zeit noch die umfangreichen Garagen in der alten Lendkaserne, welche, unweit der Zentralfeuerwache gelegen, früher auch als Personalhaus der Feuerwehr gedient hatte, zur Verfügung. Auch im Bereich der Josefigasse waren einige absolut baufällige Häuser vorhanden, die wir notdürftig selbst instand halten und behelfsmäßig nutzen konnten.

Profis unter sich

Die Misere mit den Einsatzfahrzeugen und die desolaten Verhältnisse auf den Feuerwachen brachten mir so manche schlaflose Nacht. Ich zweifelte schon an der Richtigkeit meiner Entscheidung, den Posten gewechselt zu haben. Das, was mich aber in dieser schweren Zeit aufrechterhielt, waren meine Männer. Ich erkannte schon bald, dass diese Mannschaft ein ungeheures Potenzial an Arbeitskraft und Energie darstellte. Dieses geballte Bündel an Professionisten wollte ich nun im Sinne des Anfangszitates von *Saint-Exupéry* nutzen.

„Größter Rüstungsbetrieb"

In vielen Bereisungen auf die Feuerwachen gelang es mir schließlich, die Kollegen zu motivieren, selbst Hand anzulegen. Mein großes Glück dabei: Mit *Ing. Josef Milla* hatte ich einen „Hobby-Baumeister" in den eigenen Reihen und mit *Heimo Smagoi* ein „verkanntes Genie" auf dem Techniksektor. Und so wurde alsbald auf den Wachen umgebaut und erweitert, gehämmert, genagelt und ausgemalt. In den Werkstätten brachten wir – soweit es ging – unsere alten Fahrzeuge auf Vordermann und in der Branddirektion entwickelten wir neue Konzepte. spaßeshalber bezeichnete ich die BF Graz damals als den größten „Rüstungsbetrieb" der Gegenwart.

Das Budget ist Chefsache!

Trotzdem musste auch Geld für diese Tätigkeiten vorhanden sein. Wie schwer aber die Geldbeschaffung in den Achtzigerjahren war, davon kann ich ein Lied singen. Bereits bei der ersten Budgeterstellung im Jahre 1981 wollte man über die „führerlose" Feuerwehr quasi drüberfahren, indem man die Budgetzahlen in allen Positionen stark kürzte. Dies betraf nicht nur die außerordentlichen Anschaffungen, wie Fahrzeuge und größere Gerätschaften, sondern auch die laufenden Ausgaben. In einem Kraftakt sondergleichen – der damalige Budgetreferent der Stadt Graz bezeichnete mich wegen meines Engagements einmal sogar als „Dr. Wichtigschek" – konnte ich wenigstens die Geldmittel für die Werkstätten, Kleingeräte und Betriebsmittel halten. Eines wusste ich aber damit bereits mit Beginn meiner Berufsfeuerwehrkarriere in Graz: Die Budgeterstellung ist Chefsache! Und so hielt ich es auch bis zu meiner Pensionierung.

Identifizierung mit dem Gerät

Die wichtigste Maßnahme bei der Berufsfeuerwehr war jedoch, das erkannte ich sofort, die dringende Erneuerung des Fahrzeugparks. In den Garagen (und vielmehr meist in den Werkstätten) standen völlig veraltete Einsatzfahrzeuge, welche absolut uneinheitlich ausgerüstet waren. Ich drängte daher auf eine völlig neue Fahrzeuggeneration. Das war auch die Nagelprobe meiner ersten Tätigkeiten. Gemeinsam mit unserem verkannten Technikgenie *Heimo Smagoi* erarbeitete ich – bei wichtigen Fragen zogen wir selbstverständlich alle Offiziere, den Werkstätten- und Fahrmeister sowie die Personalvertretung bei – ein völlig neues Fahrzeugkonzept aus. Damit wollte ich die notwendige Identifizierung des Personals mit den anzuschaffenden Gerätschaften schon von Beginn an erreichen, was dann nach meinem gesundheitlich bedingten Ausscheiden bei der Erstellung der zweiten Fahrzeuggeneration in den späten Neunzigerjahren leider schiefging.

Grazer Altstadt als Gradmesser

Grundlage für unser Fahrzeugkonzept war eine umfassende Erhebung des Grazer Stadtgebietes. Dabei stellte sich heraus, dass es insgesamt 16 Engstellen und Unterführungen gab, welche besonders schmale und niedrige Fahrzeuge notwendig machten. Vor allem die einzigartige Grazer Altstadt erforderte Tanklösch- und Universallöschfahrzeuge mit einer Chassisbreite von 2,35 m und Drehleitern mit einer Maximalhöhe von 2,85 m. Wir entschieden uns daher für relativ kleine Löschfahrzeuge mit 2.000 Liter Tankinhalt, wobei wir zur besseren Auslastung der einzelnen Fahrwerke ein Modulsystem kreierten. Anmerkung: Es war mir daher unverständlich, dass später im Zuge der neuen Fahrzeuggeneration relativ große TLF 3000 angeschafft wurden. Bei den Hubrettungsgeräten setzten wir uns nach einem langwierigen Überzeugungsprozess gegen das Magistrats-Beschaffungsamt durch und durften erstmals die neuen und etwas teureren Drehleitern niedriger Bauart ankaufen.

Einheitliches Fahrzeugkonzept

Die Löschfahrzeuge wurden, wie bereits erwähnt, in Modulbauweise errichtet. Die insgesamt vier geplanten Hilfelöschfahrzeuge hatten einen Rüstmodul, unter anderem mit Notstromaggregat, elektrischer Kettensäge sowie Trennschleifer (das war nach dem Megabrand von Loipersdorf eine wichtige Erkenntnis) und einem hydraulischen Rettungsgerät. Die beiden Universallöschfahrzeuge trugen einen Sonderlöschmodul mit einer kleinen Pulverlöschanlage, Speziallöscher für Metallbrände und die damals neu entwickelte 50-kg Halon-Löschkugel. Der große Vorteil dieses Konzeptes war seine Einheitlichkeit, Effektivität und Überschaubarkeit: Es war in jedem gleichartigen Fahrzeug an derselben Stelle dasselbe Gerät, was nicht nur in der Schulung und Ausbildung große Bedeutung hatte, sondern auch im Bereich der Prüfung und Wartung. Später schafften wir auch neue Atemschutzgeräte, Helme und Schutzbekleidungen an. Man kann heute diesen fachlichen Quantensprung gar nicht richtig ermessen, welcher damals durch uns eingeleitet wurde.

Eines der neuen Hilfeleistungslöschfahrzeuge (HLF) in Modulbauweise. Hersteller: Rosenbauer, Linz

Überzeugungsarbeit vor Ort

Das Beschaffungskonzept war nach einiger Zeit vorhanden, aber was war mit den erforderlichen Geldmitteln? Vor allem musste ich bei den politischen Meinungsträgern zuerst eine intensive Überzeugungsarbeit leisten. Und hier hatte ich eine Königsidee. Ich konnte meinen damaligen Stadtsenatsreferenten *Dipl.-Ing. Klaus Gartler* überzeugen, dass die wichtigen Sitzungen des gemeinderätlichen Feuerwehrausschusses nicht in abgehobener Weise im Rathaus, sondern direkt vor Ort bei der Feuerwehr stattfinden sollten. Unterstützt wurde ich damals in dieser Angelegenheit auch von dem sehr engagierten Vorsitzenden dieses Ausschusses SP-Gemeinderat *Otto Harm*, der aber wegen seiner penetranten Parteipolitik sehr umstritten war und viel Unruhe in die Feuerwehr brachte.

Der Wendepunkt

Nun waren die Gemeinderäte aller politischen Fraktionen bei den Entscheidungen über Feuerwehrfragen direkt vor Ort. Der Vorteil: Ich konnte ihnen die damals bereits dramatische Situation auf dem Fahrzeugsektor und im Bereich unserer Baulichkeiten unmittelbar näher bringen. Bereits in der ersten Sitzung hatten wir eine Führung durch die Zentralfeuerwache angesetzt, um unseren Sanierungsbedarf zu dokumentieren. Und sie wurde ein voller Erfolg: Fast alle Anwesenden zeigten sich vor allem über den technischen Standard unserer Einsatzfahrzeuge erschüttert. Früher hatte niemand von diesem Problem Notiz genommen, weil alle Entscheidungen ohne den entsprechenden Wissensstand im für Fachfragen steril abgeschotteten Rathaus erfolgten. Nun aber entwickelte sich ein praxisnahes, ja freundschaftliches Klima zur Feuerwehr. Viele Gemeinderäte hatten auch Kinder und wollten mit ihnen die Feuerwachen besuchen. Was wir natürlich sehr förderten. Der notwendige Wendepunkt war erreicht!

Finanzielle Doppelmühle

Trotz alledem hatten wir ein Problem, welches schlicht und einfach Geldmangel hieß. Für die Realisierung eines neuen Fahrzeugkonzeptes waren fürs Erste leicht über 50 Millionen Schilling erforderlich. Eine Summe, die für alle utopisch war. Hier hatte ich aber bereits Vorarbeiten mit dem Land Steiermark und dem Landesfeuerwehrverband geleistet: Man war nämlich bereit, über einige Jahre einen zweistelligen Millionenbetrag beizuschießen, wenn die Stadt Graz dieselbe Summe zur Verfügung stellen würde. Mit dieser Zusage ging ich nun in die Verhandlungen und konnte die eine Aussage gegen die andere ausspielen, was schließlich zum Erfolg führte. Ich hatte – um in der Terminologie eines Mühlespielers zu sprechen – eine finanzielle Doppelmühle eröffnet, an der niemand vorbeigehen konnte.

Der Plabutschtunnel

Ja, es war nicht nur eine Doppelmühle, sondern eine dreifache. Denn damals kam mir noch etwas zugute: der Bau des viel umstrittenen, fast 10 Kilometer langen Plabutsch-Straßentunnels auf Grazer Stadtgebiet. Dies forderte mich heraus und wir entwickelten das neue Fahrzeugkonzept sofort auch als tunneltaugliches System. Damit konnten wir jedoch auch aus diesem Bundes-Finanztopf einige Milliönchen flüssig machen. Dazu erarbeitete ich mit dem zwischenzeitlich zu uns gestoßenen *Dr. Otto Meisenberger*, der darüber eine Hausarbeit schrieb, österreichweit erstmals ein umfassendes Tunnelkonzept. Wir hatten damit nicht nur die monetäre Dreifachmühle eröffnet, sondern wurden auch zur Anlaufstelle für alle österreichischen Feuerwehren in Tunnelfragen. Ein Qualitätssprung in jeder Hinsicht!

Der Bau des fast 10 Kilometer langen Plabutschtunnels in Graz war für uns eine Herausforderung und Chance.

13.3 Das Leben im Magistrat

Diese Phase der inneren Restaurierung der Berufsfeuerwehr konnte ich jedoch nur im Einvernehmen mit der Mannschaft und mit Unterstützung der Personalvertretung, aber vor allem der zuständigen Stadtpolitiker einleiten, da ja dazu nicht nur die aktive Bereitschaft, sondern auch Geldmittel erforderlich waren. Doch das Leben im Magistrat war damals für Aktivisten gar nicht so leicht. Das sollte sich bald herausstellen.

Ein einfacher Haken

Ein symptomatisches Erlebnis hatte ich dazu schon bald nach meinem Amtsantritt mit dem damaligen für die Feuerwehr zuständigen Stadtsenatsreferenten Vizebürgermeister *Karl Stoiser*. Er war ein Politiker des alten Schlages: Rau, etwas despotisch, aber trotzdem nicht unsympathisch!

Der aktuelle Anlass: Damals mussten alle Anträge, auch bei der Freigabe kleiner Geldbeträge, nach einem bestimmten Ritual erfolgen. So hatten wir am Ende des einschlägigen Schriftstückes links unten der Vermerk „Der Stadtsenatsreferent" und darunter „Ja" oder „Nein" anzubringen. Durch einen einfachen Haken wurde nun durch den Vorgesetzten entschieden, ob der Antrag genehmigt wurde oder nicht. Mich erinnerte diese Praktik im übertragenen Sinne an die römischen Gladiatorenkämpfe, wo der Imperator durch seine Daumenhaltung nach oben oder unter über das Leben der Kämpfenden entschied.

Den Daumen nach unten gestreckt!

Als ich nun bereits einen der ersten schriftlichen Anträge von meinem Stadtrat mit einem „Nein-Haken" kommentarlos zurückbekam und telefonisch mit ihm mehrmals nicht verbunden wurde, diktierte ich meiner Sekretärin einen Brief. *Wilhelmine Millner* war damals schon eine erfahrene Magistratskraft und warnte mich, dieses Schreiben an den Stadtrat abzusenden. Dabei erlaubte ich mir lediglich nachzufragen, warum der „Imperator" den Daumen ohne Angabe von Gründen nach unten gestreckt hatte. Und sie sollte recht behalten: Einen Tag später wurde ich bereits ins Rathaus zitiert und dem Vizebürgermeister vorgeführt.

Meine Anfrage: Ein Sakrileg?

Als er mich erblickte, fragte er mich in einem rauen Tonfall, was ich mir erlauben würde und dass er derartige Vorgangsweisen seiner Untergebenen nicht schätze. Er verlangte auch eine Rechtfertigung von mir, die ich ihm postwendend gab. Ich sagte sinngemäß nur: „Wenn meine Anfrage ein Sakrileg darstellt, dann bin ich als Amtsleiter nicht nötig, da ich nicht als reiner

Befehlsempfänger, sondern nur als denkender Mitarbeiter ein derartig verantwortungsvolles Amt, wie die Berufsfeuerwehr einer Stadt, leiten könne und wolle!" Meine Antwort verblüffte den Vizebürgermeister so, dass er mich augenblicklich entließ.

Erste Feuerprobe bestanden!

Ich rechnete schon mit irgendwelchen Sanktionen, sollte mich aber täuschen. Denn mein ehrliches Auftreten hatte auf den Vorgesetzten anscheinend gewirkt und ich konnte in Zukunft mit ihm in sinnvoller Weise kommunizieren. Er sagte mir auch etwa ein halbes Jahr später, nachdem er aus Altersgründen den Posten quittierte, ich sei der erste Beamte gewesen, der ihm Paroli geboten habe. Das habe ihm ungemein imponiert und er wünschte mir für meine Zukunft alles Gute. Meine erste Feuerprobe im Magistrat hatte ich also erfolgreich bestanden. Doch bis zu meinem beruflichen Ausscheiden hatte ich noch viele bürokratische Fallen und Hindernisse zu überwinden.

Irritationen im Dienstbetrieb

Mit dem neuen Stadtsenatsreferenten *Isidor Blematl*, der jedoch nur kurz dieses Amt ausübte, hatte ich auf Anhieb einen guten Kontakt. Leider war dies bei seinem Nachfolger, dem Architekten *Dipl.-Ing. Klaus Gartler*, etwas komplizierter. Er war zwar persönlich sehr nett, agierte jedoch allzu parteipolitisch und ließ sich durch Feuerwehrkollegen seiner Couleur, die mir jedoch betrieblich unterstellt waren, wegen jeder Kleinigkeit informieren. Damit wurde von meinem Chef jedoch der Meldeweg nicht eingehalten, wodurch es laufend zu Irritationen im Dienstbetrieb kam. Ich wies mehrmals auf diesen unerquicklichen Umstand hin und bestand später darauf, dass mir wichtige Weisungen, welche den Dienstbetrieb betrafen, schriftlich erteilt wurden. Interessanterweise habe ich eine derartige schriftliche Weisung nie erhalten.

Mit Blaulicht vor dem Schickimicki-Lokal

Eine ärgerliche Situation ergab sich nach der Wahl von *Dr. Kurt Waldheim* zum Bundespräsidenten, welche ja die berühmt-berüchtigten Sanktionen gegen Österreich zur Folge hatte. Eines Tags rief mich überraschend der amtierende Polizeidirektor *Dr. Karl Müller* an, mit dem ich kaum Kontakt hatte. Dafür gab es aber mit *„Charly"*, wie er in weiten Kreisen genannt wurde, bereits einige Querelen. Das kam so: In der Ökonomiegasse gab es damals ein Schickimicki-Lokal, in welchem die „Grazer Prominenz" ein- und ausging. Dabei parkten die mehr oder weniger „Betuchten" direkt mit ihren Luxusschlitten vor der Lokalität – und das in meist abenteuerlicher Weise. Es kam daher laufend vor, dass bei Alarmfahrten unsere schweren Einsatzfahrzeuge nicht vorbeifahren konnten. Sie standen dann mit Blaulicht und Folgetonhorn vor dem Lokal, in welchem sich die „Prominenten" über uns amüsierten.

Eine bedenkliche Weisung von oben

Als ich diese Meldungen erhielt, nahm ich sofort mit dem zuständigen Polizeikommandanten der Wachstube Lendplatz Kontakt auf und ersuchte ihn, im Bedarfsfall einzuschreiten. Als es wieder einmal so weit war, besuchte mich der Polizeioffizier und teilte mir mit, dass er von oberster Stelle eine Weisung erhalten habe, keine Abschleppungen von falsch geparkten Fahrzeugen im Bereich der Ökonomiegasse mehr durchführen zu lassen. Dies war für unsere Schlagkraft im Einsatz absolut bedenklich und in keiner Weise zu akzeptieren. Ich verfasste daher umgehend ein geharnischtes Schreiben an den Polizeidirektor und machte ihn auf die Folgen dieser unerquicklichen Situation aufmerksam. Gleichzeitig beantragten wir über das Straßen- und Brückenbauamt in Graz eine neue Parkplatzregelung im Bereich der Ökonomiegasse, welche in unserem Sinn rasch realisiert werden konnte.

Turbulenzen um den Bundespräsidenten

Die Kontakte zwischen den Führungsgremien der Feuerwehr und Polizei waren aus diesen Gründen zu diesem Zeitpunkt logischerweise nicht die besten. Und da hatte ich nun den Polizeidirektor direkt am Hörer. Er teilte mir mit, dass nach den Turbulenzen um den neuen Bundespräsidenten in Graz Schmieraktionen rechtsradikaler Gruppen zu befürchten wären. Vor allem bei den Geschäftslokalen einer bekannten Grazer Modefirma müsste – nach Mitteilung so genannter gut informierter Kreise – damit gerechnet werden.

Weiters teilte er mir mit, dass bereits der Einsatz der Feuerwehr mit Stadtrat *Dipl.-Ing. Klaus Gartler* und meinem Stellvertreter Brandrat *Hans Sulzer* abgesprochen sei: Wir hätten demnach alle Vorbereitungen zu treffen, um rasche und effektive Reinigungsarbeiten nach eventuellen Schmieraktionen leisten zu können. Diese Weisung, so teilte er mir mit, würde ich noch von meinem Stadtsenatsreferenten in Kürze erhalten.

Die Feuerwehr ist keine Putzbrigade!

Über diese Mitteilung war ich einigermaßen erstaunt und sagte dem Polizeidirektor nur, dass ich mir erlauben würde, in nächster Zeit eine Dienstbesprechung mit seinen Offizieren anzusetzen, um verschiedene offene Probleme zu besprechen. Im Gegensatz zu ihm würde ich das nicht im Geheimen machen, sondern bereits jetzt ankündigen. Außerdem fragte ich ihn, wie er sich das mit den Reinigungsarbeiten vorstelle. Ich wusste nämlich schon damals, dass die Verunreinigungen durch Sprays, vor allem an historischen Fassaden, nicht einfach weggewaschen werden können, sondern einer spezifischen Sonderbehandlung durch Fachleute bedürfen. Außerdem empfahl ich dem Polizeidirektor, die Baulichkeiten der „bedrohten“ Firma durch eigene Kräfte überwachen zu lassen oder dem Besitzer einen Security- bzw. professionellen Reinigungsdienst vorzuschlagen. Denn schließlich sei die Feuerwehr keine Putzbrigade. *„Charly“* hatte mit dieser Wortmeldung keine echte Freude und brach darauf kurzerhand das Telefongespräch ab.

Ein „politischer“ Auftrag!

Bereits wenige Minuten später läutete bei mir wieder das Telefon. Diesmal war – wie nicht anders zu erwarten – Stadtrat *Gartler* am Apparat. Er war über meine Diskussion mit dem Polizeidirektor erbost und gab mir die entsprechenden Anweisungen. Ich verlangte diese schriftlich, was jedoch (wie üblich) nicht erfolgte. Deswegen verfasste ich an den Magistratsdirektor einen Aktenvermerk über die Vorgangsweise meines politischen Referenten und beauftragte meinen Stellvertreter, mit welchem anscheinend bereits in dieser Angelegenheit Vorbesprechungen abgewickelt wurden, mit den weiteren

Maßnahmen. Ich selbst weigerte mich, in dieser Causa weiter tätig zu werden, und wartete auf Sanktionen seitens meines politischen Vorgesetzten, welche jedoch nie gesetzt wurden.

Parteipolitisches Misstrauen

Ich erzähle diese „Gschichterln" hier nur, um die damalige Situation genauer zu beleuchten. Man brachte mir, vermutlich aus puren parteipolitischen Motiven, ein gerüttelt Maß an Misstrauen entgegen, hielt den Dienstweg in keiner Weise ein und wollte dann noch meine persönliche Unterwerfung. Und die Gewerkschaft spielte anfänglich dieses miserable Spiel mit. Fast jede Woche salutierte der eine oder andere „zuverlässige" Parteigenosse ohne mein Wissen im Büro des Stadtrates auf und gab zu aktuellen Themen seine subjektive Meinung ab.

Ein parteiinterner Machtkampf

Die zweite Schiene führte zum Vorsitzenden des Feuerwehrausschusses Gemeinderat *Otto Harm*, der ebenfalls laufend Insiderinformationen von subsidiären Feuerwehrstellen erhielt. Was ich später herausfand: Diese Spielchen waren Teil eines Machtkampfes zwischen den beiden aus der gleichen Partei stammenden Politikern – leider auf Kosten der Feuerwehr. Auf diese Weise wurde ich jedoch subtil hintergangen und hatte die doppelte Arbeit. Ich ließ mich aber nicht entmutigen und setzte auf den „Ehrlichkeitsfaktor": Ich wollte meine Mitarbeiter bei ihrer Ehre als Mensch und Feuerwehrmann packen und hatte damit auch weitgehend Erfolg.

Ein Strahleneinsatz

Doch vorerst machte man mich bei meinen politischen Vorgesetzten noch madig. Ein treffendes Beispiel dazu: Eines Tags wurde ich als Strahlenschutzexperte des Landesfeuerwehrverbandes nach Hart bei Graz alarmiert. Dort hatte man bei einem Fetzenmarkt der freiwilligen Feuerwehr eine schon etwas ramponierte Dose aus Karton entdeckt, welche aus der Praxis eines ehemaligen Arztes stammte. Seine Nachkommen hatten den Keller des Hauses

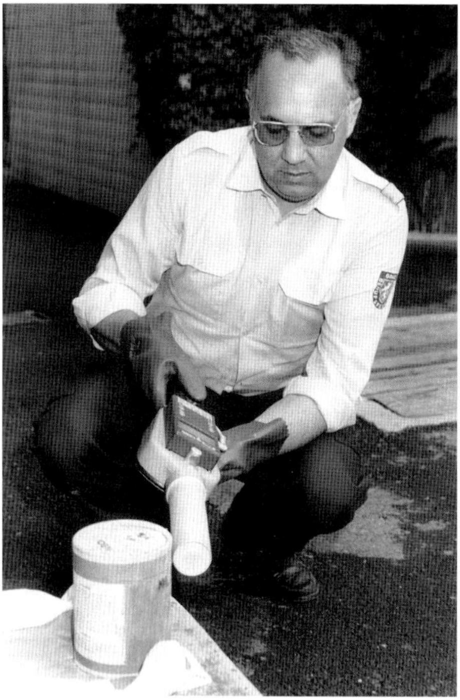

geräumt und diesen Behälter, der mit einer Kennzeichnung für radioaktive Stoffe versehen war, gefunden. Ich wurde nun angefordert und führte Strahlenmessungen am Objekt und der näheren Umgebung durch. Und tatsächlich konnte ich einen etwas erhöhten Strahlenwert nachweisen.

Der „radioaktive Fund“ aus Hart bei Graz, stellte sich als altes Radiumpräparat in Form einer Radiumkompresse dar.

Eine Radiumkompresse

Es stellte sich schließlich heraus, dass es sich bei diesem Gegenstand um ein mit Radium versehenes, an die hundert Jahre altes Präparat handelte. Damals wurde Radium ja quasi als Wundermittel gehandelt und in Zahnpasten, Trinklösungen und sogar für intravenöse Injektionen verwendet. In diesem Fall handelte es sich um eine so genannte Radiumkompresse, welche vor allem auf schmerzende Gelenke aufgelegt wurde. Eine spannende Lektüre in diesem Zusammenhang ist übrigens das im Leykam-Verlag erschienene Buch unter dem Titel „Der strahlende Doppeladler – Nukleares aus Österreich-Ungarn“, welches über die Gewinnung, Forschung und Nutzung natürlicher radioaktiver Stoffe aus den böhmischen Bergwerken in der österreichisch-ungarischen Monarchie berichtet.

Ein lächerliches Theater

Dieser „historische Fund" war für mich als aktiven Strahlenschützer höchst interessant und ich plante, den Behälter als Schaustück in der Zentralfeuerwache in einer Vitrine unterzubringen. Kaum hatte ich dies durchgeführt, wurde ich bereits zu unserem Stadtrat beordert. Er verlangte einen Bericht und forderte mich auf, dieses „gefährliche, radioaktive Präparat" sofort zu entfernen. Gleichzeitig drohte er mir an, ein Verfahren einzuleiten, weil ich in unerlaubter Weise einen radioaktiven Stoff nach Graz eingeführt hätte. Dies war wieder nur eine der leeren Drohungen und ich fand das Ganze als lächerliches Theater, nur um mir etwas anzuhängen. Aber um des lieben Friedens willen habe ich dann schweren Herzens dieses tolle Anschauungsmaterial nach Seibersdorf überführt, wo es nun als Schaustück Verwendung findet.

Ein Lichtblick für die Feuerwehr

Eine Wohltat für mich und die Feuerwehr war dann der Stadtrat-Wechsel zu *Hans Pammer*. Er war ein umgänglicher, besonnener Mann, also ein gestandener Pragmatiker und kein „rot-grüner Träumer". Vor allem aber war er Reserveoffizier, und dies war ein Glück für die Feuerwehr. Bei meinem Antrittsbesuch stellte mir der neue Stadtrat dann die Frage, was ich mir wünschen würde. Ich sagte nur: „Herr Stadtrat, lassen Sie uns bitte arbeiten und halten wir alle den Befehls- und Meldeweg ein!" Sein legendäres Lächeln, seine Zustimmung und sein starker Händedruck

Der neue Stadtrat Hans Pammer (im Bild links) war für uns wohltuend. Hier im Gespräch mit mir und Dr. Otto Meisenberger.

ließen mich fürs Erste aufatmen. Und ich kann im Nachhinein feststellen, er hat sich an diese Abmachung auch in schwierigen Stunden gehalten. Auch wenn so mancher Besserwisser und Querulant an seine Tür geklopft hat. Und vor allem: Wir haben die Feuerwehr aus dem täglichen parteipolitischen Hickhack heraushalten können, da wir freundschaftlich verbunden und kongeniale Partner waren.

Wir brauchen die besten Leute!

Trotzdem gab es auch damals – und vermutlich ist es heute nicht viel anders – grundsätzliche Probleme. Ich bemängelte nicht nur einmal die beschränkten Kompetenzen des Dienststellenleiters in Personal- und Finanzfragen. Die sture Parteipolitik bei der Aufnahme von neuen Bediensteten habe ich hartnäckig kritisiert. Die jungen Leute wollen heute nämlich einen interessanten Job und keine aufgezwungenen Parteibücher. Das sollten sich unsere Politiker in Bund, Land und Gemeinde hinter die Ohren schreiben. Und im Finanzbereich muss ebenfalls viel mehr auf Eigenverantwortung Wert gelegt werden. Hier hat die Not der leeren Kassen ja schon teilweise zu einem Umdenken geführt. Natürlich können moderne Management- und Wirtschaftsmethoden nur von erstklassigen und bildungswilligen Fachleuten umgesetzt werden. Womit sich der Kreis schließt, denn wir benötigen nicht nur bei der Feuerwehr die besten Leute und keine Parteigänger sowie Beamtenmuffel im klassischen Sinn.

Wenn du Butter willst …

Ein weiterer Punkt, den ich häufig kritisierte, war der unglaubliche Bürokratismus, der damals gang und gäbe war. Auch wichtige Akte waren oft monatelang unterwegs und ich konnte dem alten Spruch „Wenn du Butter willst, schicke Milch auf den Dienstweg!“ tatsächlich einiges abgewinnen. Ein Beispiel dazu: Als ich einmal ein Disziplinarverfahren gegen einen Beamten einleitete, dauerte es über ein Jahr, bis es zur Verhandlung dieser Causa kam. Ein absoluter Schwachsinn, denn in diesem Fall hatte sich der Betroffene inzwischen innerhalb von wenigen Monaten total zum Positiven geändert!

Ein anschauliches Flussdiagramm

Auch der umständliche Amtsweg mit seinen vielen bürokratischen Stationen war bei mir oft im Kreuzfeuer der Kritik. Wir hatten einmal einen Bestellschein zum Ankauf eines Kleingerätes im Wert von etwa 3.500 Schilling in Umlauf gesetzt und dann nach zweieinhalb Monaten zurückbekommen – mit 16 Unterschriften. Ich machte mir dann die Mühe und zeichnete ein Flussdiagramm mit den einzelnen amtlichen Stationen und recherchierte die jeweiligen Bearbeitungszeiten. Dieses sandte ich an den damaligen Magistratsdirektor Obersenatsrat *Dr. Horst Bogner* mit dem Ersuchen um Kenntnisnahme. Der „Maggi" nahm darauf Kontakt mit mir auf und sagte nur: „Gut, dass einmal einer meiner Beamten diesen Wahnsinn anschaulich dokumentiert hat!" Geschehen ist aber dann vorerst trotzdem nicht viel. Der starre Beamtenapparat war anscheinend stärker!

Der Zeit voraus!

Trotzdem hat mich in meiner Dienstzeit nie der Mut verlassen, denn den kann man bekanntlich nicht kaufen. So begann ich ganz im Sinne einer Restaurierung unseres Amtes nicht nur, neue Lehr- und Lernmethoden bei der Schulung und Ausbildung einzuführen. Diese wurden auch intern fallweise torpediert, weil manche Herren etwas mehr arbeiten hätten müssen. Wenn ich alleine an die so genannten Gerätemerkblätter denke, die anfänglich von höchsten Offizieren madig gemacht wurden, sich aber später als unentbehrliches Schulungsmittel erwiesen haben, steigt mein Blutdruck. Wir haben dann auch das gesamte Vorschriftenwesen neu gestaltet und viele zukunftsorientierte Konzepte erstellt. Hier war mir vor allem *Dr. Otto Meisenberger*, der später mein Nachfolger wurde, sehr hilfreich. Die Feuerwehr wurde dann auch im Magistrat Graz von *Dr. Bogner* als Vorbild hingestellt, da sie die erste Abteilung war, die auf meine Initiative ein Organigramm und eine umfassende Arbeitsplatzbeschreibung im Zuge eines Organisationshandbuches erstellt hat. Wir waren auch damals – wie in vielen Fällen – unserer Zeit voraus!

13.4 Die Lebensmittelhalle brennt!

Der 17. Dezember 1981 war ein frostiger Wintertag. Es hatte Minusgrade und ein für Graz unüblicher rauer Wind wehte durch die Stadt. An diesem Tag war jeder froh, in der warmen Stube bleiben zu können. Man hätte nicht einmal seinen ärgsten Feind vor die Türe gejagt. Die Männer der Berufsfeuerwehr hatten jedoch Hochbetrieb und es sollte sie an diesem unwirtlichen Dezembertag noch einer der größten Brandfälle der letzten Jahrzehnte erwarten. Für mich war es meine erste Bewährungsprobe als neuer Branddirektor und Einsatzleiter, also quasi mein „Einstandsfeuer“!

Die Feuerwehr tritt am Hauptplatz an!

Ein kleineres Ereignis gab es bereits am 19. November 1981, als ich zum ersten Mal in meiner Funktion als Amtsleiter und Branddirektor an einer Gemeinderatssitzung im altehrwürdigen Grazer Rathaus teilnahm. Ich hatte, etwas unwillig, aber doch, meine Paradeuniform angelegt und lauschte das erste Mal den weisen Reden unserer Lokalpolitiker. Plötzlich sprach mich ein Kollege an und sagte mir, die Feuerwehr wäre am Hauptplatz vor dem Rathaus angetreten. Ich konnte mir beim besten Willen nicht vorstellen, was der Grund dafür sein sollte, und brachte schon diese Präsenz meiner Männer mit meinem ersten Gemeinderatsbesuch gedanklich in Zusammenhang. Und als ich sah, dass *Ing. Josef Milla* als Offizier dabei war, dachte ich zuerst tatsächlich an einen Schabernack.

Erfolgsmeldung an den Bürgermeister

Mittlerweile war die Präsenz der Feuerwehr vor dem Rathaus schon allgemein aufgefallen und ich ärgerte mich über diesen vermeintlichen Streich, der mir hier gespielt wurde. Als ich jedoch aus dem Rathaus stürmte, sah ich meine Männer gerade unter schwerem Atemschutz aus den Geschäftsräumen der Buchhandlung *Pock* herauskommen. Als mir *Ing. Milla* meldete, dass der Brand mit zwei Rohren unter schwerem Atemschutz bereits niedergeschlagen werden konnte, war ich einigermaßen beruhigt. Ich begab mich zurück in den Gemeinderatssitzungssaal, wo ich bereits erwartet wurde. Meine Meldung an Bürgermeister *DDr. Alexander Götz* war kurz und bündig. Ich sagte ihm nur, die

Feuerwehr hätte einen Brandübergriff auf das Rathaus erfolgreich abgewendet, worauf allgemeiner Applaus der Anwesenden aufbrandete. Mein erstes Auftreten vor der hohen Politik war also ein ungewollter, aber nicht unangenehmer Akt im Sinne einer positiven Öffentlichkeitsarbeit für die Feuerwehr!

Der Landeshauptmann hält eine Festrede

Zurück zum bereits angekündigten „großen Einstandsfeuer" in der Grazer Messe am 17. Dezember 1981. Wir waren damals in einer gemütlichen Umgebung zusammengekommen, denn im großen, festlich geschmückten Saal des Gasthofes Pfeiffer in Mariatrost hatten sich an diesem Tag um 13.00 Uhr die Verantwortlichen des Steirischen Landesfeuerwehrverbandes zur obligaten Weihnachtsfeier eingefunden. Landeshauptmann *Dr. Josef Krainer* war pünktlich zu diesem traditionellen Jahresabschluss erschienen. Er hielt gerade seine Festrede, als mein Tonrufgerät mit lautem Piepston ansprach. Obwohl ich es sofort abstellte, trafen mich einige vorwurfsvolle Blicke. Als ich vom Telefon des Gasthofes in der Zentrale anrief – damals gab es noch keine Handys und SMS-Alarmgeräte – wurde mir knapp mitgeteilt: „Die Lebensmittelhalle in der Grazer Messe brennt!"

Kulinarische Reminiszenzen

Wie oft war ich schon im Rahmen der Grazer Frühjahrs- und Herbstmesse in der legendären Halle 6, der Lebensmittelhalle, gewesen. Sie war ein beliebter Treffpunkt und kein Messebesucher verabsäumte es, hier vorbeizuschauen. Man traf dabei nicht nur die Grazer Prominenz, sondern vor allem alte Freunde, und schloss in einer gelockerten Atmosphäre so manche Freundschaft. Hier gab es auch fast alle steirischen Schmankerln und neben diversen Sektständen sowie Kaffeehäusern auch Weinschänken, in welchen die köstlichsten südsteirischen Weine dargeboten wurden. An jedem Donnerstag war das bereits legendäre Jazzkonzert in dieser Halle angesagt, die nun in Flammen stehen sollte. Das waren meine Gedanken, als ich nun in meinem Dienstfahrzeug (einem alten Ford Taunus) saß, welches von Brandkommissär *Heimo Smagoi* in halsbrecherischer Weise mit Blaulicht und Folgetonhorn zum Einsatzort chauffiert wurde.

Umfassender Angriff

Als wir in die Nähe des Messegeländes kamen, kündigte bereits ein mächtiger, schwarzer Rauchpilz das vor uns liegende intensive Brandgeschehen an. Doch die immer stärker werdenden hellen Wasserdampfeinschlüsse waren ein beruhigender Hinweis, dass der Löscheinsatz meiner Männer unter der Einsatzleitung von Brandadjunkt *Ing. Josef Milla* und Brandoberkommissär *Franz-Karl Planinsic* bereits Wirkung zeigte. So konnten sie schließlich in einem umfassenden Löschangriff mit 11 Rohren erfolgreich den südlichen Teil der etwa 2.000 m² großen Messehalle vor dem Übergreifen der Flammen bewahren. Im Bereich des Brandzentrums im nordwestlichen Teil bestand Einsturzgefahr der (statisch hoch interessanten) Hallenkonstruktion aus Stahl. Deswegen wurde hier der Wasserwerfer des TLF 9000 schwerpunktmäßig eingesetzt. Eine taktisch kluge Vorgangsweise, welche schlussendlich zum Erfolg führte.

Die zerstörte Lebensmittelhalle auf der Grazer Messe musste gechleift werden

Kinderbrandstiftung als Brandursache

Noch während der Brandbekämpfung wurde mit der Brandursachenermittlung durch die Kriminalpolizei begonnen. Sie zog auch einen Experten der Landesstelle für Brandverhütung, Herrn *Baumeister Ing. Günter Gerger*, bei.

Aufgrund der Lage der Brandausbruchsstelle, der Abbrandintensität, der vorgefundenen Brandspuren und Zeugenaussagen stellte sich alsbald ein lückenloses Mosaik des Geschehens dar. Demnach hatten zwei Mädchen im Alter von 10 und 11 Jahren mit Streichhölzern gespielt und den Brand ausgelöst. Dieser fand in den brennbaren Substanzen, aus welchen einerseits die Ausstellungskojen errichtet waren (hoher Kunststoffanteil und Textilien für Dekorationszwecke), und andererseits in den während der Messezeiten dort gelagerten Werbematerialien, reiche Nahrung. Da weder eine Brandmeldeanlage noch eine Sprinkleranlage vorhanden war, konnte der Brand nicht sofort erkannt und auch nicht selbsttätig unter Kontrolle gebracht werden.

Brandbekämpfung ohne Atemschutz?

In diesem Brandfall zeigte sich wieder einmal, dass es durch umfassende Einbauten auch in einer Stahlkonstruktionshalle zu einer großen Brandbelastung kommen kann. Vor allem durch die Verwendung von verschiedenen Kunststoffen wird die Brandlast wesentlich erhöht. Ein Faktum in diesem Zusammenhang: Trotz der starken Rauch- und Qualmbildung war im vorliegenden Brandfall fast kein schwerer Atemschutz erforderlich. Wie ist dies zu erklären? Die leichte Dacheindeckung wurde rasch durch das Feuer zerstört und die heißen und giftigen Rauchgase konnten sofort ins Freie abströmen. Dadurch war auch die Gefahr eines Feuersprungs (Flashovers) nicht gegeben.

Erkenntnisse

Große Probleme waren durch die extrem winterlichen Verhältnisse gegeben: Schlechtes Auffinden von Unterflurhydranten, Einfrieren von Schläuchen, Armaturen und Ventilen sowie Glatteis schafften Verzögerungen und potenzielle Unfallgefahren. Auch unsere alten Einsatzfahrzeuge mit ihrer eher bescheidenen technischen Ausstattung zeigten bei meinem „Einstandsfeuer" ihre Grenzen auf. Und ich erkannte auch, dass der Brandschutz auf der Grazer Messe in absehbarer Zeit und mit besonderer Beachtung der Eigenverantwortlichkeit auf neue Beine gestellt werden musste. Denn zum damaligen Zeitpunkt wurde die Brandsicherheit in erster Linie auf die zur Messezeit abgestellten Berufsfeuerwehrkräfte, welche rund um die Uhr anwesend waren, abgestützt. Man hatte – wie früher üblich – auch hier den vorbeugenden Brandschutz (bauliche, technische und betriebliche Maßnahmen) vernachlässigt und auf dem Rücken von externen Kräften abzufedern versucht. Im Ernstfall für alle Teile eine fatale Situation!

13.5 Ein spannender Kriminalfall

Mit Brandstiftern hat die Menschheit schon seit der Entdeckung des Feuers zu tun. Eine Brandlegung kann in betrügerischer Absicht erfolgen, aus Hass, Vergeltung und Rache, aus Übermut, Zorn und krankhafter Freude am Feuer, aus Eifersucht, Liebeskummer und sexuellen Motiven. Im Jahre 1982 standen wir in Graz jedoch vor einem rätselhaften Brandfall, der schließlich eine überraschende Lösung finden sollte.

Ein Dachbrand

In der Nacht vom 21. auf den 22. August 1982 kam es in der Karlauer Straße in einem zweigeschossigen Wohn- und Geschäftsgebäude zu einem Dachbrand. Es war kein allzu großes Brandgeschehen, denn das Feuer wurde durch Zufall von einer Frau, welche um etwa 01.00 Uhr morgens auf dem Balkon ihrer Wohnung in einem gegenüberliegenden Hochhaus Luft schnappen wollte, erkannt. Sie alarmierte daraufhin die Berufsfeuerwehr, die rasch am Einsatzort eintraf und mit der Brandbekämpfung im Dachgeschoß begann. Einsatzleiter war wieder einmal mein alter Freund und Kollege *Ing. Josef Milla* aus unserer gemeinsamen Lebringer Zeit.

Das Brandobjekt, in welchem am Dachboden ein heimtückisches Feuer gelegt wurde.

Benzin im Spiel!

Die Brandbekämpfung war nicht so einfach, da sich im Dachgeschoß eine hartnäckige Flammenzone hielt, die nicht leicht mit Wasser zu bekämpfen war. Es stellte sich dann heraus, dass Benzin im Spiel war, welches aus zwei Plastikkanistern stammte, welche im Laufe des Brandgeschehens ausgelaufen waren. *Ing. Milla* tippte, als nunmehr bereits erfahrener Einsatzleiter, sofort auf Brandstiftung und gab Anweisung, keine gravierenden Änderungen an der Brandausbruchsstelle vorzunehmen. Er verständigte auch die Kriminalpolizei mit dem Branderhebungsdienst, um die Brandursache ermitteln zu lassen.

Ein überraschender Stromschlag

Zwischenzeitlich war es jedoch zu einem unerklärlichen Vorfall gekommen: Als zwei Mann der Berufsfeuerwehr im Zuge eines umfassenden Angriffes über eine Schiebleiter auf das Dach steigen wollten, standen sie plötzlich unter Strom. Die Schiebleiter wurde dabei an die metallische Dachrinne angelehnt. Es musste also von einer vorerst unbekannten Spannungsquelle eine Ableitung eines elektrischen Stromes über die Dachrinne und die metallische Leiter zur Erde erfolgt sein. Es kam dabei zwar zu einem kleinen Stromschlag für die beiden Männer, aber gottlob zu keiner lebensgefährlichen Bedrohung. Was war geschehen?

Ein Zündapparat wird gefunden

Bei der genaueren Untersuchung des Brandherdes wurde ein einfacher, aber teuflischer Zündapparat gefunden: Der Brandleger konstruierte dabei einen Stromkreislauf, der aus einer Leitung, einer Zeitschaltuhr und einem Heizdraht bestand. Dieser wurde an eine Haussteckdose angeschlossen. Nachdem die Schaltuhr den Stromfluss nach Mitternacht freigegeben hatte, heizte sich brennbares Material im Bereich des Heizdrahtes auf und geriet in Brand. Das Feuer schmorte die beiden Plastikkanister durch und etwa 20 Liter Benzin entfachten ein nicht unerhebliches Feuer, welches auf den hölzernen Dachstuhl übergriff. Dabei konnte auch die an einem Sparren befestigte elektrische Leitung beschädigt werden und herabfallen. Schließlich kam es durch den blanken Draht zu einem Fehlerstrom über die Dachrinne und die Schiebleiter.

Erste Erhebungen

Nachdem dringend eine Brandstiftung vermutet wurde, stellte der ermittelnde Polizeibeamte die Zündapparatur sicher, um diese im Labor erneut zusammenbauen zu lassen. Er verständigte auch als Brandschutzexperten den Techniker *Ing. Friedrich Nechutny* von der Brandverhütungsstelle Steiermark. Dieser konzentrierte sich vor allem auf die Überreste der Zeitschaltuhr, die nicht vollständig verbrannt war. Dann wurde der Hausbesitzer, ein gewisser Herr *Zündig* (Anm.: Alle Namen wurden von der Redaktion geändert), der damals aktiver Fachlehrer für Elektrotechnik in der Berufsschule war und auswärts im Bezirk Graz-Umgebung wohnte, verständigt. Der Genannte tat nach seinem Eintreffen sehr erschüttert und gab bereitwillig auf verschiedene Fragen Auskunft. So schilderte er auch, dass im Brandobjekt eine junge Dame (Fräulein *Locker*) mit ihrem Lebensgefährten (Herrn *Fauster*) in Untermiete wohnen würde. Herr *Zündig* teilte auch mit, dass er zu beiden Personen keinen guten Kontakt habe und sie schon mehrmals kündigen wollte, was jedoch nicht gelang.

Der elektrische Schaltkreis (links am Tisch) wird von Ing. Gottfried Kindermann (rechts) im Beisein des Einsatzleiters Ing. Josef Milla und eines Vertreters der Kriminalpolizei (hinten) auf seine Funktionsfähigkeit überprüft.

Eine Verhaftung

Die weiteren kriminaltechnischen Erhebungen ergaben interessante Fakten: Fräulein *Locker* ging dem horizontalen Gewerbe nach und ihr Lebengefährte trat als ihr Beschützer auf. Er war schon zwei Mal vorbestraft, einmal davon wegen Brandstiftung. Da er sich beim Verhör in Widersprüche verwickelte, wurde *Fauster* kurzerhand vorübergehend in Untersuchungshaft genommen.

Nun ergab sich jedoch eine überraschende Wende: Ich war selbst als amtierender Branddirektor beim Brand, bei Verhören vor Ort und bei einer neuerlichen detaillierten Untersuchung des Brandschuttes am 26. August (ein Kabelteil des vorgefundenen Zündkreises wurde noch gesucht und auch gefunden) dabei. Mein Eindruck war, dass *Zündig* nicht glaubwürdig ist. Und dies sollte sich auch bestätigen.

Die verräterische Schaltuhr

Bei einer genauen Untersuchung des Geschäftslokals für Elektromaterialien, welches *Zündig* im Erdgeschoß seines Hauses betrieb, stellte sich nämlich heraus, dass er dort auch elektrische Zeitschaltuhren verkaufte. Er verwendete sogar in der eigenen Auslage einen derartigen Typ, wie er in den Überresten im Brandschutt gefunden wurde. Dies konnte *Nechutny* deswegen eindeutig nachweisen, weil das Ziffernblatt nicht vollständig bei der Brandlegung verbrannt wurde. Mit diesen schlagenden Fakten konfrontiert, gestand der Berufsschullehrer schließlich die Brandlegung.

Kein Garn ist zu fein gesponnen!

Er glaubte einerseits aufgrund seiner Fachkenntnisse die perfekte Brandstiftung zu schaffen und wollte andererseits den Freund seiner Untermieterin, den er hasste und von dem er wusste, dass er schon einmal eine Brandlegung versucht hatte, in den Knast bringen. Gleichzeitig plante er, von der Versicherung entsprechend zu kassieren und damit gleichzeitig zwei Fliegen zu schlagen. Für die Feuerwehr war dieser Fall nicht nur spannend, sondern auch gefährlich, denn wir hatten drei leicht verletzte Feuerwehrmänner zu beklagen. Fazit dieses spannenden Kriminalfalles: Auch für Brandstifter gilt der Spruch, dass kein Garn zu fein gesponnen ist!

13.6 Der Fall Lanz

Es war ein kalter Samstagvormittag und ich wollte gerade einen kleinen Einkauf im Grazer INTERKAUF machen, als mich in meinem Auto ein dringender Funkspruch unserer Zentrale erreichte: „Brand in der Hans-Sachs-Gasse 10, Menschen in Gefahr!. Als ich mein Fahrzeug in Richtung Grazer Altstadt lenkte, ahnte ich noch nicht, dass dieser 9. Dezember 1989 turbulente Folgen nach sich ziehen sollte. Man wollte meine Ablöse als Branddirektor betreiben und schließlich kam es sogar zu einem Gerichtsverfahren, in welchem ich als Zeuge auftreten musste.

Einen Jux will er sich machen!

Als ich von der Herrengasse in die Hans-Sachs-Gasse einbog, sah ich bereits eine große Menschenmenge, welche das Einsatzgeschehen interessiert verfolgte. Zwei Polizisten machten mir den Weg frei und ich konnte gerade noch sehen, wie über unsere Drehleiter zwei Frauen in Sicherheit gebracht wurden. Später wurde behauptet, diese Damen hätten noch in aller Ruhe im Café ihre Gläser ausgetrunken und sich nur aus Jux retten lassen. Diesen Eindruck hatte ich allerdings nicht, denn die Angst in ihren Gesichtern konnte nicht gespielt sein.

Dubiose Geschäfte!

Der Mann, der dies jedenfalls behauptete, war *Bernhard Lanz*, Hobbyjurist, begnadeter Selbstdarsteller und Enfant terrible der Grazer Immobilienszene. Er war damals am Höhepunkt seines skandalösen Treibens, in dem er als „Hausverwalter" verschiedene Gebäude in der Grazer Altstadt mit dubiosen Methoden von Menschen frei machte, um sie anderen lukrativeren Zwecken zuzuführen. Das Haus Hans-Sachs-Gasse 10 und das später leider abgerissene Kommodhaus waren nur zwei dieser Bauwerke, mit welchen er und seine Hintermänner das große Geld machen wollten. *Lanz* war ob seines zügellosen Treibens sogar einmal in der damals bekannten „Argumente-Sendung" des ORF und hat daher unter Einsetzung aller Werbetricks das Haus Hans-Sachs-Gasse 10 als das „Haus der Argumente" für potenzielle Mieter beworben. Mit der „dämlichen“ Feuerwehr, die seine Pläne stets durchkreuzte, wollte er sich – frei nach *Nestroy* – jedoch anscheinend nur einen Jux machen! Was aber schließlich zum Bumerang werden sollte!

Gefährlicher Rettungseinsatz!

Doch zurück zum eigentlichen Brandgeschehen im Haus Hans-Sachs-Gasse 10: Das Feuer war vermutlich durch einen weggeworfenen Zigarettenrest im Keller ausgebrochen, wo sich in einem Elektroinstallationsraum (!) eine improvisierte Garderobe und der Müllplatz für das hier angesiedelte Speiselokal befanden. Da keine Brand- und Rauchabschlüsse im Haus vorhanden waren, breitete sich der Brandrauch blitzschnell in die Stiegenhäuser und Gänge aus. Die Fluchtwege waren verqualmt, die Telefone waren alle ausgefallen und automatische Brandmelder gab es nicht! Über vierzig Angestellte und Kunden konnten sich gerade noch in letzter Sekunde in Sicherheit bringen, eine Frau floh sogar mit nassen Haaren aus einem Frisiersalon und eine andere im Negligé aus einem Modegeschäft ins Freie. Sechs Personen wurden jedoch vom giftigen Brandrauch eingeschlossen! Die Männer der Feuerwehr retteten vier davon unter schwerem Atemschutz aus den bereits verqualmten Gängen und zwei Frauen über die bereits zitierte Drehleiter. Für uns war es ein gefährlicher Rettungseinsatz, für Herrn *Lanz* hingegen jedoch nur eine Show, denn er bezeichnete damals die Berufsfeuerwehr als „reine Showtruppe“!

Feuerpolizeiliche Anzeige

Für mich als Branddirektor gab es in diesem Fall nur einen Weg: Ich musste die vorgefundenen feuerpolizeilichen Missstände bei der Baupolizei anzeigen, wo die Feuerpolizei in Graz damals noch zugeordnet war. Auch der Presse gegenüber gab ich bereitwillig Auskunft über die vorhandenen Sicherheitsmängel. Vor allem ein hölzerner, undichter Bodenabschluss, den Herr *Lanz* über dem Brandraum in der Hauseinfahrt als Transportöffnung hatte einbauen lassen, ärgerte mich. Dadurch wurde nämlich eine starke Verqualmung der Angriffs- und Fluchtwege ermöglicht und die Feuerwehrmänner liefen Gefahr, bei ihrem Angriff in den im Kellerbereich liegenden Brandraum abzustürzen. Eine Bemerkung am Rande: Ich wurde in meinen Bemühungen, diesen Fall in allen Details aufzurollen, von den damals zuständigen Stadtpolitikern und der Beamtenschaft intensiv unterstützt. Denn *Bernhard Lanz*, der sich als eine Art *Michael Kohlhaas* und *Robin Hood* gebärdete und bei manchen Menschen als Beamtenschreck punktete, war schon lange ein Dorn im Auge der Stadtverantwortlichen.

Meine Absetzung wird gefordert!

Dann kam der 23. Dezember 1989. Mitten im vorweihnachtlichen Einkaufsrummel wurden in der Grazer Innenstadt rote Flugzettel durch *Bernhard Lanz* und einige seiner Mitarbeiter ausgeteilt. Darauf prangte als Überschrift: „Wir fordern die Abberufung des Herrn Branddirektors *Dr. Widetschek* wegen Unfähigkeit!" Dies war natürlich ein ausgesprochener Schlag unter die Gürtellinie und ich holte mir die Genehmigung des Magistratsdirektors ein, den wild gewordenen Häusermakler zu klagen. Dazu kam ich nicht mehr, denn inzwischen hatte sich der Staatsanwalt bereits eingeschaltet und ein Verwaltungsverfahren gegen *Lanz*, der zu diesem Zeitpunkt schon in eine Vielzahl von Gerichtsprozessen verwickelt war, eingeleitet.

„Wir sind nicht im Kaffeehaus!"

Vor Gericht zog er die übliche Show ab und trat ein Mal als Angeklagter und das andere Mal als sein eigener Verteidiger auf. Ich wurde als Zeuge einvernommen und war eigentlich sehr enttäuscht, denn *Lanz* stellte ausgesprochen naive und dumme Fragen. Wegen seiner verbalen Entgleisungen wurde er mehrmals vom Richter ermahnt: „Herr *Lanz*, wir sind hier nicht im Kaffeehaus!" Seine behördlich nicht genehmigten und feuerpolizeilich unverantwortlichen Umbauarbeiten sowie seine beleidigenden Äußerungen gegenüber meiner Person führten erstmals zu einer Verurteilung (Geldstrafe).

Von nun an ging's bergab!

Mit dieser Verurteilung wurde auch meine persönliche Integrität wieder hergestellt und im übertragenen Sinne hat mir der Richter damals im wahrsten Sinn des Wortes ein „Fähigkeitsattest" ausgestellt, denn *Lanz* hatte ja meine Ablösung wegen Unfähigkeit gefordert. Ich bin also – wie ich spaßeshalber später

Häusermakler Lanz forderte den Rücktritt von Branddirektor Widetschek

Dem Feuer folgt nun ein größeres Prozeß-Karussell

Der Brand im sogenannten Lanz-Haus in der Grazer Hans-Sachs-Gasse am 9. Dezember hatte für genug Wirbel gesorgt. Denn Branddirektor Otto Widetschek hatte Bernhard Lanz vorgeworfen, höchst fahrlässig gehandelt zu haben, weil die Decke zwischen Haupteingang und Abfallkeller (wo das Feuer ausgebrochen ist) nur aus Holz war. Die feuerpolizeiliche Anzeige wurde erstattet, die Baupolizei mußte ebenfalls tätig werden.

Lanz antwortete auf seine Art mit einem Flugblatt: Widetschek möge abtreten, „wegen Unfähigkeit".

Der Schlag unter die Gürtellinie traf hart. Denn er kam just am Tag, nachdem der Branddirektor das „Große Verdienstkreuz in Gold des Landesfeuerwehrverbandes" für vorbildliche Leistungen erhalten hatte. Widetschek steckt die verbale Lanz-Watschen nicht weg, er läßt Juristen prüfen, wie man dem selbsternannten Enfant terrible der Immobilienbranche gerichtlich beikommen könne. Wobei der oberste Grazer Feuerwehrmann nicht nur für sich, sondern auch für seine Florianijünger kämpfen will: „Lanz wirft uns vor, daß wir zwei Frauen gerettet haben, er will eidesstattliche Erklärungen haben, daß die zuerst ihre Gläser ausgetrunken hätten und sich dann über die Leiter aus Jux bergen hätten lassen." Und weiter: „Er regt sich auch auf, weil wir Fenster eingeschlagen haben – er soll einmal mit Atemschutz in einen Keller eindringen!"

Es sei die Verunsicherung der Bevölkerung in Sachen Brandschutz, die Lanz betreibe, ärgert sich Widetschek, und genau da sei er empfindlich. Mit mehr als 5400 Einsätzen hätten seine Leute ein Rekordjahr hinter sich. Diese fleißigen Mitarbeiter lasse er „nicht in den Dreck ziehen".

WERNER SCHNEIDER ■

Bilder: Franz Pauritsch

Branddirektor Otto Widetschek (links) läßt sich und seine Leute „nicht in den Dreck zerren"

Bernhard Lanz (r.) hat nach dem Feuer in seinem Haus einen Wunsch: Der Branddirektor muß weg

Bernhard Lanz forderte meine Ablöse als Branddirektor.

festgestellt habe – sicher der erste Beamte, dem eine derartige richterliche Feststellung zuteil wurde. Der angeblich unverwundbare Prozesshansl hatte jedoch mit dieser Verurteilung anscheinend seinen Nimbus verloren. Denn mit einem alten Schlagertext könnte man sagen: „Von nun an ging's bergab!" Anmerkung: Später wurde *Lanz* in einem anderen Prozess wegen fahrlässiger Krida zu zwei Jahren unbedingter Haft verurteilt. Heute ist diese zweifelhafte und schillernde Grazer Persönlichkeit völlig von der Bildfläche verschwunden.

13.7 Brand in einer Farbenhandlung

Am 26. Februar 1992 war um 11 Uhr das routinemäßige Treffen der Branddirektoren der österreichischen Berufsfeuerwehren vereinbart. Tagungsort war diesmal die Zentralfeuerwache Am Hof in der Wiener Innenstadt. Ich freute mich schon auf den Besuch in den alten Gemäuern, in welchen ich das ABC des Feuerwehrwesens gelernt hatte, und auf das Zusammentreffen mit meinen Branddirektor-Kollegen sowie den bevorstehenden Gedankenaustausch. Mit meinem Fahrzeug hatte ich gerade Wiener Neustadt hinter mir gelassen, als ich einen Anruf über Funktelefon erhielt.

Großbrand in der Grazer Innenstadt

Die Meldung verhieß nichts Gutes: In der Grazer Innenstadt war es in der Gleisdorfergasse in einer Farbenhandlung zu einem heimtückischen Großbrand gekommen, der bereits über eine Stunde tobte und nur schwer zu bekämpfen war. Es traten laufend kleinere Explosionen sowie gefährliche bis zu 20 Meter hohe Feuerlanzen auf und das Feuer drohte auch auf drei Wohn- und Bürogebäude überzugreifen. Meine Wien-Reise war damit ad acta gelegt, da ich als Branddirektor stets in derart problematischen Einsatzfällen die Einsatzleitung übernahm. Dies war kein Misstrauen gegenüber den ausgerückten Dienstoffizieren *BK Johann Kirnich* und *BOK Heimo Smagoi* sowie dem Einsatzdirektor *OBR Dr. Otto Meisenberger*. Nein, es war einfach meine Überzeugung, dass ein General vor allem im Gefahrenfall vor seiner Truppe stehen musste. Ich wendete daher bei der nächsten Autobahnausfahrt, um nach Graz zurückzufahren.

Verzwickte bauliche Situation

Beim gegenständlichen Objekt handelte es sich um einen zweigeschossigen Altbau mit ausgebautem Dachgeschoß in der Gleisdorfergasse 7 sowie einem nach Norden, Richtung Opernring, angebauten Lagerbereich (früherer Innenhof). Im Haus Gleisdorfergasse 7 befand sich im Erdgeschoß ein Verkaufsraum eines Farbengeschäftes. Im ersten Stock und im Dachgeschoß waren Wohnungen untergebracht. Ein Teil des lediglich etwa 100 m^2 großen Hauses war unterkellert. Die größte Brandlast war im nördlichen Bereich gegeben: Hier befand sich ein Lagerraum für brennbare Flüssigkeiten und ein Lacklager. Darüber war über eine innen liegende Stahltreppe ein illegal errichteter Bürotrakt vorhanden, der im wahrsten Sinn des Wortes eine Falle darstellte. Alles in allem ein verschachtelter Altstadtbereich mit hoher Brandlast und schlechter Fluchtwegsituation!

Einige Tonnen gefährliche Stoffe

Im gesamten Erdgeschoß des Objektes wurden zum damaligen Zeitpunkt umfangreiche Lagerungen für den Farbenfachhandel und Malereibetrieb vorgenommen. Es handelte sich dabei um eine Vielzahl an Lacken, Lösungsmitteln, Klebern sowie Rostschutz- und Imprägniermitteln. In Summe wurden im Nachhinein etwa 2.000 bis 3.000 Kilogramm gefährlicher Stoffe, darunter Aceton, Spiritus, Nitroverdünnung, Terpentin, Petroleum, Rostschutzmittel, Bienenwachs, Sprays und Brennpasten, abgeschätzt. Dabei befand sich der Großteil der brennbaren Flüssigkeiten mit Gefahrenklasse 1 (Flammpunkt unter 21° C) sowie das in nicht unerheblicher Menge vorhandene Kalziumkarbid im bereits zitierten Lagerraum, der allerdings eine untaugliche Brandschutztüre besaß.

Ein offener Gasofen als Zündquelle

Gegen 10.35 Uhr hantierte ein Angestellter der Firma mit Aceton. Dabei kippte ein Kanister um, wodurch einige Liter dieser brennbaren Flüssigkeit frei werden konnten. Noch während er in den Nebenraum eilte, um ein Tuch zum Aufwischen zu holen, entzündeten sich die schweren, am Boden dahinkriechenden Dämpfe an einem nur wenige Meter entfernten Gasofen in offener Bauweise. Der Brand griff sofort auf die in der Nähe befindlichen brennbaren Lagerungen (Kartons, Kerzen, Pinsel etc.) und in der Folge auf Lackdosen und Lösungsmittel über.

Rettung in letzter Sekunde

Da sich der Brand fast explosiv ausbreitete, war an eine Entstehungsbrandbekämpfung nicht mehr zu denken. Der den Brand auslösende Angestellte alarmierte daraufhin die anderen im Gebäude befindlichen drei Personen (darunter einen gerade anwesenden Krankenkassenkontrollor) und rettete ihnen damit vermutlich das Leben. Sie konnten sich im letzten Augenblick über die innen liegende Treppe über das Lager (wo das Feuer ausgebrochen war) retten. Dabei mussten sie sogar wichtige Akten, Taschen, Wertgegenstände und Kleidungsstücke zurücklassen. Auf jeden Fall konnte dadurch jedoch verhindert werden, dass drei Menschen, darunter ein Beamter in Ausübung seiner Tätigkeit, den Feuertod erleiden mussten.

Umfassender Feuerwehreinsatz

Die Bekämpfung dieses Großfeuers inmitten der Grazer Altstadt stellte uns auf eine harte Probe. Fast vier Stunden griffen die Männer der Berufsfeuerwehr in umfassender Weise diesen heimtückischen Brand unter Einsatz aller Mittel an. Insgesamt 10 Rohre, davon vier Schaumrohre, wurden von 45 Mann, die mit 10 Fahrzeugen eingesetzt waren, vorgenommen. Dieser Angriff erfolgte im verwinkelten Altstadtbereich unter größten Schwierigkeiten von vier Seiten, über zwei Innenhöfe, die Gleisdorfergasse und den Opernring. Dabei wurde zeitweise sogar ein schwerer Presslufthammer eingesetzt, um durch eine Mauer in einen schwer erreichbaren Lagerraum für gefährliche Flüssigkeiten vordringen zu können.

Eine starke Feuerpolizei ist notwendig!

Dieser Brandschaden zeigte uns bereits damals, wie problematisch der Brandschutz in historisch gewachsenen Altstadtzonen sein kann. Ich war schon immer der Meinung, dass es zur Realisierung einer vertretbaren Feuersicherheit, vor allem auch im städtischen Bereich, einer starken Feuerpolizei bedarf. Doch diese gab es zum damaligen Zeitpunkt in Graz erst rudimentär. Deswegen nahm ich den vorliegenden Brand zum Anlass, um diese Problematik magistratsintern aufzuzeigen. So erreichte ich, dass der damalige Leiter des Baurechtsamtes *Dr. Peter Marauschek*, zu dem ich einen guten persönlichen Kontakt hatte, die Brandstelle besuchte. Wir rüsteten ihn mit Gummistiefeln und Schutzbekleidung aus und ich nahm die Führung durch die Brandruine selbst vor. Was wir damit erreicht hatten? *Marauschek*, ein wichtiger Exponent im legistischen Bereich, war stark beeindruckt und fortan ein Mitkämpfer für den Brandschutz.

Große Folgeschäden

Obwohl der Brand auf ein relativ kleines Areal von etwa 400 m^2 beschränkt war, trat schließlich ein Brandschaden von über 10 Millionen Schilling auf. Bauliche Schäden betrafen dabei etwa sechs Millionen Schilling, Inventar- und Umweltschäden hielten sich mit je zwei Millionen Schilling etwa die Waage.

Das Dramatische dabei: Insgesamt 25 Tonnen kontaminiertes Löschwasser und sogar 45 Tonnen Brandschutt mussten fachgerecht entsorgt werden. Ich warnte schon damals vor großen Folgekosten bei modernen Brandereignissen, vor Chloridschäden nach PVC-Bränden, der denkbaren Bildung von hochtoxischen Dioxinen und der Kontamination der Umwelt durch gefährliche Kohlenwasserstoffe. Eine Entwicklung, die ja heute laufend bestätigt wird. Es ist in zunehmendem Maß mit hohen Sanierungskosten bei vielen Brandfällen zu rechnen, ganz zu schweigen von den verhängnisvollen Auswirkungen auf unsere Umwelt.

Einsatzgrenzen der Feuerwehr

In der Folge verfasste ich über dieses Brandgeschehen einen viel beachteten Fachartikel in unserer Feuerwehr-Zeitschrift BLAULICHT. Ich musste auch auf Anfrage mehrfach Vorträge über dieses Ereignis halten, davon alleine an drei Großveranstaltungen in Deutschland vor Feuerwehrexperten und Brandschutztechnikern. Der zitierte Fachartikel wurde auch in mehreren deutschsprachigen Fachzeitschriften übernommen, weil er die Einsatzgrenzen der Feuerwehr bei kompakten Gefahrgut-Lagerungen und fehlenden geeigneten präventiven Brandschutzmaßnahmen klar herausarbeitete. Beim vorliegenden Großbrand traten nämlich auf Grund der baulichen spezifischen Situation und des fehlenden vorbeugenden Brandschutzes bereits Schwierigkeiten bei einer minimalen Lagerfläche von etwa 150 m^2 auf.

Keine Frohbotschaft

Im Jahre 1986 hat uns der Katastrophenbrand im Lagerhaus Nr. 956 der Sandoz AG in Basel geschockt. Durch kontaminiertes Löschwasser wurde damals der Rhein über 400 Kilometer vergiftet. In der chemischen Großindustrie hat man daraus gelernt und heute bereits weitgehend entsprechende bauliche, technische und betriebliche Maßnahmen eingeleitet. In den kleineren und mittleren Betrieben und Geschäften, welche Lagerflächen für gefährliche Stoffe besitzen, sollten wir ebenfalls schnellstens aktiv werden. Das war die Botschaft dieses Großbrandes in einer Farbenhandlung in der Grazer Innenstadt, welche ich bereits vor über 20 Jahren „verkündet" habe.

14. Kapitel

Prävention: Der andere Brandschutz

Wenn der vorbeugende Brandschutz nicht stimmt,
steht die Feuerwehr auf verlorenem Posten!

Owid

Es ist fast eine Binsenweisheit: Wenn der vorbeugende Brandschutz nicht stimmt, hat die beste Feuerwehr keine Chance! Ohne Prävention geht also gar nichts. Und ich war daher schon immer der Meinung, dass ein guter Berufsfeuerwehroffizier neben seinem Einsatzdienst auch im Bereich des vorbeugenden Brandschutzes ein gerüttelt Maß an Wissen haben müsste. Gerade derartige umfassende Kenntnisse einerseits im Bereich der abwehrenden Maßnahmen und andererseits der Prävention machen den Bereitschaftsoffizier bei einer Berufsfeuerwehr aus. Das predigte ich meinen in der Führungsetage tätigen Herren immer wieder!

14.1 Über den Brandschutz in Österreich

Nach dem Zweiten Weltkrieg lag Österreich in Schutt und Asche. Die Bombardements der Alliierten hatten die wichtigsten Städte arg getroffen und die Schwerindustrie sowie die gesamte Verkehrsinfrastruktur vernichtet. Interessanterweise wurde die steirische Landeshauptstadt Graz mit 56 großflächigen Fliegerangriffen am meisten bombardiert. In Wien gab es 53, in Klagenfurt 48, in Villach 37, in Wiener Neustadt 29, in Innsbruck 22, in Knittelfeld 20, Salzburg 16 und schließlich in St. Pölten 10 Bombeneinsätze.

Der Wiederaufbau

Nun kam die Aufräum- und Wiederaufbauphase. Viele Bauwerke waren Ziegelhäuser und man sah fast überall Menschen, die den Mörtel von noch intakten Ziegelsteinen abklopften, diese stapelten und für den erneuten Aufbau der Häuser verwendeten. Viele darunter waren Frauen, denn die Männer waren im Felde gefallen oder, wie mein Vater, noch in der Kriegsgefangenschaft. Auch meine Mutter war eine so genannte Trümmerfrau und rackerte sich die Seele aus dem Leib.

Nun erfolgte landesweit die Neuerrichtung der meisten Gebäude und moderne Technologien aus der Bauwissenschaft setzten sich durch. Große Bauwerke wurden jetzt fast alle in Stahlbetonbauweise errichtet und auch mächtige Stahlkonstruktionen mit Kunststoffen und Glas in allen Variationen entstanden allerorts. Dazu setzte eine fast unheimliche Technisierung der gesamten Umwelt ein – leider ohne den Brandschutz im erforderlichen Ausmaß zu berücksichtigen!

… nicht Schritt gehalten!

Diese totale Technisierung unserer Umwelt hat neue Risiken für die Bevölkerung und vor allem für das an vorderster Front bei Bränden, Unfällen und Katastrophen tätige Einsatzpersonal entstehen lassen. Wir müssen leider erkennen: Der vorbeugende Brandschutz hat mit dem raschen Wertzuwachs in unserer Gesellschaft nicht Schritt halten können. Die Feuersicherheit ist daher in vielen Bereichen ins Hintertreffen geraten und führt – nicht nur in Österreich – in unserer technisierten Zeit meist ein Aschenputtel-Dasein. Meiner Vorlesung, welche ich ab dem Jahre 2006 an der Karl-Franzens-Universität in Graz mit großem Erfolg halte, habe ich daher, auch aus diesem Grund, den für manchen etwas provokanten Titel „Ist der Brandschutz ein Stiefkind?“ gegeben.

Im Hörsaal der Karl-Franzens-Universität Graz. (Foto: Sitter)

„Explosion“ der Brandschäden

Frühestens nach Großbränden mit vielfachem Millionenschaden und einer großen Zahl von Todesopfern wird in der Öffentlichkeit nach dem Stellenwert des Brandschutzes in Österreich gefragt. Tatsache ist jedoch, dass die Verluste durch Brandschäden förmlich „explodieren“: Sie sind heute fast 600 bis 700 Prozent höher als vor 50 Jahren! Das ist ein gewaltiger Anstieg der jährlichen Einbuße an Volksvermögen, wobei hier die laufende Geldentwertung bereits berücksichtigt wurde.

Hauptursachen der Schäden

Heute wissen wir, dass diese Entwicklung nachweislich folgende Hauptursachen besitzt:

- Die moderne Bauweise mit ihrem Hang zum Gigantischen und ihren **großen Brandabschnitten**.
- Die steigende **Wertdichte** (Wert pro m^2), z. B. bei der Informationstechnologie (IT) sowie bei Roboteranlagen.
- Die zunehmende Verwendung von Stoffen mit hohem Heizwert (vor allem bei Plasten und brennbaren Flüssigkeiten). Damit steigt die **Gesamt-Brandbelastung** in einem Bauwerk.
- Die immer mehr in den Vordergrund tretenden **Folgeschäden**, welche heute bereits häufig bis zu 50 Prozent des Gesamtschadens bei einem Brand ausmachen können (vor allem Chlorid-Schäden an Bauwerken und die Dioxin-Problematik sind hier zu nennen). In der Regel sind umfangrei che (und teure) Dekontaminationsarbeiten (siehe z. B. Flughafengebäude von Düsseldorf und Firma MACO in Trieben) durchzuführen.

„Bundesschäden“ nicht berücksichtigt

Dabei ist festzuhalten, dass – bei einer relativ günstigen Statistik auf dem Gebiete der Personenschäden – der Trend zum Großschaden ungebrochen ist. Nach der leider nur bis zum Jahr 2000 geführten Brandschaden-Statistik der ehemaligen Zentralstelle für Brandverhütung (jetzt SCHUTZ-HAUS), welche allerdings Bundes-, Landes- und Kommunalgebäude nicht berücksichtigt, sind im Jahre 2000 rund 25.000 Brände in Österreich aufgetreten, welche einen Durchschnittsschaden von über 300 Millionen Euro verursacht haben. Anmerkung: „Bundesschäden“, wie beim Hofburgbrand (1992) und dem Brand des Zollamtsgebäudes in Spielfeld (2003) wären dabei beispielsweise nicht berücksichtigt.

Großschäden

Aus österreichischen und internationalen Statistiken kann abgeleitet werden, dass große Sachschäden im Wesentlichen im Industrie- und Gewerbebereich auftreten. Man denke nur an den Megaschaden aus dem Jahre 2006, welcher in der Großdruckerei Leykam in Neudörfl an der Leitha, Burgenland, entstanden ist. Es ist dies der größte Einzelschaden in Österreich seit Menschengedenken. Ein weiterer interessanter Aspekt: Großschäden verlaufen in der Regel ohne Personenschäden (abgesehen von den Verletzungen bei den Löschmannschaften).

Der Großbrand bei Leykam in Neudörfl an der Leitha verursachte den bis dato größten Einzelschaden in Österreich. (Foto: APA)

Personenschäden

Bei welchen Brandszenarien ist nun die Gefahr für den Menschen am größten? Auch hier gibt es klare Aussagen: Personenschäden mit Todesfolge treten vor allem durch die Einwirkung des Brandrauches im Wohn- und Schlafbereich (Wohnung, Heim, Hotel) auf. Der Katastrophenbrand vom 8. Februar 2008 im Seniorenheim von Egg, Vorarlberg, ist mit 12 Toten dabei nur ein schlagendes Beispiel. Der größte Blutzoll war jedoch in diesem Zusammenhang im Jahre 1979 in Wien beim Brand im Hotel „Am Augarten" mit 25 Toten festzustellen. Einen jedoch symptomatischen Sonderfall stellt die Brandkatastrophe von Kaprun aus dem Jahre 2000 mit 155 Todesopfern dar. Abgesehen von diesem Megadesaster gibt es in Österreich im langjährigen Mittel 50 bis 70 Brandtote im Jahr. Interessant ist, dass die meisten Opfer dabei in Verbindung mit relativ geringem Sachschaden zu beklagen sind! In Österreich kommen auf 1 Million Einwohner im Durchschnitt 7,9 Brandtote pro Jahr. Wir liegen damit, international gesehen, sehr gut im unteren Viertel.

Todesursachen

Bei den Todesursachen im Zuge von Bränden liegen die Rauchgasvergiftungen weit vorne. Nach neueren Schätzungen dürfte der Anteil der Rauchgastoten bei etwa 80 Prozent, jener der Verbrennungstoten bei 20 Prozent liegen. Diese Statistik schreit förmlich nach einer verbindlichen Einführung von Heimrauchmeldern, wie es in einigen deutschen Bundesländern bereits erfolgt ist. Dieser kleine elektronische Lebensretter mit einem Preis von etwa 20 bis 25 Euro

Hotel „Am Augarten": Mit Ausnahme eines Todesfalls durch Fenstersprung wurden 24 Personen durch Rauchgase vergiftet.
(Foto: BF Wien)

pro Exemplar könnte in Österreich jährlich mindestens 10 bis 20 Menschen das Leben retten. Bis heute ist es uns – trotz intensiver Bemühungen – noch nicht gelungen, eine verpflichtende Einführung von Heimrauchmeldern in den Feuerpolizeigesetzen durchzusetzen.

Die Rauchgefahr

Der Grund für diese gefährliche Entwicklung liegt auf der Hand: Rauchgasrate, Rauchgasdichte, Toxizität, aber auch Durchzündungsfähigkeit des Rauches sind heute – durch den komplexen Einsatz von Kunststoffen und Chemikalien – wesentlich höher als beim Abbrand „klassischer" Stoffe wie Holz. Wir müssen dadurch auch mit einer drei- bis fünffach höheren Brandbelastung rechnen als noch vor einigen Jahrzehnten. Vor allem die Feuerwehrmänner haben mit diesen Problemen (hohe Toxizität und vermehrte Rauchdurchzündungen in Form von Backdrafts & Flashovers) vor Ort zu kämpfen.

Die daraus resultierende allgemeine Erkenntnis: Neue Bautechnologien in Kombination mit der Billigbauweise unserer Tage, hohe Wertdichten (z.B. in EDV-Anlagen) und große Menschenansammlungen (z. B. in Hotels und Krankenhäusern) erfordern neue Wege auf dem Sektor des vorbeugenden und abwehrenden Brandschutzes.

Im Jahre 1998 wurde der bekannte Robinsonclub am Nassfeld, Kärnten, ein Raub der Flammen.
(Foto: Widetschek)

„Bauwerke auf der grünen Wiese“

Die verkehrstechnische Erschließung unserer Landschaft bringt in zunehmendem Maße große Industriebauten ins ländliche Gebiet. Über die neuartigen Industrieanlagen und gigantischen Bauwerke kann man geteilter Meinung sein. Auffällig ist nur, dass viele von ihnen eine erhöhte Brandanfälligkeit aufweisen. Die Brandkatastrophen von Loipersdorf im Jahre 1983 und im Robinsonclub am Nassfeld im Jahre 1998 waren weitgehend derartige Szenarien. Es handelte sich dabei um zwei erst wenige Jahre alte Bauwerke, bei welchen der vorbeugende Brandschutz nicht richtig dimensioniert wurde.

Gewachsene Strukturen

Neben den problematischen „Bauwerken auf der grünen Wiese“ treten große Brandkatastrophen auch meist in älteren und vor allem historischen Bauwerken auf, welche im Laufe der Jahrzehnte unkontrolliert gewachsen sind. Sie wurden ständig erweitert, ohne dass der erforderliche Brandschutzstandard berücksichtigt worden wäre. Typische Beispiele dazu sind der Gerngroßbrand in Wien aus dem Jahre 1979, die Brandkatastrophen bei Kaindl in Salzburg und der Firma Leiner in St. Pölten im Jahre 1989 sowie der Brand der historischen Redoutensäle (1992) und der Sofiensäle in Wien (2001). Auch der Katastrophenbrand von Egg aus dem Jahre 2008 gehört in diese Kategorie.

Die „10 Todsünden des Brandschutzes“

Nach einer Analyse der großen Brandkatastrophen ergeben sich immer wieder dieselben Ursachen für derartige Ereignisse. Ich möchte sie im Folgenden als die „10 Todsünden des Brandschutzes“ bezeichnen:

- Große Brandabschnitte und mangelnder baulicher Brandschutz
- Unzureichende Flucht- und Rettungswege
- Hohe Brandbelastung (Plaste, gefährliche Stoffe)
- Große Kunststoffanteile, vor allem PVC (Folgeschäden)
- Keine Brandmeldeanlage
- Keine Sprinkleranlage
- Fehlende Brandrauchentlüftung (Flashover, Backdraft)

- Schlechter Betriebsbrandschutz
- Kein Intrusionsschutz (Brandstiftung)
- Menschliches Versagen

14.2 Brandschutz im Grazer Opernhaus

Spätestens nach dem katastrophalen Brand im Wiener Ringtheater am 8. Dezember 1881, bei welchem 384 Tote zu beklagen waren, erkannte man die Bedeutung des vorbeugenden Brandschutzes in allen Bauwerken und Veranstaltungsräumen mit großen Menschenansammlungen. Umfangreiche bauliche und betriebliche Maßnahmen werden seit damals bei der Errichtung eines Theaters vorgeschrieben. Daneben eine Reihe von organisatorischen Vorkehrungen während einer Theaterveranstaltung – zum Beispiel Rauchverbot und ständige Anwesenheit einer Brandsicherheitswache.

Alte Oper: Schlechter Brandschutz!

Trotz alledem war es um den Brandschutz im alten Grazer Opernhaus jedoch schon seit Langem nicht zum Besten bestellt und es hing das Damoklesschwert der feuerpolizeilichen Schließung jahrelang über dieser altehrwürdigen Theaterstätte. Der notorische Platzmangel, die große Brandbelastung durch die heute verwendeten Ausstattungs- und Dekorationsmaterialien, unzureichende Fluchtwege und fehlende Brandabschnitte ließen im Falle eines Brandausbruches das Ärgste befürchten. Vor allem der brandschutztechnisch untaugliche eiserne Vorhang zwischen Bühne und Zuschauerraum bereitete den Verantwortlichen große Sorgen.

Die Oper als Chefsache

Gerade zum Zeitpunkt meines Wechsels zur Berufsfeuerwehr im Jahre 1981 war nun eine Sanierung wesentlicher Teile der Grazer Oper vorgesehen. Es sollte in erster Linie die Bühne mit ihrer gesamten Technik neu gestaltet und ein zusätzliches Kulissendepot sowie eine Montagehalle errichtet werden. Dabei war auch eine für viele gewagte architektonische Verbindung des Bühnentraktes mit der baulich abgesetzten Thalia geplant. Ich erkannte sofort die große Bedeutung dieses Bauprojektes und erklärte es kurzerhand zur Chefsache. Dies war jedoch leichter gesagt als getan. Denn ich hatte während meiner Lebringer Zeit schon jahrelang nicht mehr viel mit dem vorbeugenden Brandschutz zu tun gehabt. Kurz vor meinem Wechsel am 1. November 1981 in die Branddirektion Graz wusste ich bereits von diesem großen Bauvorhaben und machte ich daher in meinem Urlaub ein einwöchiges Auffrischungspraktikum bei meiner alten Dienststelle in Wien.

Brandschutzseminare in der ÖAF

Derart fachlich gerüstet ging ich nun in die Verhandlungen mit dem als Generalplaner verantwortlichen Architekten *Dipl.-Ing. Walther Kordon sen.*, einem in baulichen Angelegenheiten „alten Hasen". Ich entsinne mich noch der vielen beinharten Diskussionen, welche ich mit ihm und seinem engsten Mitarbeiterstab zu bestehen hatte. Allein um den Einbau einer automatischen Brandmeldeanlage durchzusetzen, musste ich enorme Überzeugungsarbeit leisten. Dabei unterstützte mich damals bravourös mein Stellvertreter *BR Franz Karl Planinsic*, mit dem ich später auch bei der Österreichischen Akademie für Führungskräfte (ÖAF) über viele Jahre Brandschutzseminare in ganz Österreich fachlich organisierte und betreute.

Schulung des ORF-Personals

Dadurch kamen wir mit den Vertretern vieler Industrie- und Gewerbebetriebe sowie öffentlicher Dienststellen in Kontakt. Mit einer Reihe fachlich ausgezeichneter Gastvortragender schufen wir damals bereits ein einmaliges Forum für den Brandschutz in Österreich. Wir hielten diese sehr gefragten Veranstaltungen mit großem Erfolg in den besten einheimischen Seminarhotels über fast 10 Jahre ab und erwarben uns dabei eine große Fachkompetenz. Viele Verantwortliche holten uns auch für Brandschutzschulungen direkt in die Betriebe. So führten wir beispielsweise mehrere Jahre im Österreichischen Rundfunk am Küniglberg in Wien derartige Veranstaltungen für das gesamte Personal durch. Leider ging die ÖAF später in Konkurs und wir erlitten beide dabei nicht nur finanzielle Verluste, sondern verloren auch diese hochinteressante Plattform für den gesamten Brandschutz.

Fast vier Jahre Umbau

Doch zurück zum Grazer Opernhaus, welches ab 1981 vom Grunde her renoviert und neu gestaltet und mit der Uraufführung der „Angelica vincitrice di Alcina“, einem „Festa teatrale“ mit der Musik des berühmten Grazer Tonkünstlers *Joseph Fux*, am 12. Jänner 1985 eröffnet wurde. Dieses historische Bauwerk ist weit für 1.200 Besucher ausgelegt und damit eines der größten Volltheater Österreichs.

Beim Abbruch diverser Bauteile und der alten technischen Einrichtungen zeigten sich dann die wahren Brandschutzmängel. So fand man in den Zwischendecken fast blanke Stromkabel in zentimeterhohen Staubschichten.

Das renovierte Grazer Opernhaus (ansatzweise links im Bild der neue „Eiserne Vorhang)“.

Umfassendes Brandschutzkonzept

Es lag in der Natur der Sache, dass der Brandschutz in einem derartigen Gebäude nur in Form eines umfassenden Konzeptes verwirklicht werden konnte. Die im Projekt von uns berücksichtigten Schwerpunkte waren:

- Konsequente Brandabschnittsbildung zwischen den wichtigsten Funktionsbereichen und vor allem zwischen der Bühne und dem Zuschauerraum („Eiserner Vorhang“).
- Schaffung gesicherter Flucht- und Rettungswege.
- Einbau einer automatischen Brandmeldeanlage zur Brandfrüherkennung.
- Einbau bzw. Vorhaltung von Löscheinrichtungen und Löschgeräten für eine optimale Brandbekämpfung.

- Ausschließliche Verwendung von zumindest schwer brennbaren und schwach qualmenden Ausstattungsstoffen.

Betrieblicher Brandschutz gehört ins eigene Haus!

Für mich stand schon damals fest, dass neben dem baulichen und technischen Brandschutz auch der Betriebsbrandschutz auf neue Beine gestellt werden musste. Ich strebte daher schon damals (unter dem Motto: „Der betriebliche Brandschutz gehört ins eigene Haus!") auch in den Vereinigten Bühnen die Gründung einer eigenen Betriebsfeuerwehr mit einem straffen behördlichen Kontrolldienst an. Dies gelang – leider gegen den Widerstand der Baubehörde und vieler meiner Berufsfeuerwehrkollegen, welche damals den Brandschutz während der Theater-, Opern- und Operettenvorstellungen gegen Bezahlung durchführten – jedoch erst im Jahre 1991.

14.3 Tod im Hotel

Im Jahre 1979 kam es in Wien im Hotel „Am Augarten" zu einem heimtückischen Brandfall, der 25 Todesopfer forderte. Das Feuer brach dabei in der unbesetzten Portierloge kurz nach vier Uhr früh durch Zigarettenreste in einem Papierkorb aus. Die Ursache für dieses Drama: In diesem Hotel waren weder eine Brandmeldeanlage noch Brand- und Rauchabschnitte vorhanden und auch der betriebliche Brandschutz war ein Fremdwort für die damaligen Verantwortlichen. Dadurch konnten sich jedoch die tödlichen Brandgase über eine Stunde lang entwickeln und im gesamten Bauwerk unerkannt ausbreiten.

„Lex Teppich"

Die Konsequenzen aus dem „Augartenbrand": Man hat zumindest gelernt, dass leicht brennbare Bodenbeläge im Brandfall – vor allem in Stiegenhäusern – ein Problem darstellen können. Es wurde dann in Form einer Bundesländerrichtlinie sogar eine Art „Lex Teppich" geschaffen, aber damit hatte es sich schon. Als ein Wiener Kommunalpolitiker damals triumphierend ein Stück Teppich vor der Fernsehkamera entzündete, hatte man den „Schuldigen" in der Öffentlichkeit überführt. Ich habe damals diese Vorgangs-

und Denkungsweise als eindimensional bezeichnet. Denn ein zielgerichteter Brandschutz besteht aus einer ganzen Palette von baulichen, technischen und organisatorischen Maßnahmen!

Beim Katastrophenbrand im Wiener Hotel „Am Augarten" kamen im Jahre 1979 insgesamt 25 Menschen ums Leben. (Foto: Schaupensteiner)

In Graz nicht anders!

Als ich im Jahre 1981 Branddirektor in Graz wurde, interessierte ich mich daher auch für den Brandschutzstandard der heimischen Hotels. Gemeinsam mit *BR Franz Karl Planinsic* untersuchte ich nun die Feuersicherheit unserer Hotellerie. Und wir erlebten dabei unsere blauen Wunder, denn die meisten unserer Beherbergungsbetriebe waren genauso brandgefährdet wie das ominöse Katastrophenhotel in Wien. Neben nicht ordnungsgemäßen Fluchtwegen gab es auch in Graz keine Brandabschnittsbildung, keine Brandmeldeanlagen und der betriebliche Brandschutz fehlte fast überall. Es war also nur eine Frage der Zeit, wann ein ähnliches Desaster wie in Wien auch bei uns eintreten würde.

Das Brandschutzgutachten als Damoklesschwert

In dieser Situation war guter Rat teuer! Denn wir hatten gesetzlich vorerst keine Chance, Verbesserungen im Brandschutz zu erreichen. Eine gesetzliche Handhabe war erst dann gegeben, wenn ein meldepflichtiger Um- bzw. Ausbau der Hotelanlage anstand. Doch auch hier war in erster Linie nur der erneuerte Teil des Hotels betroffen, der Altbestand war für uns fast immer tabu. In dieser Zeit versuchten *Planinsic* und ich große Überzeugungsarbeit zu leisten, welche jedoch nicht immer von Erfolg gekrönt war. So erstellten wir für die größten Hotels in Graz, wie das Weitzer, Wiesler und den Steyrerhof, vorerst nur unverbindliche Gutachten, welche aber für die Betreiber eine Art Damoklesschwert darstellten.

Ich „pfeife“ auf den Brandschutz!

Leider war damals (und es ist heute nicht anders) das Verständnis der Hoteliers für den Brandschutz nicht immer sehr hoch, wenn es um größere Investitionen ging. In einer Diskussion sagte mir einmal ein Hoteldirektor: „Jetzt besteht unsere Hotelkette schon fast 100 Jahre. Bis dato ist noch kein größerer Brand aufgetreten und nun sollen wir alles umkrempeln. Wir müssen Brand- und Rauchschutztüren einbauen, eine Brandrauchentlüftung und sogar eine Brandmeldeanlage vorsehen, die immer dann anspricht, wenn man wichtige Gäste im Haus hat! Wissen Sie was, ich pfeife auf den Brandschutz!“ Was soll man da entgegenhalten?

Ein Bild sagt mehr ...

Ich habe mir dann ein großes Foto vom Augartenbrand anfertigen lassen, welches eine abgebrannte Sitzgarnitur zeigt. Dabei war das Holz nur oberflächlich angesengt, aber die Polsterauflage aus Schaumstoff war nicht mehr vorhanden. Lediglich die metallischen Teile des Federkerns waren übrig geblieben. Damit konnte ich sachlich argumentierende Gesprächspartner stets von der geänderten Situation im Hotel-, Wohn- und Bürobereich und von der Tatsache überzeugen, dass alleine die Brandbelastung in den letzten 50 Jahren, vor allem durch Kunststoffe um das Drei- bis Fünffache gestiegen ist. Dazu kommt –

neben dem großen „Unsicherheitsfaktor Mensch“ – die moderne Technik in allen Variationen, die generell „brandfördernd“ wirkt. Die pozentielle Brandgefahr ist auch durch die moderne und größere Bauweise stark gestiegen und erfordert heute neue Strategien, um die Sicherheit der Gäste zu gewährleisten.

Symbolisch für die moderne große Brandbelastung: eine abgebrannte Sitzecke beim Großbrand im Hotel „Am Augarten“.
(Foto: Schaupensteiner)

Das Hotel Europa als Trendwende!

Doch erst mit dem Bau des neuen Hotels Europa in der Nähe des Grazer Hauptbahnhofes kam dann im Jahre 1986 auch für den Brandschutz die Trendwende. Die „alten Hotels“ mussten schließlich nachgerüstet werden, um konkurrenzfähig zu bleiben. Im Zuge dieser Entwicklung überzeugte ich dann zuerst *Dipl.-Ing. Dr. Hans Helmut Weitzer*, der studierter Chemiker war, von der Notwendigkeit eines sinnvollen Brandschutzes im gesamten Hotelbereich und nicht nur im Neubautrakt. Später zeigte dieser dann voll Stolz bei Führungen durch die Hotelanlage den Gästen die selbsttätig schließenden Brandschutztüren, die Brandmeldeanlage und die neuen Fluchtwegkennzeichnungen.

„Der Totengräber ist da!“

Das im Familienbesitz befindliche Hotel *Wiesler* wurde damals wegen der umfassend notwendigen brandschutztechnischen Umbauten verkauft. Wenn ich ins hoteleigene Café kam, empfing mich die Chefin oft mit den nicht gerade schmeichelnden Worten: „Unser Totengräber ist da!“ Und das Hotel *Steyrerhof* wurde nach einem Gutachten von *BR Planinsic* später sogar abgerissen, weil für den „alten Kasten“ kein neuer Pächter mehr gefunden werden konnte.

Strickleiter und mobiler Brandmelder

Dass der Brandschutzstandard nicht nur in den Grazer Hotels Anfang der Achtzigerjahre katastrophal war, zeigte sich bei vielen Brandschutzseminaren, welche wir in ganz Österreich in renommierten Hotels im Rahmen der ÖAF abhielten. Die meisten Anlagen waren dabei leider die besten Anschauungsobjekte, wie der Brandschutz nicht organisiert werden soll. Durch unsere Diskussionen mit den Hotelbetreibern wurden wir später auch vielfach als Berater engagiert. Ich erinnere mich in diesem Zusammenhang auch an eine Strickleiter, welche ich stets im Kofferraum mitführte und die ich – in besonders brandgefährdeten Hotelanlagen – in meinem Zimmer zur jederzeit möglichen Flucht installierte. Ich kaufte mir später auch einen mobilen Brandmelder, den ich über meinem Hotelbett in Stellung brachte.

Fruchtbare Mitarbeit

Heute ist der Brandschutzstandard in vielen Hotelanlagen in Österreich, auch durch unsere Grazer Aktivitäten, wesentlich verbessert worden. Wir haben weiters bei der Ausarbeitung der einschlägigen Technischen Richtlinien Vorbeugender Brandschutz, den TRVB N 143 und 144 für Beherbergungsbetriebe, maßgeblich mitgearbeitet und unsere Erkenntnisse zu diesem wichtigen Problemkreis eingebracht. Vor allem die in mittleren und größeren Hotelbetrieben wichtigen Brandmeldeanlagen wurden in Graz verstärkt nach Gründung der örtlichen Feuerpolizei im Jahre 1985 vorgeschrieben. Alles zum Schutz unserer reisenden Mitbürger und damit sich nie wieder eine derartige Brandkatastrophe wie in Wien im Jahre 1979 in Österreich ereignet.

Leichen im Keller?

Eines ist jedoch klar: Gerade bei kleineren Hotelanlagen, in welchen auch in Österreich keine Brandmeldeanlagen bindend vorgeschrieben sind, kann es jederzeit zu gefährlichen Bränden kommen. Ein Beispiel ist der verheerende Brand am 15. April 2005 im Hotel „Paris Opéra", bei welchem 22 Menschen ums Leben kamen und 55 Personen verletzt wurden. Vor allem dann, wenn – wie im vorliegenden Fall – die Sicherheitsvorschriften von skrupellosen

Geschäftemachern umgangen werden. Wir wissen also nicht, wie viele „Leichen" bei uns im Keller liegen, sollten uns aber gerade als Fremdenverkehrsland hier keine Blöße geben.

Gütesiegel

Ich forderte schon damals, dass es vor allem im Brandschutz ein anerkanntes Gütesiegel für unsere Hotels und Restaurationsbetriebe geben müsse, welches unsere Feuerwehren im übertragenen Sinne bereits längst erworben haben. Anmerkung: Dieses Brandschutzgütezeichen der Quality Austria (nicht nur für Hotels, sondern für alle betrieblichen Anlagen) wurde auf Initiative unserer Grazer Aktivgruppe (*Ing. Alfred Pölzl MSc, Ing. Rudolf Mark, Dipl.-Ing. Herbert Hasenbichler* und mir) im Jahre 2007 geschaffen und soll mithelfen, den Brandschutzgedanken in verstärktem Maße in das Qualitätsmanagement einzubeziehen.

14.4 Die verbrannte Therme

Als in der Nacht vom 24. auf den 25. September 1983 das große Thermengebäude des Thermalbades Loipersdorf durch einen Großbrand mit einem Schaden von über 500 Millionen Schilling vernichtet wurde, waren alle Steirer schockiert. Das Jahrhundertbauwerk der Oststeiermark wurde binnen weniger Stunden ein Raub der Flammen, was fast niemand verstehen konnte. Denn was war geschehen? Eine Sauna – an einem Ende einer lang gestreckten Thermenhalle angebaut – gerät in Brand, wodurch das gesamte etwa 150 Meter lange Bauwerk eingeäschert wird.

Göttliche Vorsehung?

Im Mittelalter hätte man ein derartiges Katastrophenereignis als Ausdruck der göttlichen Vorsehung bezeichnet. *Friedrich von Schiller* beschreibt die Urkraft des Feuers in seinem „Lied von der Glocke" noch so:

> ” *Wehe, wenn sie losgelassen*
> *Wachsend ohne Widerstand*
> *Durch die volksbelebten Gassen*

Wälzt den ungeheuren Brand.
Denn die Elemente hassen
Das Gebild aus Menschenhand! "

Der Großbrand von Loipersdorf war weder von göttlicher Hand vorbereitet noch ein mystischer Akt zur Vernichtung des Blendwerkes der Menschen. Er hatte viel banalere Ursachen.

Holz in allen Variationen

Nachdem in den Siebzigerjahren in der oststeirischen Gemeinde Loipersdorf eine heiße Quelle entdeckt wurde, entschloss man sich, ein Thermalbad zu errichten. Den ersten Preis im Architektenwettbewerb erhielt ein Projekt, welches sich optisch besonders gut in die hügelige Waldgegend einfügte und das auch von der Auswahl der Baustoffe ein harmonisches Ganzes versprach. In erster Linie wurde Holz als dominierendes Konstruktions- und Gestaltungselement in allen Variationen eingesetzt. Von der gewaltigen Dachkonstruktion aus Holzleimbindern spannte sich der Bogen bis zur Außenwandverkleidung aus Schindeln.

Das Jahrhundertbauwerk mit dem Kainsmal

Die Forderung nach einem großräumigen Bauwerk, gepaart mit der Kreativität des Architekten, ließ ein großzügiges Jahrhundertbauwerk entstehen. Mit einem ganz großen Planungsfehler: Der Brandschutz war nicht im erforderlichen Maße vorhanden! Da Brände in Schwimmbädern eher selten sind und von vornherein große Wassermassen zur Verfügung stehen, glaubte man, erst gar nicht über die notwendigen Brandschutzmaßnahmen diskutieren zu müssen. Ein verhängnisvoller Denkfehler! Das Grundübel aber war eine etwa 60 cm starke Zwischendecke, welche durch das gesamte Bauwerk ohne eine einzige Brandabschottung verlief. Ein Kainsmal der besonderen Klasse! Das einmal hier eingedrungene Feuer fand für eine rasche Ausbreitung genügend Nahrung und war wegen der schweren Zugänglichkeit nicht zu bekämpfen.

Der Totalbrand des Thermengebäudes um Mitternacht.

Zu spät alarmiert!

Die Feuerwehren Loipersdorf und Fürstenfeld, welche als Erste alarmiert wurden, standen dem Brandgeschehen machtlos gegenüber. Denn das Dilemma begann bereits bei der Alarmierung: Der Brand wurde nämlich erst nach Dienstschluss um ca. 22.20 Uhr von einer Reinigungskraft entdeckt. Mit einer Verzögerung von 15 Minuten wurde dann Alarm gegeben. Die im Bauwerk vorhandene Brandmeldeanlage sprach erst kurze Zeit später an. Dazu muss gesagt werden, dass es im Bereich des Brandausbruches (Freigelände) keine Brandmelder gab.

Der Megaschaden von Loipersdorf aus der Vogelperspektive.

Bis zu 15.000 l/min

Als nun die Feuerwehren am Brandort eintrafen, hatte sich das Feuer schon im sehr schwer zugänglichen Zwischendeckenbereich eingenistet und konnte nicht mehr eingedämmt werden. Dies lag einerseits nach innen an der mächtigen Unterschalung und andererseits nach außen an dem großflächig verlegten Kupferblechdach, welches das aufgebrachte Löschwasser nicht zum Brandherd vordringen ließ. In Spitzenzeiten wurden von den Einsatzkräften bis zu 15.000 Liter Wasser pro Minute auf das Gebäude gespritzt – leider wirkungslos und ineffektiv!

Brandursache Wärmestau

Bei der Ermittlung der Brandursache gab es einige Turbulenzen. Eines lag für uns Fachleute klar auf der Hand: Der Brand war in der Innenschalung der Blocksauna, welche nachträglich einer Wärmedämmung unterzogen wurde, ausgebrochen. Der zuerst im Abstand von 10 cm von der Holzwand aufgestellte Elektroofen wurde nach einer zusätzlichen Wärmedämmung und einem Brettlbinder wieder am selben Ort installiert und war jetzt nur mehr 2,2 bis 2,6 cm entfernt. Bereits diese Verringerung des Sicherheitsabstandes genügte, um einen entsprechenden Wärmestau in der Holzwand zu produzieren und den Brand auszulösen.

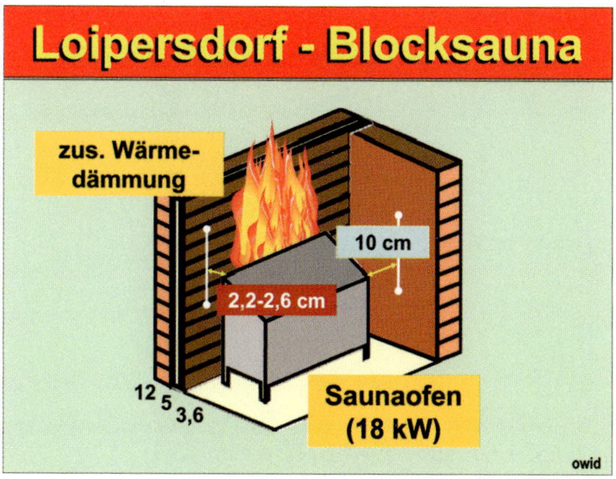

Die Blocksauna in Loipersdorf und die Brandursache (Wärmestau) in schematischer Darstellung.

Zündpunkterniedrigung bei Holz

Dann begann die Suche nach den Schuldigen: Zuerst verdächtigte man die Putzfrau und später den Hauselektriker. Dieser sollte dann auch tatsächlich vor Gericht gestellt werden. Ich habe damals über drei Tage an der Brandstelle zugebracht und alle vorhandenen Details erhoben und war einigermaßen erbost, dass man nun den „kleinen Mann" als Sündenbock opfern wollte, wo doch der vorbeugende Brandschutz auf fast allen Ebenen versagt hatte. Doch es kam nicht so weit: Ein Gutachten der HTL Mödling stellte kurze Zeit später anhand von Temperaturmessungen an einer Zwillingssauna fest, dass im Bereich der Holzwand nur (!) eine Temperatur von knapp über 80 °C aufgetreten sein kann. Aufgrund der damals in der Literatur angegebenen möglichen Zündpunkterniedrigung auf bis zu 120° C wurde damit die Brandursache durch Wärmestau ausgeschlossen und die Theorie von einer geheimnisvollen Brandstiftung in den Raum gestellt.

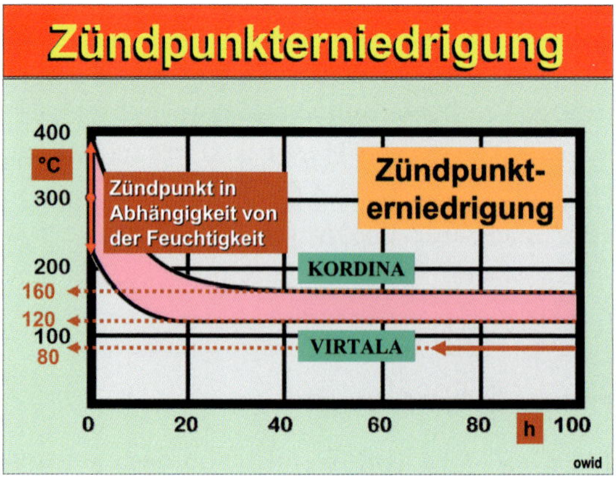

Die Zündpunkterniedrigung nach Kordina und Virtala. Demnach hätte der Brand in Loipersdorf ohne Weiteres durch Wärmestau ausgelöst werden können.

An der falschen Stelle gespart!

Damit war der Hauselektriker zwar aus dem Schussfeld genommen worden, aber die Ursachenfindung war – so stellte ich damals fest – trotzdem falsch. Ja, ich behaupte, dass die Vorgangsweise beim Bau der Therme Loipersdorf ohne Berücksichtigung der wesentlichsten Brandschutzprävention in den Sechziger- und Siebzigerjahren des vorigen Jahrhunderts als typisch angesehen werden kann. Man sparte damals aus Unverstand und falschem wirtschaftlichem Denken auf Kosten der Sicherheit an der falschen Stelle. Ein ähnlicher Fall war dann die Brandkatastrophe von Kaprun mit 155 Toten.

14.5 Kranke Krankenhäuser

Als ich im Jahr 1993 mit einem kleinen Herzinfarkt in das LKH Graz eingeliefert wurde, lernte ich eine gegensätzliche Welt kennen: Einerseits ein fachlich ausgezeichnetes Personal (von der medizinischen Hilfskraft bis hinauf zum Primarius) und andererseits desolate bauliche und technische Zustände, teilweise wie in einem drittklassigen Entwicklungsland. Neben einer unglaublichen Raumnot fehlte es auch da und dort an wichtigen Gerätschaften.

Nur ein Herzkatheter!

So war damals beispielsweise am ganzen Grazer LKH nur ein einziger Herzkatheter vorhanden, den man zur genaueren Untersuchung der Herzkranzgefäße unbedingt benötigt. Ich habe dann während meiner Rehabilitation einige Personen kennen gelernt, die einen Herzinfarkt erlitten haben, während sie auf der Warteliste (in Graz damals bis zu fünf Monate!) für diese Untersuchung standen. Derartige Zustände waren schlichtweg skandalös! Meine Leser werden nun fragen, warum ich über derartige medizinische Probleme in meinen Memoiren schreibe.

Hochgradige Schwindsucht!

Die Zusammenhänge liegen klar auf der Hand: Wenn schon der medizinische Standard aufgrund von notorischem Geldmangel (oder einer falschen Gesundheitspolitik?) derartig katastrophal ist, wie muss es dann erst mit dem Stiefkind Brandschutz aussehen? Sie haben es erraten: Der Brandschutz in diesen noch zu Kaisers Zeiten errichteten Jugendstil-Bauten litt damals – um im medizinischen Fach zu bleiben – an hochgradiger Schwindsucht. Es mangelte am baulichen Brandschutz, es fehlten Brandmeldeanlagen und ordnungsgemäße Brandrauchentlüftungen. Es waren also die elementarsten präventiven Brandschutzmaßnahmen nicht vorhanden!

Kampf um jeden Schilling

In einer derartigen Situation ist es auch verständlich, wenn um jeden Schilling (heute Euro) gekämpft wird und das Verständnis für Brandschutzausgaben nicht sehr groß ist. Als ich einmal bei einem Vortrag eine Feuerbeschau in einer Klinik des Grazer LKH ankündigte, protestierte ein anwesender befreundeter Professor. Ich solle derartige Maßnahmen lieber auf der Musikhochschule durchführen lassen, meinte er, dann könnten um das ersparte Geld wenigstens die notwendigsten medizinischen Gerätschaften angekauft werden!

Der Patient als „Brandmelder"?

Ein anderes Beispiel: Als ich damals massiv den Einbau einer automatischen Brandmeldeanlage im Chirurgie-Turm des Grazer LKH forderte, wurde gegen diese Vorschreibung noch Einspruch seitens der Krankenhausverwaltung erhoben. Ein mir bekannter Techniker sagte damals sinngemäß: „So etwas brauchen wir nicht. Bei uns sind die Patienten die ‚Brandmelder' – die schreien, wenn es brennt!" Erst durch einen oberstgerichtlichen Entscheid wurde dann das Chirurgie-Hochhaus mit einer Brandfrüherkennungsanlage nachgerüstet.

Eigene Betriebsfeuerwehren

In der Zwischenzeit hat sich manches gebessert. Vor allem die Akzeptanz des Brandschutzes ist bei vielen Verantwortlichen größer geworden. Im Speziellen auf dem Sektor des abwehrenden und organisatorischen Brandschutzes hat man vorläufig versucht, so manches Manko des vorbeugenden Brandschutzes (was nur bedingt möglich ist!) wenigstens teilweise abzufangen. Nach den beiden Bränden im Mai 1990 im LKH und LNKH kam dann die Wende. Auf meine Initiative wurden in Graz die ersten Krankenhaus-Betriebsfeuerwehren gegründet, welche heute nicht mehr aus dem Sicherheitskonzept wegzudenken sind.

Verbesserungsstrategien

Auch auf dem Gebiete des baulichen und technischen Brandschutzes wurden und werden nun verstärkt Verbesserungen (z.B. im Rahmen der nun schon jahrelang laufenden Generalsanierung des LKH Graz) durchgeführt. Alles natürlich nur nach Maßgabe der finanziellen Möglichkeiten, aber doch. Hätte man eine derartige Verbesserungsstrategie laufend verfolgt, würde der Brandschutz auch in den nunmehr schon über fast 100 Jahre alten Bauwerken wesentlich besser dastehen. Schließlich geht niemand ins Spital, um eine Rauchgasvergiftung zu erleiden oder sogar durch einen Brand ums Leben zu kommen!

Ein neues Konzept

Ich habe mich schon bald mit Bränden in Krankenhäusern auseinandergesetzt. Im Jahre 1986 hatte ich sogar die große Ehre, einen Vortrag im Rahmen der ersten in Österreich abgehaltenen VFDB-Tagung in Wien über das Thema „Möglichkeiten und Grenzen der Evakuierung in Krankenhäusern" zu halten. Ich habe damals das von mir entwickelte sogenannte *Aufenthalts- und Verzögerungskonzept in vier Phasen* vorgestellt. Ein Konzept, welches sich heute bei den österreichischen Feuerwehren durchgesetzt hat und auch als wesentlicher Punkt in die TRVB N 132 03 und TRVB N133 05 für Krankenhäuser und Pflegeheime aufgenommen wurde.

Harmonischer Brandschutz

Was sagt nun dieses Konzept in kurzen Worten aus? Es geht von einem einfachen Grundsatz aus: Das Schutzziel bei Bränden muss es vor allem in Krankenhäusern sein, einen größtmöglichen Verbleib von Patienten in ihren Zimmern bzw. eine Evakuierung einer

Auf der Internationalen VFDB-Tagung in Wien stellte ich im Jahre 1986 das von mir entwickelte und heute allgemein anerkannte Aufenthalts- und Verzögerungskonzept erstmals der Fachwelt vor.

möglichst geringen Personenzahl in angrenzende sichere Bereiche anzustreben. Das ist aber nur dann möglich, wenn es mehrere Brand- bzw. Rauchabschnitte im Bauwerk gibt. Das von mir aufgestellte Konzept verlangt also eine harmonische Symbiose zwischen abwehrendem und vorbeugendem Brandschutz. Das ist sehr wichtig, denn früher hat man häufig den Feuerwehren bei Bränden die alleinigliche Last des Brandschutzes aufgebürdet.

Mehrstufiges Rettungskonzept

Beim Aufenthalts- und Verzögerungskonzept handelt es sich um ein mehrstufiges Rettungskonzept, welches primär den Aufenthalt von Patienten in den Zimmern (Stufe 1), in der Folge eine Evakuierung in der Horizontalen und Vertikalen in benachbarte Brandabschnitte (Stufe 2 und 3) und erst am Schluss eine Evakuierung ins Freie, vor allem mit Hilfe von Rettungsmitteln der Feuerwehr (Stufe 4), vorsieht. Nur durch eine derartige Regelung können Brände in sensiblen Bauwerken, wie Krankenhäusern und Altenheimen, einigermaßen in den Griff bekommen werden.

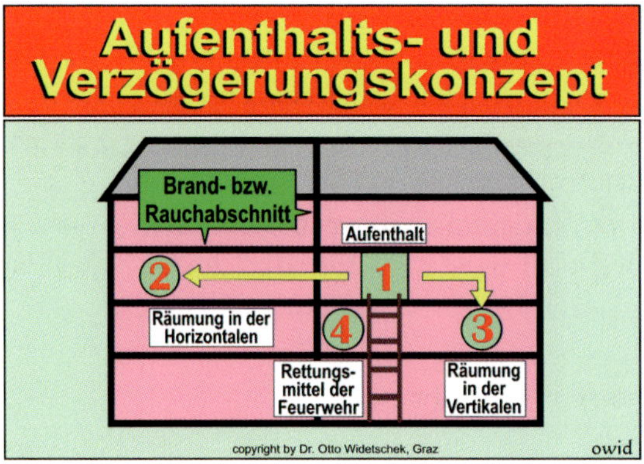

Das Vierstufenkonzept, schematisch dargestellt.
(Quelle: VFDB-Tagung 1986)

Pilotübung

Wir haben dieses Konzept, nach den Katastrophenbränden in den Krankenhäusern von Achern (1980, neun Tote) und Offenbach (1984, 900 Personen evakuiert), von Graz ausgehend, in ganz Österreich umgesetzt. Die historische Pilotübung fand dabei schon im Oktober 1982 im Chirurgieturm des Landeskrankenhauses Graz statt. Bei dieser Realübung wurde das erste Mal ein in voller Funktion befindliches Krankenhaus im Bereich einer Krankenstation echt verqualmt. Das Aufenthalts- und Verzögerungskonzept wurde dabei erstmals praktisch überprüft, genauso die Zusammenarbeit zwischen Krankenhauspersonal und Feuerwehr sowie der mögliche Einsatz von Rettungshauben. Diese Übung war äußerst erfolgreich und hatte Signalwirkung für ganz Österreich!

14.6 Die Hofburg brennt!

Als am 27. November 1992 die historischen Redoutensäle in der Wiener Hofburg ein Raub der Flammen wurden, kam es bereits unmittelbar nach dem ersten Schock zu einer intensiven Diskussion um die Hintergründe dieser Jahrhundertkatastrophe.

Gerüchte und Legenden

Gerüchte und Legenden entstanden, welche fortan von der kommunikationsfreudigen Wiener Bevölkerung und bestimmten Tagesmedien liebevoll gehätschelt wurden. Da gab es die verwegensten Theorien: Ein politisches Attentat könnte es gewesen sein, eine Brandstiftung aus Liebeskummer im aristokratischen Hochadel und, ja, fast hätte ich es vergessen, *Udo Proksch's* letzte Rache! Waren nicht kurz vorher Szenen für den von vielen mit Spannung erwarteten Lucona-Film abgedreht worden? Und bekanntlich benötigen die Scheinwerfer ja große Leistungen. Da kann es schon vorkommen ...

Stolz auf die Feuerwehr

Am Vormittag nach der Brandnacht mischte ich mich mit meinem VB-Offizier *Ing. Rudolf Mark* ins Getümmel der Zuschauer, welche am Josefsplatz die Löscharbeiten der Feuerwehr fachkundig kommentierten. Man glaubt nicht, wie viele Feuerwehrexperten es da auf einmal gab. Aber von einem waren alle mit Recht überzeugt: Die Wiener Berufsfeuerwehrmänner, verstärkt durch Feuerwehren aus Niederösterreich, haben noch eine größere Katastrophe verhindert. Sie mussten dabei wagemutig um jeden Quadratmeter gegen die Flammen kämpfen. An diesem Vormittag spürte man, wie die Wiener mit ihrer Feuerwehr mitfühlten, wie sie stolz auf diese Institution waren.

Feuer am Dach!

Nicht ganz so stolz und begeistert war man hingegen in der Burghauptmannschaft. Einige kritische Anmerkungen verschiedener Feuerwehroffiziere über den katastrophalen Brandschutzstandard in der Hofburg schlugen nämlich hohe Wellen. Die Politiker schalteten sich ein und standen auf der Seite der Feuerwehr. Der Burghauptmann, der in letzter behördlicher Instanz auch für die Fragen des Brandschutzes zuständig war, musste nach einem äußerst überheblichen Fernsehinterview zurücktreten. Es war also im wahrsten Sinn Feuer am Dach!

„Die Hofburg brennt!"
Eine Schreckensbotschaft, welche am 27. November 1992 ganz Wien erschütterte.

Eigene Regeln für Bundesgebäude

Dazu kam noch ein wichtiger Aspekt: Die Wiener Feuerwehr hatte nie richtig die Möglichkeit, Brandschutzmaßnahmen in der Hofburg vorzuschreiben. Aus legistischen Gründen! Denn in Bundesgebäuden wurde damals noch eine eigene Suppe gekocht. Hier konnten die Landesgesetze, wie beispielsweise die Bauordnung, nicht unmittelbar angewendet werden. Dieses Spannungsverhältnis zwischen Bundes- und Landesinstanzen brach nun offen aus und schlug sich anscheinend auch später im Zuge der Brandursachenermittlung nieder.

Erhebungen in Graz

Leider war die Situation auch in den Bundesländern nicht anders. Auch hier gab es die Sonderregeln für Bundesgebäude und der Brandschutz war – vor allem in den historischen Bauwerken – in vielen Fällen unter jeder Kritik. Ich begann nach dem Brand der Redoutensäle dann mit einer umfassenden Erhebung des Brandschutzstandards aller historisch wertvollen Bauwerke in Graz. Und dabei erlebten wir unsere Wunder: Die Situation war bedenklicher als erwartet. *OBR Franz-Karl Planinsic* hatte dabei die undankbare Aufgabe, die entsprechenden Gutachten zu erstellen.

Auch Brandschutz ist Kultur!

Zwar wurden im Anschluss von uns auch Verbesserungskonzepte für die wichtigsten Bauwerke vorgeschlagen, aber mit der Umsetzung war es wie mit dem berühmten Strudelteig. Und der zieht sich ja bekanntlich! So kommt es, dass beispielsweise das weltbekannte Grazer Zeughaus erst vor Kurzem mit einer schon damals vorgeschlagenen notwendigen Fluchtstiege ausgestattet wurde. Im Jahre 2003 im Rahmen des Kulturjahres der Landeshauptstadt Graz habe ich dann unter dem Motto „Auch Brandschutz ist Kultur" ein Symposion in den Minoritensälen veranstaltet, bei welchem das ganze Sündenregister im Bereich der kulturhistorischen Bauten aufgelistet wurde. Ja, nur langsam schreitet die Gesundung unserer historischen Bauwerke in Bezug auf den Brandschutz einher.

14.7 War Düsseldorf ein Wendepunkt?

Die Flughafen-Brandkatastrophe von Düsseldorf ist – neben dem Super-GAU von Tschernobyl, dem Absturz der Challenger-Raumfähre und dem Großbrand bei der Firma Sandoz im Jahre 1986 – als Jahrhundertereignis in die Annalen der Weltkatastrophen eingegangen. War sie jedoch der längst fällige Wendepunkt für den Brandschutz, der heute vielfach noch immer ein Aschenputteldasein fristet?

Ein „sympathischer" Flughafen

Als ich am Abend des 11. April 1996 aus dem deutschen Fernsehen vom Brand im Rhein-Main-Flughafengebäude von Düsseldorf erfuhr, traute ich meinen Augen nicht. Wie oft war ich dort gelandet und hatte immer ein gutes Gefühl, denn der Flughafen war aufgrund seiner in vielen Bereichen relativ niederen Bauweise sympathisch und heimelig. Ja, man konnte sich mit diesem Gebäude trotz seiner gewaltigen Ausmaße irgendwie identifizieren. Eher hätte ich einen Flugzeugabsturz auf einer der Landebahnen angenommen als einen derartig schwerwiegenden Großbrand im Gebäude selbst.

17 Tote klagen an!

Aber Sympathien können oft trügerisch sein. Und so wartete ich gespannt auf die nächsten Nachrichten im Fernsehen. Bald war die Katastrophe perfekt: 17 Tote und 61 Schwerverletzte waren schließlich zu beklagen. Ein nie geahnter Blutzoll unter einer zufällig vom Schicksal zusammengewürfelten Menschenmenge. Ja, es hätte jedem von uns passieren können. Im Fahrstuhl, im Airport-Restaurant oder in der VIP-Lounge waren schließlich die Rauchgastoten zu finden. Bereiche, in welchen sich ein Flugpassagier jederzeit aufhalten kann.

Der Verfasser in der VIP-Lounge der Air France, wo es acht Tote gab.

Wie kann so etwas passieren?

In den nächsten Wochen nach der Katastrophe haben mich unzählige Kameraden angerufen und mir die Frage gestellt, wie so ein Unglück heute überhaupt passieren kann. Aus den Pressemeldungen und Fernsehberichten –

in welchen eine vordergründige, eindimensionale Jagd nach Schuldigen betrieben wurde – konnte man zwar schon einige wichtige Erkenntnisse gewinnen, aber die umfassenden Zusammenhänge waren auf diese Weise nicht zu eruieren. So versuchte ich Recherchen vor Ort durchzuführen und erhielt auch aufgrund meiner guten Kontakte am 13. Mai 1996, also rund einen Monat nach dem Brand, die Genehmigung, mit einer internationalen Expertengruppe die Brandstelle zu besichtigen. Was wir sahen, war erschreckend und niederschmetternd zugleich!

Gespenstische Exkursion

Die Exkursion in das Flughafenbauwerk war die gespenstischste und spannendste Brandstellenbesichtigung, welche ich je erlebt habe. Da die Brandstelle beschlagnahmt wurde, war auch einen Monat nach der Katastrophe alles so wie nach den Rettungsaktionen und der Brandbekämpfung am 11. April 1996 erhalten geblieben. Lediglich im relativ wenig rauchbelasteten Flugsteig C wurden Dekontaminationsarbeiten durch einige Sanierungsfirmen durchgeführt.

Wie in einem Bergwerk

Der Großteil des vom Brand zerstörten riesigen Zentralgebäudes sowie die stark verrußten Flugsteige A und B waren jedoch total menschenleer und lagen im Stockdunkeln. Eine gespenstische Stille umgab uns, nur unsere zaghaften Schritte waren inmitten von zerstörter Haustechnik, Einrichtungsgegenständen und von Brandschutt zu hören. Unsere Scheinwerfer und die Blitzlichter unserer Fotoapparate erhellten nur unvollkommen und für einige wenige Augenblicke den Ort des ungeheuerlichen Brandgeschehens. Es war wie bei einer Expedition in die unbekannten Regionen eines weit verzweigten Höhlensystems oder Bergwerks.

Mindestens 10 Ursachen

Die Besichtigung der Brandstelle und weitere Informationen durch den Leiter der Flughafenfeuerwehr rundeten das Bild schließlich ab. Für mich stand schon damals fest, dass es mindestens 10 Punkte in der Ursachenkette waren, welche schließlich zur Megakatastrophe geführt haben. Dabei konnten einige Aspekte, wie zum Beispiel die genauere Funktionsweise des Lüftungssystems, zum damaligen Zeitpunkt gar nicht richtig recherchiert werden. Und ich bezweifelte, ob es überhaupt je einen Flughafenangestellten gab, der die komplizierte Gesamttechnik – welche eine nicht unerhebliche Rolle beim gegenständlichen Brand gespielt hat – in allen ihren Details durchblickt hatte. So wunderte es mich gar nicht, dass Jahre später der Prozess gegen die vor dem Richter stehenden Angeklagten einfach eingestellt wurde.

Das Inferno von Düsseldorf bescherte uns den größten Brandschaden aller Zeiten mit seinen gigantischen Folgeschäden.

Was war mit dem Betriebsbrandschutz?

Eines stand damals jedoch fest: Das auslösende Moment waren Schweißarbeiten, welche ohne Genehmigung durchgeführt wurden. Bereits hier stellt sich überhaupt die Frage nach dem Stellenwert des gesamten Betriebsbrandschutzes im Düsseldorfer Flughafen. Die verschachtelte und komplexe Baustruktur, die extensive Verwendung von Kunststoffen in einer abgehängten Decke und die weitgehend fehlenden Brandabschnitte sowie ein allgemein schlechter baulicher Brandschutz waren wohl das größte Sicherheitsdefizit auf dem Flughafen.

„Dioxin"-Ruine?

Die größte Unbekannte blieb jedoch vorerst der im Ruß des Flughafengebäudes vorhandene „Giftcocktail", in welchem die unterschiedlichsten toxischen und korrosiven Substanzen vorhanden waren. Bald sprach man mit einiger Berechtigung von einer „Dioxin"-Ruine, denn die Sanierungsmaßnahmen waren einfach gigantisch. Heute können wir feststellen, dass es sich hier um den größten Brandschaden der europäischen Geschichte handelt, der je aufgetreten ist. Der Gesamtverlust wird heute vielfach mit über 2 Milliarden Euro angegeben. Ob der riesige Brandschaden auf dem Flughafen Düsseldorf jedoch international zu einem echten Wendepunkt auf dem Gebiete des Brandschutzes geworden ist, bezweifle ich heute mehr denn je!

14.8 Kaprun: Die Megakatastrophe!

Tagelang warteten wir gespannt auf die Nachrichten der Tageszeitungen und Sondersendungen des Fernsehens. Denn was sich hier in über 1.000 Meter Höhe in den österreichischen Alpen am 11. November 2000 abspielte, war ein Drama ganz nach dem Strickmuster der alten griechischen Tragödien. In einer Kabine der Standseilbahn auf das Kitzsteinhorn kam es im über 3,2 Kilometer langen Tunnelbereich zu einem unerwarteten Brand. Und 180 Personen waren in eine tödliche Falle geraten!

Erste alpine U-Bahn der Welt!

Sie wurde großspurig als erste alpine U-Bahn der Welt angepriesen – die Standseilbahn auf das Kitzsteinhorn. Am 20. März 1974 fuhren die ersten Schienenzüge erstmals in die Gletscherregion über Kaprun. Und seit 1994 fährt die Seilbahn mit zwei neuen Zügen – dem „Gletscherdrachen" und der „Kitzsteingams" – mit modernstem Design und neuester Technik. Man hatte sich das neue Styling mit Spitzenkomfort einiges kosten lassen. Nur auf den Brandschutz hat man damals im gesamten Konzept vergessen!

Standseilbahnen brennen nicht!

Nun hatte zwar nicht der „Gletscherdrachen", sondern die „Kitzsteingams" Feuer gespien und war abgebrannt. Dabei posaunte noch zwei Tage nach dem Brand-Desaster ein Linzer Techniker – der die Alpin-U-Bahn mitkonzipiert hatte – vollmundig im ORF aus, dass Standseilbahnen nicht brennen können. Man müsse es hier mit einem ganz gemeinen Anschlag, einem Attentat eines

Geisteskranken zu tun haben. Später räumte man auch andere Möglichkeiten für die Ursache der Brandkatastrophe ein: Es könnten brennbare Flüssigkeiten oder Gasflaschen auf den Berg transportiert worden sein. Alles untaugliche Versuche, um die harte Realität nicht erkennen zu müssen.

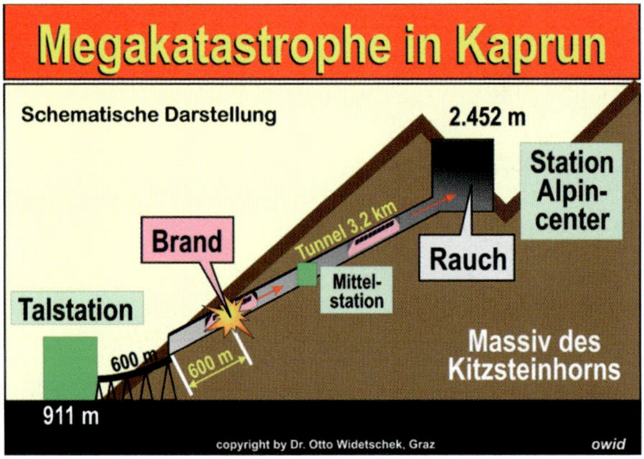

Die Megakatastrophe von Kaprun, schematisch dargestellt.

Märchenerzähler

Außerdem war der besagte Linzer Experte auch als Märchenerzähler am Werk! Da die Konstruktionsteile der „Kitzsteingams" zumindest schwer brennbar ausgeführt wurden, sagte er, wäre ein Brand gar nicht denkbar gewesen! So stellt sich der „kleine Maxi" also den Brandschutz vor. Das Tragische dabei: Diese Leute glauben auch noch das, was sie sagen! Dabei weiß heute schon jeder Jungfeuerwehrmann, dass schwer brennbare Materialien genauso brennen wie andere Substanzen – nur etwas später!

Megakatastrophe vorprogrammiert!

Nun ist es nichts Außergewöhnliches, wenn ein Waggon einer Eisenbahn (die Standseilbahn von Kaprun gehörte damals rein rechtlich in diese Kategorie) zu brennen beginnt. In der Regel können dann die Passagiere rechtzeitig gewarnt werden und aussteigen. Was aber, wenn der Waggon versperrt ist und in einem über drei Kilometer langen Tunnel ohne entsprechende Sicherheitseinrichtungen steckt? Wenn noch dazu die Flüchtenden eine Steigung von fast 45 % in schweren Schischuhen zu überwinden haben? Und wenn keine Fluchtwege aus der engen Röhre vorhanden sind und die Notbeleuchtung fehlt? Ja, was dann? Dann ist die Megakatastrophe vorprogrammiert!

Von mir bei der Berufsfeuerwehr Graz durchgeführte Brandversuche zeigten, dass auch die Brandbelastung durch die gut brennbare Winterbekleidung und Schiausrüstung nicht zu vernachlässigen ist. (Foto: BF Graz)

Evaluierung – was ist das?

Der eigentliche Skandal war jedoch: Ein mögliches Brandszenarium wurde im Tunnel der Kitzsteinhorner Standseilbahn erst gar nicht diskutiert. Dieses Gefahrenmoment war für die über ein Dutzend Techniker und Juristen des zuständigen Verkehrsministeriums ganz einfach nicht vorhanden. Deswegen wurden auch keine brandschutztechnischen Verbesserungen, ja nicht einmal Brandschutzübungen mit der Feuerwehr angeordnet. Dabei muss heute jeder kleine Gewerbetreibende in seinem Betrieb den Brandschutz in Eigenverantwortung laufend überprüfen. Dieses Verfahren wird hochtrabend als Evaluierung bezeichnet und ist verpflichtend.

Stand der Technik

Und was haben die Betreiber der Kapruner Alpin-U-Bahn getan? Auch sie haben nicht evaluiert! Sie redeten sich nach der Katastrophe einfach auf den Stand der Technik aus. Und dieser war anscheinend rein formal erfüllt. Vorgegeben wurde er von den Herren des Ministeriums und jenen Fachexperten, die nach Eisenbahngesetz eine Untergrundbahn genehmigt haben. Weil aber dort nichts vom Brandschutz steht, wurde auch nichts vorgeschrieben. So einfach und gleichermaßen skandalös ist das!

Umstrittenes Gerichtsverfahren

Als Richter *Manfred Seiss* knapp nach 10.00 Uhr am 19. Februar 2004 im Salzburger Kolpinghaus sein Urteil im Strafprozess um das Inferno von Kaprun fällte, war der Teufel los! Denn der Richterspruch war wie ein Stich ins Herz für viele der über 80 angereisten Angehörigen der am 11. November 2000 bei der größten Feuerkatastrophe der Alpenrepublik ums Leben gekommenen 155 Brandopfer. Der Strafrichter hatte nämlich alle 16 Angeklagten freigesprochen!

Eine unfassbare Entscheidung?

Und tatsächlich scheint das, was der Mann im schwarzen Talar stundenlang begründete, nicht in die Gehirne normal denkender Menschen einzudringen. Denn er erklärte, dass der Stand der Technik bei den Zugsgarnituren und alle geltenden Vorschriften eingehalten wurden. Er stellte fest, dass seitens des Verkehrsministeriums ein rechtskräftiger Bescheid vorgelegen hat. Und er führte aus, dass zum damaligen Zeitpunkt die gesamte Fachwelt einen derartigen Brand in Standseilbahnen ausgeschlossen habe. „Eine solche Gefahr war also für die Beschuldigten nicht vorhersehbar“, sie hätten also das Risiko für eine Katastrophe dieser Größenordnung nicht erkennen können, versuchte der Richter seine für die Anwesenden unglaubliche Entscheidung zu begründen. Es war eben eine Art „höherer Gewalt“!

Force majeure

Dazu sagt der Wiener Aktivbürger, Eisenbahnfachmann und Tunnelkritiker *Dkfm. Friedrich Fally*: „Als Force majeure (höhere Gewalt) versteht man Ereignisse, die sich dem menschlichen Handeln entziehen, wie Erdbeben, Sturmfluten usw. Anders ist dies bei einer Bergbahn (Kaprun) zu sehen, die von Menschen geplant, von Behörden genehmigt sowie in der Folge gebaut, betrieben und auch kontrolliert wurde!" Dem ist eigentlich nicht viel hinzuzufügen!

Recht und Gerechtigkeit

Zum 8. Internationalen Aprilsymposion des Brandschutzforums Austria in Graz habe ich die Staatsanwältin beim Kaprun-Prozess, *Dr. Eva Danninger-Soriat,* eingeladen. Sie ist eine mutige und unbestechliche Juristin, die erstmals die rechtlichen Hintergründe dieser Jahrhundertkatastrophe aus der Sicht der anklagenden Behörde in einem öffentlichen Vortrag darlegte. Ihr Vortrag war spannend und brisant, denn hier wurden erstmals die wahren Hintergründe dieses „verdrängten Großereignisses" angedeutet. Noch deutlicher wurde dann der deutsche Professor *Dr. Bernd R. Beier* mit seinen pointierten „Kommentaren zur Jahrhundertkatastrophe". Auf jeden Fall erkannten wir: Recht und Gerechtigkeit waren bei dieser größten Katastrophe der Republik zwei Paar unterschiedliche Schuhe!

Beim 8. Internationalen Aprilsymposion in Graz im Jahre 2007 (von links nach rechts): Prof. Dr. Vincent Brannigan (USA), Prof. Dr. Bernd Beier (Deutschland), Staatsanwältin Dr. Eva Danninger-Soriat (Salzburg) und der Autor. (Foto: Mark)

15. Kapitel

Der moderne Turmbau zu Babel

Klein ist schön – und auch richtig!
Der Baustein des ganzen Universums.
Leopold Kohr

Wir kennen die Auswüchse unserer Wohlstandsgesellschaft mittlerweile ganz genau. Sie haben gleichermaßen Bürowolkenkratzer, riesige Wohnsilos, multinationale Mammutkonzerne, gigantische Versicherungsanstalten und mächtige Kernkraftwerksanlagen geschaffen. Das Größte war dabei gerade gut genug! An dieser Entwicklung erkennen wir den modernen Turmbau zu Babel, der zur totalen Sprachenverwirrung der Menschen geführt hat.

15.1 „Small is beautiful“

Alles wird immer größer, schneller und komplexer. Die Bauwerke werden höher und voluminöser, die Autos, Eisenbahnen und Flugzeuge leistungsstärker sowie die Roboter- und EDV-Anlagen immer komplizierter. Großchemie, Nuklear- und Biotechnik stellen ungeheuer große Gefahrenpotenziale dar. Um die Jahrtausendwende hat die Gigantomanie in Reinkultur neue Dimensionen erreicht!

„Philosophie des Kleinen“

Er war einer der Ersten, der sich gegen diese bedenkliche Entwicklung gestemmt hat und durch seine „Philosophie des Kleinen“ berühmt wurde: *Leopold Kohr*, ein österreichischer Philosoph, der an einigen britischen Universitäten gelehrt hat und im Jahre 1983 den berühmten Alternativen Nobelpreis („Right Livelihood Award“) für seine Studien erhalten hat. Er wurde 1909 in Oberndorf bei Salzburg geboren und ist im Jahre 1994 in Gloucester, England, verstorben. *Kohr* war Weltbürger, lebte jedoch hauptsächlich im englischen Sprachraum, in den USA, in Kanada und England.

Biologisches Wachstum

Er kam aber immer wieder in seine alte Heimat, um Vorträge zu halten und wissenschaftliche Symposien zu besuchen. In einer Rede in Salzburg stellte er im Jahr 1982 fest: „Über einen gewissen Punkt hinaus ist Vergrößerung schlecht! Wir werden als Babys geboren und wachsen zu normaler Körpergröße heran. Die Natur hat dabei vorgesorgt, dass das Wachstum aufhört, wenn ein Organismus eine entsprechende Größe erreicht hat." *Kohr* war ein Verfechter des biologischen Wachstums mit seinen natürlichen Grenzen und kritisierte alle Großstrukturen. Denn bei Staaten, Nationen und Imperien, Großkonzernen und internationalen Wirtschaftsketten sowie der Riesentechnologie unserer Zeit ist genau diese Beschränkung, wie sie in der Natur selbstverständlich ist, nicht der Fall.

Zusammenbruch der Nationen

In seinem Hauptwerk „Das Ende der Großen – Zurück zum menschlichen Maß" (Neuauflage 2002) prognostiziert *Kohr* den Zusammenbruch der großen Nationen („Breakdown of Nations"). Und er schreibt: „Wenn man am Abgrund steht, ist der Rückzug das einzige Sinnvolle." Da dieser nicht stattfindet, wachsen staatliche Strukturen so lange, bis sie zusammenbrechen. Die Weltgeschichte ist eigentlich die Geschichte des Riesenwachstums und seiner Zusammenbrüche. *Günther Nenning* schrieb in diesem Zusammenhang: „Wir tun gut daran, *Kohrs* Weisheit heute an der immer größer werdenden EU zu messen. Je wahnwitzig größer sie wird, desto mehr wachsen auch die von *Kohr* beschworenen Gegenkräfte des Kleinen. Im Großreich EU werden die vom Verschlingen bedrohten Nationen zu Einheiten des Widerstands der Kleinen gegen die Übergröße."

Hemmungslose Gigantomanie

Im Jahre 1974 veröffentlichte der bekannte britische Ökonom *E. F. Schumacher*, ein Schüler *Kohrs*, das von ihm verfasste, wohl wichtigste Werk unter dem Titel „Die Rückkehr zum menschlichen Maß". Im Englischen ist es unter „Small ist beautiful" erschienen und berühmt geworden. Er prangert darin die hemmungslose Gigantomanie unserer übertechnisierten Zivilisation an und bricht eine Lanze für eine überschaubare, humane Technik. Seine Grundmaxime: In all unserem wirtschaftlichen Streben muss in Zukunft der Mensch im Mittelpunkt stehen. Die jährliche Zuwachsrate darf nicht das Maß aller Dinge sein!

Entwurzelung des Menschen

Auf der anderen Seite steht der Mensch mit all seinen Ängsten und Zwängen, seiner Endlichkeit und Hilflosigkeit. Diese ständig wachsende Diskrepanz zwischen Mensch und Technik führt jedoch zur Entwurzelung und Entfremdung des Menschen von seiner Umwelt, in die er einst hineingeboren wurde. Zweifel am System und Demokratieverdrossenheit sind die Folge, aber auch die Wurzeln des radikalen Terrorismus sind zumindest teilweise hier zu suchen. Wir sollten erkennen: Jeder Gigantismus führt zur Anonymität und schließlich zur Unfreiheit und Abhängigkeit des Menschen. Er wird zur meinungslosen Marionette in einer undurchschaubaren Bürokratie!

Wie im alten Rom!

Hand aufs Herz! Es mangelt in unserer Gesellschaft in zunehmender Weise an wohlausgewogenen Strukturen, an Strukturen nach Menschenmaß. Auch in den politischen Parteien – die bereits ebenfalls zu nicht mehr durchschaubaren Giganten geworden sind. Wie soll eine derartige Entwicklung jedoch Bürgernähe gewährleisten? Wie können die Interessen des einfachen Bürgers durch zentralistische Apparate mit ihren nicht steuerbaren Eigengesetzlichkeiten vertreten werden? Der berühmte *Parkinson* hat recht, wenn er sagt: „Die größten Leistungen der Bürokratie standen nie im Einklang mit dem gesunden Menschenverstand. Das war schon bei den Bauten des untergehenden Roms und das gilt auch heute genauso. Stets waren sie Zeichen des Niederganges und wurden begleitet von hoher Besteuerung und verschwenderischen Ausgaben." Wir sollten diese gefährliche Entwicklung erkennen und versuchen, das Steuer beizeiten herumzureißen. Mit einer Technik nach Maß, denn „Small is beautiful!".

15.2 Hochhäuser: Kathedralen des Wahnsinns!

In den Fünfziger- und Sechzigerjahren des vorigen Jahrhunderts begann uns langsam auch in Österreich der „American way of life“ zu überrollen. Die ersten McDonalds-Lokale sowie andere Fast-Food-Läden wuchsen plötzlich wie die Schwammerln aus dem Boden. Coca und Pepsi Cola überschwemmten uns förmlich und der Kaugummi wurde zum lässigen Markenzeichen der damaligen jungen Generation. Doch nicht nur auf „kulinarischer“ Ebene wurden wir beglückt. Auch elektronische Geräte und vor allem amerikanische Automobile kamen aus Übersee und wurden gekauft, obwohl sie wahre Benzinfresser waren. Doch davon nicht genug! Im Zuge des Wiederaufbaus nach dem Krieg wollte man besonders billige Wohn- und Bürobauten errichten. Die Folge war ein gigantischer Hochhaus-Boom. Schätzungsweise über 3.000 Wolkenkratzer errichtete man damals in Österreich, davon rund ein Zehntel in der Steiermark und hier vor allem in Graz.

Moderner „Turmbau zu Babel!“

Nun kann man – wie nicht nur amerikanische Beispiele zeigen – gegen Hochhäuser aus verschiedenen Gründen sein. Neben möglichen Brandkatastrophen kommt es nämlich durch die unheimliche Zusammenballung von Menschen zu noch ganz anderen Problemen: Die Polizei klagt in vielen Staaten über die hohe Kriminalitätsrate und vermehrte psychische Belastungen breiter Bevölkerungsgruppen in den Ballungszentren von Wolkenkratzern. Und schließlich sind die Pariser Novem-

Auf Sand gebaut: Repräsentieren Hochhäuser den modernen „Turmbau zu Babel“?
(Foto: KRONE)

berunruhen des Jahres 2005 nicht nur zufällig in den Hochhausghettos der Seinemetropole ausgebrochen. Diese haben sich als wahre Nistplätze des Widerstandes und auch des Terrors erwiesen. Der Größenwahn des Menschen hat diese Kathedralen des Wahnsinns als einen modernen „Turmbau zu Babel" entstehen lassen. *Konrad Lorenz*, der berühmte österreichische Nobelpreisträger, hat sie sogar einmal als moderne „Batterien von Ställen für Nutzmenschen" bezeichnet.

Zukunftsthema Hochhausbau?

Nur wenige Tage vor dem Attentat auf das Pentagon und World Trade Center (WTC) diskutierten in Frankfurt am Main über 550 Architekten, Ingenieure, Städteplaner sowie Vertreter der Bau- und Immobilienbranche über das Zukunftsthema „Tendenzen im Hochhausbau". Es herrschte dabei Aufbruchstimmung, denn in Deutschland, so hieß es, sei das Hochhausfieber ausgebrochen. Aber nicht nur in unserem nördlichen Nachbarland, sondern auch bei uns in Österreich wurden damals neue Wolkenkratzer geplant.

Vertikale Städte

Nicht nur gigantischer, schlanker, leichter und transparenter sollten die neuen Riesentürme künftig sein, sondern auch umweltfreundlicher und billiger. „Vertikale Städte" mit gemischter Wohn-, Freizeit- und Gewerbenutzung seien zu erwarten. Pläne von Megabauten bis zu einem Kilometer Höhe und mehr lägen längst in den Schubladen der Architekten. Das war die Botschaft dieser am 9. September 2001 stattgefundenen Veranstaltung im Frankfurter „Mainhattan".

Achillesferse Brandschutz

Zwei Tage später stürzten die Zwillingstürme des WTC in sich zusammen wie ein Kartenhaus. Dabei hätten die über 400 Meter großen Hochhäuser dem Flugzeuganprall standgehalten, wenn es nicht zu einem ausgedehnten Brand gekommen wäre. Das brennende Kerosin ließ den Brandschutz der Stahlkonstruktionen abplatzen. Heißer Stahl wird dann jedoch „weich wie

Knetgummi", schreibt „DIE ZEIT" in ihrer Hochhaus-Reportage, aus welcher ich hier zitiere. „Plastifizierung" nennt man dieses Phänomen. Der Brandschutz ist also die Achillesferse unserer Wolkenkratzer. Womit wir wieder bei der Realität wären! Denn zu den schrecklichsten Bildern gehörten die von Menschen, welche aus 400 Meter Höhe des WTC aus den Fenstern sprangen. Und dann stellt sich hier noch die Frage, wie sich eine Massenflucht von mehr als 50.000 Menschen organisieren lässt.

Umfassender Brandschutz

Dabei haben wir schon Schwierigkeiten bei Hochhausbauten über 30 Meter Höhe. Hier greifen unsere Standard-Rettungsgeräte nämlich nicht mehr. Abgesehen von den baulichen und technischen Maßnahmen, welche erforderlich wären und in der Praxis kaum realisiert sind: Feuerwehrzufahrten und entsprechende Aufstellflächen, Sicherheitslifte, kleine Rauch- und Brandabschnitte, automatische Brandmelde- und Sprinkleranlagen, gegen das Feuer abgeschottete Haustechnik, Rauch- und Wärmeabzugsanlagen mit Überdruckkonzepten, splitterfreies Glas und schwer oder unbrennbare Werk- und Ausstattungsstoffe. Dazu ist ein ausgewogener betrieblicher Brandschutz erforderlich: Brandschutzpläne und angepasste Evakuierungskonzepte, laufende Selbstkontrollen durch Security- und Safetykräfte etc. etc. Fazit: Solange der Mensch jedoch in seinem Größenwahn nach immer höheren Baustrukturen strebt, wird – vor allem für unsere Einsatzkräfte – jeder Hochhausbrand ein Albtraum bleiben!

Natürliche Grenzen!

Nun könnte man sagen: Die bei uns gebauten Hochhäuser sind ja nur Taschenformat-Ausgaben der amerikanischen Wolkenkratzer und Wohnsilos. Ist es jedoch für einen in Todesangst aus dem Fenster springenden Menschen nicht egal, ob er 200 oder 40 Meter tief fällt? In jedem Fall bleibt er zerschmettert am Boden liegen! Hier steht auch die schnellste Feuerwehr mit den besten Rettungsgeräten auf verlorenem Posten! Denn herkömmliche Sprungtücher und ihre Abarten sind maximal bis zum vierten Stockwerk einsetzbar, Drehleitern und andere Hubrettungsgeräte sind vielfach zu kurz oder können durch verstellte Zufahrtswege erst gar nicht in die richtige Position gebracht werden. Und sollte dies trotzdem gelingen, so ist noch immer unklar, wie eine größere Zahl von Menschen auf diese Weise gerettet werden soll. Denn die Rettungskapazität derartiger Geräte ist stark eingeschränkt. Ganz abgesehen von der Rettung kleiner Kinder, alter und gebrechlicher oder kranker Menschen. Hier gibt es ganz einfach natürliche Grenzen!

„Ich habe alles versucht!"

Nach den großen Hochhausbrandkatastrophen Anfang der Siebzigerjahre in den USA und in Lateinamerika kam es auch bei uns zu einem Umdenken. Denn eines war klar: Auch in Österreich hatte man Hochhäuser ohne Einhaltung der elementarsten Brandschutzregeln gebaut. Mein Vorgänger als Branddirektor der Stadt Graz, *Dipl.-Ing. Friedrich Schweigler*, sagte mir einmal: „Ich hab ja alles versucht, aber man hat mich nur gefragt, wo meine Forderungen nach einem besseren Brandschutz gesetzlich verankert sind!" Da musste er passen, denn über die spezielle Sicherheit in Hochhäusern gab es damals noch keine eigenen Paragrafen.

Das Drama von São Paulo!

Und dann kam der legendäre Katastrophenbrand aus dem Jahre 1974 in São Paulo, Brasilien, bei welchem 179 Menschen ums Leben kamen. Ähnliche Ereignisse gab es zwar schon früher, aber diesmal wurde das Drama in einem Film hautnah dokumentiert: Man sah die springenden und am Boden zerschmetternden Menschen, die verzweifelt

Brandschutz im Hochhaus: Das Drama von São Paulo war ein Wendepunkt.

kämpfenden Feuerwehrmänner und die angsterfüllten Gesichter der bedrohten Menschen, die sich über Leintücher abzuseilen versuchten. Und dieser Film, der den katastrophalen vorbeugenden Brandschutz in den Hochhausgiganten unserer Zeit aufzeigte, ging um die Welt. Es mussten darauf ganz einfach Reaktionen erfolgen!

Novelle der Bauordnung

Auch in der Steiermark reagierte man auf São Paulo. Schon im Frühsommer 1974 kam der international bekannte Oberbranddirektor der Frankfurter Feuerwehr *Dipl.-Ing. Ernst Achilles* nach Graz, um eine Studie über die steirischen Hochhäuser zu verfassen. Er hielt auch in Lebring an der Feuerwehr- und Zivilschutzschule Steiermark einen viel beachteten Vortrag über den Brandschutz in Hochhäusern. Ich lernte ihn damals als einen kompetenten und rhetorisch hervorragenden Experten kennen. Unsere Wege sollten sich Jahre später noch einige Male kreuzen.

Der Autor mit Dipl.-Ing. Ernst Achilles im Jahre 1974 in Lebring.

Das Papier nicht wert!

Die von ihm verfasste Studie fiel jedoch niederschmetternd aus. Es wurde daraufhin ein kurz-, mittel- und langfristiges Sanierungskonzept für über 300 steirische Hochhäuser erarbeitet. Dieses war jedoch nicht einmal das Papier wert, auf welchem es mit viel Mühe verfasst wurde. Denn außer einigen Alibimaßnahmen, welche im Wesentlichen organisatorischer Natur waren und nicht viel kosteten, konnte nichts umgesetzt werden. Daran änderte sich auch mit der Novelle 1976 der Bauordnung aus dem Jahre 1968 nicht viel, obwohl nun restriktive Brandschutzmaßnahmen für Hochhäuser vorgesehen wurden.

Es gab sogar erstmals die Möglichkeit, durch den berühmten § 50a, welcher als § 103 auch im neuen Baugesetz 1995 weitergelebt hat, auch in den Altbestand dieser Bauwerke einzugreifen.

Erfolglose Sanierungsversuche

Alle Bemühungen der Berufsfeuerwehr, in Zusammenarbeit mit der Grazer Baupolizei wenigstens einen Präzedenzfall zu schaffen, waren jedoch damals aus formal-bürokratischen Gründen zum Scheitern verurteilt. Wir mussten vorerst klein beigeben. Dafür erhielt die BF Graz eine 50-Meter-Drehleiter, mit welcher zwar auch nicht alle Hochhäuser abgedeckt werden konnten, aber es war zumindest etwas getan worden. Damit hatte man jedoch wieder der Feuerwehr elegant den „Schwarzen Peter" zugeschoben. Die Anschaffung einer derartigen Drehleiter war nämlich weitgehend ein politisches Alibi.

„Diese Leiter ist zu kurz!"

Ich erinnere mich noch sehr deutlich an das Bild auf der Titelseite einer steirischen Tageszeitung am Anfang der Achtzigerjahre. Es zeigte das 75 Meter hohe Grazer Elisabethhochhaus mit der 50-Meter-Drehleiter der Berufsfeuerwehr. Darunter stand der saloppe Satz: „Diese Leiter ist zu kurz!"

Wer sich genauer mit dieser Materie beschäftigt, weiß hingegen: Die Konstruktion von größeren Drehleitern ist praktisch nicht mehr möglich. Derartige Geräte wären technische Dinosaurier. Sie hätten Dimensionen und Gewichte, dass man sie nicht mehr auf unseren Straßen bewegen könnte. Ich habe daher an die vorher zitierte Tageszeitung damals das Bild retourniert und darunter den kurzen, aber bedeutungsvollen Satz geschrieben: „Dieses Haus ist zu hoch!"

Hessen als Vorbild!

Erst mit der Schaffung eines neuen Feuerpolizeigesetzes im Jahre 1985 konnten die Weichen neu gestellt werden. Jetzt waren auch die formalen Voraussetzungen für eine periodische Überprüfung aller Hochhäuser im Rahmen der so genannten Feuerbeschau gegeben. Und als es mir nach einigen Jahren gelang, die beiden Feuerwehrtechniker *Ing. Alfred Pölzl* und *Ing. Stefan*

Schnepf nach Frankfurt zu senden, um die Hochhaus-Situation in Hessen zu studieren, waren zumindest die technischen Voraussetzungen für die Schaffung einer steirischen Hochhausrichtlinie gegeben. Diese konnte jedoch erst im Jahre 1999 offiziell vom Landesfeuerwehrverband beschlossen werden. So langsam mahlen die Sicherheits-Mühlen in unserem Lande!

Gründung der Feuerpolizei Graz

In der Zwischenzeit wurde die „Feuerpolizei Graz" offiziell gegründet und von *Ing. Alfred Pölzl*, einem ausgebildeten und engagierten Feuerwehrmann, aufgebaut. Zuerst waren es nur einige wenige Personen, die der Grazer Baupolizei zugeordnet waren, heute ist die Feuerpolizei eine Geschäftsgruppe der Berufsfeuerwehr mit über 20 ambitionierten Bediensteten. In der Zwischenzeit gab es auch einige oberstgerichtliche Entscheidungen im Sinne der erforderlichen Brandschutzsanierung unserer Hochhäuser. Die baulichen und technischen Aufrüstungsmaßnahmen kosten natürlich Geld, welches im Wesentlichen von den Wohnungseigentümern zu berappen ist. Und hier fängt es sich zu spießen an! Es müssen Kredite aufgenommen werden, die mittelfristig zurückzuzahlen sind. Dadurch erhöhen sich jedoch die Betriebskosten für die Wohnungseigentümer. Das ist der Stein des Anstoßes!

Die Übersiedlung der Feuerpolizei Graz zur Berufsfeuerwehr am Lendplatz im Jahre 1998 (im Bild von links nach rechts: Ing. Milla, Dr. Meisenberger, Ing. Pölzl, Stadtrat Dipl.-Ing. Josel und der Autor).

Der Bürger schreit auf!

Was jedoch noch zu bemerken ist: Manchmal versuchte man unter dem Titel „Brandschutz" heute auch die längst fälligen baulichen Haus- und Liftsanierungen und spezielle Reparaturen unterzubringen. Diese verdeckte Vorgangsweise mancher Wohnbaugesellschaften war eigentlich ein Skandal! Auch manche Fachfirma leistete durch ihre überzogene Preisgestaltung auf Grund vorhandener Monopolposition dem Brandschutz einen Bärendienst. Kein Wunder, dass der betroffene Bürger aufgeschrien hat! Und natürlich versuchen vor allem verschiedene politische Kleingruppierungen Kapital aus dieser verzwickten Situation zu schlagen. Der Brandschutz erleidet dabei einen gewaltigen Imageschaden und wird zum Spielball der Parteipolitik.

15.3 Ein schwarzer Tag für den Brandschutz!

Am Montag, dem 19. November 2007 beschloss der Steiermärkische Landtag mit den Stimmen der ÖVP, der KPÖ und der Grünen, gegen die Abgeordneten der SPÖ, die Abschaffung des § 103 BauG, welcher bis dato die Nachrüstung von bestehenden Hochhäusern ermöglichte. Gleichzeitig wurde das Steiermärkische Feuerpolizeigesetz 1985 im § 7, nach welchem unter anderem Brandmelde- und Alarmanlagen, Löschmittel und Löschanlagen sowie Löschwasserbezugsstellen vorgeschrieben werden können, novelliert.

Rattenfänger unterwegs!

Das ist der nüchterne Sachverhalt einer viel umstrittenen, ja skandalträchtigen politischen Entscheidung, welche den Brandschutz und die Feuerwehren in der Steiermark nunmehr zum parteipolitischen Spielball gemacht hat. Bis zu diesem Zeitpunkt hat man nämlich die wesentlichen Fragen der Sicherheit aus dem kleinlichen Tagesstreit der Parteien heraushalten können. Und das war gut so! Jetzt hatte es eine Bürgerinitiative – welche aus einer kleinen Gruppe umtriebiger Personen besteht – geschafft, die beiden Großparteien auseinanderzudividieren. Die steirische ÖVP ist mit der KPÖ und den Grünen diesen Rattenfängern, auf den Leim gegangen und hat das künftige Desaster des nunmehr verabschiedeten Wischiwaschi-Gesetzes zu verantworten.

Der Knackpunkt

Was ist nun der Knackpunkt dieser Husch-Pfusch-Gesetzesnovelle? Es handelt sich um die verfassungsrechtlich und in ihrer Formulierung äußerst umstrittene Änderung des § 7 FeuerPolG, wonach in Zukunft in *allen* Hochhäusern (*gemäß oberstgerichtlichem Entscheid*) nur mehr ganz bestimmte Brandschutzmaßnahmen vorgeschrieben werden können. Diese sind in einem neuen Absatz, und zwar im § 7, Abs. 3a folgendermaßen festgehalten:

1. Trockensteigleitung,
2. Druckknopfmeldeanlage und Alarmeinrichtung,
3. tragbare Feuerlöscher,
4. Brandschutztüren zwischen Erdgeschoss und Keller sowie
5. brandhemmende Türen zu Wohnungen.

Kühner Motivenbericht

Der fromme Wunsch: Mit dieser Gesetzesänderung wollte man einerseits den „Rechtsschutzbedürfnissen" der Wohnungseigentümer in Hochhäusern entgegenkommen (was immer man darunter verstehen könnte) und andererseits eine klare Regelung schaffen und die Behörde entlasten. So steht es zumindest kühn im Motivenbericht zu diesem politisch sanktionierten Handstreich.

Was ist jedoch Realität? Mit dieser neuen Regelung wird – so behaupte ich – der Brandschutz in Hochhäusern ab sofort in Frage gestellt, eine totale Verunsicherung der Hochhausbewohner und Feuerwehrleute bewirkt und die zuständige Behörde mit kontraproduktiver Arbeit zusätzlich belastet.

Zahnlose Gesetzesnovelle

Meine Hauptkritikpunkte in diesem Zusammenhang waren:

- Trockensteigleitungen entsprechen lange nicht mehr dem Stand der Technik und müssen aus einsatztechnischen Gründen abgelehnt werden. Sie sind im Ernstfall häufig nicht funktionsfähig und nicht zum eigenständigen Löschen durch die Hochhausbewohner geeignet (keine Entstehungsbrandbekämpfung möglich).

- Druckknopfmeldeanlagen sind nicht effektiv, da sie durch eine im Hochhaus wohnende Person ausgelöst werden müssen. Anmerkung: Außerdem ist im vorliegenden Konzept keine Alarmweiterleitung zur Feuerwehr vorgesehen!
- Brandschutztüren (richtigerweise Feuerschutztüren) zwischen Keller und Erdgeschoß sind zwar geeignet, eine Ausbreitung von Rauch und Feuer in diesem unmittelbaren Bereich zu verhindern, aber nicht über mangelhafte Schotts von Elektro-, Wasser- und Lüftungsinstallationen!

Diese Gesetzesnovelle ist also zahnlos und gefährlich. Man könnte überspitzt formulieren: Sie ist fast eine Art Anleitung zur fahrlässigen Handlung.

Chaos pur?

Was ist nun in der Praxis zu erwarten? Bereits kurze Zeit nach Verabschiedung der Gesetzesnovelle gab es Anfragen von besorgten Hochhausbewohnern und auch bereits die ersten Stornierungen von Wartungsverträgen für Hydrantenleitungen und Brandmeldeanlagen wurden angekündigt.

Abgesehen davon wird es in Zukunft keinen einheitlichen Sicherheitsstandard in steirischen Hochhäusern mehr geben. Bis dato konnte man bei brandschutztechnisch nachgerüsteten Hochhäusern nämlich von gewissen Sicherheitsvoraussetzungen ausgehen. Dies wird ab sofort nicht mehr möglich sein. Es wird keine geprüften Steigleitungen und Sicherheits-Liftanlagen mehr geben, die Brandmeldeanlage wird zur Fiktion, da sie nicht mehr automatisch wirken und auch die Feuerwehr nicht alarmieren kann. Und das Stiegenhaus wird nicht mehr rauchfrei gehalten werden, weil die Druckbelüftungsanlage nicht mehr eingeschalten ist. Was wir als leidgeprüfte Praktiker befürchten, ist das pure Chaos!

Schreibtischtäter am Werk!

Was die Feuerwehren in diesem Zusammenhang jedoch noch interessiert: Wer hat diese untauglichen Vorschläge für eine Novelle des Feuerpolizeigesetzes gemacht? Wer waren die technischen Berater für dieses gesetzliche

Flickwerk? Es wurde zwar behauptet, man habe alle mit dieser Materie befassten Abteilungen und Institutionen eingebunden. Das Landesfeuerwehrkommando war jedenfalls nicht dabei und die Berufsfeuerwehr Graz hat diesem Wahnsinn nicht zugestimmt. Das ist das Einzige, was wir mit Sicherheit wissen! Hier waren aber ohne Zweifel „Schreibtischtäter“ am Werk, die keine Ahnung von der harten Einsatzpraxis haben.

Parteieneinigung auf steirisch: Klubobmann Drexler, Klubobmann Kaltenegger und LAbg. Hagenauer wissen noch nicht, wer der Vierte im Bund ist.
(Cartoon aus BLAULICHT, Heft 12/2007, Anna Geiger)

Ein echter Skandal!

Die Feuerwehren sollen zwar im Ernstfall die Kastanien aus dem Feuer holen, werden aber in die Entscheidungsfindung nicht eingebunden. Das nennt man dann demokratische Vorgangsweise. In Wirklichkeit ist das ein ausgewachsener Skandal! Wir werden in Zukunft genau Statistik führen, wie viele Rauchgasvergiftete und Tote aus dieser schändlichen Novelle resultieren.

Vielleicht setzt sich aber auch jetzt noch die Vernunft durch und wir können gemeinsam den angerichteten Schaden einigermaßen korrigieren. Ein Appell an unsere Politiker: Gehen Sie in sich und helfen Sie mit, dass dieser schwarze Tag für den Brandschutz einigermaßen ausgemerzt werden kann. Wir sind dazu bereit!

Wer wird die betroffenen Hochhausbewohner retten, wenn der vorbeugende Brandschutz nicht stimmt und unsere Leitern zu kurz sind?

15.4 Am Beispiel der Twin Tower

Er hieß *Myhal Judge* und war Kaplan bei der New Yorker Feuerwehr. Liebevoll nannten ihn seine Feuerwehrkollegen „Father", denn er verkörperte durch seine aufopfernde und vorbildliche Haltung eine echte Vatergestalt für seine Jungs.

Letzte Ölung

Als er am Tag des unfassbaren Terroranschlages am 11. September 2001 in New York einem Feuerwehrmann am Unglücksort gerade die Letzte Ölung erteilen wollte, stürzte der zweite Turm des World Trade Centers ein. Der

Priester kam, genauso wie New Yorks Feuerwehrchef und sein Stellvertreter, ums Leben. Aber nicht nur für sie wurde der riesige Schuttkegel zum unfreiwilligen Grab! Auch an die 300 Kameraden wurden verschüttet und nur wenige hatten das Glück, lebend gerettet zu werden.

Bis zur Erschöpfung!

Im Internet werden und wurden ganze Bildergalerien über den heimtückischen Anschlag im World Trade Center angeboten. Dort gab es auch eine Serie über die Einsatzkräfte bei ihrer gefahrvollen Arbeit. Verzweifelt und mit ihren letzten Kräften versuchten sie die verschütteten Menschen aus ihrer Zwangslage zu befreien und hofften dabei auch, einen Freund und Kollegen zu finden. Sie setzten meist ihre gesamte physische und psychische Kraft ein und brachen dann oft im wahrsten Sinne des Wortes vor Erschöpfung zusammen. Wie ein Bündel Elend saßen sie dann auf den Trümmern, auf einer Bank oder sie lagen völlig ausgepumpt am Boden. Die Helfer waren am Ende! Das waren Bilder, die uns als Feuerwehrmänner besonders erschütterten.

Feuerwehrmänner retten einen Kollegen aus den Schuttmassen des WTC.

Wir sind stolz auf euch!

Und dann brandete fallweise auch spontan tosender Applaus auf. Wenn die mutigen Retter staub- und rußverschmiert von ihren lebensgefährlichen Einsätzen zurückgekommen und vielleicht sogar wieder ein Menschenleben retten konnten. Sie sind die neuen Helden und Präsident *Bush* rief ihnen zu: „Danke, Amerika ist stolz auf euch!" Aber auch wir, die Feuerwehrmänner aus einem anderen Kontinent dieses blauen Planeten, aus dem kleinen Österreich, danken euch für diese übermenschlichen Leistungen. Ihr habt unsere weltweite Feuerwehrfamilie würdig vertreten. Und vor allem neigen wir unser Haupt vor den toten Kameraden!

Irrsinn zieht Irrsinn an!

Im Jahre 1974 habe ich einmal einen Kommentar über Hochhäuser geschrieben und sie als Kathedralen des Wahnsinns bezeichnet. Denn wie vor allem die amerikanischen Beispiele gezeigt haben, bringen diese Megastrukturen nicht nur bei Bränden durch ihre unheimliche Zusammenballung von Menschen unüberwindliche Probleme. Auch die Polizei klagt in vielen Ländern des Auslands über die hohe Rate an Kriminalität und die Psychiater haben in der Nähe von Wolkenkratzern Hochbetrieb.

Jetzt sind zwei Kathedralen des Wahnsinns, die Twin Tower des World Trade Centers in Manhattan, durch eine noch wahnsinnigere Tat zerstört worden. Denn Irrsinn zieht noch größeren Irrsinn magisch an!

Gigantomanische Technik

Die 406 Meter hohen Zwillingstürme aus Manhattan wurden mit Hilfe von 200.000 Tonnen Stahl gebaut, besaßen jeweils 110 Stockwerke, 104 Lifte und sage und schreibe 21.800 Fenster pro Turm. Von der Aussichtsplattform auf dem Südturm, auf welcher ich im Jahre 1995 war, hatte man einen überwältigenden Blick bis zu 70 Kilometer in jede Richtung. Ich war damals förmlich erschlagen von einer gigantomanischen Technik und hatte auch – das muss ich ehrlich sagen – ein mulmiges Gefühl. Erst als ich mich wieder auf dem festen Boden befand, legte sich diese latente Nervosität.

Ein Albtraum

Für uns Feuerwehrmänner sind die hochfliegenden Fantasien der Bauherren, welche derartige Wolkenkratzer planen und bauen, ein Albtraum. Denn wie sollen wir mit unseren bescheidenen Kräften Zehntausende Menschen in kürzester Zeit evakuieren? Wie hoch sollen wir unsere Rettungsgeräte noch bauen und wie sollen dann diese technischen Dinosaurier auf unseren Straßen fahren? Dies ist alles nicht machbar! Obwohl uns die Technokraten unserer Zeit dies einreden wollen.

Schreckliche Bauweise!

Und was mich besonders bedrückt: Selbst in derart riesigen Gebäudegiganten, wie es die Twin Tower waren, wird anscheinend im Bereich des vorbeugenden Brandschutzes gespart. Diese Defizite in der Prävention beschreibt Star-Architekt *Harry Seidler*, geboren 1923 in Wien, so: „Das World Trade Center war gebaut wie aus Pappendeckeln. Das Weiß in den Gesichtern der Opfer ist ja in erster Linie Gipsstaub. Die Stahlträger waren nur mit Asbest bespritzt und unter der enormen Hitze weich wie Spaghetti. Das ist eine schreckliche Bauweise!"

Prävention tut not!

Das heimtückische Attentat von New York ist sicher ein Fall für sich, zeigt aber erneut die Grenzen des Einsatzes der Feuerwehr auf. Ich habe im bereits zitierten Kommentar von 1974 geschrieben: „Solange man sich nur überlegt, welche Maßnahmen zur Rettung der bedrohten Menschen ergriffen werden können, sind Katastrophen unausbleiblich. Allein das gottergebene und sicherlich bequeme Vertrauen in unsere Feuerwehren und den abwehrenden Brandschutz – wie es unsere steirischen Landespolitiker erst jüngst am Beispiel der Hochhäuser vorexerziert haben – ist hier zu wenig. Ja, diese Einstellung muss schärfstens abgelehnt werden. Soll es auch bei uns so weit kommen wie in Amerika, wo jede große Berufsfeuerwehr einen eigenen Pfarrer besitzt, der die Einsegnung von im Dienst zu Tode gekommenen Feuerwehrleuten vornimmt?" Aber selbst das ist keine Lösung, wie uns das tragische Schicksal von Feuerwehrkaplan *Myhal Judge* aus New York gezeigt hat.

Einsturz des ersten Turms des World Trade Centers.

16. Kapitel

Das Tunnel-Dilemma

Ein verhängnisvoller Brand mit 5 Toten im steirischen Gleinalmtunnel, dem gefährlichsten Tunnel Österreichs. (Foto: Oswald)

Tot ab ignibus aether conciperet flammas
(bei so viel Feuer gerät auch die Luft in Flammen).
Metamorphosen des Ovid, 10 n. Chr.

Bereits vor über 20 Jahren habe ich vor großen Tunnelkatastrophen, wie sie in den letzten Jahren eingetreten sind, gewarnt. Ich habe mich damals zwar mit einigen Technokraten überworfen, aber dafür viele Freunde gewonnen. Doch haben wir aus der Montblanc-, Tauern- und St.-Gotthard-Katastrophe gelernt? Ja, aber ich glaube, trotzdem viel zu wenig! Das große Tunnel-Dilemma wurde zwar – auch durch meine Kassandrarufe – etwas entschärft, aber ein überhöhtes Sicherheitsrisiko ist meines Erachtens geblieben!

16.1 Die ersten Tunnelkatastrophen

Bei einer Tunnel-Enquete in Wien wurde ich im Jahre 2001 einmal als „Kassandra vom Dienst" vorgestellt. Und manchmal glaube ich wirklich, in diese undankbare Rolle geschlüpft zu sein. Ja, und fallweise war ich auch Pressionen ausgesetzt und nach dem Tauerntunnelbrand hatte ich sogar „Einreiseverbot" ins Salzburger Land. Trotzdem gebe ich nicht auf und werde weiter vor „Trojanischen Pferden" warnen! Die überlangen Tunnelanlagen, egal ob Straßen- oder Eisenbahntunnels, gehören in der derzeitigen Ausführungsform nach wie vor dazu!

Mit dem Montblanc-Tunnel begann es!

Und dann kamen die ersten Tunnelkatastrophen! Man schrieb den 24. März 1999 und ich befand mich gerade in Erfurt, der Landeshauptstadt Thüringens, wo ich als Tunnelberater des dortigen Innenministeriums die geplante Autobahn-Tunnelkette über den Thüringer Wald begutachten sollte. Die „Ossis" hatten sich einen „Ösi" als Fachexperten geholt. Eine bemerkenswerte Tatsache! Und da krachte es im Montblanc-Tunnel. Dieser Brand mit 39 Toten war nur der Auftakt zu einer verhängnisvollen Serie von Tunnelkatastrophen, welche ich schon seit Langem vorausgesagt hatte.

Der Brand im Montblanc-Tunnel zeigte die Hilflosigkeit der Feuerwehren deutlich auf.

Katastrophe im Tauern-Tunnel

Als es kurze Zeit später am 29. Mai 1999 im Tauern-Tunnel zu einem Katastrophenbrand kam, fuhr ich am nächsten Tag mit Redakteur *Christof Oswald* und *Ernelinde* nach Salzburg, um eine Reportage für unsere Fachzeitschrift BLAULICHT zu gestalten. Nach einer kurzen Besichtigung der Schadenstelle im Tunnel sollte in einer Autobahnmeisterei dann eine Pressekonferenz stattfinden und auch Bundeskanzler *Viktor Klima*, der – wie sich im Laufe unseres kurzen Gespräches herausstellte – tatsächlich weit entfernt verwandt mit *Ernelinde* ist, wurde von den Journalisten erwartet. Vor dem Tunnelportal hatte eine ganze Armada von mobilen Funkstationen Aufstellung genommen. Ich habe damals weit über 20 Rundfunk- und Fernsehsender gezählt, nicht nur aus ganz Europa, sondern auch aus Übersee. Nachdem der Politikertross und eine Reihe privilegierter Journalisten die Schadenstelle besichtigt hatten, machten wir uns fertig, um in den Tunnel einzufahren. Plötzlich die Rückmeldung, dass aus Sicherheitsgründen eine Befahrung nicht mehr verantwortet werden könne. Es herrsche nämlich akute Einsturzgefahr am Einsatzort, wurde mitgeteilt.

Der Landeshauptmann im „Kampfanzug“

So konnten wir zwar nicht unmittelbar an die Brandstelle vordringen, hatten aber die Möglichkeit, mit den Einsatzkräften zu diskutieren. Dies war für unseren Bericht von großer Wichtigkeit. Schließlich eröffnete der damalige

Landeshauptmann *Franz Schausberger* die Pressekonferenz in der nahe gelegenen Autobahnmeisterei. Er war im grünen „Kampfanzug" der Feuerwehren erschienen, wohl um zu zeigen, dass er auch Mitglied in dieser größten Einsatzorganisation ist. Einige Beamte der Landesregierung umschwänzelten ihn dabei, darunter auch sein Medienhofrat, der die Presseveranstaltung moderieren sollte. Zu seiner Rechten saß der Salzburger Landesfeuerwehrkommandant-Stellvertreter und zu seiner Linken der Vertreter der ASFINAG (*Ing. Franz Lückler*), welche für den Betrieb des Tauerntunnels zuständig war.

Drei Fragen an den Landeshauptmann

Der Landeshauptmann redete fast eine Stunde in der Manier eines abgehobenen Profipolitikers um den heißen Brei herum. Ich war erbost, meldete mich gleich zu Wort und stellte ihm drei Fragen. Sie lauteten:

1. Warum wurde die zweite Röhre im Tauern-Tunnel bis dato nicht gebaut (obwohl die Geldmittel bereits vorhanden waren)?
2. Wieso haben Sie als Landeshauptmann nichts zur Verabschiedung einer neuen Tunnelverordnung (betrifft den Transport gefährlicher Güter durch Tunnelanlagen) beigetragen?
3. Wieso war für den Tauern-Tunnel keine eigene Betriebsfeuerwehr vorgesehen, obwohl sie im amtlichen Verfahren von den Feuerwehren gefordert wurde?

Eklat bei der Pressekonferenz

Die Antworten des Landeshauptmannes (LH) waren für mich völlig unbefriedigend und so hakte ich mehrmals mit Zusatzfragen nach. Bei Frage Nummer drei explodierte die angespannte Atmosphäre förmlich und es kam zum Eklat: Der LH brüllte mich mit hochrotem Gesicht plötzlich an: Was ich mir erlauben würde, die Arbeit der freiwilligen Feuerwehren in Frage zu stellen und eine Berufsfeuerwehr zu fordern! Als ich fragte, ob er den Unterschied zwischen einer Berufs- und Betriebsfeuerwehr nicht kenne, eskalierte die Situation vollends. Der anwesende Medienhofrat verlor nun vollkommen die Contenance, und als er den Gendarmeriekommandanten zu sich holte, rechne-

te ich mit meiner gewaltsamen Entfernung aus dem Konferenzsaal. Dazu kam es schließlich nicht, da ich keine weiteren Fragen mehr stellte.

Der Großbrand im Tauerntunnel war der erste Paukenschlag in Österreich.

Im medialen Rampenlicht

Die Folge dieses Zwischenfalls war jedoch auf einer anderen Ebene gewaltig: Ich stand plötzlich im medialen Rampenlicht und Dutzende Journalisten stürzten sich förmlich auf mich, um mir Fragen über den Problemkreis der Tunnelsicherheit zu stellen. Ich gab in den nächsten beiden Stunden für insgesamt elf internationale Fernsehsender, für fünf Radiostationen und die bekanntesten Tageszeitungen Interviews. Dabei konnte ich die Problematik der damals verfehlten österreichischen und internationalen Tunnelpolitik vor allem für die Einsatzkräfte der Feuerwehr transparent machen und warnte vor weiteren Katastrophen in diesem Bereich.

Sympathischer Holländer

Besonders sympathisch war mir ein holländischer Reporter, der gut Deutsch sprach und mich für das niederländische Fernsehen und den Rundfunk schon interviewt hatte. Wir standen daher etwas länger am nördlichen Tunnelportal des Tauerntunnels und plauderten locker dahin. Ich sagte, dass der Tunnel vermutlich einige Monate gesperrt und jetzt der gesamte Verkehr über die Alpen geleitet werden müsse. Der Reporter hakte hier nach und meinte, es werde dann vermutlich zu vielen Unfällen in den Bergen kommen. Ich hielt dies für einen Spaß und antwortete locker: *„Sicher, wenn die Flachlandfahrer aus Holland zu uns kommen!“* Zu diesem Zeitpunkt wusste ich allerdings noch nicht, welche großen Wirren diese Wortmeldung auslösen sollte.

Holländische „Zeitungsente"

Zwei Tage später erhielt ich einen telefonischen Anruf, mit welchem ich vorerst nichts anfangen konnte. Am Apparat war ein Angestellter der Österreichischen Botschaft in Holland, der mich mit dem Botschafter persönlich verband. Es folgte ein etwa halbstündiges Gespräch! Was war passiert?

In der größten holländischen Tageszeitung war ein Riesenaufmacher mit dem Titel „Fahren Sie nicht nach Österreich!" erschienen. Daneben ein Bild des brennenden Tauerntunnels und mein Konterfei in voller Größe mit dem Text: „Der österreichische Hochschulprofessor und Tunnelexperte *Dr. Otto Widetschek* warnt vor Unfällen und einem Verkehrskollaps nach dem Tauerntunnelbrand". Und das Ganze knapp vor der Urlaubszeit! Der sympathische Reporter aus Amsterdam hatte anscheinend Information aus „erster Hand verarbeitet": Er hatte sich diese nämlich aus dem eigenen Finger gesogen. Eine gigantische „Zeitungsente" war daraus entstanden.

„Einreiseverbot" in Salzburg

Trotz meiner Sachverhaltsdarstellung wurde dieser inkriminierende Zeitungsbericht an das österreichische Außenministerium weitergeleitet und kam natürlich auch in die Hände des mich besonders „liebenden" Medienhofrates aus Salzburg. Die Folge war, dass Landeshauptmann *Schausberger* den Salzburger Landesfeuerwehrkommandanten *LBD Anton Brandauer* unter Druck setzte. Dieser schrieb mir einen bitterbösen Brief und kündigte jede Zusammenarbeit auf Bundesfeuerwehrebene – vor allem aber im Sachgebiet 4.5 „Strahlen- und Bioschutz", in welchem ich damals noch Vorsitzender war – an. Mein in der Salzburger Landesfeuerwehrschule bis zu diesem Zeitpunkt angesetztes ÖBFV-Seminar „Gefahrenlehre" für Führungskräfte der österreichischen Feuerwehren konnte plötzlich aus Termingründen nicht mehr stattfinden: Ich hatte also quasi „Einreiseverbot" in der Mozartstadt erhalten.

Tunneltagung in Bern

Am 9. Juni 2000 fand im Kongress-Zentrum in Bern die 2. Internationale Fachtagung des Schweizerischen Feuerwehrverbandes zum Thema „Feuerwehreinsätze in Tunnels und Stollen" statt. An dieser interessanten

Veranstaltung nahmen etwa 800 Personen teil und ich hatte die große Ehre, das Hauptreferat zu halten, welches sich in diesem Zusammenhang mit den Forderungen der Feuerwehr zu befassen hatte. In der offiziellen Einladung wurde ich folgendermaßen zitiert: „Im schlechtesten Fall ergeben sich für die in den Tunnel zur Menschenrettung und Brandbekämpfung eindringenden Feuerwehrmänner apokalyptische Visionen: panisch vor Rauch und Flammen flüchtende Menschen, durch Autos verstopfte Gegenfahrbahnen und Personen, die sich bewegungsunfähig in ihren Fahrzeugen verkrochen haben (Panikstarre). Mit der zu erwartenden großen Hitze ist ein Katastrophencocktail von physischen und psychischen Einflüssen für die Einsatzkräfte vorhanden, welcher nur schwer zu verkraften ist!". Mit dem Zusatz: „Der hier wiedergegebene Text stammt nicht aus der Feder eines Panikmachers, sondern des anerkannten österreichischen Brandschutzspezialisten *Dr. Otto Widetschek*".

Ehrliche Kameradschaft zieht!

Natürlich war dies für mich eine große Ehre und internationale Anerkennung. *LBD Anton Brandauer*, auch Vizepräsident des ÖBFV, referierte bei derselben Tagung — und zwar über den Tauerntunnelbrand. Da wir auch im selben Hotel in der Berner Innenstadt logierten, war am Abend ein persönlicher Kontakt fast unvermeidlich. Wir haben ihn zum Positiven für das Feuerwehrwesen genutzt und uns in kameradschaftlicher Weise bei einem Glas Wein (oder waren es mehrere?) ausgesprochen und die wesentlichsten Missverständnisse nach den durch die Medien provozierten Spannungen nach dem Tauerntunnelbrand ausgeräumt. Ich bin froh darüber, denn die ehrliche Kameradschaft unter den Feuerwehrmitgliedern sollte noch immer medialer Winkelschreiberei und oft diffuser Parteipolitik vorgezogen werden. Notabene ziehen wir alle am selben Strang und kämpfen für dieselbe Sache. Man kann höchstens über die dabei angewandten Methoden unterschiedlicher Meinung sein. Aber eines ist für mich klar: Bei den elementaren Fragen der Sicherheit kann man auch nicht immer mit Glacéhandschuhen arbeiten!

16.2 Tunneleinsätze: Zwischen Heldentum und Wahnsinn

Was wir jedoch aus den großen Tunnelkatastrophen der Jahrtausendwende endlich lernen müssen: Man kann keinen eindimensionalen Katastrophenschutz betreiben! Nur mit der Verbesserung der Tunnellüftung, einigen Maßnahmen im Bereich der Tunnelerhaltung (verbesserte Reinigung, bessere Kennzeichnung der Fluchtwege etc.) und „Rumpelstreifen" bei Gegenverkehr kann man die wahren Probleme nicht in den Griff bekommen. Was notwendig ist: integraler Brandschutz! Der zugegebenermaßen etwas mehr kostet!

Die Knoflacher-Kommission

Nach den katastrophalen Tunnelgroßbränden um das Jahr 2000 wurde im Infrastrukturministerium eine Sonderkommission zur Verbesserung des Brandschutzes in Straßentunneln gebildet. Der Vorsitz wurde an den Wiener Technikprofessor *Dr. Hermann Knoflacher* vom Institut für Verkehrsplanung und Verkehrstechnik übertragen, der sich redlich bemühte, einen sinnvollen Katalog von Verbesserungsmaßnahmen mit einer Expertengruppe zu erarbeiten. Auf seine Initiative wurde ich auch temporär in dieses Team eingeladen und konnte am 23. Jänner 2002 sogar ein Referat über das Thema „Brauchen wir Tunnelfeuerwehren?" halten. Neben der Notwendigkeit von Betriebsfeuerwehren in langen Tunnelanlagen brachte ich auch das grundsätzliche Erfordernis von automatischen Löschanlagen in bestimmten Tunnelanlagen zur Sprache.

Auf beiden Ohren taub!

Auf diesen beiden Ohren waren die meisten Mitglieder der Knoflacher-Kommission jedoch taub. Man einigte sich letztlich nur, die „billigen" Maßnahmen, wie die verbesserte Beleuchtung und Kennzeichnung von Fluchtwegen sowie die Schaffung von Rumpelstreifen etc., im Endbericht zur Umsetzung vorzuschlagen. Außerdem wurde eine ganze Menge von Untersuchungen über das Verhalten der Tunnelbenutzer und den Transport gefährlicher Güter vorgelegt. Meine Mission war also hier vordergründig nur bedingt erfolgreich, hatte aber trotzdem eine wichtige Eisbrecherfunktion.

Aus Fehlern lernen!

Meine Vorstellungen von einem umfassenden Tunnelbrandschutz habe ich dann auch dem späteren Chef der ASFINAG, Herrn *Ing. Franz Lückler*, welcher mich nach dem Tauerntunnelbrand dankenswerterweise zu einem Fachgespräch in Graz eingeladen hatte, ausführlich darstellen können. Aus einem ursprünglich auf eine Stunde anberaumten Diskussionsvortrag wurde ein spannender Nachmittag. Fast vier Stunden diskutierte ich mit *Lückler* und seinen Fachleuten über alle Möglichkeiten, den Brandschutz in Tunnelanlagen zu verbessern. Und ich glaube, diese Herren haben dabei viel gelernt!

Wichtig: Zweiter Rettungsweg!

Hat die Feuerwehr bei zweiröhrigen Tunnelanlagen, welche alle 250 Meter durch Querstollen miteinander verbunden sind, bei der Brandbekämpfung in der Regel weniger Probleme, so sieht dies bei einröhrigen, langen Tunneln schon anders aus. Hier fehlt nämlich der zweite Flucht- und Angriffsweg, was im Ernstfall zu erheblichen Schwierigkeiten führen kann. Der Bau derartiger Tunnelanlagen war und ist meiner Meinung nach ein echter Sündenfall gewesen, denn das Prinzip des zweiten Rettungsweges darf nie in Frage gestellt werden! Anmerkung: Dieser von vielen Tunnelplanern ursprünglich geleugnete Grundsatz ist heute – vor allem durch den Druck der Feuerwehren unter meiner intensiven Mitwirkung – gottlob bereits allgemein anerkannt worden!

Knackpunkt Fluchtweglänge!

In Gebäuden ist aufgrund verschiedener gesetzlicher Grundlagen eine maximale Fluchtweglänge von 40 Metern zulässig. Nach dieser Weglänge muss man entweder das Freie oder ein rettendes Stiegenhaus erreichen. Wie sieht dies aber in einem Tunnel aus? Nach den früher gültigen RVS-Richtlinien für den Bau von Straßentunneln gab es bei zweiröhrigen Anlagen in der Regel Querschläge in 800 Meter Entfernung. Bei einröhrigen Tunnelanlagen waren nur in Sonderfällen, wie beispielsweise im Plabutschtunnel, Fluchtstollen vorhanden. Im Jahr 2000 gab es nach einer von uns durchgeführten Erhebung in Österreich noch mehr als 20 einröhrige Anlagen mit Längen über zwei

Kilometer. Der längste war dabei der Arlbergtunnel mit fast 14 Kilometern Länge. Fluchttechnisch gesehen sind diese Tunnel monströse und im Ernstfall nicht beherrschbare Bauwerke!

Und bei der Eisenbahn?

Triste sieht es auch im Eisenbahnverkehr aus, denn hier gab es bis dato nur einröhrige Tunnelanlagen. Diese besitzen im Gegensatz zu Straßentunneln auch kein Lüftungssystem. Hier wird mit der geringen Wahrscheinlichkeit von Unfällen argumentiert. Erst bei der Planung des umstrittenen Semmering-Basistunnels wurde erstmals von Seiten der Feuerwehr ein Teilerfolg erzielt. Es wurde auf steirischer Seite ein paralleler Rettungsstollen mit Querstollen in jeweils 500 Meter Entfernung geplant und in Niederösterreich wurden Fluchtstollen im Abstand von 1,5 Kilometer geplant. Leider alles viel zu lang! Anmerkung: Die im Jahre 2005 vorgeschlagene neue Semmering-Tunneltrasse wurde bereits zweiröhrig geplant. Ob sie je realisiert wird, steht in den Sternen geschrieben. Beim leider ebenfalls einröhrig konzipierten Lainzer Tunnel in Wien („Wildschwein-Tunnel") sind Fluchtausstiege in jeweils 500 Meter vorgesehen, wobei die Ausstiege bis zu 65 Meter tief sind. Ich habe einmal von in die Erde vergrabenen Hochhäusern gesprochen. Erst beim 33 Kilometer langen Koralmtunnel hat man von vorneherein ein Tunnelsystem aus zwei parallelen Fahrröhren mit Querstollen wenigstens in jeweils 500 Metern geplant.

Tunnel-GAU

Unter einem GAU versteht man in der Kernreaktortechnik den „**G**rößten **A**nzunehmenden **U**nfall", der mit den vorhandenen technischen Mitteln gerade noch bewältigt werden kann. Was ist nun in Analogie ein Tunnel-GAU?

Da – wie bereits dargestellt – vor allem lange, einröhrige Tunnelanlagen (hier werden im Regelfall so genannte Vollquerlüftungen verwendet) aufgrund ihrer langen An- und Abmarschwege beim Einsatz problematisch sind, wird ein derartiges Brandszenarium angenommen. Nach Aussage von Fachleuten der TU Graz ist mit den heute verwendeten Lüftungssystemen in etwa ein Autobus- bzw. LKW-Vollbrand zu bewältigen. Dabei wird weitgehende Rauchfreimachung des Tunnels angestrebt. Dies wäre also der Tunnel-GAU!

Kehrseite der Medaille!

Was für den normalen Straßen- und Schienenverkehr vielfach ein großer Vorteil und eine gravierende Zeitersparnis sein kann, ist nämlich im Ernstfall in Tunnelanlagen problematisch! Schon bei Verkehrsunfällen macht sich in der Regel der Platzmangel negativ bemerkbar. Bei größeren Bränden aber können Hitze, Rauch und Qualm in der engen Tunnelröhre bei den betroffenen Menschen zur Panik führen und für die an vorderster Front kämpfenden Männer zur Falle werden. Jeder Tunneleinsatz, so hat es einmal ein hoher Feuerwehroffizier treffend gesagt, ist daher eine Gratwanderung zwischen Heldentum und Wahnsinn. Das ist die Kehrseite der Medaille!

Rolle von Statisten!

Was wir auch erkennen müssen: Weder bei den Bränden im Montblanc, im Tauern, in Kaprun und im St. Gotthard haben wir das Brandgeschehen in den Griff bekommen. Wir haben warten müssen, bis die Brandlast, Fahrzeuge und LKWs samt Beladung, thermisch vernichtet war. Das hat 10 bis 40 Stunden gedauert! Und wir waren die Statisten in einem grausigen Szenarium. Leider wird das auch bei den kommenden Großbränden nicht anders sein! Weil die elementaren baulichen und technischen Maßnahmen beim Bau dieser Monsterröhren nicht berücksichtigt wurden und jetzt auf die Schnelle nicht nachgerüstet werden können.

Das kann nicht gut gehen!

So positiv der Ausbau der zweiten Tunnelröhre im 10 Kilometer langen Plabutschtunnel auch ist, es gibt zu wenige Querstollen!

Aber man will ja gar nicht, man hört nicht auf uns! Wie könnte sonst die zweite Röhre des rund 10 Kilometer langen Plabutschtunnels in Graz gebaut werden, ohne wichtigen Forderungen der Feuerwehr näherzutreten? Wir wollen maximale Entfernungen zwischen den Verbindungsstollen von 250 Meter, im Plabutschtunnel sind sie fast doppelt so lang. Dabei hat sich gerade im St. Gotthard gezeigt, dass es nur auf Grund dieser Tatsache relativ wenig Tote gegeben hat. Wir wollen bei längeren Tunnelanlagen eigene Betriebsfeuerwehren. Diese Wünsche wurden bis heute abgeschmettert. Wir sind für automatische Löschanlagen! Diese hat man bis heute nicht einmal in Diskussion gestellt. Das kann nicht gut gehen!

Im sauren Regen!

Dafür wurde die für uns wichtige Meldepflicht abgeschafft! Ohne vorerst entsprechende Ersatzmaßnahmen vorzusehen! Dabei wäre es für die Einsatzkräfte von eminenter Bedeutung, bei Gefahrgut-Unfällen die Art und Menge der transportierten radioaktiven, biologischen oder chemischen Stoffe ohne komplizierte Erkundungsmaßnahmen zu kennen. Außerdem ist es den Verantwortlichen ziemlich egal, wie wir unsere Einsatzkräfte vor Ort unter gasdichten Schutzanzügen mit Luft versorgen können. Detail am Rande: Die einzige derartige Versorgungsanlage im Plabutschtunnel wurde nach dem Bau der zweiten Röhre einfach (ohne Verständigung der BF Graz) abgerissen! Die Feuerwehren wurden wieder einmal im „sauren Regen" stehen gelassen. Der Einsatz in Tunnelanlagen ist anscheinend oft wirklich eine Gratwanderung zwischen Heldentum und Wahnsinn!

Der Planer des innovativen Atemluftversorgungssystems Ing. Friedrich Bös in der großen Kaverne des Plabutschtunnels. Die technische Umsetzung des Projektes erfolgte durch die Firma Aquatechnik (Ing. Gerhard Hochl) in Graz.

Sünden der Vergangenheit

Früher hat man uns gefällig auf die Schulter geklopft und gesagt: „Ihr seid's klasse Burschen, ihr macht's das schon!" Man ist nach dem gefährlichen Motto vorgegangen: „Wir wissen zwar, dass die Sicherheit in den langen Tunneln nicht stimmt, aber auf die Feuerwehren ist bis jetzt immer Verlass gewesen." Und im Übrigen: „Wenn die Hilfe einmal nicht mehr möglich sein sollte, dann war es eben höhere Gewalt!" Und so waren alle aus dem Schneider. Zumindest haben es die meisten geglaubt! Und wir Feuerwehren haben uns, zugegebenermaßen, viel zu wenig gegen diese falsche Sicherheitsphilosophie aufgelehnt. Leider müssen wir jetzt mit den Sünden der Vergangenheit alle leben!

16.3 Das Tunnelmanifest!

DDr. Günther Nenning schrieb am 2. April 2002 in der Kronen-Zeitung in seiner Kolumne „Anders gesehen": „Ovid war ein großer römischer Dichter. Jetzt haben wir einen Owid, der ein Grazer ist, Feuerwehrmann, Branddirektor, mit vollem Namen *Dr. Otto Widetschek*. Der Dichter *Ovid* warnte die Menschheit vor dem Unheil durch Übermut. *Owid* tut desgleichen. Er warnt vor dem Tunnelwahnsinn. Er ist die Seele einer Großveranstaltung – auf Deutsch Event –, die am Mittwoch, den 3. April am und im Grazer Schlossberg stattfindet."

Fast 1.000 Teilnehmer hatte das vom Autor organisierte Tunnelmanifest der Feuerwehren am Grazer Schlossbergplatz und im Dom im Berg.

Der Dom im Berg

Ja, es war eine Veranstaltung der besonderen Art: Im Dom im Berg, einer riesigen Kaverne des Grazer Schlossberges, und auf dem idyllischen Grazer Schlossbergplatz fand das sogenannte Tunnelmanifest der österreichischen Feuerwehren statt. Es war eine stilgerechte Einweihung dieses neuen Tunnelsystems im Schlossberg und ein Hilfeschrei gegen die Art und Weise, wie damals unsere berechtigten Forderungen auf dem Sektor des Tunnelbrandschutzes von den Verantwortlichen in Bund und Ländern ganz einfach ignoriert wurden.

Meilensteine des Grauens

Eines ist klar: Bis vor wenigen Jahren haben sich die Feuerwehren noch täuschen und einlullen lassen. Jetzt war es aber genug! Die großen Tunnelkatastrophen und die Großbrände vom Montblanc-, Tauern-, Kitzsteinhorn- und St.-Gotthard-Tunnel waren Meilensteine des Grauens. Was uns als Feuerwehrmänner dabei besonders erschütterte, war die Hilflosigkeit, zu welcher wir dabei verurteilt waren. Wir wurden – so habe ich es schon mehrmals geschrieben – wahrlich zu Statisten in einem grausigen Szenarium degradiert!

Warum ist dies so? Weil in den langen Monster-Tunnelanlagen auch heute noch ein gefährliches Missverhältnis zwischen Prävention und Repression gegeben ist. Wenn der vorbeugende Brandschutz ein Aschenputteldasein führt, kann eine noch so gut ausgerüstete Feuerwehr keinen Erfolg mehr haben.

Das falsche Lernen!

Man könnte glauben, dass die Verantwortlichen aus den Katastrophen der letzten Jahre ihre Schlüsse gezogen und daraus gelernt haben müssten. Ja, natürlich, man hat einiges verbessert, was jedoch – unserer Meinung nach – bereits längst einfachster Sicherheitsstandard sein müsste: Rumpelstreifen, damit ein einschlafender Autofahrer rechtzeitig gewarnt wird, bessere Beleuchtung, damit die gefährliche Monotonie des Fahrens verhindert wird, und schärfere Verkehrsüberwachung, um die Tunnelraser in den Griff zu bekommen.

Echte Tunnelsicherheit kann aber nur durch umfassende Sicherheitsmaßnahmen erreicht werden. Diese hat man nach unserer Meinung bis dato nur unzureichend realisiert. Ich nenne das „falsches Lernen“!

Die Einladung zum Tunnelmanifest der österreichischen Feuerwehren.

Eindimensionaler Brandschutz

Derzeit setzen die österreichischen Tunnelplaner alles auf eine verbesserte Lüftung. Mit einem neuen Lüftungskonzept möchte man den Tunnel an der Unfallstelle mindestens zehn Minuten frei von gefährlichen Rauchgasen halten. Ein löbliches Unterfangen! Aber ist dies der Stein der Weisen? Ich sage Nein, denn in langen, vor allem einröhrigen Tunnelanlagen ist ein derartiges großes Sicherheitsdefizit vorhanden, dass man mit eindimensionalem Brandschutz nicht zum Ziel kommen kann.

Anmerkung: Dabei gibt es noch ein viel besseres Tunnellüftungskonzept, welches wir beim gegenständlichen Tunnelmanifest vorgestellt haben! Leider kommt es nicht aus Österreich, sondern aus Kroatien!

Rette sich, wer kann!

Immer wieder hören wir im Zusammenhang mit großen Tunnelanlagen vom Konzept der Selbstrettung. Die Tunnelbauer wollen es neuerdings – wie bereits festgestellt – durch verbesserte Lüftungsanlagen gewährleisten. Damit will man den Tunnel in der ersten Brandphase vom Rauch freihalten. Die Philosophie dahinter lautet: „Leute, lauft so schnell ihr könnt, dann habt ihr vor dem Feuer eine Chance!“ Was ist aber mit alten Menschen, die nicht mehr laufen können, mit Kleinkindern sowie bei Unfällen ins Auto eingeklemmten Menschen? Und was soll ein Feuerwehrmann dazu sagen, der in einen brennenden Tunnel unter Einsatz seines Lebens eindringen muss? Ja, es stimmt: „Wo andere flüchten, müssen wir hinein!“ Und deswegen sind derartige Einsätze für uns meist zwischen Heldentum und Wahnsinn angesiedelt!

Flucht- und Rettungswege dürfen nicht zu lang sein!

Protest war angesagt!

Deswegen protestierten die Feuerwehren! In einem normalen Bauwerk dürfen die Fluchtwege nicht länger als 40 Meter sein. In unseren Tunnelanlagen sind sie oft mehrere Kilometer (!). Wir haben wenigstens eine Minimalflucht- und Angriffsweglänge von 250 Metern gefordert, was schon einen Kompromiss darstellen würde. Man hat darüber damals gar nicht diskutiert und ist einfach zur Tagesordnung übergegangen.

Wir fordern nach wie vor automatische Brandbekämpfungsanlagen, welche einen Brand auf seinen Entstehungsort lokalisieren und der Feuerwehr eine effektive Bekämpfung ermöglichen können. In Australien hat man sie generell eingeführt, bei uns werden sie bis dato abgelehnt.

Wir wollen Tunnel-Betriebsfeuerwehren. Man hat diese effektive Form des Betriebsbrandschutzes bis jetzt einfach ignoriert. „Wollen die Tunnelbetreiber keine Eigenverantwortung übernehmen“, schrieb ich damals, „wie dies jeder andere Großbetrieb tun muss?“

Deswegen unser Protest! Deswegen wurde das Tunnelmanifest am 3. April 2002 von mir organisiert und in Graz abgehalten!

Die Hauptverantwortlichen für das denkwürdige Tunnelmanifest in Graz.

Die Maut als „Ablass"?

Eine interessante Frage in diesem Zusammenhang ergibt sich auch durch die allgemeine Vignettenpflicht und die immer größere Zahl von bemauteten Tunnelanlagen in Österreich. Zuerst wird Maut beim Durchfahren eines Tunnels verlangt, bei einem Unfall muss man sich jedoch selbst aus dem Schlamassel ziehen. Der Tunnelbetreiber zieht sich im Augenblick der Gefahr elegant zurück. Hat er mit den finanziellen Einnahmen nicht auch eine Verpflichtung für den Brandschutz übernommen? Eine delikate Konstellation, die man einmal vor einem Richter diskutieren sollte. Irgendwie erinnert mich diese Situation an ein kirchenhistorisches Ereignis, als man Ablass für die Aufnahme der Seele in den Himmel forderte. Nur mit dem Unterschied, dass es hier bei einem Tunnelbrand dann direkt ins Fegefeuer geht.

Am Beispiel der Titanic

Wir müssen endlich erkennen: In großtechnischen Systemen, wozu auch lange Tunnelanlagen gehören, herrschen im Brand- und Katastrophenfall ganz einfach andere Gesetze. Diese Riesenbauwerke sind verwundbarer, als man annehmen möchte! Aber das wollen unsere verblendeten Technokraten nicht hören!

Sie erinnerten mich irgendwie an die Konstrukteure der legendären Titanic, die ein Passagierschiff bauen wollten, welches absolut sicher und unsinkbar sein sollte. Diese Technokraten hatten sich sogar zur blasphemischen Behauptung verstiegen, dass nicht einmal Gott die Titanic versenken könnte.

Fehlende Rettungswege

Gerade diese Überheblichkeit führte jedoch zu einer verhängnisvollen Fehlentscheidung: Es wurden lediglich 20 Rettungsboote vorgesehen, welche nur knapp 1.200 Personen der insgesamt 2.201 auf dem Schiff befindlichen Menschen fassen konnten. Die fatale Folge: Der Rettungsweg war für viele abgeschnitten und rund 1.500 Passagiere und Besatzungsmitglieder fanden am 14. April 1912 den Tod im eisigen Atlantik.

Im übertragenen Sinn wurde dasselbe Verbrechen an unseren langen Tunnelanlagen begangen. Der zweite Rettungsweg wurde vernachlässigt und man verbesserte hier ein wenig und da ein wenig und glaubte, mit einem neuartigen Lüftungssystem alles gelöst zu haben.

Pleiten der Technik

Der Untergang der Titanic war die erste welthistorische Pleite der Technik. Sie blieb jedoch, wie wir aus leidvoller Erfahrung wissen, nicht die letzte. Es scheint so, als würde das Todesschiff noch immer über die Weltmeere kreuzen. Bhopal, Tschernobyl, Hochhauskatastrophen und letztlich auch die Tunnelbrände unserer Zeit sind Meilensteine der technischen Überheblichkeit des Menschen. Wir Feuerwehren haben versucht, mit unserem Tunnelmanifest am 3. April 2002 vor einer derartigen Entwicklung zu warnen.

Zehn Thesen

Und wie *Martin Luther* am 31. Oktober 1517 seine berühmten 95 Thesen an die Schlosskirche zu Wittenberg schlug und gegen den Ablass wetterte, haben die österreichischen Feuerwehren am 3. April 2002 gegen die Verblendung

10 Thesen wurden am Grazer Schlossbergfelsen entrollt.

unserer Tunnelplaner demonstriert. Wir haben ganz stilgerecht im Grazer Schlossberg das Tunnelmanifest der Feuerwehren in Form von 10 Thesen zelebriert und damit unsere Unzufriedenheit mit der bis zu diesem Zeitpunkt angewandten Tunnelpolitik anschaulich dargestellt.

Diese 10 Thesen wurden beim Tunnelmanifest in Graz in allen Details erläutert. Sie zeigten – aus der Sicht der Feuerwehren, welche bei Tunnelbränden an vorderster Front tätig werden müssen – alle erforderlichen Maßnahmen für die Realisierung eines ausgewogenen Tunnelbrandschutzes auf. Schließlich sollen diese 10 Thesen auch ein Mahnmal im Meer der Unverständnis, Indolenz und des Bürokratismus darstellen, denn die nächste Tunnelkatastrophe kommt bestimmt!

Ein meisterliches Schlusswort

Lassen wir *DDr. Günther Nenning*, einen der weisesten und gescheitesten Journalisten Österreichs, das Schlusswort sagen. Er schrieb anlässlich unseres Tunnelmanifestes: „Der römische *Ovid* ist mit dem Grazer *Owid* einer Meinung, natürlich auf Lateinisch. In seinem unheimlich langen Gedicht ‚Metamorphosen' (10 n. Chr.) singt er vom Weltuntergang." Und das geht so: „Tot ab ignibus aether conciperet flammas" – „bei so viel Feuer gerät auch die Luft in Flammen". Stimmt genau, bei 1.300 Grad im Tunnel!

Der Autor und Branddirektor Dr. Otto Meisenberger leiteten als umsichtige „Conférenciers" die Megaveranstaltung.

Zehn Thesen für die Realisierung eines ausgewogenen Tunnelbrandschutzes:

Tunnelbau

- Tunnelanlagen müssen grundsätzlich zweiröhrig bzw. mit Rettungsstollen errichtet werden.
- Das Bauwerk ist mindestens brandbeständig auszuführen.
- Die beiden Tunnelröhren sind über Schleusen voneinander zu trennen.
- Die Ausstattung der österreichischen Tunnel ist zu vereinheitlichen.

Rettungswege

- Der Abstand von Querstollen bzw. Notausstiegen, welche als Flucht- und Rettungswege in „sichere Bereiche" führen, darf 250 Meter nicht überschreiten.
- Fluchtleitsysteme sind erforderlich!

Löschanlagen

- Ab 500 Meter Tunnellänge sind alle 125 Meter Löschwasserhydranten mit Schaummittelzumischung zu errichten.
- Für längere Tunnelsysteme ist die Entwicklung automatischer Löschanlagen, insbesondere in Anbetracht der Gefahren, die von Gefahrgut-Transporten ausgehen, zu forcieren.

Tunneltechnik

THESE IV

- Eine sofortige Branderkennung und Weiterleitung ist erforderlich.
- Das Lüftungssystem muss ein Brandgeschehen wie im Tauerntunnel bewältigen können.
- Kommunikation und Information muss in allen Teilen der Tunnelanlage für Einsatzkräfte und Benützer gesichert sein.

Betriebsfeuerwehr

THESE V

- Zur raschen Hilfeleistung innerhalb der ersten zehn Minuten müssen, wie in Großbetrieben, bei großen Tunnelanlagen und Tunnelketten Betriebsfeuerwehren eingerichtet werden.

Feuerwehrausrüstung

THESE VI

- Die erforderliche Ausrüstung zur Brand- und Schadstoffbekämpfung für die zuständigen Portalfeuerwehren muss von den Tunnelbetreibern finanziert werden.

Reale Übungen

THESE VII

- In jeder Tunnelanlage müssen realistische Übungen durchgeführt werden können. Die Voraussetzungen dazu sind zu schaffen, z. B. in Form von mobilen Auskleidungen.

Logistik

THESE VIII

- Kurze und kreuzungsfreie Zufahrten für die Einsatzkräfte zu den Tunnelportalen und den Notstollen sind zu schaffen.
- Vor den Tunnelportalen sind Aufstellflächen inkl. Hubschrauberlandeplatz zu errichten.
- In den Tunnelwarten sind Räumlichkeiten für die Einsatzleitung vorzusehen.
- Es ist ein verlässliches Gefahrgut-Identifikationssystem einzurichten.

Sichere Autos

THESE IX

- Lastkraftwagen, Autobusse und Gefahrguttransporter sind mit automatischen Löschanlagen auszurüsten.
- Mittelfristig ist diese Technik auch bei Pkws einzuführen.

Selbstschutz

THESE X

- Tunnelanlagen müssen, wie große Gebäude, mit Wandhydranten (formbeständige Schläuche) für die Erste und Erweiterte Löschhilfe ausgerüstet sein, die von jeder Zivilperson bedient werden können.
- Die Themen „Autobrand“ und „Verhalten bei Tunnelunfällen“ sind in die Lenkerausbildung aufzunehmen.
- Die Ausrüstung der österreichischen Tunnel ist dazu zu vereinheitlichen.

17. Kapitel

ABC-Katastrophen

Über 10.000 Liter Benzin verbrannten im Jahre 1964 am Grazer Grieskai nach einem Zusammenstoß zwischen einem Tankwagen und einer Straßenbahn.

Der Mensch spaltete das Atom,
das Atom spaltet die Menschen!

Anonymer Spruch

Das ABC lernen unsere Kinder bereits in der Volksschule. Und es ist heute eine „Katastrophe“, wenn man das ABC nicht beherrschen sollte. Doch davon ist hier nicht die Rede. Unser ABC hat eine andere Bedeutung. Es steht für die Abkürzung von atomar (A), biologisch (B) sowie chemisch (C) und handelt von den atomaren Gefahren durch die Radioaktivität, den biologischen Problemen durch Mikroorganismen und Parasiten sowie den chemischen Gefahren durch die Vielzahl der heute eingesetzten Chemikalien.

17.1 Radioaktivität: „Der böse Geist aus der Flasche!“

Spätestens nach dem Super-GAU von Tschernobyl war es klar, dass die österreichischen Feuerwehren einen eklatanten Nachholbedarf auf dem Strahlenschutzsektor besaßen. Nach einer brisanten Analyse, welche ich im Auftrag des ÖBFV erstellte, war eine völlige Neuausrüstung – vor allem auf dem Messgerätesektor – erforderlich. Denn nach Tschernobyl kursierte ein geflügeltes Wort: Den Strahlenschützern der Feuerwehr ginge es wie den Eunuchen: Sie würden zwar wissen, wie es ginge, wären aber dazu nicht in der Lage!

Die Entdeckung der Radioaktivität

Im Jahre 1895 baute der Würzburger Professor *Wilhelm Konrad Röntgen* die später nach ihm benannte Röntgenröhre, ein Jahr darauf entdeckte der Franzose *Henry Becquerel* die natürliche Radioaktivität. Dann ging es Schlag auf Schlag: 1898 isolierten *Marie* und *Pierre Curie* aus der Pechblende das Radium und Polonium. Weitere radioaktive Stoffe wurden entdeckt und es brach ein wahrer Radioaktivitätstaumel in der Bevölkerung aus. Geschäftemacher priesen Radiumstrahlen als medizinisches Wundermittel an und viele Menschen hatten Angst, dass man mit Hilfe von Röntgenröhren vor allem den Frauen „unter die Wäsche“ schauen könnte.

Neue Gefahren

Schon bald erkannte man aber, dass die neuen Strahlen – obzwar sie nicht mit den Sinnesorganen wahrgenommen werden konnten – auch biologisch äußerst wirksam waren. Man stellte Hautrötungen, Warzenbildung, schlecht heilende Wunden und Haarausfall fest. Viele Radiologen, welche Selbstversuche mit diesen Strahlen durchgeführt hatten, starben unter furchtbaren Qualen. Bei vielen der in den böhmischen Uranminen tätigen Bergarbeiter stellte man Lungenkrebs und bei den Leuchtziffernmalerinnen von New Jersey Blutkrebs fest. Später erkannte man auch die genetische Wirkung der radioaktiven Strahlen.

Hiroshima und Nagasaki

Als im Jahre 1945 die Atombomben von Hiroshima und Nagasaki detonierten, erlangte der Strahlenschutz öffentliches Interesse. Denn eines war klar: Beim Einsatz dieser neuartigen Waffen können ganze Landstriche verwüstet und die Menschen durch die gefährlichen radioaktiven Strahlen bedroht werden. Der Strahlenschutz wurde daher ab sofort zu einem wichtigen Teil des zivilen Bevölkerungsschutzes. Man baute Schutzräume, die im Wesentlichen Strahlenschutzräume waren, und gab richtige Verhaltensregeln für einen Atomkrieg aus.

Die ersten Strahlenspürtrupps

Die neuartige atomare Bedrohung der Menschheit hatte auch zur Folge, dass in den meisten Ländern vor allem beim Militär, aber auch bei verschiedenen Einsatzorganisationen eigene Strahlenspürtrupps aufgestellt wurden. In Österreich führte dies bei den Feuerwehren zur Errichtung eines mobilen Strahlenmesskonzeptes mit einzelnen Spürtrupps in den Bezirken. Neben der Feuerwehr gab es beim Bundesheer, dem Roten Kreuz und in bestimmten Bundesländern auch beim Zivilschutz temporär derartiges Sonderpersonal.

Megakatastrophe Tschernobyl

Bis Anfang der Achtzigerjahre wurde es um den Strahlenschutz ruhig. Die nach dem Zweiten Weltkrieg relevanten Kriegsszenarien wurden zwar durch das gigantische Wettrüsten der Großmächte nicht kleiner, ein Nuklearkrieg wurde aber paradoxerweise durch das Gleichgewicht des Schreckens immer unwahrscheinlicher. In den letzten Apriltagen des Jahres 1986 trat jedoch im Kernkraftwerk von Tschernobyl, Ukraine, das ein, was ich als Kritiker der Kerntechnologie bereits längst prophezeit hatte: der nukleare Super-GAU! Nach Hiroshima und Nagasaki war erneut der „böse Geist des Atoms aus der Flasche“, wie es der bekannte Wissenschaftspublizist *Heinz Haber* in dem berühmten *Walt-Disney*-Film „Unser Freund, das Atom“ so treffend dargestellt hatte, entwichen. Er brachte Schrecken und Tod! Tschernobyl wurde zur Megakatastrophe des 20. Jahrhunderts.

Strahlenschutz – aktueller denn je!

Heute können wir sagen: Der Strahlenschutz gewinnt in unserer technisierten Umwelt immer mehr an Bedeutung, er ist aktueller denn je! Denn nicht nur bei Unfällen und Bränden in Industrieanlagen, Krankenhäusern, Forschungsstätten und auf den Transportwegen ist jederzeit mit einer Gefährdung durch radioaktive Substanzen zu rechnen. Auch die möglichen Gefahren durch den „fall out“ nach dem Einsatz von A- und H-Bomben sind denkbar. Ja, und der Super-GAU von Tschernobyl kann sich jederzeit in den Schrottreaktoren des Ostblocks wiederholen.

Schmuggel mit radioaktiven Stoffen

Seit dem Zusammenbruch des kommunistischen Systems in Osteuropa ist jedoch mit einer neuen Gefahrenquelle zu rechnen: dem Handel mit radioaktiven Stoffen, insbesondere mit spaltbarem Plutonium. Viele Staaten der Welt sind zwar technologisch noch nicht in der Lage, selbst Kernwaffen herzustellen, da ihnen der erforderliche Spaltstoff fehlt. Dies ist nun durch den Schmuggel von Plutonium 239 aus den Oststaaten in den Bereich der Möglichkeit gekommen.

Polonium 210

Szenenwechsel: ein Sushi-Restaurant in der Londoner Innenstadt am Piccadilly Circus und später die Bar des noblen Hotels „Millennium" am Grosvenor Square. Hier trifft sich der Ex-KGB-Agent *Alexander Litwinenko* mit einem italienischen Geheimdienstexperten und später mit zwei ehemaligen Spionen des russischen Geheimdienstes. Man schreibt den 1. November 2006. An diesem Nachmittag muss *Litwinenko* einen tödlichen Giftcocktail aus Polonium 210 verabreicht bekommen haben. Er wird damit als das erste offizielle bekannte Strahlenopfer durch ein Attentat mit radioaktiven Stoffen in die geschichtlichen Annalen eingehen.

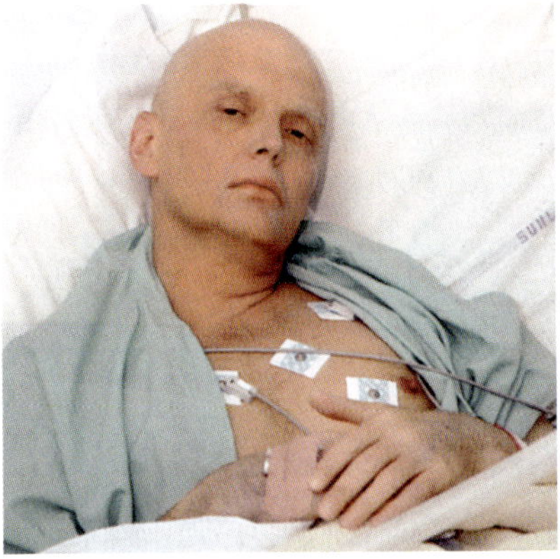

Das erste offizielle Strahlenopfer war der Ex-KGB-Agent Alexander Litwinenko.

Einheitliches Konzept

Alle diese unerfreulichen Szenarien machen aber auch einen starken Strahlenschutz bei den Feuerwehren notwendig. Denn wenn die anderen mit ihrem Latein am Ende sind, müssen wir die „heißen Kastanien" aus dem Feuer holen!

Bereits im November 1986 wurde daher vom ÖBFV die Erarbeitung eines Strahlenschutzkonzeptes beschlossen, welches unter meiner Leitung erstellt wurde und dem sich damals alle Landesfeuerwehrverbände angeschlossen haben. Die einheitliche Ausrüstung der österreichischen Feuerwehren stand dabei im Mittelpunkt.

Dosisleistungsmesser 6150

Nach intensiver Erforschung des einschlägigen Marktes empfahl unser Ausschuss – nach langwierigen, objektiven Prüfungsverfahren – schließlich den Dosisleistungsmesser 6150, AD 2, der Firma Automess aus Ladenburg bei

Heidelberg. Dieses Messgerät mit seiner multifunktionellen Anwendungsmöglichkeit durch sein modulares Sondensystem steht heute an erster Stelle auf dem Weltmarkt. Der damals beschrittene Weg hat sich schlussendlich als richtig erwiesen! Ja, wir müssen unsere Feuerwehren mit den besten Gerätschaften ausrüsten, wenn wieder einmal der „böse, radioaktive Geist" die ihm zugedachte „Flasche" verlassen sollte!

Erich Pascht repräsentiert seit einigen Jahrzehnten die renommierte Strahlenmessgerätefirma Automess.

17.2 Die biologische Zeitbombe

Im Jahre 1970 veröffentlichte der britische Biologe und Wissenschaftspublizist *Gordon Rattray Taylor* ein Buch, das ein Bestseller wurde. Es hieß „Die biologische Zeitbombe" und schlug im wahrsten Sinn des Wortes wie eine Bombe ein.

Zukunftsvisionen

Worüber schrieb nun *Taylor*, was seine Leser so faszinierte? Er wagte einen Blick in die Zukunft auf unserem blauen Planeten Erde. Er schrieb über den Einsatz von Mikroorganismen als tödliche Waffe, von der ungeschlechtlichen Vermehrung des Menschen, von künstlicher Eieinpflanzung, neuen Transplantationstechniken bis zur totalen Rekonstruktion des menschlichen Körpers, von Roboter-Doubles und über den Versuch, einen neuen Übermenschen zu schaffen.

Keine Science-Fiction!

Derartiges hatte man bis dato nur in Science-Fiction-Büchern gelesen. Aber jetzt erfuhr der interessierte Bürger, wie weit es die Biologie bereits gebracht hatte. Und das aus der Feder eines Fachmannes, der beileibe kein Utopist war.

Was dabei so faszinierend war: Das meiste, was *Taylor* für die nächsten 30 Jahre, also bis zur Jahrtausendschwelle, vorausgesagt hatte, ist wirklich eingetreten. Ein wichtiges Datum war dabei der 18. Juli 1973: das Datum einer wissenschaftlichen Revolution!

Der „achte Tag der Schöpfung"!

An diesem Tage war die Menschheit endgültig in das Zeitalter der Gentechnologie eingetreten. Was war geschehen? An diesem denkwürdigen Tag veröffentlichten amerikanische Wissenschaftler nämlich die Ergebnisse eines sensationellen gentechnischen Versuches, mit dem sie ein neuartiges Lebewesen erschaffen hatten. Es war zwar nur eine Bakterie, aber es war der grundsätzliche Versuch gelungen, neues Leben zu schaffen. Der achte Tag der Schöpfung – wie dieses Ereignis damals etwas blasphemisch bezeichnet wurde – war angebrochen!

Zauberwort Gentechnik

Heute ist die Gentechnik den wissenschaftlichen Kinderschuhen weit entwachsen. Sie hat den wirtschaftlichen Markt und damit unser tägliches Leben erobert. Nach dem Atom und dem Computer, den großen Themen des letzten Jahrhunderts, ist nun das Zauberwort Gentechnik die zentrale Herausforderung des neuen Jahrtausends geworden. Vor Kurzem gab es eine neue wissenschaftliche Sensation: Das menschliche Erbgut wurde in allen seinen Details entschlüsselt!

Große Verheißungen

Groß sind die gentechnischen Verheißungen: Mit Superpflanzen soll der Hunger in der Dritten Welt besiegt werden. Impfstoffe gegen die derzeit größten Geißeln der Menschheit, Krebs und AIDS, sollen Krankheit und Leid lindern. Erbkrankheiten hofft man in Zukunft überhaupt ausschließen zu können. Maßgeschneiderte Bakterien sollen Schadstoffe, wie Öl und Dioxin, vernichten. Das sind die Hoffnungen!

Kommt es zum biologischen GAU?

Kritiker der Gentechnik befürchten allerdings, dass gefährliche Mikroben ungewollt aus dem Labor entweichen oder von skrupellosen Forschern sogar bewusst für biologische Waffen gezüchtet werden könnten (biologischer Super-GAU). Sie erheben ethische Bedenken gegen eine totale, in das Geschehen der Schöpfung eingreifende Wissenschaft und haben Angst, dass durch die Bio- und Gentechnik unsere Zukunft und biologische Existenz vollkommen manipulierbar wird. Das sind die Befürchtungen!

Rede im Parlament

In Österreich wurde in diesem Zusammenhang im Jahre 1992 eine eigene Kommission „Technikfolgenabschätzung am Beispiel der Gentechnologie" geschaffen. Diese veranstaltete am 7. Juli 1992 in den Parlamentsräumen an der Wiener Ringstraße sogar eine Enquete, an welcher ich vor Politikern und Fachexperten als autorisierter Vertreter des ÖBFV einen Vortrag halten sollte. Dieser ist wortgetreu auf über sieben Sciten von der Parlamentsstenografin festgehalten worden. Nach meinem Referat erhielt ich zwar donnernden Applaus und es wurde fast eine Stunde lang diskutiert, geschehen ist aber (im Sinne der Einsatzkräfte) nicht viel!

Was ist zu tun?

Weltweit schießen biologische Laboratorien wie Pilze aus dem Boden, die Menge der produzierten biologischen Agenzien nimmt im großtechnischen Maßstab explosionsartig zu. Dies ergibt bei Bränden und Unfällen jedoch automatisch eine mögliche Gefährdung des eingesetzten Feuerwehrpersonals. Ich habe diese Gefahren damals im Parlament anschaulich dargestellt und eine Reihe von Forderungen aufgestellt.

Erstens müssten die Feuerwehren die genauen Standorte von Biolabors und einschlägigen Produktionsstätten kennen. Dies ist leider nicht immer der Fall! Was besonders kritisiert werden muss: Wir haben gemäß Gentechnikgesetz nicht einmal die lückenlose Kennzeichnung dieser Labors durchsetzen können. Neben den präventiven Sicherheitsmaßnahmen auf dem baulichen und betrieblichen Sektor (z. B. Errichtung von Schleusen sowie Dekontaminations-Einrichtungen, Bestellung eines Beauftragten für die biologische Sicherheit und den Brandschutz!) sind Alarm- und Einsatzpläne von besonderer Wichtigkeit.

Latente Gefahren!

Unabhängig von den Gefahren, welche heute theoretisch von Gen- und Biolaboratorien ausgehen können, ist schon seit jeher beim Umgang mit Kadavern, Krankenhausmüll und beim Transport von ekelerregenden und ansteckungsgefährlichen Stoffen eine Infektionsgefahr für die Einsatzkräfte gegeben. Auch bei der Versorgung von AIDS-infizierten Personen ist vor allem beim Kontakt mit Blut eine latente Gefahr für unsere Männer und Frauen vor Ort vorhanden. Dies hat in Einzelfällen auch schon durch inkorporierte gefährliche Mikroorganismen zu mehr oder weniger langwierigen Krankheiten geführt. Unabhängig davon hat beispielsweise die weltweit aufgetretene Vogelgrippe im Jahre 2006 und davor das Schreckgespenst einer Pandemie, also einer weltweiten Seuche, aufkommen lassen.

Behälter für eine Biokultur, wobei eine Kühlung mit flüssigem Stickstoff erfolgt.

Bio-Bomben entschärfen!

Von Seiten des Bundesfeuerwehrverbandes wird diese Thematik schon seit Längerem vom Sachgebiet 4.5 „Strahlen- und Bioschutz", dessen Vorsitzender ich fast über ein Vierteljahrhundert war, behandelt. Bereits im Jahre 1991 habe ich mit dem Biologen *Mag. Franz Petter*, der heute Offizier bei der Berufsfeuerwehr Hamburg ist, eine Richtlinie für die Berufsfeuerwehr Graz erarbeitet. Ihr Titel: „Einsatz der Feuerwehr in biologischen Sicherheitsbereichen und mit der Klasse 6.2". Es war dies die erste derartige Unterlage in Europa, welche Vorbild für dic im Jahre 2002 erlassene ÖBFV-RL E-02 „Einsatz beim Vorhandensein biologischer Agenzien" war. Außerdem versuchen wir seit längerer Zeit die Bio-Thematik in den Ausbildungsbetrieb der Berufsfeuerwehren und Landesfeuerwehrschulen einzubringen. Hier ist mir der Mikrobiologe *Dr. Horst Mader* als exzellenter Fachmann und Feuerwehroffizier behilflich. Alles Maßnahmen, um die latent vorhandene biologische Zeitbombe zu entschärfen!

17.3 Kommt die Vogelgrippe?

Im Jahre 2005 trieb die Angst vor der so genannten Vogelgrippe immer unglaublichere Blüten. Kaum ein Tag verging, an dem nicht ein besorgter Bürger ein verendendes Federvieh geortet haben wollte: Sei es ein hoch betagter Gockel in einem Hühnerstall in Tirol oder Oberösterreich, ein altersschwacher Schwan am Kärntner Wörthersee oder im burgenländischen Seewinkel oder gar eine vergiftete Taube auf dem Grazer Hauptplatz. Sofort wurde Vogelgrippe-Alarm gegeben. Und die Medien berichteten darüber.

Arbeitsverbot für eine weiße Taube

Den Vogel im wahrsten Sinn des Wortes hat man damals jedoch in Wien abgeschossen. Denn dort erhielt sogar eine dressierte Taube behördliches Auftrittsverbot im Theater an der Josefstadt, welche der bekannte Zauberkünstler *Tony Rei* für eine kleine „Rolle" in *Heinrich Kleists* „Amphytrion" verliehen hatte. Bis die nunmehr grüne Bezirksvorstehung davon Wind bekam. Gnadenlos wurde die potenzielle Virusträgerin von den Brettern, die die Welt bedeuten, verbannt. Eine wahrlich geniale Tat, dieses „Arbeitsverbot" für eine kleine weiße Taube!

Schwierige Antwort

Was aber steckt nun wirklich hinter diesem medialen Dauerbrenner, der alle Jahre (auch bei der Feuerwehr) wieder Unruhe stiftet und uns eine große Zahl von Einsätzen beschert, welche häufig als übertriebene Maßnahmen bezeichnet werden. Haben jene Experten recht, die der Vogelgrippe ein geringes Gefahrenpotenzial zuschreiben, sie als reine Tierseuche einstufen und eine weltumspannende Epidemie de facto ausschließen? Oder liegen vielmehr jene richtig, die glauben, dass nun die seit Jahren für den Menschen erwartete Influenza-Pandemie eintreten wird und Millionen von ihnen dahinraffen könnte? Wir sind nach wie vor nicht in der Lage, eine klare Antwort auf diese schwerwiegende Frage zu geben. Und alleine das ist bedenklich!

H5N1-Virus

Eines ist klar: Das heimtückische Virus, dem die Wissenschaftler die Bezeichnung H5N1 gegeben haben, befällt nicht nur das Geflügel in den Ställen und Höfen der Züchter, sondern auch Zugvögel, Wildgänse und Reiher. Und so kann sich die Seuche auch unter dem Federvieh weltweit ausbreiten. Ob das Virus direkt auf den Menschen krankmachend wirkt und wie viele Personen bereits daran gestorben sind, kann niemand sagen. Vielfach wird angenommen, dass sich das Virus erst mit einem menschlichen Grippevirus kreuzen muss, um zu der befürchteten gefährlichen Mutation zu führen. Deswegen könnten auch in Grippezeiten vor allem Geflügelmärkte mit lebenden Tieren, auf denen die Hygienevorschriften nur locker gehandhabt werden, die idealen Ansteckungsorte für derartige Krankheiten sein.

„Gebackene Vogelgrippe, bitte!“

Allzu groß dürfte demnach eine Epidemie in Österreich nicht sein. Notabene, die hygienischen Voraussetzungen sind bei uns relativ gut und auch die Viren werden bei Koch- und Bratvorgängen vernichtet. Wenn also der Wiener Bürgermeister *Michael Häupl* sein sonntägliches Brathendl in Lieber-Augustin-Manier unter dem Zuruf: „Einmal gebackene Vogelgrippe, bitte!“ bestellt, geht er kein wirkliches Risiko ein.

Echte Pandemien

Trotzdem hat es schon um 1890 eine echte Pandemie gegeben, im Jahre 1918 wütete weltweit die Spanische Grippe, 1957 die Asiatische und 1968 die Hongkong-Grippe. Das Wort Pandemie leitet sich dabei vom griechischen *pan* = alles und *demos* = Volk ab und bedeutet also: das ganze Volk ergreifend. Die schlimmste davon war mit mehr als 20 Millionen Toten jene des Jahres 1918/19. Sie breitete sich von den USA und Russland kommend weltweit aus. Aber auch alle anderen Grippewellen forderten stets um eine Million Tote.

Einfache Schutzmaßnahmen, wie Filtermaske und leichte Schutzbekleidung, sind auch im Falle der Vogelgrippe notwendig.

Tamiflu

Der große Gewinner der derzeitigen Vogelgrippe-Diskussion ist auf jeden Fall die Firma *Hoffmann la Roche*, welche das kurzzeitig gefragteste Medikament der Welt produziert: Tamiflu, ein Mittel gegen die Vogelgrippe, das schon vor 14 Jahren erfunden wurde. Und zwar von einem Vorarlberger, der heute als Multi-Millionär mit seiner Familie in Kalifornien lebt.

Vorsorge tut not!

Wenn auch die Wahrscheinlichkeit klein ist, dass die Vogelgrippe bei uns umfassend ausbrechen wird, so müssen wir die große Tragweite einer derartigen Pandemie jedoch berücksichtigen. Schreckensvisionen, wo Menschen mit Schutzmasken durch geleerte Städte irren, die Polizei die Apotheken vor Übergriffen bewacht und Bauern Millionen Hühnerkadaver verbrennen müssen, muten zwar utopisch an, sind aber nicht ganz von der Hand zu weisen. Daher sind Vorsicht und Vorsorge unbedingt geboten. Das gilt vor allem für unsere Einsatzkräfte, die auch im Seuchenfall ihren Aufgaben, der Menschenrettung, Brandbekämpfung und technischen Hilfeleistung, nachkommen müssen.

Ich muss zugeben, dass ich seit dem Jahre 2005 im Besitz von Tamiflu, dieses im Ernstfall lebensrettenden Medikamentes bin. Ich habe es auf Vorrat angeschafft, denn man weiß ja schließlich nie, was in unsrer verrückten Welt noch alles geschehen wird!

Ein Schreckensszenarium, das bei uns nie eintreffen darf!

17.4 Unser tägliches Gift!

Im Jahre 1962 veröffentlichte die amerikanische Biologin und Schriftstellerin *Rachel Carson* ihr inzwischen berühmt gewordenes Buch „Silent spring" („Der stumme Frühling"). Sie nannte es ein Zukunftsmärchen, in dem sie Anklage erhob gegen den Pesthauch der modernen Chemie, gegen die zunehmende Verseuchung der Umwelt durch Insektizide und Herbizide.

Chemische Sense

Nach dem Zweiten Weltkrieg bestand die Gefahr, dass es durch den unkontrollierten Einsatz von chlorierten Pflanzenschutzmitteln in der Landwirtschaft zu einer gefährlichen Umweltvergiftung kommen würde. Gerade diesen heimtückischen Tod mit der „chemischen Sense" sprach *Rachel Carson* in ihrem Buchtitel an. Sie befürchtete, dass alle Vögel sterben könnten und kein Vogelgesang mehr den Frühling ankündigen würde. Ihr Buch schlug wie eine Bombe ein und trug auch wesentlich dazu bei, dass eine ganze Reihe von chlorierten Pflanzenschutzmitteln, darunter das DDT, verboten wurde.

Chemisierung der Umwelt

Trotzdem geht die Chemisierung unserer Umwelt munter weiter. Die in den Laboratorien der Wissenschaftler produzierten chemischen Substanzen werden bereits in allen Lebensbereichen verwendet. Man kann sagen, wir leben heute mit Chemikalien vom Keller bis zum Dach. Diese explosionsartige Anwendung bedingt natürlich eine dementsprechende Produktion, Lagerung und Verarbeitung von chemischen Stoffen. Der Transport spielt dabei eine spezielle Rolle. Was die Feuerwehren betrifft: Unter den Chemikalien sind viele gefährliche Stoffe und in verstärktem Maße Gifte, welche bei Bränden und Unfällen große Probleme verursachen können und spezifisch bekämpft werden müssen!

Seveso – ein Wendepunkt?

Am 10. Juli 1976 kam es in dem norditalienischen Städtchen Seveso zu einer verheerenden Umweltkatastrophe: Aus den Kesseln der Firma Icmesa entwich eine Substanz, welche heute zu den giftigsten ihrer Art zählt. Es handelt sich dabei um das sog. 2, 3, 7, 8-Tetrachlor-Dibenzo-Dioxin, welches fortan als „Seveso-Gift" bezeichnet wurde. Obwohl Seveso keine unmittelbaren Toten forderte, waren alle schockiert: Vom Gift entstellte Kinder, Schwangere, die um die Gesundheit ihrer ungeborenen Babys bangten, und Menschen, die Haus und Hof verlassen mussten. Seveso wurde auf diese Weise nicht nur zu einer chemischen, sondern vor allem zu einer psychologischen Katastrophe.

Ist Seveso überall?

Unter dem provokanten Titel „Seveso ist überall – Die tödlichen Risiken der Chemie" machte ein Buch im Jahre 1978 Schlagzeilen. Die beiden Autoren *Egmont Koch* und *Fritz Vahrenholt*, Experten auf dem Gebiete der Chemie und Biologie, zeigten in packender und fundierter Weise die Probleme einer umfassenden und in alle Lebensbereiche eindringenden Chemie. Mich interessierte natürlich vor allem das Kapitel über den Katastrophenschutz im großchemischen Bereich. Ich habe damals dieses Buch in einem Zug gelesen und war sehr beeindruckt.

Die Giftgaskatastrophe von Seveso brachte das Supergift Dioxin in die Schlagzeilen der Weltpresse.

„Der Seveso-Erlass"

Das Giftgasdesaster von Seveso war dazu angetan, einen Wendepunkt für den internationalen Katastrophenschutz zu markieren. Und tatsächlich zeigte dieses Ereignis auch weltweite Konsequenzen, nicht nur im Bereich der Großchemie! In Österreich gab das damalige Bundesministerium für Handel, Gewerbe und Industrie bereits am 13. April 1977 den sogenannten „Seveso-Erlass" heraus. Dieser nahm auf den § 338 der Gewerbeordnung 1973 Bezug und sah eine besondere Überwachung bestimmter Betriebe vor. Dabei mussten diese Anlagen und Anlagenteile erfasst, in Evidenz gehalten und mindestens alle zwei Jahre überprüft werden. Mit diesem Erlass wurde in Österreich erstmals direkt auf Maßnahmen zurückgegriffen, um eine Verbesserung des betrieblichen Katastrophen- und Umweltschutzes zu erzielen. Die sogenannte Störfallverordnung folgte schließlich nach.

Die Mega-Katastrophe von Bhopal

Das größte Katastrophenereignis ereignete sich wohl am 3. Dezember 1984. Aus einer Chemiefabrik in Bhopal, Indien, entwichen 45 Tonnen des hochgiftigen Methylisocyanats, auch MIC genannt, und bildeten eine tödliche Giftgaswolke. Es gab 2.500 Tote, 3.500 Personen erkrankten schwer und sage und schreibe 150.000 Menschen mussten medizinisch versorgt werden. Eine Titanenaufgabe, welcher unsere Einsatzorganisationen und vor allem die medizinischen Helfer in keiner Weise gewachsen sein können. Bhopal ist als Mega-Giftgaskatastrophe in die Annalen unseres blauen Planeten eingegangen.

Täglich gefordert!

Wenn auch unsere Feuerwehren nicht primär mit derartigen Großereignissen konfrontiert sind, so müssen wir uns doch Gedanken darüber machen. Der Transport gefährlicher Güter stellt ein unberechenbares Gefahrenmoment für die Einsatzpraxis dar. Darüber hinaus kommen heute Gifte in der Industrie, im Gewerbe und auch in der Landwirtschaft in großen Mengen vor. Bei Bränden können immer häufiger Sofort- und Langzeitgifte festgestellt werden. Die Brandkatastrophe von Düsseldorf war nur ein Beispiel dazu. Unser tägliches Gift im Feuerwehreinsatz ist also wie das Amen im Gebet vorhanden! Daher müssen wir uns damit auch mehr beschäftigen!

17.5 Rollende Bomben

Als ich im Jahre 1995 im salzburgischen Lofer im Rahmen der ersten bedeutenden österreichischen Arbeitstagung über den Transport gefährlicher Güter in meinem Referat den Begriff der „rollenden Bomben" verwendete, wurde ich von einigen Vertretern des Transportgewerbes scharf angegriffen. Man solle, so wurde argumentiert, einen ehrenwerten Berufsstand doch nicht auf diese subtile Weise verteufeln.

Hochbrisanter Giftcocktail!

Nun muss man aber über die Zäune des eigenen Gewerbes hinausblicken und auch die Position der Feuerwehr verstehen. Um was geht es denn wirklich? Auf unseren Straßen werden heute riesige Mengen von brennbaren Flüssigkeiten und verflüssigten Gasen in Einzelbehältern transportiert. Natürlich ist ein kompakter Transport von 40.000 Liter Benzin in einem Tank billiger als vier Transporte mit je einem Viertel dieser Riesenmenge. Auf der Schiene sind es sogar ganze Chemikalienzüge, welche ein Vielfaches der größten Straßentransportmengen an gefährlichen Gütern befördern. Dabei kommt es aufgrund des noch immer nicht realisierten Zusammenkoppelverbotes auch zum gemeinsamen Transport von brennbaren Flüssigkeiten, Flüssiggasen, Giften sowie brandfördernden und ätzenden Substanzen in gigantischem Ausmaß. Ein hochbrisanter Giftcocktail, der durch unsere Städte, Bezirke und Bundesländer rollt. Echte „rollende Bomben" eben.

„Schrottfahrzeuge" aus dem Osten

Hautnah habe ich einmal einen Verkehrsunfall im Raume Wiener Neustadt miterlebt: Ein aus Rumänien kommender vergammelter „Schrott-LKW" hatte einen Reifen verloren, ein Zusammenstoß mit einem österreichischen Personenkraftwagen war die Folge. Nur eine unbedeutende Episode des tagtäglichen Dramas, das sich nach der Ostöffnung vor allem auf den Straßen

Niederösterreichs, der Steiermark und des Burgenlandes abspielt. Im Fernsehen wurde dann im Rahmen einer „Argumente-Sendung" von *Walter Schiejok* einmal gezeigt, mit welchen „noch fahrbaren Bomben" unsere Nachbarn aus dem Osten unterwegs sind. Hier mangelt es oft an den elementarsten sicherheitstechnischen Voraussetzungen an Personen- und Lastkraftwagen, welche auf die österreichische Bevölkerung im wahrsten Sinn des Wortes losgelassen werden.

„Rollende Seelenverkäufer"

Besonders problematisch ist natürlich ein derartiges Sicherheitsdefizit bei Gefahrgut-Transporten, bei welchen von vornherein ein erhöhtes potenzielles Gefahrenmoment gegeben ist. Ich erinnere mich noch an den Bericht der Wiener Berufsfeuerwehr über einen verunfallten rumänischen Phenol-Transporter, der durch halb Österreich geschleppt wurde und schließlich in Wien fachgerecht „entsorgt" werden musste.

Ich nenne derartige Chemietransporter in Anlehnung an alte Schrottschiffe einfach „rollende Seelenverkäufer". Früher sagte man, dass der Kapitän eines solchen Schiffes für teures Geld seine Seele (und die seiner Matrosen) im Falle eines Unfalles verkauft hätte, weil eine Rettung von vornherein unmöglich erschien. Ähnliches gilt heute im Straßenverkehr für den Fahrer, mit dem gravierenden Unterschied, dass hier auch die Zivilbevölkerung betroffen sein kann. In allen diesen Fällen kommen aber letztendlich unsere Feuerwehrmänner zum Handkuss, welche – oft unter Einsatz ihres Lebens – tätig werden müssen. Eine für uns in zunehmendem Maße unerträgliche Situation!

Mit dem Latein am Ende!

Solange es zu keinem Unfall kommt, ist fast alles in Ordnung. Nach einem Crash und einem eventuellen Folgebrand hingegen herrscht Funkstille. Der Gefahrgutlenker ist unschuldig oder tot, der Frächter zu keiner Stellungnahme bereit, die Tagespresse berichtet von einer „echten Katastrophe" und der Politiker spricht von „höherer Gewalt". Nur unsere Feuerwehrmänner vor Ort können sich an einer derartigen „Diskussion" nicht beteiligen, sie müssen ja die freigewordenen gefährlichen Stoffe und eventuell entstandenen Großbrände bekämpfen. Es stimmt: Wenn die anderen mit ihrem Latein am Ende sind, müssen wir die Kastanien aus dem Feuer holen!

Graz: Erster Tankwagenbrand im Ballungszentrum!

Begonnen hat es in Österreich im Jahre 1964 mit dem ersten Tankwagenbrand in einem Ballungszentrum: Damals kam es nach einem Zusammenstoß zwischen einer Straßenbahn und einem Tankwagen am Grazer Grieskai zu einem Großbrand mitten im Stadtgebiet. Fast 10.000 Liter Benzin verbrannten, trotz effektivem Löscheinsatz der Grazer Berufsfeuerwehr, und sickerten teilweise ins Kanalsystem. Ein Übergriff der Flammen auf ein Wohnhaus war nicht zu vermeiden, das bekannte Fünfsterne-Hotel Wiesler war extrem gefährdet. 17 Personen wurden damals zum Teil leicht, einige auch schwer verletzt.

Ein Bild, welches um die Welt ging: Brandmeister Dokl von der Berufsfeuerwehr bekämpft wagemutig den gigantischen Benzinbrand von Graz.

Herborn: Wie nach einem Bombenangriff!

Die bisher größte Katastrophe auf der Straße ereignete sich jedoch am 7. Juli 1987 in Hessen in der malerischen 22.000-Einwohner-Stadt Herborn. Ein Tankwagenzug mit 36.000 Liter Benzin geriet mitten in der Altstadt in

Brand. Sechs Menschen starben, über 100 Personen befanden sich in unmittelbarer Lebensgefahr. Insgesamt 10 Häuser wurden schwer von diesem Großbrand betroffen, es sah nachher aus wie nach einem Bombenangriff. Große Mengen von Benzin drangen auch in Herborn in das Kanalsystem ein und kamen in den die Stadt durchquerenden Fluss Dill. Ein Fließbrand mit einer Ausdehnung von über einigen hundert Metern war die Folge. Der Sachschaden wurde damals mit über 50 Millionen DM beziffert.

Riesentonnagen auf der Bahn

Wenn es auch auf der Eisenbahn weniger Unfälle gibt, so muss im Ernstfall, aufgrund der viel größeren Tonnagen, mit erheblich höheren Schadenswirkungen gerechnet werden. Ein Beispiel dazu ist die Brandkatastrophe im Bahnhof von Zürich-Affoltern. Am 8. März 1994 waren insgesamt 50 Bahnkesselwaggons betroffen, über 320.000 Liter Kraftstoff liefen aus, verbrannten bzw. versickerten im Bahngelände. Drei Häuser wurden durch das Feuer vollkommen vernichtet. Zehn umliegende Gebäude, ein Einkaufszentrum und ein Kindergarten mussten vorsorglich evakuiert werden. Besonders heimtückisch war eine Explosion von Benzindämpfen in einem etwa 800 Meter entfernten Regenwasserbecken, welches dabei total zerstört wurde.

Auch in Österreich!

Auch in Österreich sind auf der Schiene schon große Mengen brennbarer Flüssigkeiten in Brand geraten. Zwei Beispiele dazu: Im Jahre 1973 entgleisten in der Nähe der obersteirischen Bahnstation Mixnitz acht Kesselwaggons und über 100.000 Liter Benzin und Heizöl gerieten in Brand und entfachten eine gigantische Flammenhölle. Mit rund 800 Tonnen Industriealkohol war ein Güterzug beladen, als er am 22. Dezember 2003 südlich von Wien bei Himberg entgleiste. Einige Kesselwaggons wurden bei diesem Unfall aufgerissen und haben wieder einmal deutlich die Problematik des Transportes gefährlicher Güter auf der Eisenbahn aufgezeigt. Über den Köpfen der Männer schwebte ein riesiges Damoklesschwert, denn der Zerknall eines der Kesselwaggons war nicht auszuschließen. Das ist quasi der Alltag für unsere Einsatzkräfte.

Der Eisenbahnunfall in Himberg zeigte die riesigen Gefahrenpozentiale durch Gefahrstoffe auf der Schiene. (Foto: FF Himberg)

Der Gifttransporter auf der Europa-Brücke

Ja, und noch etwas kommt dazu: Im Transit- und Tunnelland Österreich muss mit Katastrophenszenarien gerechnet werden, wie sie sonst kaum wo in dieser Form zum Tragen kommen können. Der ehemalige Innsbrucker Branddirektor *Ing. Thomas Angermair* formulierte vor vielen Jahren den denkbaren chemischen Super-GAU auf der Brenner-Transitstrecke – einen möglichen Absturz eines Giftgastransporters im Bereich der Europa-Brücke. Der auf den Felsen zerschellende Tank produziert – so seine Annahme – eine bodensässige Giftgaswolke, die sich im Talboden auf die Landeshauptstadt Innsbruck zubewegt. Mit zehntausenden Toten müsste bei einer derartigen Katastrophe gerechnet werden.

Zugegeben: Dieses Szenarium ist vorerst eine Fiktion, eine unwahrscheinliche Annahme. Trotzdem müssen wir uns auch mit derartigen theoretischen Ansätzen befassen und alle möglichen Sicherheitsvorkehrungen treffen, um sie nicht Realität werden zu lassen!

Das Warten auf den großen Knall

Wie geht es jetzt weiter? Wir warten auf den nächsten, noch größeren Knall, vielleicht demnächst in einer Tunnelanlage. Dann wird es vielleicht erstmals zu einer neuen Löschtaktik kommen müssen, dem „Löschen durch Abmauern" des Brandherdes im Bereich der Tunnelportale. Denn eine andere Möglichkeit bietet sich kaum an. Doch das ist ein anderes Thema im Dunstkreis der tagtäglich präsenten „rollenden Bomben".

17.6 Dicke Luft durch Giftgaswolken

Am 23. September 1994 fand an der Feuerwehr- und Zivilschutzschule Steiermark – im Wesentlichen durch meine Initiative – eine beachtenswerte Veranstaltung statt. Ihr Titel: „Dicke Luft – Richtiges Verhalten bei Giftgaswolken". Mit diesem Thema wurde erstmals öffentlich ein besonders heißes Eisen angefasst, denn Schadstoffwolken sind der Albtraum jedes Feuerwehrmannes und Katastrophenschützers.

MET: Kein Honigwein!

Bereits im Herbst 1993 organisierte ich in Graz im Rahmen eines Bezirksfeuerwehrverbandstages eine interessante Veranstaltung über den Themenkreis „Ausbreitung von Schadstoffwolken" und lud dazu den Erfinder des sogenannten MET, Herrn *Univ.-Prof. Dr. Peter Bützer*, von der Hochschule in St. Gallen, Schweiz, als Referenten ein. MET ist dabei nicht der bekannte Honigwein, sondern das Kürzel für „Modell für Effekte mit toxischen Gasen", ein einfaches Simulationsprogramm für die Ausbreitung von Giftgaswolken.

Mit unserem Schweizer Gast Univ.-Prof. Dr. Peter Bützer samt Familie unterwegs in der Grazer Innenstadt.

Bhopal: Größte Giftgaskatastrophe

Der 3. Dezember 1984 ist – wie bereits an anderer Stelle dargestellt – als denkwürdiger Tag in die Annalen des Katastrophenschutzes eingegangen. Damals wurden bei einem Störfall über 45 Tonnen giftiges Methylisocyanat (MIC) aus einem Reaktorkessel der Firma *Union Carbide* in Bhopal, Indien, frei und bildeten eine gewaltige Giftgaswolke. Die Auswirkungen waren katastrophal: 2.500 Menschen starben, über 3.500 erkrankten schwer und sage und schreibe 150.000 Personen mussten medizinisch versorgt werden.

Hilflose Helfer

Was sich bei den durch die Einsatzorganisationen eingeleiteten Rettungsaktionen abspielte, war grauenhaft. Die in Relation wenigen Ärzte und Sanitäter standen vor der unlösbaren Aufgabe, innerhalb kürzester Zeit tausenden Menschen Hilfe zu bringen. Männer, Frauen und Kinder starben ihnen massenweise förmlich unter den Händen weg. Die am Einsatzort anwesenden wenigen Notfallärzte hatten dabei im Rahmen der sogenannten Triage die bittere Entscheidung zu fällen, wem noch geholfen werden kann und wer dem sicheren Tod preisgegeben wird.

Bhopal – auch bei uns?

Ist nun eine ähnliche Giftgaskatastrophe auch bei uns denkbar? Eine Frage, die durch viele Technokraten verneint wird. In Bhopal wären die Häuser wahre Bruchbuden gewesen und durch ihre Undichtigkeit hätte das Giftgas fast ungehindert eindringen können. Außerdem hätten sich die Menschen falsch verhalten! Derartige Argumente können zwar auf Papier (welches ja bekanntlich geduldig ist) gebracht werden, sind aber kein Garant für die Sicherheit in unseren Breiten.

Transport gefährlicher Güter

Wahr ist vielmehr, dass auch bei uns eine Giftgaskatastrophe nicht ausgeschlossen werden kann. Der Transport gefährlicher Güter auf der Straße und Schiene stellt beispielsweise ein völlig unberechenbares Gefahrenmoment dar.

In Tankwagen und Kesselwaggons werden heute tonnenweise brennbare, hochgiftige, brandfördernde und ätzende Substanzen befördert. Beim unkontrollierten Freiwerden können großräumige Schadstoffwolken entstehen. Das Unangenehme dabei: Niemand ist in der Lage, vorherzusagen, **wann**, **wo** und **welche** Stoffe bei einem Unfall in die Umwelt gelangen.

Kunstdüngerlager und Kernkraftwerke

Auch bei Bränden in Industrie und Landwirtschaft können Giftgaswolken entstehen. Beispiele dafür sind Chemikalien- und Kunststoffbrände sowie thermische Zersetzungen bestimmter Kunstdüngerlager. Dazu kommt die unberechenbare Gefahr der Radioaktivität, wie wir sie beim Super-GAU von Tschernobyl erleben konnten. Radioaktive Schadstoffwolken sind vor allem nach Unfällen in grenznahen Kernkraftwerken der alten russischen Bauart, aber auch beim Einsatz von Kernwaffen und sogenannten „Schmutzigen Bomben“ (Dirty bombs) denkbar.

Wie man sich schützen kann!

Das Dilemma dabei: Wie in Bhopal können bei derartigen großräumigen Schadstoffwolken im dicht besiedelten Mitteleuropa Millionen von Menschen bedroht werden. Unsere Hilfs- und Rettungsorganisationen sind jedoch nicht in der Lage, gleichzeitig eine derart große Zahl von bedrohten Menschen zu versorgen.

Einen Lichtblick hat jedoch auch Bhopal gebracht: Es hat sich gezeigt, dass Menschen, die sich im Moment der Gefahr richtig verhalten, überleben können. Richtiger Selbstschutz ist lebensrettend!

Dabei muss einem großen Irrtum abgeschworen werden: Viele Menschen glauben nämlich, dass man vor Giftgaswolken einfach flüchten könnte. Das Evakuieren wurde tatsächlich lange Zeit stark forciert und auch angewendet. Die größte Evakuierung erfolgte dabei im November 1979, als 250.000 Menschen vor einer Chlorgaswolke in der kanadischen Stadt Missisauga in Sicherheit gebracht werden konnten.

Das Aufenthaltskonzept ist wichtig!

Nun sind aber die topografischen Verhältnisse in weiten Teilen Kanadas, Russlands und den USA vollkommen anders als in den mitteleuropäischen Ballungszentren und dem Alpenland Österreich. Die großflächigen Evakuierungen in der Horizontalen sind hier nur bedingt möglich, ja gefährlich. Wahre Horrorszenarien sind denkbar. Vor allem im zusammenbrechenden Straßenverkehr unserer Städte müsste mit großen Menschenverlusten gerechnet werden, da Fahrzeuge keinen großen Schutz vor Gaswolken bieten können. Um es einfach auszudrücken: Wir müssen aus Platzmangel – neben einer sicher oft notwendigen lokalen Räumung von Wohngebieten – vor allem das Aufenthaltskonzept in unseren Häusern forcieren. Wenn Fenster und Türen mit Klebebändern abgedichtet und Klimaanlagen abgeschaltet werden, können die gefährlichen Gase auch über längere Zeit überdauert werden. Atemschutzhilfen, wie nasse Tücher vor Mund und Nase gehalten, sind in der Lage, zusätzlich Schutz zu bieten. Eine Rettungshaube, wie sie heute schon vielfach bei sicherheitsbewussten Bürgern zu finden ist, ist noch besser!

Der erste Informationsfalter

Das richtige Selbstschutzverhalten bei Giftgaswolken haben wir nun erstmals im Jahre 1994 in einem Informationsfalter, welcher bei der Abteilung für Katastrophenschutz im Amt der Steiermärkischen Landesregierung bzw. im Steirischen Zivilschutzverband kostenlos erhältlich war, genauer behandelt. Diese Informationsunterlage wurde übrigens bei dem schon zitierten Fachsymposion an der Feuerwehr- und Zivilschutzschule Steiermark vorgestellt. Wie es damals *Hofrat Dr. Heinz Konrad* im Beisein von *LBD Karl Strablegg* formulierte, sollte damit dem sicherheitsbewussten Bürger eine Anleitung gegeben werden, um auch im Falle von Giftgaswolken die ohne Zweifel vorhandene Chance zum Überleben nutzen zu können!

Das richtige Selbstschutzverhalten der Bevölkerung ist aber unbedingt notwendig, um die Feuerwehr in Katastrophenfällen für die wichtigsten Hilfsaufgaben freizuspielen. Erst dann werden wir auch beim Katastrophenszenarium „Dicke Luft“ eine echte Chance haben. Wir alle sollten sie nutzen!

18. Kapitel

Brandschutz nach Maß

Die Großveranstaltung „Feuerwehr – gestern, heute, morgen“ im Jahre 2003 stellte auf dem Grazer Hauptplatz unter dem Motto „Eine Zeitreise durch das Feuerwehrwesen“ einen Höhepunkt unserer Bemühungen dar.

Es ist nicht unmöglich,
auch das Allersicherste noch sicherer zu machen.
Es gibt immer noch eine höhere Sicherheit.
Sir Karl Popper

Nachdem ich im Jahre 1981 zum Branddirektor der Stadt Graz bestellt wurde, begann auch meine Aktivität im hiesigen Bezirksfeuerwehrverband. Vorerst nur als einfaches Mitglied, denn mein Vorgänger *Dipl.-Ing. Friedrich Schweigler* hatte mir ein schweres Erbe hinterlassen. Doch davon später!

Als ich dann auch Bezirksfeuerwehrkommandant der steirischen Landeshauptstadt wurde, begann ich mich vor allem mit dem Betriebsbrandschutz zu beschäftigen. Wir gründeten im Jahre 1989 das Grazer Brandschutzforum und in der Folge auch an die 20 Betriebsfeuerwehren. Eine Novität im gesamteuropäischen Feuerwehrwesen, welche einmal von meinem Freund *Dipl.-Ing. Bernd Hildebrand*, dem damaligen Präsidenten des bayrischen und Vizepräsidenten des deutschen Werksfeuerwehrverbandes, als „Brandschutz nach Maß" bezeichnet wurde. Anmerkung: Mit Freund *Bernd* habe ich im Laufe von über 20 Jahren viele hochkarätige Veranstaltungen in München, Heyrothsberge und Regensburg über den betrieblichen Brandschutz und den Problemkreis der gefährlichen Güter durchgeführt.

Mein Freund Bernd Hildebrand aus Bayern hat mich auch einmal als „Otto, den Gründer!" bezeichnet.

18.1 Der Grazer Bezirksfeuerwehrverband

Die Chronik berichtet, dass es bereits im Jahre 1930 in Graz einen Zusammenschluss der Betriebsfeuerwehren gab. Dies war zwar kein üblicher Bezirksverband, da die Berufsfeuerwehr die öffentlichen Aufgaben flächendeckend wahrnahm, aber ein wirksames Instrumentarium zur Förderung der Kameradschaft und natürlich der Brandsicherheit in den wichtigsten Betrieben der Landeshauptstadt. Kommandant wurde damals der spätere Landesfeuerwehrkommandant der Steiermark und Vorstandsdirektor der Brüder Reininghaus Brauerei AG, *Edmund Edelsbrunner*, der seit 1927 Kommandant der BTF Puntigam und 1930 auch der BTF Steinfeld war.

Die offizielle Gründung des Bezirksfeuerwehrverbandes Graz erfolgte jedoch nach den Vorgaben des Steirischen Landesfeuerwehrgesetzes 1950 erst im Jahre 1953. Es war eigentlich jetzt nur der alte Zustand legalisiert worden, denn nun gab es auch eine gesetzliche Grundlage für diesen Zusammenschluss.

Fünf Wehren mit rund 200 Mann

Im Jahr 1953 bestand der Bezirksfeuerwehrverband Graz aus fünf Betriebsfeuerwehren (BTF Maschinenfabrik Andritz, BTF Papierfabrik Arland, den beiden Brauereifeuerwehren BTF Puntigam sowie BTF Steinfeld und BTF Steyr-Daimler-Puch). Und dies sollte über fast vier Jahrzehnte – mit einem kleinen Intermezzo zwischen 1968 und 1973, in welchem die Flughafenfeuerwehr Graz-Thalerhof Mitglied des Grazer Verbandes war – so bleiben. Der Mitgliederstand dieser fünf Wehren pendelte sich im Laufe der nächsten zehn Jahre bei ziemlich genau 200 Mann ein.

Als im Jahre 1966 *Edmund Edelsbrunner* verstarb, wurde *Walter Gsell*, Betriebsinspektor und Werkssekretär der Steyr-Daimler Puch AG, als Nachfolger einstimmig gewählt.

Landesfeuerwehrtag 1975

Sukzessive wurde der Fahrzeugpark auch bei den Grazer Betriebsfeuerwehren erneuert. Anfang der Siebzigerjahre konnte schließlich der Feuerwehrfunk eingeführt werden.

Im Jahre 1975 wagte sich der kleinste Bezirksfeuerwehrverband an ein großes Projekt. Man holte gemeinsam mit dem Bezirk Graz-Umgebung den 91. Landesfeuerwehrtag in die Murmetropole. Der 11. Landesfeuerwehrleistungswettbewerb wurde am Sturmplatz in der legendären „Gruabn“ durchgeführt und das 5. Landeszeltlager auf der Hasenheide in der Nähe der Grazer Messe. Dort fand in der Halle 10 auch eine beachtenswerte Ausstellung unter dem Motto „Wir helfen in Not und in Gefahr!“ für die Bevölkerung und die Tausenden von Feuerwehrangehörigen, die nach Graz gekommen waren, statt. Mit dieser Veranstaltung konnte erstmals in der Landeshauptstadt die Schlagkraft der steirischen Feuerwehren eindrucksvoll demonstriert werden.

Am 30. April 1976 verstarb überraschend *OBR Walter Gsell.* Sein Nachfolger als Bezirksfeuerwehrkommandant wurde mit einstimmigem Votum *Ing. Alexander Hirtner*, BTF Steyr Daimler Puch.

Neues Landesfeuerwehrgesetz

Das Jahr 1979 brachte für den Bezirksfeuerwehrverband Graz eine einschneidende Zäsur durch die Verabschiedung eines neuen Landesfeuerwehrgesetzes. Im § 13 dieses Gesetzes wurde nämlich festgelegt, dass die freiwilligen Feuerwehren, die Gemeinden mit Berufsfeuerwehren und Betriebe mit Betriebsfeuerwehren im Bereich eines politischen Bezirkes den Bezirksfeuerwehrverband bilden. Das machte nun die Integration der BF Graz in den Bezirksfeuerwehrverband Graz erforderlich, was zu langwierigen Diskussionen führte.

Abfuhr für die Berufsfeuerwehr

Auslöser war die erforderliche Neuwahl am 18. Dezember 1980, bei welcher der damalige Branddirektor *Dipl.-Ing. Friedrich Schweigler* dem amtierenden Bezirksfeuerwehrkommandanten *Ing. Alexander Hirtner* mit 1 : 5 Stimmen unterlag. Dies zeigte die damalige Entfremdung zwischen Berufsfeuerwehr und freiwilligen Feuerwehren. Zum Stellvertreter kandidierte *Schweigler* gar nicht, so dass die Berufsfeuerwehr im neuen Bezirksfeuerwehrverband in keiner Führungsposition vertreten war.

Ein schwieriger Beginn!

Nun wurde ich am 1. November 1981 – nach dem Freitod von *Dipl.-Ing. Friedrich Schweigler* – zum Branddirektor der Stadt Graz ernannt. Ich war damit automatisch Mitglied des Bezirksfeuerwehrausschusses, hatte jedoch keine wesentliche Funktion inne. Drei Jahre später wurde ich, nach dem Ausscheiden von Brandrat *Ing. Fritz Jus*, jedoch Bezirksfeuerwehrkommandant-Stellvertreter und bemühte mich, neue fachliche Impulse in den Verband einzubringen. Alle meine Bemühungen scheiterten jedoch, weil *Ing. Hirtner* nicht bereit war, neue Wege zu gehen. Er führte den Verband in konservativer Weise als uniformierte, kameradschaftliche Vereinigung, ohne nur die elementarsten Fachprobleme anzugehen.

BFK Ing. Alexander Hirtner (Bild Mitte) mit AR Walter Maitz (Bild links) und dem Autor.

Schnupperlehre und Volontärdienste

Ich konzentrierte mich nun vorerst auf Aktivitäten in der Berufsfeuerwehr und forcierte die so genannte „Schnupperlehre" und später auch Volontärdienste für Feuerwehrkommandanten von freiwilligen und Betriebsfeuerwehren in Graz. Anfänglich gab es interne Widerstände bei der Berufsfeuerwehr, welche jedoch bald ausgeräumt werden konnten. Die Feuerwehrkollegen rückten dabei in der Regel am Kommandofahrzeug bei Einsätzen mit aus und übernahmen die Funktion des Melders.

Auch Mitglieder der freiwilligen Feuerwehr

Ein weiteres Manko war in der Tatsache gegeben, dass damals bei der Berufsfeuerwehr nur Personen aufgenommen werden konnten, die im Stadtgebiet wohnhaft waren. Um diese Vorschrift zu erfüllen, übersiedelte auch ich, nach meiner Bestellung zum Branddirektor, so rasch als möglich von Lebring nach Graz. Aber mit dieser Wohnsitzregelung war beispielsweise ein engagierter, bereits erfahrener Feuerwehrmann einer Feuerwehr außerhalb der Stadtgrenze, der alle anderen Bedingungen für eine Aufnahme erfüllte, ausgeschlossen. Da ich nicht auf das gute Potenzial von freiwilligen Feuerwehrmännern verzichten wollte und die alte „Graz-Regelung" bei den modernen Verkehrsmitteln bereits seit langem obsolet war, brachten wir einen Änderungsvorschlag ein. Nun konnten auch bereits bei der freiwilligen Feuerwehr tätige und in der Regel sehr engagierte Kameraden aufgenommen werden. Das war ein großer Fortschritt!

Ich soll kandidieren!

Im Sommer 1985 wurde ich von den Vertretern der BTF Andritz, *HBI Ing. Franz Ruhri* und *OBI Paul Bosnar*, zu einem Gespräch eingeladen. Sie wollten mit mir über die bevorstehende Neuwahl zum Bezirksfeuerwehrkommandanten sprechen und forderten mich auf, zu kandidieren. Dieses Ansinnen blieb natürlich nicht geheim und rief den amtierenden BFK, *Ing. Alexander Hirtner*, auf den Plan. Er war dabei sehr umtriebig. Aber nicht im Sinne eines von uns gewünschten leistungsorientierten Denkens und Handels, sondern rein auf persönlicher und parteipolitischer Ebene. So wurde er vor allem bei einer Reihe hochrangiger SPÖ-Politiker vorstellig, um meine Wahl zu verhindern.

Parteipolitik kommt ins Spiel!

Ich musste in der Folge bald erkennen, dass er sowohl meinen Stadtrat, *Dipl.-Ing. Klaus Gartler*, als auch den Vorsitzenden des Feuerwehrausschusses, *GR Otto Harm*, gegen mich beeinflusst hatte. Gemeinderat *Harm* sagte mir in diesem Zusammenhang: „Glauben Sie, dass wir es nicht durchsetzen können, ihre Wahl zu verhindern? Wir werden einfach unsere Betriebsgewerkschafter in diesem Sinne aktivieren!" Ich ärgerte mich darüber und antwortete ihm nur: „Die Gewerkschaftsbosse sind nicht wahlberechtigt, sondern die Kommandanten! Und damit hat es sich!"

Es kommt zu einer Pattstellung

So einfach war die Sache jedoch nicht. *Hirtner* agierte auch bei den Betriebsfeuerwehren sehr doppelbödig und es war eine Wahl meinerseits keine klare Sache. Um das mögliche Stimmverhalten der Kommandanten einigermaßen abschätzen zu können, startete ich eine Umfrage. Diese ergab damals eine unglückliche Pattstellung von 3 : 3 Stimmen. Nach den geltenden Regeln hätte dann bei der Wahl das Los entscheiden müssen. Unter diesen Umständen (Kampfabstimmung und Spaltung des kleinen Verbandes) war ich jedoch nicht bereit, zu kandidieren.

Teilzeitlösung

Ich versuchte nun in einer gemeinsamen Besprechung, welche bei der BTF Puntigam stattfand, eine für alle vertretbare Lösung zu finden. Meine Idee war eine Teilzeitlösung, wie sie ja damals auf politischer Ebene auch in der Stadt Graz bei der Bestellung des Bürgermeisters praktiziert wurde. Demnach sollte *Alexander Hirtner* noch zweieinhalb Jahre im Amt bleiben, aber dann endgültig zurücktreten. Alle waren einverstanden, aber nach der ersten Teilzeit wollte „Xandl“ davon nichts mehr wissen. Nun wurden aber die Betriebsfeuerwehrkommandanten unisono aktiv und forderten die getroffenen Vereinbarungen ein.

Eine neue Ära beginnt!

Ende April 1988 legte *BFK Ing. Alexander Hirtner* schließlich sein Amt zurück. Bei der Neuwahl am 25. Mai 1988 wurde ich einstimmig als Nachfolger gewählt. Mein Stellvertreter wurde – ebenso einstimmig – *Leonhard Tomaz*, Kommandant der damals noch existierenden BTF Steinfeld. Eine neue Ära war angebrochen! Das neu gewählte Bezirksfeuerwehrkommando beschritt von Anfang an neue Wege. Die Öffentlichkeitsarbeit wurde stark forciert und ein umfassendes Brain-Storming legte neue Ziele fest. Die Kontakte nach außen wurden verstärkt. Schon im August 1988 war ein erster Erfolg zu verzeichnen: Die bis dato singulär existente Selbstschutzgruppe der steirischen Handelskammer unter der Leitung von *Dir. Dr. Herwig Brandstetter* konnte in den Bezirksverband aufgenommen werden.

Neue Wege

Eines war bei allen Überlegungen klar: Der Bezirk Graz war damals anders als die anderen 16 steirischen Feuerwehrbezirke. Er besaß keine F- und B-Bereitschaft, keine freiwillige Feuerwehr sowie Feuerwehrjugend und die Leistungsbewerbe spielten eine weit geringere Rolle als in anderen Bezirken. Was hingegen in einem Ballungszentrum von über einer Viertelmillion Menschen und einer Großzahl von Industrie-, Gewerbe- und Wirtschaftsbetrieben stets von großer Bedeutung ist, war ein verbesserter Betriebsbrandschutz. Und gerade hier wurde der Hebel von uns nun in zweierlei Hinsicht angesetzt: Einerseits gingen wir neue Wege auf dem Sektor der Betriebsfeuerwehren und andererseits kam es zur Gründung des Grazer Brandschutzforums als Hilfsbetrieb des Bezirksfeuerwehrverbandes.

Freundschaftliches Zusammensein am Fischteich unseres Kameraden Werner Cas (Bild aus dem Jahre 1990).

Öffentlichkeitsarbeit

Um die Arbeit des Bezirksverbandes der Öffentlichkeit darzulegen, wurden – in enger Kooperation mit der Berufsfeuerwehr – Informationsmaterialien in Form von Broschüren, Plakaten und Foldern geschaffen. Vor allem die erstklassigen Karikaturen und Cartoons aus der Feder von *Dr. Otto Meisenberger* (ab 1996 Branddirektor) müssen an dieser Stelle besonders erwähnt werden.

Eine „Historische Stiege“

Im Jahre 1990 fand in Graz eine Großausstellung unter dem Motto „Wasser“ statt. In diesem Zusammenhang veranstaltete der Bezirksfeuerwehr verband auf der Zentralfeuerwache am Lendplatz auf meine Initiative die viel beachtete Subausstellung „Feuer & Wasser“. Dabei wurde auch das von mir schon lange verfolgte Projekt einer historischen Stiege unter der künstlerischen Betreuung von *Hans Gutjahr* und der kompetenten Beratung von *Herbert Pascottini* realisiert, wobei wertvolle historische Exponate aus allen Bereichen des Feuerwehrwesens organisiert, zum Teil revitalisiert und ausgestellt wurden.

„Der Grazer Florian“

Ein weiteres Projekt war die Erfassung der bedeutendsten Florian-Darstellungen im Grazer Raum und die Herausgabe einer kleinen Broschüre. Diese wurde im Jahre 2004 stark erweitert und als feuerwehrhistorisches Büchlein unter dem Namen „Auf St. Florians Spuren – ein kleiner Führer durch Graz“ neu aufgelegt, wobei die Hauptarbeit von den damaligen Löschmeistern der BF Graz, *Heinz Waha* und *Rupert Schrank*, geleistet wurde.

Der Bezirksfeuerwehrverband heute

Als ich im Jahre 1978 als Chef der Grazer Feuerwehren gekürt wurde, bestand der Bezirksfeuerwehrverband in der Landeshauptstadt aus der Berufsfeuerwehr und fünf Betriebsfeuerwehren. Nachdem ich im Jahre 2006

Der Bezirksfeuerwehrausschuss im Jahre 2003.

in den verdienten Ruhestand trat, hatte sich die Zahl der BTF und der Mitglieder verfünffacht. Heute gibt es neben der BF Graz insgesamt 23 Betriebsfeuerwehren mit weit über 1.000 Mitgliedern. Vor kurzem wurde auch – nach einem Interregnum von über 70 Jahren – in der Murmetropole, auf Initiative des neuen Feuerwehrreferenten und Bürgermeisters *Mag. Siegfried Nagl*, wieder eine freiwillige Feuerwehr gegründet.

Konzepte für den Landesfeuerwehrverband

An dieser Stelle darf ich es nicht verabsäumen, auch einige Worte über meine Tätigkeiten im Landes- und Bundesfeuerwehrverband festzuhalten. Auf Landesebene war ich seit meiner Wahl zum Bezirksfeuerwehrkommandanten aktiv im Landesfeuerwehrausschuss, dem höchsten Gremium des Verbandes, tätig und habe versucht, stets dem Feuerwehrwesen mit all meinen Kräften zu dienen.

Im Jahre 1996 wurde ich Landesfeuerwehrrat.

Im Jahre 1996 wurde ich Landesfeuerwehrrat und habe vor allem technische Aufgaben zu lösen versucht. Ich war speziell in den Bereichen Strahlenschutz, Gefährliche Güter, Tunnelwesen und Vorbeugender Brandschutz an vorderster Stelle aktiv und habe vor allem in den letzten Jahren unter *LBD Albert Kern* und *LBDS Gustav Scherz* die Möglichkeit erhalten, als Vorsitzender einiger Arbeitskreise innovative Arbeit zu leisten. Gemeinsam konnten wir dabei die wichtigsten Konzepte für den Verband erarbeiten, welche sich derzeit gerade in einer wichtigen Umsetzungsphase befinden. Im Bereich des Vorbeugen-den Brandschutzes konnten wir 28 Feuerwehrtechniker ausbilden, was ebenfalls eine Novität im Österreichischen Feuerwehrwesen darstellt.

Nach Zurücklegung meiner Landesfunktionen erhielt ich im Jahre 2008 im Rahmen eines Landesfeuerwehrtages eine hohe Auszeichnung (von links nach rechts: LBDS Gustav Scherz, LBD Albert Kern, der Autor, LH Mag. Franz Voves und LR Johann Seitinger).

Anderen den Vortritt gelassen!

Erwähnen muss ich auch mein Antreten zur Wahl des Landesfeuerwehrkommandanten im Jahre 2000. Ich wurde dazu von einer Gruppe von Bezirksfeuerwehrkommandanten in letzter Minute förmlich in die Rolle des Herausforderers gedrängt und habe im Sinne unserer demokratischen Spielregeln meine Pflicht erfüllt. Dass ich meinem Gegenkandidaten *OBR Bernhard Krugfahrt* – ohne die geringste Wahlwerbung – nur mit einer Stimme unterlegen bin, hat mich eigentlich glücklich gemacht, denn ich wollte nie die Funktion des Landesfeuerwehrkommandanten ausüben. Dies war auch bei der Kür des obersten Feuerwehrmannes der Steiermark im Jahre 2001 so, als ich gefragt wurde, ob ich kandidieren wolle. Ich habe anderen Kameraden den Vortritt gelassen und mich hinten eingereiht.

Arbeit im ÖBFV

Im Österreichischen Bundesfeuerwehrverband (ÖBFV) war ich seit 1982 über ein Vierteljahrhundert Vorsitzender des Sachgebietes 4.5 „Strahlen- und Bioschutz“ und habe eine Reihe wichtiger Richtlinien mit meinen Mitarbeitern erstellt. Eine unserer wesentlichsten Aufgaben war nach Tschernobyl die Erstellung eines neuen Messgerätekonzeptes für die österreichischen Feuerwehren. Im Sachgebiet 4.6 „Gefährliche Güter“ und im Fachausschuss für Berufsfeuerwehren war ich fast 15 Jahre stellvertretender Vorsitzender und habe mitgeholfen, wesentliche Weichen zu stellen. Bei der bundesweiten Ausbildung von Führungskräften der Feuerwehr konnte ich mit *HBI Ing. Josef Winter* und *FT-A Dr. Host Mader* den Themenkreis „Gefahrenlehre“ verantwortlich betreuen und großen Erfolg verzeichnen.

Branddirektoren-Tagung in Graz mit dem Vorsitzenden BD SR Dr. Friedrich Perner, BF Wien (Dritter von links) und dem Autor sowie den Branddirektoren von Linz, Salzburg und Innsbruck.

18.2 Betriebsfeuerwehren – neue Wege!

Betriebsfeuerwehren der herkömmlichen Art waren bis Anfang der Neunzigerjahre lediglich in großen Industrieanlagen vorhanden. Ich fragte mich jedoch schon immer: Was ist mit den riesigen Einkaufszentren unserer Zeit, den Schwerpunktkrankenhäusern, Großdruckereien, Veranstaltungszentren und anderen baulichen Riesenstrukturen, wie etwa großen Tunnelanlagen?

Die Idee dahinter

Die Idee, die dahinter stehen musste, war für mich klar: Der Brandschutz sollte in den Riesenbetrieben unserer Zeit nicht einfach an die zuständige Feuerwehr delegiert werden, wie man dies früher – und leider auch vielfach noch heute – getan hatte und tut. Nein, er muss von eigenen ausgebildeten und engagierten Kräften im Betrieb wahrgenommen werden. Dies erhöht die Effizienz der Maßnahmen ungemein, da sie unmittelbar vor Ort wirksam werden können. Der von uns kreierte und heute stark in den Vordergrund gestellte Slogan „Brandschutz ist Chefsache!" ist nur die logische Weiterführung dieses Grundsatzes im Rahmen eines optimalen Brandschutzmanagements.

Es war jedoch ein harter, ja steiniger Weg, welcher mit vielen langwierigen Fachdiskussionen und intensiver Überzeugungsarbeit verbunden war, der jedoch schließlich ein grandioser Erfolg wurde.

Eine neue Richtlinie

Und so ergriff ich über den Bezirksfeuerwehrverband Graz die Initiative: Unter meinem Vorsitz bildete sich eine Arbeitsgruppe im Landesfeuerwehrverband, welche bis Ende 1990 die Richtlinien für sogenannte „Betriebsfeuerwehren mit ortsfesten Brandschutzeinrichtungen" erarbeitete. Diese Richtlinien wurden schließlich am 29. Juni 1991 am Landesfeuerwehrtag in Leibnitz verabschiedet und führten alsbald zur Gründung neuer Betriebsfeuerwehren. Das steirische Beispiel fand auch einen raschen Niederschlag auf Bundesebene! Die Grazer Feuerwehren waren damit zum österreichweiten Vorreiter auf dem Sektor der Betriebsfeuerwehren geworden!

„Otto, der Gründer!"

Vor allem in Graz aber ist in den letzten 25 Jahren eine Reihe von Neugründungen zu verzeichnen. Spaßeshalber wurde ich deswegen einmal bei einer Tagung in Graz als „Otto, der Gründer!" bezeichnet. Nicht unberechtigt, denn heute sind insgesamt 23 Betriebsfeuerwehren auf Grazer Boden vorhanden, die größte Betriebsfeuerwehrdichte in ganz Österreich. Es gibt dabei eine Palette von wenigen althergebrachten Betriebsfeuerwehren und eine große

Zahl neuer derartiger Institutionen. Viele Kommandanten und Stellvertreter sind Ingenieure, Techniker und begnadete praktische Autodidakten. Eine lebendige Mischung aus Tradition und Innovation.

Basis des Bezirksverbandes

Die Basis des Grazer Bezirksfeuerwehrverbandes bilden drei gleichermaßen traditionsreiche wie zukunftsorientiert geführte Betriebsfeuerwehren: Die bereits im Jahr 1869 gegründete BTF Andritz AG (Kommandant *ABI Ing. Alois Glettler*), die älteste Brauereifeuerwehr Österreichs, die renommierte Betriebsfeuerwehr der Brauunion in Puntigam aus dem Jahre 1874 (Kommandant *HBI Fritz Seidnitzer*) und die wohl derzeit schlagkräftigste Betriebsfeuerwehr auf Grazer Boden, die nach dem 2. Weltkrieg im Jahre 1947 gegründete BTF MAGNA Steyr, vormals Steyr Daimler Puch (Kommandant *ABI Ernst Brunner*). Aus dieser Wehr kommt auch der stets aktive und in vielen Feuerwehrgremien und im Brandschutzforum Austria tätige *Brandrat Werner Cas*, welcher derzeit Bezirksfeuerwehrkommandant-Stellvertreter in Graz ist.

Im Jahre 1997 feierte die renommierte BFT MAGNA-Steyr ihren 50-jährigen Bestand (am Präsidium von links nach rechts: BD SR Dr. Otto Meisenberger, BR Leonhard Tomaz, der Autor, Ing. Rudolf Mark, ABI Paul Bosnar und ABI Ing. Emmerich Donner).

BTF im neuen Eurostar-Werk

Im März 1990 kam es zum Spatenstich für das US-Automobilwerk Eurostar in Graz. Bereits rund eineinhalb Jahre später rollte der erste Voyager, „made in Styria", vom Band. Doch vorher hatten wir viel Mühe, um in dieses Riesenwerk, welches unter anderem eine Brandabschnittsfläche von über 50.000 m² aufwies, einen vertretbaren Brandschutz zu integrieren. Die amerikanischen Repräsentanten hatten nämlich überhaupt kein Verständnis für meine Forderung, auch eine eigene Betriebsfeuerwehr installieren zu wollen. So sollte auch hier die (in böswilliger Weise?) oft zitierte US-Philosophie „to sprinkle or let it burn!" zum Tragen kommen. Schließlich setzten wir uns aber durch und es kam noch vor der offiziellen Eröffnung des Werkes zur Gründung der BTF Eurostar. Kommandant wurde damals *HBI Ing. Emmerich Donner*, der später auch Kassier des Bezirksfeuerwehrverbandes Graz wurde. Nach Eingliederung des Eurostar-Werkes in die Fa. MAGNA Steyr wurde diese Betriebsfeuerwehr jedoch im Jahre 2002 wieder aufgelöst.

Zwei Brände als „Eisbrecher"

Im Mai 1990 kam es im Landeskrankenhaus (LKH Graz) und im Landesnervenkrankenhaus (LNKH Graz) zu zwei folgenschweren Bränden: Im LKH wurde am 7. Mai ein OP-Vorbereitungsraum, der als Lagerraum für Abdecktücher und diverse Operationsutensilien diente, total vernichtet. Der Brandraum lag in einem brandschutztechnisch noch nicht sanierten Bereich des Chirurgietraktes, in welchem es eine Reihe von Brandschutzmängeln gab und auch keine automatische Brandmeldeanlage vorhanden war. Besonders tragisch endete der Brand in der Kinderabteilung des LNKH am 15. Mai 1990, bei welchem leider auch ein Todesopfer zu beklagen war. Diese Brände hatten – wie sich bald herausstellen sollte – eine Art Eisbrecherfunktion!

Drei Krankenhausfeuerwehren in Graz

Nach dem Motto „Lernen durch Schock" erfasste ich damals die Gunst der Stunde und forderte über das Landesfeuerwehrkommando für diese beiden Betriebe eine Feuerwehr. *LBD Karl Strablegg* unterstützte dieses Vorhaben und es gelang dann schließlich im Jahre 1992, in diesen beiden Krankenhäusern tatsächlich Betriebsfeuerwehren ins Leben zu rufen. Wichtig dabei: Es waren dies die ersten Neugründungen derartiger Institutionen in bestehenden Grazer Betrieben nach den neuen Richtlinien des Landesfeuerwehrverbandes. Heute gibt es neben der BTF LKH (Kommandant: *HBI Ing. Eduard Mötschger MSc*) und der BTF LSF (Landeskrankenhaus Sigmund Freud), früher LNKH (Kommandant *ABI Ernst Ulz*) auch noch die im Jahre 2002 gegründete BTF LKH Graz West – UKH Graz (Kommandant *HBI Ing. Johann Szapas*).

Neu: Kaufhausfeuerwehren

Das Jahr 1993 stellte dann den Durchbruch unserer Bemühungen dar, denn es gelang uns in diesem Jahr, insgesamt vier neue Betriebsfeuerwehren, darunter die beiden ersten Grazer Kaufhausfeuerwehren, zu gründen. Bei Einkaufszentren gibt es, auf Grund des Shop-in-Shop-Charakters, stets ein Problem zu überwinden: Es muss bei der Gründung einer Betriebsfeuerwehr nicht nur eine Firma angesprochen werden, sondern eine Vielzahl von Betrieben. Wenn also die Betriebsfeuerwehr als grundlegendes Sicherheitselement nicht bereits in den einzelnen Mietverträgen verankert ist, gibt es in der Regel Widerstände.

IKEA – das kluge Möbelhaus

Beim Großkaufhaus IKEA Graz, im Shopping Center West, hatten wir hingegen keine größeren Probleme bei der Vorschreibung einer Betriebsfeuerwehr. (Hier ist heute, nach einem kleinen Interregnum, *HBI Günter Neuhauser* Kommandant.) Der offensichtliche Grund lag anscheinend in der Tatsache, dass einige Zeit vorher eine IKEA-Zentrale in Deutschland total durch einen Brand vernichtet worden war. Auch hier half uns also, wie in den beiden Grazer Krankenhäusern, ein Brandgeschehen im Sinne des Mottos „Durch Schaden wird man klug!“ bei der Verbesserung des betrieblichen Brandschutzes.

Schwierige Nachverhandlungen

Schwieriger war es bereits beim Großkaufhaus CITYPARK, wo ich immense Überzeugungsarbeit in der Chefetage leisten musste. Hier handelte es sich nämlich um ein Großkaufhaus, welches bereits in Betrieb war. Es mussten daher mit den einzelnen Pächtern langwierige Nachverhandlungen bezüglich einer Betriebsfeuerwehr geführt werden. Schließlich waren wir auch hier erfolgreich und diese Feuerwehr wurde später unter *HBI Erhard Koren* sogar zu einer Vorzeigefeuerwehr. Heute führt nach dessen Pensionierung sein ehemaliger Stellvertreter *Walter Lackner* das Kommando.

Fünf weitere Kaufhausfeuerwehren

Später konnten wir nach dem großen Umbau auch bei KIKA Graz (Kommandant *HBI Alois Krienzer*), im Einkaufszentrum Murpark (Kommandant *HBI Gerhard Eibler*) und beim Neubau des SPAR-Zentrallagers (Kommandant *HBI Alois Mitteregger*) eine Betriebsfeuerwehr installieren. Nach jahrelangen Bemühungen gelang es uns schließlich im Jahre 2008, die bereits bestehende traditionsreiche Hausfeuerwehr der Firma Kastner & Öhler in eine Betriebsfeuerwehr umzuwandeln und dem Bezirksfeuerwehrverband Graz zuzuführen. Als Kommandant wurde der rührige Feuerwehrmann *HBI Bernhard Konrad* bestimmt. Im selben Jahr wurde als vorläufig letzte Kaufhausfeuerwehr die BTF Center Nord gegründet (Kommandant ist *HBI Mario Hirt*).

BTF in Großdruckereien

Ebenfalls bereits im Jahre 1993 erfolgte auch die Gründung der BTF Leykam (heutiger Kommandant *HBI Wolfgang Kriehuber*), welche indirekt auf einen Großbrand in der Obersteiermark zurückzuführen war. Doch davon später in diesem Kapitel. Die einige Zeit danach auch in der Großdruckerei Styria gegründete Betriebsfeuerwehr bestand nur einige Jahre. Sie wurde auf Grund der Quertreibereien des damaligen Kommandanten in eine Brandschutzgruppe umgewandelt, was wir alle sehr bedauert haben. Dafür erhielt die Grazer Großdruckerei Wall im Jahre 2006 eine Betriebsfeuerwehr (nunmehriger Kommandant *HBI Michael Kügerl*).

BTF bei Siemens

Im selben Jahr erhielten wir – nach langen Verhandlungen mit der Betriebsführung der Siemens Transportation Systems – für die Bestellung einer Betriebsfeuerwehr ebenfalls grünes Licht. In dieser Firma hatte es – meinen

Erhebungen zufolge – nach dem Zweiten Weltkrieg bereits eine Feuerwehr gegeben, welche jedoch aus „Sparmaßnahmen" in den Sechzigerjahren aufgelöst wurde. Nun erfolgte unter dem erfahrenen *ABI Kurt Neubauer* quasi eine Neugründung zur Herstellung der alten Situation.

Auch im Theater

Dem Reigen der Neugründungen folgte im Jahre 1994 dann die BTF der Vereinigten Bühnen Graz, welche das Opern- und Schauspielhaus, den so genannten Bekleidungsfundus (Schneiderei) in der Bürgergasse und die Werkstätten in Messendorf umfasste. Im Jahre 2007 erfolgte aus innerbetrieblichen Gründen eine Aufteilung in zwei unabhängige Betriebsfeuerwehren: die BTF Opernhaus mit je einem abgesetzten Trupp in der Thalia, im Fundus und in Messendorf, unter dem Kommando von *HBI Helmut Wallner*, und die BTF Schauspielhaus unter dem Kommando von *HBI Mario Feibel.*

BTF bei AVL List

Das Jahr 1995 brachte schließlich eine Betriebsfeuerwehr in der renommierten Firma der AVL List. Damals handelte es sich bei diesem Betrieb um einen verschachtelten, langsam gewachsenen baulichen Komplex mit gravierenden feuerpolizeilichen Mängeln. In Absprache mit dem Arbeitsinspektorat und der Firmenleitung einigten wir uns auf verschiedene Sofortmaßnahmen zur Risikoreduktion. Eine davon war die Gründung einer Betriebsfeuerwehr. Heute ist die Firma vollständig modernisiert und die BTF ist ein integraler Faktor dieses innovativen Forschungsbetriebes. Als Kommandant ist der auch als Referent beim Brandschutzforum Austria tätige *HBI Ing. Alfred Enko MSc* bestellt worden. Ein weiterer Erfolg in unserem stetig wachsenden Sicherheitsmosaik.

Die erste Messefeuerwehr Österreichs

Im Jahre 2002 gelang es uns endlich auch, auf der Grazer Messe eine Betriebsfeuerwehr zu installieren. Ich hatte dies schon seit dem Großbrand in der Lebensmittelhalle im Jahre 1981 im Sinn, scheiterte jedoch an der Unflexibilität der damaligen Messeleitung und meiner eigenen Männer, die durch eine

Reduktion des Messedienstes mit finanziellen Einbußen rechnen mussten. Heute hat sich diese Sicherheitstruppe – wie mir der Kommandant *HBI Ing. Karl Altenburger* bestätigte – schon vielfach bewährt und ist nicht mehr wegzudenken. Im Jahre 2002 erfolgte noch eine Gründung in einem der großen Zulieferbetriebe des Steirischen Autoclusters: jene der BTF Johnson Controls, welcher heute *HBI Ing. Thomas Krainer* als Kommandant vorsteht.

Neu: „Gefängnisfeuerwehren"

Eine bedeutende Zäsur war aus der Sicht des Bezirksfeuerwehrverbandes Graz das Jahr 2003: Es gelang uns nämlich erstmals, eine Betriebsfeuerwehr in einer Strafvollzugsanstalt ins Leben zu rufen, die BTF Justizanstalt Karlau (Kommandant ist *HBI Hans-Jürgen Stangl*). Damit war der Bann bundesweit gebrochen und in Zukunft werden, wie mir der im Ministerium verantwortliche Bundesbrandschutzbeauftragte *OBR Adolf Binder* bestätigte, alle bedeutenden österreichischen Justizwacheanstalten derartige Einrichtungen erhalten. In logischer Folge wurde etwas später, im Jahre 2006, auch in der zweiten großen Grazer Justizwacheanstalt die BTF JA Graz Jakomini gegründet, deren Kommandant *HBI Karl Neukam* ist.

Akademischer Brandschutz

Und nun zu einer echten Innovation: Als vorläufig letzte Betriebsfeuerwehr wird gerade während der Drucklegung dieses Buches die erste Hochschulfeuerwehr Österreichs installiert. Sie ist unter anderem durch die Initiative von Frau Universitätsdirektor *Hofrat Dr. Maria Edlinger* an der Karl-Franzens-Universität Graz zustande gekommen.

Durch ihre Unterstützung war es auch möglich, dass ich seit dem Jahre 2006 eine zweisemestrige Vorlesung zum Thema „Ist der Brandschutz ein Stiefkind – über das Phänomen des Feuers, seine Gefahren und die mögliche Brandbekämpfung" abhalten kann. Diese wird von den Studentinnen und Studenten förmlich gestürmt, ich prüfe mit meinem treuen Freund *Eckhart Sitter* derzeit bereits über 600 Kandidaten pro Semester.

18.3 Eine interessante Fallstudie

Die in Graz-Straßgang ansässige Firma Leykam Druck GmbH & Co KG ist im Betriebsareal der früher hier tätigen Fa. Anker, welche Registrierkassen produzierte, angesiedelt. Sie nutzte bei der Übersiedlung ihrer modernen Druckmaschinen und Gerätschaften einfach die vorhandenen Hallen, welche im Stile der Nachkriegszeit schnell und billig errichtet wurden. Betonfertigteile waren damals der große Renner, kombiniert mit Sandwichplatten aus Blech und Schaumstoff (PU). So konnten die meisten Hallenwände und vor allem die Dachkonstruktionen, die noch mit Teerpappe gedeckt waren, in Rekordzeit errichtet werden.

Brand des RIGIPS-Werkes

Als am 8. Juli 1990 das Rigips-Werk in Bad Aussee ein Raub der Flammen wurde, erkannte man die Brandgefährlichkeit der auf diese Weise errichteten Riesenhallen mit aller Deutlichkeit. Der über 10.000 m² große Bau wurde nämlich innerhalb kürzester Zeit ein Raub der Flammen, ohne dass die Ortsfeuerwehr nur eine kleine Chance gehabt hätte. Das Problem bei diesen Konstruktionen: Wenn erst einmal das Feuer in die Zwischendecke eingedrungen ist, brennt der Kunststoff (Polyurethan) mitsamt der Bitumen-Dacheindeckung in kurzer Zeit lichterloh. Wir haben damals die Brandbelastung derartiger Dachkonstruktionen berechnet und sind auf eine einfache Merkformel gekommen: 1 m² Dachfläche besitzt nämlich etwa den Heizwert von 10 Liter Öl, also befand sich auf dem Rigips-Dach ein Öläquivalent von 100.000 Liter Heizöl. Gigantisch!

Knapp an Giftgaskatastrophe vorbei!

Noch etwas war bei diesem Brandgeschehen ein Albtraum: die in der Halle befindlichen beiden Clophen-Transformatoren, welche mit unbrennbaren, hoch chlorierten synthetischen Substanzen gefüllt waren. Diese Polychlorierten Biphenyle (PCB) hat man nach katastrophalen Öltrafo-Bränden seinerzeit als alternatives Wärmeträgeröl eingesetzt. Leider wurde damit der Teufel mit dem Beelzebub ausgetrieben! Denn diese synthetischen Wärmeträgeröle sind zwar nicht brennbar, können jedoch – bei einer Brandeinwirkung von außen –

hochtoxische Ultragifte, Furane und Dioxine, produzieren. Dies zeigte eine Reihe Aufsehen erregender Brandereignisse in aller Welt. In Bad Aussee ging man damals bei diesem Großbrand mit großem Glück nur knapp an einer Giftgaskatastrophe vorbei.

„Leichen im Keller"

Aufgrund dieses Ereignisses beschäftigte ich mich intensiver mit dem Problemkreis diese synthetischen Isolier- und Kühlflüssigkeiten und verfasste anschließend eine zweiteilige Dokumentation in unserer Fachzeitschrift BLAULICHT (Heft 9 und 10/1990) unter dem Titel „Polychlorierte Biphenyle im Kreuzfeuer der Kritik". Dieser wurde weit über die Grenzen der Steiermark beachtet und man erkannte erstmals, dass es eine Vielzahl derartiger „Leichen im Keller", wie im Rigips-Werk von Bad Aussee, in vielen österreichischen Betrieben gab. Wir haben damals in Graz in geheimer Kommandosache ungefähr 50 derartige Transformatoren entsorgen lassen, ohne dass Panik bei der Bevölkerung aufgekommen wäre.

Sofortmaßnahmen

Nach dem Großbrand bei Rigips war also auch in den großen Industriehallen der Fa. Leykam Handlungsbedarf angesagt. Denn in den altehrwürdigen Anker-Hallen standen insgesamt sechs PCB-Trafos inmitten von Druckmaschinen und Papierlagerungen in einem höchst problematischen, weil brennbaren Bauwerk. Vor allem die Dachkonstruktion und die Tatsache, dass es keine Sprinkleranlage gab, stimmten mich damals bedenklich. In einer Art

Beim Großbrand im RIGIPS-Werk von Bad Aussee im Jahre 1990 waren zwei PCB-Trafos involviert.

Krisensitzung mit der damaligen Betriebsleitung entschieden wir uns für ein Sofortprogramm. Wir reduzierten die Brandlast um die Trafos, welche sukzessive entsorgt wurden, und bauten einen starken betrieblichen Brandschutz in Form einer Betriebsfeuerwehr auf. Die Gründung erfolgte – wie schon erwähnt – im Jahre 1993.

Brand in einer Druckmaschine

Szenenwechsel: Wir schreiben den 20. Dezember 2004. Die Druckmaschinen laufen in der Vorweihnachtszeit bei Leykam auf Hochtouren. Der damalige *Oberbrandinspektor Wolfgang Kriehuber* ist gerade auf Rundgang, als er im Bereich der Inline-Schneideanlage der großen Druckmaschine Flammen schlagen sieht. Rasch ist sein Entschluss: Er reißt einen CO_2-Feuerlöscher aus der Verankerung und löscht die mittlerweile bereits fast drei Meter hohen Flammen mit Bravour. Eine für ihn selbstverständliche Aktion, die jedoch nicht hoch genug einzuschätzen ist!

Arbeitsplätze gesichert!

Was wäre nämlich geschehen, wenn *Kriehuber* diesen Brand nicht gelöscht hätte? Der damalige Kommandant der BTF Leykam *Wolfgang Hubmann* beschreibt dies folgendermaßen: „Die Flammen hätten nicht nur die etwa vier Millionen Euro teure Druckmaschine vernichtet, sondern wären auch auf das PU-isolierte Hallendach übergesprungen und der gesamte Betrieb wäre wahrscheinlich à la Rigips-Werk ein Raub der Flammen geworden.“ In Zeiten wie diesen wäre dann die Frage gestellt worden: Neuaufbau oder Verlagerung des Betriebes ins Ausland (z. B. Slowenien), was leider – in Anbetracht der günstigeren Personalkosten in unserem südlichen Nachbarland – noch im Laufe des Jahres 2009 auch ohne Brandgeschehen erfolgen wird.

Viele „Kriehubers“

Aber eines ist klar und soll hier symbolhaft herausgestrichen werden: Ein Angehöriger einer Betriebsfeuerwehr hat damals den Standort eines Betriebes gerettet und Arbeitsplätze gesichert. Es ist dies nur ein Beispiel, wie wir uns den umfassenden Brandschutz unter Einbeziehung von Betriebsfeuerwehren vorstellen, einen Brandschutz nach Maß! Und wir haben Gott sei Dank viele „Kriehubers“ in unseren Feuerwehren, die notfalls auch ihr Leben für ihre Ideale einsetzen würden. Dies soll jenen ins Stammbuch geschrieben werden, die noch immer nicht den Wert von Betriebsfeuerwehren in unserer schnelllebigen, vielfach von purer Gewinnmaximierung geprägten Zeit erkannt haben.

18.4 Das Brandschutzforum Austria

Bereits Anfang 1989 gründeten die Grazer Feuerwehren auf meine Initiative das sogenannte Grazer Brandschutzforum. Die erste Veranstaltung, ein „Grundseminar für Brandschutzbeauftragte“, fand im Schulungsraum der Berufsfeuerwehr Graz am 7. März 1989 statt. Gleichzeitig wurde damals schon die gesamte Dokumentation (das erste Mal) auf EDV-Basis umgestellt.

Ziel des Grazer Brandschutzforums war es in erster Linie, durch die Ausbildung von Brandschutzbeauftragten (BSB) den Betriebsbrandschutz in der steirischen Murmetropole zu verbessern. Heute hat sich die Angebotspalette stark erweitert und das Grazer Brandschutzforum, welches ab dem 1. Jänner 2006 als gemeinnütziger Verein „Brandschutzforum Austria“ tätig ist, ist bereits nach nunmehr zwei Jahrzehnten seiner Aktivitäten zu einer Plattform für alle Sicherheitsfragen in Österreich geworden.

Unser Markenzeichen ist stets ein volles Haus (hier bei einem Aprilsymposion, im Vordergrund unser aktiver Webmaster Eckhart Sitter).

Warum Betriebsbrandschutz?

Der Brandschutz im Betrieb stellt heute in zunehmendem Maße eine Herausforderung für alle Beteiligten dar. Neue Bau-, Werk- und Einrichtungsstoffe sowie bis dato nicht gekannte Technologien haben in vielen Bereichen eine gefährliche Risikoerhöhung bewirkt.

Obwohl es immer und überall zu Bränden kommen kann, wird der Feuerteufel vielfach erst durch menschliches Versagen aktiviert. Einige klassische Brandursachen sind in diesem Zusammenhang Schweißarbeiten, defekte elektrische Leitungen und Anlagen sowie der sorglose Umgang mit offenem Licht und Rauchwaren.

Hauptziel: Brandverhütung

Viele Brände lassen sich jedoch durch einen gezielten Betriebsbrandschutz überhaupt verhindern bzw. in ihrer zerstörerischen Auswirkung auf die betrieblichen Anlagen und die dort tätigen Menschen stark reduzieren. Damit wird nicht nur Volksvermögen gerettet, sondern auch die Sicherheit und Gesundheit der Mitarbeiter und anderer im Betrieb befindlicher Personen (Kunden, Gäste etc.) gewährleistet.

Und gerade hier setzen die Aktivitäten des Brandschutzforums ein. In den österreichweit anerkannten Kursen und Seminaren wird nun Betriebsbrandschutz bereits über 20 Jahre nach modernsten Methoden vermittelt. Ursprünglich führten wir diese Veranstaltungen bei der Berufsfeuerwehr Graz durch. Vor allem aus organisatorischen Gründen sind wir ab 2006 mit unserer

Unser rühriger Geschäftsführer Ing. Rudolf Mark.

Geschäftsstelle in das renommierte Seminarhotel Novapark im Norden von Graz übersiedelt, wo wir seit 2007 mit den hauptamtlichen Kräften *Heidemarie Schober* und *Isabella Prucker* tätig sind. Geschäftsführer ist der selbständige Brandschutztechniker *Ing. Rudolf Mark*.

Stolze Erfolgsbilanz

Seit dem Jahre 1989 haben wir in über 800 Veranstaltungen bereits weit über 26.000 Teilnehmer ausbilden können. Neben der Ausbildung zum Brandschutzbeauftragten befassen wir uns ebenfalls mit Fragen des immer aktueller werdenden Bereichs der gefährlichen Güter zur Abwendung von Stör- und Transportunfällen. Aber auch an Großsymposien im Rahmen der Grazer Messe International haben wir uns in den Jahren 1995, 1997 und 1999 herangewagt. Das Grazer Brandschutzforum wurde in diesem Zusammenhang auch für seine besonderen „Innovationen auf dem Gebiete des Brandschutzes" ausgezeichnet, worauf wir sehr stolz sind. Ab dem Jahr 2000 führen wir das bereits international bekannte Aprilsymposion mit national und international anerkannten Referenten durch, welches einen Fixpunkt für viele Brandschutzexperten in Österreich darstellt.

Das von uns kreierte sogenannte Aprilsymposion steht ab dem Jahr 2000 unter dem Motto „Die Aspekte des Brandschutzes im neuen Jahrtausend" (hier Ing. Alfred Pölzl MSc und der Autor).

Das Aprilsymposion

Als wir im Jahr 2000 im kleinen Kreis über die Brandschutzausbildung in Österreich diskutierten, entstand die Idee, dass wir ein jährliches Standardseminar auf hohem Niveau in Graz durchführen könnten. Wir einigten uns schließlich auf eine Veranstaltung, welche stets am ersten Freitag im April unter dem Motto „Aspekte des Brandschutzes im neuen Jahrtausend“ durchgeführt werden sollte. Dazu planten wir eine begleitende Fachausstellung. Bereits die ersten Aprilsymposien wurden ein durchschlagender Erfolg. Heute können wir bei dieser Veranstaltung mit 200 bis 300 Teilnehmern aus ganz Österreich rechnen. Und wir waren wieder einmal die Ersten (und sind heute schon mehrfach kopiert), die eine derartige Innovation eingebracht haben.

Ein unermüdlicher Förderer des Brandschutzforums Austria ist Robert Haugeneder, Firma Promat (hier mit dem Autor bei einem Aprilsymposion).

Autorisierte Ausbildungsstätte

Im Jahre 2001 wurde das Grazer Brandschutzforum als offizielle Ausbildungsstätte nach TRVB O 117 für die Ausbildung von Brandschutzbeauftragten vom Österreichischen Bundesfeuerwehrverband autorisiert. Unsere Ausbildung ist also für das gesamte Bundesgebiet gültig und anerkannt. Anmerkung: Das Brandschutzforum hat durch seine moderne Ausbildungsstruktur und die Einführung von branchenbezogenen Seminaren sowie die Einführung des steirischen Brandschutzpasses (gemeinsam mit der steirischen Brandverhütungsstelle sowie der Feuerwehr- und Zivilschutzschule Steiermark) Pionierarbeit auf dem Ausbildungssektor für Brandschutzbeauftragte in Österreich – und damit die bundesweite Verabschiedung der TRVB O 117 – geschaffen.

Profundes Fachwissen

Unsere nicht gewinnorientierte Ausbildung fand ab 1989 auf der Zentralfeuerwache der Berufsfeuerwehr Graz am Lendplatz (8020 Graz, Keplerstraße 23) statt und wird seit 2003 im Seminarhotel Novapark durchgeführt. Als Referenten stehen uns hoch qualifizierte Experten aus dem gesamten Brandschutzwesen und aktive Feuerwehroffiziere zur Verfügung. Die praktischen Übungen (Ausbildung zum BSB, Entstehungsbrandbekämpfung) werden vor allem durch Angehörige der Grazer Berufsfeuerwehr und von Grazer Betriebsfeuerwehren durchgeführt. Unsere Lehrer und Ausbilder bringen profundes theoretisches und praktisches Wissen auf dem Gebiete des gesamten Brand- und Katastrophenschutzes ein.

Innovative Wege in der Fortbildung

Seit dem Jahre 1989 wurden auch neue Wege auf dem Sektor der Fortbildung beschritten: Die Grundausbildung für die Betriebsfeuerwehren haben wir auf eine moderne Basis gestellt und jährlich haben wir interessante und vor allem aktuelle Informationsveranstaltungen im Rahmen der beiden Bezirksfeuerwehrverbandstage durchgeführt. Dabei waren auch bedeutende Persönlichkeiten des Brand- und Katastrophenschutzes nach Graz eingeladen. Interessante Themen wie „Erdbeben und ihre Auswirkungen“, „Gefährliche Güter“ (mit dem bekannten Gefahrgutexperten Günther Hommel), „Tschernobyl“, „Hofburg- und Kaindlbrand“, „Schadstoffwolken“, „Verbrennungsverletzungen“, „Fluchtwegsimulation“, „Brandstiftung“, „Sicherheit im Betrieb“, „Flashover und Ultragifte“, „Tunnelkatastrophen“, „Gefahren durch Flüssiggas“ und „gefährlicher Brandrauch“ standen dabei auf dem Programm.

Auch Brandschutz ist Kultur!

Im Jahre 2003, in welchem Graz zur Kulturhauptstadt Europas gewählt wurde, haben wir neue Akzente gesetzt. Mit fast fünfzig einschlägigen Veranstaltungen wurde damals ein neuer Rekord erreicht. Darunter befanden sich zwei Sonderseminare mit dem Thema „Retten und evakuieren“. Vor allem bei Großveranstaltungen und Massenkundgebungen sind die Aspekte der Panikbekämpfung und der richtigen Rettungsmittel von großer Bedeutung.

Darüber hinaus haben wir am 17. Oktober 2003 im großen Grazer Minoritensaal das internationale Fachsymposion „Brandschutz in Kulturbauten" organisiert. Es war dies eine Herausforderung im Kulturjahr von „Bella GRAZia", denn auch Brandschutz ist Kultur!

Beim Symposion „Brandschutz in Kulturbauten" erhielt der langjährige Grazer Bürgermeister Alfred Stingl die Floriani-Plakette.

Landesfeuerwehrtag in Graz

Der Landesfeuerwehrtag 2003 hat im Zuge der beiden Feuerwehrjubiläen „150 Jahre BF Graz" und „50 Jahre BFV Graz" Tausende Feuerwehrangehörige in die Landeshauptstadt gebracht. Neben den üblichen

Römische Feuerwehrmänner bei der Großveranstaltung „Feuerwehr – gestern, heute, morgen" im Jahre 2003 am Grazer Hauptplatz (der Autor und BD Dr. Otto Meisenberger fungierten als Conférenciers).

Leistungswettbewerben und Tagungen haben wir unter dem Motto „Feuerwehr – gestern, heute, morgen" eine Zeitreise durch die Feuerwehrgeschichte organisiert. Am neu gestalteten Grazer Hauptplatz hat aus diesem Grund eine Großkundgebung unter Teilnahme historischer Feuerwehrfahrzeuge und Gerätschaften und unter Anwendung modernster Präsentationstechniken stattgefunden. Die Spezialisten der Berufsfeuerwehr präsentierten unter Beteiligung von Stuntmännern die neuesten Einsatztechniken. Dabei hatte auch ein hoch interessanter Dokumentarfilm über das Grazer Feuerwehrwesen, erstellt von Redakteur *Christof Oswald*, seine Premiere. Alle diese Veranstaltungen waren nur durch das Grazer Brandschutzforum, welches den Großteil der Mittel zur Verfügung stellte, möglich.

Aktuelle Themen

In den letzten zwanzig Jahren wurden aber im Rahmen des Brandschutzforums Austria auch stets aktuelle Themen des abwehrenden und vorbeugenden Brandschutzes in Form von internationalen Präsentationen und Workshops behandelt. Neue Produkte und Geräte auf dem Brandschutzwesen wurden daher oft erstmals österreichweit in der Murmetropole vorgestellt. Hier hat sich eine sehr gute Zusammenarbeit mit dem Vorbeugenden Brandschutz der BF Graz und vor allem mit der Grazer Feuerpolizei (seit dem Jahre 2003 in die Berufsfeuerwehr integriert) unter Leitung von *Ing. Alfred Pölzl MSc* und seinem Team herauskristallisiert.

Schulungen vor Ort

Erwähnt werden müssen auch unsere praktischen Aktivitäten: So haben wir zwei gasbetriebene Brand- und Löschsimulatoren, mit denen unsere Praktiker, allen voran *ABI Ernst Ulz* und *BI Erwin Malli*, Entstehungsbrandbekämpfung in den Betrieben durchführen. Diese Tätigkeitspalette wurde durch die Entwicklung eines Acetylengas-Trainers ergänzt, mit welchem wir die gefährliche Situation bei Acetylengasbränden realistisch darstellen können. Ein später Reflex nach dem Unglück von Salzburg im Jahre 1986, bei welchem bei einer Explosion einer Acetylengasflasche zwei Berufsfeuerwehrmänner getötet und acht Personen schwer verletzt wurden.

BI Erwin Malli mit dem neuen Acetylengas-Trainer des Brandschutzforums.

Am Puls der Zeit

Darüber hinaus hat das Brandschutzforum Austria eine Reihe weiterer Innovationen hervorgebracht. So wurde unter anderem mit der Wiener Städtischen Versicherung eine Gruppenversicherung für Brandschutzbeauftragte geschaffen, das erste brauchbare elektronische Brandschutzbuch haben wir mit dem Brandschutzpraktiker *Ing. Bernhard Platzer* entwickelt und zum Themenkreis Brandschutzmanagement wurde im Eigenverlag, der Edition Brandschutzforum, ein Buch gleichen Namens (Verfasser *Ing. Alfred Pölzl MSc*) herausgegeben. Daneben ist die wissenschaftliche Literatur (Dokumentationen der letzten Aprilsymposien) auf insgesamt sechs Bände angewachsen und gemeinsam mit der Karl-Franzens-Universität Graz konnte eine eigene Brandschutzvorlesung installiert werden.

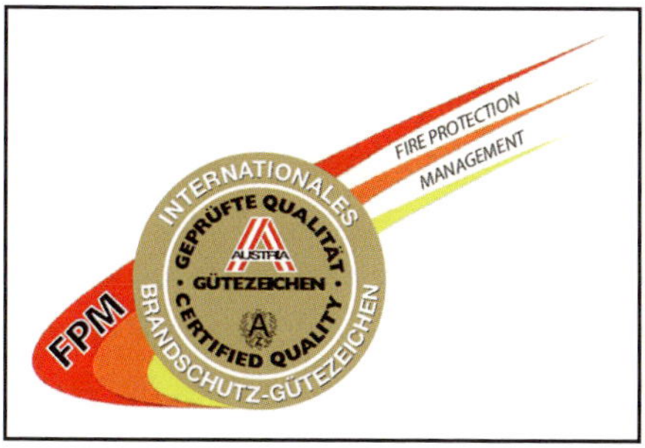

Die Wiege für das neue Brandschutzgütezeichen stand in Graz.

Eine brandneue Innovation ist das sogenannte Brandschutzgütezeichen für Betriebe, welches vom Brandschutzforum Austria initiiert und von der ÖQA (Quality Austria) realisiert wurde.

Abschließend wollen wir allen unseren Freunden ein Versprechen abgeben: Wir werden uns stets bemühen, auch in Zukunft immer am Puls der Zeit zu bleiben, um für den Brandschutz in Österreich praktische Innovationen einbringen zu können!

18.5 Am seidenen Faden

Als ich im November 1991 meinen 50. Geburtstag mit meinen Eltern, Verwandten und vielen Freunden im neuen Gemeindezentrum von Lebring-St. Margarethen feierte, sagte ich: „Keine Angst, der 50er tut nicht weh, man wird höchstens ein bisschen weiser!" Ich sollte mich jedoch bald täuschen, denn bereits zwei Jahre später erlitt ich einen kleinen Herzinfarkt. Und das zum großen Glück direkt im Landeskrankenhaus Graz während eines Besuches meiner Tochter *Brigitte*.

Die Gefäße sind verkalkt!

Die damals durchgeführte Angiographie zeigte, dass meine Herzgefäße teilweise stark verkalkt waren. An einer Herzarterie musste schließlich sogar eine Dehnung (Dilatation) durchgeführt werden. Dabei verwendet man einen flexiblen kleinen Katheter, der über die Aorta im Bereich der Leistengegend zum Herzen eingeführt wird. Mit einem Miniballon kann nun das abgelagerte Material im verstopften Gefäß zusammengepresst werden. Dadurch wird der Querschnitt für den Blutdurchfluss wieder vergrößert und das Herz genügend mit Blut und Sauerstoff versorgt.

Fünf Bypässe

Leider war dieser Eingriff nicht von dauerhaftem Erfolg gekrönt und so kam ich am 6. März 1995 – nach einer geraumen Wartezeit – unter das Messer der Herzchirurgen. *Professor Dr. Bruno Riegler*, ein bekannter Spezialist seines Faches, setzte mir insgesamt fünf Bypässe. Die Prozedur war dabei umfassend:

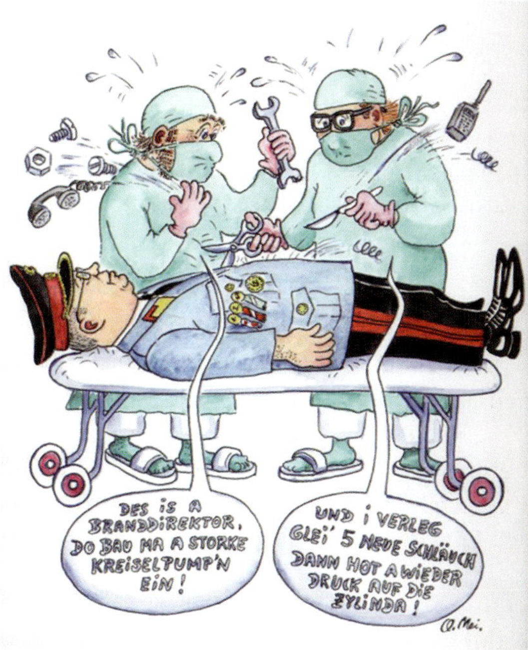

Wie der Humorist meine Bypass-Operation sah.
(Cartoon: Meisenberger)

Zuerst wurde der Brustkorb geöffnet, das Herz freigelegt und der gesamte Kreislauf an eine Herz-Lungen-Maschine angeschlossen. Parallel dazu mussten, als benötigte Bypässe, Venen aus dem linken Bein operativ entnommen werden. In einer stundenlangen Operation konnten diese nun als Umgehungsblutgefäße am Herzen eingesetzt werden.

Eine Wolke aus weicher Watte

Die Operation war gottlob gelungen, aber ich war schon fast zu lange in dem medikamentös herbeigeführten Zustand der Bewusstlosigkeit. Nun war es an der Zeit, wieder in den Wachzustand zurückzukehren. Das Erste, was ich in dieser Phase empfand, war ein wohliger Dämmerzustand. Ja, ich hatte den Eindruck, in eine Wolke aus weicher Watte eingebettet zu sein. Ich fühlte mich pudelwohl und genoss diesen Zustand des Dahinschwebens, als ich eine schneidende Stimme hörte. Sie sprach zuerst leise, dann immer eindringlicher und lauter werdend: „Herr Widetschek, werden Sie wieder wach. Sie waren lange genug in der Narkose!“ Ja, mein Leben hing damals an einem seidenen Faden!

Zurück in die harte Realität!

Es war interessant: Ich empfand diese Rufe als unangenehm und dann sogar als lästig. „Was will diese penetrante Person?“, dachte ich mir! Aber der Rufer aus der Gegenwart ließ nicht locker. Und so wurde ich langsam von meinem wohligen Dämmerzustand in die harte Realität zurückgeholt. Wie ich jedoch langsam aus der Bewusstlosigkeit aufwachte, kamen auch die Schmerzen. Zuerst dumpf und auf den ganzen Körper verteilt und dann stechend und ziehend an bestimmten Körperstellen. Schließlich spürte ich rasende Schmerzen am linken Bein und in der Brustgegend, wo sich die großen Operationsnarben befanden. Außerdem hatte man mir mehrere Katheter gesetzt, welche ich nun unangenehm wahrnahm. Vor allem der Lungenkatheter saß wie ein überdimensionaler Fremdkörper in meiner Kehle.

Bruder Otto

Nach einer Nacht in der Aufwachstation kam ich noch etwas benommen und stark geschwächt in die Krankenabteilung. Hier wurde ich jedoch erstklassig betreut. Ein Lob den Ärzten und dem Krankenhauspersonal. Als ich mit dem Bett ins Krankenzimmer geschoben wurde, versammelten sich sogleich drei Schwestern bei mir. Und ich hörte: „Willkommen bei uns, ich bin die Schwester Anni.“ Die Zweite sagte: „Ich bin die Schwester Maria.“ Und als die Dritte sagte: „Ich bin die Schwester Hertha!“, konnte ich mich nicht halten und sagte: „Ja und ich bin der Bruder Otto!“ Ein spontanes Lachen war mir sicher – und ich war ab sofort der Lieblingspatient in der Station.

Ein Kurzurlaub in Kroatien

Szenenwechsel: Im Mai 1993 wollten sechs Berufsfeuerwehrmänner aus Graz einen unbeschwerten Kurzurlaub in Kroatien verbringen. Sie charterten eine Motorjacht und fuhren nach Baška im Süden der Insel Krk. Die erste Nacht verbrachten die Grazer im Hafen an Bord des Bootes: *Reinhard Glettler* (46), *Alois Grill* (49), *Gerhard Hopfer* (27), *Manfred Putzi* (45), *Franz Predotta* (41) und *Johann „Joe“ Rainer* (56). Am nächsten Tag wollte das Sextett nach dem Frühstück auslaufen, aber der Motor ließ sich nicht mehr starten.

Eine verhängnisvolle Explosion

Als *„Joe" Rainer* in den Motorraum kletterte und die Batterie wechseln wollte, kam es zur Katastrophe: eine gewaltige Explosion mit anschließendem Feuerball erschütterte das Boot. Zuerst dachten die beiden an Deck des Bootes befindlichen Kollegen *Hopfer* und *Glettler* an einen Bombenangriff, denn damals war gerade der verhängnisvolle Jugoslawien-Krieg im Gange. Doch es war keine Bombe, sondern eine undichte Gasflasche, welche bei der ersten Funkenbildung zu einer Explosion geführt hatte. Dabei wurden die vier unter Deck befindlichen Männer schwer verletzt. *Franz Predotta* hatte es am ärgsten erwischt: Fast 70 % seiner Hautoberfläche waren verbrannt, bei *„Joe" Rainer* waren es immerhin noch an die 60 %. Die Kollegen *Grill* und *Putzi* waren zwar ebenfalls schwer verletzt, aber nicht unmittelbar in Lebensgefahr.

Das durch eine Gasexplosion zerstörte Boot.

Im Kriegslazarett

Nun kam es zu einer prekären Situation: Aufgrund der herrschenden Kriegslage war an einen schnellen, ordnungsgemäßen Transport in ein Krankenhaus nicht zu denken. Die Verletzten kamen daher zuerst in ein in der Nähe befindliches Kriegslazarett. Zumindest für *Predotta* und *Rainer* begann nun ein Wettlauf mit der Zeit, ihr Leben hing an dem bereits zitierten seidenen Faden.

Aktivitäten in Graz

An dieser Stelle müssen die in der Heimat der Verunfallten eingeleiteten Sofortmaßnahmen jedoch besonders erwähnt werden. Sowohl die Branddirektion als auch die Grazer Stadtpolitiker setzten sich für einen raschen

Transport der verunfallten Feuerwehrmänner ein. Besonders zu erwähnen ist dabei das große Engagement von *BR Heimo Smagoi*, der alle Hebel in Bewegung setzte, um eine Lösung zu finden. Er fuhr auch mit einem kleinen Konvoi von Fahrzeugen der BF Graz mitten in das Krisengebiet und koordinierte eine wagemutige Hubschrauberrettungsaktion.

Ein Engel hilft!

Als wahrer Engel muss in diesem Zusammenhang jedoch der Hubschrauberpilot der Gendarmerie und freiwillige Feuerwehrmann aus Bruck a. d. Mur, *Alfred Engel*, bezeichnet werden. Er organisierte nicht nur den riskanten Auslandseinsatz von Graz nach Kroatien kurzfristig bei den Wiener Zentralstellen, sondern führte den Flug auch selber durch. Dabei kam er mit seinem Hubschrauber notgedrungen in das damalige Kriegsgebiet in Dalmatien und musste jederzeit mit einem Abschuss rechnen. Ihm ist es in erster Linie zu verdanken, dass die beiden schwer verletzten Kollegen *Predotta* und *Rainer* relativ rasch in die nächste Verbrennungsklinik nach Laibach in Slowenien gebracht werden konnten.

Ein echtes Martyrium

Als ich die beiden schwer verletzten Feuerwehrmänner etwa einen Monat später in der Laibacher Spezialklinik (in Österreich gab es damals keine einzige Verletztenverbrennungsstation!) besuchte, erkannte ich erst so richtig, wie knapp diese dem Tode entronnen waren. *„Joe“ Rainer* erzählte mir schon damals – und im Detail später in Graz –, was für ein Martyrium sie durchmachen mussten. Sie waren anfänglich tagelang an eine Herz-Lungen-Maschine angeschlossen, wurden künstlich ernährt und lagen auf einem Spezialbett mit einem Netz, auf welchem sie völlig unbekleidet angebunden waren und fallweise in ein Wasserbad gesenkt wurden.

Unglaubliche Visionen

In der ersten Phase nach dem Unfall, als die beiden Schwerstverletzten noch im Koma lagen, wurden sie von unglaublichen Visionen ergriffen. So hatten sie nämlich das Gefühl, dass sie ihren materiellen Körper einfach verlassen konnten. Und dann schwebten sie, wie Außerirdische, schwerelos durch den Raum. Dieser unfassbare Vorgang wurde von intensiven Geräuschen und unterschiedlichen Leuchterscheinungen begleitet. *Rainer* berichtete, dass er seinen eigenen Leichnam, mit einem karierten Sakko bekleidet, in einem Sarg unter sich liegen sah. Er bewegte sich auch durch einen dunklen Tunnel und sah dann ein helles, angenehmes Licht.

Das Leben nach dem Tod

Diese Berichte decken sich mit den Erfahrungen des amerikanischen Philosophen und Mediziners *Raymond Moody*, der sich mit der so genannten Nahtodforschung intensiv beschäftigt hat. Er hat zu diesem Thema ein sensationelles Buch geschrieben, welches im Jahre 1975 unter dem Titel „Life after Life" (im Deutschen „Leben nach dem Tode") erschienen ist. Darin berichtet er von den Visionen von Menschen, welche aus dem Koma wieder ins Leben zurückgekehrt waren. Sie hatten sich alle-

„Aufstieg in das himmlische Paradies" nennt Hieronymus Bosch ein von ihm gemaltes Bild mit Jenseitsdarstellungen.
(Quelle: Archiv für Kunst und Geschichte, Berlin)

samt aus ihren toten Körpern gelöst und waren in einen wunderschönen Schwebezustand übergetreten. Sie glaubten sich auch durch eine dunkle Leere, eine Art Tunnel, zu bewegen, an dessen Ende sie von einem intensiv strahlenden, aber nicht blendenden Licht erwartet wurden.

Verletztenverbrennungsstation

Die Schilderungen meiner Feuerwehrkollegen beeindruckten mich derart, dass ich mich mit diesen geheimnisvollen Nahtodphänomenen etwas zu beschäftigen begann. Ich lernte auch damals in vielen Gesprächen Menschen kennen, die bereits an der Schwelle zum Tod derartige Visionen klar und deutlich erlebt hatten. Neben diesen philosophisch-psychologischen Phänomenen begann ich mich in praktischer Weise jedoch auch mit dem Thema der Versorgung von Verbrennungsopfern zu beschäftigen. So organisierte ich im Jahre 1994 einen unter diesem Motto stehenden Bezirksfeuerwehrtag und forderte die Errichtung einer Verletztenverbrennungsstation am Landeskrankenhaus Graz. Eine derartige Einrichtung für Erwachsene kam schließlich ins AKH Wien, aber in Graz gibt es heute eine derartige Station für Kinder. Sicher auch ein kleiner Erfolg, der durch unsere damalige Pioniertätigkeit zustande kam!

19. Kapitel

Die Waffen des Terrors

Ein Blick in die Welt beweist,
dass Horror nichts anderes ist als Realität.

Alfred Hitchcock

Das letzte Jahrhundert war vom Triumph der Naturwissenschaft geprägt. Die Petrochemie und Kunststofftechnik revolutionierten unsere Welt, das Atomzeitalter hat mit dem Super-GAU von Tschernobyl bereits sein Desaster erlitten, die Mikroelektronik hat unser Leben schon entscheidend geändert und die Gentechnologie schwebt über unseren Köpfen wie ein riesiges Damoklesschwert. Dazu kommt, dass Kapitalismus und Kommunismus total versagt haben, die Kirche ihre Vorbildwirkung weitgehend verloren hat und die Demokratie, als hoffnungsvolles Pflänzchen, unter den „Stiefeln" des Terrorismus droht zertreten zu werden.

Der internationale Terror als „reisender Todesbringer".
(Bild: „Die Presse", Mayerhofer)

19.1 Wann kommt der ABC-Terror?

Der am Flughafen München im Jahre 1994 aufgeflogene Atomschmuggel hat erstmals mit aller Macht eine neue Horrorvision eröffnet: Nuklearterroristen könnten die Welt mit Plutonium erpressen. Doch nicht genug:

Biologische und chemische Kampfstoffe sind noch viel leichter am schwarzen Markt zu beschaffen und kaum weniger wirkungsvoll. Dem ABC-Terror sind heute Tür und Tor geöffnet. Welche Konsequenzen ergeben sich daraus für die Feuerwehr?

Schmuggel mit Strahlenquellen

Früher waren sie privilegiert, wurden mit Luxuswohnungen, teuren Autos und kulinarischen Köstlichkeiten verwöhnt, heute warten sie oft monatelang auf ihr karges Gehalt. Die Rede ist von den hoch qualifizierten Wissenschaftlern, Ingenieuren und Atomarbeitern der zivilen und militärischen Nuklearanlagen der ehemaligen Sowjetunion.

Die Folge dieser prekären Situation: Diebstähle und der illegale Handel mit radioaktivem Material häufen sich in erschreckendem Maße. Bis 1993 waren es lediglich Schmuggelversuche mit Strahlenquellen, welche hauptsächlich aus medizinischen oder wissenschaftlichen Geräten stammten. Radioaktives Cäsium, Strontium oder Kobalt wurden um teures Geld verkauft. Viel wertloses Material war auch dabei: Ich erinnere mich noch an eine Probe von sogenanntem „Red Mercury" („Rotes Quecksilber") und an schwach angereichertes Uran, welches in Österreich angeboten wurde.

Plutonium im Schleichhandel

Im Jahre 1991 wurde erstmals Plutonium (Pu), welches aus russischen Rauchmeldern stammte, bei uns feilgeboten. Es war zwar mit dem spaltfähigen und für Plutonium-Atombomben verwendbaren Isotop Pu 239 hoch angereichert, hatte aber nicht einmal ein Milli-Gramm Gewicht. (Anmerkung: Für den Bau einer Plutonium-Atombombe benötigt man 4 bis 7 Kilogramm dieses Isotops).

Am Flughafen München wurde nun erstmals im August 1994 eine größere Menge dieses Spaltstoffes sichergestellt. Es waren etwa 350 Gramm bombenfähiges Plutonium. Wie viel dieser Substanz bereits unerkannt verschoben wurde, bleibt vorerst im Dunkeln. Diktatoren vom Schlage eines *Ghadaffi* oder *Bin Laden* könnten also bereits längst im Besitz jener Mengen von Spaltstoff

sein, die zum Bau einer oder mehrerer Atombomben nötig sind. (Außerdem werden heute bereits auch ganze Nuklearköpfe von sowjetischen Mittelstreckenraketen angeboten!)

Neben radioaktiven Stoffen werden heute ganze Atomsprengköpfe illegal verschoben.

„Der Plutoniumstaat"

Was der Atomkritiker und Zukunftsforscher *Robert Jungk* schon vor mehr als 15 Jahren prophezeit hat, könnte bald eintreten: Der „Plutoniumstaat" muss schließlich zum Polizeistaat werden, weil anders die Gesellschaft ihre eigene Sicherheit nicht mehr gewährleisten kann!

Nun ist die Technologie zum Bau einer Atombombe nicht leicht. Viel einfacher ist es jedoch, Plutonium in fein verteilter Form als Terrormittel einzusetzen, da es äußerst giftig ist. Weiters ist der mögliche Einsatz von B- oder C-Kampfstoffen als immer realistischeres Szenarium ins Kalkül zu ziehen. In diesem Zusammenhang warnen auch verschiedene Geheimdienste vor den Bemühungen von Staaten wie Iran, Pakistan und Syrien, welche sich intensiv bemühen, biologische Kampfstoffe herzustellen.

Konsequenz für die Feuerwehr

Welche Konsequenzen ergeben sich nun für unsere Feuerwehren? Auch wenn es sehr unwahrscheinlich ist, dass die Einsatzkräfte mit derartigen Substanzen in unmittelbaren Kontakt kommen, müssen wir uns damit beschäftigen. Denn eines ist klar: Wenn die Öffentlichkeit und andere Institutionen mit ihrem Latein am Ende sind, wird meist die Feuerwehr zu

Hilfe gerufen. Wir sollen dann die Kastanien aus dem Feuer holen. Bei derartigen gefährlichen Hilfestellungen spielt aber der Eigenschutz unserer Einsatzkräfte, der grundsätzlich zu gewährleisten ist, eine wichtige Rolle.

Nachweis und Identifizierung

Wie kann jedoch diese für die Schlagkraft und Moral unserer Einsatzorganisationen so wichtige Sicherheit beim Vorhandensein von ABC-Gefahrstoffen realisiert werden? Grundvoraussetzung ist dabei stets der rasche Nachweis und die Identifizierung derartiger Substanzen. Denn erkannte Gefahren sind nur halbe Gefahren!

Nun zeigt sich aber, dass gerade im Falle des ABC-Terrors ein derartiger Nachweis sehr schwierig ist. Bakterien und Viren können meist erst nach einem Krankheitsausbruch festgestellt werden. Dies gilt auf weiten Strecken auch für viele Gifte. Deswegen eignen sich derartige Substanzen ja gerade für terroristische Aktionen. Der oder die Attentäter können an Schlüsselstellen wichtige Bevölkerungsgruppen infizieren oder vergiften und dadurch die technische Infrastruktur eines Landes (z. B. die Elektrizitätsversorgung) lahmlegen.

Mit Spezialmesssonden kann auch das gefährliche Plutonium nachgewiesen werden.
(Cartoon: Meisenberger)

Illegaler Handel

Bei radioaktiven Stoffen ist der Nachweis durch die heute bereits hoch entwickelten und auf dem Fachmarkt erhältlichen Strahlenmessgeräte schon einfacher. Dies trifft auch für das derzeit in Diskussion stehende Plutonium zu. Deswegen sollten die Feuerwehren als „Mädchen für alles“ mit entsprechenden Nachweisgeräten ausgerüstet sein.

19.2 Atomterror

Vor einiger Zeit öffneten sich die Gefängnistore für einen Atomphysiker: Der von Israel als Atomspion und Hochverräter verurteilte *Mordechai Vanunu* wurde nach 18 Jahren – wobei er die meiste Zeit als Einzelhaft absaß – freigelassen. Welches Verbrechen hatte der hochkarätige, einst im israelischen Atomzentrum Dimona angestellte Techniker jedoch begangen? Er hatte als Gegner der Kerntechnik und Friedensaktivist lediglich sein Wissen über die geheime nukleare Aufrüstung Israels an die englische Zeitung „Sunday Times“ verkauft!

„Overkill“

Dieses Beispiel zeigt nur, wie sensibel und scheinheilig zugleich das Thema Nukleartechnologie in der großen Weltpolitik behandelt wird. Heute wissen wir, dass neben dem offiziell anerkannten Atomclub der „Großen Fünf“ USA, Russland, China, Frankreich und Großbritannien auch Israel, Pakistan und Indien als De-facto-Atommächte gelten. Diesen Ländern steht ein Atomwaffenarsenal von über 21.000 Atomsprengsätzen zur Verfügung, welches theoretisch geeignet ist, die Menschheit einige hundert Mal zu vernichten. Man spricht dabei vom sogenannten „Overkill“, einem im wahrsten Sinn des Wortes perversen Begriff, denn bereits ein Weltentod würde genügen, um alles Leben auf diesem blauen Planeten für immer auszulöschen.

Hiroshima und Nagasaki

Am 6. August 1945 starben beim Einsatz der ersten Atombombe in Hiroshima rund 80.000 Menschen und in den nächsten fünf Monaten waren weitere 60.000 Opfer zu beklagen. Beim zweiten Atombombenabwurf am

9. August 1945 über Nagasaki wurden 70.000 japanische Zivilisten umgebracht. US-Präsident *Harry S. Truman* hatte diesen nuklearen Holocaust angeordnet, um das kriegstüchtige Japan in die Knie zu zwingen. Die Welt war geschockt und schien begriffen zu haben, dass die Verwendung einer Atombombe einem menschlichen Sündenfall gleichkommt. Und tatsächlich hat sich kein kriegsführender Staat bis heute erlaubt, Kernwaffen einzusetzen. Die internationalen Kontrollmechanismen zur Weiterverbreitung von Atomwaffen haben bis heute augenscheinlich funktioniert.

Tödliche Metastasen!

Doch werden sie auch in Zukunft wirksam sein können? Wird der nukleare Krebs weiter unter Kontrolle bleiben, damit sich seine tödlichen Metastasen nicht über die ganze Welt verbreiten? Anscheinend nicht, denn die internationalen Experten schlagen bereits seit einiger Zeit Alarm: Ein Einsatz der nach Hiroshima über Jahrzehnte „undenkbaren" Waffe ist heute wieder in den Bereich der Möglichkeit gerückt. „Die Gefahr war nie so groß wie jetzt! Ich habe Angst, dass Atomwaffen in die Hände von skrupellosen Diktatoren und Terroristen fallen!", erklärt *Mohammed al-Baradei*, oberster Waffenkontrolleur der Internationalen Atomenergiebehörde in Wien (IAEA).

Der oberste Waffenkontrolleur der IAEA Mohammed al-Baradei.

„Robin Hood des Atomzeitalters!"

Die Sorge des höchsten Atompolizisten ist aus zweierlei Gründen berechtigt: Einerseits können die völlig unzureichend ausgestatteten Kontrollorgane der UNO die Weiterverbreitung von Kernwaffen kaum verhindern und andererseits ist es ein schillernder, genial-gefährlicher pakistanischer Atomwissenschaftler, der die Welt heute erzittern lässt. Zu ihm, dem fast 70-jährigen *Abdul Qadir Khan*, einem an den Schläfen ergrauten Gentleman mit kessem Schnurrbart à la *Omar Sharif* führt mittlerweile eine ganze Reihe von Spuren eines blühenden internationalen Schwarzmarktes für Atombomben. Er, der sich gerne als „Robin Hood des Atomzeitalters" feiern lässt, hat die islamische Atombombe geschaffen und will nun seine Glaubensbrüder damit im Kampf gegen die USA ausrüsten. Nordkorea, Iran und Libyen haben sich bei Pakistans Atompiraten wohl schon bedient. Ist es als Nächstes die Al Quaida des Terroristenführers *Bin Laden*? Ein grauenhafter Gedanke!

Neuer Bestseller!

Ein neuer Bestseller mit dem Titel „Atom-Terror" im Knaur-Verlag ist im Jahre 2004 in unseren Buchläden erschienen. Er enthüllt das Ausmaß der neuen nuklearen Bedrohung, welche sich bereits zum weltpolitischen Sicherheitsrisiko Nummer eins entwickelt hat. „Eine Atombombe in den Händen skrupelloser Diktatoren oder zu allem bereiter Terroristen ist heute ein nur allzu reales Szenarium", schreiben die Autoren. Die Gefahr eines verheerenden nuklearen Anschlags ist höchst real. Denn es gibt auf unserem blauen Planeten heute schätzungsweise genug hochradioaktives Plutonium, um über 250.000 Atombomben (!) zu bauen. Beinahe täglich verschwindet radioaktives Material spurlos. Vor allem durch den Niedergang der Atom-Großmacht Russland blüht der Schmuggel mit radioaktiven Stoffen. Die CIA ist überzeugt, dass es für die Al Quaida ein Kinderspiel ist, eine primitive Atombombe herzustellen.

Übungsannahme „radioaktive Kontamination"

Weil der Einsatz einer Nuklearwaffe oder zumindest einer primitiven „Schmutzigen Bombe" heute ein absolut realistisches Szenarium ist, wurde in den letzten Jahren eine Kontamination mit radioaktiven Stoffen im Zuge von Katastrophenschutz- und Großterror-Übungen eine Standardannahme des Österreichischen Bundesheeres. Auch die Feuerwehren haben dieses Szenarium in ihre konsequente Strahlenschutzausbildung aufgenommen. Und

diese müssen wir weiter betreiben, denn niemand weiß, wann die apokalyptische Gefahr eines heimtückischen Atomkrieges in unserer mit Terror geschwängerten Zeit harte Realität wird!

Der bis dato unwahrscheinliche Fall eines Atombombeneinsatzes wird nach Expertenmeinung immer wahrscheinlicher!

19.3 Terror in Manhattan

Das Jahr 2001 ist nach den Attentaten auf die Twin Tower in New York in die blutigen Annalen der Weltgeschichte als „Jahr des Terrors“ eingegangen. „Nichts wird so bleiben, wie es war!“ Diese Botschaft versuchten zumindest die Gazetten der Weltpresse wochenlang in unsere Gehirne einzuhämmern. Immer und immer wieder. Aber vielleicht ist auch etwas Wahres daran! Denn die Spezies Mensch lernt seit Anbeginn ihrer Existenz nur durch Schock!

Bittere Erfahrung

Konfuzius der Weise, der um das Jahr 500 vor *Christus* in China lebte, drückte dies so aus:

> „*Der Mensch hat dreierlei Wege, klug zu handeln:*
> *Erstens durch Nachdenken, das ist der mühsamste;*
> *Zweitens durch Nachahmen, das ist der leichteste;*
> *Und drittens durch Erfahrung – das ist der bitterste!*“

Leider werden wir Menschen meist nur durch bittere Erfahrung klug. Wir fordern das Schicksal permanent heraus, weil wir von vorneherein immer zu wenig Sicherheit einplanen. *Konfuzius* würde sagen: „Wir denken zu wenig!“

Aus der Hexenküche des Teufels

Zurück zum 11. September 2001: Einen derartig diabolischen Plan muss man sich erst einmal ausdenken: ein Passagierflugzeug und die gesamte Besatzung als fliegende Bombe in Kamikaze-Manier auf einen Wolkenkratzer zu lenken. In welchem sich gerade Zehntausende Menschen befinden! So etwas kann nur in der Hexenküche des Teufels persönlich ausgedacht worden sein! Und genau dieses Szenarium ereignete sich, als moslemische Terroristen der Al Kaida einen Direktangriff auf das Herz Manhattans durchführten.

Gigantische Sprengkraft

Um Hunderte Passagiere einfach und bequem von einem Ort zum anderen zu transportieren, benötigt ein Flugzeug gewaltige Mengen an Energie. Doch das als Treibstoff mitgeführte Kerosin ist nicht ungefährlich! Rund 90.000 Liter (das entspricht etwa 75.000 kg) Kerosin kann eine Boeing 767, wie sie mit voller Wucht ins World Trade Center raste, nach Auskunft des Herstellers tanken. Dieser Treibstoff enthält aber ein gewaltiges Sprengpotenzial, da der Brennwert rund 46 Megajoule pro Kilogramm beträgt. Mit dem bekannten Sprengstoff Trinitrotoluol (TNT) verglichen, entspricht dies einer Bombe mit 1.000 Tonnen TNT. Die über Hiroshima im Jahre 1945 abgeworfene Atombombe hatte im Vergleich eine Sprengkraft von 15.000 Tonnen TNT.

Ein Großbrand sondergleichen!

Natürlich verbrennt das gesamte Kerosin nicht auf einmal wie bei einem Sprengstoff. Dadurch ist die Druckwelle auch wesentlich geringer. Aber trotzdem konnten sich in den beiden Twin Towers Großbrände sondergleichen entwickeln. Durch die große kinetische Energie beim Aufprall des Flugzeuges wurden Löcher in die Fassaden der beiden Wolkenkratzer geschlagen, Wände und tragende Bauteile zertrümmert sowie Rohrleitungen von Sprinkleranlagen zerstört.

Die zeitliche Entwicklung des Brandes in den Zwillingstürmen des World Trade Centers in Manhattan.

Stahlstützen geben nach!

Hochhäuser wie das World Trade Center sind mit einem brandgeschützten Stahlkern (im vorliegenden Fall wurde die gesamte Stahlkonstruktion beim Bau der Zwillingstürme mit Spritzasbest geschützt) in der Mitte errichtet, der größte Teil des Gewichtes wird aber von einem Außenkorsett aus Stahlrohren getragen. Diese Stahlelemente konnten dem intensiven Brand nur knappe 90 Minuten widerstehen, dann kam es zu einem spektakulären Einsturz der beiden Bauwerke. Wir wissen: Stahl brennt nicht, kann aber dem Feuer nicht lange widerstehen! Er verliert seine Festigkeit sowie seine innere Struktur und stürzt ins sich zusammen!

Überreste der einst mächtigen Stahlkonstruktion des WTC.

„Statischer Schneeballeffekt"

Durch die spezifische Skelett-Bauweise der Zwillingstürme aus Stahl-Fertigteilen kam es dann zu einem Einsturz wie in einem Kartenhaus. Vor allem die Bodenträger, aus welchen die einzelnen Geschossdecken bestanden, hatten einen wesentlichen Anteil daran. Normalerweise sind die Decken für eine Belastung von bis zu 300 Kilogramm pro Quadratmeter ausgelegt. Sie wogen aber selbst ungefähr so viel und so kam es zu einer Art Kettenreaktion. Als die ersten Decken durch die starke Hitze nämlich nachgaben, trat quasi ein statischer Schneeballeffekt ein. Zeitlich versetzt stürzte Decke um Decke in sich zusammen.

Das Attentat vom 11. September auf das World Trade Center zeigte auch deutlich die Einsatzgrenzen der Feuerwehr auf.

19.4 „Krieg gegen Zellkerne!“

Wer die Hallenkonstruktionen der Ostkernkraftwerke kennt, weiß, dass diese sehr anfällig gegen Brandereignisse sind. Tschernobyl zeigte dies sehr deutlich. Nicht nur im Jahre 1986 beim Super-GAU im Block 4, sondern auch bei der Explosion einer Turbine im Jahre 1992. Ich habe in den Jahren 1995 und 1999 an zwei großen internationalen Sanierungsprojekten von ukrainischen Kernkraftwerken teilgenommen. Es handelte sich dabei um die Verbesserung des katastrophalen Brandschutzes in den sechs 1.000-Megawatt-Reaktoren von Sapporoshje. Damals habe ich feststellen können, wie dramatisch es mit dem Brandschutz in den meisten Ostkernkraftwerken steht.

Auch in Deutschland!

Aber auch die meisten deutschen Kernkraftwerke, die an und für sich einen sehr hohen Sicherheitsstandard aufweisen, wurden Ende der 70er-Jahre so gebaut, dass sie lediglich dem Absturz eines Kampfflugzeuges standhalten können. Gegen die erheblich größere Masse eines Passagierflugzeuges gäbe es jedoch, nach dem Vorsitzenden der Deutschen Reaktorsicherheitskommission, *Lothar Hahn*, praktisch keinen Schutz. Dies gelte auch für andere sensible Anlagen wie beispielsweise Chemiefabriken.

Kernkraftwerke und Gefahrgut-Transporte

Ganz abgesehen von diesen Szenarien ist auch der Angriff mit Raketen und anderen Lenkwaffen auf Kernkraftwerks- und Chemieanlagen denkbar. Vor allem mit kleinen nuklearen Geschossen könnte eine riesige Menge von Radioaktivität aus den Brennelementen freigesetzt werden, wodurch ganze Landstriche unbewohnbar gemacht werden könnten. Dies wäre der atomare Terror in Reinkultur. Aber auch Anschläge auf Gefahrgut-Transporte können nicht ausgeschlossen werden. In den letzten Wochen nach dem Terror im WTC wurden in den USA über 20 Personen festgenommen, die sich um gefälschte Papiere zum Führen von Gefahrgut-Transporten bemüht haben.

Sturm auf Gasmasken!

In New York waren nach dem Attentat monatelang alle Gasmasken ausverkauft. Aus Angst vor einem Terroranschlag mit chemischen und biologischen Waffen haben die Leute alle einschlägigen Geschäfte im wahrsten Sinne des Wortes gestürmt. Der Grund: Die amerikanischen Medien berichteten, dass sich mehrere Orientalen schon Anfang des Jahres in einer Flugschule in Florida über sogenannte *crop dusters*, das sind kleine Flugzeuge zur Schädlingsbekämpfung, erkundigt haben.

Mit Flugzeugen zur Schädlingsbekämpfung könnten auch giftige Stoffe und biologische Agenzien versprüht werden.

Lautlose Waffen

Kommt statt dem „Krieg der Sterne“ jetzt der „Krieg gegen Zellkerne“? Immer öfter wird vor allem in den USA dieses Horrorszenario heraufbeschworen. Ja, was nützen Raketenschilder, wenn Terroristen lautlos chemische Waffen verstreuen können? Was nützen Laserwaffen, wenn der schleichende Tod durch Viren und Bakterien möglich ist? Die Militärs in Ost und West haben schon seit langem die verheerende Kraft biologischer und chemischer Kampfstoffe in allen Details erprobt. Dass die Gefahr durch B- und C-Kampfstoffe heute realistisch ist, hat nach dem Attentat vom 11. September 2001 sogar die Weltgesundheitsorganisation (WHO) veranlasst, alle Länder zu warnen, sich rechtzeitig auf derartige Attacken vorzubereiten.

Chemische Waffen

Chemische Waffen gelten als die gefährlichere Bedrohung. Denn ihre Herstellung, Lagerung und Verteilung ist wesentlich einfacher als jene bei biologischen Waffen. Jeder halbwegs vorgebildete Chemiker kann einfache C-Kampfstoffe herstellen, welche in festem, flüssigem oder gas- bzw. aerosolförmigem Zustand eingesetzt werden können.

Man unterscheidet, je nach Art der Schädigung, welche sie im oder am menschlichen Körper hervorrufen können, folgende chemische Kampfstoffe:

- Nervenschädigende Kampfstoffe (z. B. Tabun, Sarin, VX)
- Hautschädigende Kampfstoffe (z. B. Lost, Lewisit)
- Lungenschädigende Kampfstoffe (z. B. Phosgen, Perstoff)
- Blutschädigende Kampfstoffe (z. B. Blausäure, Arsenwasserstoff)
- Nasen- und Rachenreizstoffe (Clark, Adamsit)
- Augenreizstoffe (Tränengas)

Biologische Waffen

Die Erzeugung von B-Waffen erfordert großes Know-how und ist für den Attentäter selbst sehr gefährlich. Das Ausbringen in die Luft ist ein schwieriges Unterfangen, einfaches Versprühen, wie bei C-Kampfstoffen, reicht nicht aus.

Andererseits können Bio-Waffen verheerende gesundheitliche Auswirkungen auf Menschen und Tiere haben, die selbst als Überträger fungieren. Es ist jedoch nur eine beschränkte Anzahl von Krankheitserregern im militärischen Sinne als biologisches Kampfmittel geeignet. So können unter anderem folgende Infektionskrankheiten verursacht werden: Lungen- und Beulenpest, Cholera, Ruhr, Milzbrand, Fleckfieber und Grippe.

Diese wenigen Beispiele zeigen bereits, dass es sich um gefährliche Erkrankungen handelt, die eine Seuchengefahr einschließen. Auch können spezielle Tierkrankheiten auf den Menschen übertragen werden. Schließlich werden meist auch Feldfrüchte, Lebensmittel und Wasser beim Kampfeinsatz oder Terroranschlag ungenießbar.

Attentat mit Nervengift

Am 20. März 1995 wurde in der U-Bahn von Tokio von fünf Mitgliedern der religiös-radikalen Sekte Aum Shrini Kyo („Höchste Wahrheit“) ein Attentat mit dem Nervengift Sarin durchgeführt. Unmittelbar vor dem Aussteigen bohrten die Täter mit Regenschirmen Löcher in die 11 verteilten Kunststoffbeutel, um das flüssige Sarin freizusetzen. Die austretenden Dämpfe verbreiteten sich in den betroffenen U-Bahnen und 15 U-Bahn-Stationen. Durch den Anschlag starben insgesamt 12 Menschen (neun sofort, einer später am selben Tag, zwei weitere nach einigen Wochen), es gab etwa 1.000 Verletzte, 37 davon schwer (5.000 meldeten sich in Krankenhäusern).

In Japan wurde der Terror mit ABC-Kampfstoffen durch die sog. Aum-Sekte schon Realität. (Foto: Reuters)

Auch Österreich ist betroffen!

Eines ist dabei jedoch klar: ABC-Kampfstoffe können in ihrer Auswirkung auch länderübergreifend wirksam werden. Deswegen gibt es heute im modernen Kriegsgeschehen und bei Terroranschlägen keine Insel der Seligen mehr. Auch Österreich, als neutrales Land, kann von diesen Gefahren betroffen werden. Wir müssen uns daher auch mit diesen Gefahrenszenarien in Zukunft mehr als bisher befassen. Da im Ernstfall ohne Zweifel die Feuerwehren ihren althergebrachten Aufgaben des „Rettens, Löschens, Bergens und Schützens" nachkommen müssen, ist es ein Gebot der Stunde, sich auch mit dem Problemkreis der ABC-Kampfstoffe näher auseinanderzusetzen. Wir müssen uns auch die Frage stellen, ob und in welchem Ausmaße wir für Aufgaben der Dekontamination von Personen aus der Zivilbevölkerung zuständig sind bzw. herangezogen werden können.

19.5 In der Geiselhaft des Atoms!

„Der Mensch spaltete das Atom, nun spaltet das Atom die Menschen!" Dieser Spruch eines gescheiten Mannes verfolgt mich nun schon seit längerem. Und er ruft uns in Erinnerung, dass das Atom heute eine eminent politische Rolle spielt. Ja, das kleine Atom macht große Weltpolitik! Das zeigt auch die laufende Diskussion um Kernwaffen, Atomkraftwerke und neuerdings auch um die so genannte Schmutzige Bombe (dirty bomb)!

Die „Schmutzige Bombe"!

Jetzt hat diese Diskussion eine neue, erschreckende Facette erhalten: Die Möglichkeit des Einsatzes von so genannten Schmutzigen Bomben. Was versteht man darunter?

Eine Schmutzige Bombe ist vor allem eines – sie ist billig! Und sie ist einfach aufgebaut: Ein herkömmlicher Sprengkörper mit konventionellen Sprengstoffen, in welchem eine mehr oder weniger große Menge von radioaktiven Stoffen beigemischt wurde. Eine tödliche Mixtur, die keine umfassende strategische Bedeutung wie eine Wasserstoffbombe besitzt, aber die für terroristische Attentate wie geschaffen scheint.

Purer Terror!

Und nach dem 11. September 2001 muss mit allem gerechnet werden. Auch mit dem Einsatz von derartigen Schmutzigen Bomben. Am 8. Mai davor wurde man angeblich bereits fündig: Man verhaftete einen *Bin-Laden*-Terroristen, der eine radioaktive Bombe mitten in Washington zünden wollte. Damit hätte man, nach Aussage eines Sprechers des US-Justizministeriums, Panik und umfangreiche Evakuierungsmaßnahmen erzeugen wollen. Die Explosion eines derartigen, relativ kleinen Sprengkörpers, z. B. schon in Form einer Kofferbombe, könnte also in Millionenstädten nicht nur eine psychologische Riesenwirkung erzeugen, sondern diese Städte für längere Zeit auch unbewohnbar machen. Purer Terror eben!

Radioaktiver Abfall

Woher können aber die radioaktiven Substanzen für derartige Schmutzige Bomben gewonnen werden? Die Antwort ist einfach: Aus dem Atommüll, der vor allem in Russland in gewaltigen Mengen vorhanden ist! In der alten Sowjetunion hat man den militärischen und industriellen Atomschrott einfach weggeworfen oder ins Meer versenkt.

Die Abfall-Lager für den Kernkraftwerks-Atommüll sind so unsicher, dass es bereits zweimal zu Beinahe-Katastrophen gekommen ist, als unkontrollierte Kettenreaktionen aufgetreten sind. Im Ural kam es Ende der Fünfzigerjahre zu einer explosionsartigen Freisetzung von Radioaktivität, welche fast die radiologischen Auswirkungen der Tschernobyl-Katastrophe besaß.

Teure Entsorgung!

Auf dem letzten G-8-Gipfel, dem Jahrestreffen der mächtigsten Weltenlenker, haben daher die sieben westlichen Industriestaaten eine Summe von 20 Milliarden Euro für die ordnungsgemäße Entsorgung des russischen Atommülls in Aussicht gestellt. Damit will man verhindern, dass diese gefährlichen Substanzen in die falschen Hände kommen und für Schmutzige Bomben verwendet werden. Weit haben wir es gebracht! Deswegen haben wir auch das Szenarium „Terror mit radioaktiven Stoffen" in die Einsatzpläne der Feuerwehr aufnehmen müssen. Ja, es stimmt: Das Atom hat die Menschheit bereits in Geiselhaft genommen!

19.6 *Anthrax: Zu Tode gefürchtet!*

Alles begann im Herbst 2001, kurz nach den Anschlägen auf das World Trade Center und das Pentagon. Im September und Oktober jenes Jahres starben plötzlich eine Krankenhausangestellte in der New Yorker Bronx, eine 94-jährige Frau in Connecticut, ein Fotograf in Florida und zwei Postangestellte in der Hauptstadt Washington. Sie hatten über Atemnot und schreckliche Schmerzen geklagt, ihr Immunsystem versagte. 17 weitere Menschen zeigten dieselben Symptome, überlebten jedoch. Alle hatten sich auf rätselhafte Weise mit dem tödlichen Milzbranderreger Anthrax infiziert.

Sporen des Milzbranderregers Anthrax unter dem Elektronenmikroskop.

Ein frustrierter Mikrobiologe

Panik brach aus, Terrorismusexperten prophezeiten Tausende von Toten. Menschen in weißen Schutzanzügen und mit Atemschutzmasken inspizierten Postsäcke und Mülleimer. Schließlich stellte sich heraus, dass der Täter ein frustrierter Mikrobiologe war, der über mehr als 30 Jahre im Dienst der US-Armee über biologische Waffen und mögliche Gegenmittel forschte.

Ein altes Sprichwort sagt: „Zu Tode gefürchtet ist auch gestorben!" Und dieses Zitat könnte nicht treffender auf die damalige Situation um die allgemeine Anthrax-Hysterie passen. Dabei hat man schon in früheren Jahrhunderten Pest, Lepra, Cholera und Syphilis für Krieg und Terror eingesetzt.

„Weißes Pulver“

Wo damals das ominöse „Weiße Pulver“ auftauchte, herrschte eine Art Ausnahmezustand. Dabei handelte es sich bei uns meist um witzlose Scherzbolde und bösartige Panikmacher, die Backpulver oder Mehl mit Briefen versandt oder in der Gegend verstreut haben. Dass dabei auch von Seiten der Behörden recht unsensibel mitgespielt wurde, haben wir erlebt: Es ist wohl ein Unterschied, ob verdächtige Pulvermengen auf der Türschnalle der Wohnung einer 84-jährigen alten Dame in Stelzenbach an der Miesling oder in der amerikanischen Botschaft in Wien oder Berlin vorgefunden werden.

Tod per Post!

In den USA sind damals tatsächlich tödliche Milzbrandbakterien per Post ins (Weiße) Haus gekommen und haben Angst und Schrecken verbreitet. Das erste Opfer war eine 30-jährige Journalistin der „New York Post“, welche sich den Mittelfinger verseuchte. Leider sind auch einige Menschen durch diese heimtückischen Attentate ums Leben gekommen.

Diese tragischen Todesfälle sollten aber nicht der Anlass für kollektive Angst und Panik sein. Blicken wir zurück: Schon im Altertum und Mittelalter gab es die unglaublichsten Versuche, Menschen durch todbringende Krankheitserreger zu vernichten.

Panik um jeden Preis ist ein schlechter Ratgeber!
(Bild: Kleine Zeitung)

Lepra, Pest und Cholera

Aus der Geschichte kennen wir die großen Seuchen, welche auch biblisch als einer der apokalyptischen Reiter dargestellt werden. Lepra, Pest und Cholera haben einst große Teile der Bevölkerung dahingerafft. Millionen Opfer waren dadurch zu beklagen. Abgesehen davon versuchten es Kriminelle immer wieder, Mitmenschen, die von diesen Seuchen verschont blieben, zu infizieren und damit langem Siechtum und Tod auszuliefern.

Seuchen im Krieg

Seuchen bzw. Infektionskrankheiten traten in Not- und Kriegszeiten immer wieder auf. Sie waren gefürchtet und früher oft kriegsentscheidend. Vor allem die verheerenden Folgen der Pest, des sogenannten „Schwarzen Todes", sind im Gefolge früherer bewaffneter Konflikte bekannt. Immer wieder hat man Pesttote, aber auch verseuchte Decken und Kleidungsstücke über Stadtmauern katapultiert, um Seuchen auszulösen. Allein im 30-jährigen Krieg zwischen 1618 und 1648 fielen dieser Krankheit über 20 Millionen Menschen zum Opfer. Ähnlich schwere Auswirkungen hatten Cholera, Fleckfieber, Pocken, Ruhr und andere Seuchen.

Prostituierte als „Keimträger"!

Als *König Karl VIII.* im Jahre 1494 in Italien einzog, befand sich in seiner Gefolgschaft auch ein riesiger Tross von Prostituierten. Jene, die an Syphilis erkrankt waren, wurden als gefährliche „Keimträger" an die andere Frontseite geschickt. Sie steckten die sexuell ausgehungerten Italiener an. In der Folge wurden ganze Legionen von Soldaten durch die „Franzosenkrankheit" befallen und schwächten die Kampfkraft so stark, dass *Karl VIII.* Neapel problemlos einnehmen konnte. Derartige „Attentate" mittels Geschlechtskrankheiten sind in den Annalen zahlreicher Kriege vermerkt.

Die Rache der Leprakranken

Aber auch andere Seuchen wurden im Spätmittelalter für Terrorattacken eingesetzt: Leprakranke, die unter Quarantäne, abgesondert in Häusern am Rande deutscher Städte untergebracht wurden, schlichen sich in die Kirchen, um das Weihwasser zu verseuchen. Sie infizierten damit ganz bewusst gesunde Menschen und rächten sich damit an den bis dahin heil gebliebenen Mitbürgern.

„Der edel Ritter“ in Gefahr!

Wie die Geschichtsschreiber bestätigt haben, wurde im Jahre 1708 auf *Prinz Eugen*, den damals erfolgreichen österreichischen Heerführer, ein – mit den heutigen Anthraxfällen vergleichbares – Giftattentat verübt. Durch die Post wurde ihm ein Kuvert übergeben, welches der „Edle Ritter“ persönlich öffnete. Es enthielt ein Stück Papier, welches mit einer fetten, klebrigen Substanz getränkt war. Der Prinz reagierte richtig und warf ohne Kontaktaufnahme das Papier sofort von sich. Anmerkung: Um herauszufinden, ob es sich um ein Attentat handelte, wurde ein Versuch gestartet. Man befestigte das getränkte Papier am Halsband eines Hundes, der dann innerhalb von 24 Stunden verendete.

Die Spanische Grippe

Im 20. Jahrhundert erreichte der Einsatz von chemischen und biologischen Kampfstoffen seinen Höhepunkt. Vor allem im Ersten Weltkrieg kam es zu einem umfangreichen Gaskrieg. Es wütete aber auch im Schatten dieses Krieges eine Influenzaepidemie auf allen Kontinenten, an welcher 500 Millionen Menschen erkrankten und über 20 Millionen von ihnen verstarben. Gegen diese „Spanische Grippe“ gab es damals noch keine Impfstoffe, sie war der eigentliche „Gewinner“ des Krieges. Soweit die Historie!

Negativer Quantensprung?

Zusammenfassend kann gesagt werden: Die Voraussetzungen, Menschen durch Krankheitserreger gezielt zu töten, gibt es seit Jahrhunderten. Die Wissenschaft kann jedoch heute bereits Mikroorganismen nach Maß herstellen. Das ist ein Quantensprung, im positiven wie auch im negativen Sinn! Wir sollen daher heute – aus Anlass der Anthrax-Attentate – nicht in Panik erstarren und uns zu Tode fürchten, sondern für die Zukunft gezielt vorsorgen. Das gilt im Speziellen auch für unsere Feuerwehren!

20. Kapitel

Umwelt- und Katastrophenschutz

Es gehört zum Wesen des Wahrscheinlichen,
dass das Unwahrscheinliche passieren kann!
Aristoteles

Tag für Tag berichten Presse, Rundfunk und Fernsehen von Katastrophenereignissen. Neben Naturkatastrophen sind es vor allem technische Großschäden, die heute in zunehmendem Maße auftreten. Ja, der Mensch sägt – wie ich es in einer oft gebrauchten Grafik dargestellt habe – mit der Säge der Technik am Ast der eigenen Sicherheit! Dabei ist ein interessantes Faktum festzustellen: Große Flugzeugunfälle füllen beispielsweise die Zeitungen, ja machen Schlagzeilen. Von Personen, die bei einem Verkehrsunfall ums Leben kommen, liest man allenfalls im Lokalteil. Dies, obwohl die Wahrscheinlichkeit, auf der Straße ums Leben zu kommen, weitaus größer ist als bei einem Flugzeugabsturz.

20.1 Katastrophen und ihre Bedeutung

Das Risiko wird mathematisch als das Produkt aus Eintrittswahrscheinlichkeit und Schadensausmaß definiert. Mit anderen Worten: Eine relativ seltene Katastrophe mit vielen Opfern kann das gleiche Risiko bedeuten wie die tagtägliche durch Unfälle sterbende relativ kleine Zahl von Menschen. Das gleiche Risiko hat allerdings noch lange nicht das gleiche Ausmaß gesellschaftlicher Akzeptanz zur Folge.

Schleichende, sekundäre Risiken

Ich habe daher schon seit langem gewarnt, sich vorwiegend auf das Aufspüren von Risiken infolge technischen Versagens von Anlagen zu konzentrieren, sondern vielmehr auch den verborgenen, schleichenden, sekundären Risiken der Technik nachzuspüren. Im Besonderen gilt diese Betrachtungsweise auch für die immer größer werdenden Probleme des Umweltschutzes. Katastrophen sind nur die Spitze eines Eisberges, an dessen Basis die alltäglichen Umweltbelastungen das wahre Drama unserer Zeit sind.

Katastrophen und Umweltbelastungen an Hand des „Eisberg-Modells".

Was sind Katastrophen?

Das Wort Katastrophe kommt aus dem Griechischen und bedeutet so viel wie „Wendung" bzw. „Ausgang". Im Lexikon wird dadurch ein schweres Unglück, ein Zusammenbruch und (in der Dichtung) die entscheidende Wende zum Schlimmen oder das Ereignis, welches den Konflikt auslöst, bezeichnet.

Nobelpreisträger *Konrad Lorenz* beschreibt in seinem Buch „Die acht Sünden der Menschheit" die Entstehung von biologischen Katastrophen als die Auswirkung eines Regelkreises mit positiver Rückkoppelung. Zur Aufrechterhaltung eines stetigen Zustandes (steady state) ist ein Regelglied negativer Rückkoppelung erforderlich. Zwei Beispiele aus der täglichen Praxis für derartig stabilisierende Elemente sind Lawinenverbauten oder Waldschneisen zur Eindämmung von Großflächenbränden.

Goldenes Gleichgewicht

Der bekannte Wissenschaftspublizist *Heinz Haber* spricht von einem goldenen Gleichgewicht, durch welches die ökologischen Voraussetzungen für die Existenz menschlichen Lebens auf diesem Planeten geschaffen werden. Tritt eine Schwankung, eine Störung oder gar ein Umsturz dieses Gleichgewichtes in der Natur ein, so kommt es zu einer Katastrophe. Die großen Eiszeiten oder das Aussterben bestimmter Tierarten gehören beispielsweise in die Kategorie derartig einschneidender Ereignisse.

Gesetzliche Grundlagen

In einschlägigen Gesetzeswerken wird grundsätzlich zwischen Naturkatastrophen und technischen Katastrophen bzw. sonstigen Ereignissen unterschieden. Als Beispiel soll hier das Wiener Katastrophenhilfegesetz aus dem Jahre 1977 zitiert werden, in welchem im § 2, Abs. 1 der Begriff der Katastrophe bereits folgendermaßen definiert wird:

> „Als Katastrophe im Sinne dieses Gesetzes ist jedes bereits eingetretene oder noch bevorstehende Ereignis zu verstehen, welches durch elementare, technische oder sonstige Auswirkungen geeignet ist, in außergewöhnlichem Umfang Personen- und Sachschäden zu bewirken."

Umfassende Definition

Neben Naturereignissen umfassen derartige Definitionen also auch alle anderen durch den Menschen und die Technik ausgelösten Katastrophenereignisse. Die Umwelt ist in diesen Gesetzen als schutzwürdiger Bereich zwar nicht explizit angeführt, eine Schädigung von Erde, Wasser, Luft oder Pflanzen könnte aber als Sachschaden subsummiert werden. Beispiele:

- Naturkatastrophen: Hochwasser, Lawinen, Sturm, Erdbeben etc.
- Technische Katastrophen: Massenverkehrsunfälle, Großbrände, Brückeneinstürze, Gefahrgutkatastrophen etc.
- Sonstige Katastrophen: Masseninfektionen, Smog, Terror, kriegerische Einwirkungen etc.

Wie Katastrophen entstehen!

Jeder Unfall ist das Ergebnis einer Kette von Fehlleistungen, Fehlhandlungen und technischer Mängel. Ebenso werden Katastrophen durch eine Reihe von Fehlern verursacht. Anmerkung: Ich habe einmal den historischen Wiener Ringtheaterbrand aus dem Jahre 1881 in diesem Sinn analysiert und bin auf insgesamt 17 Fehlerglieder gekommen. Es waren also damals derart viele gravierende Mängel und Fehlleistungen, die den Tod von 384 Menschen und die totale Vernichtung des Theatergebäudes bewirkt haben. Ist nur ein Fehler in der Kette nicht gemacht, ist die Ursachenkette aber unterbrochen und es gibt keinen Unfall oder keine Katastrophe.

Die Dominotheorie

Eine anschauliche Darstellung dieses Mechanismus kann durch die sogenannte Dominotheorie gegeben werden: Eine Reihe hintereinander aufgestellter Dominosteine fällt kettenreaktionsartig um, wenn der erste Stein umgestoßen wird. Dieses auslösende Moment kann in der Praxis eine kleine Explosion, ein unbedeutender Brand oder ein falsches Bremsmanöver eines Autofahrers sein.

Werden in der Folge falsche oder ungeeignete Maßnahmen getroffen bzw. sind weitere technische Mängel vorhanden, ist also eine Reihe der Dominosteine lückenlos aufgestellt, kann es zur Katastrophe kommen. Fehlt nur einer der Dominosteine, so wird die gefährliche Kettenreaktion unterbrochen.

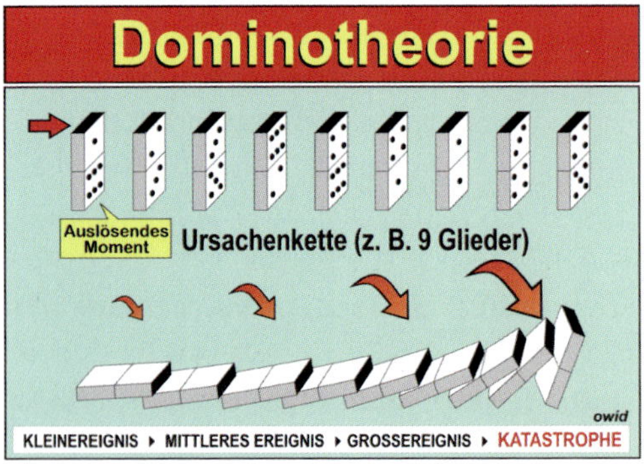

Die Entstehung von Katastrophen kann mit Hilfe der Dominotheorie anschaulich beschrieben werden.

„Katastrophenproduktion“

Soziologen haben festgestellt, dass Katastrophen einer bestimmten gesellschaftlichen Infrastruktur und entsprechender Persönlichkeitsstrukturen bedürfen, um erst entstehen zu können. Es kommt heute nach dem bekannten Psychologen *W. Dombrowsky* zu einem Phänomen, welches er als verstärkte Katastrophenproduktion bezeichnet. Ein wesentlicher Faktor ist dabei eine sich verselbständigende Technik, welche dem Menschen schon vielfach aus den Händen geglitten ist und zu einem gefährlichen Spezialistentum geführt hat.

Mechanismen der Abschottung

Außerdem hat der einer permanenten Reizüberflutung ausgesetzte Mensch Mechanismen der Abschottung gefunden, um nicht durch Dauerreizung seiner Sinne Schaden zu nehmen. Dadurch werden auch Warnreize automatisch uminterpretiert bzw. sogar ignoriert. Der damit verbundene Informationsverlust führt dazu, dass Gefahren vielfach in den oft entscheidenden Anfangsphasen unerkannt bleiben. Den Menschen fehlt also in zunehmendem Maße ein Frühwarnsystem vor Gefährdungen, welches Tiere heute noch in großem Maße besitzen.

Mangelnder Wille zum Selbstschutz

Dazu kommt, dass der Wille zum Selbstschutz und zur Hilfsbereitschaft mit zunehmender Bevölkerungsdichte abnimmt. Es erfolgt eine Verantwortungsdelegation an Hilfs- und Rettungsorganisationen. Dadurch gehen vor allem im städtischen Bereich spontane Hilfe, wertvolle Zeit und möglicherweise rettende Einfälle verloren. Hier ist ein ausgeprägtes Stadt-Land-Gefälle festzustellen und das fast sprichwörtliche menschliche Versagen spielt bei der Entstehung von Katastrophen fast immer eine wichtige Rolle. Abgesehen von dieser subjektiven Komponente, sind es vor allem das große Wirtschaftswachstum und die rasche Entwicklung der Technik in den letzten Jahrzehnten, wodurch eine starke Erhöhung des Risikos und eine „Katastrophenproduktion“ feststellbar sind.

20.2 *Naturkatastrophen*

Viele Jahrtausende haben die Menschen Naturkatastrophen als das strafende Wirken der Götter angesehen. Ihr unerwartetes und plötzliches Auftreten, ihre verheerenden Folgen und erschreckenden Begleitumstände führten zur Annahme, dass nur höhere Mächte ihre Ursache sein konnten. Wer wäre sonst in der Lage gewesen, die Schleusen des Himmels zu öffnen, die Stürme zu entfesseln, die Erde zu erzittern und das Feuer aus dem Inneren der Berge strömen zu lassen? Man schuf das Märchen von der höheren Gewalt, hinter welchem man sich später auch immer dann zu verschanzen versuchte, wenn man das Unheil selbst verursacht hatte.

Berechenbare Gewalten?

Natürlich wissen wir heute um die natürlichen Ursachen dieser Phänomene. Wir haben weitgehend die Geheimnisse unserer Erde enträtselt und es ist bekannt, welche Regionen besonders erdbebengefährdet sind, wo tropische Wirbelstürme entstehen, wie sie sich ausbreiten können und welche Anzeichen auf einen bevorstehenden Vulkanausbruch hindeuten. Trotzdem sind derartige Ereignisse nie ganz genau berechenbar und auch heute führen zerstörende Tornados, riesige Überschwemmungen, gewaltige Erdbeben und unerwartete vulkanische Eruptionen zur Bedrohung von Millionen von Menschen.

Die vier Elemente

Wenn man sich mit Naturkatastrophen beschäftigt, kann man sie einem der „vier Elemente“ des Aristotelischen Weltbildes zuordnen: Erde, Wasser, Luft und Feuer. Erdbeben sind demnach terrestrische Auswirkungen, bei welchem es vor allem zu tektonischen Verschiebungen in der Erdkruste kommt. Das Hochwasser ist eine moderne Sintflut, die im Extremfall als Tsunami nur über einige wenige Minuten oder als flächendeckende Überschwemmung über Tage und Wochen wirksam wird. Zerstörende Orkane, Hurrikans und Tornados entstehen in unserer viel strapazierten Erdatmosphäre, wenn gegensätzliche Luftmassen aufeinander treffen und sozusagen „Krieg miteinander führen“. Die Feuer speienden Vulkane stellen schließlich den Ausstoß hoch temperierter Lava aus dem tiefen Erdinneren dar.

Erde, Wasser, Luft und Feuer: klassische Naturgewalten.

Lexikon der Naturkatastrophen

Wer sich mit Naturkatastrophen beschäftigt, kommt in der großen Katastrophenliteratur an dem viel zu wenig bekannten Buch des Amerikaners *Lee Davis* nicht vorbei. Er hat mit einem riesigen Team an Mitarbeitern in penibler Art und Weise fast alle wichtigen extremen Naturereignisse chronologisch zusammengetragen und übersichtlich aufgelistet. Deswegen verdient dieses Werk seinen Namen zu Recht: „Das große Lexikon der Naturkatastrophen", in dem er über Erdbeben, Überschwemmungen, Lawinen, Stürme, Vulkanausbrüche, aber auch Seuchen und Meteoriteneinschläge berichtet.

„Explosion" der weltweiten Schäden

Dabei ist eines festzustellen: Die Zahl der großen Naturkatastrophen, insbesondere der Stürme, Überschwemmungen und Dürreperioden, nimmt weltweit zu. In den letzten fünf Jahrzehnten, so schreibt *Lee Davis*, hat sich ihre Zahl im statistischen Mittel mehr als vervierfacht, der wirtschaftliche Schaden ist von 40 Milliarden Dollar sogar auf 600 Milliarden Dollar förmlich explodiert. Während diese Zunahme größtenteils auf den vom Menschen verursachten Klimawandel zurückzuführen ist, hat es jedoch schon immer große Naturkatastrophen gegeben, die Hunderttausende Opfer forderten und ganze Landstriche verwüsteten. Im Folgenden einige Auszüge aus dem Panoptikum des Grauens:

Lawinen

Schätzungen zufolge verloren 40.000 bis 80.000 Soldaten während des Ersten Weltkrieges ihr Leben in den Tiroler Alpen. Nicht durch unmittelbare Feindeshand, sondern infolge von Lawinenabgängen, die durch Explosionen und anderen Kriegslärm ausgelöst wurden. Zu den größten zivilen Katastrophen der neueren Zeit zählen die Lawinenabgänge im Jahre 1951 in den Schweizer, österreichischen und italienischen Alpen, bei denen 240 Menschen ums Leben kamen und über 45.000 von der Außenwelt abgeschnitten waren. 1954 gab es in Blons (Vorarlberg) 111 Tote und noch deutlich ist mir der letzte Riesenlawinenabgang im „Ländle" aus dem Jahre 1999 in Galtür mit 38 Toten in Erinnerung.

Lawinen führen in Österreich immer wieder zu ausgedehnten Katastrophenszenarien
(Bild: GEO).

Flutkatastrophen

Wissenschaftliche Erkenntnisse deuten darauf hin, dass die biblische Sintflut um 2.400 v. Chr. stattgefunden haben könnte und damals die gesamte bekannte Welt bedeckte. Flutkatastrophen forderten weltweit die meisten Opfer, allein 1887 in der chinesischen Provinz Henan 900.000 Menschen. In Deutschland veränderte die Flut von 1362 die ganze Nordseeküste in Schleswig-Holstein, die Stadt Rungholt versank, und die Inseln Sylt, Föhr und Amrun entstanden dadurch. Die in Österreich auftretende Flutkatastrophe aus dem Jahre 1954, die Sturmflut von 1962 in Deutschland sowie die großen Flutkatastrophen von 1997 (an der Oder) und im Jahre 2002 in Deutschland, Österreich und Tschechien sind noch im Gedächtnis heute lebender Menschen.

Stürme

Die schweren Schneestürme von 1956 forderten über 1.000 Tote in Europa, die Dezemberstürme von 1999 überlebten 140 Menschen nicht. Während in Amerika und Asien die Wirbelsturm-Phänomene Taifun, Zyklon, Hurrikan und Tornado immer wieder zu schweren Verwüstungen führen, war der Londoner Smog im Jahre 1952 (4.000 Menschen starben binnen kurzer Zeit und 8.000 an Spätfolgen) eine auf menschliche Ursachen zurückzuführende Katastrophe. Orkanartige Stürme treten neuerdings auch in Mitteleuropa auf, deren Ausläufer auch bei uns in Österreich wirksam werden.

Vulkanausbrüche

Als sich im Jahre 79 n. Chr. am frühen Nachmittag des 24. August der Vesuv mit einem ohrenbetäubenden Donnerschlag bemerkbar machte, bedeutete dies für die rund 2.000 Einwohner der Städte Pompeji und Herculaneum den sicheren Tod. Dieser historische Vulkanausbruch ging auch in die Annalen der Geschichte ein. Dies war jedoch nur die erste dokumentierte Katastrophe des Feuer speienden Vesuvs, der in den Jahren 1631, 1779, 1794, 1906 und 1944 erneut Tausende Opfer forderte. An die spektakuläre Eruption des Monte Pinatubo auf den Philippinen in der Zeit von 10. bis 15. Juni 1991 erinnere ich mich noch gut. Dabei starben zwar „nur“ 200 Menschen, aber über 100.000 Einheimische mussten evakuiert werden. Die Rauchwolke und der Ascheregen breiteten sich bis zu 2.400 Kilometer aus.

Erdbeben

Das schwerste Erdbeben in der Geschichte Österreichs erschütterte das südliche Kärnten am 25. Jänner 1348. Dieses Jahr war auch durch eine große Dürre und den Ausbruch der großen Pest-Epidemie gekennzeichnet. Die Stadt Villach wurde damals von diesem Beben bis auf einige Holzhäuser gänzlich zerstört. Auch die große Domkirche im Zentrum der Stadt stürzte während des Nachmittagsgottesdienstes zusammen und begrub alle Gläubigen unter den Trümmern. Doch auch am Dobratsch, dem Hausberg der Villacher, gab es einen Bergsturz, der 17 Dörfer unter sich begrub. Rund 10.000 Tote waren damals zu beklagen. Dieser Blutzoll nimmt sich jedoch gegen die größten Erdbeben der Weltgeschichte relativ klein aus: In Sizilien im Jahre 1908 mit 250.000 Opfern und 1976 in China mit 650.000 Toten.

Meteoriteneinschläge

Nicht nur das Aussterben der Dinosaurier, auch der biblische Untergang von Sodom und Gomorrha wird – nach glaubhaften wissenschaftlichen Theorien – auf Meteoriteneinschläge zurückgeführt, wie *Lee Davis* berichtet. Man muss dazu wissen, dass unsere Erde ständig von kleineren oder größeren vagabundierenden Himmelskörpern getroffen wird. Kleinere Meteoriten verglühen dabei in der Atmosphäre und werden von uns als Sternschnuppen wahrgenommen. Größere Körper können die Erdoberfläche erreichen und mehr oder weniger große Einschlagskrater produzieren, von welchen es heute über 160 Stück markante Erscheinungen auf unserer Weltkugel gibt.

Tsunamis und verwüstete Landgebiete

Steinmeteoriten von rund 150 Meter Durchmesser erreichen dabei bereits die Erdoberfläche. Sie können ebenso wie Eisenmeteoriten theoretisch eine Stadt wie New York komplett vernichten. Mit einem derartigen Einschlag ist, statistisch gesehen, alle 5.000 Jahre zu rechnen. Noch größere Meteoriten mit 350 Metern im Durchmesser schlagen alle 15.000 Jahre einmal auf unserer Erde ein und jene mit 700 Metern Ausdehnung statistisch alle 63.000 Jahre. Das haben die Wissenschaftler mit ihren Wahrscheinlichkeitsrechnungen ermittelt. Bei einem Einschlag in einem Ozean ist dabei mit nachfolgenden, zerstörerischen Tsunamis (Flutwellen) zu rechnen und bei einem Einschlag auf dem Festland bereits mit der Vernichtung eines gesamten Landstriches. Der letzte größere Meteoriteneinschlag ereignete sich im Juni 1908 in der sibirischen Taiga, durch welchen ein Gebiet von etwa 30 Kilometern Durchmesser verwüstet wurde (Tunguska-Explosion).

Zerstörung der menschlichen Zivilisation?

Ab einem Durchmesser von 1,7 Kilometern des Meteoriten muss bereits mit einschneidenden Klimaveränderungen auf der Erde gerechnet werden. Länder in der Größe Deutschlands könnten dabei auch vollkommen ausradiert werden. Jedoch ist mit einem derart zerstörerischen Ereignis nur alle 250.000 Jahre zu rechnen. Noch unwahrscheinlicher sind noch katastrophalere Einschläge, von denen die Wissenschaft annimmt, dass auch die gesamte menschliche Zivilisation vernichtet werden könnte. Ein Riesenmeteorit, der auf die Erde abstürzt, wäre in der Tat die einzige Naturkatastrophe, welche die Existenz des Menschengeschlechtes auf diesem blauen Planeten gefährden könnte.

Die Zerstörung der menschlichen Zivilisation durch einen Meteoriteneinschlag ist möglich, aber äußerst unwahrscheinlich.

20.3 Technische Katastrophen

Schon in den Anfängen meiner öffentlichen Vortragstätigkeit habe ich eine Karikatur entwickelt, welche einen Menschen mit einer Säge auf einem Baum zeigt, der sich so ungeschickt anstellt, dass er sich den Ast, auf dem er sitzt, absägt. Ich wollte damit die Gefahren unserer technisierten Umwelt durch die „Säge der Technik“ darstellen, durch welche sich der Mensch den „Ast der eigenen Sicherheit“ heute abschneidet. Und ich behauptete schon damals, vor fast vierzig Jahren, dass sich die zunehmende Gefährdung von Mensch und Umwelt im Wesentlichen auf folgende Ursachen zurückführen lässt:

- Änderung der Bauweise
- Verwendung von Kunststoffen
- Erhöhte Verkehrsdichte

- Chemische Industrie
- Kerntechnik
- Bio- und Gentechnologie

Der Riesenwuchs

Die Gigantomanie des Menschen hat Hochhäuser, unübersehbare Fabrikanlagen, unterirdische Einkaufszentren, Großgaragen und riesige Tunnels entstehen lassen. Diese geänderte Bauweise ist eng mit dem überhitzten Wirtschaftswachstum, der Industrialisierung und dem Streben nach Großtechnologien in den letzten Jahrzehnten verbunden. Wir leiden heute leider nahezu unter einer Vergöttlichung des Gigantischen. Dieser Riesenwuchs neigt jedoch nach *E. F. Schuhmacher* in Form der Großtechnologie, obwohl vom Menschen hervorgebracht, dazu, sich nach ihren eigenen Gesetzen und Grundsätzen zu entwickeln.

Moderne Kunststoffwelt

Die Kunststoffe haben sich in einer stillen Revolution alle Bereiche des menschlichen Lebens erobert. Ob im Haushalt, Büro oder Betrieb, ob als Konstruktionswerkstoff oder Baustoff, überall sind sie vorhanden. Wir leben heute in einer modernen Kunststoffwelt, welche differenzierte Gefahren für die Bevölkerung und die Einsatzkräfte gleichermaßen bringt. Kunststoffe sind leider vielfach unverrottbar (Müllprobleme!), erhöhen die Brandbelastung sehr stark und können im Brandfall giftige und ätzende Gase freisetzen.

Moloch Verkehr

Das ständig größer werdende Verkehrsaufkommen bringt nicht nur eine zunehmende Umweltbelastung, sondern auch die Gefahr von Massenverkehrsunfällen mit sich. Heute ist vor allem der Straßenverkehr zu einem echten Moloch geworden, der unseren Lebensraum bereits stark einengt. Dazu kommt der Transport der gefährlichen Güter auf der Straße, Schiene und in der Luft, welcher vor allem die Feuerwehren vor fast unlösbare Probleme stellt.

Chemische Industrie

Die Chemie beherrscht in zunehmendem Maße unser Leben. Ihr ist ohne Zweifel der gewaltige Fortschritt auf vielen technischen Wissensgebieten und der Medizin zu danken. Chemikalien sind jedoch nicht nur Diener der Menschheit, sondern bedrohen durch ihre weit verbreitete und undifferenzierte Verwendung Mensch und Umwelt in immer größerem Maße. Explosions- und Giftkatastrophen sind dabei nur die Spitze eines Eisberges, an dessen Basis durch den allgegenwärtigen Sondermüll tagtäglich gefährliche chemische Substanzen in die natürlichen Kreisläufe der Natur eingehen.

Die Großchemie verbirgt große Risiken hinter ihrer glitzernden Fassade.
(Bild GEO)

Januskopf Kerntechnik

Radioaktive Stoffe werden heute in vielen Bereichen der Industrie, Medizin, Wissenschaft und Forschung eingesetzt. Dazu kommt die lange Zeit in vielen Ländern der Erde stark forcierte Reaktortechnik, durch welche eine Unzahl hochwirksamer Kernwaffen produziert werden konnte. Die Kerntechnik stellt also einen gefährlichen Januskopf dar. Nach dem Super-GAU von Tschernobyl hat zwar ein Umdenkprozess eingesetzt, die riesigen nuklearen Potenziale sind jedoch nach wie vor vorhanden. Nach dem Zusammenbruch des kommunistischen Systems im Osten erleben wir nun einen „schwungvollen Handel“ mit radioaktiven Stoffen, spaltbarem Material und sogar Kernwaffen, der zumindest teilweise über Österreich geführt wird. Der Tag des Nuklear-Terrorismus, so glauben viele Experten, rückt unaufhaltsam näher!

Bio- und Gentechnologie

Eine große Unbekannte ergibt sich in Zukunft durch die teils revolutionären Erkenntnisse auf dem Gebiete der Gentechnologie. Man hofft beispielsweise, Impfstoffe gegen die derzeit größten Geißeln der Menschheit, Krebs und AIDS, zu finden und Erbkrankheiten überhaupt ausschließen zu können. Kritiker der Gentechnik befürchten, dass gefährliche Mikroben ungewollt aus dem Labor entweichen („Biologischer GAU!") oder von skrupellosen Forschern sogar bewusst für biologische Waffen gezüchtet werden. Das im Jahre 1994 vom österreichischen Nationalrat verabschiedete Gentechnikgesetz soll den gesamten Komplex dieser speziellen Materie regeln. Leider wurden die Vorschläge der Katastrophenschützer auch in dieser Gesetzesmaterie nur unzureichend berücksichtigt.

20.4 Sonstige Katastrophen

Der Begriff der Katastrophe wird häufig sehr unterschiedlich und vor allem missverständlich verwendet. Für einen Pensionisten mag es furchtbar sein, wenn er seine gesamten Ersparnisse verliert, für eine Familie existenzbedrohend, wenn der Haushaltsvorstand plötzlich tödlich verunglückt. Derartige Ereignisse sind für das Leben einzelner Menschen zwar einschneidend, haben aber im Sinne der üblichen Katastrophen-Definition nichts zu tun.

… nur Notlagen!

Auch die Massenmedien bedienen sich viel zu oft einer derartigen „dehnbaren" Terminologie. Bereits ein etwas spektakulärer Verkehrsunfall, ein mittlerer Brand oder ein kleines technisches Gebrechen wird oft aus reinen Aktualitätsgründen als Katastrophe bezeichnet. Eines ist dabei aber klar: Wir reden zu leicht von Katastrophen, auch wenn nur Notlagen eingetreten sind, für die wir nicht genügend vorgesorgt haben! Echte Katastrophen hingegen sind Ereignisse, welche über das herkömmliche Bedrohungsmaß weit hinausreichen. Sie erfordern aus diesem Grunde umfassende Maßnahmen zur Organisation der Katastrophenhilfe.

Katastrophen der anderen Art

Neben Naturkatastrophen und technischen Katastrophen gibt es jedoch Ereignisse, die diesen Kategorien nicht unmittelbar zuzuordnen sind. Wir bezeichnen sie als sonstige Katastrophen. Beispiele für diese Katastrophen der anderen Art sind

- Masseninfektionen,
- Smog,
- Terror und
- kriegerische Einwirkungen.

Angst vor Pandemien!

Infektionskrankheiten oder Epidemien (griech.: im Volke verbreitet) gehören keinesfalls der Vergangenheit an. Es wurden zwar die Pest, Cholera, die Pocken und die Lepra weitgehend ausgerottet, doch muss gerade heute in unserer schnelllebigen und kommunikationsreichen Zeit jederzeit mit dem Ausbruch alter, aber auch völlig neuartiger Seuchen, wie der Vogelgrippe, gerechnet werden. Große Angst herrscht derzeit vor Masseninfektionen, welche sich über ganze Länder und Erdteile ausbreiten können. Sie werden als Pandemien bezeichnet.

Gesundheitsdienstliche Maßnahmen

Seuchen können bei großer Verbreitung und schwerem Verlauf eine nicht unerhebliche Gefahr für die Allgemeinheit darstellen. Ihre Verhütung und Bekämpfung ist Aufgabe des öffentlichen Gesundheitsdienstes. Die den Menschen betreffenden Maßnahmen zur Seuchenverhütung und zur Eindämmung bereits aufgetretener Seuchen sind einheitlich im Bundesseuchengesetz geregelt. In Österreich maßgeblich sind: das Bazillenausscheider-Gesetz (1945), das Epidemie-Gesetz (1950), das Tuberkulose-Gesetz (1968), das AIDS-Gesetz (1993), einige Impfgesetze und mehrere hygienerechtliche und lebensmittelpolizeiliche Vorschriften.

Der gefürchtete Londoner Smog

Das Wort Smog ist aus den englischen Wörtern smoke (= Rauch) und fog (= Nebel) zusammengesetzt. Der englische Ursprung geht auf den berüchtigten Londoner Rauch-Nebel zurück, der in den fünfziger Jahren viele Todesfälle verursacht hat und der in vielen Kriminalfilmen strapaziert wurde. So wurden zum Beispiel im Dezember 1952 bei einem Smogfall in London ca. 4.000 zusätzliche Sterbefälle (über der Statistik hinaus zu erwartende Zahl der Sterbefälle) ermittelt.

Was ist Smog?

Ursprünglich wurde Smog – nach Übersetzungen aus Wörterbüchern – als „ein Nebel, der durch den Rauch einer Stadt schwerer und dunkler wird" bezeichnet. Heute verstehen wir unter Smog eine gefährliche Ansammlung von Schadstoffen in der Atemluft infolge ungünstiger Wetterbedingungen. Dies muss keinesfalls Nebel bedeuten, denn auch bei klarem, sonnigem Wetter kann „Smog" entstehen. Eines ist dabei klar: Smog kann nur da auftreten, wo in erheblichem Umfang eine Luftverunreinigung, wie beispielsweise der neuerdings ein Politikum gewordene Feinstaub, vorhanden ist. Orte dieser Phänomene sind in erster Linie die menschlichen Ballungszentren.

Inversionswetter: Wie ein Deckel auf dem Topf!

Hier entsteht Smog durch austauscharme Wetterlagen (Inversionswetter). An windstillen kalten Tagen schiebt sich über die Kaltluft am Boden eine wärmere Luftschicht, die wie ein Deckel auf dem Topf wirkt. Sie verhindert das Aufsteigen der Luftverunreinigungen in größere Höhen und auch ein Abziehen der Schadstoffe (Rauch und Abgase) in waagrechter Richtung und somit die sonst gewährleistete Verdünnung auf unschädliche Konzentrationen. Dies bedeutet: Durch ungünstige Witterungsverhältnisse werden – in manchen Fällen auch

Im Jahre 1997 waren durch riesige Waldbrände über 200 Millionen Menschen durch Smog bedroht.

durch die topografische Lage von Ballungszentren – ansonsten zulässige Abgase aus Kraftfahrzeugen, Hausschornsteinen sowie Gewerbe- und Industriebetrieben plötzlich zur Gesundheitsgefährdung. Dieser Gefahr kann nur durch die Herabsetzung des Ausstoßes von Abgasen begegnet werden.

Drei Alarmstufen

Zur Verständigung der Bevölkerung wird in der Regel über Rundfunk und Fernsehen Smogalarm gegeben. Es werden in Abhängigkeit von der Konzentration der gefährlichsten Luftschadstoffe (Schwefeldioxid, Kohlenmonoxid, Stickoxyde und Feinstaub) im Allgemeinen drei Alarmstufen unterschieden:

- **Alarmstufe 1**

  Es handelt sich dabei um einen Voralarm. Rundfunk- und Fernsehnachrichten sollen mit erhöhter Aufmerksamkeit verfolgt werden. Es ist alles zu veranlassen, was unnötig zu Luftverschmutzung beiträgt.

- **Alarmstufe 2**

  Hier ist bereits mit Gefahren für die Gesundheit zu rechnen. Maßnahmen sind u. a. temporäres Fahrverbot für Kraftfahrzeuge und Einschränkungen bei Feststoffheizungen.

- **Alarmstufe 3**

  Es treten große Gesundheitsgefahren auf. Besonders gefährdet sind vor allem Personen, die an Atemwegserkrankungen oder Herz-Kreislauf-Störungen leiden. Bei Alarmstufe 3 muss bereits mit einem katastrophenähnlichen Zustand gerechnet werden. Deswegen sind hier rigorose Maßnahmen zur Vermeidung von Schadstoffausstoß zu setzen.

Was ist Terrorismus?

Der Terror (lat. *der Schrecken*, von *terrere* – in Schrecken versetzen) ist nach WIKIPEDIA die systematische und oftmals willkürlich erscheinende Verbreitung von Angst und Schrecken durch ausgeübte oder angedrohte Gewalt, um Menschen gefügig zu machen. Dies dient im Besonderen zur

Erreichung politischer sowie wirtschaftlicher Ziele und wird als Terrorismus bezeichnet. Der Begriff des Terrors geht dabei bereits in das Mittelalter zurück, wo man das Zeigen von Folterinstrumenten, eine Vorstufe der Folter, mit dem lateinischen Ausdruck territio (deutsch „Territion" Schreckung) bezeichnete, um ein Geständnis zu erzwingen.

Ziel der Terroristen

Ziel der Terroristen ist es, auf ihre politischen, moralischen oder religiösen Anliegen aufmerksam zu machen und deren Beachtung oder Umsetzung zu erzwingen. Das terroristische Kalkül wird durch eine Dreiersequenz gekennzeichnet:

1. Der (geplante) Gewaltakt zielt auf eine Reaktion des Angegriffenen ab.
2. Absicht ist, Furcht und Schrecken bei möglichen Opfern zu verbreiten.
3. Erst durch die Reaktion des Angegriffenen kann das eigentliche Ziel des Terrorismus erreicht werden.

Terroristen gehen dabei von der These aus, dass Vergeltungsmaßnahmen Sympathie und Unterstützung bei der Bevölkerung hervorrufen und schließlich zu einem offenen Bürgerkrieg führen. Ein derartiges Kalkül verfolgte in den Siebziger- und Achtzigerjahren beispielsweise die Rote Armee Fraktion (RAF) in Deutschland. Auch in Österreich wird die Brandlegung im Kaufhaus Leiner im Jahre 1989 in St. Pölten der RAF zugeschrieben, mit welchem die Organisation noch einmal internationale Beachtung erlangen wollte. Die Demokratie war gottlob stärker und so erklärte die RAF im Jahre 1998 – nachdem ihre wichtigsten Exponenten verhaftet waren – ihre Selbstauflösung.

Internationaler Terror

Das Terrorattentat vom 11. September 2001 auf das World Trade Center in New York, welches in internationalen Gazetten nur mehr als „Nine Eleven" bezeichnet wird, hat eine neue Dimension des Terrors gebracht. Jedoch wurde bereits mit der Geiselnahme bei den Olympischen Spielen von München im Jahre 1972 der internationale Terror eingeleitet. Damals nahm die palästinensische Terrorgruppe „Schwarzer September" elf Athleten der israelischen

Mannschaft als Geiseln. Auch in Österreich setzte sich diese Art der Erpressung mit der OPEC-Geiselnahme im Dezember 1975 in Wien (mit 3 Toten) und dem Terroranschlag am Flughafen Wien zehn Jahre später (mit 4 Toten) fort.

Europa ist nicht verschont!

Nach dem 11. September 2001 waren Stationen des internationalen Terrors die Urlaubsparadiese Tunesien (Djerba) und Bali im Jahre 2002. Aber auch nach Europa wurden terroristische Aktionen verlegt: Hier soll nur das Zugattentat vom 11. März 2004 in Madrid mit 191 Toten und 2.051 Verletzten sowie das U-Bahn-Attentat am 7. Juli 2005 in London mit 56 Toten und der Terroranschlag von Mumbai (Bombay) im Jahre 2008 genannt werden. Auf jeden Fall nehmen derartige Gewaltereignisse die Form von Katastrophen an, wenn sie sich wie Kriege auf ganze Länder und Kontinente ausdehnen.

Das Gesicht des Terrors: eine Brandverletzte beim Londoner U-Bahn-Attentat aus dem Jahre 2005.

20.5 Kommen die Super-Katastrophen?

Eine Reihe gefährlicher Brände und anderer Unfallereignisse prägte den Hochsommer 1995. Was sich jedoch am 11. August dieses Jahres ereignete, schlug alles bisher Dagewesene und ist als eine der größten Katastrophen in die österreichische Katastrophenstatistik eingegangen. Was geschah an diesem denkwürdigen schwarzen Freitag? Es war eine dramatische Verquickung zwischen Naturereignis und Technik, wodurch ein Schnellzug der Österreichischen Bundesbahnen am Arlberg in die Tiefe gerissen wurde.

Wie im Film!

Normalerweise stürzen nur Flugzeuge ab. Bei Autos, Tankfahrzeugen und Eisenbahnzügen ist dies nur in speziellen Situationen denkbar: bei Zusammenstößen und Unfällen auf hochalpinen Straßen oder Brücken beispielsweise. Dementsprechend selten treten derartige Katastrophenszenarien auf. Und wenn, dann in erster Linie in Horror- oder Science-fiction-Filmen.

Aus einem derartigen Drehbuch hätten jedoch die Szenen vom 11. August 1995 stammen können: Ein harmlos wirkender Bach wächst zu einer gewaltigen Mure an, reißt eine Brücke mit, und ein Zug stürzt ins Nichts. Er bleibt 40 Meter tiefer zertrümmert am Talboden liegen. Menschen werden von den reißenden Geröll- und Wassermassen verschüttet und auf dem Wege ins Tal mitgerissen. Ja, dieses Szenarium wurde damals harte Realität! Drei Tote, 17 Schwerverletzte und 120 Millionen Schilling Schaden: das war die traurige Bilanz des Zugsabsturzes auf der Arlbergstrecke in der Nähe der Vorarlberger Ortschaft Braz.

Die Sache mit der Wahrscheinlichkeit

Eine Katastrophe, die eigentlich nicht passieren dürfte! Die Feuerwehr- und Rettungskräfte am Einsatzort waren im ersten Moment fassungslos und fanden keine Erklärung für die einzigartige Verkettung unglücklicher Zufälle: Das Gewitter, die Mure, die weggerissene, lediglich 30 Meter lange Brücke und der über fünfhundert Tonnen schwere Zug, der gerade in diesen Sekunden diese Stelle passierte! Rein statistisch ist die Wahrscheinlichkeit für einen derartigen Unfall vernachlässigbar klein. Er dürfte vielleicht alle tausend Jahre einmal auftreten. Es ist fast so wie mit Tschernobyl. Die Wissenschaftler prophezeiten noch im Jahre 1980 einen Super-GAU in einem Kernkraftwerk maximal alle 10.000 Jahre, der dann bereits nach einem halben Jahrhundert angewandter Reaktortechnologie eingetreten ist.

Das verdrängte Risiko

Wie heißt es in der Lotto-Werbung so schön: „ist möglich!“. Ja, der Vergleich ist gut. Es ist zwar sehr unwahrscheinlich, eine Lotto-Million zu gewinnen, aber einigen Wenigen ist das Glück beschieden. Was hier von vielen Menschen erstrebt wird, wird im Bereich der Katastrophen vielfach verdrängt. Ich habe dieses Phänomen deswegen einmal – zufälligerweise auch im Zusammenhang mit Zugsunfällen – als das „Verdrängte Risiko" bezeichnet. Viele Verantwortliche möchten über die Möglichkeit von Super-Katastrophen erst gar nicht reden, denn dann müsste man sich ja auch Gedanken über die Realisierung von adäquaten Vorbeugemaßnahmen – und die sind sehr, sehr kostspielig – machen.

Vorboten eines globalen Klima-Kollapses?

Viele Wissenschaftler und Katastrophenschützer stellen sich daher die bange Frage, ob die zunehmenden Erdrutsche, Bergstürze und Murenabgänge der letzten Zeit nicht bereits die Vorboten für einen globalen Klima-Kollaps sind. Knapp unter 40 Grad im Schatten, in Südeuropa bis zu 50 Grad, sind heute auch in unseren Breiten keine Seltenheit mehr. Ausgetrocknete Böden, versengte Felder und braun gefärbte Gärten sind die eine Seite des Trauerspiels. Die andere Seite sind sintflutartige Gewitterregen, die Rinnsale zu Sturzbächen machen, und mörderische Muren, wie in Vorarlberg, auslösen.

Schutzbarrieren fehlen!

Dieses Bild passt leider exakt in die Computerprognosen über die Treibhausentwicklung auf unserem Planeten, welche Wissenschaftler in Europa und den USA bereits seit langem erstellt haben. Längst wissen wir, dass die drohende Klima-Katastrophe vom Menschen zumindest teilweise selbst verursacht wird. Der Ausstoß von Schadstoffen in unsere Atmosphäre schafft eine Art Glashauseffekt und heizt die Erde immer mehr auf. Dazu kommen die Sünden der Vergangenheit zum Tragen. Man hat Flüsse begradigt, Wälder abgeholzt und in den Alpen Tausende von Kilometern asphaltierter Wanderwege angelegt. Die Schutzbarrieren gegen plötzliche Wassereinbrüche fehlen in zunehmendem Maße. Kein Wunder, dass die durch die geänderte Klimasituation immer häufiger auftretenden intensiven Gewitter vor allem im Hochgebirge zu tödlichen Sturzbächen und Gesteinsmuren führen.

Einsatz unter Lebensgefahr!

Beim Zugsunglück in Vorarlberg arbeiteten zwischen 300 und 400 Männer (darunter viele Frauen) des Roten Kreuzes, der Feuerwehr, Bergrettung und Gendarmerie sowie des Bundesheeres vorwiegend für Gottes Lohn unter Einsatz ihres Lebens, um zu helfen. Die Feuerwehrkräfte mussten sich im alpinen Gelände in exponierter Lage mit ihren Rettungsgeräten vorarbeiten. Das Rote Kreuz hatte – trotz des tobenden Unwetters – in Kürze ein Sanitätszelt aufgestellt. Und vor allem fünf Hubschrauber waren im Einsatz. Die Besatzung riskierte bei Wind und Regen ihr Leben, um das einiger Schwerverletzter zu retten.

Fatales Schocklernen!

Diese Bilder müssen wir uns einprägen und immer wieder in Erinnerung rufen, wenn unter dem Motto des verdrängten Risikos Sicherheitspolitik in unserer Republik betrieben wird! In Sicherheitsfragen wird nicht agiert, sondern nur reagiert. Ob es sich um die Absicherung von Hochgebirgs-Eisenbahntrassen, den Brandschutz in langen Tunnelanlagen, die Sicherheit von Kernkraftwerken oder den Brandschutz in Hochhäusern handelt, wird immer nach dem gleichen Strickmuster vorgegangen. Unter dem Motto „Lernen durch Schock" wird leider immer nur das getan, was uns gerade unter den Nägeln brennt. Das ist aber – so behaupte ich – zu wenig, denn wir müssen in Zukunft mit immer mehr Super-Katastrophen rechnen. Der Eisenbahnabsturz von Braz in Vorarlberg war dabei nur ein erschütterndes Beispiel!

20.6 Lassing: Lebendig begraben!

Am 17. Juli 1998 kam es im 1.900-Seelen-Dorf Lassing in der Nähe von Liezen, Steiermark, zu einem Grubenunglück, im Zuge dessen 11 Bergleute verschüttet wurden. Darunter befanden sich zwei aktive Feuerwehrmänner. Und so wie an diesem Unglückstag die Bergwerksschächte in Lassing durch einen gigantischen Wasser- und Schlammeinbruch innerhalb weniger Stunden verschüttet wurden, stürzte später das Lügengebäude um den umstrittenen Talkabbau in sich wie ein Kartenhaus zusammen.

Im Banne des Unglücks!

In der zweiten Julihälfte dieses Sommers stand die gesamte Öffentlichkeit in Österreich einige Wochen lang im Banne der Grubenkatastrophe im steirischen Talkbergwerk Lassing. Wir hingen an den Radioapparaten und TV-Geräten, um die aktuellsten Nachrichten über die 11 verschütteten Kumpel zu erfahren. Und als der Bergmann *Georg Hainzl* nach fast 10 Tagen gerettet wurde, sprach man von einem Wunder. Doch dieses wiederholte sich nicht, seine Kameraden fanden im Berg ein kühles Grab.

Künstlicher Krater

Am Dienstag, dem 21. Juli 1998 besuchte ich mit *Christof Oswald* und *Ernelinde* den Unglücksort. Wir führten in erster Linie Recherchen für unsere Feuerwehrzeitung BLAULICHT durch. Bezirksfeuerwehrkommandant *Horst Freiberger* erklärte uns die verzwickte Lage. Als wir den künstlichen, mit Wasser gefüllten Erdkrater mit darin versunkenen Häusern sehen, erkennen wir in natura das Ausmaß der Katastrophe. Im Straßenasphalt und im Gelände sind überall Risse zu sehen. Da und dort hat man „Spione", das sind Dehnungsstreifen, welche weitere Erdverschiebungen anzeigen sollen, montiert. Was sich allerdings unter Tag abgespielt hat, konnte man nur andeutungsweise erahnen.

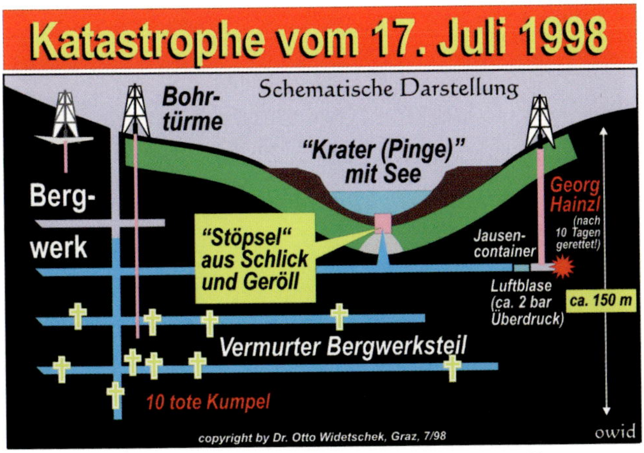

Die Lassing-Katastrophe schematisch dargestellt.

Dramatische Minuten

Als wir zur Bohranlage gehen, welche einen Rettungsstollen zum verschütteten Kumpel *Georg Hainzl* in etwa 60 Meter Tiefe vortreibt, sehen wir in verweinte Gesichter der Frauen und Kinder, welche auf ein Wunder hoffen. Es sind Angehörige, die hilflos vor dem mächtigen Grab ihrer Gatten und Väter stehen. Plötzlich erschallen Alarmrufe. „Alles sofort den Kraterbereich verlassen! Es muss mit einem weiteren Einsturz gerechnet werden!" Wir laufen aus dem Gefahrenbereich, ebenso ziehen sich blitzartig alle Feuerwehrmänner und Bundesheersoldaten mit ihren Fahrzeugen zurück. Eine Kostprobe der am Kraterrand herrschenden Dramatik und Hektik!

Die Suche nach den Schuldigen

Danach begann, wie nach jeder Katastrophe, die Suche nach den Schuldigen. War es der Berghauptmann? Die Firmenleitung? Oder gar der zuständige Minister? Eine Fragestellung, welche mich an billige Kriminalromane erinnert, wo schließlich der Mord dem Gärtner oder Butler (Anmerkung: In Lassing einem engagierten Werksleiter!) in die Schuhe geschoben werden soll.

Als gelernter Katastrophenschützer kenne ich dieses Ritual zur Genüge! Und wenn es auch da und dort nach Großbränden und Katastrophen Konsequenzen gab, so versuchte man sich doch meist lange Zeit hinter der oft zitierten „höheren Gewalt" zu verschanzen.

Das Lassing-Syndrom

Dabei kommen immer wieder die gleichen Probleme zu Tage. Zuerst werden die Kosten für den vorbeugenden Brand- und Katastrophenschutz sowie für zugegebenermaßen oft aufwendige Sicherheitsmaßnahmen so gering als möglich gehalten. Unter dem Motto: „Es wird schon nichts passieren!". Und wenn es dann so weit ist, versucht man Mängel im abwehrenden Katastrophenschutz, beispielsweise bei den Rettungskräften, als Ursache heranzuziehen. Ich nenne dies ab jetzt das „Lassing-Syndrom", welches wir bereits aus Tschernobyl, Bhopal und Düsseldorf kennen!

Non olet!

In Lassing war es die brutale Ausbeutung des Berges, die schließlich zur Katastrophe geführt hat. Es ist unerheblich, ob es sich dabei auf Sohle 1A um Schwarzabbau gehandelt hat oder nicht. Denn die „Kumpel" von der Berghauptmannschaft hätten diese Arbeiten vermutlich so und so genehmigt! Ja, es stimmt: Das Primäre in unserer oft allzu kapitalistisch agierenden Gesellschaft ist der Mammon, die Zuwachsrate, das Geld. „Non olet!" Der alte Spruch der Lateiner, dass Geld nicht stinkt, hat aber auch seine Grenzen. Vor allem wenn es auf Kosten der Sicherheit geht, wie dies in Lassing der Fall war!

Wichtig: Die Prävention!

Das bekannte Strickmuster für Katastrophen: Zuerst wird der vorbeugende Katastrophenschutz nicht ernst genug genommen. Das war in Bhopal, Tschernobyl, Düsseldorf und schließlich in Lassing so. Die Maxime dabei: Man versucht mit möglichst geringen Kosten (auch unter Umgehung der Sicherheit) einen möglichst großen Profit zu machen! Wenn es kritisch wird, versagen dann die abwehrenden Maßnahmen. Ja, sie müssen versagen, denn echte Sicherheit kann im Wesentlichen nur durch Prävention erreicht werden. Das müssen wir uns endlich hinter die Ohren schreiben!

Welche Ausbildung?

Doch auch in diesem Zusammenhang ist einiges zu hinterfragen: Welche Ausbildung hatten denn die Angehörigen der Werksleitung und der Berghauptmannschaft auf dem Gebiete des Katastrophenschutzes überhaupt? Sie waren ja im Ernstfall schließlich die Einsatzleiter! Wie oft wurden realistische Übungen durchgeführt? Begehungen des Bergwerkes, wobei in erster Linie darauf geachtet wird, ob die Kumpel einen Helm verwenden, können allerdings nicht dazu gezählt werden. Und schließlich hat es überhaupt einen vorsorglichen Krisenstab im Betrieb und bei der Berghauptmannschaft gegeben? Wie sie später herausgestellt hat, herrschte in vielen Bereichen Indolenz und Schlamperei. Bezeichnend ist, dass der Berghauptmann als oberster Beamter der Behörde schließlich von Seiten des Ministeriums abgelöst wurde.

Stümperhafte Vorgangsweise

Nach dem ersten Schlamm- und Wassereinbruch gegen Mittag des 17. Juli wurde der Bergmann *Georg Hainzl* verschüttet. Erst ungefähr 10 Stunden später kommt es zum Bergwerks-GAU. Dazwischen wurden Maßnahmen gesetzt, welche den elementarsten Regeln des Katastrophenschutzes widersprachen. Dies bestätigten mir Feuerwehrmänner vor Ort. Außerdem gibt es eine Bilddokumentation, die zeigt, wie das Erdreich in dieser Zeitspanne laufend nachrutschte und die Häuser in der gebildeten Pinge langsam versanken. Mit ein wenig Hausverstand musste jedem klar sein, dass die verschwindenden Wasser- und Schlammmassen dabei waren, das Bergwerk zu überfluten.

Der Sündenfall

Und noch immer arbeiteten die Kumpel im Berg. Niemand gab ein Rückzugsignal. Feuerwehrmänner vor Ort griffen sich auf den Kopf, was hier geschah. Denn dazu musste man kein ausgebildeter Montanist oder

Der mächtige Krater (Pinge) verschluckte riesige Wassermassen und Erdreich; dadurch wurden die Kumpel im Bergwerk verschüttet. (Foto: Oswald)

Grubenexperte sein. Der Sündenfall der Einsatzleitung war ganz einfach: Man konzentrierte sich nur auf das Berginnere, wollte das Bergwerk retten und übersah, wie sich ein immer größerer Krater bildete. Die Katastrophenschutzplanung war also in der Erstphase im wahrsten Sinn des Wortes katastrophal.

Wir müssen endlich lernen!

Was wir endlich daraus lernen sollten: Echter Katastrophenschutz muss präventiv und restriktiv sein. Wir müssen also vorbeugende und abwehrende Maßnahmen in einem ausgewogenen Gleichklang vorsehen. Wie sagte es doch einmal der Schriftsteller *Jean de la Fontaine*: „Wenn wir verantwortlich sind für das, was wir tun, sind wir auch verantwortlich für das, was wir nicht tun!“.

20.7 Über das Risiko

In vielen Bereichen der Technik versucht man dem Problem der Sicherheit mit dem Risikobegriff beizukommen. Das Risiko (R) eines bestimmten Schadensereignisses kann mathematisch als das Produkt seiner Wahrscheinlichkeit (w) und der auftretenden Schadenswirkung (S) definiert werden.

Risiko (R) = Wahrscheinlichkeit (w) x Schadenswirkung (S)

Ein Risiko lässt sich dabei beispielsweise in Geldeinheiten oder Menschenleben ausdrücken. Situationen werden heute als sicher bezeichnet, wenn ein derart quantifiziertes Risiko kleiner als ein entsprechender, festzulegender Grenzwert (Restrisiko) bleibt. Die Festlegung derartiger Grenzwerte bzw. davon abgeleiteter Größen kann nur empirisch erfolgen und hat in den letzten Jahren zu einem ständigen Streitpunkt geführt.

Trügerische Sicherheit

Leider ergeben sich nun fatale Entwicklungen, da die beiden Faktoren **w** und **S** in unserer technisierten und unvollkommenen Welt immer größer werden und das Produkt von zwei anwachsenden Größen überproportional zunimmt. Am Beispiel des Gefahrgut-Transportes kann exemplarisch dazu festgehalten werden: Die Eintrittswahrscheinlichkeit eines Unfalls wird größer, da die Transportfrequenz von Gefahrgut-Transporten (vor allem auf der Straße) ansteigt und gerade auf dem Gebiet des Beförderungswesens großer Konkurrenzdruck besteht. Dies wirkt sich häufig in der Missachtung von Sicherheitsvorschriften aus. Der schlechte Zustand von Fahrzeugen – vor allem aus den Ostländern – passt in dieses teuflische Schema. Außerdem ist dieser Sicherheitsbegriff trügerisch, denn die Feuerwehren müssen nicht die „Wahrscheinlichkeit des Eintretens eines Unfalls“ bekämpfen, sondern das Schadensereignis selbst. Wir müssen also bei unseren Vorkehrungen stets den größtmöglichen Unfall annehmen!

Das Individualrisiko

Eine wichtige, ja zentrale Frage stellt sich, ob die bei Sachschäden akzeptierte Philosophie des Restrisikos auch auf den Menschen übertragen werden kann.

Die Antwort ist zweifach: nein und ja! In jedem Einzelfall müssen alle Maßnahmen getroffen werden, um das Individualrisiko auf Null zu beschränken. Im Großen und über alles gesehen, wird dies jedoch nicht realisierbar sein, es müssen gewisse Personenrisiken akzeptiert werden. Eine schwierige volkswirtschaftliche Frage bleibt dabei, wo die Grenze angesetzt werden soll oder muss. Oder anders ausgedrückt, wie viel unsere Gesellschaft bereit ist, für die Rettung eines Menschenlebens zu bezahlen!

Gesellschaftsrisiko und Risikostudien

Das Gesellschaftsrisiko aus natürlichen und vielen zivilisatorischen Katastrophen lässt sich weitgehend empirisch ermitteln. Viel schwieriger ist es, aus der Praxis zuverlässige Daten für die Gefahren der modernen Großtechnologien (z. B. Chemie, Kerntechnik und Biotechnologie) zu erhalten. Man bedient sich dabei wahrscheinlichkeitstheoretischer Überlegungen, wie der Methode der Fehlerbaumanalyse.

In den Vereinigten Staaten wurde eine erste, umfangreiche Studie dieser Art für Kernkraftwerke durchgeführt, die so genannte *Rasmussen*-Studie. Sie ist

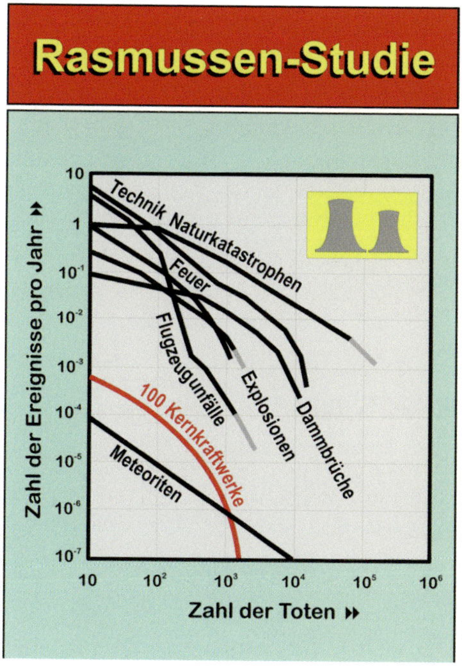

heute weitgehend überholt, kann jedoch bis dato als der bekannteste Versuch einer umfassenden Risikoanalyse angesehen werden.

Die folgende Darstellung gibt den Zusammenhang von mittlerer Eintrittshäufigkeit und Zahl der Todesopfer für natürliche und zivilisatorische Katastrophen an.

Neben der *Rasmussen*-Studie wurden noch andere einschlägige wissenschaftliche Arbeiten erstellt, um die Gefahren der Kerntechnologie abzuschätzen, wie z. B. die Deutsche Risikostudie.

Die umstrittene Rasmussen-Studie war die erste anschauliche Risikoanalyse.

Die Grenzen

Alle diese Risiko-Vergleiche haben – abgesehen von ihren unterschiedlichen Ergebnissen – nur einen sehr begrenzten Aussagewert, denn sie werden mit zunehmendem Schadensumfang bei abnehmender Wahrscheinlichkeit immer unsicherer. Autounfälle können also beispielsweise viel genauer vorausgesagt werden als etwa Kernkraftwerkskatastrophen. Ein zusätzliches Manko: Keine Wahrscheinlichkeitsrechnung kann etwas über den tatsächlichen Eintritt eines Schadensereignisses aussagen.

Keine Vergleichsmöglichkeit!

Weiters lassen sich die unfallbedingten Risiken durch chemische und radioaktive Stoffe mit Risiken von Naturereignissen, wie Erdbeben, Sturm und Überschwemmungen, oder Alltagsrisiken, wie der Verletzungsgefahr bei

Arbeits- oder Verkehrsunfällen, nicht vergleichen. Der einfache Grund: Die Schadensauswirkungen sind nicht gleich (Frühschäden, Spät- und genetische Schäden, kumulative Effekte über Biokreisläufe).

Genetische Schäden

Genetische Schäden treten beispielsweise bei Naturkatastrophen nicht auf, spielen jedoch bei chemischen, nuklearen oder biologischen Katastrophen eine wichtige Rolle. Außerdem betreffen derartige Vergleiche Risiken, für die einerseits ein exaktes empirisches Material in Form von Unfallstatistiken vorliegt, und andererseits Gefährdungen, welche durch analytische und theoretische Berechnungen (wie etwa die Risiken durch Kernstrahlung) abgeschätzt werden.

20.8 Schutzkonzepte

Trägt man die Eintrittswahrscheinlichkeit gegen die Schadenauswirkung (z. B. Tote) bei verschiedenen Ereignissen in einem Diagramm auf, erhält man eine Punktwolke (Ereigniswolke) mit charakteristischer Lage. In der folgenden Abbildung ist eine qualitative Darstellung dieser Situation vorgenommen worden.

Umwelt-, Katastrophen- und Zivilschutz

Zur Bekämpfung der verschiedensten Schadenereignisse ist ein umfassendes Schutzsystem erforderlich. Dabei bleibt die klassische Unterteilung in die Bereiche des

- Umweltschutzes (U),
- Katastrophenschutzes (K) und
- Zivilschutzes (Z).

aufrecht.

Zwischen diesen drei Schutzdisziplinen sind allerdings fließende Übergänge vorhanden. Dies gilt auch für den Umweltschutz und den Zivilschutz, wobei hier der Selbstschutz der Bevölkerung, also das richtige Verhalten im Gefahrenfall, eine dominante Rolle spielt.

Staatliche und private Maßnahmen

Die rechtlichen, organisatorischen und materiellen Voraussetzungen für das erforderliche Schutzsystem sind ohne Zweifel in erster Linie von Seiten des Staates zu schaffen. Ein absoluter Schutz für alle Gefahrenlagen ist trotz Einsatzes hoher personeller und sachlicher Mittel auf diese Weise jedoch allein nicht erreichbar. Der behördliche Umwelt-, Katastrophen- und Zivilschutz muss daher auf der Vorsorge und der Selbsthilfe des verantwortungsvollen Bürgers aufbauen können. Nur so können sich staatliche und private Maßnahmen ergänzen.

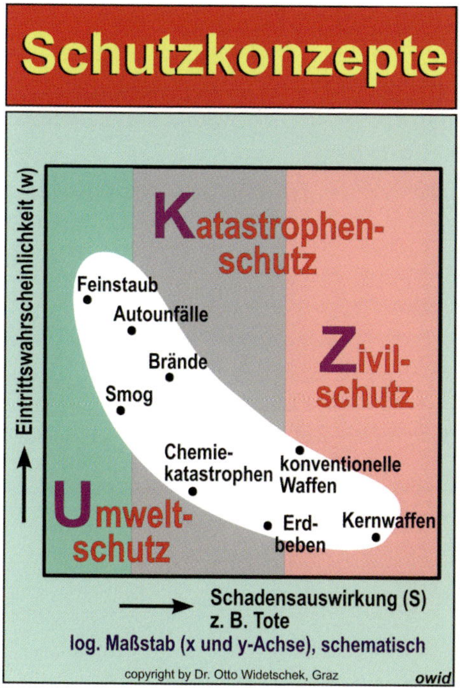

Umwelt-, Katastrophen- und Zivilschutz sind ineinander verzahnt und gegenseitig voneinander abhängig.

„Normale Katastrophen"

„Auch Unfälle sind nicht mehr das, was sie einmal waren. Sie drohen ihren Ausnahmestatus zu verlieren und zum Normalfall zu werden." Das ist die These, welche der amerikanische Professor für Soziologie an der Yale-Universität in Princeton, New Jersey, *Charles Perrow*, in seinem Buch „Normale Katastrophen – die unvermeidlichen Risiken der Großtechnik" vertritt. Er geht davon aus, dass die Unfälle in großtechnischen Systemen nicht nur dem Zufall menschlichen Versagens zuzuordnen sind, wie uns dies vielfach von den

Betreibern und Politikern eingeredet wird. „Jede Katastrophe ist vielmehr ein erzwungener Fehler“, sagt Perrow. Sie ist die unabdingbare Konsequenz hochkomplexer Strukturen, in welchen eng gekoppelte und schnelle Prozesse auftreten, deren Wechselwirkung von vorneherein nicht zu kalkulieren ist.

Aufgeben, beschränken und verbessern!

In seinen umfangreichen Studien und Analysen schlägt *Perrow* vor, die risikoreichen Systeme unserer Zeit in drei Kategorien unter den Stichworten „Aufgeben – beschränken – verbessern“ einzuteilen:

- **Kategorie I (Stichwort „Aufgeben“):** Alle Systeme, die hoffnungslos sind und aufgegeben werden sollten. Er nennt in diesem Zusammenhang die Kernwaffen und die Kernkraftwerke.
- **Kategorie II (Stichwort „Beschränken“):** Alle Systeme, auf die wir vermutlich nicht verzichten können, die wir jedoch beschränken sollten und die bei einigem Aufwand sicherer zu machen sind. Hierher gehören seiner Meinung nach die Genforschung und Gentechnologie sowie der Transport von gefährlichen Gütern mit Hilfe von Hochseeschiffen.
- **Kategorie III (Stichwort „Verbessern“):** Alle Systeme, die in gewissem Maße selbst korrigierend sind und sich auch ohne größeren Aufwand noch weiter verbessern ließen. Hier zitiert *Perrow* die Großchemie, das Flugwesen und die Flugsicherung, Bergwerke, Wärmekraftwerke, Autobahnen und Kraftfahrzeuge.

Die nächste Katastrophe kommt bestimmt!

Der unmittelbare Ausgangspunkt für *Perrow´s* Studien war der Reaktorunfall in Three Miles Island im Jahre 1978. Später analysierte er auch den Super-GAU von Tschernobyl. Aber er versucht nachzuweisen, dass nicht nur im Bereich der Kernenergie jederzeit „normale Katastrophen“ zu erwarten sind. Deshalb untersucht er auch die Probleme der Petrochemie, der Schifffahrt, bei der Flugsicherung, im Bereich von Staudämmen und Bergwerken sowie in der Gentechnologie. Sein Befund ist überall derselbe: Die nächste Katastrophe kommt bestimmt – wir wissen nur nicht, wann und wo.

Studium über Technischen Umweltschutz

Was wir deswegen benötigen? Eine weltweite Informationskampagne über die Gefahren unserer technisierten Zeit. Und gerade in diesem Zusammenhang sei es mir erlaubt, noch ein wichtiges Faktum in eigener Sache zu erwähnen. Es ist zwar nur ein bescheidener Beitrag gewesen, aber im Jahre 1983 wurde an der Technischen Universität Graz (Erzherzog-Johann-Universität) eine interfakultäre Studienkommission zur Schaffung eines Aufbaustudiums „Technischer Umweltschutz“ gebildet. Vorsitzender war damals Universitätsprofessor *Dipl.-Ing. Dr. Rolf Marr* von der Abteilung Thermische Verfahrenstechnik an der TU Graz. Dieses viersemestrige Studium, welches für Absolventen bestimmter Studienrichtungen per Verordnung des Bundesministers für Wissenschaft und Forschung ab dem Wintersemester 1984/85 vorgesehen war, hatte das Ziel, die für die Praxis wichtigen diplomierten Umwelttechniker auszubilden.

Meine Mitarbeit ist gefragt!

Aufgrund meiner umfassenden Aktivitäten im Bereich des Umwelt-, Katastrophen- und Zivilschutzes wurde ich nun eingeladen, an diesem universitären Aufbaustudium mitzuwirken. In meiner fast 14-jährigen äußerst erfolgreichen Vorlesungstätigkeit haben im Rahmen dieses Umweltschutzstudiums auch insgesamt acht Studierende unter meiner Obhut Diplomarbeiten abgelegt. Darunter war auch das Thema „Erstellung einer Gefahrgutkarte der Steiermark“ vertreten, wodurch die Gefahrenpotenziale der Chemie in unserem Bundesland erstmals anschaulich dargestellt werden konnten.

Leider wurde diesem innovativen Aufbaustudium in Graz im Jahre 1998 von einigen Wiener Zentralstellen der Garaus gemacht, wodurch diese universitäre Episode für mich noch knapp vor der Jahrtausendwende zu Ende ging. Meine eigene Vorlesung über „Technischen Strahlenschutz“ beendete ich dann nach fast 30-jähriger Tätigkeit an der Technischen Universität Graz im Jahre 2003. Aufgrund meines umfassenden Engagements erhielt ich aber im Jahre 2006 an der Karl-Franzens-Universität Graz überraschend einen Lehrauftrag zum Thema „Brandschutz“, den ich nun mit viele Freude und großem Elan abhalte, ja zelebriere.

21. Kapitel

Stirbt unser blauer Planet?

Der Mensch hat die Fähigkeit,
vorauszublicken und vorzusorgen, verloren.
Er wird am Ende die Erde zerstören.

Albert Schweitzer

Als die ersten Astronauten die Erde aus dem Weltraum sehen konnten, waren sie fasziniert. Sie erkannten die großen Gebirge und Täler, Gletscher und Wüsten und natürlich die Kontinente und Weltmeere. Die Erde erschien ihnen als ein vollkommenes, in ein leuchtendes Aquamarin getauchtes Juwel. Heute zeigt der blaue Planet jedoch bereits arge Schrammen.

21.1 Die gequälte Erde

Im Oktober 1991 umkreiste der erste österreichische Kosmonaut, der Techniker *Dipl.-Ing. Franz Viehböck*, in einem russischen Raumschiff die Erde. Bereits zu diesem Zeitpunkt waren deutliche Spuren der kaum mehr zu überbietenden Zerstörungswut des Menschen erkennbar: Die abgeholzten Riesenflächen des Sauerstoff spendenden Regenwaldes, die lebensfeindlichen Ölteppiche nach diversen Tankschiffkatastrophen und die damals gigantischen Rauchfahnen der Ölquellenbrände von Kuwait.

Echte Hoffnung?

Bereits im Jahre 1975 veröffentlichte der bekannte Wissenschaftspublizist *Heinz Haber* ein Buch mit dem Titel „Stirbt unser blaue Planet?“, welches ich bereits damals mit Interesse gelesen habe. Er prangerte in dieser Naturgeschichte unserer übervölkerten Erde die entscheidenden Todsünden der Menschheit an. Trotz aller Bedrohlichkeit der Entwicklung setzte er damals

Das kleine Taschenbuch von Heinz Haber aus dem Jahre 1975.

jedoch noch auf das Lernvermögen des Homo sapiens und gab ihm eine echte Zukunft.

Kurz davor hatte nämlich im Jahre 1972 der erste Umweltgipfel in Stockholm stattgefunden. Euphorisch wurde damals das „Recht der Menschen auf eine gesunde und fruchtbare Erde" verkündet. Echte Hoffnung war angebracht!

Nur ein Papiertiger!

Alle Manifeste von damals blieben jedoch ausgewachsene Papiertiger, denn die Wirklichkeit von heute sieht beängstigend aus: Die Zahl der Hungernden ist so groß wie nie zuvor, der Riss zwischen Arm und Reich klafft weiter denn je auseinander. Ozonproblematik, Treibhauseffekt, verseuchte Meere, rasant wachsende Dürregebiete, abgeholzte und kranke Wälder, aussterbende Tier- und Pflanzenarten, das ist die Bilanz über 35 Jahre nach der ersten Umweltkonferenz.

Umwelt-Watchlist

Nicht minder euphorisch als einst in Stockholm wurde der Menschheit im Jahre 1992 auf der Weltkonferenz über Umwelt und Entwicklung in Rio de Janeiro die „globale Trendwende" verkündet: Schutz der Erdatmosphäre, Schutz der Ressourcen, des Wassers, der Meere, Seen und Flüsse, Erhalt der Artenvielfalt, Kampf gegen Waldsterben, verbesserte Lebensqualität und Gesundheit, bessere Lebens- und Arbeitsbedingungen sowie Beseitigung der Armut und Umweltzerstörungen in den Entwicklungsländern, das alles sollte verbindlich verbrieft werden. Alles ist anders gekommen: Die USA haben auch bei den folgenden Umweltkonferenzen in Kyoto, Johannesburg, Nairobi und jüngst in Elsterwerda die Klimakonvention und das Artenschutzabkommen abgelehnt. Bei den Amerikanern siegte in kurzsichtiger Weise die Ökonomie vor der Ökologie. Dafür sollte *Georg Bush* noch im Nachhinein auf eine internationale „Umwelt-Watchlist" gesetzt werden!

Globaler Glashauseffekt!

Unsere modernen Katastrophen sind bereits zum größten Teil hausgemacht! Und hier ist es vor allem die Klimaerwärmung unserer Erde, welche bereits Mitte des 19. Jahrhunderts, im Zeitalter der industriellen Revolution, begonnen hat. Jetzt ist diese Entwicklung schon außerordentlich bedenklich geworden und in ihrer schädigenden Auswirkung, nach Meinung vieler kompetenter Wissenschaftler, nicht mehr aufzuhalten. Sie behaupten, dass die Wirkungen des berüchtigten Treibhauseffektes bereits unaufhaltsam auf die Menschheit zukommen. Die gasförmigen Verbrennungsprodukte von Kohle und Öl – und hier vor allem das Kohlendioxid – sowie andere industrielle und landwirtschaftliche Gase führen zu einer fortschreitenden Erwärmung der Erdatmosphäre. Denn obwohl es viele internationale Umweltschutzkonferenzen gibt, werden immer mehr Treibhausgase unkontrolliert freigesetzt. Die Erderwärmung liegt bei etwa einem Grad pro Jahrzehnt! Das ist der berühmt-berüchtigte globale Glashauseffekt!

Katastrophen am laufenden Band!

Das Ergebnis dieser Entwicklung ist ein weltweiter Klimawandel, der zunehmend auch katastrophale Folgewirkungen haben muss: Einerseits stehen schwere Wirbelstürme, Taifune, Hurrikans und Tornados sowie Dürrekatastrophen an der Tagesordnung, andererseits sind es gewaltige Flut- und Überschwemmungskatastrophen, die uns zu schaffen machen. Auch die laufenden Schneekatastrophen in weiten Teilen Österreichs mit ihren Lawinenabgängen, Massenunfällen und großflächigen Verkehrszusammenbrüchen gehören ohne Zweifel dazu. Ja, es mehren sich die Anzeichen, dass es in Zukunft Katastrophen am laufenden Band geben wird!

Riesige Schäden

Und die einschlägige Statistik ist tatsächlich alarmierend: So gab es nach Mitteilung der „Münchener Rückversicherung“, welche eine eigene Geo-Risiko-Gruppe von Wissenschaftlern beschäftigt, in den 90er-Jahren bereits rund vier Mal mehr Naturkatastrophen als in den 50er-Jahren. Der volkswirtschaftliche Schaden ist dabei auf das Fünfzehnfache im wahrsten Sinn des Wortes explodiert. Und der Trend setzte sich im neuen Jahrtausend fort: Alleine die Hochwasserkatastrophe im Sommer des Jahres 2002 hat in Mitteleuropa Schäden von über 13 Milliarden Euro verursacht. Das Jahr 2004 war für die Versicherungen weltweit mit 34,2 Milliarden Euro das teuerste Jahr der Geschichte. In den Jahren 2003 und 2005 gab es weltweit aufgrund großer Trockenheit und ungünstiger Windverhältnisse die gewaltigsten Waldbrände seit Menschengedenken – sie hinterließen eine riesige Flammenspur rund um den Globus. Vermutlich auch eine Folge des bereits fortgeschrittenen Klimawandels.

Strafe Gottes?

Früher hatte man Naturkatastrophen als Strafe Gottes für eine wahnwitzig gewordene Menschheit interpretiert. Man sprach von einem göttlichen Strafgericht und von höherer Gewalt. Heute redet man von einem Zurückschlagen der Natur gegenüber einer bedenkenlosen Ausbeutung des Planeten Erde. Die Sünden des Menschen, der sich die Erde untertan machen wollte, rächen sich. Das Roden der Wälder, das Zubetonieren unserer Landschaft, die Begradigung unserer Flüsse und die Verschmutzung unserer Atmosphäre führen geradezu ins Chaos. Die Negierung des Umweltschutzes hat Mega-Katastrophen zur Folge, welche kaum mehr bewältigt werden können.

An das jährliche Hochwasser haben sich unsere Einsatzkräfte in Form einer modernen Sintflut bereits gewöhnt. (Bild: Kronen Zeitung)

Planet des Jahres

Auch das Jahr 1988 war ein Jahr, in welchem die Natur rebellierte: Wirbelstürme, Überflutungen und Dürren suchten unseren gequälten Planeten Erde heim. „So wie Gott einst Noah vor der Sintflut warnte, hat die Erde im vergangenen Jahr zu uns gesprochen“: Dies schrieb Amerikas ältestes und bekanntestes Nachrichtenmagazin „Time“ und hat aus der wachsenden Sorge um unsere Zukunft schon im Jahre 1989 die Erde zum „Planeten des Jahres“ gewählt. Darüber hinaus lud das Magazin im November 1988 eine erlesene Zahl von Wissenschaftlern, Beamten und Politikern aller Kontinente zu einer dreitägigen Konferenz. Ziel war es, die wichtigsten Gefahren aufzuzeigen und einen umsetzbaren Maßnahmenkatalog zu erstellen.

Vier tödliche Gefahren

Die Wissenschaftler diagnostizierten im Wesentlichen vier tödliche Gefahren, welche unsere Umwelt bedrohen:

- Jedes Jahr wächst die Weltbevölkerung derzeit um etwa 100 Millionen Menschen. Sie ist bereits weit über die Sechs-Milliarden-Grenze explodiert. Der größte Zuwachs entfällt dabei auf die Entwicklungsländer, wo im verzweifelten Bemühen um mehr Nahrungsmittel immer mehr Klima regelnder Wald verloren geht.
- Durch die Zerstörung der Wälder drohen Hunderte von Pflanzen und Tieren auszusterben. 50 bis 80 Prozent aller Lebewesen der Erde leben gerade in den schwindenden tropischen Regenwäldern.
- Die Lufthülle der Erde leidet an einer permanenten Vergiftung. Wir sind dabei, den schützenden Ozonmantel zu zerstören. Die hemmungslose Emission von Kohlendioxid und anderen Treibhausgasen verstärkt den globalen Treibhauseffekt. Es soll dadurch in den nächsten hundert Jahren weltweit wesentlich wärmer werden. Mit dem teilweisen Abschmelzen der Polkappen kommt es dann zu einer weltweiten verheerenden Sintflut.
- Wir produzieren jährlich Millionen Tonnen Hausmüll und Industrieabfälle und vergiften die Erde auch von innen.

21.2 Die alpine Krankheit

Das Bibelwort, wonach sich der Mensch die Natur untertan machen solle, wurde also – so scheint es – gründlich missverstanden. Anstatt mit der tierischen und pflanzlichen Umwelt in einer partnerschaftlichen Symbiose zu leben, hat der Homo sapiens nur eines im Sinn: die unerbittliche Ausbeutung der Natur zur Schaffung kurzlebiger materieller Werte.

Am Beispiel der Phönizier

Schon die Phönizier – so wird uns aus den Geschichtsbüchern berichtet – fällten in vorchristlicher Zeit im ostadriatischen Raum erbarmungslos alle Wälder, um ihre Schiffe zu bauen. Dieser Raubbau an der Natur rächt sich noch drei Jahrtausende später: Heute sind weite Teile der kroatischen Küste extrem verkarstet, die Flora hat nie zu ihrer alten Pracht zurückgefunden.

Raubbau in den Alpen

Obwohl der Mensch aus derartigen Beispielen lernen sollte, hat er es nicht getan. Im Gegenteil! Der moderne Fremdenverkehr und die extensive Energiewirtschaft haben heute – vor allem im alpinen Raum – zu einer äußerst bedenklichen ökologischen Situation geführt:

- Jahrzehntelang wurden Tausende von Kilometern asphaltierter Wanderwege angelegt.
- Schützende Bergwälder wurden zum Bau kilometerlanger „Schiautobahnen“ abgeholzt.
- Zehntausende Flüsse wurden „reguliert“, d. h. einfach begradigt und in kanalähnliche Rinnsale umgeleitet.
- Hunderttausende Strommasten mit ihren gigantischen Überlandleitungen zersägen unsere Berglandschaft – und das nicht nur optisch!

Fehlende Schutzbarrieren!

Die Konsequenz: Ist erst einmal der Wald gerodet und die Humusschicht abgetragen, fehlen wichtige Schutzbarrieren bei plötzlichen Wassereinbrüchen.

Bei rascher Schneeschmelze und bei heftigen Regenfällen verwandeln sich die abgeholzten Pisten und Schneisen schlagartig in Sturzbäche und lassen tiefer gelegene Bäche und Flüsse aus den Ufern treten. Auch das Hinterland wird durch die in zunehmendem Maße raschere Abführung der Wassermassen immer häufiger von Überschwemmungen bedroht.

Mischwald ist wichtig!

Zur Verhinderung von Katastrophen im Gebirgsland ist vor allem ein intakter Mischwald wichtig! Anmerkung: Dieser wirkt sich auch bei Waldbränden äußerst positiv aus. Bei Unwetter saugt er jedenfalls das Wasser wie ein Schwamm auf. Schon ein Drittel der Regenmenge wird über eine gewisse Zeit vom „Dach" der Baumkronen aufgefangen. Den Rest halten Unterholz, Gräser und Moose zurück, so dass Niederschlagswasser erst mit großer Verzögerung aus den Waldregionen freigesetzt wird.

Hang- und Bergrutschungen

In Extremfällen kann es – vor allem bei großflächigen Rodungen – durch starke Erosionswirkung des Wassers sogar zu Hang- und Bergrutschungen sowie Felsstürzen kommen. Die Erdrutschkatastrophe Ende Juli 1987 im norditalienischen Veltlintal ist ein typisches Beispiel dafür! Ganze Dörfer, Ortschaften und Täler können dadurch bedroht werden. Es stimmt: Der Mensch stört durch seine harten Eingriffe das Gleichgewicht der Natur, nun schlägt diese zurück!

Verstärkte Aufgaben für die Feuerwehr

Für die Feuerwehren ergeben sich durch diese negative Entwicklung verstärkte Aufgaben im Katastrophenschutz. Auspumparbeiten, Hilfeleistungen nach Vermurungen und Hauseinstürzen sowie Abschottungsarbeiten durch das Errichten von behelfsmäßigen Hochwasserdämmen stehen auf der Tagesordnung. Nun stehen bereits fast jedes Jahr nach den intensiven Sommergewittern Tausende Feuerwehrangehörige in fast allen Bundesländern im Dauereinsatz.

„Erklärung zum Alpenschutz"

Wie kritisch die Situation in der Alpenregion bereits ist, zeigte eine Tagung im November 1986, an welcher Fachleute und Politiker aus allen sieben Alpenländern in München teilnahmen. In einer gemeinsamen „Erklärung zum Alpenschutz" wurde nicht nur versucht, die Ursachen der „alpinen Krankheit" zu ergründen, sondern auch zielführende Therapien zu entwickeln. Vorläufiges Ergebnis: Verabschiedung eines umfangreichen Memorandums, welches die Themen Naturschutz und Landschaftserhaltung, Berglandwirtschaft und Bergwälder, Tourismus und Sport, Energiepolitik und Elektrizitätswirtschaft sowie Verkehrspolitik behandelt.

Das Restrisiko wird größer!

Die Feuerwehren unterstützen derartige Aktivitäten. Wir wissen aber auch aus leidvoller Erfahrung, dass Papier geduldig ist! Denn solange keine langfristigen, konkreten Maßnahmen in der Praxis gesetzt werden – und das ist bei der derzeit umgesetzten EU-Politik nicht zu erwarten –, wird auch die Münchner Erklärung ein Papiertiger bleiben! Wir erheben daher warnend unsere Stimme! Gerade am Beispiel der alpinen Katastrophen der letzten Sommer und ihrer Hintergründe sollten wir erkennen, dass sich durch die hemmungslose Technisierung unserer Umwelt eine besorgniserregende Entwicklung abzeichnet: Das Restrisiko wird durch eine ständige Abnahme der präventiven Sicherheit immer größer. Die Feuerwehren haben jedoch dieses Sicherheitsdefizit abzudecken. Eine Entwicklung, die uns langsam, aber sicher über den Kopf zu wachsen droht!

21.3 Fluch des schwarzen Goldes!

Alte Öltanker, unqualifizierte Mannschaften und mangelnde Sicherheit: Das sind die Todsünden eines gnadenlosen Wettbewerbes auf unseren Weltmeeren. Damit wird um jeden Preis Profit gemacht – auf Kosten der Umwelt. Das ist der Fluch des schwarzen Goldes!

Kein Prestige!

Sie hieß „Prestige", war aber keines! Denn der angebliche Supertanker desselben Namens brach am 19. November 2002 wie ein Strohhalm vor der spanisch-portugiesischen Atlantikküste in der Mitte auseinander. „Das Ungeheuer versinkt!", verkündeten die internationalen Nachrichtenagenturen. Eine der größten Schiffskatastrophen mit ihren unglaublich zerstörerischen Auswirkungen auf die Urlauberküsten der Iberischen Halbinsel war eingetreten. Dieses Desaster steht nur stellvertretend für die laufende Verschmutzung unserer Weltmeere.

77.000 Tonnen Schweröl

Der Todeskampf der „Prestige" dauerte einige Stunden, dann markierte nur noch ein riesiger Ölteppich jene Stelle, die zum ewigen Grab dieses 26 Jahre alten Ozeanriesen werden sollte. Insgesamt 77.000 Tonnen Schweröl hatte das Monsterschiff geladen, welches nun rund 150 Kilometer von der Küste entfernt in den dort fast 3.500 Meter tiefen Ozean versank. Eine Bergung ist aus diesen großen Tiefen unmöglich.

Die „Prestige" zerbrach wie der Wunschtraum unserer Technokraten nach einer technisch perfekten Welt. (Foto: Kronen Zeitung)

Seelenverkäufer!

Wie kam es dazu? In diesem Zusammenhang muss man wissen: Die „Prestige" gehörte zur Gruppe der sogenannten rund 70 Seelenverkäufer, welche heute noch die europäischen Meere unsicher machen. Es handelt sich dabei um altersschwache Tanker mit Einfachrumpf, die vor den Küsten der USA schon lange nicht mehr fahren dürfen. Einige Seemeilen vor der spanischen Küste trat dann ein Leck am Rumpf der „Prestige“ auf, welches stündlich immer größer wurde. Materialermüdung wäre daran schuld: Das war die lapidare Diagnose der sich anbahnenden Katastrophe. Immer mehr Öl ergoss sich ins Meer und die Spanier beschlossen, das havarierte Schiff auf die hohe See zu schleppen, wo der Tanker schließlich zerbrach.

Ein verhängnisvoller Fehler!

Doch dies war ein verhängnisvoller Fehler, denn die schwarze Flut kam zurück an die Küste: „Muerte – Tod“ hat damals jemand in meterhohen Lettern ins stinkende Schwarz geschrieben. Ein stiller Protest eines hilflosen Fischers, der seinen Job verloren hat. Eine zentimeterhohe zähe Schwerölschicht bedeckte in diesen Novembertagen die „Playa del Traba“, einst ein Traumstrand Galiciens, und verwandelte sie in eine verseuchte, verkrüppelte Öllandschaft, an deren Ufer tote Seevögel und Fische angeschwemmt wurden. Das ist die gefürchtete Ölpest, welche an die 600 Kilometer der Iberischen Küste verseucht hat!

Schwarzes Gift!

Matt zuckten die Flügel, die kleinen Vogelaugen waren vor lauter schwarzem, stinkenden Öl nicht zu sehen und die Beine samt Schwimmhäuten am Körper festgeklebt. Ein lebloser, pechschwarzer Klumpen, hilfloses Strandgut, wie es massenweise an der ölverseuchten Westküste Spaniens angetrieben wurde. Ein Drama, welches sich an der Todesküste tausendfach abspielte.

Und das kam erschwerend dazu: Das Schweröl an Bord der „Prestige“ zählte zu den giftigsten Destillationsprodukten, die man aus Erdöl gewinnen kann. Es dient als Brennstoff in Schwerölmotoren. Das stark schwefelhaltige Ölprodukt ist biologisch schwer abbaubar und löst sich, vor allem in Wasser, kaum auf. Es ist schwarzes Gift!

Nicht das erste Mal!

Der Untergang der „Prestige“ ist jedoch nicht die erste Tankerkatastrophe, welche eine umfassende Ölpest ausgelöst hat: Als am 24. März 1989 vor Alaska die „Exxon Valdez“ auf ein Riff lief und rund 42.000 Tonnen Öl frei wurden, war die Weltöffentlichkeit aufgerüttelt worden. Schließlich handelte es sich dabei um die bis dahin größte Umweltkatastrophe in der Geschichte der USA. Am 15. Februar 1996 war es wieder so weit: Der unter der berüchtigten liberianischen Flagge laufende 147.000-Tonnen-Supertanker „Sea Empress" war vor der Küste von Wales auf Grund gelaufen. Über 70.000 Tonnen Öl flossen aus und verursachten ein Vogelsterben sondergleichen.

Am Anfang stand die Titanic

Und jetzt die „Prestige"! Sie war jedoch nur das letzte Glied in einer Kette von Schiffs-Großkatastrophen, an deren Anfang der Untergang der Titanic steht. Diese war das größte Passagierschiff ihrer Zeit und galt als absolut unsinkbar. Bereits bei ihrer Jungfernfahrt am 10. April 1912 kam es jedoch zu einer Kollision mit einem Eisberg vor der Küste Neufundlands. Weil eine zu geringe Zahl von Rettungsbooten vorhanden war, fanden damals rund 1.500 Passagiere den Tod in den eisigen Fluten des Atlantiks.

Normale Katastrophen

In seinem Buch „Normale Katastrophen – die unvermeidlichen Risiken der Großtechnik" hat sich der amerikanische Universitätsprofessor *Charles Perrow* auch intensiv mit dem Thema „Schiffsunfälle" befasst. Er geht davon aus, dass die Unfälle in großtechnischen Systemen nie allein die Schuld menschlichen Versagens sind, wie uns das oft weisgemacht wird. Jede Katastrophe ist vielmehr ein erzwungener Fehler, wie er in hochkomplexen Großtechnologien als logische Konsequenz auftreten muss. Vor allem dann, wenn die elementaren Sicherheitsvorkehrungen, wie im Falle der „Prestige", nicht eingehalten wurden.

Fluch des schwarzen Goldes!

Die Ursachen für die heutigen Schiffskatastrophen sind – neben technischen Mängeln – vor allem Einsparungsgründe auf allen Sektoren. Denn der Profit steht an erster Stelle bei den Öltankern unter Billigflagge. Alte seeuntüchtige Riesentanker, unqualifizierte Mannschaften und mangelnde Sicherheit, das sind die Todsünden eines gnadenlosen Wettbewerbes auf unseren Weltmeeren. Damit wird schmutziges Geld um jeden Preis gemacht – auf Kosten der Sicherheit und der Umwelt!

Über dem Erdöl, dem schwarzen Gold, wie es oft bezeichnet wird, liegt förmlich ein Fluch. Gerade an diesem Beispiel sollten wir jedoch die enge Verzahnung zwischen dem modernen Katastrophen- und Umweltschutz erkennen!

21.4 Vom guten und schlechten Ozon

Vor allem in den Sommermonaten ist das Ozon – im wahrsten Sinn des Wortes – in aller Munde. Die Medien berichten dann über dieses aggressive Gas in immer kürzeren Abständen. Dabei wird jedoch stets sogenanntes gutes und schlechtes Ozon unterschieden. Was hat es damit auf sich?

Ozon als Gift

In der Fremdenverkehrswerbung der Siebzigerjahre machte man noch mit ozonreicher Luft, welche sich vor allem in ausgedehnten Wäldern befinden sollte, Reklame. Sie würde besonders gut auf Bronchien und Lungen wirken. Schon damals wussten viele Feuerwehrmänner, dass dies ein echter Humbug war. Denn in den Giftlisten wurde Ozon als besonders aggressives Gas geführt. Der MAK-Wert liegt gefährlich tief, und zwar bei 0,1 ppm. Im Vergleich dazu: Kohlenmonoxid besitzt eine maximal zulässige Arbeitsplatz-Konzentration von 30 ppm!

Chemisch gesehen!

Chemisch gesehen besteht Ozon aus Molekülen, welche aus drei Sauerstoffatomen (O_3) zusammengesetzt sind. Es ist sehr reaktionsfreudig, weil es in herkömmlichen Sauerstoff (O_2) und in atomaren Sauerstoff (O) zerfallen kann. Dieser atomare Sauerstoff in *statu nascendi* (im Augenblick des Entstehens) ist jedoch äußerst aggressiv. In den letzten Jahrzehnten ist nun der bodennahe Ozonanteil – vor allem in den Ballungszentren – geradezu explosiv angestiegen. In den österreichischen Großstädten erreichten in den letzten Jahren die Konzentrationen vielfach die festgelegten Vorwarnstufen. Werte also, die bei Kindern, Asthmakranken und sogar gesunden Erwachsenen bereits Gesundheitsbeschwerden hervorrufen können.

Wie das schlechte Ozon entsteht

Wie entsteht aber dieses „schlechte" Ozon? Für die Bildung des gefährlichen bodennahen Reizgases ist Sonnenlicht und vor allem die Anwesenheit von Stickoxiden, welche katalytisch wirken, verantwortlich. Diese entstehen hauptsächlich als Emissionsprodukte bei industriellen Vorgängen und im Verkehr. Das vielfach in Diskussion gestandene sogenannte schadstoffarme „Sommerbenzin" soll hier angeblich eine gewisse Abhilfe schaffen können.

Schutzmantel der Erde

In den letzten Jahren zeigt sich aber ein seltsames Phänomen: Der ständigen Zunahme des schädigenden Ozons in Bodennähe steht nämlich ein vermehrter Abbau des stratosphärischen, „guten" Ozons gegenüber. In zehn bis fünfzehn Kilometer Höhe, in der Stratosphäre, ist diese Substanz nämlich alles andere als ein Schadstoff. Es umgibt unseren Planeten wie einen schützenden Mantel und filtert die gefährlichen ultravioletten Strahlen der Sonne. Ohne diesen Schutz wäre ein Leben auf der Erde unmöglich.

Wie die gefährlichen Sonnenstrahlen die zerstörte Ozonschichte der Atmosphäre durchdringen.
(Scheatische. Darstellung: Bild der Wissenschaften)

Ozonloch

Bereits Mitte der Siebzigerjahre machten britische Atmosphärenforscher eine interessante Entdeckung: Über der Antarktis zeigte sich vor allem während der Frühlings- und Sommermonate stets eine bedenkliche Abnahme der Ozonkonzentration, das so genannte Ozonloch war entdeckt worden. Einige Jahre später konnte man ein ähnliches Phänomen auch über dem Nordpol nachweisen und in den folgenden Jahren verschärfte sich die Situation immer mehr. Heute sind viele Länder – vor allem in größeren geographischen Breiten – bereits durch verstärkte UV-B-Einstrahlung bedroht und im Jahre 2006 hatte das Ozonloch seine größte Ausdehnung seit seiner Entdeckung.

„Burntime" und freies Dekolleté

Besonders besorgniserregende Meldungen erreichen uns heute schon aus Neuseeland und Australien. Zum Selbstschutz der Bevölkerung wird dort bereits in der abendlichen Wettervorschau im Fernsehen in einem Insert die so genannte burntime (Zeit des Brennens) gezeigt. Es ist dies jene Zeit, die ein Mensch am folgenden Tag – vor allem während der Mittagsstunden – ungeschützt im Freien verbringen darf. Nur im Winter wird auf diesen Hinweis verzichtet. Will oder muss jemand länger im Freien bleiben, wird empfohlen, dies nicht ohne Schutz zu tun. Breitkrempige Hüte, Legionärskappen (Kopfbedeckungen mit Nackenschutz), Sonnenbrillen und züchtig geschlossene Kleidung prägen vor allem bei hohen Außentemperaturen zunehmend das Straßenbild in den Städten. Freie Dekolletés und Shorts verschwinden zusehends. Der große Verkaufsschlager sind Hautcreme-Produkte mit Schutzfaktoren bis 100 und mehr. Trotzdem sagen Dermatologen voraus, dass zwei von drei Bewohnern Neuseelands und Australiens im Laufe ihres Lebens an Hautkrebs erkranken werden!

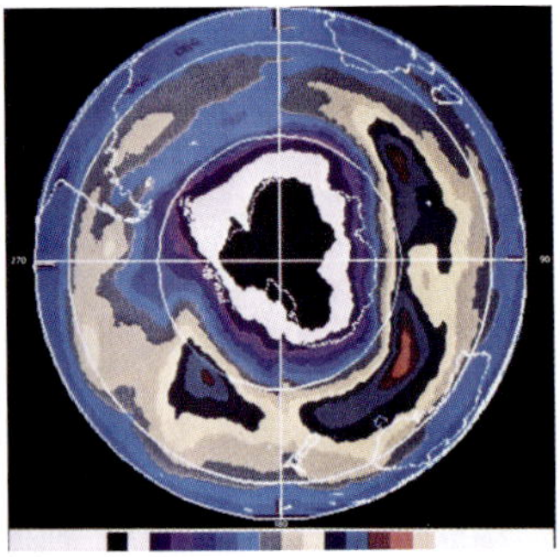

Das Ozonloch über der Antarktis, anschaulich dargestellt.
(Darstellung: Bild der Wissenschaften)

FCKW und Halone

Eines sollten wir erkennen: Was in Australien und Neuseeland heute bereits aktuell ist, kommt morgen in unsere Breiten. Grund genug, um die Ursache der Ozonzerstörung weiter zu erforschen und weltweit zu bekämpfen. Als Hauptverursacher dieser katastrophalen Entwicklung ist ja bereits die chemische Familie der Fluor-Chlor-Kohlenwasserstoffe (FCKW), die in erster Linie als Treib- und Kühlmittel verwendet wurden, entlarvt worden. Sie können in die Stratosphäre gelangen, wo ihre Moleküle durch UV-Strahlung aufgespalten werden. Dabei entstehen freie Chloratome, welche auf katalytische Weise Ozon vernichten. Besonders gefährlich sind aber bromierte Kohlenwasserstoffe, wie die als Löschmittel lange Zeit verwendeten Halone. Sie sind wahre Ozonkiller und sollen bereits für 30 Prozent der gesamten Ozonzerstörung in der Stratosphäre verantwortlich sein.

Es geht ums Klima!

Am 28. und 29. Juni 1988 fand im sonnenreichen Schweizer Tessin eine brisante Veranstaltung statt. Tagungsort war der Palazzo dei Congressi in Lugano. Thema: „Das Löschmittel Halon und die Umwelt". Es war die erste derartige Tagung über dieses aktuelle Thema und ich ließ es mir nicht entgehen, daran teilzunehmen. Und so startete ich meinen BMW und fuhr mit *Ernelinde Klima*, meiner treuen Lebensgefährtin, in die Südschweiz. Ihre „Teilnahme" war damals fast verpflichtend, denn schließlich ging es ja im weitesten Sinn des Wortes um das Klima.

Wendepunkt in der Halonpolitik

Mehr als 200 Teilnehmer aus über 20 Ländern waren – und das nicht bei minderen Preisen – an den Lago di Lugano gekommen. Als Veranstalter fungierte der rührige Schweizer Brand-Verhütungs-Dienst (BVD) in Zusammenarbeit mit der amerikanischen National Fire Protection Association (NFPA). Das dicht gedrängte Programm, welches übrigens mit schweizerischer Exaktheit abgewickelt wurde, behandelte folgende Schwerpunkte:

- Die Herausforderung durch den Umweltschutz,

- Strategien beim Einsatz von Halon,
- Möglichkeiten und Grenzen von Alternativen zum Halon und
- Verbrauchsreduktionen in bestehenden Anlagen.

Abschließend fand eine Podiums- und Plenardiskussion unter dem Titel „Die Zukunft des Halons" statt. Diese geballte Ladung an Fachinformation wurde in den drei Tagungssprachen Englisch, Französisch und Deutsch mit Simultanübersetzung angeboten. Das Thema dieser Veranstaltung hat mich wie kaum bei einer anderen Tagung fachlich außerordentlich gefesselt und sie war ein Wendepunkt in der internationalen Halonpolitik.

Grundlegende Brand- und Löschversuche

Bei der Halontagung in Lugano referierte auch *Dipl.-Ing. Thorsten Prößdorf* von der Allianz-Versicherung in Deutschland. Er berichtete von maßstabsgetreuen Brand- und Löschversuchen an EDV-Anlagen und löschtechnischen Alternativmaßnahmen. Damals hatte das Allianz Brandschutz Service in München noch die wirtschaftliche Möglichkeit, sich ein eigenes Brandversuchszentrum zu leisten, in welchem viele Jahre grundlegende Brand- und Löschversuche durchgeführt wurden. Und das Wichtige: Dabei konnte bewiesen werden, dass es vor allem bei stationären Anlagen auch ohne die ozonschädigenden Halone geht!

Dokumentation „Halone im Kreuzfeuer"

Nach diesem Kongress leitete ich eine Informationskampagne in unserer Zeitschrift BLAULICHT ein und verfasste eine vierteilige Artikelserie unter dem Titel „Halone im Kreuzfeuer". In dieser umfassenden Dokumentation befasste ich mich mit folgenden Schwerpunkten:

- Entwicklungsgeschichte der Halone, chemischen Aufbau und Löschwirkung.
- Eigenschaften der FCKW und Mechanismus der Ozonschädigung.
- Verwendung der FCKW und Montrealer Abkommen.
- Erkenntnisse und Zukunftsaspekte.

Ohne Halone geht es auch!

Außerdem plante ich, *Thorsten Prößdorf* nach Graz zu einem Gastvortrag einzuladen. Doch dieser war nicht abkömmlich und schickte mir seinen Versuchsleiter bei Allianz. Es war *Dipl.-Ing. Christoph Kainz*, ein umgänglicher, humorvoller Bayer und darüber hinaus hervorragender Vortragender. Er wurde übrigens später Geschäftsführer bei der Firma WAGNER Alarm- und Sicherungssysteme GmbH in München und hat an vielen innovativen Entwicklungen dieser Firma maßgeblich mitgearbeitet. Zu *Christoph* verbindet mich seit seinem ersten Auftreten in Graz eine langjährige, intensive Freundschaft und er hat uns damals überzeugt, dass man auch ohne Halone einen intelligenten Brandschutz, vor allem in EDV-Anlagen, aufbauen kann.

Seminare „Brandschutz in EDV-Anlagen“

Die Halontagung in Lugano und die speziellen Referate von *Christoph Kainz* in Graz hatten mich bestärkt, neue Wege vor allem im Bereich des Brandschutzes in EDV-Anlagen zu gehen. Ich war damals auch für die Brandschutzseminare bei der Österreichischen Akademie für Führungskräfte (ÖAF) in Graz zuständig und organisierte daher ab Mai 1990 eine neue Seminarreihe unter dem Titel „Brandschutz in EDV-Anlagen“, welche ich mit dem Leiter der Prüfstelle für Brandschutztechnik des ÖBFV, *OBR Dipl.-Ing. Wolfgang Steinkellner*, und meinem Stellvertreter *BR Franz-Karl Planinsic* durchführte. Sie wurden ein großer Erfolg und waren richtungsweisend für die Zukunft. Heute behandeln wir unter anderem diese Thematik beim Brandschutzforum Austria im Rahmen der Fortbildung unserer Brandschutzbeauftragten und Feuerwehrexperten in Graz.

Es geht heute auch ohne den „Ozonkiller“ Halon, da bereits eine Reihe von Ersatzlöschmitteln entwickelt wurde.

Halonverbot

Zusammenfassend kann gesagt werden: Heute sind in vielen europäischen Ländern, wie in Österreich, die Halone bereits verboten. Eine Maßnahme, welche kurzfristig zum Teil einschneidende Folgen für den Brandschutz (vor allem in elektronischen und elektrischen Anlagen) hatte und von vielen Feuerwehrmännern und Brandschutztechnikern nur widerwillig goutiert wurde. Leider ist dieses Verbot für unsere Zukunft unumgänglich, denn Ozon ist ein Gas mit zwei Seiten, einer lebenswichtigen und einer lebensbedrohenden. Das ist die Kurzgeschichte vom „guten" und „bösen" Ozon!

21.5 Raumschiff Erde

Am Neujahrstag 2009 waren fast 6,8 Milliarden Menschen auf der Erde. Das gab die deutsche „Stiftung Weltbevölkerung" bekannt. Jede Sekunde kommen demnach 2,6 Erdenbürger hinzu. Das sind 1,5 Millionen pro Woche und mehr als 80 Millionen im Jahr. Die 7-Milliarden-Grenze wird ziemlich sicher im Jahre 2013 überschritten. Kann die Menschheit eine derartige Bevölkerungsexplosion beherrschen? Das ist eine der wichtigen Fragen zum Überleben auf unserem blauen Planeten.

Formeln zur Macht

Bereits im Jahre 1967 hat der deutsche Physiker *Wilhelm Fucks* ein kleines Büchlein unter dem Titel „Formeln zur Macht" herausgegeben. Darin hat er unter Anwendung mathematischer Methoden eine revolutionäre Prognose der Verteilung wirtschaftlicher und politischer Macht in der Welt von morgen erstellt. Ich habe damals dieses Buch ebenfalls mit Interesse gelesen und jetzt wieder darin geschmökert. *Fucks* hat darin vor 40 Jahren auch erstmals eine Hochrechnung der Weltbevölkerung versucht und unsere heutigen demoskopischen Daten verblüffend genau vorausgesagt.

Zwei historische Zweifler

Bereits im Jahre 1798 hat der englische Nationalökonom und Sozialphilosoph *Thomas Malthus* in seiner Streitschrift „An essay on the principle of populations" das menschliche Elend seiner Zeit auf das sprunghafte Anwachsen der Bevölkerung zurückgeführt. Auch der im Jahre 1894 geborene *Aldous Huxley*, der durch seinen utopischen Roman „Schöne neue Welt" allgemein bekannt wurde, hat bereits in der Fünfzigerjahren vor der Übervölkerung als der größten Krise in der gesamten Geschichte der Menschheit gewarnt. Rückblickend können diese beiden Gelehrten quasi als erste historische Zweifler an unserer Menschheitsentwicklung angesehen werden.

Gefährliche Superlative

Der Mensch hat in seiner langen Entwicklungsgeschichte anscheinend das biblische Wort „Seid fruchtbar und mehret euch" nur allzu wörtlich genommen. Der ursprüngliche göttliche Befehl, der die Überlebenschance der menschlichen Gattung sichern sollte, ist heute jedoch bereits zu einem tödlichen Fluch geworden. *Heinz Haber* schreibt dazu in seinem Buch „Stirbt der blaue Planet?": „Es hat sich auf der Erde eine Superbevölkerung aufgetürmt, mit einer Superlandwirtschaft, einer Superindustrie und einer Superenergiewirtschaft". Zwischen diesen ist eine enge Verzahnung und Wechselwirkung gegeben. Auf jeden Fall hat die steil anwachsende Zahl der Menschen auf der Erde dazu geführt, dass diese Superwirtschaften in einem immer stärker reißenden Tempo – mit ihren Superproblemen im Bereich des Umweltschutzes – mitwachsen müssen. Wir leben heute in einer Welt der gefährlichen Superlative!

Wachstum: das goldene Kalb!

Vor allem unsere westliche Zivilisation sah und sieht vielfach noch immer die Zuwachsrate als einen echten Fortschritt und als das Maß aller Dinge. Wachstum der Bevölkerung und damit der zukünftigen Kundenzahl, Wachstum des Industrieaufkommens, Wachstum der Städte, der Autobahnen, der Zeitungsauflagen und der Zahl der Flugzeugpassagiere. Ja, Wachstum ist das goldene Kalb, um welches wir noch immer in einer überheblichen und selbstzerstörerischen Verblendung herumtanzen. Wir sollten jedoch erkennen: Diese Entwicklung gleicht einer tödlichen Spirale, welche unsere Umwelt zerstört und damit den Menschen selbst.

Die Lilie am 28. Tag

Es gibt ein französisches Kinderlied, das Wasserlilien auf einem Teich besingt. Sie wachsen so schnell, dass sie sich täglich verdoppeln. Nach 30 Tagen werden sie das gesamte Gewässer bedecken und alles Leben darin ersticken. Nun ist am 28. Tag ein Viertel des Teiches mit Lilien bewachsen. Der augenblickliche Betrachter erkennt zu diesem Zeitpunkt keine Gefahr, aber schon zwei Tage später werden alle Lebewesen im Teich erstickt, weil er vollständig zugewachsen ist.

Die Menschheit befindet sich heute im Sinne dieses Gleichnisses bereits am 28. oder 29. Tag ihrer Entwicklung. Über sechs Milliarden Menschen bevölkern derzeit unseren Planeten und der Zuwachs geht nicht linear, sondern exponentiell (wie bei den Wasserlilien) vor sich. Wenn nichts dagegen getan wird, muss es in absehbarer Zeit zur Katastrophe kommen!

Drei Untergangsszenarien

Man hat sich schon seit langem die Frage gestellt, wodurch die Existenz des Menschen auf der Erde ihr Ende finden könnte. Es sind im Wesentlichen drei Szenarien, die allesamt katastrophal, erschreckend und unmenschlich sind. Das erste scheint vielleicht sehr weit hergeholt: Es ist kosmischer Natur, wie beispielsweise der Einschlag eines großen Meteoriten oder das Hereinbrechen einer neuen Eiszeit. Das zweite wäre eine Art Superpest, also eine weltumspannende Pandemie, durch welche die Menschheit dahingerafft werden könnte. Die Mikroorganismen stellen nämlich noch immer unseren gefährlichsten Gegner im Kampf um die Vorherrschaft auf diesem Planeten dar. Das dritte Szenarium wäre schließlich die Selbstvernichtung der Menschheit durch einen nuklearen Weltkrieg mit einer völligen radioaktiven Verwüstung unseres Lebensraumes.

Hans Hass

Der bekannte österreichische Biologe, Zoologe und Ichthyologe *Hans Hass*, der durch seine Dokumentarfilme über die Haie und unsere Weltmeere sowie seinen Einsatz für den Umweltschutz bekannt wurde, definiert als die drei größten Gefahren des 21. Jahrhunderts die Massenvermehrung des Menschen, das zum Götzen ernannte Wirtschaftswachstum und die Kernenergie. Er fordert, dass die explosionsartige menschliche Vermehrung jetzt auf Null gebracht werden muss und nicht in 20 Jahren! Dabei stellt er radikale Thesen auf. Die Kernenergie muss dem Menschen, seiner Meinung nach, vollkommen aus der Hand genommen werden. Denn der Mensch ist nicht mündig und nicht kompetent, mit den furchtbaren Kräften der Atomenergie zu hantieren.

Unsere Wünsche beschränken!

Nach *Hans Hass* müsste der Mensch vor allem seine rücksichtslose Begierde nach Wunscherfüllung radikal einschränken und es sollte so rasch als möglich vernünftiger gewirtschaftet werden. „Unsere Kinder werden nicht glücklicher, wenn ihnen 20.000 unterschiedliche Teddy-Bären und Spielzeuge angeboten werden!“, sagt der bekannte Unterwasserforscher. Weiteres Zitat: „Der Mensch muss sich mit der übrigen Natur wieder in einen Zustand des Gleichgewichts bringen und aufhören, sich auf ständige Genusssteigerung als Lebensinhalt zu fixieren. Wir müssen nicht nur unsere Bevölkerungszahl, sondern dringend auch unsere Wünsche beschränken!“.

Trübe Aussichten

Die Menschheit ist also in die Wachstumsfalle getappt und am besten Wege, dabei unseren Planeten Erde gnadenlos auszubeuten. Durch den ungehemmten und ständig aktiven Sexualtrieb des Menschen kommt es dazu vor allem in den Entwicklungsländern zu einer gewaltigen Bevölkerungsexplosion und den heute nicht mehr zu bewältigenden Migrationsproblemen. Sie ist für die Menschheit und unsere Umwelt mindestens genauso gefährlich wie eine Klimakatastrophe. Wir müssen endlich erkennen, dass das Raumschiff Erde nur begrenzte Ressourcen besitzt und daher ein sich potenzierendes Wachstum der Menschheit unweigerlich zum Tod des blauen Planeten führen muss.

Epilog

Kleines Nachwort

Die letzte Stimme, die man hört,
bevor die Welt explodiert,
wird die Stimme eines Experten sein, der sagt:
„Das ist technisch unmöglich!"
Sir Peter Ustinov

In seinen „Italienischen Reisen" schreibt *Johann Wolfgang von Goethe*: „So eine Arbeit wird eigentlich nie fertig. Man muss sie für fertig erklären, wenn man nach Zeit und Umständen das Mögliche getan hat!" Und so geht es mir auch mit meinen Memoiren: Wie oft habe ich mir schon ihre Fertigstellung vorgenommen und diese auch bereits angekündigt. Jetzt ist es aber so weit! Mit unserer großen Jubiläumsfeier am 2. April 2009 muss mein Lebensbericht fertig sein. Denn ich habe die große Angst, dass mir die Zeit davonläuft!

Historische und fachliche Dokumentation

In einem Kompendium von über 600 Seiten habe ich hier nun versucht, vor allem mein berufliches Leben mit der spannenden Entwicklung des Brand-, Katastrophen-, Zivil- und Umweltschutzes der letzten Jahrzehnte in Verbindung zu bringen. Diese Unterlage stellt deswegen eine kleine, aber hoffentlich nicht völlig unbedeutende historische und fachliche Dokumentation dar, weil sie fast alle Themen der Security und Safety unserer hoch technisierten Zeit behandelt. Ich habe auch versucht, komplizierte Zusammenhänge verständlich, spannend und fallweise in einfachen Vergleichen für meine Leser darzustellen. Wenn darunter die Wissenschaftlichkeit etwas gelitten hat, möge man mir das im Sinne einer guten Lesbarkeit verzeihen.

Als „Prediger" unterwegs

Natürlich stelle ich dabei meine eigene Meinung in den Vordergrund, welche sicher nicht von allen meinen Lesern geteilt wird. Ich möchte auch nicht als Besserwisser und Moralist gelten, obwohl ich bei vielen privaten und betrieblichen Feiern stets als „Prediger" aufgetreten bin. Und dabei habe ich so manchem meiner „Schäfchen" im Sinne des unvergesslichen *Abraham a Sancta Clara* die Leviten gelesen. Auch beruflich bin ich seit meiner Hochschulzeit ein begeisterter Lehrer und Erwachsenenausbildner und habe in meiner Aktivzeit weit über 100.000 Menschen ausgebildet und geschult. Da ich dabei auch manchmal sehr weit gereist bin, haben mich meine Freunde einmal als den größten „Wanderprediger aller Zeiten" im Sinne der Sicherheit bezeichnet.

Als „Prediger" habe ich so manchem meiner Freunde die Leviten gelesen.

Eine Art Vergangenheitsbewältigung

Ich hoffe auch, durch die Veröffentlichung meiner Lebensbeichte niemanden beleidigt zu haben. Billige Rache war nie im Sinn meines Strebens, aber ich habe beim Schreiben dieser Zeilen feststellen müssen, dass ich so manches einschneidende Ereignis in meinem Leben noch immer nicht richtig verarbeitet habe. In diesem Sinne stellen diese Memoiren auch eine Art Vergangenheitsbewältigung dar. Ich habe einfach versucht, mir die noch offenen Probleme – in kritischer und der mir eigenen freisinnigen Weise – von der Seele zu schreiben.

Die Welt – ein vernetztes System

Mein Ziel war es dabei, den weiten Bogen von meiner kleinen, persönlichen Welt und den Erfahrungen, welche ich als Feuerwehrmann, Zivil- und Katastrophenschützer und begeisterter Erwachsenenausbildner gemacht habe, bis hin zur großen Weltpolitik zu spannen. Denn unsere Welt ist heute ein vernetztes System, wie es der bekannte Biochemiker, Umweltschützer und Publizist *Friedrich Vester* schon vor 25 Jahren in einem seiner Bestseller festgestellt hat.

Ein Psychotherapeut warnt

Dabei muss man sowohl von totalitärem Wissensanspruch als auch von überbordendem Spezialistentum Abstand nehmen. Diese weisen Worte stammen von dem mir sehr verehrten Wiener Psychotherapeuten und Gründer der Logotherapie, *Viktor E. Frankl.* Er hat sie unter anderem in seiner Festrede zur 600-Jahr-Feier der Wiener Universität, der Alma mater Rudolphina, im Jahre 1965, bei welcher ich als Student anwesend sein durfte, festgehalten.

Nach *Viktor Frankl* müssen wir uns also stets vor den „terribles simplifikateurs", die alles über einen Leisten schlagen wollen, als auch von den sogenannten Superexperten, im Sinne des Eingangszitates von *Sir Peter Ustinov*, hüten.

Der Ast der eigenen Sicherheit

Ich habe schon vor über 40 Jahren eine Karikatur gezeichnet, welche nun von der Grazer Grafikerin *Anna Geiger* künstlerisch als Titelbild dieses Epilogs wesentlich verbessert wurde. Sie zeigt einen Mann, der mit der „Säge der Technik" den „Ast der eigenen Sicherheit", auf dem er sitzt, so ungeschickt absägt, dass er unweigerlich in die Tiefe stürzen muss. Dieses Synonym habe ich in meinen umfassenden Ausführungen stets vor Augen gehabt und habe versucht, mit meinen oft ungehörten Kassandrarufen vor „Trojanischen Pferden" zu warnen.

Der moderne Turmbau zu Babel ist eines der „Trojanischen Pferde", welches die Menschheit bedroht.

Ich werde dies auch in der Zukunft tun, so lange, bis mich der Herrgott von dieser verdammt schönen Welt abberufen sollte, und nach dem Motto des berühmten österreichischen Physikers *Ludwig Boltzmann* für mehr Sicherheit kämpfen:

„*Bring vor, was wahr ist,*
schreib so, dass es klar ist,
und verficht's, bis es mit dir gar ist!"

Verwendete wichtige Abkürzungen

ABI	Abschnittsbrandinspektor
BD	Branddirektor
BI	Brandinspektor
BLEVE	Boiling Liquid Expanding Vapour Explosion
BFK	Bezirksfeueuerwehrkommandant
BM	Brandmeister
BMfI	Bundesministerium für Inneres (heute BMI)
BR	Brandrat
BSB	Brandschutzbeauftragter
BTF	Betriebsfeuerwehr
Dr. phil.	Doktor der Philosophie
EMB-3	Elektrometer-Batteriegerät mit 3 Messbereichen
FWZS	Feuerwehr- und Zivilschutzschule Steiermark
FCKW	Fluorierte Chlorierte Kohlenwasserstoffe
FT	Feuerwehrtechniker
GAU	Größter Anzunehmender Unfall
HBI	Hauptbrandinspektor
HR	Hofrat
IAEO	Internationale Atomenergie-Organisation
LBD	Landesbranddirektor
LFI	Landesfeuerwehrinspektor
MET	Modell für Effekte mit toxischen Gasen
NFBA	National Fire Protection Association
ÖAF	Österreichische Akademie für Führungskräfte
OBI	Oberbrandinspektor
OBM	Oberbrandmeister
OBR	Oberbrandrat
OSR	Obersenatsrat
ÖVE	Richtlinien des Österreichischen Verbandes für Elektrotechnik
ÖBFV	Österreichischer Bundesfeuerwehrverband
ÖMV	Österreichische Mineralöl-Verwaltung
ÖZSV	Österreichischer Zivilschutzverband
SR	Senatsrat
VEÖ	Verband der Elektrizitätsunternehmen Österreichs

BASS. B. und JEFFERSON J.: Der Knochenfresser – der Gründer der legendären Body-Farm erzählt; Goldmann Taschenbücher, München, 2006.

BEIER B.: Dauerbrenner Kaprun – Was ist geschehen? Wie geht es weiter? Kommentare zur Jahrhundertkatastrophe; 8. Internationales Aprilsymposion 2007; Edition Brandschutzforum, 2007.

BRAUNER C.: Das verdrängte Risiko – Können wir Katastrophen verhindern?, Verlag Herder, Freiburg, 1990.

BREITEGGER H.: Die großen Kriminalfälle der Steiermark (Der Mordfall Hedi Pratl); Verlag Styria, Graz-Wien-Köln, 2000.

Bundesministerium für Forschung und Technologie (BRD): Deutsche Risikostudie; August 1979.

Bundesministerium für öffentliche Wirtschaft und Verkehr: Transport gefährlicher Güter; Fachgespräche Lofer 1985.

Bundesministerium für öffentliche Wirtschaft und Verkehr: Transport gefährlicher Güter durch Straßentunnel und über Kunstbauten; Fachgespräche Innsbruck 1986.

Bundesministerium für öffentliche Wirtschaft und Verkehr: Gefahrgutdialog 1987 – Mehr Sicherheit für unsere Mitbürger und die Umwelt; Bad Hofgastein 1987.

Bundesministerium für öffentliche Wirtschaft und Verkehr: Lagerung von Druckgaspackungen, Bundesverordnung 435/1982.

Bundesministerium für öffentliche Wirtschaft und Verkehr: Lagerung von Druckgaspackungen, die mehr als 45 vH oder mehr als 250 Gramm brennbare Stoffe enthalten, in gewerblichen Betriebsanlagen; Bundesverordnung 651/1988.

CAPRA F.: Wendezeit: Bausteine für ein neues Weltbild; Knaur Verlag, München, 1988.

CAPRA F.: Das Tao der Physik; Scherz Verlag, Bern-München-Wien, 1987.

CAPRA F.: Das Neue Denken; Scherz Verlag, Bern-München-Wien, 1990.

CARSON R.: Der stumme Frühling (Silent spring); Büchergilde Gutenberg, Frankfurt – Wien/Zürich, 1965.

CIMOLINO U. und andere: Einsatz- und Abschnittsleitung – Das Einsatz-Führungs-System (EFS); ecomed-Verlag, Landsberg, 2003.

DANNINGER-SORIAT E.: Dauerbrenner Kaprun – Was ist geschehen? Wie geht es weiter? Die Jahrhundertkatastrophe aus der Sicht der Staatsanwältin; 8. Internationales Aprilsymposion 2007; Edition Brandschutzforum, 2007.

DAVIS L.: Das große Lexikon der Naturkatastrophen – Erdbeben, Überschwemmungen, Lawinen, Stürme, Vulkanausbrüche, Seuchen, Meteoriteneinschläge; V. F. SAMMLER; Graz, 2003.

DEGLER H.-D. und UENTZELMANN D.: Supergift Dioxin – Der unheimliche Killer; Spiegel-Verlag, Hamburg, 1984.

DEMMIG F., HARMSEN D.-M. und SAUR K.-F.: Kernexplosionen und ihre Wirkungen, mit einer Einleitung von Carl Friedrich von Weizsäcker; Fischer Bücherei KG, Frankfurt am Main und Hamburg, 1961.

DOMBROWSKY W.: Katastrophen-Produktion; Zivilverteidigung 2/1980.

EWE T.: Das Ozon-Drama; „bild der wissenschaft“, Heft 6/1988.

Explosionskatastrophe in Bruchköbel, Hessen; 112 – Magazin für den Feuerwehrmann, Heft 5/1982.

FAMOUS WRITERS SCHOOL (Schule des Schreibens): Grundsätze des guten Schreibens; München, 1969.

FORRESTER JAY W.: Der teuflische Regelkreis; Deutsche Verlags-Anstalt, Stuttgart, 1972.

FUCKS W.: Formeln zur Macht – Prognosen über Völker, Wirtschaft und Potentiale; rororo Sachbuch Nr. 6601, Stuttgart, 1967.

Gesellschaft für Strahlen- und Umweltforschung mbH München: Dioxin – durch die Hintertür in die Umwelt; Magazin, 1985.

GLADSTONE F.: Die Wirkungen der Kernwaffen, 2. Auflage, Carl Heymanns Verlag KG, 1956.

GRIESER D.: Sternstunden der Wissenschaft, Österreichische Genies von Gregor Mendel bis Lise Meitner; Heyne Verlag, München, 2001.

GRUPP H.: „Der Delphi-Report – Innovationen für unsere Zukunft“, Deutsche Verlags-Anstalt, Stuttgart, 1995.

HABER H.: Stirbt unser blauer Planet?; Rowohlt, 1973.

HABER H.: Unser Freund das Atom; Film von Walt Disney, 1958.

HEMMER H.: Der Österreich-Ring – Biographie einer Rennstrecke; Eigenverlag, 1989.

JACH W.: Brand- und Explosionsgefährlichkeit von Spraydosen; VDFB 2/1969:

JELLINEK E. M.: Alcohol Addiction and Chronic Alcoholism, Yale University Press, (New Haven), 1942.

JUNGK R.: Heller als tausend Sonnen – das Schicksal der Atomforscher; Europäischer Buchklub, Stuttgart-Zürich-Salzburg, 1957.

KALI-CHEMIE: Information über Halon 1211 und Halon 1301; Informationsmappe 1988.

KIRNICH J. K.: Brand im Landesnervenkrankenhaus mit tragischen Folgen; BLAULICHT, Heft 7/1990, Graz.

KLINGHOLZ R.: Die Welt nach Maß – Gentechnik-Geschichte Chancen und Risiken; Georg Westermann Verlag, Braunschweig, 1988.

KOCH R. u. VAHRENHOLT F.: Im Ernstfall hilflos? – Wie sicher ist sicher genug?; Kiepenheuer & Witsch, Köln, 1980.

KOHR L.: Das Ende der Großen – Zurück zum menschlichen Maß; Otto Müller Verlag, Salzburg, 2002.

KÖLBL I. und WAGNER S.: Sicherheit contra Billigbau – Brandschutz von der Planung bis zur Gebäudenutzung; Schaden-Prisma, Heft 2/2005.

KORDINA K. UND MEYER-OTTENS C.: Holz-Brandschutz-Handbuch; Deutsche Gesellschaft für Holzforschung, München 1983.

KOREN J.: Die neue Grazer Oper; Festschrift anlässlich des Umbaus der Grazer Oper, 1985.

KUBIZA G.: Deckt Loipersdorf Schwächen im Feuerwehrwesen auf?; BLAULICHT, Heft 11/1983.

LAINZINGER P.: Umgang mit Leichen bei Einsätzen; Skriptum im Rahmen des Sonderseminars „Gefahren durch biologische Agenzien“ vom 27. Mai 1997 bei der Berufsfeuerwehr Graz.

Landesfeuerwehrverband Steiermark: Brandschutz in Hochhäusern (Merkblatt für Steiermark) aus dem Jahre 1999; veröffentlicht in BLAULICHT 3/2001.

LERCH F.: Klimatisierung eines Gasschutzanzuges. Offiziersarbeit bei der Feuerwehr der Stadt Wien, 1972.

LORENZ K.: Die acht Todsünden der zivilisierten Menschheit, Serie Piper, München Zürich, Band 50, 1984.

LURF K.: Mindestabstände bei der Bekämpfung von Bränden in elektrischen Anlagen und deren Nähe; ÖVE-E 32/1965.

MAST H.: ABC-Schutz-Fibel I, Verlag Offene Worte, Bonn 1958.

MEISENBEGER O.: Brand im Unfall-OP des LKH Graz; BLAULICHT, Heft 7/1990, Graz.

MILLA J.: Großbrand auf dem Grazer Messegelände; BLAULICHT, Heft 2/1982, Graz.

OSWALD C.: Internationaler Terror schockt mit neuen Dimensionen: BLAULICHT, Heft 5/1995.

PECCEI A.: Das menschliche Dilemma – Zukunft und Lernen; Verlag Fritz Molden, Wien, 1979. GmbH, München 1994.

PERROW C.: Normale Katastrophen – die unvermeidlichen Risiken der Großtechnik; Campus Verlag, Frankfurt/New York; 1988.

PESTEL E.: Jenseits der Grenzen des Wachstums; DVA Stuttgart, 1988.

POLLHAMMER W.: Die Ö-Ring-Staffel von 1973 bis 2006; unveröffentlichte Darstellung, 2006.

POPPER K.: Alles Leben ist Problemlösen – Über Erkenntnis, Geschichte und Politik; Piper Verlag.

PRÖSSDORF T. und KAINZ C.: Brand- und Löschversuche an EDV-Anlagen; Allianz Risiko Service (Sonderdruck), 1988.

PULM M.: Falsche Taktik – Große Schäden; Kohlhammer Verlag, 3. Auflage, Stuttgart, 2003.

RASMUSSEN N. C.: Wahrscheinlichkeit und Folgen schwerer Reaktorunfälle; Atomwirtschaft, 1976.

RIEHL J.: Rauchgasexplosion: Vier verletzte Feuerwehrangehörige; Brandschutz – Deutsche Feuerwehr-Zeitung, 4/2003.

RUDJ E.: Aerosolpackungen; Schriftenreihe Verpackungspraxis, Heft 10, Bundeskammer der gewerblichen Wirtschaft, Wien.

SCHÄFER C.: Fluor-Chlor-Kohlenwasserstoffe: Wird ein chemischer Segen zum Fluch?; „bild der wissenschaft", heft 2/1988.

SCHÄFER C.: Das Ozonloch wird immer größer; „bild der wissenschaft", Heft 2/1988.

SCHNEIDER J.: Gefahren, Gefährdungsbild und ein Sicherheitskonzept; Vortrag auf der ETH-Tagung 1979, Zürich.

SCHLÄFER H.: Das Taktikschema – Grundlagen der Einsatzführung; Kohlhammer GmbH, 4. Auflage, Stuttgart, 1998.

SCHÖLLHAMMMER F.: Der Brand im Elektronikraum des Kraftwerkes Pleinting der Ilse-Bayernwerk-Energieanlagen GmbH; Mitteilungen der VGB, 1969.

SCHRÖDER H.: Einsatztaktik für den Gruppenführer; Verlag Kohlhammer, Stuttgart, 2002.

SCHUHMACHER E. F.: Die Rückkehr zum menschlichen Maß („Small is beautiful"); Rowohlt, 1977.

SCHWARZ M. und ERDMANN H.: „Atom-Terror: Schurken, Staaten, Terroristen – die neue nukleare Bedrohung", Knaur-Verlag 2004.

SMAGOI H.: Abenteuerliche Hilfsaktion: Graz half Tschernobyl; BLAULICHT, Heft 6/1996.

STEINBAUER E. und WIDETSCHEK O.: Bekämpfung von Kabel- und Transformatorbränden – Ergebnisse von praktischen Versuchen in der Feuerwehr- und Zivilschutzschule Steiermark, ÖZE-Zeitschrift, Heft 9/1978.

STOLARSKI R.: Das Ozonloch über der Antarktis; „Spektrum der Wissenschaft", Heft 3/1988.

STRABLEGG K.: Betriebsfeuerwehren für Großkrankenhäuser; BLAULICHT, Heft 7/1990.

TAYLOR G. R.: Die biologische Zeitbombe – Revolution der modernen Biologie; Fischer Verlag, Frankfurt, 1970.

TRAUBE K.: Müssen wir umschalten?; Reinbeck, 1978.

UNGER J. O. und BENEKE N.: HAUS – eine neue Standardtaktik für den Drehleitereinsatz; „Brandschutz" 10/2005.

UNIVERSITÄT WIEN: Die Sechshundertjahrfeier – offizieller Festbericht; Festrede von Viktor E. Frankl; Selbstverlag, 1965.

VIRTALA V.: Entzündung durch Wärmestrahlung und lang währende Erhitzung auf niedrige Temperatur; VFDB-Zeitschrift, Heft 1/1953.

WEIDENBACH T. und TAPPESER B.: Der achte Tag der Schöpfung; Verlag Kiepenheuer & Witsch, Köln, 1989.

WIDETSCHEK O.: Ein verbesserter Moderatordetektor zur rem-äquivalenten Messung der Neutronendosisleistung im Energiebereich unter 2 MeV; Dissertation am Atominstitut der Österreichischen Hochschulen, Dez. 1966.

WIDETSCHEK O.: Verlorener Strahler; Die Österreichische Feuerwehr, Zeitschrift des ÖBFV, Heft 10/1970.

WIDETSCHEK O.: Qualität des Lebens; Die Österreichische Feuerwehr, Zeitschrift des ÖBFV, Heft 2/1973.

WIDETSCHEK O.: PVC-Brand in einer Lackfabrik, Die Österreichische Feuerwehr, Zeitschrift des ÖBFV, Heft 3/1973.

WIDETSCHEK O.: Eine Nummer zu klein; Die Österreichische Feuerwehr, Zeitschrift des ÖBFV, Heft 10/1973.

WIDETSCHEK O.: Geht die „Kreide-Zeit" zu Ende? Die Österreichische Feuerwehr, Zeitschrift des ÖBFV, Heft 3/1974.

WIDETSCHEK O.: Apropos Hochhausbrände; Die Österreichische Feuerwehr, Zeitschrift des ÖBFV, Heft 7/1974.

WIDETSCHEK O.: Werden die „rollenden Bomben" entschärft? Die Österreichische Feuerwehr, Zeitschrift des ÖBFV, Heft 5/1976.

WIDETSCHEK O.: Stromausfall; Die Österreichische Feuerwehr, Zeitschrift des ÖBFV, Heft 10/1976.

WIDETSCHEK O.: Neue Wege mit Light Water; Steirisches Feuerwehrblatt, Heft 6/1977.

WIDETSCHEK O.: Light Water als Löschmittel; Steirisches Feuerwehrblatt, Heft 6/1977.

WIDETSCHEK O.: Lernen durch Schock? Die Österreichische Feuerwehr, Zeitschrift des ÖBFV, Heft 9/1979.

WIDETSCHEK O.: Giftalarm in Spielfeld; Steirisches Feuerwehrblatt, Heft 9/1979.

WIDETSCHEK O.: Gerngroß-Nachlese; Steirisches Feuerwehrblatt, Heft 10/1979.

WIDETSCHEK O.: Das Drama vom Augarten – Versuch einer Analyse; Steirisches Feuerwehrblatt, Heft 11/1979.

WIDETSCHEK O.: Menschheit am Wendepunkt? Die Österreichische Feuerwehr, Zeitschrift des ÖBFV, Heft 3/1980.

WIDETSCHEK O.: Und der Himmel verfinsterte sich! Die Österreichische Feuerwehr, Zeitschrift des ÖBFV, Heft 7/1980.

WIDETSCHEK O.: Flusssäurealarm; 112 – Magazin für den Feuerwehrmann, Heft 2/1981.

WIDETSCHEK O.: Der Tod tanzte mit! Die Österreichische Feuerwehr, Zeitschrift des ÖBFV, Heft 4/1981.

WIDETSCHEK O.: Menschenrettung unter schwerem Atemschutz; BLAULICHT, Heft 10/1981.

WIDETSCHEK O.: Transport gefährlicher Güter, Leopold Stocker Verlag, 2. Auflage, 1982, Graz.

WIDETSCHEK O.: Phenolunfall in Kärnten; BLAULICHT, Heft 9/1982.

WIDETSCHEK O.: Kirchturmbrand in Lang; BLAULICHT, Heft 11/1982.

WIDETSCHEK O.: Loipersdorf – ein Wendepunkt?; BLAULICHT, Heft 11/1983.

WIDETSCHEK O. und PLANINSIC F.-K.: Flucht- und Rettungshauben – ja oder nein?; BLAULICHT, Heft 3/1983.

WIDETSCHEK O.: Realistische Einsatzübung im Landeskrankenhaus Graz; BLAULICHT, Heft 4 und 5/1983.

WIDETSCHEK O.: Thermalbrand in Loipersdorf; „Magazin der Feuerwehr“, Heft 2/1984.

WIDETSCHEK O.: Wie gefährlich sind Askarele? – Brand in einem Grazer Umspannwerk; BLAULICHT, Heft 5/1984.

WIDETSCHEK O.: Die Bekämpfung von Transformatorbränden; BLAULICHT, Heft 6/1984.

WIDETSCHEK O.: Das neue Lernen im Feuerwehrwesen; BLAULICHT, Heft 10 und 11/1984.

WIDETSCHEK O.: Physiologische Aspekte bei Gasschutzanzügen; BLAULICHT, Heft 1/1985.

WIDETSCHEK O.: Technische Katastrophen; BLAULICHT, Heft 3/1985.

WIDETSCHEK O.: Löschmittel für die Brandbekämpfung in Elektronikanlagen; BLAULICHT, Heft 1/1986.

WIDETSCHEK O.: Brandbekämpfung im Elektroversorgungsunternehmen; BLAULICHT, Heft 3/1986.

WIDETSCHEK O..: Möglichkeiten und Grenzen der Evakuierung in Krankenhäusern – Konsequenzen für den Brandschutz, Referat anlässlich des 7. Internationalen Brandschutz-Seminars der VFDB 1984 in Wien; BLAULICHT, Heft 12/1986.

WIDETSCHEK O.: Am Beispiel des Plabutschtunnels; BLAULICHT, Heft 9/1987.

WIDETSCHEK O.: Feuer im Hotel; BLAULICHT, Heft 6/1988.

WIDETSCHEK O.: Artikelserie „Halone im Kreuzfeuer"; BLAULICHT, Heft 8-11/1988.

WIDETSCHEK O.: Feuer im Krankenhaus; BLAULICHT, Heft 7/1990.

WIDETSCHEK O.: Im Vorzimmer der Hölle – Aufzeichnungen über ein dramatisches Brandgeschehen; BLAULICHT, Heft 8/1990.

WIDETSCHEK O.: Polychlorierte Biphenyle im Kreuzfeuer der Kritik; BLAULICHT, Heft 9 und 10/1990.

WIDETSCHEK O.: Dioxin – ein Kind des Feuers; BLAULICHT, Heft 9/1990.

WIDETSCHEK O.: Neue Wege im Betriebsbrandschutz; BLAULICHT, Heft 8/1991.

WIDETSCHEK O. und MEISENBERGER O.: Großbrand in Grazer Farbenhandlung; BLAULICHT, Heft 4/1992.

WIDETSCHEK O.: Brände und Unfälle mit biologischen Agenzien; BLAULICHT, Heft 8 und 9/1992, Graz.

WIDETSCHEK O.: Ratschlag für Selbstmörder; BLAULICHT, Heft 10/1992.

WIDETSCHEK O.: Katastrophenbrand in der Wiener Hofburg – Sind unsere Kulturgüter gefährdet? BLAULICHT, Heft 1/1993, Graz.

WIDETSCHEK O.: Hofburgbrand – mehr als nur ein Feuer! BLAULICHT, Heft 1/1993, Graz.

WIDETSCHEK O.: Von der GAS- zur GAMS-Regel, BLAULICHT, Heft 2/1993, Graz.

WIDETSCHEK O.: Großbrand im Palmers-Hochhaus; BLAULICHT, Heft 3/1993, Graz.

WIDETSCHEK O.: Krankes Krankenhaus; BLAULICHT Heft 9/1994.

WIDETSCHEK O.: Wann kommt der ABC-Terror? BLAULICHT, Heft 10/1994.

WIDETSCHEK O.: Albtraum Plutonium; BLAULICHT, Heft 10/1994.

WIDETSCHEK O.: Kranke Gehirne; BLAULICHT, Heft 5/1995.

WIDETSCHEK O.: Wenn Filme Realität werden; BLAULICHT, Heft 6/1995.

WIDETSCHEK O.: Vom guten und schlechten Ozon; BLAULICHT, Heft 7/1995.

WIDETSCHEK O.: Kommen die Superkatastrophen? BLAULICHT, Heft 9/1995.

WIDETSCHEK O.: Der Fluch des schwarzen Goldes; BLAULICHT, Heft 4/1996.

WIDETSCHEK O.: Jahrtausendkatastrophe Düsseldorf – Sünden der Vergangenheit; BLAULICHT, Heft 8 und 9/1996.

WIDETSCHEK O.: Ist Düsseldorf ein Wendepunkt? BLAULICHT, Heft 8/1996.

WIDETSCHEK O.: Die Waffen des ABC-Terrors – Was droht nach dem Attentat auf das WTC? BLAULICHT, Heft 11/2001.

WIDETSCHEK O.: Nichts hören, nichts sehen und nichts reden! Vorwort des Herausgebers in der Dokumentation zum 5. Aprilsymposion, Brandschutzforum Austria, 2004, Graz.

WIDETSCHEK O.: Den Betrieb gerettet; BLAULICHT, Heft 4/2005.

WIDETSCHEK O.: Brandabschnitte – wie Schweizer Käse! Vorwort des Herausgebers in der Dokumentation zum 6. Aprilsymposion, Brandschutzforum Austria, 2005, Graz.

WIDETSCHEK O.: Alles über Backdraft & Flashover! – Auswirkungen und Erkenntnisse für Brandschutzbeauftragte und Einsatzkräfte; Dokumentation über das 6. Aprilsymposion; Edition Brandschutzforum, 2005, Graz.

WIDETSCHEK O.: Der rollende Wahnsinn; BLAULICHT, Heft 2/2008.

WIDETSCHEK O.: Ein Leben für den Strahlenschutz; BLAULICHT, Heft 6/2008.

WIDETSCHEK O.: Brandschutz & Architektur – Der Bumerang-Effekt; BLAULICHT, Heft 7/2008.

ZAX F. u. DECKER R.: 100 Jahre Inspektionsrauchfangkehrer; unveröffentlichte Broschüre aus dem Nachlass von IR BM Friedrich Zax.

ZINTZ K.: Aufschlussreicher Flug durch das Ozonloch; „bild der wissenschaft", Heft 7/1987.

F

G

H

I

J

K

L

M

N

O

P

T

- **Fachbuch:** „Bandschutzmanagement – neue Wege im Betriebsbrandschutz“
- **Autor:** Ing. Alfred Pölzl MSc, Abteilungsvorstand der Feuerwehr der Stadt Graz
- **Bestellungen:** www.brandschutzforum.at/shop